图 2-1　SAW 技术，焊丝为 H08MnA，焊剂为 HJ431，焊接 Q355 钢产生的裂纹

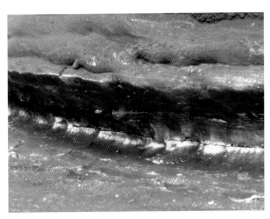

图 2-2　Q355 同铸钢件焊接产生了热裂纹

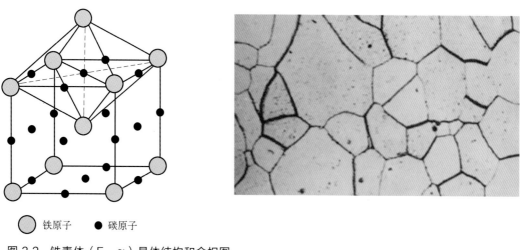

铁原子 ● 碳原子

图 3-2 铁素体（F、α）晶体结构和金相图

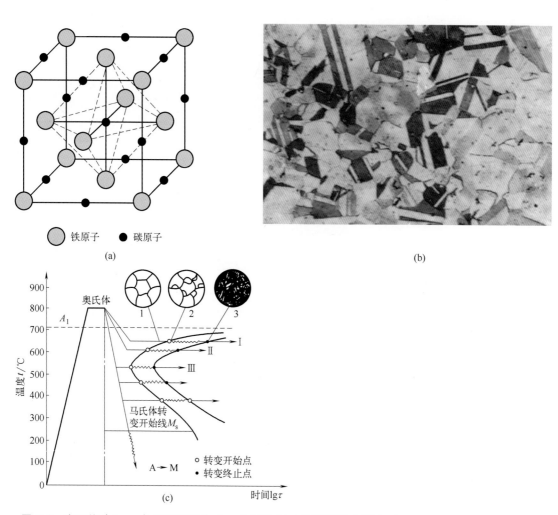

铁原子 ● 碳原子

(a)

(b)

(c)

图 3-3 奥氏体（A、γ）晶体结构（a）、金相图（b）和等温转变图（c）

1—孕育期的显微组织；2—转变开始点 t_2 的显微组织；3—转变终了点 t_3 时的显微组织

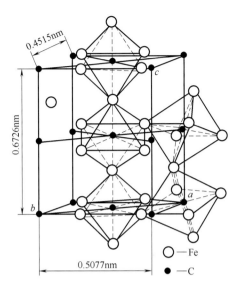

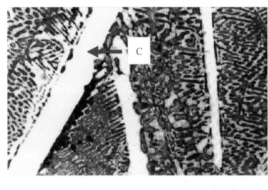

图 3-4　渗碳体（Fe₃C）晶体结构和金相图

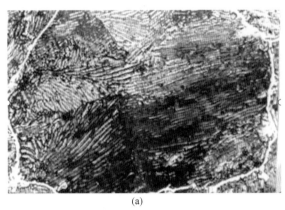

(a)

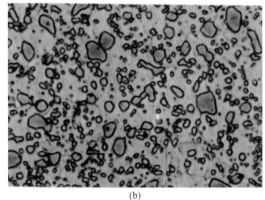

(b)

图 3-5　珠光体（P）金相图

（a）片状珠光体；（b）粒状珠光体

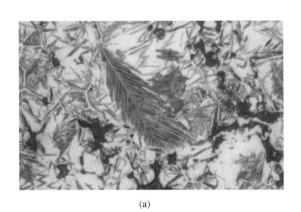

(a)

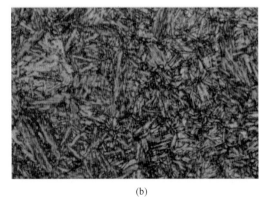

(b)

图 3-6

（a）上贝氏体；（b）下贝氏体

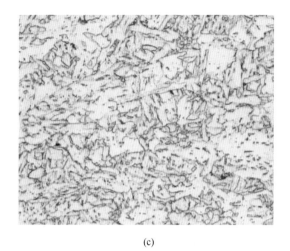

(c)

图 3-6　贝氏体（B）金相图

（c）粒状贝氏体

(a)　　　　　　　　　　　　　　　(b)

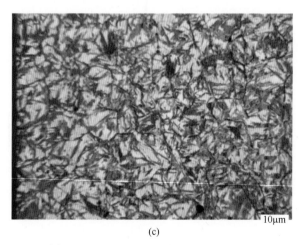

10μm

(c)

图 3-7　马氏体（M）金相图

（a）板条状马氏体；（b）针状马氏；（c）回火马氏体

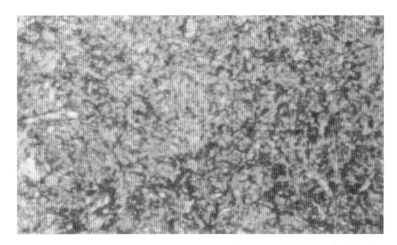

图 3-9　索氏体（S）金相图

图 3-10　魏氏组织

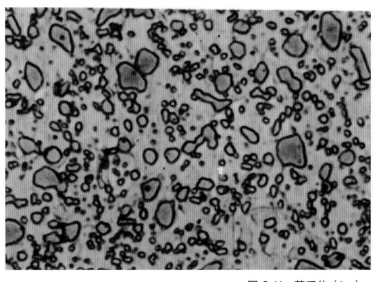

图 3-11　莱氏体（L_d）

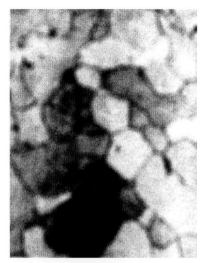

图 3-14　工艺纯铁的显微组织

图 3-15　亚共析钢显微组织

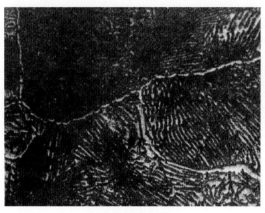

(a) 硝酸酒精溶液侵蚀

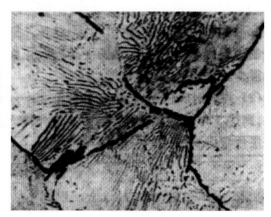

(b) 苦味酸钠溶液侵蚀

图 3-16　过共析钢的显微组织

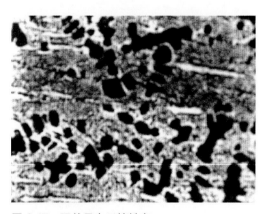

图 3-17　亚共晶白口铸铁在
室温下的组织（×80）

黑色的树枝状组成物是珠光体，其余为莱氏体

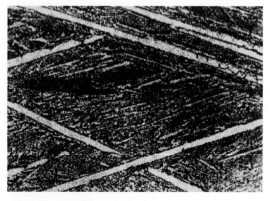

图 3-18　过共晶白口铸铁冷却到
室温后的组织（×250）

白色条片是一次渗碳体，其余为莱氏体

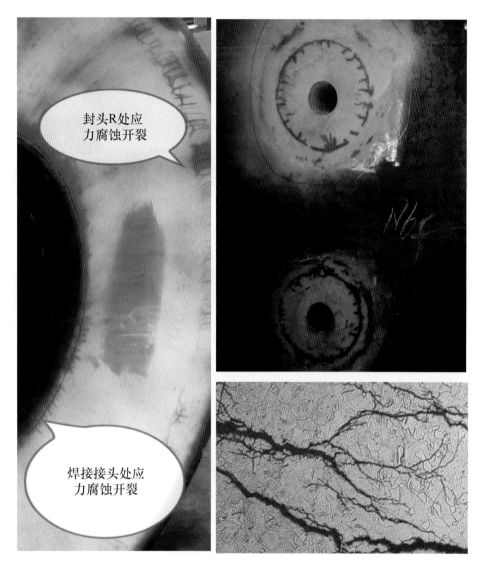

图 9-5　奥氏体不锈钢应力腐蚀裂纹

图 10-7　某建筑钢结构焊接工程十字焊接接头层状撕裂（一）

图 10-8　某建筑钢结构焊接工程十字焊接接头层状撕裂（二）

图 10-9　某建筑钢结构焊接工程十字焊接接头层状撕裂处理（三）

娄峰
周鹏洋
崔嵬

主编

Practical and Innovative
Technologies for Welding
of Steel Structures

钢结构焊接实用创新技术

化学工业出版社
·北京·

内 容 简 介

《钢结构焊接实用创新技术》涵盖了建筑钢结构工程中应用的焊接技术，如焊条电弧焊（SMAW），熔化极活性气体、惰性气体保护焊（MAG、MIG），埋弧焊（SAW），电渣焊（ESW），栓钉焊（SW）等，介绍了上述焊接技术的应用范围、工艺操作、设备和材料、质量控制和工程管理。本书简述了钢结构工程施工流程各环节中与焊接相关的内容，阐述了钢结构初始应力应变控制的观点，简析了细晶粒高强钢焊接性及焊接关键技术，介绍了建筑钢结构不锈钢焊接，总结了以国家体育场"鸟巢"焊接技术为主的典型焊接技术，介绍了等离子焊接、钨极氩弧焊（TIG）、厚板气电立焊（EGW）等焊接技术。

本书可用于建筑钢结构行业焊接技术人员培训，也可供焊接专业科研、技术人员参考。

图书在版编目（CIP）数据

钢结构焊接实用创新技术/娄峰，周鹏洋，崔嵬主编. —北京：化学工业出版社，2024.4
ISBN 978-7-122-44725-8

Ⅰ.①钢… Ⅱ.①娄… ②周… ③崔… Ⅲ.①钢结构-焊接工艺 Ⅳ.①TG457.11

中国国家版本馆 CIP 数据核字（2024）第 035579 号

责任编辑：李玉晖   装帧设计：孙　沁
责任校对：田睿涵

出版发行：化学工业出版社
    （北京市东城区青年湖南街 13 号   邮政编码 100011）
印   刷：三河市航远印刷有限公司
装   订：三河市宇新装订厂
787mm×1092mm   1/16   印张 28¾   彩插 4   字数 715 千字
2024 年 8 月北京第 1 版第 1 次印刷

购书咨询：010-64518888   售后服务：010-64518899
网   址：http://www.cip.com.cn

凡购买本书，如有缺损质量问题，本社销售中心负责调换。

定   价：98.00 元

序

焊接基础理论的研究和应用是建筑钢结构焊接工程所必需的，是不可替代和逾越的。工程实践证实：一些重要基础理论的应用是否正确合理，直接决定工程的成败。

在钢结构焊接工程中发生的安全、质量问题，各地相继发现的以焊缝裂纹为主的钢结构缺陷，都说明钢结构行业已经进入到十分关键的发展阶段。正视和研究现状、思考对策，才能使钢结构行业向产业化进军、实现可持续发展。分析思考问题的切入点就是焊接以及和焊接相关的人和事。

目前钢结构行业从业人员中，焊接专业人员，特别是焊接工艺人员十分缺乏。无论是在数量上还是在人员素质上，同行业的规模相比，同发展的速度相比，同钢结构行业的业务需求相比差距甚大。

钢结构企业焊接工程从业人员不仅需要掌握基础理论，而且更为重要的是通过工程实践积累经验。目前在钢结构企业从事焊接和焊接管理的人员中，有相当一部分是根据本行业、本单位发展的需要"半路出家"，没有系统学习过专业知识。即使是专业对口的大专院校毕业生，也要经过3到5年的实践磨炼，参加1到2个大工程（最好是国内外重点工程），并在实践中不断学习提高，才能胜任岗位工作，也就是说焊接专业人才的培养没有捷径可走。

针对以上需求，浙江大东吴建筑科技有限公司组织专家和工程技术人员，编写了《钢结构焊接实用创新技术》，主要目的是满足钢结构焊接从业人员培训的需要，强调焊接基础理论及其在建筑钢结构焊接中的应用，并使一些来源于工程实践的焊接技术的创新有机会得以总结和推广。

希望《钢结构焊接实用创新技术》能够帮助有志于学习焊接的工程技术人员、有志于提高焊接业务水平的焊接从业人员缩短成才时间，加快成才进程；同时希望本书成为焊接科研、生产、管理人员的一本实用的参考书。

戴为志
中国工程建设焊接协会

前　言

在建筑钢结构施工中，焊接作为组装工艺之一，通常被安排在流程的后期或最终阶段，对钢结构质量具有决定性作用。在建筑钢结构行业中，焊接被视为一种关键的制造、安装技术。

由于现代钢结构工程的复杂性、工程对象的不确定性、市场竞争的残酷性、制作工程的艰巨性、施工环境条件的多样性，钢结构焊接工作始终处于施工准备，人员培训，机具组合、购置、检修，焊接工艺评定，焊接方案编写等诸多工作交叉进行的状态。钢结构安装焊接工程点多、面广、战线长，"天时、地利、人和"三大要素相互制约，使焊接问题复杂化、专业化，面临许多难以想象的具体困难。

为了实现钢结构的优质、高效，必须实施"全员、全面、全过程"的管理。在整个质量管理体系中，首先要解决的"卡脖子"问题是：钢结构行业必须要培养和造就大量的、懂得焊接应用技术的钢结构焊接从业人员来把关定向，促进焊接技术进步；必须重视焊接、重视焊接技术人才的培养。

浙江湖州大东吴建筑科技有限公司自成立以来十分重视培养焊接技术专业人才，积极促进焊接技术进步。公司筹建焊接试验室及焊工培训中心，为焊接技术的发展提供硬件上的支持。为了适应钢结构业务快速发展的需要，公司专家及工程技术人员结合工程实际，集体编写了《钢结构焊接实用创新技术》。

本书涵盖了建筑钢结构施工采用的焊接技术：焊条电弧焊（SMAW）；熔化极活性气体、惰性气体保护焊（MAG、MIG），其中包括二氧化碳实心焊丝气体保护焊（GMAW）、二氧化碳药芯焊丝气体保护焊（FCAW-G）；埋弧焊（SAW）；电渣焊（ESW）；栓钉焊（SW）。本书介绍了建筑钢结构施工工作流程及各工作环节所涉及的焊接技术（绪论）；阐述了钢结构的分类、钢结构初始应力应变的控制（第一章）；简析了细晶粒高强钢焊接性及焊接关键技术（第二章）；引入了较为完整清晰的金相图片（第三章）；介绍了建筑钢结构不锈钢焊接技术（第九章），以国家体育场"鸟巢"焊接技术为主的典型焊接技术（第十章），以及等离子不锈钢焊接技术、钨极氩弧焊（TIG）不锈钢焊接技术、厚板气电立焊（EGW）技术等。本书阐述的一些技术观点与传统技术观点存在差异，希望引发同行验证、商榷、讨论。

本书有极其丰富的工程第一手资料，所表述的技术数据全部经过工程实际的运用，真实、准确、可靠、较全面。因此有理由认为，本书的重要技术观点和实际操作技术将在行业中得以广泛应用。本书可作为"案例教学"的教材，也可作为工程应用的手册。

本书的编写得到上级领导的指导和有关部门的大力支持；特别是得到了中国工程建设焊接协会专家的指点和把关，帮助公司专家和工程技术人员顺利地完成了写作任务。在此深表谢意！

陈志江

浙江大东吴建筑科技有限公司

目 录

绪　论

　　焊接技术广泛应用在机械制造、航天航空、建筑钢结构、船舶、桥梁、电子器件及设备等领域。在科学技术飞速发展的当今时代，焊接也在经历蜕变。焊接已经从一种传统的热加工技艺发展到了集材料、冶金、结构、力学、电子等多门类科学为一体的工程工艺学科。随着相关学科的发展和进步，仍然不断有新的知识融合在焊接的知识体系之中。

一、焊接技术的发展历程

　　纵观中华五千年文明史，我们可以发现焊接技术最早出现在中国。焊接技术是随着金属的应用而出现的，古代的焊接方法主要是铸焊、钎焊和锻焊。商朝制造的铁刃铜钺，就是铁与铜的铸焊件，其表面铜与铁的熔合线蜿蜒曲折、接合良好。曾侯乙墓出土的春秋战国时期建鼓铜座上有许多盘龙，是分段钎焊连接而成的，经分析所用的材料与现代软钎料成分相近。战国时期制造的刀剑，刀刃为钢，刀背为熟铁，推测是经过加热锻焊而成的。明朝宋应星所著《天工开物》记载：将铜和铁一起入炉加热，经锻打制造刀、斧；用黄泥或筛细的土撒在接口上，分段煅焊大型船锚。

　　图1所示为秦始皇陵出土文物铜车马，车、马和俑的大小约相当于真车、真马、真人的二分之一。它完全仿实物精心制作，真实地再现了当时车驾的风采。至今，铜车马上的各种链条仍转动灵活，门窗开闭自如，牵动辕衡仍能行驶。秦陵铜车马被誉为中国古代的"青铜之冠"。秦陵铜车马共有三千多个零件。铜车马主体为青铜所铸，一些零部件为金银饰品。当时的工匠巧妙地运用了铸造、焊接、镶嵌、销接、活铰连接、子母扣连接、纽环扣接、销钉连接、转轴连接等各种工艺技术。

图1　秦始皇陵出土文物铜车马

　　中国古代焊接工艺有铸焊、锻焊和钎焊，使用的热源是炉火，温度低，能量不集中，无法用于大截面、长焊缝工件的焊接，只能用以制作装饰品、简单的工具和武器。直到开始使用电力，焊接技术才得到长足的发展。

　　焊接技术发展的历程如图2所示。

　　19世纪初，英国的戴维斯发现电弧和氧乙炔焰两种能局部熔化金属的高温热源。1885～1887年，俄国的别纳尔多斯发明碳极电弧焊钳。1900年出现了铝热焊。20世纪初，碳极电弧焊和气焊得到应用，同时还出现了薄药皮焊条电弧焊，电弧比较稳定，焊接熔池受到熔渣保护，焊接质量得到提高，手工电弧焊进入实用阶段，电弧焊从20年代起成为一种重要的焊接方法。美国的诺布尔利用电弧电压控制焊条送给速度，制成自动电弧焊机，从而成为焊接机械化、自动化的开端。1930年美国的罗宾诺夫发明使用焊丝和焊剂的埋弧焊，焊接机械化得到进一步发展。20世纪40年代，为适应铝、镁合金和合金钢焊接的需要，钨

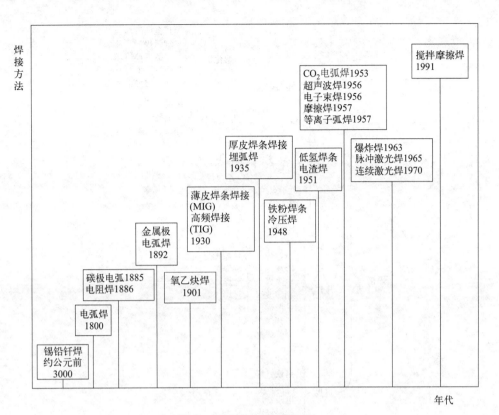

图 2　焊接技术发展的历程

极和熔化极惰性气体保护焊相继问世。1951 年苏联的巴顿电焊研究所创造的电渣焊，成为大厚度工件的高效焊接法。1953 年，苏联的柳巴夫斯基等人发明二氧化碳气体保护焊，促进了气体保护电弧焊的应用和发展，如出现了混合气体保护焊、药芯焊丝气渣联合保护焊和自保护电弧焊等。1957 年美国的盖奇发明等离子弧焊。20 世纪 40 年代德国和法国发明的电子束焊，在 50 年代得到实用和进一步发展。20 世纪 60 年代等离子、电子束和激光焊接方法的出现，标志着高能量密度熔焊的新发展，大大改善了材料的焊接性，使许多难以用其他方法焊接的材料和结构得以焊接。在其他焊接技术方面，1887 年美国的汤普森发明电阻焊，并用于薄板的点焊和缝焊（缝焊是压焊中最早的半机械化焊接方法，随着缝焊过程的进行，工件被两滚轮推送前进）；20 世纪 20 年代开始使用闪光对焊方法焊接棒材和链条，至此电阻焊进入实用阶段；1956 年，美国的琼斯发明超声波焊，苏联的丘季科夫发明摩擦焊；1959 年，美国斯坦福研究所研究成功爆炸焊；20 世纪 50 年代末苏联制成真空扩散焊设备；应用于航空航天领域的搅拌摩擦焊使焊接技术的发展登上了新的台阶。

焊接技术的分类如图 3 所示。

二、建筑钢结构施工流程各环节中与焊接工程管理相关的内容

建筑钢结构行业的主要工作流程是：①钢结构设计；②钢结构深化设计；③钢结构使用钢材的复检；④钢结构使用焊材的复检；⑤焊接工艺评定（PQR）；⑥焊接专项方案编制（WPS）；⑦钢结构号料放样；⑧钢结构下料；⑨钢结构组装；⑩钢结构焊接（在焊接阶段之后进行 NDT）；⑪钢结构的一次涂装；⑫钢结构拼装；⑬钢结构安装；⑭钢结构安装阶段

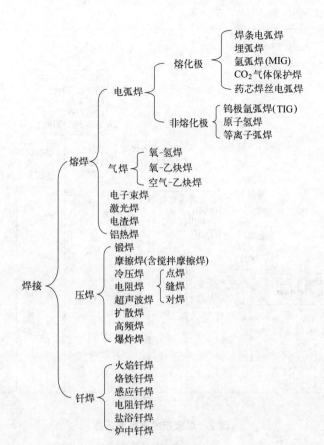

图 3   焊接技术的分类

的焊接（在焊接阶段之后进行 NDT）；⑮钢结构二次涂装。

从钢结构设计开始，焊接技术贯穿上述除涂装之外的 13 个阶段。

（一）钢结构深化设计

1. 钢结构深化设计的内容

建筑钢结构深化设计是把设计思想转化成施工（制作）图纸，保证工程质量的重要阶段。

20 世纪 50 年代，我国在建筑钢结构设计中，将施工设计明确划分为钢结构设计图及钢结构详图两个阶段。长期的建设经验表明：这两个阶段出图做法分工合理，有利于保证质量方便施工。GB 50205《钢结构工程施工质量验收标准》将钢结构设计两个出图阶段定义为施工图和施工详图，明确了钢结构的制作、施工必须以施工详图为依据，而施工详图应根据设计图进行编制的原则。

钢结构施工详图设计是继钢结构施工图设计之后的设计阶段。详图设计人员根据施工图提供的构件布置、构件截面与内力、主要节点构造及各种有关数据和技术要求，严格遵守 GB 50017《钢结构设计标准》、GB 50205 及相关图纸和规范的规定，对构件的构造予以完善；并根据制造厂的生产条件和现场施工条件的原则，考虑运输要求、吊装能力和安装条件，确定构件的分段；最后运用钢结构制图软件，将构件的整体形式、构件中各零件的尺寸和要求以及零件间的连接方法等，详细表现在图纸上，以便制造和安装人员通过图纸清楚地领会设计意图和要求。

深化设计是在原设计图的基础上，结合工程情况，钢结构加工、运输及安装等施工工艺和其他专业的配合要求进行的二次设计。其主要技术内容有：使用详图软件建立结构空间实体模型或使用计算机放样制图，提供制造加工和安装的施工用详图、构件清单及设计说明。

施工详图的内容有：

构件平、立面布置图，其中包括各构件安装位置和方向、定位轴线和标高、构件连接形式、构件分段位置、构件安装单元的划分等；

准确的节点连接尺寸，加劲肋、横隔板、缀板和填板的布置和构造，构件组件尺寸，零件下料尺寸，装配间隙及成品总长度；

焊接连接的焊缝种类、坡口形式、焊缝质量等级；

螺栓连接的螺孔直径、数量、排列形式，螺栓的等级、长度、初拧终拧参数；

人孔、手孔、混凝土浇筑孔、吊耳、临时固定件的设计和布置；

钢材表面预处理等级、防腐涂料种类和品牌、涂装厚度和遍数、涂装部位；

销轴、铆钉的直径加工长度及精度、数量和安装定位等。

构件清单的主要内容有：构件编号、构件数量、单件重量及总重量、材料材质等。构件清单尚应包括螺栓、支座、减振器等所有成品配件。

设计说明的主要内容有：原设计的相关要求、应用规范和标准、质量检查验收标准。设计说明对深化设计图的使用提供指导意见。

深化设计贯穿于设计和施工的全过程，除提供加工详图外，还配合制定合理的施工方案、临时施工支撑设计、施工安全性分析、结构变形分析与控制、结构安装仿真等工作。深化设计对于提高设计和施工速度、提高施工质量、降低工程成本、保证施工安全有积极意义。

通过深化设计满足钢结构加工制作和安装的设计深度需求。使用计算机辅助设计，推动钢结构工程的模数化、构件和节点的标准化。计算机自动校核、自动纠错、自动出图、自动统计，提高钢结构设计的水平和效率。深化设计应符合原设计人设计意图和国家标准与技术规程，并经原施工图设计人审核确认。

2. 钢结构深化设计（施工详图）设计的基本规定

钢结构施工详图是指导钢结构构件制造和安装的技术文件，也是编制施工图预算的依据和工程竣工后的存档资料。钢结构施工详图一般由制造厂或施工单位编制。钢结构施工详图编制的依据是正式的由设计院签字并盖章的钢结构设计蓝图（包括工程实施过程中的结构设计变更单），以及合同和设计图指定的设计规范及施工工艺的可行性焊接工艺评定。钢结构详图图面图形所用的图线、字体、比例、符号、定位轴线、图样画法，尺寸标注及常用建筑材料图例等均按照 GB/T 50001《房屋建筑制图统一标准》及 GB/T 50105《建筑结构制图标准》的有关规定。

钢结构深化设计（施工详图）设计的基本规定如下：

1）钢结构制造企业应具备相应的企业资质。企业应有相应的技术标准，完善的质量管理体系和质量控制及检验制度。

2）钢结构产品制造前，企业应组织有关人员学习设计图纸和合同文件，了解设计意图及对制造质量的要求。

3）钢结构产品制造前，企业技术部门应根据设计文件、施工详图及工厂条件，编制产品制造工艺方案（工艺卡或作业指导书），工艺方案（工艺卡或作业指导书）应作为车间（或班组）产品制造时的主要技术文件，并在产品制造过程中认真执行。

4）钢结构制造过程中应按下列规定进行质量控制：

① 采用的原材料及半成品应进行进场验收，凡涉及安全、功能的原材料、半成品应按国家有关规范的规定进行复验，并应经监理人员（或业主单位认定的技术负责人）见证取样、送样。

② 各工序应按制造工艺方案（工艺卡或作业指导书）标明的技术标准进行质量控制，每道工序完成后都应及时进行检查。

③ 相关各专业工序之间，应进行交接检验。

5）钢结构制造过程中工序作业有异常或出现质量问题，责任单位在返修纠正的同时，要及时查明原因，采取防止再次发生的措施。对重大质量问题的处理，必须同监理人员（或业主单位认定的技术负责人）协商，按处理方案和协商文件的规定执行。

6）钢结构制造质量验收必须采用经计量检定、校准合格的计量器具。

7）钢结构制造质量验收按 GB 50205 及有关部委专业标准、规程的规定执行，企业制定的技术标准和相应文件不得低于国家规范及有关部委专业标准的要求。

8）钢结构制造企业对钢结构质量检查记录、质量证明文件等技术资料应妥善收集并保存，必要时应向有关单位和人员提供原件、复印件或副本。

9）构造复杂或设计、合同中有要求的构件应在制作单位或安装现场进行预拼装。设计或合同中有特殊要求的钢结构，制造厂还应对构件进行工艺性试验。

10）钢结构制造工艺流程，见图 4。

3. 钢结构施工详图的图纸内容

钢结构施工详图的图纸内容包括：图纸目录、施工详图总说明、锚栓布置图、构件布置图及构件详图。

图纸目录至少应包含以下内容：施工详图图号，构件号、构件数量、构件重量、构件类别，图纸的版本号以及提交的日期及其他资料。

施工详图总说明对加工制造和安装人员强调技术条件和提出施工安装的要求，是加工制造和施工安装的重要指导性文件。施工详图总说明应根据设计图总说明编写，内容一般应有：

① 工程概况简述，介绍工程的结构形式；

② 施工详图设计依据，包括设计合同，设计图，设计变更通知单，设计中采用的现行国家、地方和行业标准以及标准图集；

③ 结构选用钢材的材质和牌号要求，尤其对板厚≥40mm 并承受沿板厚方向拉力时，应明确材料的抗层状撕裂性能的等级；

④ 焊接材料的材质和牌号要求，螺栓连接的性能等级和精度类别要求；

⑤ 结构构件在加工制作过程的技术要求和注意事项；

⑥ 结构安装过程中的技术要求和注意事项；

⑦ 对构件质量检验的手段、等级要求以及检验的依据；

⑧ 钢结构的除锈和防腐以及防火要求。

（二）钢结构使用钢材的复检

1）钢材、钢铸件的品种、规格、性能等应符合现行国家产品标准和设计要求。进口钢材产品的质量应符合设计和合同规定标准的要求。

检查数量：全数检查。

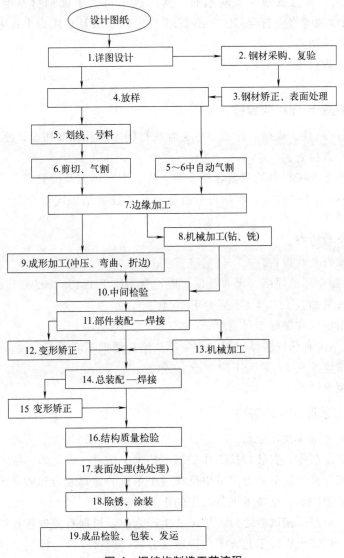

图 4　钢结构制造工艺流程

检验方法：检查质量合格证明文件、中文标志及检验报告等。

2）对属于下列情况之一的钢材，应进行抽样复验，其复验结果应符合现行国家产品标准和设计要求。

① 国外进口钢材；

② 钢材混批；

③ 板厚等于或大于 40mm，且设计有 Z 向性能要求的厚板；

④ 建筑结构安全等级为一级，大跨度钢结构中主要受力构件所采用的钢材；

⑤ 设计有复验要求的钢材；

⑥ 对质量有疑义的钢材。

3）钢板厚度及允许偏差应符合其产品标准的要求。

4）型钢的规格尺寸及允许偏差符合其产品标准的要求。

5）钢材的表面外观质量除应符合国家现行有关标准的规定外，尚应符合下列规定：当钢材的表面有锈蚀、麻点或划痕等缺陷时，其深度不得大于该钢材厚度负允许偏差值的 1/2；钢材表面的锈蚀等级应符合 GB/T 8923.1 规定的 C 级及 C 级以上；钢材端边或断口处不应有分层、夹渣等缺陷。

检查数量：全数检查。

检验方法：观察检查。

（三）钢结构使用焊材的复检

1）焊接材料的品种、规格、性能等应符合现行国家产品标准和设计要求。

检查数量：全数检查。

检验方法：检查焊接材料的质量合格证明文件、中文标志及检验报告等。

2）重要钢结构采用的焊接材料应进行抽样复验，复验结果应符合现行国家产品标准和设计要求。

检查数量：全数检查。

检验方法：检查复验报告。

3）焊钉及焊接瓷环的规格、尺寸及偏差应符合 GB/T 10433 中的规定。

检查数量：按量抽查 1%，且不应少于 10 套。

检验方法：用钢尺和游标卡尺测量。

4）焊条外观不应有药皮脱落、焊芯生锈等缺陷；焊剂不应受潮结块。

检查数量：按量抽查 1%，且不应少于 10 包。

检验方法：观察检查。

（四）焊接工艺评定（PQR）

定义：焊接工艺试验及其记录。

焊接工艺评定是制作、安装焊接工作的基本技术工作之一，是焊接技术管理和焊接技术培训的重要组成部分。焊接工艺评定可以反映一个单位的施焊能力和质量水平，是确保焊接质量必不可少的关键环节，是技术准备工作的重要内容。

焊接工艺评定是在焊接试验之后，于正式生产之前，根据有关规程和被焊部件技术条件要求的使用性能，拟定出焊接工艺方案，按照该方案，焊接试件、检验试件，测定焊接接头是否具有符合其要求的使用性能，最后形成工艺评定报告，这一过程叫焊接工艺评定。

焊接工艺评定是一件严格、细致的工作，应重视评定结果，以其指导实际焊接工作，因此，评定中要对各项焊接因素和测定的各项试验数据进行全面综合分析，并整理成有明确结论和一定权威性的"工艺评定报告"。

1. 焊接工艺评定的目的

从焊接工艺评定的定义中可以看出，进行焊接工艺评定的目的如下：

1）验证施焊单位所拟定的焊接工艺方案是否正确，焊接接头是否具有设计技术要求的使用性能。

2）为制定焊接作业（工艺）指导书提供可靠的依据，确认编制焊接作业指导书的正确性和合理性，并以此有效地控制焊接质量。

3）检验施焊单位是否有能力完成焊接工艺。

2. 参加评定人员资质

1）主持评定工作人员必须是从事焊接技术工作的焊接工程师或焊接技师。

2）评定方案的编制和审核应由焊接工程师担任。

3）工艺评定试件的焊制，应由具备一定焊接基本知识、实际操作水平较高且实践经验丰富的焊工担任。

4）工艺评定试件无损探伤人员应由具备Ⅱ级及以上 NDT（无损检测）资格证书的人员担任；其他检验人员应由经资格认证符合要求的人员担任。

5）试件检验结果的综合评定结论，应由评定主持人、评定方案编制人共同分析、汇总编写。

3. 焊接工艺评定流程

见图 5。

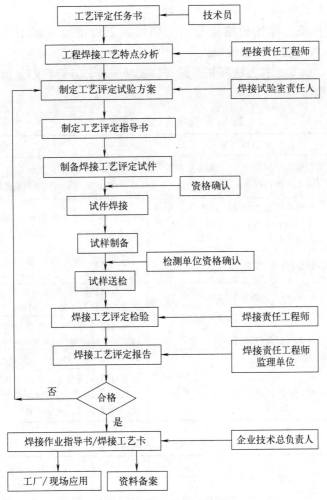

图 5　焊接工艺评定流程

为了保证工程的焊接质量，技术工艺部门依据 GB 50661《钢结构焊接规范》及招标文件中的有关规定做好焊接工艺评定，并制定完善、可行的焊接工艺方案和措施，作为工程中指导焊接作业的工艺规范。

（五）焊接专项方案编制（WPS）

焊接专项方案又叫焊接工艺卡，它是经过焊接工艺评定后，依据工艺评定综合报告有关参数条件制定的；是产品施焊过程的技术文件；是指导焊工从事产品焊接的依据；是克服焊接过程随意性、严格贯彻工艺质量要求的重要手段；是提高焊接工程质量的可靠保证。其编制应遵循有效性、实用性、科学性、严密性的原则，并应在工程施焊或焊工培训、考试之前发给焊工或以技术交底方式向焊工讲述清楚，以利执行。

焊接技术规程应按以下原则编制：①技术上的先进性；②经济上的合理性；③技术上的可行性；④创造良好的劳动条件。

焊接技术规程一般应包含以下内容：①焊接工艺纪律；②焊接工艺规程；③安全操作技术。

（六）钢结构号料放样

传统的放样工艺是基本功，应该有所了解。

制作样，根据样板、样杆的精度要求和使用频繁程度可选用下述材料制作：0.3～0.5mm 的薄钢板、胶合板、有机玻璃以及无伸缩、不皱的纸板、油毡等。

根据结构特点，确定下料方法及相关的焊接收缩余量，并将收缩量加在实际尺寸上，进行样板制作。具体余量见表1、表2。

表1　预留焊接收缩余量参考值

序号	结构类型	截面规格	焊接收缩余量
1	实腹结构	截面高度在 1000mm 以内及钢板厚度在 25mm 以内	纵长焊缝，每米焊缝为 0.5mm（每条焊缝）；接口焊缝，每个接口为 1mm；加劲板焊缝，每对加劲板为 1mm
		截面高度在 1000mm 以内及钢板厚度在 25mm 以上；各种厚度的钢材，其截面高度在 1000mm 以上	纵长焊缝，每米焊缝为 0.2mm（每条焊缝）；接口焊缝，每个接口为 1mm；加劲板焊缝，每对加劲板为 1mm
2	格构式结构	轻型（桁架、塔架等）	接口焊缝，每个接口为 1mm；搭接接头，每米焊缝为 0.5mm
		重型（组合截面柱子等）	组合截面的梁、柱的收缩余量，按本表序号 1 采用；焊接搭接接头焊缝，每个接口为 0.5mm
3	板筒结构	厚 18mm 及以下的钢板	竖向焊缝（垂直缝）产生的圆周长度收缩量，每个接口 1.0mm；环向焊缝（水平缝）产生的高度方向的收缩量，每个接口 1.0mm
		厚 18mm 以上的钢板	竖向焊缝（垂直缝）产生的圆周长度收缩量，每个接口 0.2mm；环向焊缝（水平缝）产生的高度方向的收缩量，每个接口 2.5～3.0mm

表2　切割及加工预留量参考值　　　　单位：mm

切割方法		锯切	剪切	手工切割	自动切割	精密切割
加工余量	切割缝	10	1	4～5	3～4	2～3
	边缘加工	2～3	2～3	3～4	2～3	2～3
	刨（铣）平	3～4	2～3	4～5	2～3	2～3

（七）钢结构组装

根据焊接顺序确定组装顺序，根据焊接收缩量预留焊接间隙，保证焊接后的钢构件尺寸符合质量要求。

组装基本要求：

　　1）组装用的平台和胎架应符合构件组装的精度要求，并具有足够的强度和刚度，经检查验收后才能使用。

　　2）构件组装时必须按照工艺流程进行，组装前将焊缝两侧各 50mm 范围以内的铁锈、氧化铁皮、油污、水分清除干净，并显露出钢材的金属光泽。

　　3）对于在组装后无法进行涂装的隐蔽部位，应于组装前清理、除锈，进行涂装。

　　4）焊接 H 型钢的翼板和腹板下料后，应在焊接 H 型钢胎架或焊接 H 型钢拼装机械上进行拼装，拼装后按焊接工艺进行焊接和矫正。

　　5）当采用夹具组装时，拆除夹具时不得损伤母材，对残留的焊疤应修磨平整。

（八）钢结构焊接

　　焊接前需确定焊接方法、焊接顺序、焊接工艺参数、焊接防变形措施以及相关的焊接措施。

　　建筑钢结构焊接技术主要有以下几种：

　　1）焊条电弧焊（SMAW），主要用于钢结构制作中辅助焊缝的焊接。

　　2）CO_2 实焊丝气体保护焊（GMAW），主要用于现场安装工程，制作工程主、次焊缝的焊接。

　　3）CO_2 药芯焊丝气体保护焊（FCAW-G），主要用于现场安装工程，制作工程主、次焊缝的焊接。

　　4）埋弧焊（SAW），主要用于钢结构制作中主焊缝的焊接工作。

　　5）电渣焊（ESW），主要用于 BOX 构件肋板的焊接。

　　6）栓钉焊（SW、SW-P），主要用于劲性构件的栓焊和楼层板的穿透焊。

三、焊接变形计算

1. 纵向收缩变形

　　钢结构构件焊后平行于焊缝方向发生的收缩变形叫纵向变形，焊缝的纵向收缩变形量随焊缝的长度、焊缝熔敷金属截面积的增加而增加，随焊件截面积的减少而减少。多层焊时，第一层的收缩量最大。有纵向长焊缝的钢结构件，单道焊时长度方向的收缩量估算公式为

$$\Delta L = K_1 A_w \frac{L}{A}$$

式中　　A_w——焊缝截面积，mm^2；

　　　　A——杆件的截面积，mm^2；

　　　　L——杆件长度，mm；

　　　　ΔL——纵向收缩量，mm；

　　　　K_1——与焊接方法、材料热膨胀系数和多层多道焊的层数有关的系数，对不同的焊接方法，系数 K_1 数值不同。GMAW：$K_1 = 0.043$；SAW：$K_1 = 0.071 \sim 0.076$；SMAW：$K_1 = 0.048 \sim 0.057$。

　　由于估算公式为经验公式，应在工程实际中验证修改，为了工程便于应用，介绍三个焊缝纵向收缩量的近似值（mm/m）：

　　　　对接焊缝 0.15～0.30；

　　　　连续角焊缝 0.20～0.40；

　　　　间断角焊缝 0～0.10。

注：以上数据是在宽度大约为 15 倍板厚的焊缝区中的纵向收缩量，适用于中厚低碳钢。

2. 横向收缩变形

钢结构构件焊接后在垂直于焊缝方向发生的收缩叫横向收缩变形。横向收缩的变形量随板厚的增加而增加。多道焊时，每一道焊缝所产生的横向收缩量逐渐递减。对接焊缝的横向收缩变形量，可以用以下公式来进行计算。

V 形坡口 $\Delta L = 0.1\sigma + 0.6$

X 形坡口 $\Delta L = 0.1\sigma + 0.4$

式中 σ——焊接接头的板厚。

$$E = \frac{KA_n}{\sigma}$$

式中 E——焊缝横向收缩量，mm；

σ——板厚，mm；

A_n——焊缝截面积，mm^2，除焊缝余高；

K——系数，$K = 0.1 \sim 0.2$；当拘束度 R_f 高时，$K = 0.1$；当 R_f 低时，$K = 0.2$；当 R_f 适中时，$K = 0.15$。

第一章

建筑钢结构焊接质量控制的基本原则

建筑钢结构体系的分类是一个复杂的力学课题，是焊接结构与焊接力学的组成部分，分类的目的是为设计、制作、施工应用服务。

第一节　建筑钢结构体系的初始应力控制

焊接是工程结构或者产品制造过程中最常用的制造方法之一，焊接质量是否能满足要求，主要是指采用焊接加工方法建造的工程结构或制造的产品能否满足使用性能要求。

由于焊接采取了局部加热的方法，焊件受热不均匀，产生焊件变形与焊接接头残余应力，导致焊接接头往往成为工程结构或者产品最薄弱的环节。

所有工程结构都有强度、刚度的要求，也就是在自身重力载荷、外部载荷和自然载荷的作用下，焊接结构应具有保持其自身形状不变的能力，即具有抵抗变形和破坏的能力，因此，焊接结构必须具有满足使用要求的力学性能。

如何保证焊接接头的力学性能往往成为焊接工作者最为关心的问题。

所谓焊接力学，就是针对焊接加工的特殊性，应用传统的力学基础理论，进行焊接结构的受力分析，探索出普遍性规律，形成焊接力学体系，为焊接结构与焊接接头设计、焊接工艺方法的选择与制订、焊接结构断裂分析及安全评定等提供理论依据，从而实现焊接结构的控形与控性。

目前，我国的设计部门提出了控制建筑钢结构体系初始应力的观点，这是焊接力学的重要组成部分。通俗地说就是：进行建筑钢结构的力系分析，控制建设过程中钢结构体系的应力应变。这是一个典型的从设计开始，包括制作、安装、运营全过程的系统工程。

我国著名的钢结构专家华南理工大学王仕统教授对选择钢结构设计方案有独特的见解。他指出：正确选择结构方案的前提是正确进行结构分类。不正确的结构分类，即不按力学原理分类，会导致专业人士的结构力学概念混乱，其直接后果是设计出笨重的钢结构，与绿色建筑相佐。王仕统教授的结构分类遵循焊接力学准则，目的在于把结构设计得更轻巧。

这个观点同样适合钢结构工程制作、安装和焊接，如果一个工程的钢结构体系宏观力系不清晰，则该工程编制"施工组织设计"将碰到很多困难。

长期以来，建筑钢结构因结构形式复杂多样，没有一个统一的分类，加上各地、各单位对结构的认识、命名不一致，建筑钢结构的分类显得较混乱，导致分析问题、认识工程本质思路不集中，并稍有偏差，由此带来"施工组织设计"编制的不确定因素。

本章根据 GB 50017 相关内容，结合工程实际进行详细阐述，以期得到较为完整的建筑钢结构的分类，使广大工程技术人员加深对体系的认识，从而有针对性地制定"施工组织设计"，并实现"用最合理的焊接工艺，获得最优质的焊接工程"。

一、钢结构系统的初始应力状态

对建筑钢结构设计而言，钢结构系统的初始应力是十分重要的技术指标；是建筑钢结构体系建成安全运营的根本保证；是设计、制作、施工单位在统一技术规程的前提下，共同完成的钢结构系统工程的重要指标。实现建筑钢结构体系的最佳初始应力状态，是设计和施工共同追求的目标。

钢结构系统理想的初始应力状态最终目标是：

制作、安装和焊接所产生的应力应变完全符合设计的技术要求，并且在形成钢结构体系

后，应力应变实现最大程度的小型化、均匀化。

然而，这是一件十分艰难的工作：对建筑钢结构系统而言，初始应力状态扑朔迷离，既有安装应力、温差引起的应力，又有焊接残余应力，组成和分布十分复杂，控制不产生应力应变集中的节点十分不容易。

具体的钢结构体系初始应力，除静载自承重体系类型的不同应力状态外，涉及焊接节点的设计，钢结构体系的焊缝的布置；钢材及构件断面的确定，坡口的形状（全熔透或局部熔透）、坡口角度的大小；焊接材料的选择以及不同焊接技术的应用。由于涉及诸多不确定因素，因此，钢结构体系初始应力是一个十分复杂而且是在各方面因素完成后综合确定的问题。

建筑钢结构体系中有数千个节点，这些节点在钢结构体系中位置不同、大小不同、受力状况也不同。对每个节点都进行有限元分析是不现实的，大面积的定量计算也是很难做到的，定量分析十分困难。例如，由太阳辐射照度引起的结构温升的计算方法在相关规范中并没有明确提及，可以参考的经验较少，因此温度应力计算采用的各种参数、室外风速值很难确定。此外，对于漫反射、空气流动性差等影响因素，在各类构件热传导计算边界条件中考虑起来比较困难，目前只能根据工程经验确定。这些决定了控制钢结构体系初始应力任务的艰巨性。

二、控制钢结构系统的初始应力状态对设计的要求

当前国内钢结构向高、大、难、异方向发展，各种复杂、大型、异形节点方案层出不穷。设计人员在设计节点时，因为对工厂制作工艺和行业技术水平不了解，设计时不区别工作焊缝和联系焊缝，往往将焊接要求大幅度提高，显然对实现应力应变小型化、均匀化极为不利。

很多项目设计说明中规定，除角焊缝外，焊缝均要求为全熔透一级焊缝。这种设计有两个不足：一来并无必要且不合理，因为过分保守，质量指标过剩，无端造成焊接应力应变加大，增加了系统初始应力应变的不确定性，增加工程成本，拖延工期；二来因为施焊角度、施焊空间、部位等因素影响，加工厂经常无法达到设计要求，形成矛盾，同时钢结构体系控制应力应变难度加大。因此，钢结构从业人员（设计、制作、吊装、焊接）不仅要研习国家标准和行业标准规范，还需要深入工厂、工地了解加工制造和现场施工的流程和工艺。

钢结构施工"成也焊接，败也焊接"，设计人员在设计复杂、异形节点时，应注意避免出现密集焊缝、相交焊缝的情况，从构造、工艺的角度出发，选取工艺流程简单、产生焊接应力应变较小的设计方案。

三、建筑钢结构工序复杂性——合龙和卸载

建筑钢结构施工有两个特殊工序——"合龙"和"卸载"，两者都是均化系统应力应变的关键工序。

在建筑钢结构宏观力系的转换中，采用科学合理的"合龙"和"卸载"方案，能够有效实现力系转换的平稳过渡，最大程度均衡分配焊接残余应力.

我们经常听到和见到的是桥梁合龙、拦河大坝合龙。国家体育场"鸟巢"钢结构焊接工程第一次提出建筑钢结构焊接工程的合龙观念。2006年9月17日钢结构支撑塔架卸载成功，从理论上和工程上都为建筑钢结构合龙提出了新的课题，也可以说是提出了挑战。"合

龙"观念的提出，意味着钢结构体系开始重视初始应力的研究，将会开辟一个新的技术领域，将会有更新更多的工作，将会碰到和解决更多的难题。

钢结构焊接工程的初始应力应变的指标，应当成为钢结构焊接工程重要的质量控制指标，钢结构整体合龙是结构整体安全运营的关键工序。

1. 合龙及合龙焊缝定义

建筑钢结构在初始温度的条件下，从分散的带临时约束体系到封闭稳定结构的结构体系转换过程叫合龙；使之成为封闭稳定结构的焊缝叫合龙焊缝。

2. 钢结构体系转换后的特点

① 体系的刚性明显增加，安全稳定性明显增加。

② 合龙后的钢结构体系临时约束一起形成了钢结构体系的一次初始应力。

③ 合龙完成后的钢结构体系经过卸载工序之后，钢结构体系再次转换为自承重体系，一次初始应力进行二次分配，形成钢结构系统真正的初始应力状态。

3. 合龙温度的确定原则

合龙温度是钢结构在合龙过程中的初始平均温度，区别于大气温度，是结构使用中温度的基准点，也称安装校准温度。其确定原则如下：

① 确定结构合龙温度时，首先考虑当地的气象条件，应使合龙温度接近平均气温，也就是可进行施工的天数的平均气温。

② 合龙温度应尽量设置在结构可能达到极限的最高和最低温度之间，使结构受温度影响最合理，使日照形成的温差应力最小。

③ 确定合龙温度应充分考虑施工中的不确定因素，预留一定温度的允许偏差，留作调整用。

4. 合龙温度监测的必要性

钢结构的温度是由周围环境所决定的，是太阳辐射、空气流动、环境温度等多种因素共同作用的结果。钢结构的构件温度与周围的环境温度是有差别的，存在滞后性，在一些特殊条件下，存在钢构件温度比环境温度高的可能性。同时，对于国家体育场如此大体量的空间钢结构工程，各部位的钢结构温度也会存在差别。因此，不能简单地通过环境温度的测量而得到钢构件的温度，必须使用专门的测量设备对钢构件进行直接的温度测量。

温度监测主要有 3 个目的：

1）测量钢结构各部位的本体温度及主要位置的大气温度、湿度，以判断钢结构温度的滞后时间效应，并由此建立钢结构本体温度与大气温度、湿度及天气预报之间的关系，通过天气预报资料和设计确定的合龙温度，确定初步的合龙时间，以便组织合龙工作。

2）根据钢结构各部位的本体温度的分布情况，确定合龙温度测量基准点，确保合龙温度的可操作性和准确性。

3）根据钢结构本体温度的变化情况，确定最适宜的合龙时间段，保证合龙质量和合龙工作的有序进行。

5. 卸载

事实上，钢结构系统的合龙过程是整个系统一次初始应力的形成过程。真正形成钢结构系统初始应力的工序是卸载。

带有临时支撑的钢结构稳定系统，转换成自承重稳定系统的过程叫**卸载**。

　　卸载是对钢结构系统焊缝质量的最终检验，同时形成钢结构系统真正的初始应力，钢结构系统的一次初始应力在卸载过程中进行了二次分配，钢结构系统的全部焊缝真正进入工作状态。

　　钢结构系统的初始应力是钢结构体系安全运营的根本指标，只有充分实现设计对系统初始应力的要求，才有理由说：该系统是安全可靠的。

　　钢结构焊接工程不希望出现焊缝的应力集中，希望焊接应力尽量均衡；对具体焊缝而言，不希望出现很大变形，影响观感，更不希望存在很大的焊接残余应力而影响钢结构系统安全。

四、控制钢结构系统的初始应力状态对施工的要求

　　建筑钢结构系统是逐渐形成的，整个过程也是结构力系的转化过程。

　　具体地讲：在工厂钢材是从不受力状态的零件逐渐形成有一定约束力的部件；到安装现场后再过渡到有较强约束的局部稳定结构（工程中称"吊装单元"）；根据工程技术方案，再由多个局部稳定结构，通过合龙工序，过渡成带有临时支撑的封闭稳定系统。在安装全部完成的基础上，通过（对支撑塔架）卸载形成自承重钢结构体系，实现钢结构体系全部力系转换，形成最终的建筑钢结构体系的初始应力状态。

　　系统初始应力应变通过钢结构的制作，吊装（**整体提升、滑移、高空散拼、顶升**），焊接的工序逐渐形成。建筑钢结构体系的刚度随着结构体系的建造过程逐步形成，载荷也是逐步作用在刚度逐步形成的结构上。

　　将全部载荷一次性施加在最终成形结构上，与逐步加载的方法相比较，系统受力结果有一定的差异，对于超高层钢结构，这一差异会比较显著（整体提升和高空散拼其初始应力应变状态有很大的差别）。

　　对于大跨度和复杂空间钢结构，特别是非线性效应明显的索结构和预应力钢结构，不同的结构安装方式（特别是不同的吊装和焊接工艺）会导致钢结构刚度形成的条件和程度不同，进而影响结构最终成形时的内力和变形。因此，在建筑钢结构的设计阶段结构分析中，应充分考虑这些因素，必要时进行施工（焊接）模拟分析；结构和焊接专业应充分结合，相辅相成，单打独斗不可能达到和实现建筑钢结构体系初始应力的理想境界。

　　不同类别（不同截面，不同型号、类别钢材）的钢结构有不同的施工方法；就是在相同类别的系统中，也存在不同的施工方法。在相同的钢结构类别中，如果采用不同的施工方法，系统从零件到部件，通过吊装焊接，钢结构从部件转换成局部稳定系统并通过合龙、卸载形成封闭稳定自承重钢结构体系的路径将会不同，因此所获得的应力应变结果（建筑钢结构体系初始应力状态）也不一样，甚至有很大的差异。

　　在设计完成的前提下，建筑钢结构体系初始应力状态100%取决于施工方法。显然，这是对钢结构施工严峻的考验。这也是建筑钢结构与其他结构的区别和特点。这是一个涉及面很大的动态过程，控制钢结构系统应力应变有很大的难度。应根据设计的技术指标，在工程中按照建筑钢结构系统形成的路径来控制钢结构焊接工程的初始应力，即控制钢结构体系的应力应变。

　　节点优化是项目优化设计工作的重点，优化设计工程师需与施工图设计人员密切配合，相互交流，使节点方案传力简洁、受力性能优异、制作简单。

第二节　钢结构体系的分类

根据钢结构系统施工路径决定系统初始应力的分析，本书将建筑钢结构分为**弯矩结构**和**轴力结构**两大类，新旧钢结构分类对比见表1-1。

表1-1　新旧钢结构分类对比

维 (Dimension)	新分类			旧分类
	轴力结构 (Axial Force-Resisting Structures)	弯矩结构 (Moment-Resisting Structures)		
	屋盖结构		多层、高层结构 (屋盖、楼盖水平刚度无穷大)	
	屋盖形效结构 (Roof Formative Structures)	屋盖弯矩结构		
一	拱 索：柔性索、劲性索	实腹梁 桁架 张弦梁 门式刚架	框架；框架-支撑（钢板剪力墙）；框筒；巨型结构；悬挂体系	
二		格栅、网架、张弦梁		实腹梁、桁架
三 (空间)	刚性结构，如网壳 柔性结构，如膜结构、索网、索穹顶、辐射单、双层索 杂交结构，如弦支穹顶			网架 网壳 多层、高层建筑

钢结构体系的选择不只是单一的结构受力问题，同时受到经济条件许可度、建筑要求、结构材料和施工条件的制约，是一个综合的技术经济问题，应全面考虑确定。

钢结构材料性能的优越性给结构设计提供了更多的自由度，应该鼓励选用节材的新型结构体系。相对于成熟结构体系，新型结构体系由于缺少实践检验，必须进行更为深入的分析，必要时结合试验研究。

因此，在工程实践中，人们十分重视对建筑钢结构的分类研究，以期找出各类建筑钢结构体系的理想施工方法，从而控制系统应力应变，获得建筑钢结构理想的系统初始应力，实现设计的技术要求。

根据现行设计规范，为了适应钢结构制作、施工需要，建筑钢结构根据结构受力和结构特点可分为四大类：①单层钢结构；②多层、高层钢结构；③大跨度钢结构；④高耸钢结构和构筑物钢结构。

一、单层钢结构

单层钢结构主要由横向抗侧力体系和纵向抗侧力体系组成，其中横向抗侧力体系可按表1-2进行分类，纵向抗侧力体系宜采用中心支撑体系，也可采用刚架结构。

表1-2　单层钢结构体系分类

结构体系		具体形式
排架	普通	单跨、双跨、多跨排架，高低跨排架等

续表

结构体系		具体形式
框架	普通	单跨、双跨、多跨框架,高低跨框架等
	轻型	
门式刚架	普通	单跨、双跨、多跨刚架;带挑檐、带毗屋、带夹层刚架;单坡刚架等
	轻型	

注：排架包括等截面柱、单阶柱和双阶柱排架；框架包括无支撑纯框架和有支撑框架；门式刚架包括单层柱和多层柱门式刚架。

　　排架和门式刚架是常用的横向抗侧力体系，对应的纵向抗侧力体系一般采用柱间支撑结构，当条件受限时纵向抗侧力体系也可采用刚架结构。当采用框架作为横向抗侧力体系时，纵向抗侧力体系通常采用刚架结构（包括有支撑和无支撑情况）。因此为简便起见，将单层钢结构归纳为由横向抗侧力体系和纵向抗侧力体系组成的结构体系。

　　一般来说，轻型钢结构建筑指采用薄壁构件、轻型屋盖和轻型围护结构的钢结构建筑。薄壁构件包括：冷弯薄壁型钢、热轧轻型型钢（工字钢、槽钢、H型钢、L型钢、T型钢等）、焊接和高频焊接轻型型钢、圆管、方管、矩形管、由薄钢板焊成的构件等。轻型屋盖指压型钢板、瓦楞铁等有檩屋盖。轻型围护结构包括：彩色镀锌压型钢板、夹芯压型复合板、玻璃纤维增强水泥（GRC）外墙板等。一般来说，轻型钢结构的截面类别为E级，因此构件延性较差，但由于质量较小的原因，很多结构都能满足大震弹性的要求，所以，专门把轻型钢结构的归类从普通钢结构中分离出来。这样工程技术人员概念清晰，既能避免一些不必要的抗震构造，达到节约造价的目的；又能避免一些错误的应用，防止工程事故的发生。除了轻型钢结构以外的钢结构建筑，统称为普通钢结构建筑。

　　门式刚架结构如图1-1所示。混合形式是指排架、框架和门式刚架的组合形式，常见的混合形式如图1-2所示。

图1-1　门式刚架

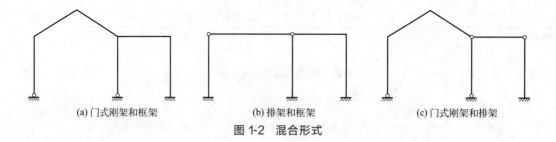

| (a)门式刚架和框架 | (b)排架和框架 | (c)门式刚架和排架 |

图 1-2 混合形式

二、多层、高层钢结构

10 层以下、总高度小于 24m 的民用建筑和 6 层以下、总高度小于 40m 的工业建筑定义为多层钢结构；超过上述高度的定义为高层钢结构。其中民用建筑层数和高度的界限与我国建筑防火规范相协调，工业建筑一般层高较高，根据实际工程经验确定。

图 1-3 所示为高层结构。

图 1-3 高层结构

按抗侧力结构的特点，多层、高层钢结构的结构体系可按表 1-3 进行分类。

表 1-3 多层、高层钢结构体系分类

结构体系		支撑、墙体和筒形式	抗侧力体系类别
框架、轻型框架			单重
框-排架		纵向柱间支撑	单重
支撑	中心支撑	普通钢支撑、消能支撑(防屈曲支撑等)	单重
结构	偏心支撑	普通钢支撑	单重
框架-支撑、	中心支撑	普通钢支撑、消能支撑(防屈曲支撑等)	单重或双重
轻型框架-支撑	偏心支撑	普通钢支撑	单重或双重
框架-剪力墙板		钢板墙、延性墙板	单重或双重
筒体结构	筒体	普通桁架筒	单重
	框架-筒体	密柱深梁筒	单重或双重
	筒中筒	斜交网格筒	双重
	束筒	剪力墙板筒	双重
巨型结构	巨型框架		单重
	巨型框架-支撑		单重或双重
	巨型支撑		单重或双重

注：框-排架结构包括由框架与排架侧向连接组成的侧向框-排架结构和下部为框架、上部顶层为排架的竖向框-排架结构。

　　因刚度需要，高层建筑钢结构可设置外伸臂桁架和周边桁架，外伸臂桁架设置处宜同时有周边桁架，外伸臂桁架应贯穿整个楼层，伸臂桁架的尺度要与相连构件尺度相协调。

　　轻型框架和轻型框架-支撑钢结构适用于多层民用建筑和楼面等效载荷小于 $8kN/m^2$ 且建筑高度小于 20m 的工业建筑。

　　框-排架结构形式可分为侧向框-排架和竖向框-排架，侧向框-排架由排架和框架侧向相连组成，分为等高和不等高的情况，见图 1-4（a）（b），竖向框-排架结构上部为排架结构，下部为框架结构，见图 1-4（c）。

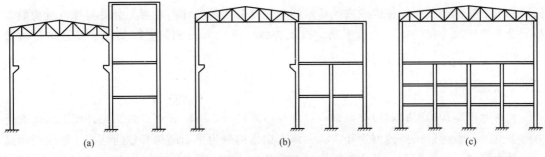

(a)　　　　　　　　　　(b)　　　　　　　　　　(c)

图 1-4　框-排架形式

　　组成结构体系的单元中，除框架的形式比较明确，支撑、剪力墙、筒体的形式都比较丰富，结构体系分类表中专门列出了常用的形式。其中消能支撑一般用于中心支撑的框架-支撑结构中，也可用于组成筒体结构的普通桁架筒或斜交网格筒中，在偏心支撑的结构中由于与耗能梁端的功能重叠，一般不同时采用；斜交网格筒全部由交叉斜杆编织成，可以提供很大的刚度，在广州电视塔和广州西塔等 400m 以上结构中已有应用；剪力墙板筒国内已有的实例是以钢板填充框架而形成筒体，在 300m 以上的天津津塔中应用。

　　筒体结构的细分以筒体与框架间或筒体间的位置关系为依据：筒与筒间为内外位置关系的为筒中筒；筒与筒间为相邻组合位置关系的为束筒；筒体与框架组合的为框筒。框筒又可进一步分为传统意义上抗侧效率最高的外周为筒体、内部为主要承受竖向载荷的框架的外筒内框结构；与传统钢筋混凝土框筒结构相似的核心为筒体、周边为框架的外框内筒结构；以及多个筒体在框架中自由布置的框架多筒结构。

　　巨型结构是一个比较宽泛的概念，当竖向载荷或水平载荷在结构中以多个楼层作为其基本尺度而不是传统意义上在一个楼层进行传递时，即可视为巨型结构。比如，将框架或桁架的一部分当作单个组合式构件，以层或跨的尺度作为"截面"高度构成巨型梁或柱，进而形成巨大的框架体系，即为巨型框架结构。巨梁间的次结构的竖向载荷均是通过巨型梁分段传递至巨型柱。在巨型框架的"巨型梁""巨型柱"节点间设置支撑（巨型支撑），即形成巨型框架-支撑结构。当框架为普通尺度，而支撑的布置以建筑的立面为尺度时，可以称为巨型支撑结构，如中国香港的地标建筑之一中银大厦。

　　不同的结构体系由于受力和变形特点的不同，延性上也有较大差异，具有多道抗侧力防线和以非屈曲方式破坏的结构体系延性更高；同时，结构的延性还取决于节点区是否会发生脆性破坏以及构件塑性区是否有足够的延性。所列的体系分类中，框架-偏心支撑结构、采用消能支撑的框架-中心支撑结构、采用钢板墙的框架-抗震墙结构和不采用斜交网格筒的筒中筒和束筒结构，一般为高延性等级结构类型；全部筒体均采用斜交网格筒的筒体结构一般为低延性等级结构类型。

　　具有较高延性的结构在塑性阶段可以承受更大的变形而不发生构件屈曲和整体倒塌，因而具有更好的耗能能力，如果以设防烈度下结构应具有等量吸收地震能量的能力作为抗震设计准则，则较高延性的结构应该可以允许比较低延性结构更早进入塑性。

屈曲约束支撑可以提高结构的延性，且相比较框架-偏心支撑结构，其延性的提高更为可控，故视其占全部支撑的比例，框架-中心支撑结构适用高度最高可提高 20％。

双重抗侧力体系指的是结构体系有 2 道抗侧力防线，其中第 2 道防线的水平承载力不低于总水平剪力的 25％。

伸臂桁架和周边桁架都可以提高周边框架的抗侧贡献度，当二者同时设置时，效果更为明显，一般用于框筒结构，也可用于需要提高周边构件抗侧贡献度的各种结构体系中。伸臂桁架的上下弦杆必须在筒体范围内拉通，同时在弦杆间的筒体内设置充分的斜撑或抗剪墙以利于上下弦杆轴力在筒体内的自平衡。设置伸臂桁架的数量和位置既要考虑其总体抗侧效率，同时也要兼顾与其相连构件及节点的承受能力。

三、大跨度钢结构

大跨度钢结构的形式和种类繁多，也存在不同的分类方法，可以按照大跨度钢结构的受力特点分类；也可以按照传力途径，将大跨度钢结构分为平面结构和空间结构。平面结构又可细分为桁架、拱及钢索、钢拉杆形成的各种预应力结构。空间结构也可细分为薄壳结构、网架结构、网壳结构及各种预应力结构。浙江大学董石麟教授提出采用组成结构的基本构件或基本单元即板壳单元、梁单元、杆单元、索单元和膜单元对空间结构分类。

大跨度钢结构体系可按表 1-4 分类。

表 1-4　大跨度钢结构体系分类

体系分类	常见形式
以整体受弯为主的结构	空间桁架结构：平面桁架、立体桁架、空腹桁架、网架、组合网架以及与钢索组合形成的各种预应力钢结构（又称管桁架、网架、BH 桁架、BOX 桁架）
以整体受压为主的结构	实腹钢拱、平面或立体桁架形式的拱形结构、网壳、组合网壳以及与钢索组合形成的各种预应力钢结构（又称管桁架、网架、BH 桁架、BOX 桁架）
以整体受拉为主的结构	悬索结构、索桁架结构、索穹顶等（又称张弦梁结构、弦支穹顶结构、网架结构）

大跨度钢结构的设计应结合工程的平面形状、体型、跨度、支承情况、载荷大小、建筑功能综合分析确定，结构布置和支承形式应保证结构具有合理的传力途径和整体稳定性。应根据大跨度钢结构的结构和节点形式、构件类型、载荷特点，并考虑上部大跨度钢结构与下部支承结构的相互影响，建立合理的计算模型，进行协同分析。

近年实际工程中常见的大跨度钢结构有空间桁架结构（管桁架、BH 桁架、BOX 桁架）、张弦梁结构、弦支穹顶结构、网架结构（螺栓球、焊接球）等（详见图 1-5～图 1-8）。

图 1-5　空间 BOX 桁架

图 1-6　张弦梁结构

图 1-7　弦支穹顶结构

图 1-8　网架结构

四、高耸钢结构和构筑物钢结构

高耸钢结构主要有广播电视发射塔、通信塔、导航塔、输电高塔、石油化工塔、大气监测塔等。构筑物钢结构主要有烟囱、锅炉悬吊构架、储仓、运输机通廊、管道支架等。图1-9 所示为杭州湾跨海大桥观光（导航）塔效果图。

图 1-9　杭州湾跨海大桥观光（导航）塔效果图

事实上，在一个工程中结构类型的界限并不是十分明确，一个建筑钢结构工程往往包含有多种结构类型，采用以上单一分类的钢结构工程并不多见，对具体情况要做具体分析。

第三节　钢结构的受力特点及性能保证

在建筑钢结构焊接工程中，分析构件受力是制定焊接方案的基本依据，因此极其重要。

一、有关材料性能的几个基本概念

（1）材料的弹性　弹性是指材料在外力作用下发生变形，当外力解除后，能完全恢复到变形前形状的性质。这种变形称为弹性变形或可恢复变形。

（2）材料的塑性　塑性是指材料在外力作用下发生变形，当外力解除后，不能完全恢复原来形状的性质。这种变形称为塑性变形或不可恢复变形。

（3）材料的屈服强度　材料受外力到一定限度时，即使不增加负荷，它仍继续发生明显的塑性变形。金属材料试样承受的外力超过材料的弹性极限时，虽然应力不再增加，但是试样仍发生明显的塑性变形，这种现象称为屈服，即材料承受外力到一定程度时，其变形不再与外力成正比，而是产生明显的塑性变形，产生屈服时的应力称为屈服强度。这个指标表示了金属材料抵抗塑性变形的能力。

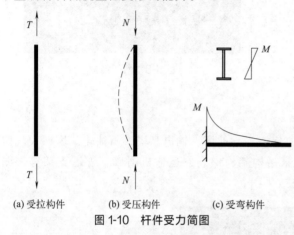

(a) 受拉构件　　(b) 受压构件　　(c) 受弯构件

图 1-10　杆件受力简图

在工程中最能充分发挥材料受力性能的是受拉构件（图 1-10a），整个构件在长度和截面都充分受力：$\sigma = \dfrac{T}{A}$（A 为杆件的横截面积）；其次是受压构件（图 1-10b），截面受力均匀，但存在构件整体失稳的问题，需折减稳定系数：$\sigma = \dfrac{N}{A}$；最不能发挥材料受力性能的是受弯构件（图 1-10c），在构件长度方向上有些部位弯矩大，有些部位小，在截面上也是离中性轴远受力大，离中性轴近受力小。因此最经济的结构应该是索结构，其次是桁架结构，最后是框架结构。

二、承重结构的钢材综合性能保证项目

1. 抗拉强度

钢材的抗拉强度是衡量钢材抵抗拉断的性能指标，它不仅是一般强度的指标，而且直接反映钢材内部组织的优劣，并与疲劳强度有着比较密切的关系。

2. 断后伸长率

钢材的伸长率是衡量钢材塑性性能的指标。钢材的塑性是在外力作用下产生永久变形时抵抗断裂的能力。因此，承重结构用的钢材，在静力载荷或动力载荷作用下，以及在加工制作过程中，除了应具有较高的强度外，还要求具有足够的伸长率。

3. 屈服强度（或屈服点）

钢材的屈服强度（或屈服点）是衡量结构的承载能力和确定强度设计值的重要指标。碳素结构钢和低合金结构钢在受力到达屈服强度以后，应变急剧增大，从而使结构的变形迅速增加以致不能继续使用。所以钢结构的强度设计值一般都是以钢材屈服强度为依据而确定的。对于一般非承重或由构造决定的构件，只要保证钢材的抗拉强度和断后伸长率即能满足要求；对于承重的结构则必须保证钢材的抗拉强度、伸长率、屈服强度三项合格。

4. 冷弯试验

钢材的冷弯试验结果是塑性指标之一，同时也是衡量钢材质量的一个综合性指标。通过冷弯试验，可以检查钢材颗粒组织、结晶情况和非金属夹杂物分布等缺陷，在一定程度上也是鉴定焊接性能的一个指标。结构在制作、安装过程中的冷加工，尤其是焊接结构焊后变形的调直等工序，都需要钢材有较好的冷弯性能。而非焊接的重要结构（如吊车梁，吊车桁架，有振动设备或有大吨位吊车厂房的屋架、托架，大跨度重型桁架等）以及需要弯曲成形

的构件等，也都要求具有冷弯试验合格的保证。

5. 硫、磷含量

硫、磷是建筑钢材中的主要杂质，对钢材的力学性能和焊接接头的裂纹敏感性都有较大影响。硫能生成易于熔化的硫化铁，当热加工或焊接的温度达到 $800 \sim 1200℃$ 时，可能出现裂纹，称为热脆；硫化铁又能形成夹杂物，不仅促使钢材起层，还会引起应力集中，降低钢材的塑性和冲击韧性。硫又是钢中偏析最严重的杂质之一，偏析程度越大越不利，容易产生热裂纹。磷是以固溶体的形式溶解于铁素体中，这种固溶体很脆，加之磷的偏析比硫更严重，形成的富磷区促使钢变脆（冷脆），降低钢的塑性、韧性及可焊性。因此，所有承重结构对硫、磷的含量均应有合格保证。

6. 碳当量

在焊接结构中，建筑钢的焊接性能主要取决于**碳当量**，碳当量越高，焊接性能变差的程度越大。因此，对焊接承重结构尚应有碳当量的合格保证。

国际焊接学会（IIW）推荐的碳当量公式 CE（Carbon Equivalent）：

$$CE(IIW) = w(C) + \frac{w(Mn)}{6} + \frac{w(Cr+Mo+V)}{5} + \frac{w(Ni+Cu)}{15} (\%)$$

式中，w 表示该元素的质量分数，下同。

该式主要适用于中、高强度的非调质低合金高强度钢（抗拉强度 $\sigma_b = 500 \sim 900MPa$）。当板厚小于 20mm，CE(IIW)<0.4% 时，钢材淬硬倾向不大，焊接性良好，不需预热；CE(IIW)=0.4%~0.6%，特别当大于 0.5% 时，钢材易于淬硬，焊接前需预热。

7. 冲击韧性 （或冲击吸收能量）

冲击韧性表示材料在冲击载荷作用下抵抗变形和断裂的能力。材料的冲击韧性值随温度的降低而减小，且在某一温度范围内发生急剧降低，这种现象称为冷脆，此温度范围称为"韧脆转变温度"。因此，对直接承受动力载荷、需验算疲劳的构件，处于低温工作环境的钢材还要求有冲击韧性合格保证。

冲击韧性测试原理：采用夏比冲击试验，在摆锤式冲击试验机上进行，其测试原理是能量守恒原理。试验时，将被测金属的冲击试样放在冲击试验机的支座上，缺口背对摆锤的冲击方向。将重量为 G 的摆锤升高到 H 高度，使其具有一定的势能 GH，然后让摆锤自由落下，将试样冲断，摆锤继续向另一方向升高到 h 高度，此时摆锤具有的剩余势能为 Gh。摆锤冲断试样所消耗的势能即是摆锤冲击试样所做的功，称为冲击吸收功，用符号 A_k 表示。其计算公式为

$$A_k = G(H-h)$$

试验时，A_k 值可直接从试验机的刻度盘上读出。A_k 值的大小代表了被测金属韧性的高低，但习惯上采用冲击韧度来表示金属的韧性。冲击吸收功 A_k 除以试样缺口处的横截面面积 S_0，即可得到被测金属的冲击韧度，用符号 α_k 表示。其计算公式为

$$\alpha_k = \frac{A_k}{S_0}$$

式中　α_k——冲击韧度，J/cm^2；

A_k——冲击吸收功，J；

S_0——试样缺口处横截面面积，cm^2。

一般将 α_k 值低的材料称为脆性材料，α_k 值高的材料称为韧性材料。脆性材料在断裂前

无明显的塑性变形，断口比较平整，有金属光泽；韧性材料在断裂前有明显的塑性变形，断口呈纤维状，没有金属光泽。

冲击试样：为了使夏比冲击试验的结果可以互相比较，冲击试样必须按照国家标准制作。常用的冲击试样有夏比 U 形缺口试样和夏比 V 形缺口试样两种，其相应的冲击吸收功分别为 A_{ku} 和 A_{kv}，冲击韧度则为 α_{ku} 和 α_{kv}。

多次冲击试验：在实际工作中，承受冲击载荷作用的零件或工具，经过一次冲击断裂的情况很少，大多数情况是在小能量多次冲击作用下而破坏的。这种破坏是多次冲击损伤的积累导致裂纹产生与扩展的结果，与大能量一次冲击的破坏过程有本质的区别。对于这样的零件和工具已不能用冲击韧度来衡量其抵抗冲击载荷的能力，而应采用小能量多次冲击抗力指标。

在一定的冲击能量下，试样在冲锤的多次冲击下断裂时，经受的冲击次数 N 就代表了金属抵抗小能量多次冲击的能力。

实践证明，冲击韧度高的金属材料，小能量多次冲击抗力不一定高。一般金属材料受大能量的冲击载荷作用时，其冲击抗力主要取决于金属的塑性，而在小能量多次冲击的情况下，其冲击抗力主要取决于金属的强度。

8. 常用的力学性能指标及其含义

见表 1-5。

表 1-5 常用的力学性能指标及其含义

力学性能	名称	符号	解　释
强度	抗拉强度	Rm	材料抵抗外力最大的能力
	屈服强度	Re	材料抵抗微量塑性变形的能力
	条件屈服强度	$\sigma_{0.2}$	脆性材料无明显塑性变形点，规定其发生塑性变形为标距长度 0.2% 时的应力作为屈服强度
塑性	伸长率	δ	试件拉断后的伸长量与原来标距长度的百分比，δ 越大，材料的塑性越好。
	断面收缩率	ψ	横断面的减少量与原始断面积的百分比，ψ 值越大，材料的塑性越好
硬度	布氏硬度	HBS(W)	表示被测材料压入钢球单位面积所受的载荷数值，标志材料抵抗其他更硬物质压入其表面的能力
	洛氏硬度	HRA HRC HRB	根据压痕深浅来衡量硬度，硬度值可以从表上直接读出，HRC 应用最广，一般淬火钢件都用洛氏硬度
韧性	冲击韧性	α_k	材料抵抗冲击外力的能力，α_k 值越大，材料的韧性越好

第二章

细晶粒高强钢焊接性及焊接关键技术

　　本章根据 GB/T 1591《低合金高强度结构钢》和建筑钢结构工程实例，从钢材的化学成分入手分析细晶粒高强钢（Q355）和普通低合金高强钢（Q345）的本质区别，应用碳当量概念进一步阐述 Q355 低碳、微合金化、纯净化、细晶粒化的特点，论证 Q355 是典型的细晶粒新钢种这一客观事实。

　　本章根据分析认为：高强钢种焊接接头的强度、细化晶粒等指标同钢材的微合金元素直接有关；焊接热循环会造成合金元素的损失，因此，多一次热循环，合金元素的损失会增加，对焊接接头质量不利，必然降低焊接接头的综合性能，这就是焊接 Q355 钢的关键所在。

　　根据工程实际的需要，本章还介绍了冷裂纹敏感系数及用碳当量确定焊接预热温度的相关内容。

一、Q355 钢焊接性分析

　　随着我国建筑钢结构技术的发展，所用钢材向更加高级的方向发展，节能减排的绿色制造理念推动焊接钢结构的变革，新钢种层出不穷。各类高强度建筑结构钢、船板钢、压力容器钢、管线钢、桥梁钢、耐热钢和低温钢等，沿着 Q460E-Z35 钢的研制道路，通过钢水精炼和控轧控冷（TMCP）等先进工艺，向"低碳、微合金化、纯净化、细晶粒化"方向发展。

　　目前，我国现代建筑钢结构焊接工程已经大规模地采用了 Q355、Q390、Q420、Q460 高强钢，有的达到了工程总体用钢的 40% 以上，钢结构工程正在向大型化和高参数方向发展；钢板的强度越来越高、厚度越来越厚，系统越来越复杂，新钢种越来越多，要求的技术条件越来越严格。

　　我国在 2019 年不再生产 Q345 钢，其应用由 Q355 取代。由此，我国建筑钢结构全面进入高强钢时代，这也是我国钢材同国际接轨的重大举措。

　　根据高强钢的技术内涵，GB/T 1591 中的全部钢种属于高强钢范畴。在贯彻标准的过程中如果简单化地认为 Q355 就是 Q345 的升级，认为 Q345 强度上限就是 Q355，应用 Q345 的焊接技术来焊接 Q355，就会导致焊接质量出现问题。

（一）用 Q345 的焊接技术和工艺方法焊接 Q355 的案例

　　对 Q355 钢认识上的偏差，给焊接工程带来一系列质量问题。

　　例 1：应用埋弧焊（SAW）技术做 Q355 对接全熔透焊接工艺评定，采用的焊丝为 H08MnA，焊剂为 HJ431，其结果是力学性能不过关，最差的是冲击韧性。

　　当改用 H10Mn2 焊丝、SJ101 焊剂后，在焊接规范没有变化的前提下，所有的力学指标全部合格。

　　分析认为，Q345 适合高锰高硅焊剂和 08 焊丝，而 Q355 不适合。Q355 所含的气体和杂质少，显然高锰高硅焊剂是不合适的；08 焊丝属沸腾钢焊丝，有害气体含量较高，这样的配置焊接 Q355 是出现质量问题的原因。

　　例 2：应用 SAW 技术焊接 Q355，采用的焊丝为 H08MnA，焊剂为 HJ431，其结果见彩插图 2-1。

　　图 2-1 的裂纹十分特殊，比较接近热裂纹，但区别于热裂纹，这种裂纹形态是在焊丝和焊剂选用不当的情况下产生的，其产生机理值得进一步研究。

　　当采用 H10Mn2 焊丝、SJ101 焊剂后，裂纹消失。

例 3：Q355 同铸钢件焊接出现裂纹，见彩插图 2-2。工地技术人员按 Q345 的成熟工艺焊接这个接头，焊完一半后停工，再次焊接时发现裂纹。

工程实践证明，Q355 的焊接不能完全套用 Q345 的焊接工艺，因为 Q355 不是 Q345 的简单升级。

（二）细晶粒 Q355 钢及碳当量

在建筑钢结构焊接工程中，钢材是焊接的第一对象，所有的焊接工艺必须从钢材的特性特别是焊接性出发，因此，认识和了解建筑钢结构焊接工程所采用的钢材的性能是钢结构焊接工程的第一质量要素。

根据我国有关标准，建筑钢结构钢材分四个类别，类别越高，钢材的强度越高：第一类，以 Q235 为代表的优质碳素钢；第二类，以 Q345 为代表的高强度低合金钢；第三类，以 Q420 为代表的高强钢；第四类，以 Q460E-Z35 为代表的高强钢。

这四个类别钢材各又分为 A、B、C、D、E 级（Q460E-Z35 无 A、B 级，此外少量类别中还有 F 级）。A 级钢材无冲击韧性要求；B 级有 20℃冲击韧性要求；C 级有 0℃冲击韧性要求；D 级有−20℃低温冲击韧性要求；E 级有−40℃低温冲击韧性要求。

为了防止层状撕裂的产生，钢材又有厚度方向断面收缩率的要求：有一般防止层状撕裂要求的钢材为 Z15；有较高防止层状撕裂要求的钢材为 Z25；有很高防止层状撕裂要求的钢材为 Z35。

20 世纪 70 年代起人们以微合金化和控制轧制技术为基础，开发了微合金钢。微合金钢与普通碳钢和普通低合金高强度钢的最主要区别，在于微合金元素的存在将明显改变其轧制热形变行为。控制微合金钢的轧制及轧后冷却过程，使微合金元素的作用充分发挥出来，可使钢材的性能显著提高，进而发展成新型的高强度高韧性钢。

细晶粒高强度钢通常指屈服强度下限 $Re_\mathrm{L}\geq355$MPa、抗拉强度 $Rm=500\sim1200$MPa，并考虑焊接性而生产制造的钢材。$Rm\geq1200$MPa 的一般称为超高强度钢。

高强度钢分为轧制后经调质处理的调质钢和不经调质处理的非调质钢。

金属学和热处理把"淬火＋高温回火"定义为调质处理，而焊接工程中认为钢材淬火后不论经高温回火及低温回火均称为"调质"，凡经过"淬火＋回火"的钢称为调质钢（QT 钢）。

调质钢和非调质钢在力学性能、焊接性和接头性能方面有很大的差异。非调质钢的 $Rm\leq600$MPa；而调质钢的 $Rm\geq600$MPa。

1. 钢中细化晶粒度的基本元素

钢是碳含量<2.1%（质量）的铁碳合金的统称。在工业用钢中尚存在少量非有意加入的其他元素，例如一般含量的硅、锰、硫、磷等，这些元素通常称为常存元素或残余元素。

为了合金化的目的，即为改善或获得钢的某些性能，在冶炼过程中有意加入的元素，称为合金元素。它们在钢中的含量各有不同，有的可高达百分之几十，有的则低至十万分之几，含量低的元素就是我们所说的微合金。

为了保证良好的综合性能和焊接性，要求钢中的含碳量不大于 0.22%（实际上应≤0.18%）。此外，添加一些合金元素，如 Mn、Cr、Ni、Mo、V、Nb、B、Cu 等，添加这些合金元素主要为了提高钢的淬透性和马氏体的回火稳定性。这些元素可以推迟珠光体和贝氏体的转变，使产生马氏体转变的临界冷却速率降低。

微合金在细化晶粒方面，有几种元素的作用十分明显。

铝（Al）：熔点 660℃，主要用来脱氧和细化晶粒。

镍（Ni）：熔点 1453℃，在 α 铁中的最大溶解度约为 10%。它在钢中不形成碳化物，是形成奥氏体和稳定奥氏体的重要合金元素。镍细化铁素体晶粒，改善钢的低温性能，特别是韧性。

钛（Ti）：熔点 1812℃，由于它细化钢的晶粒，并成为奥氏体分解时的有效晶核，反使钢的淬透性降低。钛含量高时析出弥散分布的拉氏相，而产生时效强化作用。

钒（V）：熔点 1730℃，钒细化钢的晶粒，提高晶粒粗化温度，从而降低钢的过热敏感性，并提高钢的强度和韧性。

上述元素，Q355 全部都有。

Q355、Q390、Q420、Q460 钢的化学成分见表 2-1。

表 2-1 正火及正火轧制钢的化学成分

牌号	质量等级	化学成分（质量分数）/%													
		C	Si	Mn	P①	S①	Nb	V	Ti③	Cr	Ni	Cu	Mo	N	Als④
		不大于			不大于					不大于					不小于
Q355	B				0.035	0.035									
	C	0.20		0.90 ~ 1.65	0.030	0.030	0.005 ~ 0.05	0.01 ~ 0.12	0.006 ~ 0.05	0.30	0.50	0.40	0.10	0.015	0.015
	D		0.50		0.030	0.025									
	E	0.18			0.025	0.020									
	F	0.16			0.025	0.010									
Q390	B				0.035	0.035									
	C	0.20	0.50	0.90 ~ 1.70	0.030	0.030	0.01 ~ 0.05	0.01 ~ 0.20	0.006 ~ 0.05	0.30	0.50	0.40	0.10		0.015
	D				0.030	0.025									
	E				0.025	0.020									
Q420	B				0.035	0.035								0.015	
	C	0.20	0.60	1.00 ~ 1.70	0.030	0.030	0.01 ~ 0.05	0.01 ~ 0.20	0.006 ~ 0.05	0.30	0.80	0.40	0.10		0.015
	D				0.030	0.025								0.025	
	E				0.025	0.020									
Q460②	C				0.030	0.025								0.015	
	D	0.20	0.60	1.00 ~ 1.70	0.030	0.025	0.01 ~ 0.05	0.01 ~ 0.20	0.006 ~ 0.05	0.30	0.80	0.40	0.10		0.015
	E				0.025	0.020								0.025	

注：钢中应至少含有铝、铌、钒、钛等细化晶粒元素中一种，单独或组合加入时，应保证其中至少一种合金元素含量不小于表中规定含量的下限。

① 对于型钢和棒材，磷和硫含量上限值可提高 0.005%。

② V+Nb+Ti 含量≤0.22%，Mo+Cr 含量≤0.30%。

③ 含量最高可到 0.20%。

④ 可用全铝 Alt 替代，此时全铝最小含量为 0.020%，当钢中添加了铌、钒、钛等细化晶粒元素且含量不小于表中规定含量的下限时，铝含量下限值不限。

根据表 2-1 可知，Q355 是典型的细晶粒新钢种，和 Q390、Q420、Q460 钢同为微合金强化系列，这是同 Q345 最大区别。

Q355 性能和 Q345 相比有很大的区别，特别是 Q355M 钢为 TMCP（thermomechanical processed，也称"控制轧制"）钢，具有一定的特殊性。Q355M 具有低碳、微合金性能，

S、P 含量很低，晶粒度小，其碳当量和其他牌号的高强钢几乎相同，也就是说：其焊接性相似。因此，Q355M 具有"**低碳、微合金化，纯净化、细晶粒化**"的特点，除实际强度稍低外，其他基本符合高强钢的基本特性，因此，**Q355 为高强钢**，焊接来不得半点马虎。

2. Q355 和 Q390 碳当量 CE（C_{eq}）对比

对于新钢种，最重要的是必须了解其焊接性，就是我们通常说的该钢种能不能焊、好不好焊的话题。衡量钢材的焊接性的重要指标就是碳当量。

钢的碳当量就是把钢中包括碳在内的对淬硬、冷裂纹及脆化等有影响的合金元素含量换算成碳的相当含量。通过对钢的碳当量和冷裂敏感指数的估算，可以初步衡量低合金高强度钢冷裂敏感性的高低，这对焊接工艺条件如预热、焊后热处理、线能量等的确定具有重要的指导作用。

20 世纪 50 年代初，钢的强化主要采用碳锰，在预测钢的焊接性时，应用较广泛的碳当量公式主要有国际焊接学会（IIW）所推荐的公式和日本 JIS 标准规定的公式。

60 年代以后，人们为改进钢的性能和焊接性，大力发展了低碳微量多合金之类的低合金高强度钢，同时又提出了许多新的碳当量计算公式。

钢的碳当量从根本上说取决于母材的化学成分。对于低合金钢，碳的含量影响最大，它决定钢的"淬硬性"。为了比较各种合金元素对 HSLA（高强度低合金）钢的硬化倾向所发生的影响，一般用"CEV"或"Ceq"来表示碳当量。

通过对钢的碳当量和冷裂敏感指数的估算，可以初步衡量低合金高强度钢冷裂敏感性的高低，这对焊接工艺条件如预热、焊后热处理、线能量等的确定具有重要的指导作用。

下面是两个常用于非调质钢的"碳当量"公式：

国际焊接学会（IIW）公式 $CE = w(C) + \dfrac{w(Mn)}{6} + \dfrac{w(Cr+Mo+V)}{5} + \dfrac{w(Ni+Cu)}{15}$

日本焊接协会（JWES）公式 $CE = w(C) + \dfrac{w(Mn)}{6} + \dfrac{w(Si)}{24} + \dfrac{w(Ni)}{40} + \dfrac{w(Cr)}{5} + \dfrac{w(Mo)}{4} + \dfrac{w(V)}{14}$

适用于调质钢的"碳当量"公式：

日本焊接协会（JWES）公式 $CE = w(C) + \dfrac{w(Mn)}{9} + \dfrac{w(Ni)}{40} + \dfrac{w(Cr)}{20} + \dfrac{w(Mo)}{8} + \dfrac{w(V)}{10}$

一般来说：钢材的强度等级越高，碳当量也越高。碳当量越高，焊接性越差。这是一个十分重要的技术指标。根据碳当量的大小，能判断钢材的可焊性，见表 2-2。

表 2-2　Q355、Q390、Q420、Q460 碳当量 CE 对比

牌号		碳当量 CE/% 不大于				
钢级	质量等级	公称厚度或直径/mm				
		≤30	30～63(含)	63～150(含)	150～250(含)	250～400(含)
Q355[1]	B	0.45	0.47	0.47	0.49[2]	—
	C					—
	D					0.49[3]

牌号		碳当量 CE/%				
		不大于				
钢级	质量等级	公称厚度或直径/mm				
		≤30	30～63(含)	63～150(含)	150～250(含)	250～400(含)
Q390	B	0.45	0.47	0.48	—	—
	C					
	D					
Q420④	B	0.45	0.47	0.48	0.49②	—
	C					
Q460④	C	0.47	0.49	0.49	—	—

① 当需对硅含量控制时（例如热浸镀锌涂层），为达到抗拉强度要求而增加其他元素如碳和锰的含量，表中最大碳当量值的增加应符合下列规定：对于 Si 含量≤0.030%，碳当量可提高 0.02%；对于 Si 含量≤0.25%，碳当量可提高 0.01%。

② 对于型钢和棒材，其最大碳当量可到 0.54%。

③ 只适用于质量等级为 D 的钢板。

④ 只适用于型钢和棒材。

从表 2-2 中我们不难发现，热轧状态交货板厚 30～63（含）的 Q355 钢材的碳当量不仅同 Q390 钢一样，而且同 Q420 钢一样（目前，这种状态的 Q355 钢是我们用量最大的钢材）。

由此可见，Q355 的焊接性基本等同 Q390、Q420 钢材，也就是说，Q355 钢在焊接技术方面有很大不同于 Q345 钢的地方，这一点值得引起足够重视。

客观地说，经济发展的需求和冶金技术的迅速发展，必将推动钢结构行业用钢逐渐进入高强钢领域，因此，对焊接技术要求也将会越来越严格。

二、细晶粒钢焊接要尽量减少焊接热循环次数（含火焰切割和碳弧气刨）

由上述分析得知，Q355 属于高强钢系列，因此应当应用焊接高强钢的技术来焊接 Q355。

避免微量元素的过大损失，是细晶粒高强钢焊接的首要技术关键。对此把微量元素的损失机理简要分析如下。

世界上所有的物质都有三种状态，即固态、液态、气态。水在 4℃时为最小的"临界体积"，随着温度的升高和降低水的体积都会膨胀，在 0℃时形成冰水混合物，进而变为固体——冰，在 100℃时气化成为水蒸气。焊接过程中，除焊材中水分蒸发外，金属元素和熔渣中各种成分在电弧高温下也会蒸发成为蒸气。沸点越低的物质越容易蒸发，从图 2-3 看出金属元素 Zn、Mg、Bb、Mn 的沸点较低。因此，在熔滴形成和过渡过程中最易蒸发。氟化物也因沸点低而易于蒸发。

有用元素蒸发不仅造成合金元素损失，影响焊接接头安全与质量，还增加焊接烟尘，污染环境，影响焊工健康。

在传统钢结构的放样、下料、组装、焊接、检查返工直到合格验收的全过程中，同一道焊缝和热影响区（HAZ）至少要经过 5 次不完全相同的热循环（含清根碳弧气刨）。对高强钢（Q355）性能而言，返工焊接增加的焊接热循环是致命的。经过多次热循环部位的焊缝

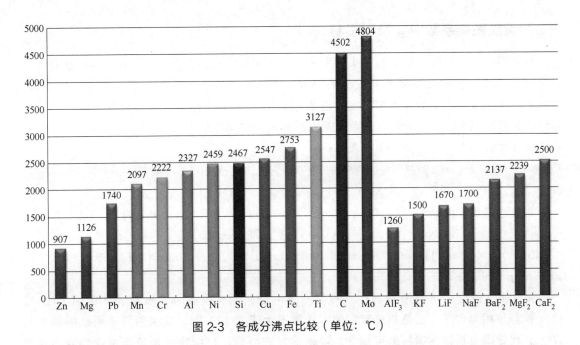

图 2-3　各成分沸点比较（单位：℃）

及 HAZ，特别是熔合线，因微量元素的损失钢材的原配比基本改变，换句话说：已经不是原来的钢种成分了，成分不同带来的后果是综合性能的变化，这种变化导致断裂形式和位置的不同，焊接质量直线下降。

此外，焊接过程中热影响区的晶粒长大倾向也是必须重视的。高强钢的部分强度是在热轧工艺中采用加速冷却将能量储存在位错组织中而获得的，这一能量在高温下可以释放，这样就会导致在焊接条件下产生的在临界温度区间和亚临界温度区间的加热区，甚至在缓慢冷却的粗晶区的加热区中，形成硬度比母材金属低的区域，即软化区。软化使接头的强度降低。例如，在埋弧焊的条件下，板厚为 40mm 的焊接接头中会发现有强度下降 25％的软化区。

新钢种的强度、细化晶粒等指标同钢材的微合金元素直接有关．焊接会造成合金元素的损失，因此，必然降低焊接接头的综合性能。

从理论上分析：钢材中的微合金及其化合物的熔点均比纯铁和铁的化合物低，在焊接热循环中，微合金元素及其化合物随纯铁及铁的化合物从固态、液态到气态变化，各种元素所气化的部分就是损失的部分；然后，其余部分又开始从液态到固态变化形成焊缝，完成所有热循环步骤。研究认为，由于各类元素及化合物熔点、沸点上的差距，在高温区停留的时间不同；微合金元素及其化合物气化在高温区停留的时间相对较长，气化较铁及铁的化合物充分，因此、微量元素损失的程度比铁及铁的化合物气化损失高得多，这是一种比例失调的损失。焊接是多次进行相同或者相似的热循环，分析认为：热循环次数越多，比例失调也就越严重（工程实践中称为"微合金元素烧损"）。

实践研究证实：高强钢（含 Q355）焊接接头一次焊接成功，比返工一次后成功的焊缝，焊缝的综合指标要好很多。可以这样理解：高强钢种焊接接头的强度、细化晶粒等指标同钢材的微合金元素直接有关，焊接热循环会造成合金元素的损失，因此，多一次热循环，合金元素的损失会增加，对焊接接头质量不利，必然降低焊接接头的综合性能。这也是焊接 Q355 钢的关键所在。

三、冷裂纹敏感系数 P_{cm} 及其限制

除碳当量外，焊缝含氢量和接头拘束度都对冷裂倾向有很大影响。因此日本的伊藤等人采用 Y 形铁研试验对 200 多不同成分的钢材、不同的厚度及不同的焊缝含氢量进行试验，提出了由化学成分、扩散氢和拘束度（或板厚）所建立的冷裂纹敏感指数等数据（公式），并用冷裂纹敏感系数去确定防止冷裂纹所需的焊前预热温度。

冷裂纹敏感系数 P_{cm} 按下式计算

$$P_{cm}=w(C)+w(Si)/30+w(Mn+Cu+Cr)/20+w(Ni)/60+$$
$$w(Mo)/15+w(V)/10+5w(B)(\%)$$

此式适用条件：$w(C)$ 为 $0.07\%\sim0.22\%$；$w(Si)\leqslant0.60\%$；$w(Mn)$ 为 $0.40\%\sim1.4\%$；$w(Cu)\leqslant0.5\%$；$w(Ni)\leqslant1.2\%$；$w(Cr)\leqslant1.2\%$；$w(Mo)\leqslant0.7\%$；$w(V)\leqslant0.12\%$；$w(Nb)\leqslant0.04\%$；$w(Ti)\leqslant0.5\%$；$w(B)\leqslant0.005\%$；δ 为 $19\sim50mm$；H 为 $1.0\sim5.0mL/100g$（GB 3965 测氢法）。

从目前工程应用情况来看，P_{cm} 的应用尚不全面，有很多因素限制了其应用。GB/T 1591 推荐使用条件是：**当热机轧制钢的碳含量不大于 0.12% 时，宜采用焊接裂纹敏感系数（P_{cm}）代替碳当量评估钢材的可焊性。经供需双方协商，可指定采用碳当量或焊接裂纹敏感系数评估钢材的可焊性。当未指定时，供方可任选其一。**

为此，特做如下分析。

焊接预热温度是焊接工艺的重要技术指标，应用 P_{cm} 计算焊接预热温度按以下程序进行。

表 2-3 列出了这些数据及确定相应预热温度的计算公式。

表 2-3   冷裂纹敏感性数据及焊接预热温度确定

冷裂纹敏感性公式	预热温度计算公式	公式的应用条件
$P_c=P_{cm}+\dfrac{[H]}{60}+\dfrac{\delta}{600}$ $P_w=P_{cm}+\dfrac{[H]}{60}+\dfrac{\delta}{600}+\dfrac{R}{400000}$	$T_0=1440P_c-392$	斜 Y 形坡口试件，始于 C 含量 $\leqslant$ 0.17% 的低合金钢，[H] 为 $1\sim5mL/100g$，$\delta=19\sim50mm$
$P_H=P_{cm}+0.075lg[H]+\dfrac{R}{400000}$	$T_0=1600P_H-408$	斜 Y 形坡口试件，始于 C 含量 $\leqslant$ 0.17% 的低合金钢，[H] $>$ 5mL/100g，$R=500\sim3300N/mm\cdot mm$
$P_{HT}=P_{cm}+0.088lg(\lambda H_D')+\dfrac{R}{400000}$	$T_0=1400P_{HT}-330$	斜 Y 形坡口试件，P_{HT} 考虑了氢的熔合区附近的聚集

注：表中 P_{cm}——冷裂纹敏感系数，%；

[H]——熔敷金属中扩散氢含量（日本 JIS 甘油法与我国 GB/T 3965 测氢等效），mL/100g；

δ——被焊金属的板厚，mm。

R——拘束度，N/(mm·mm)。

H_D'——有效扩散氢，mL/100g。

λ——有效系数，低氢型焊条 $\lambda=0.6$，$H_D'=[H]$；酸性焊条 $\lambda=0.48$，$H_D'=[H]/2$。

用 P_{cm} 确定焊接预热温度，首先应用下式计算出 P_c，P_H。

$$P_c = P_{cm} + \frac{[H]}{60} + \frac{\delta}{600}$$

$$P_H = P_{cm} + 0.075 \lg[H] + \frac{R}{400000}$$

式中　δ——板厚，mm；

　　　H——焊缝中扩散氢含量，mL/100g。

　　　R——拘束度，N/mm·mm。

求得 P_c、P_H 后，利用下式即可求出斜 Y 坡口对接裂纹试验条件下，为防止冷裂所需要的最低预热温度 T_0（℃）

$$T_0 = 1440P_c - 392 \ (℃)$$

$$T_0 = 1600P_H - 408 \ (℃)$$

不难发现，焊缝含氢量和接头拘束度都对冷裂倾向有很大影响。这就产生了在定量计算过程中的两大难题：其一，扩散氢 [H] 的测量；其二，拘束度 R 的测量。

就目前的情况看来，这两个参数的定量有很大的不确定因素。[H] 的测定技术没有普及，能测焊缝含氢量 [H] 的单位不多，很不方便；没有权威测量数据，无法准确定量计算。拘束度 R 的测量也有困难，工程中的 R 有很多影响因素，其测量技术十分复杂且结果也不准确。

因此，应用碳当量来衡量钢材的可焊性和焊接预热温度仍然是目前的主要技术方法。

四、用碳当量估算焊接预热温度

（一）日本 JIS 和 JWES 标准规定的碳当量公式

$$CE(JIS) = w(C) + \frac{w(Mn)}{6} + \frac{w(Si)}{24} + \frac{w(Ni)}{40} + \frac{w(Cr)}{5} + \frac{w(Mo)}{4} + \frac{w(V)}{14} (\%)$$

该式主要适用于低碳调质的低合金高强度钢（$\sigma_b = 500 \sim 1000$ MPa）。当板厚小于 25mm，手工焊线能量为 17kJ/cm 时，确定的预热温度大致如下：

钢材 $\sigma_b = 500$ MPa，CE（JIS）$\approx 0.46\%$，不预热；

钢材 $\sigma_b = 600$ MPa，CE（JIS）$\approx 0.52\%$，预热 75 ℃；

钢材 $\sigma_b = 700$ MPa，CE（JIS）$\approx 0.52\%$，预热 100 ℃；

钢材 $\sigma_b = 800$ MPa，CE（JIS）$\approx 0.62\%$，预热 150 ℃。

该式适用于含碳量 $w(C) \geqslant 0.18\%$ 的钢种。

（二）曾乐提出的应用碳当量计算预热温度

推荐我国著名焊接专家曾乐先生提出应用碳当量计算预热温度的技术。

根据《现代焊接技术手册》（曾乐）第 696 页介绍的估算预热温度公式进行计算。

① 化学成分影响的碳当量

$$[C]_化 = w(C) + w(Mn)/9 + w(Cr)/9 + w(Ni)/18 + w(Mo)/13$$

② 考虑厚度因素，用厚度碳当量计算（δ 板厚影响的碳当量）

$$[C]_厚 = 0.005\delta[C]_化$$

③ 总的碳当量公式

$$[C]_总 = [C]_厚 + [C]_化$$

④ 根据经验公式计算焊接预热温度

$$T_0 = 350([C]_总 - 0.25)^{1/2}$$

除了钢材的化学成分外，曾乐先生还考虑了钢材的厚度对焊接性的影响，这无疑是焊应用技术理论的一大技术进步。曾乐先生的技术观点在国家体育场"鸟巢"钢结构异种钢焊接工程中得到有效的应用。

国家体育场"鸟巢"工程中，Q460E-Z35 与 GS20Mn5V 的异种钢焊接技术在我国建筑钢结构中首次应用，根据《国家体育场工程 Q460E-Z35 钢热加工、焊接性方案》，在前期 Q460E-Z35 钢焊接性试验取得的阶段性成果的基础上，进行异种钢 Q460E-Z35 与 GS20Mn5V 的刚性接头焊接试验。

为了使试验结果能够具有针对性，结合实际构件中异种钢的焊接方式进行刚性接头试件的焊接，并进行了相关的力学性能试验，目的是得出该焊接接头在不同焊接方法、不同线能量及刚性固定条件下的综合力学性能指标，并对其焊接性进行综合评定，从而形成可靠的焊接工艺。

异种材料的焊接问题与同种材料焊接相比，有着较大的不同，一般要比焊接同种材料困难。异种钢的焊接性主要取决于两种材料的冶金相容性、物理性能、表面状态等，两种材料的这些差异越大，焊接性越差。再者，由于钢材的材质及厚度不同，准确计算出焊接预热温度是一件十分困难的工作。

例 4：在"鸟巢"工程中，采用了曾乐先生的观点，对 Q460E-Z35（110mm）与 GS-20Mn5V（100mm）异种钢焊接的预热温度 T_0 进行计算，结果如下。

① Q460E-Z35 化学成分见表 2-4。

表 2-4　Q460E-Z35 化学成分（质量分数）　　　　单位：%

成分	C	Si	Mn	P	S	Cu	Ni	Mo	Nb	V	Cr	C_{EQ}
标准要求最小	—	0.10	—	—	—	—	—	—	—	—	—	—
标准要求最大	0.14	0.40	1.60	0.03	0.03	0.35	0.25	0.07	0.04	0.06	0.25	—
复验	0.089	0.22	1.37	0.011	0.024	0.14	0.074	0.021	0.001	0.058	0.12	0.362

注：熔炼成分摘自材质单，炉批号为 81045。

② GS-20Mn5V 的化学成分见表 2-5。

表 2-5　铸钢 GS-20Mn5V 的化学成分（质量分数）（DIN 17182）　　单位：%

钢号	材料号	C	Si	Mn	P	S	Cr	Mo	Ni
GS-20Mn5V	1.1120	0.17～0.23	≤0.60	1.00～1.50	≤0.020	≤0.015	≤0.30	≤0.15	≤0.40

③ 计算结果及 Q460E-Z35（110mm）与 GS-20Mn5V（100mm）的预热温度的确定见表 2-6。

表 2-6　预热温度确定表

钢材	$[C]_化$	$[C]_厚$	$[C]_总$	$T_0/℃$
Q460E-Z35	0.261	0.14355	0.40455	137.6
GS-20Mn5V	0.2875	0.1438	0.4313	149

注：GS-20Mn5V 的化学成分均取平均值。

按照这个结果，结合实际进行了调整。

根据异种钢焊接时的相关经验，焊接预热温度应以预热温度高的钢材一侧为最低预热温度，故焊接前预热温度选取≥150℃。

这个估算结果和斜Y形铁研试验结果相符合。考虑铸钢件体积大、传热快的特点，决定预热温度为150～200℃（根据铸钢件厚度具体确定）。工程实际获得成功。

第三章

焊接的基本知识

焊接是两种或两种以上同种或异种材料通过原子或分子之间的结合和扩散连接成一体的工艺过程。促使原子或分子之间结合和扩散的方法是加热或加压，或同时加热又加压。

第一节 金属学基础

金属是一种具有特殊光泽，富有延性又不透明的结晶物质。其特点是具有较高的强度和优良的导电性、导热性、延伸性，经铸造、压力加工、焊接等工序可制成各种形状的型材或零件以及各种结构件。

一般而言，钢在固态下都是晶体，并且在不同含量 Fe、C 合金元素和温度范围内晶格类型不同：液态纯 Fe 在 1537℃ 开始结晶、得到具有体心立方晶格的 α-Fe，继续冷却到 1394℃ 则转变为面心立方晶格的 γ-Fe，如果再继续冷却晶格类型不再发生变化。在纯 Fe 中添加合金元素的种类及含量不同，会改变转变温度甚至晶格类型。

在 Fe、C 合金中，含 C 量小于 2.06%（质量）的称为 Fe（通称铸铁或生铁），含 C 量小于 0.03% 称为纯铁。在 Fe、C 合金中，Fe、C 两元素互相溶解，C 原子均匀分布在 Fe 元素的晶格里，形成固溶体；Fe 与 C 化合成为 Fe_3C，称为渗碳体，Fe_3C 与固溶体形成机械混合物。

钢材的性能不仅取决于钢的化学成分，而且还与钢材的组织有关。钢材的组织无法用肉眼观察，只有通过取样、打磨、抛光、腐蚀后，才能在金相显微镜下观察到钢材的组织，其组织又称金相。

铁碳系是一个很重要的合金系，它是碳钢、低合金钢及铸铁的基础。在研究和使用钢铁材料时，铁碳相图是一个重要的工具。

在焊接方面，焊接时从焊缝到母材各区域的加热温度是不同的，可根据铁碳合金相图分析低碳钢焊接接头的组织变化情况。

一、铁碳合金相图和相图中的相

铁碳合金相图是表示不同成分的铁碳合金在极缓慢加热（或极缓慢冷却）情况下，不同温度时所具有的状态或组织的图形，如图 3-1。

铁碳合金相图对于热加工工艺有着重要的意义。钢的热处理温度的确定，焊后热处理工艺的选择，以及钢在焊接过程中焊接接头各温度区段的组织变化等，都是以铁碳合金相图作为基础来研究的。

铁碳合金相图的纵坐标是温度，横坐标是铁碳合金中碳的含量。

铁碳合金相图主要部分是 $Fe-Fe_3C$ 相图，其中有以下几个固相（高温下均为液相 L）。

（1）铁素体（F、α） 如彩插图 3-2 所示，铁素体即碳在 α-Fe 中形成的间隙固溶体，通常用符号 α 或 F 表示。碳原子溶于 α-Fe 的八面体间隙，最大固溶度（质量分数）只有 0.0218%。

在 δ-Fe 中的间隙固溶体也称为渗碳体或称为高温铁素体，通常用符号 δ 表示。δ 的最大固溶度（质量分数）为 0.09%。

碳在 α-Fe 中溶解度随温度的降低而减小，在室温时的溶解度只有 0.006%；由于铁素体的含量低，所以铁素体的组织结构与性能与纯 Fe 相似，强度和硬度较低。

（2）奥氏体（A、γ） 如彩插图 3-3 所示，奥氏体即碳溶入 γ-Fe 中形成的间隙固溶体，

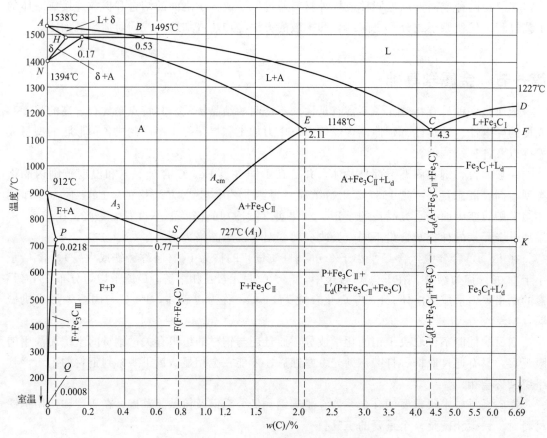

图 3-1　Fe-Fe$_3$C 相图各区域的组织组成物

通常用符号 γ 或 A 表示。碳原子溶于 γ-Fe 的八面体间隙，最大固溶度（质量分数）为 2.11%。铁素体与奥氏体的力学性能相近，都是软而韧。另外，奥氏体是顺磁相而铁素体是铁磁相，但在居里点 770℃ 以上仍是顺磁相，科研上经常应用这一物理特性来研究钢中的各种相变。

奥氏体（A、γ）溶碳能力较大，在 723℃ 溶碳量为 0.8%；在 1130℃ 时为 2%。碳钢只有加热到 723℃（称为临界点）以上组织发生转变时才能有奥氏体（A、γ）组织产生。在 723℃ 以下，随着钢中的含碳量和冷却条件的不同，奥氏体（A、γ）将转变为铁素体（F、α）、渗碳体（Fe$_3$C）、珠光体（P）等基本组织。但也有例外，如果钢中加入某些合金元素，例如 Cr 元素，在常温下也能得到奥氏体（A、γ）组织（如奥氏体不锈钢）。

奥氏体（A、γ）的溶碳能力比铁素体（F、α）强，因而奥氏体（A、γ）的强度和硬度比铁素体（F、α）高；由于奥氏体（A、γ）仍是单一固溶体，故塑性良好，变形抗力较低。因此，绝大多数的钢种在高温进行压力加工和热处理都要求在奥氏体区进行。

（3）渗碳体（Fe$_3$C）　如彩插图 3-4 所示，渗碳体是一种间隙化合物，其熔点为 1227℃，在 230℃ 以下具有铁磁性，通常用 A_0 表示这个临界点。渗碳体的性能为硬而脆，HB≈800，塑性很差，延伸率接近于零。渗碳体（Fe$_3$C）是 F 和 C 的化合物，其熔点高、脆性大、塑性和韧性几乎为零，故渗碳体（Fe$_3$C）和铁素体（F、α）相反，硬而脆。

钢的含碳量增加则铁素体（F、α）的量也增加，钢的硬度、强度也随之增加，而塑性韧性则下降。

（4）珠光体（P）　如彩插图 3-5 所示，珠光体是铁素体（F、α）和渗碳体（Fe_3C）二者组成的机械混合物，它是奥氏体（A、γ）于冷却过程中在 723℃的恒温下共析转变的产物。因此，它只存在 723℃以下。珠光体（P）的平均含碳量为 0.77%，由于它是硬的渗碳体（Fe_3C）和软的铁素体（F、α）组成的混合物，所以，它的力学性能介于铁素体（F、α）和渗碳体（Fe_3C）之间，即强度较高、硬度适中和有一定的塑性。

珠光体中的铁素体（在金相图中为较宽的白色间隔）与渗碳体（灰黑发光）一层层交替间隔，呈片状排列，珠光体中渗碳体的数量约为铁素体的 1/8。铁素体（F、α）、渗碳体（Fe_3C）、珠光体（P）为常温下铁碳合金的基本组织结构，由于它们的成分不同、结构形式不同，因此力学性能也不同。

（5）贝氏体（B）　如彩插图 3-6 所示。等温转变图 C 曲线鼻尖到 M_s 点区间中温转变，转变产物是贝氏体，又称贝氏体型转变。

$B_上$（上贝氏体）大约是在 C 曲线鼻尖到 350℃温度范围内形成的，首先是在奥氏体（A）的低碳区或晶界上形铁素体晶粒，然后向奥氏体（A）晶粒内长大，形成图中密集而又相互平行排列的铁素体，由于温度低碳原子的扩散能力弱，铁素体形成时只有部分碳原子迁移到相邻的奥氏体（A）体中，来不及迁出的碳原子固溶于铁素体内，而成为含碳过饱和的铁素体，随着铁素体片的增长和加宽，排列在它们之间的奥氏体含碳量迅速增加，含碳量足够高，便在铁素体片间析出渗碳体，形成上贝氏体，上贝氏体在光学显微镜下呈羽毛状。

$B_下$（下贝氏体）大约是在 350℃至 M_s 点温度范围内形成，首先在奥氏体（A）的贫碳区形成针状铁素体，然后向四周长大，由于转变温度更低，碳原子的扩散能力更弱，它只能在铁素体内做短距离移动，因此在含碳过饱和的针形铁素体内析出与长轴成 55°～60°的碳化物小片，这种组织称下贝氏体，下贝氏体在光学显微镜下呈黑色针片状形态。

粒状贝氏体是外形为多边形的铁素体，铁素体基体上布有颗粒状碳化物（小岛组织原为富碳奥氏体，冷却时分解为铁素体及碳化物，或转变为马氏体或仍为富碳奥氏体颗粒）。

贝氏体的力学性能与其形态有关。上贝氏体中铁素体片较宽，塑性变形抗力较低；同时，渗碳体分布在铁素体片层之间，容易引起脆断，因此，强度和韧性都较低，没有实用价值。下贝氏体中铁素体片细小，无方向性，碳的过饱和度大，碳化物分布均匀，所以硬度高、韧性好、具有较好的综合力学性能。

（6）马氏体（M）　马氏体金相图如彩插图 3-7 所示。M_s 点以下是低转变，转变产物是马氏体，又称马氏体型转变。

当冷却速度大于临界冷却速度 V_K，且过冷到 M_s 线以下，那么过冷奥氏体发生 M 转变，获得马氏体组织。由于马氏体冷却速度快，转变温度低，因此 A 向 M 转变时 γ-Fe—α-Fe 的晶格改变速度极快，过饱和的碳来不及以渗碳体形式自 α-Fe 中析出，而很快由 A 直接转变成碳在 α-Fe 中的过饱和固溶体，这就称为马氏体（M）。

马氏体硬度和强度主要取决于马氏体的碳的质量分数。马氏体的硬度和强度随着马氏体碳的质量分数的增加而升高，但当马氏体的 $w(C)>0.6\%$ 后，硬度和强度提高得并不明显。马氏体的塑性和韧性也与其碳的质量分数有关，片状高碳马氏体的塑性和韧性差，而板条状低碳马氏体的塑性和韧性较好，详见图 3-8。

板条状马氏体：又称低碳马氏体，在低、中碳钢及不锈钢中形成，由许多成群的、相互平行排列的板条组成板条束。空间形状是扁条状的，一个奥氏体晶粒可转变成几个板条束

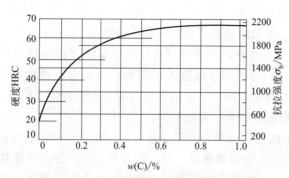

图 3-8　马氏体硬度和强度与碳的质量分数的关系

（通常 3 到 5 个）。

针状马氏体：又称片状马氏体或高碳马氏体，常见于高、中碳钢及高 Ni 的 Fe-Ni 合金中。当最大尺寸的马氏体片小到光学显微镜无法分辨时，便称为隐晶马氏体。在生产中正常淬火得到的马氏体，一般都是隐晶马氏体。

回火马氏体：指淬火时形成的片状马氏体（晶体结构为体心四方）于回火第一阶段发生分解，其中的碳以过渡碳化物的形式脱溶所形成的，在固溶体基体（晶体结构已变为体心立方）内弥散分布着极其细小的过渡碳化物薄片（与基体的界面是共格界面）的复相组织。这种组织在金相（光学）显微镜下即使放大到最大倍率也分辨不出其内部构造，只看到其整体是黑针，黑针的外形与淬火时形成的片状马氏体（亦称 "α 马氏体"）的白针基本相同，这种黑针称为 "回火马氏体"。

（7）索氏体（S）　索氏体金相图如彩插图 3-9 所示。过冷度稍大时，获得片层间距离较小的珠光体组织，又称索氏体（S）。

高温回火所得组织为回火索氏体，是淬火马氏体经高温回火后的产物。其特征是：索氏体基体上布有细小颗粒状碳化物，在光镜下能分辨清楚。这种组织又称调质组织，它具有良好的强度和韧性的配合。铁素体上的细颗粒状碳化物越是细小，则其硬度和强度稍高，韧性则稍差些；反之，硬度及强度较低，而韧性则高些。

回火屈氏体是淬火马氏体经中温回火的产物，其特征是：马氏体针状形态将逐步消失，但仍隐约可见（含铬合金钢，其合金铁素体的再结晶温度较高，故仍保持着针状形态），析出的碳化物细小，在光镜下难以分辨清楚，只有电镜下才可见到碳化物颗粒，极易受侵蚀而使组织变黑。如果回火温度偏上限或保留时间稍长，则使针叶呈白色；此时碳化物偏聚于针叶边缘，这时钢的硬度稍低，且强度下降。

A_1～550℃温度区间，过冷奥氏体等温分解为铁素体和渗碳体的片状混合物——珠光体，即过冷奥氏体转变成珠光体。在珠光体转变区内，转变温度越低，得到的珠光体片越细。在 A_1～680℃区间，得到正常的珠光体（P），硬度约 170～230HBS。在 680～600℃区间，得到细珠光体，称为索氏体（S），硬度约 230～320HBS。在 600℃～550℃间，得到极细的珠光体，称为屈氏体（T），硬度约 330～400HBS。珠光体的片层越小，其强度和硬度越高，同时塑性和韧性略有下降。

（8）魏氏组织　魏氏组织如彩插图 3-10 所示，是一种过热组织，由彼此交叉约 60°的铁素体针片嵌入钢的基体而成。粗大的魏氏组织使钢材的塑性、韧性下降，脆性增加。

（9）莱氏体（L_d）　莱氏体如彩插图 3-11 所示，是铁碳合金中的共晶混合物，即碳的质量分数（含碳量）为 4.3% 的液态铁碳合金。在 1480℃时，同时从液体中结晶出奥氏体和渗碳体的机械混合物为莱氏体，用符号 L_d 表示。

组织：莱氏体是奥氏体＋渗碳体的机械混合物，727℃以下时，是珠光体＋渗碳体机械混合物。

特性：铸铁合金溶液含碳量在 2.11% 以上时，缓慢冷到 1147℃便凝固出共晶莱氏体。

1148~727℃之间的莱氏体称为高温莱氏体（L_d）；727℃以下的莱氏体称为变态莱氏体或称低温莱氏体（L_d'），

性能：莱氏体的力学性能与渗碳体相似，硬度很高；塑性极差，几乎为零。

金相组织：整体呈蜂窝状，奥氏体分布在渗碳体的基体上。

二、铁碳合金相图中的重要的点和线

Fe-Fe_3C 相图比较复杂，但围绕三条水平线可将相图分解成 3 个基本相图，在了解一些重要的点和线的意义后分析起来就容易多了，详见图 3-12。

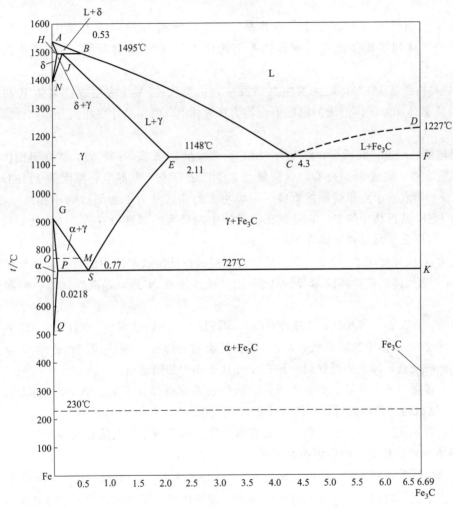

图 3-12　Fe-Fe_3C 相图

（一）铁碳合金相图口诀

温度成分建坐标，铁碳二元要记牢。三平三垂标特点，九星闪耀五弧交。共晶共析液固线，十二面里组织标。基本组织先标好，相间组织共逍遥。分析成分断组织，锻焊处理离不了。

口诀的主要内容解释如下。

1. 温度成分建坐标，铁碳二元要记牢

横坐标是成分，即碳的质量分数。纵坐标是温度。我们所研究的含碳量范围最多到 6.69%，这是因为含碳量 0～0.0218% 是工业纯铁，0.0218%～2.11% 是钢，2.11%～6.69% 是白口铁，含碳量更高的在工业上很少用到。

2. 三平三垂标特点，九星闪耀五弧交。共晶共析液固线，十二面里组织标

平行和垂直都是相对于横坐标而言的。

三平包括：HJB 包晶线、ECF 共晶线和 PSK 共析线。

HJB 包晶线是 1495℃，此处发生包晶反应，由高温铁素体 δ 和液相 L 包晶反应生成奥氏体 A。

ECF 共晶线是 1148℃，此处发生共晶反应，由液相 L 共同析出奥氏体 A 和渗碳体 Fe_3C。由奥氏体和渗碳体组成的混合物为莱氏体 L_d，它是蜂窝状的，以 Fe_3C 为基，硬而脆。

PSK 共析线是 727℃，此处发生共析反应，由奥氏体 A 反应生成铁素体 F 和渗碳体 Fe_3C。由铁素体和渗碳体组成的机械混合物为珠光体 P，两相呈片层相间分布，性能介于两相之间。

三垂包括：S 点，共析点，温度为 727℃，含碳量是 0.77%；E 点，碳在奥氏体中的最大溶解度所在点，温度为 1148℃，含碳量是 2.11%；C 点，共晶点，温度为 1148℃，含碳量是 4.3%。沿着三个点作横轴的垂线，可以将大的相区分为更为细致的小相区。实际上，还有一点 PSK 共析线中的 P，它是碳在铁素体中的最大溶解度所在点。（此处的铁素体 F 又写作 α，以区分于高温铁素体 δ。）

九星为：A、D、E、C、F、P（即上文所提碳在低温铁素体中的最大固溶度所在点），S、K、G（奥氏体向铁素体同素异构转变点）。此外还有 N 点，是高温铁素体向奥氏体转变点。

五弧为：$ABCD$，液相线；$AHJECFD$，固相线；GS，铁素体与奥氏体的固溶体转变线；ES，碳在奥氏体中的固溶线；PQ，碳在低温铁素体中的固溶线。此处的 Q 点是固溶线与纵坐标的交点，即点为纯铁时，碳在低温铁素体中的固溶点。

此时，相图的各个区域已经基本成形，我们还需要将孤立下来的 N、H 和 J 相连；将 GP 相连。这就是"共晶共析固液线，十二面里组织标"。

直观来看，其实应该是十一面，但是渗碳体所在的区域是和其他相共存的。

3. 基本组织先标好，相间组织共逍遥

五个单相区是：液相 L、高温铁素体 δ、奥氏体 γ（又作 A）、铁素体 α、渗碳体 Fe_3C。

相是独立的，组织是由多种相共同组成的。渗碳体是一种单相，但是它在铁碳合金相图中表现为两种，第一种是和奥氏体一起组成莱氏体，第二种是和铁素体一起组成珠光体。注意渗碳体和这两种相形成的组织区域和单独的奥氏体 α、铁素体 γ 所在相区的相邻关系。相间组织是被两个单相夹在一起的，七个相间组织为：L+δ、L+γ、L+Fe_3C、δ+γ、γ+α、γ+Fe_3C（莱氏体）、α+Fe_3C（珠光体）。

4. 分析成分断组织，锻焊处理离不了

铁碳合金相图的其中一个应用就是根据不同组织的性质和特点，选择合适的热加工工艺。

（二）三个主要转变

1）包晶转变 Fe-Fe₃C 相图上 HJB 线为三相平衡包晶转变线，其反应式为

$$L_B + \delta_H \xrightleftharpoons{1495℃} \gamma_j$$

凡是 $w(C)$ 在 $0.09\% \sim 0.53\%$ 范围内的铁碳合金遇到 HJB 线时都要进行包晶转变，转变后获得奥氏体组织。

2）共晶转变 Fe-Fe₃C 相图上的 ECF 线为三相平衡共晶转变线，其反应式为

$$\gamma\text{-Fe} \rightleftharpoons \delta\text{-Fe}$$

凡是 $w(C)$ 在 $2.11\% \sim 6.9\%$ 范围的铁碳合金遇到 ECF 线时都要进行共晶转变，共晶转变的产物（$\gamma + Fe_3C$）为莱氏体，用符号 L_d 表示。此组织冷至室温时，则称为低温莱氏体，用符号 L_d' 表示，其组织形态如彩插图 3-11 所示。

3）共析转变 Fe-Fe₃C 相图上的 PSK 线为三相平衡共析转变线，其反应式为

$$\gamma_S \xrightleftharpoons{727℃} \alpha_P + Fe_3C$$

凡是 $w(C)$ 在 $0.0218\% \sim 6.69\%$ 范围的合金遇到 PSK 线时都要进行共析转变，共析转变的产物（$\alpha + Fe_3C$）为珠光体，用符号 P 表示，其组织形态如彩插图 3-5 所示。

（三）特性曲线

1）GS 线：这是一条从奥氏体中开始析出铁素体的转变曲线。由于这条曲线在共析线以上，故又称为先共析铁素体开始析出线。习惯上称为 A_3 线，或称为 A_3 温度。

2）ES 线：这是碳在奥氏体中的溶解度曲线。当温度低于此曲线时，要从奥氏体中析出次生渗碳体，所以这曲线也称为次生渗碳体开始析出线。习惯上称为 A_{cm} 线，或称为 A_{cm} 温度。

3）PQ 线：这是碳在铁素体中的溶解度曲线。当温度低于此曲线时，要从铁素体中析出三次渗碳体，所以这条线又称三次渗碳体开始析出线。

4）ACD 线：即铁碳合金的液相线，此线上部为液相，用 L 表示。

5）$AECF$ 线：即铁碳合金的固相线，即合金冷却到此线全部结晶为固相。

6）ECF 线：共晶转变线。合金冷却到此线时（1148℃），都要发生共晶转变，从具有共晶成分的液态合金中同时结晶出奥氏体和渗碳体的机械混合物，即莱氏体。

7）PSK 线：常用 A_1 线表示，共析转变线，合金冷却到此线（727℃）要发生共析转变，从具有共析成分的奥氏体中同时析出铁素体和渗碳体的机械混合物，即珠光体。

从 Fe-Fe₃C 的分析中知道，碳钢在缓慢加热或冷却过程中，经 PSK，GS，ES 线时都会发生组织转变，例如 S 点，冷却到 S 点温度时 A $\xrightarrow{\text{转化}}$ P，加热到 S 点时 P $\xrightarrow{\text{转化}}$ S。在加热过程中，PSK、GS、ES 三条线很重要，以后我们把它们分别简称为 PSK—A_1 线，GS—A_3 线，ES—A_{cm} 线。在热处理过程中无论是加热还是冷却到这三条线时，温度与这三条线的交点为平衡临界点。

A_1、A_3、A_{cm} 表示钢在极其缓慢地加热或冷却时理论上的组织转变温度，又称为加热临界温度或临界点。而在实际生产过程中，加热和冷却温度并不能准确地达到，实际发生组织转变温度和相图所示的临界点 A_1、A_3、A_{cm} 之间有一定差距。通常把实际加热的临界点标为 A_{c1}、A_{c3}、A_{ccm}；实际冷却时的临界点标为 A_{r1}、A_{r2}、A_{rcm}。它们同理论上 A_1、A_3、A_{cm} 的温度差分别称为：过热度和过冷度。

相图中 A_1 线理论上是过冷奥氏体等温转变开始线。

8）M_s（M_f）线：理论上是过冷奥氏体等温转变终了线。

9）MO 线：（770℃）表示铁素体的磁性转变温度，常称为 A_2。230℃水平线表示渗碳体的磁性转变温度。

（四）特性点

1. 铁碳合金结晶过程分析

工业上应用最广泛的铁碳合金可以近似地用 Fe-Fe₃C 相图来分析。按照 $w(C)$ 的多少，铁碳合金可分为工业纯铁 [$w(C) < 0.0218\%$]、碳钢 [$w(C)$ 为 $0.0218\% \sim 2.11\%$]、铸铁 [$w(C)$ 大于 2.11%]；根据相变和组织特征可将碳钢区分为共析钢 [$w(C)$ 为 0.77%]、亚共析钢 [$w(C)$ 为 $0.0218\% \sim 0.77\%$] 和过共析钢 [$w(C)$ 为 $0.77\% \sim 2.11\%$]。同样，铸铁为也可以分为共晶铸铁 [$w(C)$ 为 4.3%]、亚共晶铸铁 [$w(C)$ 为 $2.11\% \sim 4.3\%$] 和过共晶铸铁 [$w(C)$ 为 $4.3\% \sim 6.69\%$]。根据碳的存在状态又将铸铁分为白口铸铁和灰口铸铁两种。全部碳都以 Fe₃C 形态存在时称为白口铸铁，部分或全部碳以石墨形态存在时称为灰口铸铁。Fe-Fe₃C 相图中，碳是以 Fe₃C 形态存在，故为白口铸铁。现在结合 Fe-Fe₃C 相图（如图 3-13）分析铁碳合金室温下的组织及组织形成过程。Fe-Fe₃C 相图中的特性点见表 3-1。

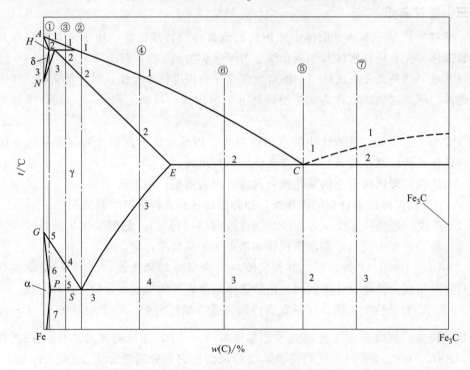

图 3-13　典型铁碳合金冷却时的组织转变过程分析

表 3-1　Fe-Fe₃C 相图中的特性点

特性点	$t/℃$	$w(C)/\%$	意义
A	1538	0	纯铁的熔点
B	1495	0.53	包晶转变时液相的成分
C	1148	4.30	共晶点

续表

特性点	$t/℃$	$w(C)/\%$	意义
D	1227	6.69	渗碳体的熔点
E	1148	2.11	碳在奥氏体中的最大溶解度（质量分数）
F	1148	6.69	共晶渗碳体的成分点
G	912	0	α-Fe $\rightleftharpoons$ γ-Fe 同素异构转变点
H	1495	0.09	碳在 δ 体中的最大溶解度（质量分数）
J	1495	0.17	包晶产物的成分点
K	727	6.69	共析渗碳体的成分点
N	1394	0	γ-Fe $\rightleftharpoons$ δ-Fe 同素异构转变点
P	727	0.0218	碳在铁素体中的最大溶解度（质量分数）
S	727	0.77	共析点
Q	600	0.008	碳在铁素体中的溶解度（质量分数）

1）工业纯铁 [$w(C)=0.01\%$ 的合金]　从高温冷却时，在各个温度区间的相变过程及室温下的组织：1—2，合金按匀晶转变方式结晶出 δ 固溶体。2—3，δ 保持不变。从 3 开始，发生 δ→γ 转变，至 4 时，全部转变成 γ。4—5，γ 不变化。5—6，发生 γ→α 转变，至 6 时，全部转变为 α。7 以下，将发生脱熔转变，析出 Fe_3C。这种从铁素体中析出的 Fe_3C 称为三次渗碳体（Fe_3C_{III}）。室温下的组织为 F-Fe_3C_{III}。如彩插图 3-14 所示，由于铁素体中的溶碳量极少，故析出的三次渗碳体的量也很少。

2）共析钢 [$w(C)=0.77\%$ 的合金]　从高温液体冷却 1—2，凝固为 γ。2—3，γ 不发生变化。到达 3 时，发生共析转变，形成珠光体 P（α+Fe_3C），它是铁素体和渗碳体两相交替排列的细层片状组织。

3）亚共析钢 [$w(C)=0.4\%$ 的合金]　1—2，L→δ。至 2 时，发生包晶转变形成 A。由于包晶转变后有液相剩余，在 2—3 将直接结晶为 A。3—4，A 不发生变化。4—5，优先从 A 晶界析出先共析铁素体 A→F，A 和 F 的成分分别沿 GS 和 GP 线变化。到达 5 时，剩余 A 发生共析转变，形成 P。5 以下，从 F 中析出 Fe_3C_{III}，但由于析出量很少，不影响组织形态，故可以忽略。最后的组织为 F+P，如彩插图 3-15 所示。

4）过共析钢 [$w(C)=1.2\%$ 的合金]　1—3 的相变过程和 3）一样。从 A 的晶界上优先析出先共析渗碳体 Fe_3C_{II}，呈网状分布，A 的成分沿 ES 线变化。到 4 时，剩余 A 发生共析转变，形成珠光体 P。最后获得的组织为 P+Fe_3C_{II}，如彩插图 3-16 所示。

5）亚共晶白口铸铁　在 1—2 从液相中直接结晶出 A，呈树枝状，且比较粗大，称初生 A，L 和 A 的成分分别沿 BC 和 JE 线变化。至 2 时，剩余液相发生共晶转变，形成莱氏体（L_d）。2—3，从 A 中析出 Fe_3C_{II}，而莱氏体中（的奥氏体）析出的 Fe_3C_{II} 将依附在共晶渗碳体上生长，对显微组织影响不大；从 $A_{初}$ 中析出的 Fe_3C_{II} 在晶粒周边有较宽的区域，显微镜下清晰可见。到 3 时，A 发生共析转变，形成珠光体 P。最后的显微组织为 P+Fe_3C_{II}+L_d'。

对于共晶白口铸铁，其显微组织将全部为 L_d'，如彩插图 3-17 所示。

对于过共晶白口铸铁，其相变过程与亚共晶白口铸铁类似，其区别就是初晶为一次渗碳体 Fe_3C_I，呈长条状。其显微组织为 Fe_3C_I+L_d'，如彩插图 3-18 所示。

根据以上对典型铁碳合金相转变及组织转变的分析，可将 $Fe\text{-}Fe_3C$ 相图可改写为组织图以便更直观认识铁碳合金的组织。

2. 铁碳合金的组织与力学性能

如前所述，所有的铁碳合金都是由铁素体和渗碳体两个相组成，两个相的相对量可由杠杆定律确定。随着 $w(C)$ 的增加，铁碳合金中的铁素体逐渐减少，渗碳体不断增加，其变化呈线性关系。由于铁素体是软韧相，故铁碳合金的力学性能取决于铁素体与渗碳体两相的相对量及它们的分布特征。

图 3-19 为碳钢缓冷状态的力学性能。从图中可以看出，工业纯铁由单相铁素体组成，故塑性很好，$\delta=40\%$，$\psi=80\%$；而硬度和强度很低，$HBS=80$，$\sigma_b=245MPa$。钢的硬度与钢中含碳量的关系几乎呈直线变化。这是由于 $w(C)$ 增加时，渗碳体的相对量也增加，故硬度提高，而组织形态对硬度值影响不大。

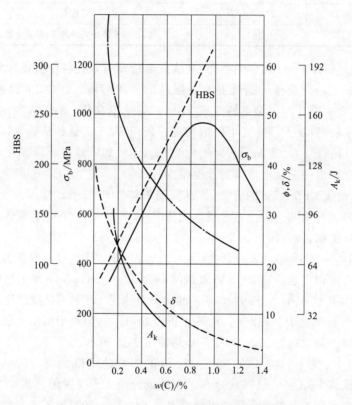

图 3-19 $w(C)$ 对缓冷碳钢力学性能的影响

钢的强度是一种对组织形态很敏感的性能。在亚共析钢范围内，组织为铁素体和珠光体的混合物。铁素体强度较低，珠光体的强度较高，所以 $w(C)$ 的增加使合金的强度提高。$w(C)$ 超过 0.77% 后，铁素体消失而硬脆的二次渗碳体出现，合金强度增加变缓。在 $w(C)$ 达到 0.9% 时，由于沿晶界形成的二次渗碳体开始呈网状分布，强度开始迅速下降。当达到 $w(C)=2.11\%$ 时组织中出现莱氏体，强度降到很低的值。

钢的塑性完全由铁素体来提供，所以 $w(C)$ 增加而铁素体减少时，合金的塑性不断降低，在基体变为渗碳体后，塑性就接近于零值了。为了保证工业用钢具有足够的强度和适当的塑性、韧性，其 $w(C)$ 一般不超过 $1.3\%\sim1.4\%$。

对于白口铸铁，由于组织中存在着莱氏体，而莱氏体是以渗碳体为基的硬脆组织，因此白口铸铁具有很大的脆性。正是由于有大量渗碳体存在，铸铁的硬度和耐磨性很好，某些表面要求高硬度和耐磨的零件如犁铧、冷铸轧辊常用白口铸铁制造。

第二节 钢的热处理基础

同样化学成分的钢，通过不同的热处理，可以得到不同的力学性能。所谓热处理，就是对钢在固态下加热，通过不同的加热温度、保温时间和冷却速度改变其内部组织结构，从而改善其性能的一种工艺方法。其目的是发挥材料的潜力，节约钢材，提高产品质量，延长使用寿命。

根据加热、冷却和处理方式的不同，热处理可分为以下几种：

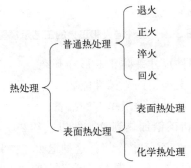

热处理种类虽多，但工艺过程都包括加热、保温和冷却三个阶段。因此，加热温度、保温时间和冷却速度被称为热处理的三大工艺参数，通常可用温度-时间坐标图形表示，称为热处理工艺曲线，如图 3-20 所示。

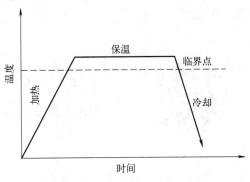

图 3-20 热处理工艺曲线图

这里主要介绍几种常用的热处理方法。

（一）退火

退火是将钢件加热至 A_{c1} 或 A_{c3} 附近某一温度（如图 3-21），保温一定时间，然后随炉冷却，从而得到近似平衡组织的热处理方法。

退火分为完全退火、等温退火、扩散退火、球化退火、去应力退火和再结晶退火。

退火的目的是：

① 降低钢件硬度，利于切削加工，HB=160～230 最适于切削加工，退火后 HB 恰在此范围。

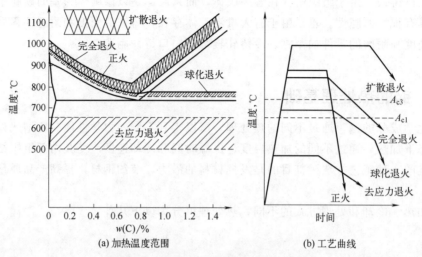

图 3-21　各种退火和正火的工艺示意图

② 消除残余应力，稳定钢件尺寸并防止变形和开裂。

③ 细化晶粒，改善组织，提高钢的机械性能。

④ 为最终热处理（淬火、回火）做组织上的准备。

（1）完全退火　是将亚共析碳钢加热到 A_{c3} 线以上约 20~40℃，保温一定时间，随炉缓慢冷却到 600℃ 以下，然后出炉在空气中冷却。这种退火主要用于亚共析成分的碳钢和合金钢的铸件、锻件及热轧型材，目的是细化晶粒、消除内应力与组织缺陷、降低硬度、提高塑性、为随后的切削加工和淬火做好准备。

图 3-22 是 30 钢的铸件完全退火前后性能比较，F 的晶粒尺寸越小，强度越高，塑性越高。完全退火经加热、保温后，获得晶粒细小的单相 A 组织，需以缓慢的冷却速度进行冷却，以保证奥氏体在珠光体的上部发生转变。

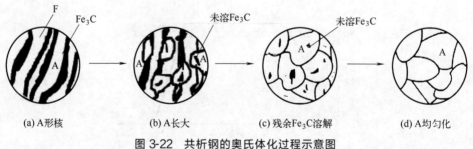

图 3-22　共析钢的奥氏体化过程示意图

（2）等温退火　等温退火是为了保证 A 在珠光体转变区上部发生转变，因此冷却速度很缓慢，所需时间少则十几小时，多则数天，因此生产中常用等温退火来代替完全退火。等温退火加热与完全退火相同，但钢经 A 化后，等温退火以较快速度冷却到 A_1 以下，使奥氏体在等温中发生珠光体转变，然后再以较快速度冷至室温，等温退火时间短，效率高。

（3）扩散退火（均匀化退火）　适用范围：合金钢铸锭和铸件。

目的：消除合金结晶时产生的枝晶偏析，使成分均匀，故而又称均匀化退火。

工艺：把铸锭或铸件加热到 A_{c1} 以上，大约 1000~2000℃，保温 10~15h，再随炉冷却。

特点：高温长时间加热。

钢中合金元素含量越高，加热温度也越高，高温长时间加热是造成组织过热的又一原因，因此扩散退火后需要进行一次完全退火或正火来消除过热。

（4）球化退火　适用范围：多用于共析或过共析成分的碳钢和合金钢。

目的：球化渗碳体，硬度下降，改善切削加工性能，为淬火做好准备。

工艺：将过共析钢加热到 A_{c1} 以上约 $20\sim40℃$ 保温一定时间，然后缓慢冷却到 $600℃$ 以下出炉空冷。

工艺特点：低温段时加热和缓慢冷却。

当加热温度超过 A_{c1} 线后，渗碳体开始溶解，但又未完全溶解，此时片状渗碳体逐渐断开为许多细小的链状或点状渗碳体，弥散分布在奥氏体基体上，同时由于低温短时加热，奥氏体成分也极不均匀，因此在以后缓冷或等温冷却的过程中，以原有的细小渗碳体质点为核心，在奥氏体富集的地方产生新核心，均匀形成颗粒状渗碳体。

（5）去应力退火（低温退火）　目的：用于消除铸件、锻件、焊接件、冷冲压件以及机加工件中的残余应力。这些残余应力如果不消除在以后机加工或使用中有可能导致变形或开裂。

工艺：将工件缓慢加热到 $500\sim650℃$，保温一定的时间，然后随炉缓慢冷却到 $300℃$ 再出炉空冷。

（二）正火

正火是将钢加热到 A_{c3} 或 A_{cm} 以上 $40\sim60℃$，保温后从炉中取出空冷的热处理方法。由于正火的冷却速度较退火快，所得到的珠光体组织较细，强度、硬度都有提高，具有较好的综合力学性能。正火的目的与退火相似。

1）低碳钢的正火处理：对低碳钢进行正火处理，可细化其晶粒，均匀其组织，改善其性能，而且工艺过程短，生产效率高，故对低碳钢不采用退火而采用正火。

2）中碳钢的正火处理：对中碳钢进行正火处理，能提高其强度和硬度。

3）高碳钢的正火处理：对高碳钢进行正火处理，可以消除其网状渗碳体。

（三）淬火

淬火是将钢材加热到临界点以上 $[A_{c3}$ 或 $A_{c1}+(30\sim50)℃]$，经过保温，使钢的组织全部转变为奥氏体，然后快速冷却（水淬或油淬），得到马氏体组织的一种热处理方法。

淬火的目的是提高钢的强度和硬度，增加其耐磨性，以及在随后的回火过程中获得高强度和高韧性相配合的性能。

冷却速度大于钢的临界冷却速度，奥氏体将被过冷到 M_s（$240℃$）以下转变为马氏体组织。含碳量小于 0.25% 的普通低碳钢，由于含碳量低，C 曲线非常接近纵轴，临界冷却速度很大，故不易淬火而获得马氏体组织。

（四）回火

将淬火钢重新加热到 A_1 点以下某一温度，保温一定时间，然后冷却到室温的热处理工艺，称回火。回火是紧接淬火之后的一道热处理工序。

（1）回火的目的

1）获得工件所需的组织，以改善性能。在通常情况下，钢淬火组织为淬火 M 和少量残余 A，整个组织的性能是强度、硬度很高，但塑性与韧性明显下降。为了调整和改善钢的性能，满足各种工件不同性能的要求，因此需配制适当回火来改变淬火组织。

2）稳定尺寸，淬火后的 M 和参与 A 都是不稳定的组织，它们具有自发向稳定组织转变的趋势，这将会引起尺寸的改善，我们可以采用回火使淬火组织转变为稳定组织，从而保证工件在使用过程中不再发生形状和尺寸的改变。

3）消除淬火内应力，工件在淬火后存在很大内应力，如不及时通过回火消除，会引起工件进一步变形甚至开裂。

由以上三点分析我们可以了解到，钢淬火后一般都必须要进行回火处理，回火决定了钢在使用状态的组织和寿命，因此是很主要的热处理工序。

（2）回火的种类及应用

1）低温回火（150～250℃）　组织：低温回火的组织为回火 M。目的：保持淬火钢的高硬度和高耐磨性，降低淬火内应力和脆性，以免使用时崩裂刀具或过早损坏，它主要用于高碳的切削刀具、量具、冷冲模具、滚动轴承。渗碳体回火后硬度一般为 HRC58～64。

2）中温回火（350～500℃）　组织：中温回火所得组织为回火屈氏体。目的：获取较高的屈服强度、弹性极限、韧性，主要用于各种弹簧和模具的热处理，回火后的硬度为 HRC35～50。

3）高温回火（500～650℃）　组织：高温回火所得组织为回火索氏体。目的：获得强度、硬度、塑性、韧性较好的综合力学性能。

（五）调质处理

钢经淬火后高温回火的热处理称调质处理。钢经调质处理后可得到强度、塑性、韧性都较好的综合力学性能。调质处理多用于重要的结构零件，如连杆、螺栓、齿轮及轴、重要钢结构节点，回火后的硬度一般为 HB200～330。

从理论上讲，淬火钢回火后冲击韧性要高，在 400℃以上尤为显著，但在有些结构钢中发现在 250～400℃中回火后冲击韧性反而降低，甚至比 150～200℃低温回火时的冲击韧性值低，这种现象称为"第一回火脆性"。某些合金结构钢在 450～575℃出现"第二次回火脆性"。回火脆性产生的原因很多，情况比较复杂，这里不予论述。

第三节　焊接物理基础

焊接的定义是：通过加热或加压或两者并用，用或不用填充材料，使工件结合在一起的加工方法。工件材料可以是各种同类或不同类的金属、非金属材料（塑料、石墨、陶瓷、玻璃等）。其中金属材料的焊接应用最为广泛，是我们提到焊接时通常所指的含义。

一、焊接热过程及其特点

（一）焊接的一般过程

熔焊是应用最广的一类金属焊接方法，一般焊接部位需经历加热—熔化—冶金反应—凝固结晶—固态相变—形成接头等过程，见图 3-23。

（二）焊接热过程的特点

焊接热过程最显著的特点是热作用的局部性，即焊接热量集中作用在焊接部位，而不是均匀加热整个焊件。与金属热处理不同，不均匀加热是焊接过程的基本特征。

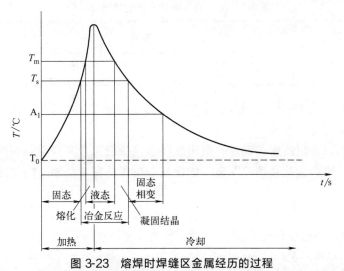

图 3-23　熔焊时焊缝区金属经历的过程

T_m—金属的熔化温度（液相线）；T_s—金属的凝固温度（固相线）

焊接时，热源以一定速度移动，焊件上任一点受热的作用都具瞬时性，即随时间而变。在集中热源作用下，加热速度很快（电弧焊在 1500℃/s 以上），在很短时间内热量从热源传递到焊件上。随着热源向前移动，曾被加热达高温部位的金属因热量迅速导出而冷却降温。焊件上各点受热温度不断变化，说明了这种传热过程不是稳定的。

（三）焊接的热源

焊接需要外加能量，对于熔焊主要是热能。现代焊接发展趋势是逐步向高质量、高效率、低劳动强度和低能耗的方向发展。用于焊接的热量总是希望高度集中，能快速完成焊接过程，并能保证得到热影响区最窄及焊缝致密的接头。

热源输送的功率，即单位时间由热源向工件输送的能量，一般用瓦或焦耳每秒（W 或 J/s）表示。功率密度是指热源和工件之间有效接触的每单位面积上传送的功率，一般以瓦每平方米或瓦每平方厘米（即 W/m^2 或 W/cm^2）表示。功率密度是衡量"热度"的尺度，可作为各种焊接热源比较的指标。

1. 电弧焊的热

很多焊接方法都用电弧作为热源，原因是电弧热可以有效地加以集中和控制。电弧功率可用下式计算

$$W_0 = UI$$

式中　　W_0——电弧功率，W；

$\quad\quad\ U$——电弧电压，V；

$\quad\quad\ \ I$——电弧电流，A。

焊接时，电弧产生的热量并不全部被利用，有一部分热量损失于对流、传导、辐射、飞溅等，真正有效地用于焊接的功率为

$$W = \eta_0 W_0 = \eta_0 UI$$

热效率通常是从试验中测出，见表 3-2。

表 3-2　常用电弧焊接方法的热效率 η_0

焊接方法	碳弧焊	焊条电弧焊	埋弧焊	TIG 焊		MIG 焊		CO_2 气体保护焊
η_0	0.5～0.65	0.77～0.87	0.77～0.99	0.68～0.85	0.78～0.85	0.6～0.69	0.7～0.85	0.75～0.90

应注意，影响热效率的因素很多，除焊接方法外，还与焊接工艺参数、焊接材料、电流种类、极性、焊接位置等有关。

熔焊时，热源以一定速度移动。一般用热输入（线能量）来衡量热源的热作用。热输入被定义为每单位长度焊缝从移动热源输入的能量。电弧焊时，热输入的表达式为

$$E=\frac{UI\eta_0}{v}$$

式中　E——热输入，J/cm；

　　　U——电弧电压，V；

　　　I——焊接电流，A；

　　　v——焊接速度，即电弧移动速度，cm/s；

　　　η_0——热效率，见表 3-2。

实际上，热输入是热源的总有效输入功率 W（J/s）与热源移动速度 v（cm/s）之比，它综合了焊接主要工艺参数对焊件热的影响。从物理冶金角度看，希望用最小的热输入实现金属的熔焊。

2. 电阻焊的热

电阻焊的热源是电流通过焊件时产生的电阻热。电阻热量按下式计算

$$Q=I^2RT$$

式中　Q——产生的电阻热，J 或 W·s；

　　　I——焊接电流，A；

　　　R——焊接区总电阻，Ω；

　　　t——通电时间，s。

3. 电渣焊的热

电渣焊时，作为电极的焊丝送进能导电的熔渣池内，电流通过渣池时产生的电阻热将焊丝和母材金属熔化，冷凝后形成焊缝。渣池中产生的热量用下式表示

$$Q=UIvt$$

式中　Q——电渣热，J；

　　　U——焊接电压，V；

　　　I——焊接电流，A；

　　　v——焊接速度，cm/min；

　　　t——通电时间，s。

4. 气焊的热

气焊所需的热量来自燃料气体燃烧时火焰放出的热量。火焰温度须超过被焊金属的熔点，大部分燃料气体与氧混合燃烧时，其火焰温度都超过 2700℃。最高温度时的火焰具有氧化性，使焊缝金属氧化，不适于焊接。减少氧气的量可将火焰调节成中性，其温度明显降低，但适于焊接。

氧-乙炔焊时，乙炔在氧中的燃烧分两个阶段。第一阶段在焊炬端部小焰心内，发生乙炔分解反应，生成一氧化碳和氢，释放出对焊接最有用的热，其热量为 448kJ/mol；第二阶段的反应是氢燃烧成水蒸气，一氧化碳燃烧成二氧化碳，其释放热量为 812kJ/mol，这些热量发生在外层火焰，对焊件预热有用，且降低了氧-乙炔焊温度梯度和冷却速度。

常用中号氧-乙炔焊炬，焊接时炬端一般只有 8.8kJ/s 的热量，其熔化效率低，热功率密度一般为 $1.6\sim16J/(mm^2 \cdot s)$（即 $160\sim1600W/cm^2$）。

二、焊接电弧及其特性

电弧时各种弧焊方法的热源，是在两电极之间的气体介质产生强烈而持久的放电现象。通过电弧放电，将电能转换为热能、机械能和光能。电弧焊主要利用其热源来熔化焊接材料和母材，达到连接金属的目的。

气体放电主要依靠两电极间气体电离和阴极电子发射这两个物理过程来实现。

1. 电子发射

当阴极表面受外加能量作用，内部的自由电子能冲破电极表面的约束而飞出，这一现象称电子发射。使一个电子从电极表面飞出所需的最小外加能量叫逸出功，单位是电子伏（eV）。逸出功代表着电极材料发射电子的难易程度，它与金属材料的种类、性质和表面状态等因素有关。逸出功越大的材料，发射电子的能力越弱。

因外加能量形式不同，电子发射有热发射、电场发射、光发射和粒子碰撞发射 4 种形式。焊接电弧中主要是热发射和电场发射。

① 热发射　指电极表面受热达很高温度后，电子获得足够能量而从电极表面逸出的过程。电极表面温度受其材料沸点限制，用钨或碳作电极时，其表面温度可达 3500K 以上，这种在高温下所产生的电弧叫热阴极电弧，电弧中的电子主要靠热发射来提供。若用钢、铜或铝作电极，其沸点低，所产生的电弧叫冷阴极电弧，不可能通过热发射提供足够电子，而需靠其他形式发射电子予以补充。

② 电场发射　当阴极附近有强电场存在，电场力将电子从阴极表面强行拉出来的过程叫电子发射。阴极附近电场强度 E（V/cm）越大，电子越易被拉出来。当 E 达 106V/cm 时，即使在室温条件下也有显著的电子发射现象。

冷阴极电弧中的电子主要是靠电场发射来补充。

2. 电弧的构造及其电压分布

当两电极之间产生电弧放电时，在电弧长度方向上的电场强度是不均匀的，图 3-24 是沿电弧长度方向实测的电压分布。从图中可以看出电弧是由三个电场强度不同的区域构成。在阳极附近的区域称阳极区，其长度约 $10^{-3}\sim10^{-4}cm$，该区的电压 U_A 称阳极电压降；在阴极附近的区域称阴极区，其长度约 $10^{-5}\sim10^{-6}cm$，该区的电压 U_K 称阴极电压降；中间部分称弧柱区，该区的电压 U_C 称弧柱电压降。两极端面之间的距离为电弧长度。由于阳极区和阴极区都很窄，因此可认为两电极间距离即为弧柱的长度。电弧这三个区域的电压降组成了总的电弧电压 U_a，用下式表示

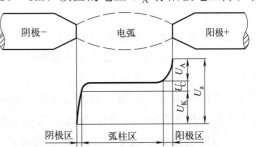

图 3-24　电弧的构成及其电压分布

$$U_a = U_K + U_C + U_A$$

电弧上三个区域电压降的大小与其导电机理密切相关。

(1) 弧柱区　弧柱可看成是导通电流的导体，通过弧柱的电流是在阳极和阴极形成的电场作用下由运动方向相反的电子流和正负离子流组成。其中电子流和正离子流分别由阴极区和阳极区予以提供，弧柱中因复合而消失的带电粒子则由弧柱自身的热电离来补偿。在弧柱中电子和正离子受的电场力是相同的，而电子的质量（9.1×10^{-28} g）比正离子小得多，所以电子的运动速度远比正离子大。因此，弧柱中的电流主要是电子流（约占带电粒子99.9%），正离子流占的比例很小（约占 0.1%），而负离子则更小，可忽略。尽管弧柱中电子流和正离子流有这样大的差别，但在每瞬间每单位体积中正、负带电粒子数是相等的，从而使弧柱从整体上呈中性。电子流和正离子流通过弧柱不受空间电荷电场的排斥作用，阻力小，因而电弧放电具有低电压、大电流的特点。因此弧柱的电压降一般都较小，仅与电弧空间气体成分和弧柱长度有关。在一定气体介质下，弧柱电压降与弧柱长度成正比。

(2) 阴极区　阴极区的任务是向弧柱区提供所需的电子流和接受弧柱区来的正离子流，以维持电弧导电的需要。由于阴极材料种类及工作条件（如电流大小、气体介质等因素）不同，阴极区的导电机理及电压降也不同。

① 热发射型阴极区　当采用高沸点材料（钨、碳等）作阴极且使用较大的电流时，阴极可加热到很高的温度，这时的阴极为热阴极，主要靠热发射提供电子流来满足弧柱导电的需要。在这种情况下阴极区电压降很小。热发射电子从阴极表面带走的热量可以从两方面获得补充：正离子冲击阴极表面而将能量传给阴极，正离子在阴极表面中和电子，释放出的电离能又使阴极加热；电流流过阴极时，产生的电阻热 I^2R（I 为阴极电流，R 为阴极电阻）使阴极加热，从而使得阴极维持较高的温度，保证持续的热发射。大电流钨极氩弧焊时，就属于这种类型的阴极导电机理。

② 电场发射型阴极区　当采用沸点较低材料（如铁、铜、铝等）作阴极（即冷阴极）时，不可能使阴极加热到很高温度，阴极热发射的电子不能满足弧柱导电所需的电子流，但是，由于弧柱中的正离子在电场作用下，不断地向阴极区移动，于是在阴极区聚集了大量正离子，从而形成了一个很强的正电场，可达 2×10^6 V/cm，导致阴极产生电场发射，进一步增大其电子发射量，以满足弧柱所需的电子流。这种以电场发射为主的阴极区的电压降较大。小电流钨极氩弧焊和熔化极气体保护焊就属这种类型的导电机理。

总之，阴极电压降的大小，因条件不同而有所变化，一般在几伏到几十伏之间波动，主要由电极材料、气体介质和电流大小决定。当电极材料的熔点较高或其电子逸出功较小时，阴极热发射所占比例较大，于是阴极压降较小。反之，则电场发射的比例较大，阴极压降也较大。当电流较大时，电极热量高，热发射比例增大，阴极压降将减小。

(3) 阳极区　阳极区的任务是接受从弧柱送来的电子流，并向弧柱提供正离子流。但阳极不能发射正离子，弧柱所需的正离子流是靠阳极区的电离来获得。

由于受阳极吸引，大量电子从弧柱中快速进入阳极区，阳极区内的正离子受阳极排斥而进入弧柱。因此，在阳极区就聚集着大量电子，形成了一个带负电性的空间电荷，与阳极的正电荷之间构成一个电场，只要弧柱的正离子得不到补充，这个电场的强度就继续增大。在这个电场作用下阳极区内的中性粒子碰撞而电离。电离生成的正离子流向弧柱。于是为弧柱补充了导电所需的正离子流。当生成的正离子能满足弧柱需要时，这个电场强度就不再增大，而达到某一稳定值（约 10^4 V/cm），于是由电场所形成的阳极电压降也是一稳定值，一般大于气体介质的电离电压，但与冷阴极型的阴极电压降比要小得多。

以上是小电流的情况，当电流密度较大时，阳极温度升高，阳极材料发生蒸发，在电极前面的金属蒸气将产生热电离，能为弧柱提供正离子，在这种情况下阳极电压降将会自动减小，甚至降为零。

综上所述，在电流和周围条件（电极材料、气体介质和散热等）一定的情况下，电弧稳定燃烧时，电弧的阴极电压降和阳极电压降基本上都是固定的数值，只有弧柱的电压降随弧柱长度的变化而变化。所以在这种情况下，总的电弧电压 U_g 决定于电弧的弧长。电弧越长，电弧电压越高。

3. 磁场对电弧的作用

电弧时载流导体，在其周围存在磁场时，必然受到磁场力的作用而发生各种形态的电弧。

磁偏吹，当电弧周围磁场不均匀或电弧附近存在强铁磁体时，都使电弧中心偏离电极轴线的现象，称磁偏吹，见图 3-25。

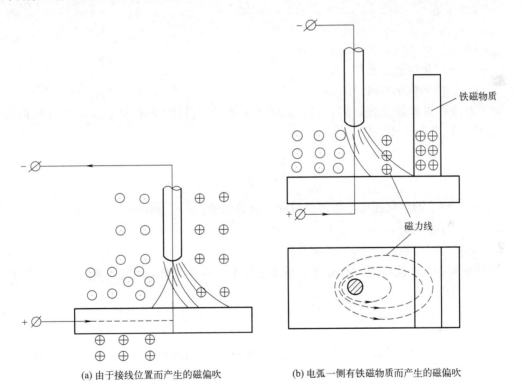

(a) 由于接线位置而产生的磁偏吹　　　　(b) 电弧一侧有铁磁物质而产生的磁偏吹

图 3-25　磁偏吹

严重的磁偏吹使焊接过程不稳定，操作难以控制，使焊缝成形变坏，一般可以用下列方法消除或减少磁偏吹现象：

① 可能时，用交流电源代替直流电源；

② 尽量用短弧进行焊接，电弧越短偏离越小；

③ 对于长的和大的工作，可采用两端连接地线的方法；

④ 避免周围铁磁物质的影响；

⑤ 若工件有剩磁，则焊前应退磁。

三、焊丝的加热、熔化与熔滴过渡

在熔化极电弧焊中焊丝的加热、熔化和熔滴过渡是十分重要的物理现象，它关系到焊接生产率和焊接质量。

（一）焊丝的加热与熔化

1. 热源

熔化极电弧焊时，焊丝的加热与熔化主要靠电弧的阴极区（正接时）或阳极区（反接时）所产生的热量及焊丝自身的电阻热，弧柱区产生的热量对焊丝的加热与熔化作用较小；非熔化电极电弧焊时，加热与熔化焊丝主要是靠弧柱区产生的热量。

2. 焊丝的熔化

1）熔化速度与熔化系数

① 熔化速度　金属熔化的平均速度可以用单位时间内金属的熔化质量表示

$$v_m = \frac{G}{t}$$

式中　v_m——金属平均熔化速度，g/h；

　　　G——熔化金属的质量，g；

　　　t——加热熔化时间，h。

对于焊条芯或焊丝而言，因其截面积不变，故它们的熔化速度常以单位时间内焊丝（芯）熔化的长度来表示，即

$$v_l = \frac{v_m}{F\rho_m}$$

式中　v_l——焊丝的熔化速度，即单位时间焊丝熔化的长度，cm/h；

　　　F——焊丝的截面积，cm^2；

　　　ρ_m——焊丝材料的密度，g/cm^3。

② 熔化系数　试验证明，在正常焊接工艺参数条件下，焊丝（芯）的平均熔化速度与焊接电流成正比，即

$$V_m = \alpha_m I$$

式中　I——焊接电流，A；

　　　α_m——焊丝（芯）的熔化系数，是熔焊过程中，单位时间内通过单位电流时，焊丝（芯）的熔化量，g/(A·h)。

焊丝熔化速度决定于焊接电流和熔化系数，而熔化系数与焊丝材料的热物理性能、直径大小以及气体介质及极性等因素有关。

2）熔敷速度与熔敷系数　焊接过程中熔化的焊丝（芯）金属并非全部进入熔池形成焊缝金属，通常有一部分如飞溅、氧化和蒸发的损失，因此，把熔焊过程中单位时间内熔敷在焊件上的金属质量称平均熔敷速度，它同样与焊接电流成正比，即

$$v_D = \frac{G_D}{t} = \alpha_D I$$

式中　v_D——焊丝（芯）金属平均熔敷速度，g/h；

G_D——熔敷到焊缝金属中焊丝（芯）金属的质量，g；

t——电弧燃烧时间，h；

α_D——焊丝（芯）熔敷系数，是单位时间内通过单位电流，焊丝（芯）熔敷在焊件上的金属量，g/(A·h)。

3）损失系数　在焊接过程中由于飞溅、氧化和蒸发损失的那一部分金属与熔化的焊丝（芯）质量之比称损失系数，可表示为

$$\varphi = \frac{G-G_D}{G} = \frac{v_m - v_D}{v_m} = I - \frac{\alpha_D}{\alpha_m}$$

或

$$\alpha_D = (1-\varphi)\alpha_m$$

式中　φ——焊丝（芯）的损失系数。

由于考虑了实际损失，所以以焊丝（芯）的熔敷速度或熔敷系数才是反映焊接生产率的指标。表 3-3 是几种国产焊条熔化系数与熔敷系数的实测数据。

表 3-3　几种焊条的 α_m 与 α_D　　　　单位：g/(A·h)

型号	牌号	α_m	α_D
E4303	J422	9.16	8.25
E4301	J423	10.1	9.7
E4320	J424	9.1	8.2
E4315	J427	9.5	9.0
E5015	J507	9.06	8.47

（二）熔滴过程

电弧焊时，焊丝（或焊条）端部形成熔滴通过电弧空间向熔池转移的过程，称熔滴过渡。熔滴过渡对熔焊过程是否稳定、飞溅大小、焊缝成形优劣以及是否产生焊接缺陷等有很大影响。掌握其规律，对提高焊接质量和生产率十分重要。

1. 熔滴上的作用力

电弧焊时，焊丝端头熔化的金属熔滴除受到电磁收缩力、等离子流力、斑点压力等作用外，还受到熔滴自身的表面张力和重力的作用。

① 表面张力　熔滴的表面张力总是阻碍熔滴从焊丝端头脱离，故不利于金属熔滴过渡。但是，当熔滴与熔池金属接触并形成金属过桥时，由于熔池界面扩大，这时的表面张力能把液体金属拉进熔池中，从而有利于熔滴过渡。

② 重力　在平焊时熔滴的重力是促进熔滴过渡的力，当它大于表面张力时，熔滴就脱离焊丝而落入熔池。当立焊和仰焊时，重力则使过渡的金属熔滴偏离电弧的轴线方向而阻碍熔滴的过渡。

2. 熔滴过渡类型

弧焊的熔滴过渡大体上可分为自由过渡、接触过渡和渣壁过渡三种类型。表 3-4 为熔滴过渡类型及特点。

表 3-4　熔滴过渡类型及特点

类型			形态	焊接形式
滴状过渡	大滴过渡	滴落过渡		高电压小电流 MIG 焊
		排斥过渡		高电压小电流 CO_2 焊；正接、大电流 CO_2 焊
	细颗粒过渡			较大电流 CO_2 焊
自由过渡	喷射过渡	射滴过渡		铝 MIG 焊及脉冲焊
		射流过渡		钢 MIG 焊
		旋转射流		特大电流 MIG 焊
	爆炸过渡			焊丝含挥发成分 CO_2 焊

续表

类型		形态	焊接形式
接触过渡	短路过渡		CO_2 焊
	搭桥过渡		非熔化极填丝焊
渣壁过渡	沿渣壳过渡		埋弧焊
	沿套筒过渡		焊条电弧焊

（三）母材的熔化与焊缝的形成

电弧焊时，在电弧热的作用下填充金属（焊丝或焊条）熔化的同时，母材也发生局部熔化，母材局部熔化所需热量主要依靠电弧中阳极区（正接时）或阴极区（反接时）析出的那一部分，大约占电弧总热量的 50％以上。

在母材上由熔化的填充金属与局部熔化的母材共同组成一个具有一定几何形状的液态金属区，称之为熔池。如果是不加填充金属的钨极氩弧焊或等离子弧焊，则熔池仅由局部熔池的母材组成。

熔池的形成是热与力共同作用的结果。母材在被加热的同时也伴随着散热，热传导使母材上出现温度场。在母材上只有加热达到其熔点温度以上那一部分金属才发生熔化，因此，在温度场上母材熔点的等温面便是熔池与固体母材的界面。该等温面的空间形状和尺寸，也就是熔池的轮廓形状和尺寸。熔池除受电磁收缩力、等离子流力等电弧力的作用外，还受到熔滴过渡的冲击力、液体金属的重力和表面张力等的作用，这些力都在不同程度上改变着熔池的形状和尺寸。所以，影响母材温度场和各种作用力的因素，都对熔池的形成及其形状尺寸发生影响。

（四）熔池形状对焊缝的影响

熔池形状对焊缝的影响主要表现在对焊缝成形、焊缝金属化学成分和焊缝结晶结构的影响。

（1）对焊缝成形的影响 熔池冷凝后便形成了焊缝的外形，焊缝横截面的形状和尺寸反映了熔池的最大横截面的轮廓形状和尺寸。

（2）对焊缝金属化学成分的影响 熔焊时，从焊接材料过渡到母材上的熔化金属称熔敷金属。熔敷金属的合金元素含量是由焊接材料的合金元素含量考虑了合金过渡系数后决定的。当熔敷金属与母材上熔化的金属混合并凝固后形成焊缝。

（3）对焊缝结晶过程的影响 熔池金属的冷凝结晶是从熔池与固体母材的交界面（即母材熔点等温面）开始的，晶粒生长的方向与熔池散热方向相反。因此，熔池的形状对焊缝金属的结晶方向发生影响，

第四节 焊接冶金基础

一、基本概念

焊接冶金过程是指熔焊时焊接区的母材和填充材料从固体熔化成液体（熔池）后，又从液体凝固成固体（焊缝）所发生的冶金反应过程。大致上可划分成液相冶金、凝固冶金和固相冶金三个阶段。每一阶段发生的物理化学反应，都对焊接质量发生着重要的影响。

（一）液相冶金

熔焊时，熔滴和熔池的表面充满大量气体，有时还覆盖着熔渣。这些气体和熔渣在焊接高温条件下与液体金属发生着一系列复杂的物理化学反应，如元素的氧化与还原、气体的溶解与析出、有害杂质的去除等。这种在高温下焊接区内液体金属与各种物质之间相互作用的过程称焊接液相冶金过程，又称焊接化学冶金过程。

液相冶金过程对焊缝金属的成分、性能、焊接质量以及焊接工艺性能都有很大影响。研究与掌握在各种工艺条件下焊接冶金反应与焊缝金属成分、性能之间的关系及其变化规律，对于合理选择焊接材料、正确控制和调整焊缝金属的成分与性能具有重要意义。

（二）液相冶金过程特点

熔焊的过程是金属在焊接条件下的再熔炼过程，与普通钢铁冶炼的过程没有本质区别。但是，在冶炼条件等方面却有很大不同。焊接液相冶金的最主要特点是：

1）焊接时，不同的焊接方法对焊接区金属采用不同的方式进行保护。如气体保护、熔渣保护、气-渣联合保护、真空保护等。

2）焊接的冶金反应是在上述这些保护条件下分区域（或分阶段）连续进行的。例如，焊条电弧焊时有药皮反应区、熔滴反应区和熔池反应区等。

3）反应区温度高，但不均匀；熔化金属与气相、熔渣接触面积大，反应时间短，见表3-5，因而冶金反应速度快而强烈，同时增加了合金元素的烧损与蒸发。

表 3-5 钢焊接时液相冶金反应的物理条件

		比表面积/(m²/kg)	温度/℃	相间接触时间/s
电弧焊	熔滴	$(1\sim10)\times10^{-3}$	1800~2400	0.01~1.0
	熔池	$(0.25\sim1.1)\times10^{-3}$	1770±10	6~40
炼钢		$(1\sim10)\times10^{-6}$	1600~1700	$(1.8\sim9)\times10^{3}$

4）熔池尺寸小（焊条电弧焊时熔池质量一般不到 5g，埋弧焊也不超过 100 g），在各种力的作用下发生强烈运动。熔池运动状态受到焊接方法、工艺参数、焊接材料成分、电极直径及其倾斜角度、馈电位置的影响。

5）焊接区的不等温条件，使焊接化学冶金系统多数没达到平衡，但接近平衡。气相中的反应几乎达到平衡。

6）化学冶金反应受到焊接工艺条件的影响，当焊接或焊接工艺参数改变时，必然引起冶金反应的条件（如反应物的数量、浓度、温度、反应时间等）变化。

（三）焊接时对金属的保护

1. 保护的必要性

在空气中无保护的情况下用光焊丝对低碳钢进行电弧焊接，结果焊缝金属中氮含量比焊丝高 20~45 倍，氧含量高 7~35 倍。同时，锰、碳等有益合金元素因烧损和蒸发而大量减少。焊缝金属的强度虽变化不大，但其塑性和韧性却急剧下降，见表 3-6。这样的劣质焊缝在工程上是不能接受的。

为了避免焊接过程中焊缝金属被空气污染及有益合金元素被烧损，焊接冶金的首要任务就是对焊接区金属加强保护。

表 3-6 无保护焊接低碳钢时焊缝与母材性能比较

	性能指标			
	$\sigma_b/(N/mm^2)$	$\delta/\%$	$\alpha/(°)$	$\alpha_k/(J/cm^2)$
母材	390~440	25~30	180	>147
焊缝	334~390	5~10	20~40	4.9~24.5

2. 保护方式

几乎每一种熔焊方法都是为了加强对焊接区的保护而发展和完善起来的。表 3-7 归纳了目前熔焊方法中采用的几种保护方式。除自保护外，其余都是把空气与焊接区机械地隔离开来。

表 3-7 熔焊过程中的保护方式

保护方式	焊接方法
气体保护	气焊、TIG、MAG、MIG 等离子弧焊
熔渣保护	埋弧焊
气-渣联合保护	具有造气剂的焊条或药芯焊丝的电弧焊
真空保护	真空电子束焊
自保护	焊丝中含有脱氢、脱氧剂的自保护电弧焊

（四）保护效果

保护效果决定于隔离有害气体的程度，它和焊接方法的工艺特点及焊接条件有关。

真空电子束焊的保护效果最理想。因为焊件是在真空室内施焊，熔化金属既不与空气也不与熔渣接触，故可焊出很纯净的焊缝金属，常用于重要的焊件或活性金属的焊接。影响其保护效果的主要因素是焊接室的真空度，真空度越高，其保护效果就越好，但是，大型焊接真空室要实现高真空在技术和经济上将遇到困难。

电渣焊和埋弧焊均用熔渣保护。从隔离空气角度看，熔渣的保护效果也很好。影响电渣焊保护效果的主要因素是渣池的深度。埋弧焊的保护效果则受到焊剂的粒度、结构和堆高等诸多因素影响，故不及电渣焊。由于焊剂、熔渣及熔池受重力作用，这两种焊接方法的应用范围受到焊接位置限制。电渣焊只适于厚件、直缝和在立焊位置焊接，埋弧焊主要用于平焊和角缝横焊。

焊条电弧焊和药芯焊丝电弧焊多用气-渣联合保护，具有可见性和适应性，可进行全位置焊接。但保护效果受到较多因素影响，其中最主要受到焊工操作技术的影响，如果弧长、焊接速度、焊条倾角、运条等不正常或不稳定都会降低保护效果。所以这两种焊接方法的保护效果不及埋弧焊。

气体保护焊的保护效果取决于保护气体的性质和纯度、焊炬的结构、气流的特性以及焊工的操作技术等。用惰性气体（氩、氦等）的保护效果较好，常用于合金钢和活性金属的焊接。

自保护焊是利用特制的实心或药芯光焊丝在空气中焊接的一种方法。它不是机械地用隔开空气的办法来保护焊接区的金属，而是在焊丝或药芯中加入脱氢和脱氮剂，通过冶金反应来减少进入熔池金属中的氧和氮含量，故称自保护焊。目前实心自保护焊丝的保护效果欠佳，焊缝金属的塑性和韧性还不令人满意，故生产上应用不广。

（五）焊接冶金反应区及其反应条件

焊接冶金过程是分区域（或分阶段）连续进行的，不同的焊接方法有不同的反应区。焊条电弧焊有三个反应区：药皮反应区、熔滴反应区和熔池反应区，见图 3-26。熔化极气体保护焊只有熔滴和熔池两个反应区；无填充金属的气焊、钨极氩弧焊和电子束只有一个熔池反应区。

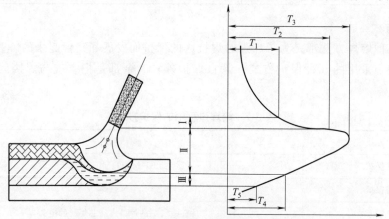

图 3-26　焊条电弧焊冶金反应区及其温度分布

Ⅰ—药皮反应区；Ⅱ—熔滴反应区；Ⅲ—熔池反应区

T_1—药皮开始反应温度；T_2—焊条端熔滴温度；T_3—弧柱区熔滴温度；T_4—熔池最高温度；T_5—熔池凝固温度

1. 药皮反应区

该区反应温度范围从 100℃ 至药皮的熔点（对钢焊条约 1200℃）。主要物化反应是水分蒸发、某些物质分解和铁合金的氧化。

当加热温度超过 100℃，药皮中的水分就开始蒸发。再升高到一定温度，药皮中的有机物（木粉、纤维素、淀粉等）、碳酸盐（如 $CaCO_3$、$MgCO_3$ 等）和高价氧化物（如 Fe_2O_3，MnO_2 等）等逐步发生分解，析出 H_2、CO_2 和 O_2 等气体。这些气体既对焊接区金属有机械保护作用，又对被焊金属和药皮中的铁合金（如锰铁、硅铁、钛铁等）有很大氧化作用，使气相的氧化性大大下降，此即先期脱氧过程。

2. 熔滴反应区

该区包括熔滴形成、长大并过渡到熔池中去的整个阶段。从反应条件看有如下特点：

1）熔滴温度高　电弧焊接钢材时熔滴最高温度约 2800℃，平均在 1800～2400℃ 范围内。其过热度很大，可达 300～900℃。

2）熔滴与气体和熔渣接触面积大　因熔滴尺寸小，在正常情况下其表面积可达 $10^3 \sim 10^4 \mathrm{cm}^2/\mathrm{kg}$，比炼钢时约大 1000 倍。

3）各相之间的反应时间短　熔滴在焊条末端停留时间约 0.01～0.1s，向熔池过渡速度快，经弧柱区时间只有 0.0001～0.001s，在这个区内各相接触的平均时间约 0.01～1.0s，反应时间很短，主要在焊条末端进行。

4）熔滴与熔渣发生强烈混合　熔滴在形成、长大和过渡过程中受到电磁力、气体吹力等外界因素作用，便与熔渣发生强烈的混合，既增加彼此接触面积，又加速反应进行。

由于有上述特点，熔滴反应区是冶金反应最强烈的部位，在此区进行的物理变化和化学反应主要有：气体的分解与溶解，金属的蒸发，金属及其合金成分的氧化与还原以及焊缝金属的合金化等。

3. 熔池反应区

熔滴与熔渣落入熔池后就开始熔池区的冶金反应，直至金属凝固形成焊缝为止。在这个区域内熔滴、熔渣与熔化的母材相互混合与接触，继续各相之间的物理化学反应。从反应条件看该区有如下特点：

1）熔池的温度分布极不均匀。它的前部温度高，处于升温阶段，进行着金属熔化、气体吸收，有利于吸热反应；它的后部温度低，处于降温阶段，发生气体逸出、金属凝固，有利于放热反应。因此，同一个反应在熔池的前后部可以向相反的方向进行。

2）熔池的平均温度比熔滴低（约为 1600～1900℃），反应时间稍长。焊条电弧焊时熔池存在时间为 3～8s，埋弧焊为 6～25s。

3）由于受电弧力、气流和等离子流等因素作用，熔池发生搅动。加上熔池温度分布不均，也造成熔池的对流运动。这有助于熔池成分的均匀化和加大冶金反应度，有利于气体或非金属夹杂物从熔池中外逸。

4）熔池反应阶段中反应物的含量与平衡含量之差比熔滴阶段小，故在相同条件下，熔池中的反应速度比熔滴阶段中的要小。

5）当药皮的重量系数 K_b（单位长度焊条药皮与焊芯质量之比）较大时，部分熔渣不与熔滴作用而直接流入熔池中，因而与熔池金属作用的熔渣数量大于与熔滴金属作用的熔渣数量。所以增加焊条药皮厚度能够加强熔池阶段的冶金反应。

6）熔池反应区的反应物质是不断更新的，新熔化的母材、焊芯和药皮不断进入熔池的头部，而凝固的焊缝金属和熔渣不断从后部退出。在焊接工艺参数恒定情况下，这种物质的更替过程可达稳定状态，从而获得成分均匀的焊缝金属。

从上述特点看出，熔池阶段的反应速度、合金元素被氧化的程度均比熔滴阶段小，采用大厚度药皮的焊条焊接时，熔池中的反应可获得加强。

总之，焊接化学冶金过程是分区域连续进行的，在熔滴阶段进行的反应多数在熔池阶段继续进行，但也有反应停止甚至反应反向的，各阶段冶金反应的综合结果，就决定了焊缝金属的最终化学成分。

二、气相对金属的作用

1. 焊接区内的气体

焊接时，焊接区内气相成分主要有 CO、CO_2、H_2O、N_2、H_2、O_2、金属和熔渣的蒸气以及它们的分解物和电离物等。其中对焊接质量影响最大的是 N_2、H_2、O_2、CO_2 和 H_2O 等，必须加以控制。

（1）来源 焊接区内气体来源是：①焊接材料，如焊条的药皮、焊剂和药芯中的造气剂、高价氧化物和水分等；②热源周围的空气；③焊丝和焊件表面存在铁皮、铁锈、油漆和吸附水等；④母材和填充金属自身因冶炼而残留的气体。

焊接区内的气体除了外界侵入或人为直接输入气体外，一般都是通过反应产生。

（2）有机物的分解和燃烧 焊条药皮中常用的淀粉、纤维素、糊精等有机物作造气剂和增塑剂，受热后将发生热氧化分解反应，产生 CO、CO_2、H_2 和水汽等气体。

（3）碳酸盐和高阶氧化物的分解 在焊接冶金中常使用碳酸盐，如 CaO_2、$MgCO_3$ 等，用来造气和造渣，也有利于稳定电弧。当加热超过一定温度时，就开始发生分解，产生 CO_2 气体，例如

$$CaCO_3 === CaO + CO_2$$

高阶氧化物主要有 Fe_2O_3 和 MnO_2 等，在焊接过程中将产生逐级分解，生成大量氧气和低价氧化物。例如

$$6Fe_2O_3 === 4Fe_3O_4 + O_2$$
$$2Fe_3O_4 === 6FeO + O_2$$

（4）材料的蒸发 焊接过程中，除焊材中水分蒸发外，金属元素和熔渣中各种成分在电弧高温下也会蒸发成为蒸气。沸点越低的物质越容易蒸发，从表 3-8 看出金属元素 Zn、Mg、Pb、Mn 的沸点较低。因此，在熔滴形成和过渡过程中最易蒸发。氟化物也因沸点低而易于蒸发。

表 3-8 合金元素和氧化物的沸点   单位：℃

物质	沸点	物质	沸点
Zn	907	Ti	3127
Mg	1126	C	4502
Pb	1740	Mo	4804
Mn	2097	AlF_3	1260
Cr	2222	KF	1500
Al	2327	LiF	1670
Ni	2459	NaF	1700
Si	2467	BaF_2	2137
Cu	2547	MgF_2	2239
Fe	2753	CaF_2	2500

有用元素蒸发不仅造成合金元素损失，影响焊接质量，还增加焊接烟尘，污染环境，影响焊工健康。

（5）气体分解　焊接区内的气体是以分子、原子及离子等状态存在。一般以分子状态存在的气体须先分解成原子或离子后才能溶解到金属中。

在焊接冶金中常见的气体有简单气体和复杂气体两类，前者是由同种原子组成分子的气体，如 N_2、H_2 和 O_2 等，多为双原子气体；后者是由不同原子组成分子的气体，如 CO_2 和 H_2O 等。气体受热获得足够高的能量后就会分解为单个原子或离子及电子。在焊接温度（5000K）下，H_2 和 O_2 大都分解以原子状态存在，而氮基本上以分子状态存在。CO_2 气体的分解随温度升高而增加，在焊接温度下几乎完全分解。

单原子气体及复杂气体的分解物在高温下还可以进一步电离，电离所需能量比分解所需的还要大。

（6）分布　焊接时，焊接区内气相的成分和数量与焊接方法、工艺参数、焊接材料种类有关。焊条电弧焊时，气相的氧化性较大。用碱性焊条焊接，气相中 H_2 和 H_2O 的含量很少，故称低氢型焊条；埋弧焊和中性焰气焊时，气相中 CO_2 和 H_2O 含量很少，因而气相的氧化性也很小。各种气体的分子、原子和离子在焊接区内的分布与温度有关，而电弧的温度无论是轴向或径向分布都不均匀，所以它们在电弧中的分布也是不均匀的。由于测试上的困难，目前尚未了解其分布规律。

2. 氢对金属的作用及其控制

（1）氢对金属的作用　氢几乎可与所有金属发生作用，按其作用特点可将金属划分为两类：

① 能形成稳定氢化物的金属，如 Zn、Ti、V、Ta、Nb 等。这些金属吸收氢的特点是吸氢为放热反应，随温度的升高吸氢量减少。当吸氢量较多时，形成稳定氢化物。当温度超过氢化物保持稳定的临界温度时，氢化物发生分解，氢则扩散逸出；当吸氢量少时，这些金属可与氢形成固体。焊接这类金属时，要注意防止在固态时吸入大量的氢，否则将影响焊接质量。

② 不能形成稳定氢化物的金属，如 Al、Fe、Ni、Cu、Cr、Mo 等。氢能溶于这类金属及其合金中，其溶解反应属吸热反应，溶解量随温度的升高而增大。

氢可通过气相和熔渣向金属中溶解。当氢通过气相向金属中溶解时，分子状态的氢必须分解为原子或离子状态（主要是 H^+）才能向金属中溶解；当通过熔渣向金属中溶解时，氢或水蒸气首先溶于熔渣中，主要以 OH^- 离子形式存在，其溶解度取决于气相水蒸气的分压、熔渣的碱度、氟化物的含量和金属中的含氧量等因素。

氢在铁中的溶解度随温度升高而增大，当温度约为 2400℃ 时，溶解度达最大值（43mL/100g），说明在熔滴阶段吸收的氢比熔池阶段多。继续升高温度，金属的蒸气压急剧增加，氢溶解度迅速下降。在金属沸点温度时，氢的溶解度为零。在钢的变态点氢的溶解度发生突变，这与氢在固态钢中的溶解度和组织结构有关。氢在面心立方晶格的珠光体中溶解度小。当发生固态相变时，就出现了溶解度的突变。这种现象是引起气孔、裂纹等焊接缺陷的重要原因。

合金元素对原子氢在 1600℃ 铁水中的溶解度的影响示于图 3-27 中。碳、铝和硼会引起氢溶解度急剧下降，氧是表面活性物质，可减少金属对氢的吸附，因而也能有效地降低氢在液态铁中的溶解度。Ti、Zr、Nb 及某些稀土元素可以提高氢的溶解度，而 Mn、Ni、Cr 和 Mo 等则影响不大。

（2）焊缝金属中的氢　焊接熔池处于液态时吸收的氢，因凝固结晶速度很快，来不及逸出而被留在固态的焊缝金属中，在钢焊缝中的氢是以 H、H^+ 的形式存在，它们与焊缝金属

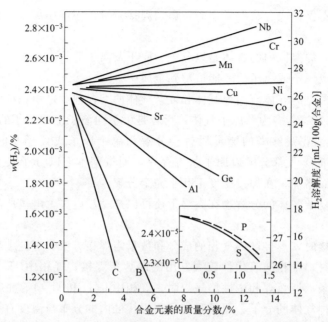

图 3-27　合金元素对原子氢在 1600℃铁水中的溶解度的影响

形成间隙固溶体。由于氢原子及离子的半径很小，它们可以在焊缝金属的晶格中自由扩散，这一部分氢被称为扩散氢。如果氢扩散到金属的晶格缺陷、显微裂纹或非金属夹杂物边缘的微小空隙中，可以结合成氢分子，由于氢分子的半径大而不能自由扩散，故称这部分氢为残余氢。因铁与氢不形成稳定氢化物，所以铁内扩散氢约占总氢量的 80%～90%，它对接头性能的影响比残余氢大。

金属的含氢量是随焊后放置时间而变化的。其规律是：焊后放置时间越长，扩散氢越少，而残余氢越多，而焊缝中总氢量在下降。这是因氢的扩散运动，一部分扩散氢从焊缝中逸出，而另外一部分转变为残余氢。

金属的扩散氢可以用甘油法、气相色谱法、水银法和排液法测定。GB/T 3965—1995《熔敷金属中扩散氢测定方法》中规定使用前三种方法。GB/T 3965—2012 中规定水银法和热导法为基本测定方法。

焊接方法不同，熔敷金属的含氢量不相同。表 3-9 为焊接碳钢时熔敷金属中的含氢量，从表中看出，所有焊接方法都使熔敷金属增氢。焊条电弧时只有用低氢型焊条的扩散氢含量最少。CO_2 保护焊的扩散氢含量极少，是一种超低氢的焊接方法。

焊接接头中氢的扩散和分布很复杂。从图 3-28 中氢在接头横断面上的分布特点看出，它与母材成分、组织和焊缝金属的类型等因素有关。值得注意的是，氢向近缝区扩散，并且扩散深度较大，这是热影响区产生延迟裂纹的主要原因。

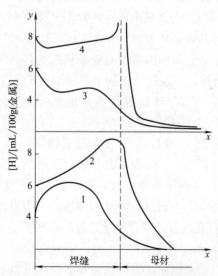

图 3-28　氢在焊接接头横断面上的分布

1—低碳钢、碱性焊条；2—低碳钢、钛型焊条；
3—30CrMnSi 钢堆焊铁素体焊缝；
4—30CrMnSi 奥氏体焊缝

表 3-9 焊接碳钢时熔敷金属中的含氢量

焊接方法		扩散氢量 /[mL/100g(金属)]	残余氢量 /[mL/100g(金属)]	总氢含量 /[mL/100g(金属)]	备注
焊条电弧焊	纤维素型	36.8	6.3	42.1	—
	钛型	39.1	7.1	46.2	
	钛铁矿型	30.1	6.7	36.8	
	氧化铁型	32.3	6.5	38.8	
	低氢型	4.2	2.6	6.8	
埋弧焊		4.4	1～1.5	5.90	在 40～50℃ 停留 48～72h，测定扩散氢，真空加热测定残余氢
CO$_2$ 保护焊		0.04	1～1.5	1.54	
氧-乙炔气焊		5.00	1～1.5	6.50	

（3）氢对焊接质量的影响　氢对许多金属及其合金的焊接质量是有害的。对结构钢焊接的有害作用是：

① 形成气孔。熔池高温时吸收了大量的氢，结晶时氢的溶解度突然下降，氢在焊缝中处于过饱和状态，并发生 $2[H] \rightarrow H_2$ 的反应。当氢来不及逸出时，残留在焊缝金属中而形成气孔。

② 形成冷裂纹。冷裂纹是焊接接头冷却到较低温度下（在 M_s 以下）产生的一种裂纹，氢是促使这种裂纹形成的原因之一。

③ 形成氢脆。氢在室温附近使钢的塑性发生严重下降的现象称为氢脆。一般认为是原子氢扩散聚集在金属晶格缺陷内（如位错、空位等），结合成分子氢，形成局部高压区，阻碍塑性变形而造成氢脆。在较高温度时，氢扩散速度大，可以迅速逸出；在很低温度时，氢的扩散速度小，氢聚集不起来，这两种情况下都不会引起氢脆。只有在室温或稍低于室温的情况下才发生氢脆。金属中晶格缺陷越多，氢脆倾向越大。

④ 形成白点。在碳钢和低合金钢焊缝中，如含有较多的氢，当焊后不久进行力学性能试验时，在试件断口上常出现光亮的圆形白点，其直径约 0.1～2mm。由于白点中心有微细气孔或夹杂物，好像鱼眼一样，故又称"鱼眼"。白点产生于金属塑性变形过程，其成因是氢的存在及其扩散运动。当外力作用下金属产生塑性变形时，氢扩散并聚集于小气孔或小夹杂物等缺陷处。白点对焊缝强度影响不大，但对塑性、韧性有较大的影响。碳钢及用 Cr、Ni、Mo 合金化的焊缝，较容易出现白点。

（4）氢的控制　氢对焊缝金属有不利影响，必须加以消除和控制。首先要减少氢的来源，其次在焊接过程中利用冶金手段加以去除，然后根据需要做焊后消氢处理。

1）限制氢的来源　主要措施有：

① 限制焊接材料中的含氢量。在制造焊条、焊剂及药芯焊丝中使用的各种原材料都在不同程度上含有吸附水、结晶水、化合水或溶解氢等，设计配方时应尽量选用不含或少含氢的原材料。制造焊接材料时，应按技术要求进行烘焙以降低成品的含水量。焊条、焊剂成品长期存放会吸潮。因此，用前应进行烘干。一般含有机物的焊条烘干温度为 150～200℃；低氢型焊条为 350～450℃。烘干时间不小于 2h。烘干后应立即使用，或放在保温筒内随用随取。

② 清除气体介质中的水分。气体保护电弧焊中，保护气体 Ar、CO$_2$ 中常含水分，用前应有去水或干燥等措施。

③ 清除焊件及焊丝表面上的油污、杂质。焊件待焊面和焊丝表面的铁锈、油污、吸附水分及其他含氢物质都是使焊缝增氢的主要原因之一，焊前应认真清除。

2）冶金处理 通过焊接材料的冶金作用，使气相中的氢转化为稳定的氢化物，降低氢的分压，以减少氢在焊缝金属中的溶解。

HF 和 OH^- 高温下较稳定，而且不溶于钢中。因此，只需适当调整焊接材料成分，促使气相中的氢转变成 HF 和 OH^-，即可减少焊缝中的含氢量。

在药皮或焊剂中加入氟化物，焊接时在气相中能使氢转变成 HF。最常用的氟化物是 CaF_2。其去氢作用为

$$CaF_2(气)+H_2O(气)=CaO(气)+2HF$$
$$CaF_2(气)+2H=Ca(气)+2HF$$

在高硅高锰焊剂中加入适当比例的 CaF_2 就可以显著降低焊缝的含氢量。增强气相中的氧化性或增加熔池中氧含量，都能使氢转变成 OH^-，达到减少焊缝金属中氢溶解的目的。

CO_2 气体具有氧化性，故 CO_2 气体保护焊时，CO_2 能减少焊缝中的含氢量；焊条电弧焊时低氢型焊条药皮中碳酸盐受热分解出的 CO_2 也起相同的作用。其去氢反应为

$$CO_2+H^+\longrightarrow CO+OH^-$$

氩弧焊时，为了解决气孔问题，常在氩气中加入体积分数 5% 左右的氧气，增加了气相的氧化性，降低了氢的分压，使之按下式进行脱氢反应

$$O^{2-}+H^+=OH^-$$
$$O_2+H_2\longrightarrow 2OH^-$$

此外，在药皮或焊丝中加入微量的稀土元素，也可以降低扩散氢含量。

3）控制焊接工艺参数 焊条电弧焊时，焊接电流增加使熔滴变细，增大了氢向熔滴金属溶解机会，又由于电流增大，电弧和熔滴温度升高，引起氢和水蒸气分解更多，使熔滴吸氢量增加。气体保护焊时，当电流超过临界值，熔滴转变为射流过渡，这时熔滴温度接近金属沸点，金属蒸气急剧增加而氢分压显著降低，同时熔滴过渡频率高、速度快、与空气接触时间短，因而可减少熔滴的含氢量。

电源性质和极性对氢在焊缝中的含量也有影响。直流正接时，因 H^+ 向阴极运动，有利于向高温熔滴溶解，故氢在焊缝中含量比直流反接时高；用交流电焊接时，因弧柱温度周期性变化，引起周围气氛的体积也相应发生周期性胀与缩的变化，增加了熔滴与气氛接触机会，故焊缝含氢量比直流焊接时多。

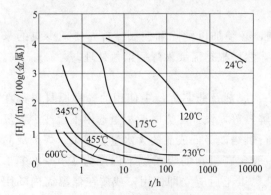

图 3-29　焊后脱氢处理温度、时间与焊缝含氢量的影响

4）焊后脱氢处理 焊件焊后经过特定的热处理可以使氢扩散外逸，减少接头中的含氢量。图 3-29 说明加热温度越高，脱氢所需时间越短。对于普通钢一般用 350℃，保温 1h，就可去除大部分氢。对于奥氏体钢接头，进行脱氢处理效果不大，因氢在奥氏体组织中的溶解度大，而扩散速度小。

3. 氮对金属的作用及其控制

（1）氮对金属的作用　铜、镍、银等与氮不发生作用，即使在高温熔化状态下也不溶解氮或与氮生成氮化物。焊接这类金属时，可用氮作保护气体。铁、锰、钛、铬等金属既能溶解氮，又能与氮形成稳定的氮化物。焊接这类金属及其合金时，必须防止焊缝金属的氮化。空气是氮的主要来源。

氮在金属中的溶解度与平衡时该气体的分压平方根成比例。在气相中氮的分压越大，其溶解度越大。因此，降低气相中氮的分压可有效地减少氮在金属中的含量。

氮在纯铁中的溶解度与温度的关系如图 3-30 所示，从图中看出，除 γ 铁外，氮在铁中的溶解度随温度升高而增大。因这种溶解属吸热反应。在 2200℃时溶解度最大，达 47cm^3/100g。升至铁的沸点附近则溶解度急剧降低，直至为零。这是金属大量蒸发，气相中氮的分压显著下降所致。铁从液态转变为固态时，氮溶解度突然下降 70%～80%，析出的氮是形成焊缝中气孔的重要原因之一。

在铁溶液中加入 C、Si、Ni 会减少氮的溶解度，而加入 V、Mn、Cr 会增加氮的溶解度，见图 3-31。

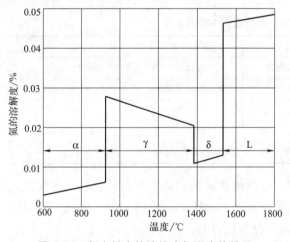

图 3-30　氮在铁中的溶解度与温度的关系

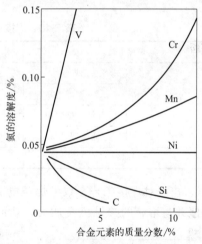

图 3-31　各种元素对 1600℃时氮在铁中溶解度的影响

（2）氮对焊接质量的影响　对碳钢焊缝，氮是有害杂质，其不利影响有：

① 形成气孔　这是由于液态金属在高温时可溶解大量氢，凝固结晶时氮的溶解度突然下降，过饱和的氮以气泡形式从熔池中逸出，当焊缝金属结晶速度大于氮逸出的速度时，就形成气孔。

② 使焊缝金属时效脆化　焊缝金属中过饱和的氮处于不稳定状态，随着时间的延长，过饱和的氮逐渐析出，形成稳定的针状氮化铁，因而使焊缝金属的强度增高，塑性和韧性下降，特别是低温韧度急剧下降，见图 3-32 和图 3-33。

（3）氮的控制

① 加强焊接区的保护　氮来自空气，故控制氮的主要措施是加强对焊接区的保护，防止空气与液态金属发生接触。目前生产上对焊接区的保护措施主要有：气体保护、熔渣保护、气渣联合保护和抽真空。表 3-10 为用不同焊接方法焊接低碳钢时焊缝的含氮量，说明了各自对氮的保护效果。

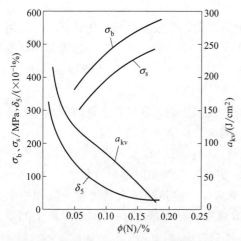

图 3-32　氮对焊缝金属常温力学性能的影响

σ_b—屈服强度；σ_s—抗拉强度；a_{kv}—冲击韧性；δ_5—试
件伸长率（长度为 5 倍直径）；$\phi(N)$—焊缝中的 N 含量

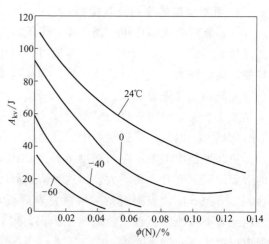

图 3-33　氮对低碳钢焊缝低温冲击吸收功的影响

表 3-10　焊接低碳钢时，焊缝金属中的含氢量

焊接方法		$\phi(N)/\%$	焊接方法	$\phi(N)/\%$
焊条 电弧焊	光焊丝	0.08～0.228	埋弧焊	0.002～0.007
	钛型焊条	0.015	CO_2 气体保护焊	0.008～0.015
	钛铁矿型焊条	0.014	MIG 焊	0.0068
	低氢型焊条	0.010	药芯焊丝明弧焊	0.015～0.040
气焊		0.015～0.020	实心焊丝自保护焊	<0.12

　　② 控制对焊接工艺参数　焊条电弧焊时，电弧电压增大，说明电弧被拉长，空气侵入焊接区并与熔滴的接触机会加大，从而使焊缝金属含氮量增大，见图 3-34。因此，采用短弧焊对减少氮含量有利。

　　增大焊接电流，可增加熔滴过渡频率，缩短熔滴与空气作用时间，因而焊缝中含氮量可减少。用直流反接时，可减少焊缝含氮量，这与减少氮离子的熔滴溶解有关。在相同工艺条件下，增大焊丝直径可使焊缝含氮量减少，这和熔滴变粗与空气接触面减少有关。

　　③ 冶金处理　对已入侵焊缝中的氮，若能使其转化为稳定的氮化物，就可以降低其有害作用。Ti、Al、Zr 和稀土元素对氮有较大的亲和力，易形成稳定的氮化物，而且这些氮化物不溶于铁液而进入熔渣中。

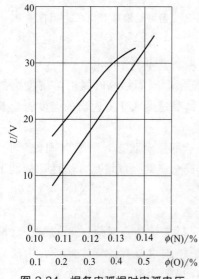

图 3-34　焊条电弧焊时电弧电压
对焊缝含氧和氮量的影响

　　碳可降低氮在铁中的溶解度，故可以在焊丝或药皮中增加碳含量，以减少焊缝中的含氮量。此外，碳氧化生成的 CO 和 CO_2，可加强焊接区的保护作用和降低氮的分压。碳氧化时引起熔池沸腾，也有利于氮的逸出。

4. 氧对金属的作用及其控制

（1）氧对金属的作用　在焊接区的氧来自周围空气以及来自焊接材料或焊件中的高价氧化物、水分、铁锈等的分解物。氧的化学性质很活泼，在焊接高温下可与许多金属元素作用，使焊缝金属中有益合金元素被烧损，并使焊缝金属的力学特性能严重下降。

根据氧与金属作用的特点，把金属分为两类，一类是不能溶解氧，但焊接时发生激烈氧化的金属，如 Mg、Al 等；另一类是能有限地溶解氧，同时焊接时也发生氧化的金属，如 Fe、Ni、Cu、Ti 等，这类金属氧化后生成的氧化物能溶解于相应的金属中。

氧对铁的作用：

1）氧在金属中的溶解　氧是以原子氧和氧化亚铁 FeO 两种形式溶解在液态铁中。这种溶解为吸热过程，其溶解度随温度升高而增大，见图 3-35。当液态铁凝固时氧的溶解度急剧下降，在 2000℃时为 0.8％；刚凝固（约 1520℃）时为 0.16％；当 δ 铁转变为 γ 铁时下降到 0.05％以下；室温的 α 铁中几乎不溶解（＜0.001％）。因此，焊缝金属中的氧几乎全部以氧化物（FeO、SiO_2、MnO、Al_2O_3）和硅酸盐夹杂物的形式存在。通常所说的焊缝含氧量是指总含氧量，既包括溶解氧也包括非金属夹杂物中的氧。

在液态铁中，随着合金元素量增加，氧的溶解度下降，见图 3-36。元素与氧的亲和力越强，氧的溶解度越小。

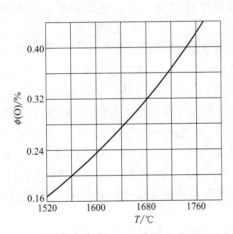

图 3-35　液态铁中氧的溶解度与温度的关系

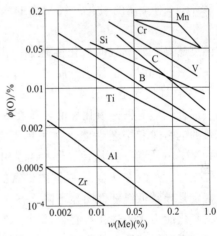

图 3-36　合金元素的含量 w（Me）对液态铁中氧的溶解度的影响（1600℃）

氧在焊缝金属中无论是单独存在还是以氧化物存在都是有害的，氧的存在使焊缝金属强度、塑性和韧性明显下降。

2）氧对金属的氧化　焊接时对金属的氧化除自由氧直接与金属发生作用外，其余都是在各个反应区内通过氧化性气体，如 CO_2、H_2O 等，或活性熔渣与金属相互作用实现的。

① 自由氧对金属的氧化：电弧焊时，空气中的氧总是或多或少地侵入电弧内，焊接材料中的高阶氧化物质也因受热而分解产生氧气。这样使气相中自由氧的分压大于氧化物的分解压，金属就被氧化。对铁而言，其氧化反应为

$$[Fe] + \frac{1}{2}O_2 === FeO + 26.97\ (kJ/mol)$$

$$[Fe] + O === FeO + 515.76\ (kJ/mol)$$

式中 $[\quad]$ 表示液态金属中的反应物。

从反应的热效应看，原子氧对铁的氧化比分子氧更强烈。

焊接钢材时，除铁发生氧化外，钢液中其他对氧亲和力比铁大的合金元素也发生氧化。如

$$[C] + \frac{1}{2}O_2 == CO \uparrow$$

$$[Si] + O_2 == (SiO_2)$$

$$[Mn] + \frac{1}{2}O_2 == (MnO)$$

式中 $(\quad)$ 表示渣中的反应物。

② CO_2 对金属的氧化。在高温下 CO_2 对液态铁和其他许多金属来说是活泼的氧化剂。当温度高于 3000K 时，CO_2 的氧化性超过了空气。所以在焊接高温条件下，用 CO_2 作保护气体只能阻止空气中的氮，而不能防止金属的氧化。焊接钢材时，铁被氧化其他合金元素也将被烧损，碳的氧化在焊缝中可能产生气孔。故用 CO_2 气体保护焊时，必须采用含硅、锰高的焊丝（如 H08Mn2Si）或药芯焊丝，以利于脱氧。同理在含碳酸盐的药皮中也需加入脱氧剂。

③ H_2O 对金属的氧化。气相中的水蒸气不仅使焊缝增氢，而且使铁和其他合金元素氧化。

温度越高，水蒸气的氧化性越强。因此，为了保证焊接质量，当气相中含有较多水分时，在去氧的同时，也须进行脱氢。例如低氢型焊条的药皮中，需含有较多的脱氧剂。

④ 混合气体对金属的氧化。焊条电弧焊时，气相不是单一气体，而是多种气体混合，高温下混合气体对铁是氧化性的，故在焊条的药皮中需加入脱氧剂。气体保护焊时，为了改善电弧的电、热和工艺性能，常采用混合气体保护，如 $Ar+O_2$、$Ar+CO_2$、$Ar+CO_2+O_2$ 和 CO_2+O_2 等。在惰性气体（Ar）中随着加入氧化性气体 O_2 和 CO_2 的增多，合金元素的烧损量、焊缝中非金属夹杂物和氧的含量都增加，对焊缝金属的力学性能产生不利影响，特别是导致低温韧性明显下降，甚至可能产生气孔。故采用含氧化性混合气体焊接时，应按其氧化能力大小选择含有合适脱氧剂的焊丝。

（2）氧对焊接质量的影响　氧在焊缝中无论是以通解状态还是氧化物夹杂形式存在，对焊缝的性能都有很大影响。随着焊缝含氧量的增加，其强度、塑性和韧性显著下降，见图 3-37。特别是焊缝金属的低温冲击韧度急剧下降，见图 3-38。此外，氧还引起热脆、冷脆和时效硬化。

溶解在熔池中的氧和碳发生反应，生成不溶于金属的 CO，熔池凝固时，CO 气泡来不及逸出就会引起气孔；熔滴中含氧和碳多时相互作用生成的 CO 受热膨胀，使熔滴爆炸，造成飞溅，影响焊接过程的稳定性。

在焊接过程中氧能烧损钢中的有益合金元素，从而使焊缝金属性能变坏。

以上是氧的有害影响，但在某些情况下使焊接材料具有氧化性是有利的。例如，为了减少焊缝含氢量，改进电流的特性，获得必要的熔渣物理化学性能，有时在焊接材料中故意加入一定量的氧化剂；铸铁冷焊时，为了烧去多余的碳，常在焊条药皮中加入氧化剂。

（3）氧的控制

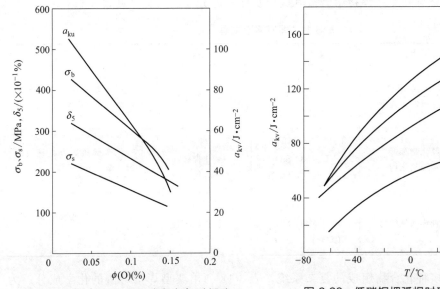

图 3-37　氧（以 FeO 形式存在）对低碳
钢常温力学性能的影响

图 3-38　低碳钢埋弧焊时硅酸盐夹杂物
对焊缝冲击韧度的影响

① 控制焊接材料的含氧量　尽量减少氧的来源。在焊接活泼金属及其合金时，或焊接某些含有对氧亲和力较大合金元素的金属材料时，应尽量采用不含氧或少含氧的焊接材料。例如，用高纯度的惰性气体作保护气体；或在真空中焊接；采用低氧或无氧的焊条、焊剂。此外还必须清除焊件和焊丝表面的铁锈、氧化皮以及烘干焊接材料等。

② 控制焊接工艺参数　增加电弧电压，意味着拉长电弧，则空气易于入侵且与熔滴接触时间变长，致使焊缝含氧量增大，故宜采用短弧焊接。此外，焊接方法、电流种类和极性以及熔滴过渡形式等都有一定影响。

③ 脱氧　利用冶金处理进行脱氧，详见下节。

三、熔渣及其对金属的作用

1. 焊接熔渣

焊接过程中焊条药皮或焊剂熔化后，在熔池中参与化学反应的熔融状态的非金属物质称为焊接熔渣。熔渣与液体金属接触发生的一系列物理化学反应，决定焊缝金属的成分和性能。

（1）焊接熔渣的作用

① 机械保护作用　焊接时液态熔渣覆盖在溶滴和熔池表面，把液态金属与空气隔开，保护液态金属不被氧化和氮化。熔渣凝固后形成渣壳覆盖在焊缝金属上也使高温焊缝金属不受空气侵害。

② 冶金处理作用　在高温下熔渣与液态金属接触便产生一系列冶金反应，从而影响焊缝金属的成分，改善焊缝的性能。通过熔渣可以去除焊缝中的有害杂质，如脱氧、脱氢、去硫、去磷等，还可通过熔渣向焊缝金属过渡有益的合金元素。

③ 改善焊接工艺性能作用　在熔渣中加入低电离物质，可使电弧容易引燃、稳定燃烧、减少飞溅；适当调整熔渣成分，以获得合适的熔渣黏度和脱渣性，使焊接操作更方便，改善焊缝成形等。

（2）熔渣的成分与分类　焊接熔渣按其成分及性质可分成三大类，见表 3-11。

表 3-11　焊接熔渣类型

类型	主要组成物	渣系举例	熔渣特点	主要用途
盐型	氟酸盐、氯酸盐和不含氧的化合物	CaF_2-NaF_2 CaF_2-$BaCl$-NaF_2 KCl-$NaCl$-$NaAlF_6$	氧化性很弱	用于焊接铝、钛和其他活性金属及其合金
盐-氧化物型	氟化物和强金属氧化物	CaF_2-CaO-Al_2O_3 CaF_2-CaO-SiO_2 CaF_2-MgO-Al_2O_3	氧化性较弱	用于焊接高合金钢及高温合金
氧化物型	各种金属氧化物	MnO-SiO_2 FeO-MnO-SiO_2 CaO-TiO_2-SiO_2	氧化性较强	低碳钢和低合金钢的焊接用

实际的熔渣是多种化合物组成的复杂系统，表 3-12 列出典型焊接熔渣的化学成分。为了研究方便，往往把复杂系统中含量少、影响小的次要成分舍去，简化成由含量多、影响大的成分组成的渣系。例如表 3-12 中低氢型焊条的熔渣就简化为 CaO-SiO-CaF_2 三元渣系。

表 3-12　典型焊接熔渣的化学成分

焊条和焊剂类型	熔渣化学成分（质量分数）/%										熔渣碱度		熔渣类型
	SiO_2	TiO_2	Al_2O_3	FeO	MnO	CaO	MgO	Na_2O	K_2O	CaF_2	B_1	B_2	
钛铁矿型	29.2	14.0	1.1	15.6	26.5	8.7	1.3	1.4	1.1	—	0.88	−0.1	氧化物型
钛型	23.4	37.7	10.0	6.9	11.7	3.7	0.5	2.2	2.9	—	0.43	−2.0	氧化物型
钛钙型	25.1	30.2	3.5	9.5	13.7	8.8	5.2	1.7	2.3	—	0.76	−0.9	氧化物型
纤维素型	34.7	17.5	5.5	11.9	14.4	2.1	5.8	3.8	4.3	—	0.60	−1.3	氧化物型
氧化铁型	40.4	1.3	4.5	22.7	19.3	1.3	4.6	1.8	1.5	—	0.60	−0.7	氧化物型
低氢型	24.1	7.0	1.5	4.0	3.5	35.8	—	0.8	0.8	20.3	1.86	+0.9	盐-氧化物
HJ430	38.5		1.3	4.7	43.0	1.7	0.45	—	—	6.0	0.62	−0.33	氧化物型
HJ251	18.2~22.0	—	18.0~23.0	≤1.0	7.0~10.0	3.0~6.0	14.0~17.0			23.0~30.0	1.15~1.44	0.048~0.49	盐-氧化物

（3）熔渣的结构　熔渣的物理化学性质及与金属的作用和熔渣内部结构有关。目前有两种熔渣结构理论，简介如下。

① 分子理论　该理论是以对凝固焊渣的相分析和化学成分分析的结果为依据提出的，认为：

a. 液态熔渣是由不带电的化合物的分子组成，如氧化物分子有 CaO_2、SiO_2 等，复合物分子有 MnO、SiO_2 等以及氟化物、硫化物分子等。

b. 氧化物及其复合物处于平衡状态。升温时的反应使氧化物含量增加，熔渣活性增大。降温时则相反，其复合物含量增加，复合物的稳定性用它们自身生成热效应来衡量，生成热效应越大，这种复合物就越稳定。

c. 只有自由氧化物才能参与和液态金属的反应，复合物中的氧化物不能参与反应。

分子理论建立较早，它简单明了，能定性地解释熔渣与金属的冶金反应因而被运用至今。但所假定的熔渣结构与实际的结构不符，有些重要的现象，如熔渣的导电性无法解释。

② 离子理论 是在研究熔渣电化学性质的基础上提出来的，认为：

a. 液态熔渣是由阴、阳离子组成的电中性溶液。熔渣中离子的种类和存在形式取决于熔渣的成分和温度。一般负电性大的元素以阴离子形式存在，如 F^-、O^{2-}、S^{2-} 等；负电性小的元素形成阳离子，如 K^+、Na^+、Ca^{2+}、Mg^{2+}、Fe^{2+}、Mn^{2+} 等；而负电性比较大的元素，如 Si、Al、B 等，其阴离子往往不能独立存在，而与氧离子形成复杂的阴离子，如 SiO_4^{4-}，$Al_3O_5^{5-}$ 等。

b. 离子的分布和相互作用取决于它们的综合矩。离子的综合矩 $=Z/\gamma$，Z 为离子的电荷（静电单位），γ 为离子的半径（$\times 10^{-1}$nm）。离子综合矩越大，与其他离子的作用力也越大。相互作用力大的异号离子也形成集团，这样造成熔渣化学成分微观上的不均匀。综合矩与温度有关，当温度升高时，离子半径增大，综合矩则减少。

c. 熔渣与金属作用是熔渣中的离子与金属原子交换电荷的过程。例如硅还原、铁氧化的过程就是铁原子和硅离子在两相界面上交换电荷的过程，即 $Si^{4+}+2[Fe]=2Fe^{2+}+[Si]$，反应的结果是硅进入液态金属，铁变成离子进入熔渣中。

离子理论比分子理论更合理，但目前还不够完善。

(4) 熔渣的性质 焊接过程的保护效果、工艺性能和化学冶金反应与熔渣的性质（如碱度、活性、黏度和表面张力等）密切相关。

1) 熔渣的碱度 熔渣的碱度表征熔渣碱性强弱程度，是熔渣的重要化学性质之一。它既对熔渣的冶金性质发生影响，也对熔渣其他性质如活性、黏度和表面张力等有影响。不同的熔渣结构理论，对碱度的定义和计算方法是不同的。

① 分子理论的表达式。熔渣分子理论将焊接熔渣中的氧化物性质分为三类：

酸性氧化物，按酸性由强至弱的顺序有 SiO_2、TiO_2、P_2O_3 等；

碱性氧化物，按碱性由强至弱的顺序有 K_2O、Na_2O、CaO、MgO、BaO、MnO、FeO 等；

中性氧化物，主要有 Al_2O_3、Fe_2O_3、Cr_2O_3 等，这些氧化物在强酸性渣中常呈弱碱性，在强碱性渣中常呈弱酸性。

分子理论对熔渣碱度 B 的定义为

$$B = \frac{\sum 碱性氧化物摩尔分数}{\sum 酸性氧化物摩尔分数} \tag{3-1}$$

碱度 B 的倒数为酸度。理论上，当 $B>1$ 时为碱性渣；$B<1$ 时为酸性渣；$B=1$ 时为中性渣。实际上按式（3-1）计算并不准确，根据经验 $B>1.3$ 时，熔渣才是碱性的。这是因为式中没有考虑各氧化物酸、碱性的强弱程度，也没有考虑酸、碱氧化物的复合情况，故只能做粗略计算并加以修正。下面为经修正后比较精确的计算公式

$$B_1 = \frac{0.018w(CaO)+0.015w(MgO)+0.006w(CaF_2)}{0.017w(SiO_2)+0.005[w(Al_2O_3)+w(TiO_2)+w(ZrO)]} +$$

$$\frac{0.014[w(Na_2O)+w(K_2O)]+0.007[w(MnO)+w(FeO)]}{0.017w(SiO_2)+0.005[w(Al_2O_3)+w(TiO_2)+w(ZrO)]}$$

式中 w 为各成分质量分数。当 $B_1>1$ 时为碱性渣；$B_1=1$ 为中性渣；$B_1<1$ 为酸性渣。用此式计算表 3-12 中低氢型焊条和 HJ251 焊剂的熔渣是碱性的，符合实际情况。

② 离子理论的表达式。离子理论把熔渣中自由氧离子（即游离状态的氧离子）的含量

（或氧离子的活度）定义为碱度，用 B_2 表示。渣中自由氧离子的含量越大，其碱度越大。最常用的碱度表达式为

$$B_2 = \sum_{t=1}^{n} a_i M_i$$

式中　M_i——渣中第 i 种氧化物的摩尔分数；

　　　a_i——渣中第 i 种氧化物的碱度系数，见表 3-13。

表 3-13　氧化物的碱度系数 a_i 及相对分子质量

氧化物	K_2O	Na_2O	CaO	MnO	MgO	FeO	Fe_2O_3	Al_2O_3	ZrO	TiO_2	SiO_2
碱度系数 a_i	9.0	8.5	6.05	4.8	4.0	3.4	0	-0.2	-0.2	-4.97	-6.31
相对分子质量	94.2	62	56	71	40.3	72	159.7	102	123	80	60
分类	碱性						中性			酸性	

一般 $B_2>0$ 为碱性渣；$B_2=0$ 为中性渣；$B_2<0$ 为酸性渣。

从表 3-12 中所列熔渣的 B_1 和 B_2 值看出，熔渣的碱度因焊条药皮或焊剂类型不同而异。其中只有低氢型焊条和焊剂 HJ251 的熔渣是碱性，其他熔渣均为酸性，故可把熔渣归纳为两大类，即酸性渣和碱性渣，与之相应的焊条和焊剂也分为酸性和碱性两大类，由于熔渣的酸、碱性不同。其冶金性能，工艺性能和焊缝金属的化学成分与性能也有显著差别。

2）熔渣的黏度　黏度反映了质点在液体内部移动的难易程度。焊接熔渣的黏度对焊接工艺性能、化学冶金反应有很大影响。

熔渣的黏度取决于熔渣的结构，结构越复杂，离子尺寸越大，熔渣质点移动越困难，其黏度就越大。影响熔渣结构的因素是熔渣的成分和温度。

① 熔渣成分对黏度的影响　在熔渣中加入能促使形成粗大阴离子的物质，可使黏度增大；加入阻碍形成大阴离子的物质可以降低熔渣的黏度。

SiO_2 易与 O^{2-} 结合形成粗大阴离子，故在酸性渣中加入 SiO_2 会迅速提高熔渣黏度。若加入能产生 O^{2-} 的碱性氧化物，如 CaO、MgO、MnO、FeO 等，就能破坏 Si—O 离子键，使阴离子尺寸变小，因而可降低黏度。在碱性渣中若加入高熔点的碱性氧化物，如 CaO，则因出现未熔化的固体质点而使渣的流动阻力增大，使熔渣黏度升高。这时若加入 SiO_2，它与 CaO 形成低熔点的硅酸盐，又可使渣的黏度下降。

CaF_2 能促进 CaO 的熔化，它所产生的 F^- 又能起到与 O^{2-} 相同的作用，使阴离子尺寸变小，所以把它加到酸性渣或碱性渣中都可降低黏度。

② 温度对熔渣黏度的影响　温度升高熔渣的黏度下降，见图 3-39。但碱性渣和酸性渣下降的趋势不同。在含 SiO_2 较多的酸性渣中，有较多的复杂 Si—O 离子，随着温度升高，Si—O 极性键逐渐断开，出现尺寸较小的 Si—O 离子，因而黏度逐渐下降。碱性渣中离子尺寸小，易于移动。当高于液相线时，黏度迅速下降，当温度低于液相线时，

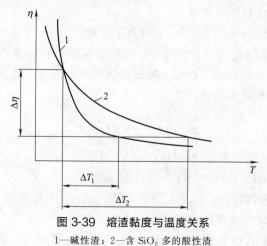

图 3-39　熔渣黏度与温度关系

1—碱性渣；2—含 SiO_2 多的酸性渣

渣中出现细小的晶体，其黏度迅速增大。从图 3-39 看出，当两种渣的黏度都变化 $\Delta\eta$ 时，含 SiO_2 多的碱性渣对应的温度变化 ΔT_2 大，即凝固时间长，故称长渣。这种渣不适于仰焊。而碱性渣对应的 ΔT_1 小，即凝固时间短，故称短渣。这种渣适于全位置焊接。焊接钢材用的熔渣黏度，在 1500℃ 左右时为 $0.1\sim0.2Pa\cdot s$ 比较合适。

3）熔渣的表面张力　焊接熔渣的表面张力指的是气相与熔渣之间的界面张力，它对熔滴过渡、焊缝成形、脱渣性以及冶金反应都有重要影响。

熔渣的表面张力主要取决于熔渣组元质点间化学键的性质和温度。键能越大，其表面张力也越大。金属键的键能最大，故液体金属的表面张力最大；具有离子键的物质，如 CaO、MgO、FeO、MnO 等键能比较大，它们的表面张力也较大；具有共价键的物质，如 TiO_2、SiO_2、P_2O_3 等，键能小，其表面张力也小。

在熔渣中加入酸性氧化物，如 TiO_2、SiO_2 等，能使表面张力减小；加入碱性氧化物如 CaO、MgO、MnO 等，可增加表面张力。此外，CaF_2 也能降低熔渣的表面张力。

温度升高可使熔渣表面张力下降，因为高温离子半径增大，综合矩减小，同时也增大了离子之间的距离，减弱了离子之间的相互作用力。

4）熔渣的熔点　焊接时，焊条药皮或焊剂被加热到开始熔化并形成熔渣的温度称焊条药皮或焊剂的熔点，又称造渣温度。熔渣冷却时，开始凝固的温度称熔渣的熔点，药皮或焊剂的熔点越高，其熔渣的熔点也越高。

焊接熔渣的熔点对焊接工艺性能和焊接质量有很大影响，当熔渣的熔点过高时，熔渣会比熔池金属过早开始凝固而不能均匀覆盖于熔池金属表面，导致保护效果下降，焊缝成形差，甚至形成夹杂。若熔渣熔点过低，熔池金属开始凝固时，熔渣仍处于流动状态，也无法保证焊缝表面成形。因此，焊接熔渣的熔点要与焊丝和母材的熔点相匹配，控制在合适的范围，焊钢时，熔焊的熔点应在 1150～1350℃ 之间。

熔渣的熔点取决于组成物的种类、数量和颗粒度。当熔渣中低熔点组成物含量高，其熔点就低。高熔点组成物含量越高，颗粒度越大，其熔点也越高。根据渣系相图，调整组成成分的种类和配比，使之形成低熔点共晶或化合物，可降低熔渣熔点。

5）熔渣的导电性　固态熔渣不导电，液态熔渣有导电性，且取决于熔渣的成分和温度。一般碱性氧化物如 CaO、MgO 等可增加熔渣的电导率，而酸性氧化物如 SiO_2、Al_2O_3 等可降低电导率。温度升高会使渣中离子的尺寸变小，活动能力增强，故使熔渣的电导率增大。

2. 活性熔渣对焊缝金属的氧化

活性熔渣对焊缝金属发生氧化有两种基本形式，即扩散氧化和置换氧化。

（1）扩散氧化　焊接钢时，FeO 既溶于渣中，又溶于液态钢中，在一定温度下达到平衡时，FeO 在两相中的含量符合分配定律。

$$L=\frac{w_{(FeO)}}{w_{[FeO]}} \tag{3-2}$$

式中　L——分配系数；

$w_{(FeO)}$——FeO 在熔渣中的含量；

$w_{[FeO]}$——FeO 在液态钢中的含量。

分配定律是指物质在两个溶质中的分配一定要使得它在溶质中的含量的比值保持不变。

若温度不变，当熔渣中的 FeO 增多时，它将向液态钢中扩散，从而使焊缝金属含氧量增加。焊接低碳钢试验证明，焊缝中的含氧量随着熔渣中 FeO 含量的增加呈直线增加。

FeO 的分配系数 L 与熔渣的性质和温度有关，无论是酸性渣还是碱性渣，温度升高时，L 变小，即在高温时 FeO 向液态钢中分配，所以扩散氧化主要在熔滴阶段和熔池的头部（高温区）进行。

在同样温度下，FeO 在碱性渣中比在酸性渣中更容易向焊缝金属中分配，也即在熔渣中含 FeO 量相同时，用碱性渣的焊缝金属含氧量比用酸性渣时多。因此，在碱性焊条药皮中一般不加入含 FeO 的物质，并要求焊前清除焊件表面上的氧化皮的铁锈，否则会使焊缝金属增氧。

（2）置换氧化　当熔渣中含有较多的易分解的氧化物时，可能与液态钢发生置换反应，使铁氧化，而该氧化物中的元素被还原。例如，用低碳钢焊丝配用高硅高锰焊剂（HJ431）埋弧焊钢时，因熔渣中含有高温下易分解的 SiO_2 和 MnO，发生如下反应

$$
\begin{array}{c}
(FeO) \\
\uparrow \\
(SiO_2)+2[Fe]=[Si]+2FeO \\
\downarrow \\
[FeO]
\end{array}
$$

$$
\begin{array}{c}
(FeO) \\
\uparrow \\
[MnO]+[Fe]=[Mn]+FeO \\
\downarrow \\
[FeO]
\end{array}
$$

结果是焊缝增加硅和锰，同时铁被氧化，生成的 FeO 大部分进入熔渣，小部分溶于液态钢中，使焊缝增氧。

反应的方向和限度取决于温度及反应物的活度和含量等。通常升高速度时反应向生成 FeO 的方向进行，说明置换氧化主要发生在熔滴阶段和熔池前部高温区。在熔池后部，因温度下降，已还原的硅和锰有一部分又被氧化，生成的 SiO_2 和 MnO 往往在焊缝金属中形成非金属夹杂物。

用 SiO_2 和 MnO 含量高的焊接材料焊接时，上述置换氧化会使焊缝的含氧量增加。但在焊接低碳钢或低合金钢时，因焊缝中硅和锰的含量也同时增加，接头性能不仅不受影响，反而得到局部改善，所以高硅高锰焊剂配合低碳钢焊丝焊接低碳钢及低合金钢得到了广泛应用。但这种配合关系不能用于中、高合金钢和合金的焊接，因为氧和硅会显著降低焊缝金属抗裂性能和力学性能，尤其是低温冲击韧度。

某些强氧化性，如 B_2O_3、Al_2O_3、TiO_2，也会在一定条件下发生置换氧化，使焊缝增加 B、Al、Ti 和 O，而同时其他元素如 Si 等被烧损。

3. 焊缝金属的脱氧

氧无论以何种形式存在于焊缝金属内都是有害的，因此在焊接时如何防止金属的氧化，以及如何去除或减少焊缝金属中的含氧量，是保证焊接质量的重要问题。防止金属氧化的有效措施是减少氧的来源，而对已进入焊缝金属的氧，则必须通过脱氧来去除。所以脱氧的目的就是要减少焊缝中的含氧量。

脱氧是一种冶金处理措施，它是通过在焊丝焊剂或焊条药皮中加入某些对氧亲和力较大

的元素，使其在焊接过程中夺取气相或氧化物中的氧，从而减少焊缝金属的氧化及焊缝含氧量。用于脱氧的元素或合金叫脱氧剂。

焊接化学冶金反应是分阶段或区域进行的，脱氧反应也是分阶段和区域连续地进行，其方式有先期脱氧、沉淀脱氧和扩散脱氧。

(1) 选择脱氧剂的原则

① 在焊接温度下脱氧剂对氧的亲和力应比被焊金属对氧的亲和力大，焊接铁基合金时，Al、Ti、Si、Mn 等均可作脱氧剂。在生产中常用它们的铁合金或金属粉，如锰铁、硅铁、钛铁、铝粉等。元素对氧的亲和力越大，脱氧能力就越强。

② 脱氧的产物应不溶于液态金属，其密度也应小于液态金属的密度。这样可加快脱氧产物上浮到渣中去，减少焊缝金属中的夹杂物。

③ 需综合考虑脱氧剂对焊缝成分、性能及焊接工艺性能的影响。

④ 在满足技术要求的前提下，注意成本。

(2) 先期脱氧　焊条电弧焊时，在焊条药皮加热阶段，固体药皮中进行的脱氧反应叫先期脱氧，其特点是脱氧过程和脱氧产物与熔滴不发生直接关系，脱氧主要发生在焊条端部反应区。

含有脱氧剂的药皮被加热时，药皮中的高价氧化物或碳酸盐分解出氧和二氧化碳，便和脱氧剂发生反应。以 Mn 为例，其先期脱氧反应如下

$$Fe_2O_3 + Mn \Longrightarrow MnO + 2FeO$$
$$FeO + Mn \Longrightarrow MnO + Fe$$
$$CaCO_3 + Mn \Longrightarrow CaO + CO + MnO$$

反应的结果使气相的氧化性减弱。

先期脱氧的效果取决于脱氧剂对氧的亲和力、脱氧剂粒度、脱氧剂和氧化剂的比例、焊接电流密度等因素。由于药皮加热阶段温度低，先期脱氧并不完全，尚需进一步脱氧。

(3) 沉淀脱氧　沉淀脱氧是在熔滴和熔池内进行的。是利用溶解在熔滴和熔池中的脱氧剂与 [FeO] 直接反应，把铁还原，使脱氧产物转入熔渣而被清除出去，这是减少焊缝含氧量具有决定意义的一环，最常用的是锰、硅或硅锰联合进行沉淀脱氧：

① 锰的脱氧反应　在药皮中加入适当锰铁或焊丝中含有较多的锰作为脱氧剂。其反应如下

$$[Mn] + [FeO] \Longrightarrow [Fe] + (MnO)$$

沉淀脱氧的效果不仅与锰在金属中的含量有关，而且与脱氧产物 MnO 在渣中的活性有关，而渣中 MnO 的活性与熔渣的性质有关。增加锰在金属中的含量可提高脱氧效果，在含 SiO_2 和 TiO_2 较多的酸性渣中因脱氧产物可转变成 $MnO \cdot SiO_2$ 和 $MnO \cdot TiO_2$ 复合物，减少了 MnO 活度，所以脱氧效果较好。而碱性渣中 SiO_2、TiO_2 含量少，因而 MnO 的活度大，不利于锰的脱氧。故酸性焊条多用锰脱氧，但要注意，加入过多的锰会形成固态产物，易造成焊缝夹杂。

② 硅的脱氧反应　硅对氧的亲和力比锰大。其脱氧反应为

$$[Si] + 2[FeO] \Longrightarrow 2[Fe] + (SiO_2)$$

提高金属的含硅量和熔渣的碱度，可提高硅的脱氧效果。但生成的 SiO_2 熔点高、黏度大，不易从液态钢中分离，易造成夹杂，故一般不单独用硅脱氧。

③ 硅锰联合脱氧　硅和锰均能脱氧，而且脱氧产物能结合成熔点较低，密度不大的复合

物进入熔渣，因此，把硅和锰以适当比例加入金属中进行联合脱氧，可以得到较好的脱氧效果。实践证明，当 $[Mn]/[Si]=3\sim7$ 时，脱氧产物可形成硅酸盐 $MnO\cdot SiO_2$ 浮到熔渣中区，减少焊缝中的夹杂物，降低焊缝中的含氧量。在 CO_2 气体保护焊时，根据硅锰联合脱氧原理，在焊丝中加入适当比例的锰和硅，表 3-14 是用国产焊丝对低碳钢进行 CO_2 焊时的分析结果。

表 3-14　CO_2 保护焊焊接低碳钢时焊缝、熔渣的成分和夹杂物

| 焊丝 | $[Mn]/[Si]$ | 焊缝成分（质量分数）/% | | | 渣的成分（质量分数）/% | | | | 焊缝夹杂物/% |
		C	Mn	Si	MnO	SiO_2	FeO	S	
H08MnSiA	2.6	0.13	0.78	0.29	38.7	48.2	10.6	0.016	0.014
	1.7	0.14	0.82	0.47					
H08Mn2SiA	2.74	0.12	0.85	0.31	47.6	41.9	8.5	0.050	0.009
	3.1	0.14	0.72	0.23					

　　其他焊接材料也可利用硅锰联合脱氧，如碱性焊条药皮中加入锰铁和硅铁进行联合脱氧，效果较好。

　　（4）扩散脱氧　扩散脱氧是在液态金属与熔渣界面上进行的。利用氧化物能溶解于熔渣的特性，通过扩使它从液态金属中进入熔渣，从而降低焊缝含氧量。

　　扩散脱氧是以分配定律为基础，前已述及，当温度下降时，FeO 在渣中的分配系数 L（见式 3-2）增大，液态钢中的 FeO 向熔渣扩散。从而使熔池中的 FeO 含量减小。说明扩散脱氧是在熔池的后部低温区进行的，即处在熔池凝固阶段。

　　除温度外，扩散脱氧还取决于 FeO 在熔渣中的活度。在温度不变的条件下，FeO 在渣中的活度越低，脱氧效果越好。当渣中含有较多的强酸氧化物 SiO_2、TiO_2 时，因易与 FeO 形成复合物，而使渣中 FeO 的活度减小，为了保持分配常数，液态金属中的 FeO 便不断向渣中扩散。所以酸性渣有利于扩散脱氧，相比之下，碱性渣扩散脱氧能力较差。

4. 焊缝金属的硫、磷控制

　　（1）焊缝金属中硫、磷的危害性　硫和磷是钢中有害杂质。通常母材和焊丝（芯）的含硫、磷量都很低，对焊缝金属不会带来危害。但是焊条药皮或焊剂的某些原材料中常有相当含量的硫和磷，在焊接过程中过渡到焊缝金属中就会造成危害。

　　① 硫的危害　硫在钢中主要以 FeS 和 MnS 形式存在，其中 FeS 的危害性最大。因为它与液态铁几乎无限互溶，而在室温下即在固态铁中的溶解度很小，仅为 0.015%～0.02%。Fe-FeS 相图见图 3-40。熔池凝固时容易偏析，以低熔点共晶 Fe＋FeS（熔点为 985℃）或 FeS＋FeO（熔点为 940℃）的形式呈片状或链状分布于晶界。因此增加了焊缝金属结晶裂纹的倾向，同时还会降低冲击韧度和抗腐蚀性。钢中含有镍时，硫的有害作用严重，因硫与镍形成 NiS，而 NiS 又与 Ni 形成熔点更低（664℃）的共晶 NiS＋Ni，产生结晶裂纹的倾向更大。当钢焊缝中含碳量增加时，会促进硫的偏析，增加硫的危害性。

　　② 磷的危害　磷在液态铁中溶解度很大，并以 Fe_2P 和 Fe_3P 的形式存在。但磷在固态铁中的溶解度只有千分之几。磷与铁和镍可形成低熔点共晶，如 Fe_3P＋Fe（熔点 1050℃）、Ni_3P＋Fe（熔点 880℃）。Fe-P 相图见图 3-41。当熔池快速凝固时，磷易发生偏析。磷化铁常分布于晶界，减弱了晶粒间的结合力，而且它本身既硬又脆，增加了焊缝金属的冷脆性，即冲击韧度降低，脆性转变温度升高。

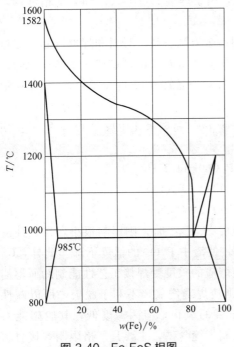

图 3-40　Fe-FeS 相图

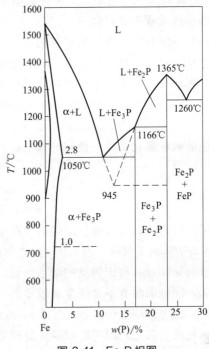

图 3-41　Fe-P 相图

（2）硫的控制　主要从两方面着手：先是采取工艺措施限制硫的来源，然后再采取冶金措施把焊缝金属中的硫通过熔渣排出去。

① 限制焊接材料中的含硫量　焊缝中的硫来自母材、焊丝、药皮和焊剂，母材含硫量一般较低，所以要限制的主要是焊丝、药皮和焊剂中的含硫量。

低碳钢及低合金钢焊丝的 $w(S)$ 应小于 $0.03\%\sim0.04\%$；合金钢焊丝小于 $0.025\%\sim0.03\%$；不锈钢焊丝应小于 0.02%。

药皮、药芯和焊剂用的原材料，如锰矿、赤铁矿、钛铁矿锰铁等均含有一定量的硫。尽量选用含硫量低的原材料。必须使用含硫量过高的材料时，应预先进行处理，如采用焙烧的办法，将含硫量降低到要求范围内。

② 用冶金方法脱硫　选择对硫亲和力比铁大的元素进行脱硫，最常用的脱硫剂是锰，其脱硫反应为

$$[FeS]+[Mn]=\!\!=\!\!=(MnS)+[Fe]$$

反应产物 MnS 不溶于钢液，故大部分进入熔渣，少量残留在焊缝中，以点状弥散分布，危害较小。熔池温度降低、平衡常数 K 增大，有利于脱硫。但温度低的熔池后部，冷却快，反应时间短，却不利于去硫，故需增加熔池中的含锰量才能取得较好的去硫效果。

熔渣中的碱性氧化物，如 MnO、CaO 等也能脱硫，其反应为

$$[FeS]+[MnO]=\!\!=\!\!=(MnS)+[FeO]$$
$$[FeS]+[CaO]=\!\!=\!\!=(CaS)+[FeO]$$

生成的 CaS 和 MnS 不溶于钢液而进入熔渣，增加渣中的 MnO 和 CaO 的含量，减少 FeO 的含量，有利于脱硫。渣中加入 CaF_2 能降低渣的黏度，有利于 S^{2-} 扩散，同时形成易挥发物 SF_6，也有利于脱硫。

增加熔渣的碱度可提高脱硫能力，目前常用焊条药皮和焊剂的碱度都不高（一般

$B<2$），其脱硫能力有限，焊接普通钢能满足要求，用于焊接 $w(S)<0.014\%$ 的精炼钢，则需提高药皮或焊剂的碱性。

（3）磷的控制　首先限制磷的来源，然后再用冶金方法去磷。母材和焊丝（芯）经过冶炼一般磷含量都较低，都在有关标准规定范围内，所以关键在于限制制造焊条药皮、药芯和焊剂所用原材料的含磷量。锰矿是焊缝增磷的主要来源，通常 $w(P)=0.22\%$，其存在形式为 $(MnO)_3 \cdot P_2O_5$。

磷一旦进入液态金属，应采用冶金脱磷。第一步 FeO 将磷氧化生成 P_2O_5，第二步使之与渣中的碱性氧化物生成稳定的磷酸盐，其反应如下

$$2[Fe_3P]+5(FeO)\Longrightarrow P_2O_5+11[Fe]$$
$$P_2O_5+3(CaO)\Longrightarrow[(CaO)_3 \cdot P_2O_5]$$
$$P_2O_5+4(CaO)\Longrightarrow[(CaO)_4 \cdot P_2O_5]$$

增加熔渣的碱度可减少焊缝的含磷量，但当碱度 $B>2.5$ 时，则影响很小。在碱性渣中加入 CaF_2 有利于脱磷，因 CaF_2 在渣中形成 Ca^{2+}，使渣中 P_2O_5 的活度下降。此外，CaF_2 降低渣的黏度，有利于物质扩散。但是，由于焊接熔渣的碱度受焊接工艺性能制约而不能过分增大，同时碱性渣不允许含有较多的 FeO，否则使焊缝增氧，不利于脱硫，所以碱性渣脱磷并不理想。酸性渣虽含有较多的 FeO，有利于磷的氧化，但因碱度低，其脱磷能力更不如碱性渣。总之，焊接时脱磷比脱硫更难，要控制焊缝含磷，主要是严格限制焊接材料中的含磷量。

5. 合金过渡

合金过渡是把所需的合金元素通过焊接材料过渡到焊缝金属（或堆焊金属）中去的过程，又称焊缝金属合金化。

（1）过渡目的

① 补偿焊接过程中由于蒸发、氧化等原因造成焊缝中合金元素的损失。

② 消除焊接缺陷，改善焊缝组织与性能，如提高焊缝金属的抗裂性能和细化晶粒等。

③ 获得具有特殊性能的堆焊金属。例如，切削刀具、热锻模、轧辊、阀门等工具或机件，要求表面具有耐磨、热硬、耐热和耐蚀等性能，用堆焊方法，过渡 Cr、Mo、W、Mn 等合金元素，即可在零件表面上获得具有上述性能的堆焊层。

（2）过渡的方法　合金过渡又称焊缝金属合金化。

① 通过填充金属过渡　在冶炼填充金属时就把所需的合金元素加入，然后根据焊接工艺要求扎制成实心丝状、管状或带（板）状，配合使用碱性药皮或使用低氧或无氧焊剂，或者在惰性气体保护下进行焊接或堆焊，从而把合金元素过渡到焊缝或堆焊层中去。此法可靠，焊缝成分均匀、稳定，合金损失少。但是填充金属炼制工艺复杂，成本高。对于淬硬材料，因轧制和拉丝困难，不能采用此方法。

② 通过药皮、药芯或焊剂过渡　把所需要的合金元素以铁合金或纯金属粉末（通常称合金剂）形式加入到药皮、药芯或焊剂中。药皮和药芯分别与普通填充金属制成电焊条或药芯焊丝。焊条用于焊条电弧焊，药芯焊丝用于气体保护焊或自保护焊。焊剂一般制成粘结焊剂，配合普通焊丝进行埋弧焊。这种方法最大优点是药皮、药芯或焊剂中的合金成分的配比可以任意调整，因此可以获得任意成分的焊缝或堆焊金属。药芯焊丝制造较复杂，成本较高。药皮和粘结焊剂制造容易，成本低。但这种过渡方法合金元素氧化损失较大，并有一部分合金元素残留在渣中，故合金利用率较低，而且焊缝合金成分不够稳定和均匀。

③ 直接用合金粉末涂敷过渡 把需要的合金元素按比例配制成一定粒度的合金粉末，焊接时把它输送到焊接区，或直接涂敷在焊件表面或坡口内。在热源作用下与母材熔合后成分的比例调配方便，电极（焊丝）无需特意制作，合金损失小。但制粉工艺较复杂，堆焊金属的合金成分均匀性较差。

上述过渡方法可以根据具体条件和要求选择，有时可以两种方法同时配合使用。

（3）合金过渡系数 当合金元素向焊缝金属（或堆焊金属）中过渡时，常因蒸发和氧化而损失一部分，在熔渣中可能残留一部分，因而没有全部过渡到熔敷金属中区。这里引入合金过渡系数去反映合金元素的利用率。合金元素的过渡系数 η 等于它在熔敷金属中的实际含量与它原始含量之比，即

$$\eta = \frac{C_d}{C_e} \tag{3-3}$$

式中 C_d——某合金元素在熔敷金属中的含量；

C_e——某合金元素的原始含量。

焊条电弧焊时，需考虑药皮质量系数 K_b 的影响，此时

$$C_e = C_{ew} + K_b C_{eo} \tag{3-4}$$

式中 C_{ew}——某合金元素在焊芯中的含量；

C_{eo}——某合金元素在药皮中的含量。

将式（3-4）带入式（3-3）得

$$\eta = \frac{C_d}{C_{cw} + K_b C_{eo}} \tag{3-5}$$

若是通过焊剂或药芯焊丝过渡，式（3-5）也适用，但前者需用焊剂熔合率 K_1 取代 K_b，而后者用焊芯与药皮的质量比代入 K_b。式（3-5）是总的合金过渡系数，它不能说明合金元素从焊丝和从药皮各自过渡的情况。实际上这两种过渡形式的过渡系数并不相等，由于药皮的氧化性较强，而且还有残留在熔渣的损失，一般情况下通过药皮过渡的过渡系数较小。为了简化计算，常采用总合金过渡系数。

（4）影响合金过渡系数的因素 为了有效地控制焊缝金属的成分，必须了解影响合金过渡系数的因素。焊接过程合金元素主要损失于蒸发、氧化和在熔渣中残留。只要减少这些方面的损失，就能提高其过渡系数。

① 合金元素的物理和化学性质 合金元素的沸点越低，焊接时的蒸发损失就越大，其过渡系数就越小，例如锰的沸点为 2027℃，在焊接高温下极易蒸发，故其过渡系数小。

合金元素对氧的亲和力越大，则越易氧化而损失，过渡系数就越小。在 1600℃ 时，各种合金元素对氧亲和力由小到大排顺序如下：

Cu、Ni、Co、Fe、W、Mo、Cr、Mn、V、Si、Ti、Zr、Al

焊接钢时，位于铁左面的元素几乎无氧化损失，只有残留损失，故过渡系数大。位于铁右面，靠近铁的元素，其氧化损失较小；远离铁的元素，其氧化损失较小。远离铁的元素，如 Ti、Zr、Al 因对氧的亲和力很大，氧化损失严重，除非采用无氧焊剂或惰性气体保护焊，一般很难过渡到焊缝中去。

当用几个合金元素同时过渡时，其中对氧亲和力大的元素被氧化，就能减少其他合金元素的氧化，从而提高了它们的过渡系数。例如在碱性药皮中加入铝和钛，可提高硅和锰的过

渡系数。

② 合金元素的含量　试验表明，随着药皮或焊剂中合金含量的增加，其过渡系数逐渐增加，最后趋于一个定值。

③ 合金元素的粒度　粒度越小，表面积越大，与氧作用的机会越多，合金损失就越大，因此，适当提高合金元素的粒度，可减少因氧化而造成的损失，使过渡系数增大，但是，合金元素粒度过大，又会因其不易熔化而使残留损失增大，过渡系数反而减小。

④ 药皮或焊剂的成分　氧化损失是导致合金过渡系数下降主要原因之一。如果在药皮或焊剂中增加高价氧化物和碳酸盐等，不仅使气相的氧化性增大，而且也使熔渣的氧化性增大，结果导致过渡系数减小。

当合金元素及其氧化物在药皮或焊剂中共存时，由质量作用定律可知，能够提高该元素的过渡系数。

其他条件相同时，合金元素的氧化物与熔渣的酸碱性相同有利于提高过渡系数；若相反，则降低其过渡系数。例如 SiO_2 是酸性的，随着熔渣碱度的增加，硅的过渡系数减小；MnO 是碱性的，随着熔渣碱度的增加，锰的过渡系数增大。

⑤ 药皮的质量系数 K_b　试验表明，在焊条药皮中合金剂含量相同情况下，K_b 增加，过渡系数减小。一般认为随着药皮厚度增加，合金剂进入金属所经路程增大，从而使氧化和残留损失加大。

⑥ 焊接方法　不同焊接方法因对焊接区保护的方式以及所用保护介质各不相同，即使用含有同样合金元素的填充金属，其过渡系数也各不相同，见表 3-15。

影响合金元素过渡的因素很多，表 3-15 提供的各种合金元素的过渡系数都是在特定条件下试验测出来的。

表 3-15　合金元素的过渡系数 η

焊接方法	焊接材料		过渡系数 η								
	焊丝	药皮或焊剂	C	Si	Mn	Cr	W	V	Nb	Mo	Ti
空气中无保护焊	H70W10Cr₃Mn2V	—	0.54	0.75	0.67	0.99	0.94	0.85	—	—	—
氩弧焊			0.80	0.79	0.88	0.99	0.99	0.98	—	—	—
CO₂ 气体保护焊			0.29	0.72	0.60	0.94	0.96	0.68	—	—	—
埋弧焊		HJ251	0.53	2.30	0.59	0.83	0.83	0.78	—	—	—
		HJ431	0.33	2.25	1.13	0.80	0.80	0.77	—	—	—
焊条电弧焊	H08A	钛钙型	—	0.71	0.38	0.77	—	0.52	0.80	0.60	0.125
		氧化铁型	0.14~0.27	0.08~0.12		0.64				0.71	
		低氢型	0.14~0.27	0.45~0.55	0.72~0.82			0.59~0.64		0.83~0.86	

四、凝固冶金

（一）焊接熔池凝固的特点

焊接熔池凝固过程与铸钢锭的凝固过程基本相同，都是形核和晶核长大的过程，但焊接熔池的凝固有其特点：

1）熔池凝固是在连续冷却条件下的非平衡结晶。

2）熔池金属处于过热状态。

3）熔合线上局部熔化的母材晶粒成为熔池结晶的核心，形成了焊缝金属与母材金属长合在一起的"联生结晶"。

4）熔池在运动状态下凝固。

正是由于焊接熔池凝固过程有上述特点，其在液态金属形核、晶粒长大和结晶形态等方面均与一般铸造状态有所不同。

（二）熔池结晶的一般规律

焊接时，熔池金属的结晶与一般金属的结晶一样，也是生（形）核和晶核长大的过程。但是，由于熔池凝固有上述特点，其结晶过程也有其特殊的规律。

1. 熔池中晶核的形成

结晶过程必须在过冷的条件下进行，生成晶核（简称形核）的热力学条件是过冷度所造成的自由能降低，进行结晶过程的动力条件是自由能降低的程度。过冷度越大，自由能降低得越多，就越有利于凝固（结晶）的进行。

根据结晶理论，形核方式有两种：自发形核和非自发形核。所以，对于焊接熔池结晶来说，非自发形核起了主要作用。

在焊接条件下，熔池中存在有两种现成固相界面：一是合金元素或杂质的悬浮质点；另一是熔合区附近加热到半熔化状态的母材晶粒表面，非自发晶核就依附在这个表面上以柱状晶的形态向熔池中心成长，形成所谓交互结晶，或称联生结晶，见图 3-42。

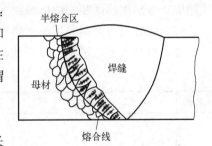

图 3-42　熔合区的联生结晶

2. 熔池中晶核的长大

① 晶体长大的条件　对金属来说，过冷度越大，长大速率越快。

② 晶体长大的宏观形态　如果散热有方向性，则晶体沿散热最快方向的反方向（即最大温度梯度方向）长大速度最快。另外，晶体具有各向异性，它在某一定的方向上最容易长大，即有优先成长方向，这是由母材金属晶格类型所决定。

（三）熔池结晶的形态

宏观观察到焊缝中的晶体形态主要是柱状晶和少量等轴晶。若进行微观分析，则在每个柱状晶内还有不同的结晶形态，如平面晶、胞晶和树枝状晶等，而等轴晶内一般都呈树枝晶。这些柱状晶或等轴晶内部的微观形状称为亚晶。

焊接熔池结晶时形成的不同亚晶形态与液-固相金属成分、熔池中的温度梯度和结晶速度有关，可以用成分过冷结晶理论来解释。

1. 纯金属的结晶形态

液相金属结晶过程中，晶核的形成和长大均受过冷度控制。在最简单的纯金属结晶时，因固-液相中均无成分含量变化，在整个液相中的凝固点温度是恒定的，过冷度的大小取决于液相中的实际温度梯度。

2. 固溶体合金的结晶形态

（1）成分过冷　研究表明对于一定的合金，成分过冷的大小主要决定于液相内的温度梯度 G_L 和晶体成长速度 R（即界面推移速度），见图 3-43。

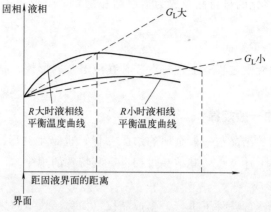

图 3-43　温度梯度 G_L 和晶体成长速度 R 对成分过冷的影响

G_L 越大，即降温所造成的温度分布线的斜率越大，与液相线温度分布曲线相交的范围越小，成分过冷的区域和程度越小，反之则越大。当晶体长大速度 R 越大时，界面前方液体内的溶质来不及扩散均匀，故界面前方液体中含量变化越大，相应的液相线温度分布曲线也越陡，与温度梯度相交的区域越大，成分过冷度越大。

（2）成分过冷对结晶形态的影响　按成分过冷理论，过冷程度不同，焊缝就会出现不同的形态。根据大量的试验、分析和归纳，结晶形态大致可分成 5 种，见表 3-16。

表 3-16　熔池的 5 种结晶形态

名称	过冷条件	结晶形态示意图	说明
平面晶	见图（T-离固液界面的距离，G_L，T_L）	见图（凝固方向；母材；已凝固相；液相；晶粒1 (100) 易长方向；晶粒2 (100) 易长方向；相界面位置）	液相的正温度梯度 G_L 很大，与液相线平衡温度曲线 T_L 不相交，不出现成分过冷，结晶界面缓慢向前推移，界面平齐，多发生在高纯度的焊缝金属和焊接熔池边缘
胞状晶	见图（T-离固液界面的距离，G_L，T_L，x；x—成分过冷区）	见图（焊缝金属；母材；液相；A；晶粒1 (100)；晶粒2 (100)；亚晶；A；$A—A$）	当固-液相界面前沿存在较小成分过冷度时，结晶面处于不稳定状态，凝固界面长出许多平行束状芽胞深入过冷的液体内，其断面为六角形的胞状结晶形状

续表

名称	过冷条件	结晶形态示意图	说明
胞状 树枝晶			成分过冷度更大时，结晶面上形成深入液相中较长距离的凸起，同时凸起部分又向周围排出溶质，横向也形成成分过冷，生出短小的二次横枝，构成了特殊的胞状树枝晶形态
柱状 树枝晶			成分过冷度更大时，结晶面上的凸起部分可向液相中生长很长，形成很长的主干，并向四周生成较长的二次横枝，形成了明显的树枝状结晶
等轴晶			液相中的温度梯度 G_L 很小，能在液相中形成很宽的成分过冷区，此时不仅在结晶前沿形成树枝晶，同时也能在液相内部生核，产生新晶粒且向四周自由生长，形成等轴晶形态

（四）焊缝金属的化学成分不均匀性

由于熔池凝固是非平衡结晶，冷却速度很大，在结晶过程中，化学成分来不及扩散，合金元素的分布是不均匀的，出现偏析现象。在焊缝的边界处，即熔合区，成分不均匀更为明显，成为焊接接头的薄弱地带。

焊缝金属中往往含有很多的杂质，这些杂质主要是由焊条药皮或焊剂在熔池中冶金反应产生的氧化物、氮化物、硫化物等。

焊缝中化学成分不均匀和杂质均对焊缝性能造成不良影响，严重的偏析和夹杂常常是导致气孔、热裂纹和冷裂纹等缺陷的重要原因。

1. 焊缝中的气孔与夹杂

气孔和夹杂是焊缝中经常遇到的两种缺陷，它们都是在熔池金属结晶过程中产生的。它们的存在不仅减小焊缝的有效截面，而且也带来应力集中，显著降低焊缝金属的强度和韧性，对动载强度和疲劳强度更为不利，有些情况下还会引起裂纹或影响焊缝的气密性，必须引起重视。

2. 防止焊缝中夹杂物的措施

防止焊缝中产生夹杂物的措施：一是控制其来源，严格控制母材和焊材中夹杂含量；二是正确选择焊条或焊剂，以保证能充分地脱氧和脱硫；三是注意工艺操作。

在工艺操作方面要注意如下几点：

1）选用合适的焊接工艺参数，保证熔渣和夹杂的浮出。

2）多层焊时注意清除前层焊道的熔渣。

3）焊条电弧焊时注意焊条做适当摆动，以利于熔渣与夹杂物上浮。

4）加强对熔池的保护，防止空气侵入。

五、固相冶金

焊接固相冶金又称物理冶金。主要研究焊缝完全凝固后，焊缝金属和热影响区金属的组织及性能变化的规律。研究对象主要是有固态相变的金属。

（一）焊接热影响区的形成

1. 形成

焊接接头由焊缝和热影响区两部分组成。焊接热影响区是在焊接过程中母材因受热的影响（但未熔化）而发生金相组织和力学性能变化的区域，常简称为其英文缩写 HAZ。焊接是一个不均匀加热和冷却的过程，距焊缝不同距离的点上经历着不同的焊接热循环，这些经历着不同热循环的各点实质上都各受到一次特殊热处理。和一般金属热处理一样，每个点都发生不同的组织转变，于是就形成了一个在组织和性能上不均匀的焊接热影响区。在这个区中，有些部位的组织和性能可能优于也可能劣于母材焊前的组织和性能；显然，劣于母材的部位便成为焊接接头中最薄弱的环节。

研究和分析焊接热影响区的组织转变的目的在于找出引起不良组织转变的原因并防止或减少它的不利影响。

2. 影响因素

影响热影响区形成的因素需从形成热影响区的内因和外因去分析。主要包括：①母材自身的冶金特性。②母材焊前的状态。③焊接方法及其工艺参数。

（二）焊接热影响区固相相变的特点

1. 焊接热影响区加热和冷却过程的特点

在分析钢材焊接热影响区各点的组织转变时，需注意它与一般钢热处理中的加热和冷却过程的下列区别：①加热温度高；②加热速度快；③高温停留时间短；④在自然条件下连续冷却；⑤局部加热。

2. 加热过程组织转变特点

焊接时，由于加热速度很快（见表 3-17），热影响组织转变有如下特点：①相变温度提高了；②奥氏体均质化程度低。

表 3-17　不同焊接方法的加热速度

焊接方法	板厚/mm	加热速度/(℃/s)
电弧焊 （包括 TIG 焊）	5～1	200～1000

焊接方法	板厚/mm	加热速度/(℃/s)
单层埋弧焊	25～10	60～200
电渣焊	200～50	3～20

3. 冷却过程组织转变特点

焊接热影响区熔合线附近是整个焊接接头的薄弱环节，该处冷却过程的组织转变极为关键，它最终决定热影响区的组织与性能。

（三）焊接热影响区的组织

用于焊接的结构钢，按其热处理特性可分成不易淬火钢和易淬火钢两类。前者在焊接条件下淬火倾向很小，如低碳钢和含合金元素很少而强度级别较低的低合金钢，如 Q345（16Mn、14MnNb）、Q390（15MnV）等；后者是含碳量较高或含合金元素较多的钢，具有较高的淬透性，能通过热处理强化，如中碳钢，低、中碳调质钢等。这两类钢其淬火倾向不同，因而焊接热影响区组织变化也不同。

1. 不易淬火钢热影响区组织

这类钢焊前多为热轧状态，今以 20 钢为例，分析其焊后热影响区各部位的组织变化。通常是把热影响区上各点被焊接热循环加热到最高温度的分布曲线与铁碳相图对照进行分析，见图 3-44。从图中看出，低碳钢焊接热影响区大致按其组织基本相同而性能相近划分为：熔合区、过热区（粗晶区）、重结晶区（细晶区）、不完全重结晶区（部分相变区）等四个区域。

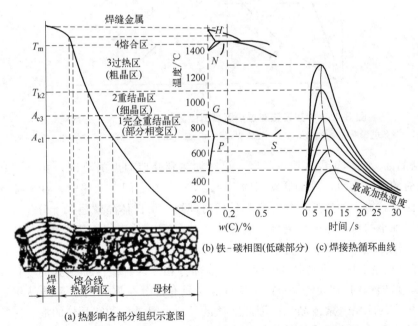

(a) 热影响各部分组织示意图

(b) 铁-碳相图(低碳部分)　(c) 焊接热循环曲线

图 3-44　焊接热影响区各部分被加热的温度范围和铁-碳相图的关系

1）熔合区　在焊缝与母材相邻部位，又称半熔化区。温度处于固相线和液相线之间。焊缝与母材产生不规则结合，形成了参差不齐的分界面。该区晶粒十分粗大，化学成分和组织极不均匀，冷却后为过热组织，区域很窄，金相观察难以区分，但对接头强度和韧性却有很大影响，常是裂纹和脆性破坏的发源地。

2）过热区　又称粗晶区，此区的温度范围在固相线以下到 1100℃ 左右，加热温度高，金属处于过热状态，于是奥氏体晶粒严重长大，粗大的奥氏体在较快速度冷却下就形成一种特殊的过热组织——魏氏组织。魏氏组织实质上是一个粗大的奥氏体晶粒内生成许多平行的铁素体片，在铁素体片之间的剩余奥氏体最后转变为珠光体。这种魏氏组织不仅晶粒粗大，而且晶内有大量铁素体片所形成的脆弱面，故其韧性低。这是不易淬火钢焊接接头变脆的一个主要原因。魏氏组织的形成与焊接热影响区过热区的过热程度有关，也即与金属在高温停留时间有关。从图 3-45 的过热区热循环曲线可看出，焊条电弧焊时的高温停留时间最短，晶粒长大并不严重，而电渣焊时的高温停留时间最长，晶粒长大最严重。故电渣焊比电弧焊容易出现粗大的魏氏组织。对于同一种焊接方法，热输入越大，则高温停留时间就越长，过热越严重，奥氏体晶粒长得就越粗大，就越容易得到魏氏组织，接头的韧性就越差。所以，电渣焊时，为了改善焊接接头的性能，消除其严重的过热组织，常需焊后正火热处理。

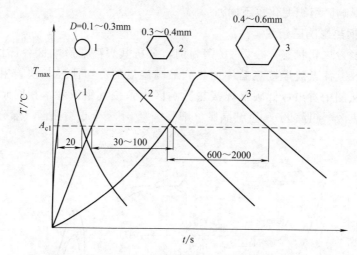

图 3-45　焊接方法对过热区高温停留时间和晶粒大小的影响
1—焊条电弧焊（$\delta \leqslant 10\text{mm}$）；2—埋弧焊（$\delta = 15 \sim 25\text{mm}$）；3—电渣焊（$\delta = 100 \sim 200\text{mm}$）

3）重结晶区　又称正火区或细晶区。该区加热到峰值温度的范围，在 A_{c3} 到晶粒开始急剧长大以前的温度之间，对于低碳钢约在 $900 \sim 1100℃$ 之间。加热时，铁素体和珠光体全部转变为奥氏体，由于加热速度快，高温停留时间短，奥氏体晶粒还未十分长大，接着冷却就得到了均匀细小的铁素体＋珠光体，它相当于热处理时的正火组织。由于该区组织细化，故其塑性和韧性都比较好，甚至优于母材。

4）不完全重结晶区　又称不完全正火区或部分相变区。该区加热到的峰值温度在 A_{c1} 到 A_{c3} 之间，低碳钢约为 $750 \sim 900℃$。其特点是只有部分金属经受了重结晶相变，其余部分为没发生相变的原始铁素体晶粒。因此，该区是一个粗晶粒和细晶粒的混合区。在粗大原始铁素体晶粒之间分布着经重结晶后的细小铁素体＋珠光体的群体。由于该区晶粒大小不均匀，因而其力学性能也不均匀。

必须指出，如果焊前母材受过冷加工变形或由于焊接应力而发生塑性应变，则在加热到 A_{c1} 以下的温度将发生再结晶过程和应变时效过程。由于没有发生相变，故在金相组织上有时看不到明显的变化。但是，对于那些焊前经冷作硬化的钢材，焊后发生了再结晶，其强度和硬度都低于焊前，而塑性则显著增加。对那些应变时效敏感的钢材，处于 $A_{c1} \sim 300℃$ 左右的热影响区将发生应变脆化现象，表现出硬度和强度提高而塑性和缺口韧性下降。

2. 易淬火钢热影响区组织

易淬火钢是指在焊接空冷条件下容易淬火形成马氏体的钢种，如中碳钢（40、45、50钢）、低碳 $[w(C) \leqslant 0.25\%]$ 调质高强钢（$\delta_s = 450 \sim 1000MPa$）和中碳 $[w(C) = 0.25\% \sim 0.45\%]$ 调质高强钢等。这些钢由于化学成分不同，其淬火倾向有差别，但在热影响区内的组织变化规律基本相似。

1）当母材焊前是正火或退火状态时，焊后其热影响区分为：

① 完全淬火区　该区的加热温度处于固相线 A_{c3} 之间，相当于不易淬火钢的过热区和正火区。由于这类钢淬透性高，焊后冷却很易获得淬火组织（马氏体）。在相当于过热部位为粗大马氏体，而在相当正火部位得到的是细小马氏体。根据冷却速度不同，区内还可能出现贝氏体、托氏体等与马氏体混合的组织。

② 不完全淬火区　该区的加热温度在 $A_{c3} \sim A_{c1}$ 之间，相当于不易淬火钢中的不完全重结晶区，加热时，珠光体（或贝氏体、索氏体）转变为奥氏体。在随后快冷时，奥氏体转变为马氏体。原铁素体保持不变，但晶粒有不同程度长大。最后形成马氏体和铁素体的混合组织，故称为不完全淬火区。如母材含碳量或合金元素含量不高或冷却速度较慢时，也可能出现贝氏体、索氏体和珠光体。

2）当母材焊前淬火＋回火状态时，焊后母材热影响区上除了有上述的完全淬火区和不完全淬火区之外，还存在一个回火区，它位于加热温度低于 A_{c1} 以下区域。在回火区内组织和性能发生的变化程度决定于焊前母材的回火温度 T_1，如果在该区加热的峰值温度低于 T_1，其组织与性能不发生变化；如果高于此温度，则该区组织与性能将发生变化，出现了软化现象。它的强度和硬度均低于焊前母材的水平。这一软化区如果焊后不再进行重新淬火＋回火处理是无法消除的，而且随着钢材强度级别的提高，软化就越突出。

综上所述，焊接热影响区的组织和性能不仅与母材的化学成分有关，同时也与焊前的热处理状态有关。图 3-46 综合了两类钢焊缝热影响区的分布特征。

（四）焊接热影响区的性能

对于一般焊接结构，热影响区的性能主要指力学性能，如强度、塑性、韧性和硬度等。在特殊情况下还包括耐蚀性、耐热性和抗疲劳等性能。在焊接热循环作用下，在焊接热影响区内不可避免地发生不同于母材的组织与性能变化。若这些变化仍然满足结构使用要求，则是允许的。下面着重介绍结构钢焊接可能出现在热影响区金属的硬化、脆化和软化等问题。

1. 焊接热影响区的硬化

指焊后热影响区的硬度已超出母材的水

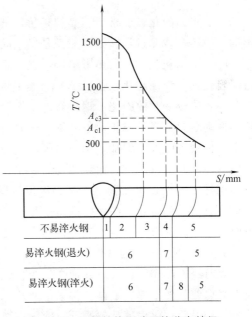

图 3-46　钢焊接热影响区的分布特征

1—熔合区；2—过热区；3—正火区；
4—不完全重结晶区；5—母材；
6—完全淬火区；7—不完全淬火区；8—回火区

平。硬度是金相组织与性能的综合反映，热影响上组织和性能的变化，必然表现在硬度的变化上（见表 3-18）。

一般地，随着金属硬度增加，其强度也增加，塑性和韧性则下降，其冷裂倾向也增大，因此，常常通过测定焊接热影响区的硬度分布，间接地去估计热影响区上各部位的力学性能，而且还可以大致判断其抗裂的性能。

表 3-18　不同混合组织及金相组织硬度

金相组织(体积分数)/%				显微硬度/HV				宏观微氏硬度 /HV
铁素体 F	珠光体 P	贝氏体 B	马氏体 M	铁素体 F	珠光体 P	贝氏体 B	马氏体 M	
10	7	83	0	202～246	232～249	240～285	—	212
1	0	70	29	216～258	—	273～336	245～383	298
0	0	19	81			293～323	446～470	384
0	0	0	100				454～508	393

在相同焊接条件下，碳是影响钢热影响区硬化的最主要因素。其他合金元素也在不同程度上产生影响。因此，在研究钢化学成分对焊接热影响区最高硬度的影响时，常引入碳当量概念，并把碳当量和热影响区的最高硬度值的关系联系起来，用以间接地判断母材的焊接性。

2. 焊接热影响区的脆化

焊后热影响区的韧性低于母材焊前的水平时，说明该热影响区已发生脆化。反映材料脆化的常用指标是脆性转变温度 T_{cr} 或冲击吸收功 A_{kv} 等，焊接热影响区发生的脆化有如下类型。

（1）粗晶脆化　通常金属晶粒越粗，其脆性转变温度就越高，其脆性就越大。在焊接热影响区中熔合线和过热区处一般都是发生晶粒长大，所以出现了不同程度的粗晶脆化。

（2）组织脆化　焊后热影响区出现了脆性组织的现象称组织脆化。常遇到的有下列几种组织脆化：①淬硬脆化；②M-A 组元脆化。

（3）热应变时效脆化　钢材经冷塑性变形后，其强度硬度随时间会进一步增加，而塑性和韧性则继续下降的脆化现象，称应变时效。产生应变时效的原因是钢经冷塑性变形后，晶体中的位错密度大量增加，钢中的碳、氮等间隙原子向位错周围偏聚，妨碍位错的移动，使晶体进一步变形难以进行而导致钢的硬化和脆化。

钢材在 400～200℃ 附近的蓝脆温度区间进行塑性变形也会产生同样的时效脆化，这种现象称为热应变时效。在焊接低碳钢和 C-Mn 钢的冷却过程中，如果在热影响区内由焊接应力而引起塑性变形，就会出现这种热应变时效脆化。

3. 焊接热影响区的软化

焊前经过冷作硬化或热处理强化的金属或合金，焊后在热影响区将发生不同程度的软化或失强现象。如果焊后不再进行强化处理，这种现象是无法清除的。通常焊前强化程度较大的金属，焊后软化程度就越严重。软化程度常用失强率 P_{sd} 表示，即

$$P_{sd} = \frac{\sigma_B - \sigma_J}{\sigma_B} \times 100\%$$

式中　σ_B——母材强度；

σ_J——接头强度。

调质钢焊接时热影响区的软化程度与母材焊前的热处理状态有关，如图 3-47 所示，若母材焊前为退火状态，焊后无软化问题；若母材焊前为淬火＋高温回火，则软化程度较低；若焊前为淬火＋低温回火，则软化程度最大，即失强率最大。通常，软化或失强最严重的部位是在热影响区中峰值加热温度 A_{c1} 附近。此外，在 $A_{c1} \sim A_{c3}$ 之间也较严重，这与不完全淬火过程有关，因在该区内铁素体和碳化物并未完全溶解，形成的奥氏体远未达到饱和浓度，冷却后得到粗大铁素体、粗大碳化物和低

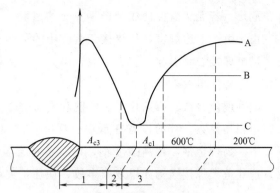

图 3-47　调质钢焊接热影响区的硬度分布

A—焊前淬火＋低温回火；B—焊前淬火＋

高温回火；C—焊前退火

1—淬火区；2—不完全淬火区；3—回火区

碳奥氏体的分解产物，这些组织抗塑性变形能力很小，因而强度和硬度都较低。

调质钢焊后热影响区出现软化不可避免，其软化区的宽度受到焊接方法和焊接热输入的影响。通常，焊接热源越集中，采用的热输入越小，软化区就越窄。

应指出，在焊接接头中，软化区只是很窄的一层，并处在强体之间（即硬夹软），它的塑性变形受到相邻强体的约束，受力时将会产生应变强化效应。

如果软化区很宽，失强率较大，只有焊后进行调质处理才能从根本上消除此软化区。

六、焊接裂纹

（一）概述

在焊接接头中由于焊接所引起的各种裂纹，统称焊接裂纹。焊接裂纹在焊缝金属和热影响区中都可能产生，是焊接凝固冶金和固相冶金过程中产生最为危险的一种缺陷。焊接结构产生的破坏事故大部分都是由焊接裂纹所引起。

1. 裂纹的危害

焊接裂纹种类繁多，产生的条件和原因各不相同。有些裂纹在焊后立即产生，有些焊后延续一段时间才产生，甚至是在结构使用过程中，在一定外界条件诱发下才产生。裂纹既出现在焊缝和热影响区表面，也产生在其内部。它对焊接结构的危害有：

1）减少了焊接接头的工作截面，因而降低了焊接结构的承载能力。

2）构成了严重的应力集中。裂纹是片状缺陷，其边缘构成了非常尖锐的切口，具有高的应力集中，既降低结构的疲劳强度，又容易引发结构的脆性破坏。

3）造成泄漏。用于承受高温高压的焊接锅炉或压力容器，用于盛装或输送有毒的、可燃的气体或液体的各种焊接储罐和管道等，若有穿透性裂纹，必然发生泄漏，在工程上是不允许的。

4）表面裂纹能藏垢纳污，容易造成或加速结构的腐蚀。

5）留下隐患，使结构变得不可靠。延迟裂纹产生的不定期性；微裂纹和内部裂纹易于漏检，漏检的裂纹即使很小，在一定条件下会发生扩展，这些都增加了焊接结构在使用中的

潜在危险。若无法监控便成为极不安全的因素。

正是由于上述危害，从焊接工艺应用的早期（20 世纪 40 年代）到近代，在国内外屡屡发生过由焊接裂纹引起的重大事故，例如，焊接桥梁坍塌、大型海轮断裂、各种类型压力容器爆炸等恶性事故。

随着现代钢铁、石油化工、船舰和电力等工业的发展，焊接结构的发展趋向于大型化、大容量和高参数。有的设备在低温、深冷、腐蚀介质下工作，广泛采用各种低合金高强度钢，中、高合金钢，超高强度钢，以及各种合金材料，而这些金属材料通常对裂纹十分敏感。这些重大焊接结构如果发生事故，往往是灾难性的，必须十分重视。

2. 焊接裂纹的分类及其特点

（1）焊接裂纹的分类　焊接裂纹可以从不同角度进行分类，这里仅从裂纹的分布形态及其产生机理两方面划分：

① 按焊接裂纹的分布形态　根据裂纹所在的区域有焊缝裂纹和热影响区裂纹；根据相对于焊道的方向有纵向裂纹和横向裂纹，前者的走向与焊缝轴线平行，后者与焊缝轴线基本垂直；根据裂纹的尺寸大小有宏观裂纹（通常肉眼可见）和微观裂纹；根据裂纹的分布位置有表面裂纹、内部裂纹和弧坑（火口）裂纹；根据其在焊缝断面的位置，有焊趾裂纹、根部裂纹、焊道下裂纹和层状撕裂等。图 3-48 是各种焊接裂纹分布形态示意图。

② 按裂纹产生的机理分类　按裂纹产生机理分类能反映裂纹的成因和本质。现归纳成：热裂纹（包括结晶裂纹、液化裂纹和多边化裂纹）、冷裂纹（包括延迟裂纹、淬硬脆化裂纹、低塑性裂纹）等。

（2）焊接裂纹的基本特点　每一类裂纹的主要特征、产生的温度区间、产生的位置、裂纹的走向和易于产生的材料，见表 3-19。

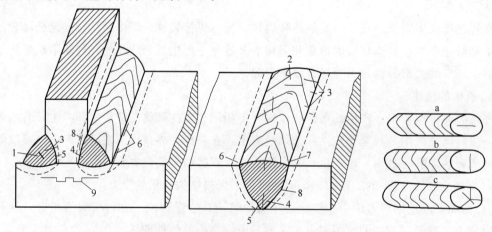

图 3-48　焊接接头裂纹分布形态示意图

a、b、c 为弧坑裂纹

a—纵向裂纹；b—横向裂纹；c—星形裂纹

1—焊缝中的纵向裂纹与弧形裂纹（多为结晶裂纹）；2—焊缝中的横向裂纹（多为延迟裂纹）；

3—熔合区附近的横向裂纹（多为延迟裂纹）；4—焊缝根部裂纹（延迟裂纹、热应力裂纹）；

5—近缝区根部裂纹（延迟裂纹）；6—焊趾处纵向裂纹（延迟裂纹）；

7—焊趾处纵向裂纹（液化裂缝、再热裂纹）；8—焊道下裂纹（延迟裂纹、液化裂纹、

高温低塑性裂纹、再热裂纹）；9—层状撕裂

表 3-19　各种裂纹分类及其基本特点

裂纹分类		基本特征	敏感的温度区间	母材	位置	裂纹走向
热裂纹	结晶裂纹	在结晶后期，由于低熔共晶形成的液态薄膜削弱了晶粒间的联结，在拉应力作用下发生开裂	在固相线温度以上稍高的温度（固液状态）	杂质较多的碳钢、低合金钢、奥氏体钢、镍基合金及铝	焊缝上，少量在热影响区	沿奥氏体晶界
	多边化裂纹	已凝固的结晶前沿，在高温和应力的作用下，晶格缺陷发生移动和聚集，形成二次边界，它在高温处于低塑性状态，在应力作用下产生裂纹	固相线以下再结晶温度	纯金属及单相奥氏体合金	焊缝上，少量在热影响区	沿奥氏体晶界
	液化裂纹	在焊接热循环最高温度的作用下，在热影响区和多层焊的层间发生重熔，在应力作用下产生的裂纹	固相线以下稍低温度	含 S、P、C 较多的镍铬高强钢、奥氏体钢、镍基合金	热影响区及多层焊的层间	沿晶界开裂
再热裂纹		厚板焊接结构消除应力处理过程中，在热影响区的粗晶区存在不同程度的应力集中时，由于应力松弛所产生附加变形大于该部位的蠕变塑性，则发生再热裂纹	600～700℃回火处理	含有沉淀强化元素的高强钢、珠光体钢、奥氏体钢、镍基合金等	热影响区的粗晶区	沿晶界开裂
冷裂纹	延迟裂纹	在淬硬组织，氢和拘束应力的共同作用下面产生的具有延迟特征的裂纹	在 M_s 点以下	中、高碳钢，低、中合金钢、钛合金等	热影响区，少量在焊缝	沿晶或穿晶
	淬硬脆化裂纹	主要是由淬硬组织，在焊接应力作用下产生的裂纹	M_s 点附近	含碳的 NiCrMo 钢、马氏体不锈钢、工具钢	热影响区，少量在焊缝	沿晶或穿晶
	低塑性脆化裂纹	在较低温度下，由于母材的收缩应变，超过了材料本身的塑性储备而产生的裂纹	在 400℃以下	铸铁、堆焊硬质合金	热影响区及焊缝	沿晶及穿晶
层状撕裂		主要是由于钢板的内部存在有分层的夹杂物（沿轧制方向），在焊接时产生的垂直于轧制方向的应力，致使在热影响区或稍远的地方，产生"台阶"式层状开裂	约 400℃以下	含有杂质的低合金高强钢的钢厚板结构	热影响区附近	沿晶或穿晶
应力腐蚀裂纹（SCC）		某些焊接结构（如容器和管道等），在腐蚀介质和应力的共同作用下产生的延迟开裂	任何工作温度	碳钢、低合金钢、不锈钢、铝合金等	焊缝和热影响区	沿晶或穿晶开裂

（二）焊接热裂纹

在焊接过程中，焊缝和热影响区金属冷却到固相线附近的高温区时所产生的焊接裂纹称热裂纹。焊接热裂纹可分成结晶裂纹、液化裂纹和多边裂纹三类。

1. 结晶裂纹

结晶裂纹又称凝固裂纹，是在焊缝凝固过程的后期所形成的裂纹。它是生产中最为常见的热裂纹之一。

（1）一般特征　结晶裂纹只产生在焊缝中，多呈纵向分布在焊缝中心，也有呈弧形分布在焊缝中心线两侧，而且这些弧形裂纹与焊波呈垂直分布（见图 3-49）。通常纵向裂纹较长、较深，而弧形裂纹较短，较浅，弧坑裂纹亦属结晶裂纹，它产生于焊缝收尾处。

这些结晶裂纹尽管形态、分布和走向有区别，但都有一个共同特点，即所有结晶裂纹都是沿一次结晶的晶界分布，特别是沿柱状晶的晶界分布。焊缝中心线两侧的弧形裂纹是在平行生长的柱状晶晶界上形成的。在焊缝中心线上的纵向裂纹恰好是处在从焊缝两侧生成的柱状晶的汇合面上。

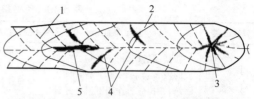

图 3-49　结晶裂纹的位置、走向与焊缝结晶
方向的关系

1—柱状晶界；2—焊缝表面焊波；

3—弧坑裂纹；4—焊缝中心线两侧的弧形结晶裂纹；

5—沿焊缝中心线的纵向结晶裂纹

多数结晶裂纹的断口上可以看到氧化的色彩，说明了它是在高温下产生的。在扫描电镜下观察结晶裂纹的断口具有典型的沿晶开裂特征，断口晶粒表面圆滑。

（2）形成机理　从焊接凝固冶金得知，焊缝结晶时先结晶部分较纯，后结晶的部分含杂质和合金化元素较多，这种结晶偏析造成了化学不均匀。随着柱状晶长大，杂质合金元素就不断被排斥到平行生长的柱状晶交界处或焊缝中心线处，它们与金属形成低熔相或共晶（例如钢中含有硫量偏高时，则生成 FeS，与铁形成熔点只有 985℃的共晶 Fe-FeS）。在结晶后期已凝固的晶粒相对较多时，这些残存在晶界处的低熔相尚未凝固，并呈液膜状态散布在晶粒表面，割断了一些晶粒之间的联系。在冷却收缩所引起的拉应力作用下，这些远比晶粒脆弱的液态薄膜承受不了这种拉应力，就在晶粒边界处分离形成了结晶裂纹。图 3-50 是收缩应力作用下，在柱状晶界上和在焊缝中心处两侧柱状晶汇合面上形成结晶裂纹的示意图。

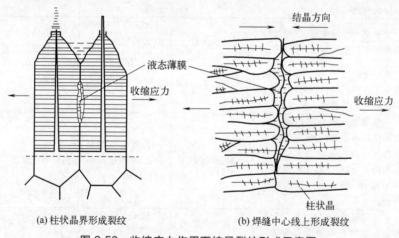

(a) 柱状晶界形成裂纹　　　　(b) 焊缝中心线上形成裂纹

图 3-50　收缩应力作用下结晶裂纹形成示意图

（3）影响因素　影响因素裂纹的因素可从冶金和力学两方面进行分析。

1）冶金因素的影响

① 合金元素　合金元素对结晶裂纹的影响十分复杂又很重要，而且多种元素相互影响要比单一元素的影响更复杂。钢中各元素的偏析系数见表 3-20。

硫和磷在各类钢中几乎都会增加结晶裂纹的倾向。在钢的各种元素中硫和磷的偏析系数最大（见表 3-20），所以在钢中都极易引起结晶偏析。同时硫和磷在钢中还能形成多种低熔化合物或共晶，例如化合物 FeS 和 Fe_3P 的熔点分别为 1190℃和 1166℃，它们与 FeO 形成共晶 FeS-Fe（熔点 985℃）、Fe_3P-Fe（1050℃）等，它们在结晶期极易形成液态薄膜，故对各种裂纹都很敏感。

表 3-20 钢中各元素的偏析系数 K

元素	S	P	W	V	Si	Mo	Cr	Mn	Ni
K/%	200	150	60	55	40	40	20	15	5

碳也是影响结晶裂纹的主要元素，并能加剧其他元素的有害作用。由 Fe-C 相图可知。由于含碳增加，初生相中比 δ 相中低很多，硫低 3 倍，磷低约 10 倍。如果初生相或结晶终了前是 γ 相，硫和磷就会在晶界析出，使结晶裂纹倾向增大。

锰具有脱硫作用，能置换 FeS 为球状的高熔点的 MnS（1610℃），因而能降低热裂倾向，为了防止硫引起的结晶裂纹，随着钢中含碳量的增加，则 Mn/S 的比值也应随之增加，当

$w(C) \geqslant 0.1\%$ 时，$Mn/S \geqslant 22$；

$w(C)$ 为 $0.11\% \sim 0.125\%$ 时，$Mn/S \geqslant 30$；

$w(C)$ 为 $0.126\% \sim 0.155\%$ 时，$Mn/S \geqslant 59$。

锰、硫、碳在焊缝和母材中常同时存在，在低碳钢中对结晶裂纹的共同影响有如下规律：在一定含碳量的条件下，随着含硫量的增高，裂纹倾向增大；随着含锰量增多，裂纹倾向下降；随着含碳量的增加，硫的作用则加剧。

硅是 δ 相形成元素，少量硅有利于提高抗裂性能。但 $w(Si)$ 超过 0.4% 时，会因形成硅酸盐夹杂而降低焊缝金属的抗裂性能。

镍是促进热裂纹敏感性很高的元素，镍是强烈稳定 γ 相的元素，降低硫的溶解度。此外，如果形成 NiS 或 NiS-Ni，其熔点很低（分别为 920℃ 和 645℃），有利于形成热裂纹。因此，含镍的钢对硫的允许含量要求比普通碳钢更低。例如，对质量分数为 4% 的 Ni 钢要求 $w(S+P) < 0.01\%$。

最近发现钛、锆和镧、铈等稀土元素能形成高熔点的硫化物。例如：钛的硫化物 TiS 熔点 $2000 \sim 2100$℃，铈的硫化物 CeS 熔点 2400℃，它们的效果比锰还好（MnS 熔点 1610℃），故有消除结晶裂纹的良好作用。

② 组织形态 是指一次结晶的组织形态对结晶裂纹的影响。

焊缝一次结晶组织的晶粒度越大，结晶的方向性越强，就越容易促使杂质偏析，在结晶后期就越容易形成连续的液态共晶薄膜，增加结晶裂纹的倾向。如果在焊缝或母材中加入一些细化晶粒元素，如 Mo、V、Ti、Nb、Zr、Al、Re 等，一方面使晶粒细化，增加晶界面积，减少杂质的集中；另一方面又打乱了柱状晶的结晶方向，破坏了液态薄膜的连续性，从而提高抗裂性能。

如果一次结晶组织仅仅是与结晶主轴方向大体一致的单相奥氏体（γ），结晶裂纹倾向就很大。如果一次结晶组织为 δ 相，γ 相枝晶支脉发展受到限制，从而产生一定的细化晶粒和打乱结晶方向的作用。所以在焊接 18-8 型不锈钢时，通过调整母材或焊接材料的成分，使焊缝中存在体积分数约 5% 的 δ 相，形成 γ+δ 双相组织，从而提高焊缝金属的抗裂性能。

2）力学因素的影响 焊接结晶裂纹具有高温沿晶断裂性质。发生高温沿晶断裂的条件是金属在高温阶段晶间塑性变形能力不足以承受当时所发生的塑性应变量，即

$$\varepsilon \geqslant \delta_{min}$$

式中 ε——高温阶段晶间发生的塑性应变量；

$\delta_{\min}$——高温阶段晶间允许的最小变形量。

$\delta_{\min}$ 反映了焊缝金属在高温时晶间的塑性变形能力。金属在结晶后期，即处在液相线与固相线温度附近，有一个所谓"脆性温度区"，在该区域范围内其塑性变形能力最低。脆性温度区的大小，及区内最小的变形能力 $\delta_{\min}$ 由前述的冶金因素所决定。

ε 是焊缝金属在高温时各种力综合作用所引起的应变，它反映了焊缝当时的应力状态。这些应力主要是由于焊接的不均匀加热和冷却过程而引起，如热应力、组织应力和拘束应力等。与 ε 有关的因素有：

① 温度分布　若焊接接头上温度分布很不均匀，即温度梯度很大，同时冷却速度很快，则引起的 ε 就很大，极易发生结晶裂纹。

② 金属的热物理性能　若金属的热膨胀系数越大，则引起的 ε 也越大，越易开裂。

③ 焊接接头的刚性或拘束度　当焊件越厚或接头受到拘束度越强时，引起的 ε 也越大，结晶裂纹也越易发生。

(4) 防治措施　防治结晶裂纹可从下列两方面着手。

1) 冶金方面

① 控制焊缝中硫、磷、碳等有害杂质的含量。这几种元素不仅能形成低熔相或共晶，而且还能促使偏析，从而增大结晶裂纹的敏感性。为了消除它们的有害作用，应尽量限制母材和焊接材料中硫、磷、碳的含量，按当前的标准规定：$w(S)$、$w(P)$ 都应小于 $0.03\%\sim 0.04\%$。用于低碳钢和低合金钢的焊丝，其 $w(C)$ 一般不得超过 0.12%。用于高合金钢时，$w(S+P)$ 必须控制在 0.03% 以下，焊丝中的 $w(C)$ 也要严格限制，甚至要求用超低碳 $[w(C)=0.03\%\sim 0.06\%]$ 焊丝。

重要的焊接结构应采用碱性焊条或焊剂。

② 改善焊缝结晶形态。在焊缝或母材中加入一些细化晶粒元素，如 Mo、V、Ti、Nb、Zr、Al、Re 等元素，以提高其抗裂性能；焊接 18-8 型不锈钢时，通过调整母材或焊接材料的成分，焊缝金属中获得 $\gamma+\delta$ 的双相组织，通常 δ 相的体积分数控制在 5% 左右，既能提高其抗裂性，也提高其耐腐蚀性。

③ 利用"愈合"作用。晶间存在易熔共晶是产生结晶裂纹的重要原因，但当易熔共晶增多到一定程度时，反而使结晶裂纹倾向下降，甚至消失。这是因较多的易熔共晶可在已凝固晶粒之间自由流动，填充了晶粒间拉应力造成的缝隙，即所谓"愈合"作用。焊接铝合金时就是利用这个道理来研究和选用焊接材料的，通用 SAlSi-1 焊丝用来焊接铝合金就具有很好的愈合作用。

但须注意，晶间存在过多低熔相常会增大脆性，影响接头性能，故要控制适当。

2) 工艺方面

主要指从焊接工艺参数、预热、接头设计和焊接顺序等方面去防治结晶裂纹。

① 合理的焊缝形状。焊接接头形式不同，将影响到接头的受力状态、结晶条件和热的分布等，因而结晶裂纹的倾向也不同。

表面堆焊和熔深较浅的对接焊缝抗裂性较好，见图 3-51 (a)、(b)。熔深较大的对接焊缝和角焊缝抗裂性能较差，见图 3-51 (c)、(d)、(e)、(f)。因为这些焊缝的收缩应力基本垂直于杂质聚集的结晶面，故其结晶裂纹的倾向大。

实际上，结晶裂纹和焊缝的成形系数 $\phi=\dfrac{W}{H}$（即宽深比）有关，见图 3-52。

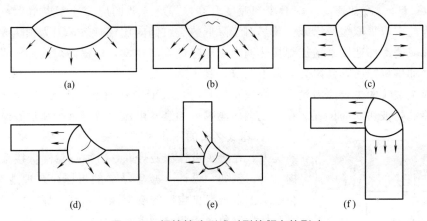

图 3-51　焊接接头形式对裂纹倾向的影响

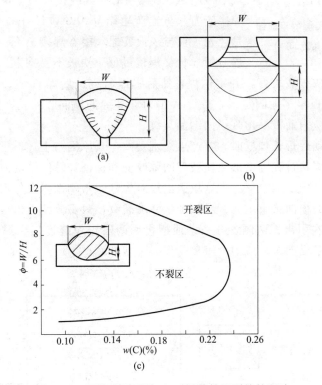

图 3-52　焊缝成形系数 φ 对焊缝结晶裂纹的影响

（a）电弧焊缝；（b）电渣焊缝；（c）碳钢结晶裂纹与成形系数 φ 的关系

[Mn/S≥18，$w(S)=0.02\%\sim0.35\%$]

　　一般，提高焊缝成形系数 φ 可以提高焊缝的抗裂性能。从图 3-52 中看出，当焊缝含碳量提高时，为防止裂纹，应相应提高宽深比。要避免采用 φ＜1 的焊缝截面形状。

　　为了控制成形系数，必须合理调整焊接工艺参数。平焊时，焊缝成形系数随焊接电流增大而减少，随电弧电压的增大而增大。

　　焊接速度提高时，不仅焊缝成形系数减小，而且由于熔池形状改变，焊缝的柱状晶呈直线状，从熔池边缘垂直地向焊缝中心生长，最后在焊缝中心线上形成明显偏析层，增大了结晶裂纹倾向。

② 预热以降低冷却速度。一般冷却速度升高，焊缝金属的应变速率也增大，容易产生热裂纹。为此，应采取缓冷措施。预热对于降低热裂纹倾向比较有效，因为预热改变了焊接热循环，能减慢冷却速度；增加焊接热输入也能降低冷却速度，但提高焊接热输入却促使晶粒长大，增加偏析倾向，其防裂效果不明显，甚至适得其反。

形成弧坑裂纹的主要原因是它比焊缝本体具有更大的冷却速度；因为它处在焊缝末尾，是液源和热源均被切断的位置。在工艺上填满弧坑和衰减电流收弧能减少弧坑裂纹。

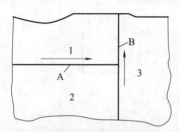

图 3-53　具有交叉焊缝的平板焊接（箭头表示焊接方向）

③ 降低接头的刚度和拘束度。为了减少结晶过程的收缩应力，在接头设计和装焊顺序方面尽量降低接头的刚度和拘束度。例如，设计上减小结构的板厚，合理地布置焊缝；在施工上合理安排构件的装配顺序和每道焊缝的焊接先后顺序，尽量避免每条焊缝有较大的收缩自由。图 3-53 为由三块平板用 A、B 两条对接焊缝接成一整块的例子。为了减少焊接应力，防止产生结晶裂纹，最好的装配焊接顺序应当是：先 1 板与 2 板装配，接着焊接 A 缝，然后再装配 3 板，焊 B 缝。这样焊接过程三块板不受拘束。最不理想的装配焊接顺序是：先把三块板装配好，并定位焊，然后先焊 B 缝，后焊 A 缝。这种焊接顺序，先焊的 B 缝已把三块板牢牢地固定了，待焊 A 缝时，A 缝的横向收缩就不自由，在 A 缝终端会产生很大的拘束应力而极易出现纵向结晶裂纹。

用单面埋弧自动焊焊长焊缝时，常产生终端裂纹，其原因与上述例子相似。通常长缝对接焊时，为了防止焊接过程因变形致使装配间隙改变和保证焊缝终端的内在质量，焊前在终端处焊有引出板，见图 3-54（a）。在这里引出板对焊件起着刚性拘束作用。焊后在焊件终端的焊缝上出现较大的横向拘束应力，导致产生终端裂纹。只需改变引出板的结构和尺寸，见图 3-54（b），焊前在引出板两侧各开一条通槽再用两段短焊缝连接在焊件终端上，构成弹性拘束，从而缓解了横向拘束应力，避免了焊后终端开裂。

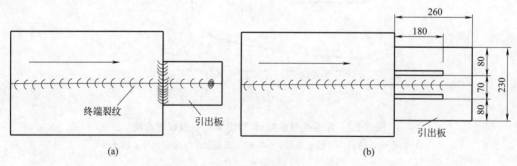

图 3-54　引出板与终端裂纹（单位：mm）

2. 液化裂纹

① 基本特征　在母材近缝区或多层焊的前一道因受热作用而液化的晶界上形成的焊接裂纹称液化裂纹。因是在高温下沿晶断裂，故是热裂纹之一。

与结晶裂纹不同，液化裂纹产生的位置是在母材近缝区或多层焊的前一焊道上，见图 3-55。近缝区上的液化裂纹多发生在母材向焊缝凸进去部位，该处熔合线向焊缝侧凹进去而过热严重。液化裂纹多为微裂纹，尺寸很小，一般在 0.5mm 以下，个别达 1mm，主要出现在合金元素较多的高强度钢、不锈钢和耐热合金的焊件中。

② 形成机理 液化裂纹形成机理在本质上与结晶裂纹相同，都是由于晶间有脆弱低熔相或共晶，在高温下承受不了力的作用而开裂。区别仅在于结晶裂纹是液态焊缝金属在凝固（或结晶）过程中形成的，而液化裂纹则是固态的母材在热循环的峰值温度作用下晶间层重新熔化后形成的。因此，如果在母材近缝区上或多层焊的前一道上，其奥氏体晶界处有元素偏聚，或已形成低熔相或共晶，则在重新受热条件下，这些晶间物体便发生熔化。如果这时受到力的作用就很容易形成液化裂纹。

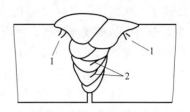

图 3-55　液化裂纹出现位置
1—母材上，位于熔合线凹区；
2—多层焊层间过热区

③ 影响因素与防治措施 对结晶裂纹产生影响的因素也同样对液化裂纹有影响，同样有冶金因素和力学因素。

冶金方面主要是合金元素的影响，对于易出现液化裂纹的高强度钢、不锈钢和耐热合金的焊件，除了硫、磷、碳的有害作用外，也有镍、铬和硼元素的影响。镍是这些钢的主加元素，但它既是强烈的奥氏体形成元素，可显著降低有害元素（硫、磷）的溶解度，引起偏析，又是易与许多元素形成低熔共晶的元素，故易于引起液化裂纹。铬的含量不高时，无不良影响。含量高时，因不平衡的加热和冷却，在晶界可能产生偏析。如 Ni-Cr 共晶，熔点 1340℃，也能增加热裂纹倾向；硼在铁和镍中的溶解度很小，但只要有微量的硼，w（B）＝ 0.003%～0.005%，就能产生明显的晶界偏析。除能形成硼化物和硼碳化物外，还与铁、镍形成低熔共晶，如 Fe-B 为 1149℃、Ni-B 为 1140℃或 990℃。所以微量硼存在就可能引起液化裂纹。

力学方面主要决定于作用在近缝区处热循环的特点以及接头的刚性或拘束度等。具有陡变的温度梯度和能引起快速热应变的条件，是极易引起液化裂纹的。

防治液化裂纹的措施与防治结晶裂纹的一致。最主要的是尽可能降低母材金属中硫、磷、硅、硼等低熔共晶组成元素的含量。如果裂纹发生在多层焊的前一焊道上，则须严格控制焊接材料中上列元素的含量。

在焊接工艺方面，不能随便加大焊接热输入。因为热输入越大，输入热量越多，晶界低熔相的熔化越严重，晶界处于液态的时间就越长，液化裂纹的倾向就越大。此外，要通过改变工艺参数去调整和控制焊缝形状，如埋弧焊和气体保护焊，往往因电流密度过大，易得到"蘑菇状"的焊缝，这种焊缝的熔合线呈凹陷状，凹进部位过热而易形成液化裂纹。

3. 多边裂纹

1) 主要特征 焊接时在金属多边化晶界上形成的一种热裂纹称多边裂纹。它是在高温时塑性很低造成的，故又称高温低塑性裂纹。这种裂纹多发生在纯金属或单相奥氏体焊缝中，个别情况下也出现在热影响区中。其特点是：

① 在焊缝金属中裂纹的走向与一次结晶并不一致，常以任意方向贯穿于树枝状结晶中；
② 裂纹多发生在重复受热的多层焊层间金属及热影响区中，其位置并不靠近熔合区；
③ 裂纹附近常伴随再结晶晶粒出现；
④ 断口无明显的塑性变形痕迹，呈现高温低塑性开裂特征。

2) 形成机理 多发生在焊缝中。焊缝金属结晶时在结晶前沿已凝固的晶粒中萌生出大量晶格缺陷（如空位和位错等），在快速冷却下因不易扩散便以过饱和状态保留在焊缝金属中。在一定温度和应力条件下，晶格缺陷由高能部位向低能部位转化，即发生迁移和聚集，形成了二次边界，又叫多边化边界。对于母材热影响区，在焊接热循环作用下，由于热应变，金属中的畸变能增加，也会形成多边化边界。一般情况下，二次边界并不与一次结晶晶界重合，在焊后的冷却过程中，因其热塑性降低，在一定的应力状态下沿多边化的边界产生裂纹。所以，多边化裂纹的走向总是沿高温下点阵迁移形成的新晶界扩展。

3) 影响因素及防治措施　对多边裂纹形成机理及影响因素目前还缺乏深入研究。初步认为影响多边裂纹的主要因素是合金成分、应力状态和温度，它们的影响主要表现在形成多边化过程所需的时间上，导致多边化的时间越短则裂纹倾向就越大。

研究表明，在 Ni-Cr 系的单相合金中，向焊缝加入 Mo、W、Ti、Ta 等元素可有效阻止多边化过程。此外，高温 δ 相存在时，也能阻碍位错移动。说明双相金属具有良好的抗多边化裂纹性能。有应力存在加速多边化的过程。因此，增大应力是不利的。温度越高，形成多边化过程的时间就越短，就会增加裂纹倾向。

（三）焊接再热裂纹

1. 再热裂纹的发生及其特点

焊后的焊件在一定温度范围再次加热而产生的裂纹称再热裂纹。下列两种情况下出现的裂纹都属再热裂纹：

① 有些金属焊后并未发现裂纹，而在焊后消除应力的热处理过程中才出现裂纹。这种裂纹又称消除应力处理裂纹，简称 SR 裂纹。

② 有些焊接结构焊后没有裂纹，而在一定温度条件下长期工作后产生裂纹。

从裂纹形态、发生部位和发生条件等方面看，再热裂纹有如下特点：

① 只发生在某些金属内。再热裂纹仅在含有一定沉淀强化元素的金属焊件中产生。为了增加钢材的室温或高温强度，常常加入一些沉淀强化元素，如 Cr、Mo、V 等，这类钢材一般都有再热裂倾向。而一般的低碳钢和固溶强化类的低合金高强度钢，如 Q345（16Mn）钢，均无再热裂纹倾向。

② 只发生在某一温度区间。再热裂纹与再热温度、再热时间有关，存在一个再热裂纹的敏感温度区间。对于一般的低合金钢，该温度区间约为 500～700℃，随材料不同而变化。

③ 只发生在热影响区粗晶区的晶界上。再热裂纹都发生在焊接热影响区的粗晶部位，裂纹走向是沿熔合线母材侧的奥氏体粗晶晶界扩展，呈晶间开裂。裂纹并不一定连续。有时断续出现，遇到细晶就停止扩展。在母材、焊缝和热影响区的细晶部位均不产生再热裂纹。

④ 在焊接区必定同时存在有残余应力和不同程度的应力集中。

因此，在大拘束焊件或应力集中部位最容易产生再热裂纹。

2. 再热裂纹的形成机理

研究认为，再热裂纹的产生是由于高温下晶界强度低于晶内强度，晶界优先于晶内发生滑移变形，导致变形集中在晶界上。当晶界的实际变形量超过了它的塑性变形能力时，就会产生裂纹，即

$$\varepsilon > \varepsilon_c$$

式中　ε——局部晶界的实际塑性变形量；

　　　ε_c——局部晶界的塑性变形能力。

实际的塑性应变主要因焊接接头的残余应力在再加热过程中发生应力松弛而引起，它与接头的拘束度和应力集中有关。而晶界的塑性变形能力则取决于晶界性质、晶内抗蠕变能力及晶粒大小等因素。杂质在晶界偏析而导致晶界塑性变形能力减弱，将使接头的再热裂纹倾

向增大；而当晶内存在沉淀相时，由于晶内抗蠕变能力增大，塑性变形更易集中在晶界发展，从而再热裂纹倾向也相应增加，也即再热裂纹的产生是晶界相对弱化或晶内相对强化所造成。

目前对再热裂纹的机理存在不同理论，如晶界杂质析集弱化理论、晶内二次强化理论、蠕变开裂理论等，均各自强调了其试验范围内所得的结论。还有人认为再热裂纹与回火脆性具有相同机理。

（1）晶界杂质析集的弱化作用　对一些低合金高强度钢再热裂纹的试验研究表明，杂质在晶界析集对产生再热裂纹具有重要作用。在焊接接头再加热到500～600℃的过程中，钢中的 P、S、Sb、Sn、As 等元素都会向晶界析集，大大降低了晶界的塑性变形能力，图 3-56 表示了这些元素对钢的塑性变形能力的影响。

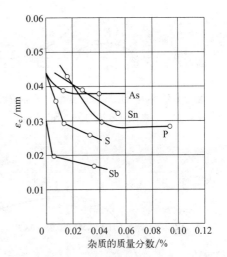

图 3-56　杂质对塑性变形能力 ε_c 的影响（HT80 钢，再热温度 600℃）

近年国内对 14MnMoNbB 钢的研究发现：微量的硼明显提高 Mn-Mo-Nb 系钢的再热裂纹倾向，这是碳硼化合物沿晶界析出和聚集、并构成析出网络的结果。它不仅降低晶界的聚合强度和蠕变延性，还为再热裂纹提供了形核的核心和裂纹的扩展通道。

（2）晶内沉淀的强化作用　沉淀强化元素 Cr、Mo、V、Ti、Nb 等的碳、氮化合物在一次焊接热作用（高于1100℃时）下固溶，在焊后冷却时来不及充分析出。在二次再热时，这些元素的碳、氮化合物就在晶内沉淀析出，致使晶内强化。由于晶内强化的增强，变形更困难，于是应力松弛引起的塑性变形便集中到晶界上，当晶界的塑性储备不足时，就产生了再热裂纹。

根据晶内强化的观点，人们建立了一些按合金元素的质量分数定量地评估某些低合金钢再热裂纹倾向的经验公式，如

$$\Delta G = w(\mathrm{Cr}) + 3.3w(\mathrm{Mo}) + 8.1w(\mathrm{V}) - 2$$

当 $\Delta G > 0$ 时，易裂。

$$\Delta G_1 = w(\mathrm{Cr}) + 3.3w(\mathrm{Mo}) + 8.1w(\mathrm{V}) + 10w(\mathrm{C}) - 2$$

当 $\Delta G_1 > 2$ 时易裂；$\Delta G_1 < 1.5$ 不易裂。

$$P_{\mathrm{SR}} = w(\mathrm{Cr}) + w(\mathrm{Cu}) + 2w(\mathrm{Mo}) + 5w(\mathrm{Ti}) + 7w(\mathrm{Nb}) + 10w(\mathrm{V}) - 2$$

当 $P_{\mathrm{SR}} > 0$ 时易裂。

3. 再热裂纹的影响因素及其防治

（1）冶金因素　影响因素主要是钢中的化学成分，其次是晶粒度。

各种合金元素对钢的再热裂纹倾向的影响较复杂，随钢种不同而有差别。图 3-57、图 3-58、图 3-59 和图 3-60 分别为 Cr、Mo、Cu、V、Nb、Ti 和 C 等元素对不同钢种再热裂纹倾向的影响。

① 随着钢中的沉淀强化元素 Cr、Mo、Cu、V、Nb、Ti 等的增加，钢的再热裂纹倾向增大。

② 从图 3-57 看出，铬的影响较复杂，当铬含量超过一定值后，再热裂纹倾向反而降低。

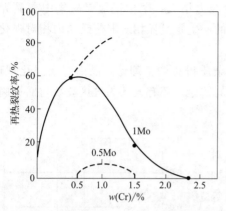

图 3-57　钢中 Cr、Mo 含量对再热裂纹的
影响（620℃、2h）

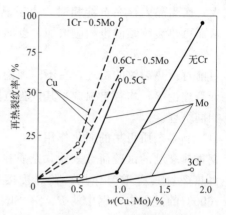

图 3-58　钢中 Mo、Cu 对再热裂纹的
影响（600℃、2h 炉冷）

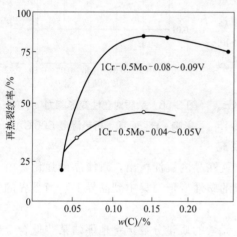

图 3-59　碳对再热裂纹的影响
（600℃、2h 炉冷）

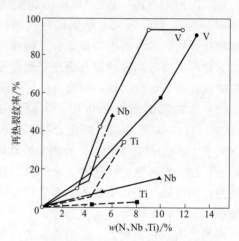

图 3-60　V、Nb、Ti 对再热裂纹的
影响（600℃、2h 炉冷）

③ 钒对再热裂纹倾向影响最大，见图 3-60。

④ 各沉淀强化元素之间的交互作用，会改变某些元素的影响，如图 3-58 所示，钢中含钼量越多，铬对再热裂纹倾向的影响也越大。

⑤ 碳对再热裂纹倾向影响大，随着含碳量增加，再热裂纹增大，但达到一定数量后即达饱和，不再增大，见图 3-59。

钢晶粒度的影响：试验表明高强度钢的晶粒度越大则晶界开裂所需的应力越小，也就越容易产生再热裂纹。此外，钢中的杂质（Sb）增多，也会降低晶界开裂所需的应力。

焊接接头不同部位对再热裂纹的影响：对 HT80 钢的焊接接头进行试验，把缺口分别开在不同的位置，经 600℃、2h 后再热处理后，发现只有缺口开在粗晶区的接头才发生再热裂纹而开在母材、焊缝、细晶区等处均未发现再热裂纹。

（2）工艺因素

1）焊接方法及热输入的影响　焊接方法和线能量对再热裂纹的影响主要表现在是增大还是减小过热粗晶区。显然采用焊接热影响区窄的焊接方法，如气体保护焊或等离子弧焊等，因其热影响区窄，有的甚至不存在过热粗晶区，则是有利的。大的焊接热输入会使过热区的晶粒粗大，其中电渣焊最为严重，对于一些晶粒长大敏感的钢种，埋弧焊的再热裂纹敏感性比焊条电弧焊时为大，但对一些淬硬倾向较大的钢种，焊条电弧焊反而比埋弧焊时的再热裂纹倾向大。

2）焊接材料的影响 选用低匹配的焊接材料，适当降低焊缝金属的强度以提高其塑性变形能力，从而可以减轻近焊缝区塑性应变集中的程度，缓和焊接接头的受力状态，有利于降低再热裂纹的敏感性。

3）预热和后热的影响 预热是防止再热裂纹的有效措施之一，通常有再热裂纹倾向的钢种也有冷裂纹倾向，所以预热具有同时防止两种裂纹的双重作用。但是为了防止再热裂纹应采取比单纯防止冷裂纹更高的预热温度或配合后热才有效。例如焊接 14MnMoNbB 钢，预热 200℃ 可以防止冷裂纹，但经 600℃、6h 消除应力热处理后便产生了再热裂纹。如果预热温度提高到 270~300℃ 或预热 200℃ 后立即进行 270℃、5h 小时的后热，这两种裂纹均可防止，见表 3-21。

表 3-21 常用压力容器用钢防止再热裂纹的预热与后热温度

试验钢种	板厚 /mm	防止冷裂纹的预热温度 /℃	防止再热裂纹的预热温度 /℃	防止再热裂纹的后热工艺参数
14MnMoNbB	50	200	300	270℃、5h
14MnMoNbB	28	180	300	250℃、2h
18MnMoNb	32	180	220	180℃、2h
18MnMoNbNi	50	180	220	180℃、2h
$2\frac{1}{4}$Cr-Mo	50	180	200	—
BHW35	50	160	210	—

4）残余应力和应力集中的影响 焊件若存在较大残余应力，在进行消除应力热处理之前接头粗晶区就可能存在有微裂纹。在这种情况下，消除应力处理过程中会加速产生再热裂纹；应力集中对再热裂纹影响十分明显，随着应力集中系数的增大，再热裂纹倾向就越大。减少焊接残余应力和消除应力集中源是减少再热裂纹的重要措施。一般应当：

① 改进结构设计。减小接头刚度和消除应力集中因素。必要时，要求焊后消除应力处理前削除焊缝余高以减少焊趾的应力集中。

② 提高焊接质量，减少焊接缺陷，防止咬边、未焊透等缺陷。

③ 合理地安排装配和焊接顺序，以减少接头的拘束度，降低残余应力水平。

④ 必要时对焊缝表面重熔。即焊后在消除应力处理之前，利用钨极氩弧焊（TIG）对焊缝表层进行重熔，可以减小接头的残余应力，以降低再热裂纹倾向。

（四）焊接冷裂纹

1. 冷裂纹的基本特征及其分类

焊接接头冷却到较低温度下（对于钢来说，在 M_s 温度以下）产生的焊接裂纹统称冷裂纹。它是焊接中、高碳钢，低合金高强钢，某些超高强钢，工具钢，钛合金及铸铁等材料易出现的一种工艺缺陷。

冷裂纹可以在焊后立即出现，有时却要经过一段时间，如几小时、几天，甚至更长时间才出现。开始时少量出现，随时间增长逐渐增多和扩展。这类不是在焊后立即出现的冷裂纹称为延迟裂纹，它是冷裂纹中较为常见的一种形态。

冷裂纹多数出现在焊接热影响区，但一些厚大焊件和超高强钢及钛合金也出现在焊缝上；裂纹的起源多发生在具有缺口效应的焊接热影响区或物理和化学性质不均匀的氢聚集的局部地带；裂纹有时沿晶界扩展，有时是穿晶前进，这要由焊接接头的金相组织、应力状态和氢的含量等而定。较多的是沿晶为主兼有穿晶的混合型断裂。

裂纹的分布与最大应力方向有关。纵向应力大，则出现横向裂纹；横向应力大，则出纵向裂纹。

焊接生产中由于采用的钢种、焊接材料不同，结构的类型、刚度以及施工的条件不同，可能出现不同形态的冷裂纹。大致上可分为以下几类。

(1) 淬硬脆化裂纹　又称淬火裂纹。一些淬硬倾向很大的钢种，焊接时即使没有氢的诱发，仅在拘束应力作用下就能开裂。焊接含碳较高的 Ni-Cr-Mo 钢、马氏体不锈钢、工具钢以及异种钢等都有可能出现这种裂纹。它完全是冷却时发生马氏体相变而脆化所造成的，与氢关系不大，基本上没有延迟现象。焊后常立即出现，在热影响区和焊缝上都可产生。

通常采用较高的预热温度和使用高韧性焊条，基本上可防止这类裂纹。

(2) 低塑性脆化裂纹　某些塑性较低的材料，冷至低温时，收缩引起的应变超过了材料本身的塑性储备或材质变脆而产生的裂纹为低塑性脆化裂纹。例如，铸铁补焊、堆焊硬质合金和焊接高铬合金时，就易出现这类裂纹。通常也是焊后立即产生，无延迟现象。

(3) 延迟裂纹　如以上所述，延迟裂纹焊后不立即出现，有一定孕育期（又叫潜伏期），具有延迟现象。它决定于钢种的淬硬倾向、焊接接头的应力状态和熔敷金属中的扩散氢含量。氢在这里起着非常特殊的作用。这类裂纹在生产中经常遇到，是本节重点介绍对象。延迟裂纹按其发生和分布位置的特征可分为三类。

① 焊趾裂纹　裂纹起源于母材与焊缝交界的焊趾处，并有明显应力集中的部位（如咬肉处）。裂纹从表面出发，往厚度的纵深方向扩展，止于近焊缝区粗晶部分的边缘，一般沿纵向发展，见图 3-61。

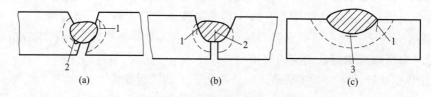

图 3-61　三种冷裂纹分布示意图
1—焊趾裂纹；2—根部裂纹；3—焊道下裂纹

② 根部裂纹（或称焊根裂纹）　裂纹起源于坡口的根部间隙处，视应力集中的位置与母材及焊接金属的强度水平的不同，裂纹可以起源于母材的近焊缝区金属，在近焊缝区中大体平行于熔合线扩展，或再进入焊缝金属中；也可以起源于焊缝金属的根部，在焊缝中扩展，见图 3-54 (a)、(b)。

③ 焊道下裂纹　裂纹产生在靠近焊道之下的热影响区内部，距熔合线约 0.1～0.2mm 处，该处常常是粗大马氏体组织。裂纹走向大体与熔合线平行，一般不显露于焊缝表面，见图 3-54 (c)。

2. 冷裂纹的形成机理

（1）产生延迟裂纹的三个基本要素　生产实践与理论研究证明：**扩散氢的含量、钢材的淬硬倾向、焊接接头的拘束应力状态是形成延迟裂纹的三大要素。这三大要素共同作用达到一定程度时，在焊接接头上就形成了冷裂纹。**

对每一既定成分组合的母材和焊缝金属，其塑性储备是一定的。延迟裂纹产生有一个孕育期，这一期间的长短，决定于焊缝金属中扩散氢的含量与焊接接头所处的应力状态的交互作用。相应于某一应力状态，焊缝金属中含氢量越高，裂纹的孕育期越短，裂纹倾向就越大；反之，含氢量低，裂纹孕育期长，裂纹倾向就小。当应力状态恶劣，拉应力不长的孕育期即有裂纹产生。决定延迟裂纹的产生与否，存在一个临界含氢量与临界应力值。当氢低于临界含氢量，只要拉应力低于强度极限，孕育期将无限长，实际上不会产生延迟裂纹；同样，当拉应力低于临界值，孕育期也无限长，即使含氢量相当高，也不易产生延迟裂纹。

对于淬硬倾向低的钢材，它的塑性储备高，对应力集中不敏感，诱发裂纹所需的临界含氢量与临界应力值都高，所以延迟裂纹的孕育期长，裂纹倾向低。反之，对于淬硬倾向高的钢材，由于塑性变形能力低、金属中容易在缺陷处产生应力集中，诱发延迟裂纹不仅所需的临界应力低，而且临界含氢量也低，所以裂纹倾向大。

（2）三大要素的作用　上面说明了三大要素之间的有机联系和相互影响。它们各自的作用如下。

1）氢的作用　氢是引起高强度钢焊接冷裂纹的重要因素之一，并具有延迟的特征。把由氢而引起的延迟裂纹称氢致裂纹（hydrogen induced crack）。

氢在钢中分为残余的固溶氢和扩散氢，只有扩散氢对钢的焊接冷裂纹起直接影响。氢在形成冷裂纹过程中的作用与它下面的动态行为有关：

① 氢在焊缝中的溶解　在焊接电弧的高温作用下，焊接材料中的水分，焊件坡口上的油污、铁锈以及空气中的水分分解出的氢原子或氢离子大量熔入焊接熔池中。从图 3-62 中可知氢在铁中的溶解度随温度变化，并在凝固点发生突变。由于熔池体积小、冷却快，很快由液态凝固，多余的氢来不及逸出，就以过饱和状态存在于焊缝中。

② 氢在焊接区的浓度扩散　焊缝中过饱和状态的氢处于不稳定状态，在含量差的作用下会自发地向周围热影响区和大气中扩散。这种浓度扩散的速度与温度有关，温度很高时，氢很快从焊接接头扩散出去；温度很低时，氢的活动受抑制，因此都不会产生冷裂纹。只有在一定温度区间（约 $-100 \sim 100\,℃$）氢的作用才显著，如果同时有敏感组织和应力存在，就会产生裂纹。

在预热条件下焊接时，由于在冷裂纹敏感温度区间停留时间（t_{100}）较长，大部分氢已在高温下从焊接区逸出，降至较低温度时，残留的扩散氢不足以引起冷裂纹，这就是预热可防止冷裂纹的原因之一。

③ 氢的组织诱导扩散　氢在不同组织中的溶解度和扩散能力不同的，见图 3-62。在奥氏体（γ）中氢具有较大的溶解度，但扩散系数较小；在铁素体（α）中氢却具有较小的溶解度和较大的扩散系数。

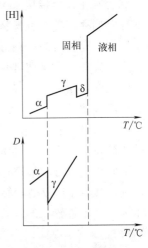

图 3-62　氢在钢中的溶解度 [H] 与扩散系数 D 随温度的变化

在焊接过程中，氢原子从焊缝向焊接热影响区扩散的情况如图 3-63 所示。通常焊接高强度钢时焊缝金属的含碳量总是控制在低于母材，因此焊缝金属在较高温度（T_{AF}）下就产生相变。即由奥氏体（A）分解为铁素体（F）和珠光体（P）。此时，热影响区因含碳量较高，相变尚未进行，仍为奥氏体（A），当焊缝金属产生相变时，氢的溶解度会突然下降，而氢在铁素体、珠光体中具有较大的扩散系数（见表 3-22）。因此氢将很快从焊缝向仍为奥氏体的热影响区金属扩散

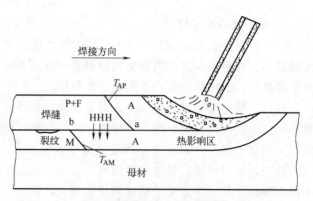

图 3-63　高强度钢热影响区延迟裂纹的形成过程
（箭头表示原子扩散方向）
T_{AP}—焊缝 A 体相变等温面；T_{AM}—热影响区 A 体相变等温面；
a，b—熔合线

（见图 3-63 中的箭头）。奥氏体中的氢的扩散系数很小，却有较大的溶解能力，氢的进入就在熔合线附近形成富氢带。当热影响区金属进行相变（T_{AM}）时，即奥氏体向马氏体（M）转变，氢使以过饱和状态残存在马氏体中，促使该处金属进一步脆化而导致冷裂纹。

④ 氢的应力诱导扩散　氢在金属中的扩散还受到应力状态的影响，它有向三向拉应力区扩散的趋势。常在应力集中或缺口等有塑性应变的部位产生氢的局部聚集，使该处最早达到氢的临界含量，这就是氢的应力诱导扩散现象。应力梯度越大，氢的扩散驱动力也越大，也即应力对氢的诱导扩散作用越大。

表 3-22　氢在不同组织内的扩散系数 D（C0.54%）

组织	铁素体、珠光体	索氏体	托氏体	马氏体	奥氏体
扩散系数 D/(cm^2/s)	4.0×10^{-7}	3.5×10^{-7}	3.2×10^{-7}	7.5×10^{-7}	2.4×10^{-7}
表面饱和浓度 C_o/(cm^3/100g)	40	32	26	24	—

综上所述，焊接接头金属中氢的扩散行为，从高温到低温受不同机理控制。在液相与固相并存时期存在着浓度扩散；在焊后冷却过程中不同温度范围存在着应力诱导扩散；以及在冷却转变时存在着组织诱导扩散。氢向热影响区的熔合线附近，特别是向其中的应力集中部位扩散、聚集。当这些部位的氢含量达到一定的临界含量值时，就会诱发冷裂纹。氢的扩散有一定速度，聚集到临界含量就需要时间，这就是在宏观上表现为焊后到产生冷裂纹有一定的潜伏期（孕育期），即冷裂纹具有延迟开裂的特征。

2）组织作用　钢材的淬硬倾向越大或马氏体数量越多，越容易产生冷裂纹。这是因为马氏体是碳在 α 铁中的过饱和固溶体，它是一种硬脆组织，发生断裂只需消耗较低的能量。但是不同化学成分和形态的马氏体组织的冷裂敏感性不同，如果出现的是板条状低碳马氏体，则因其 M_s 点较高，转变后有自回火作用，它既有较高的强度又有足够的韧性，其抗裂性能优于含碳量较高的片状孪晶马氏体。孪晶马氏体不仅硬度很高，韧性也很差，对冷裂纹特别敏感。

经大量试验获得各种组织对冷裂纹的敏感性由小到大排列如下：

铁素体（F）—珠光体（P）—下贝氏体（B_L）—低碳马氏体（M_L）—上贝氏体（B_U）—粒状贝氏体（B_g）—岛状 M-A 组元—高碳孪晶马氏体（M_u）。

　　冷裂纹常起源于热影响区的粗晶区域，这是由于晶粒粗大，能显著降低相变温度，同时也使晶界上偏析物增多，因而使该区冷裂倾向增大。此外，在淬硬组织中有更多的晶格缺陷，如空位、位错等。在应力作用下这些缺陷会发生移动和聚集，当它们汇集到一定尺寸，就会形成裂纹源，并进一步扩展为宏观裂纹。

　　因此，组织对冷裂纹敏感性的影响可归结为：粗大孪晶马氏体的形成，晶界夹杂物的聚集以及高的晶格缺陷密度均促使冷裂纹倾向增大。

　　3）应力作用　焊接接头的应力状态是引起冷裂纹的直接原因，而且还影响到氢的分布，加剧氢的不利影响。焊接接头的应力状态是热应力、组织应力和拘束应力叠加的结果。

　　① 热应力　是因焊接不均匀加热及冷却而产生的。在接头上不同位置的热应力其方向与大小是随焊接热循环而变化，加热时的应力是局部金属膨胀所引起，冷却时则是局部金属收缩所引起。冷却后在接头上留存着残余应力。它的大小及分布决定于母材和填充金属的热物理性质、温度场以及结构的刚度等，其最大值可达母材的屈服点 σ_s。

　　② 组织应力　又叫相变应力，是金属发生局部相变而引起。高强度钢奥氏体分解时，析出铁素体、珠光体、马氏体等组织，由于它们具有不同的膨胀系数（见表 3-23），发生局部体积变化，从而产生组织应力。

表 3-23　钢的不同组织的物理性质

物理性质	组织类别				
	奥氏体	铁素体	珠光体	马氏体	渗碳体
比体积/(cm^3/g)	0.123～0.125	0.127	0.129	0.127～0.131	0.130
线膨胀系数$(\times10^6℃^{-1})$	23.0	14.5	—	11.5	12.5
体膨胀系数$(\times10^{-6}℃^{-1})$	70.0	43.5		35.0	37.5

　　③ 拘束应力　拘束应力是接头受到外部刚性拘束，焊接收缩不自由而产生的应力，它的大小与结构的厚度和拘束度等有关。图 3-64 表示了接头的拘束度与拘束应力的关系。从图中看出，在弹性范围内，拘束应力和拘束度成正比。也可把热应力和组织应力看成是内拘束应力，因为都是焊件内部自相制衡而产生的应力，它们和外拘束应力共同对冷裂纹的形成发生影响。

　　（3）三大要素综合影响的评定　在实际焊接中需要有反映材料淬硬组织（或化学成分）、扩散氢和应力三大要素同时对冷裂纹发生影响的定量关系。国内外学者通过大量插销试验，建立了临界断裂应力计算公式，这些公式较好地反映了这三大要素之间的联系和对冷裂纹的影响，还可用此临界断裂应力作为是否产生冷裂纹的判据。

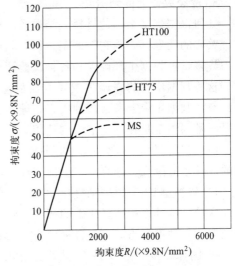

图 3-64　几种钢拘束度 R 与拘束应力 σ 的关系

　　① 日本溶接协会推荐公式

$$\sigma_{cr}=(86.3-211P_{cm}-28.21([H]+1)+2.73t_{8/5}+9.7\times10-3t_{100})\times9.8$$

式中　　σ_{cr}——插销试验的临界断裂应力，MPa；

P_{cm}——合金元素的裂纹敏感系数，%；

$$P_{cm} = w(C) + \frac{w(Si)}{30} + \frac{w(Mn+Cu+Cr)}{20} + \frac{w(Ni)}{60} + \frac{w(Mo)}{15} + \frac{w(V)}{10} + 5w(B)$$

式中　[H]——按日本标准甘油法（JIS3113—1975）测定的扩散氢含量，mL/100g；

　　　　$t_{8/5}$——熔合区附近从800℃到500℃的冷却时间，s；

　　　　t_{100}——熔合区附近从最高温度（约1350℃）到100℃的冷却时间，s。

② 天津大学张文钺等人推荐公式

$$\sigma_{cr} = [132.3 - 27.5\lg([H]+1) - 0.216HV + 0.216HV + 0.012t_{100}] \times 9.8 \qquad (20)$$

式中　[H]——按GB1225—1976法测定的扩散氢含量，mL/100g；

　　　　HV——热影响区的平均最大硬度（维氏）。

以上两计算公式的应用范围如表3-24所示。

表3-24　两个临界断裂应力公式应用范围

参数	日本溶接协会推荐	天津大学张文钺推荐
[H]/(mL/100g)	1～5	0.55～11.0
P_{cm}/%	0.16～0.28	0.238～0.336
HV	—	300～475
T100	—	40～1420
相关系数 R	0.91	0.97

如果能通过试验或计算得出实际焊接结构（如船舶、桥梁、压力容器等）焊接接头的拘束应力 σ，就可以与式（3-19）或式（3-20）计算出的临界断裂应力作比较：当 $\sigma_{cr} > \sigma$ 时，不裂。

3. 冷裂纹倾向的判据

如何根据焊接结构的材料、结构和工艺特点去判断其冷裂纹倾向或其敏感性，是焊接工作者关心的问题，因为它是评定金属材料焊接性的重要依据。

许多学者根据生产经验和各自试验研究的结果，总结出用于评估金属材料冷裂倾向的判据。这些判据中有的强调某主要方面的影响因素，因而使用起来较为简便，但往往不够全面；有些判据则综合考虑多种因素，能较全面地反映实际情况，但应用和计算较为复杂。无论哪一种判据都是在一定范围内适用。

（1）与材料化学成分有关的判据　主要从材料淬硬程度方面去评定其冷裂倾向，因为钢材的淬硬倾向越大，越容易产生冷裂纹。

1）碳当量CE　根据钢材化学成分与焊接热影响区淬硬性的关系，把钢中各合金元素和碳的含量，按其作用换算成碳的相当含量（以碳的作用系数为1）作为粗略地评定钢材的冷裂倾向的一种参考指标。有各种碳当量计算的经验公式。

① 国际焊接学会（IIW）推荐的公式

$$CE_{IIW} = w(C) + \frac{w(Mn)}{6} + \frac{w(Cr+Mo)}{5} + \frac{w(Ni+Cu)}{15}$$

此式适用于高强度（σ_b＝500～900MPa级）非调质高强度钢。当 $CE_{IIW} < 0.45$% 时，厚度在25mm以内的钢板焊接时不预热，也不裂。

② 美国焊接学会（AWS）提出的公式

$$CE_{AWS}=w(C)+\frac{w(Mn)}{6}+\frac{w(Si)}{24}+\frac{w(Ni)}{15}+\frac{w(Cr)}{5}+\frac{w(Mo)}{4}+\frac{w(Cu)}{13}+\frac{w(P)}{2}$$

此式适用于低碳钢和低合金高强钢，其化学成分范围（质量分数）C<0.6%，Mn<1.6%，Ni<3.3%，Cr<1.0%，Mo<0.6%，Cu 0.5%～1.0%，P 0.05%～0.15%。一般认为板厚在 25mm 以内，CE_{AWS}<0.4%，可不预热，焊接也不裂。

③ 日本 JIS 及 WES 推荐的公式

$$CE_{WES}=w(C)+\frac{w(Mn)}{6}+\frac{w(Si)}{24}+\frac{w(Ni)}{15}+\frac{w(Cr)}{5}+\frac{w(Mo)}{4}+\frac{w(V)}{14}$$

此式适用于强度 σ_b＝500～1000MPa 级低碳调质低合金钢，其化学成分范围（质量分数）C<0.2%，Si<0.55%，Mn<1.5%，Cu<0.5%，Ni<2.5%，Cr<1.25%，Mo<0.7%，V<0.1%，B<0.006%，认为 CE_{WES}<0.46% 可不预热，焊接也不裂。

2）临界冷却时间 C_f'　在热影响区熔合线附近从 A_3 冷至 500℃ 开始出现铁素体组织的临界时间 C_f' 可以作为焊接热影响区冷裂倾向的判据，即

$$t_{8/5}<C_f'\quad 可能产生冷裂$$

C_f' 可利用所研究钢种的焊接热影响区 CCT 图确定，也可利用下列经验公式进行估算

$$t_8C_f'=5.8CE_F-0.83$$

$$CE_F=w(C)+\frac{w(Si)}{295}+\frac{w(Mn)}{14}+\frac{w(Ni)}{67}+\frac{w(Cr)}{16}+\frac{w(Mo)}{6}+\frac{w(V)}{425}$$

上式适用于强度 σ_b500～600MPa 低碳钢、低合金钢，其成分范围（质量分数）C 0.07%～0.20%，Si 0.01%～0.54%，Mn 0.37%～1.49%，Ni 0～3.58%，Cr 0～1.59%，Mo 0～0.55%，V 0～0.18%，B 0～0.005%。

（2）与接头含氢量有关的判据　延迟裂纹与接头中的含氢量关系极大。高强度钢焊接接头中的含氢量越多，则裂纹倾向越大。当由于氢的扩散、聚集，接头中局部地区的含氢量达到某一数值而产生裂纹时，此含氢量即为产生冷裂纹的临界含氢量 $[H]_{cr}$。

临界含氢量 $[H]_{cr}$ 与钢的化学成分、刚度、预热温度以及接头的冷却条件等有关，图 3-65 是钢的碳当量与临界含氢量的关系。临界含氢量随着钢种碳当量提高而减小。

当实际热影响区的含氢量 $[H]\geqslant[H]_{cr}$ 时，就可能产生冷裂纹。

（3）与接头拘束度有关的判据

1）临界拘束度 R_{cr}　对接接头的拘束度 R 随板厚 δ 增加而增大，随拘束距离 L 的增大而减小。当拘束度增大到某一数值时，接头出现裂纹，此时的 R 值称临界拘束度 R_{cr}。焊接接头的临界拘束度 R_{cr} 值越

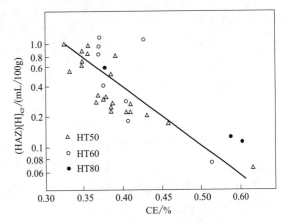

图 3-65　碳当量与临界含氢量的关系

大，说明该接头的冷裂敏感性越小，如果实际结构的拘束度为 R，则不产生冷裂纹的条件为

$$R_{cr}>R$$

表 3-25 为几种结构钢的临界拘束度（RRC 试验结果），从表中可看出随着钢种强度级别提高，其临界拘束度降低，产生冷裂纹的倾向大。实际结构焊接接头拘束度见表 3-26。

表 3-25　几种结构钢的临界拘束度

钢种	CE/%	P_{cm}/%	R_{cr}/N·mm²
低碳钢	0.35	—	11400～14000
HT50	0.37	0.210	10000～11000
HT60	0.38	0.214	8460～9400
HT70	0.68	0.343	7000～7600

表 3-26　实际结构焊接接头拘束度

接头位置	板厚 δ/mm	拘束系数 K/N·mm³	拘束度 R/N·mm³	备注
船体结构				
横隔板	16	1000	16072	断续定位焊
纵隔板	13.5	911	12348	长度＝80mm
船侧外板	20	431	8624	
船底板	28	274	7644	
上甲板	32	392	12544	
下甲板	32	372	11956	
甲板	30	284	8624	连续焊
纵桁	30	176	5390	
横桁	30	127	3724	
桥梁				
箱形梁角缝	50～75	157	8820	断续焊长度＝100mm
	50～75	676	33732	
	50～75	666	33516	
	50～75	392	19404	
球形容器				
赤道带纵缝	32	392	12740	断续定位焊 长度＝80mm
赤道带环缝	32	304	9800	连续焊
两极带环缝	32	794	25480	
极板	32	647	20580	

2) 临界拘束应力 σ_{cr}　焊接接头冷却过程中开始产生冷裂纹的拘束应力称临界拘束应力 σ_{cr}。它可以采用各种冷裂纹试验方法（如 TRC、RRC 和插销试验等）定量地测定出来。也可用经验公式进行计算。

焊接接头实际的拘束应力 σ 可通过试验或按它与拘束度 R 的关系来确定，即

$$\sigma > mR$$

m 为转换系数，它与钢材热物理性能、接头结构特点、工艺条件有关，对于低合金高强度钢焊条电弧焊，$m = (3～5) \times 10^{-2}$，当 $\sigma_{cr} > \sigma$ 时不裂。

4. 防止冷裂纹的措施

主要是对影响冷裂纹的三大要素进行控制，如改善接头组织、消除一切氢的来源和尽可能降低焊接应力。常用措施主要是控制母材的化学成分，合理选用焊接材料和严格控制焊接工艺，必要时采用焊后热处理等。

（1）控制母材的化学成分　从设计上首先应选用抗冷裂性能好的钢材，把好进料关。尽量选择碳当量 CE 或冷裂纹敏感系数 P_{cm} 小的钢材，因为钢种的 CE 或 P_{cm} 越高，淬硬倾向越大，产生冷裂纹的可能性越大。碳是对冷裂纹倾向影响最大的元素，所以近年来各国都在致力于发展低碳、多元合金化的新钢种。如发展了一些无裂纹钢（CF 钢），这些钢具有良好的焊接性，对中、厚板的焊接也无需预热。

（2）合理选择和使用焊接材料　主要目的是减少氢的来源和改善焊缝金属的塑性和韧性。

1）选用低氢和超低氢焊接材料

碱性焊条每百克熔敷金属中的扩散氢含量仅几毫克，而酸性焊条可高达几十毫克，所以碱性焊条的抗冷裂纹性能大大优于酸性焊条。对于重要的低合金高强度钢结构的焊接，原则上都应选用碱性焊条。

ISO 3690 标准中把焊条按扩散氢含量划分为控氢焊条和不控氢焊条两大类，控氢焊条又分成中氢、低氢和极低氢三种。见表 3-27。

表 3-27　焊条扩散氢含量分类（ISO 3690）

焊条分类		扩散氢含量/(mL/100g)	
		$[H]_{ISO}$	相当于$[H]_{JIS,GB}$
非控氢焊条	高氢	>15	>9
控氢焊条	中氢	≤15，但>9	≤9，但>5.5
	低氢	≤10，但>5	≤5.5，但>2
	极低氢	≤5	≤2

注：$[H]_{ISO}$——按 ISO 标准水银法测定的扩散氢含量；

　$[H]_{JIS,GB}$——按日本标准和中国标准甘油法（GB/T 3965—1995）测定的扩散氢含量；

　$[H]_{JIS,GB}=0.64[H]_{ISO}-0.93(mL/100g)$

我国对碳钢和低合金钢用焊条的熔敷金属扩散氢含量已作出规定，见表 3-28。生产焊条的厂家出产的焊条都应符合此标准的规定，扩散氢含量越低越好。对于重要的焊接结构，尽量选用扩散氢含量小于 2mL/100g 的超低氢焊条。

表 3-28　焊条药皮含水量与熔敷金属扩散含量的规定

焊条型号		药皮含水量/%	熔敷金属扩散氢含量/(mL/100g)
碳钢焊条 （GB/T 5117—1995）	E××15，E××16， E5018，E××28，E5048	≤0.6	≤8
低合金钢焊条 （GB/T 5118—1995）	15-× E5016-× 18-×	≤0.3	≤6
	15-× E5516-× 18-×	≤0.3	≤6

续表

焊条型号		药皮含水量 /%	熔敷金属扩散氢含量 /(mL/100g)
低合金钢焊条 (GB/T 5118—1995)	E6016-× 15-× 18-×	≤0.15	≤4
	E7016-× 15-× 18-×		
	E8516-× 15-× 18-×		≤2
	E8516-M1	0.10	≤4.0 (色谱法或水银法)

2）严格烘干焊条或焊剂 焊条和焊剂要妥加保管，不能受潮。焊前必须严格烘干，使用碱性焊条更应如此。随着烘干温度升高，焊条扩散氢含量明显下降。

（五）层状撕裂判据及其防止

在焊接接头设计不合理或错误、焊缝质量差的情况下，在焊接过程中钢板厚度方向受到较大的拉应力，就有可能在钢板内部出现沿钢板轧制方向阶梯状的裂纹，这种裂纹为层状撕裂（图 3-66）。

钢板越厚、钢板内部的非金属夹杂物越多、拉应力越大、焊缝表面质量越差，产生层状撕裂的危险性越大。

ANSI/AASHTO/AWSD1.5 标准认为：层状撕裂是在邻近热影响区的母材中略呈阶梯状的分离，典型的情况是焊接热诱发的收缩应力引起。

层状撕裂是短距离横向（厚度方向）的高应力引起断裂的一种形式，它可以扩展很长距离，层状撕裂大致平行于轧制产品的表面，通常发源于同一平面条状非金属夹杂物、具有高度撕裂发生率的母材区域。这些夹杂物往往是承受高残余应力的母材区域中的硫化锰。断裂往往从一个层状平面扩展至另一个层状平面，这是沿着大致垂直于轧制表面路线的剪切作用所造成。氢会加剧层状撕裂，因此可以将其看作是氢致裂纹的一种形式。低硫钢材和硫的形态受到控制的钢材，其抗层状撕裂有所改善。

层状撕裂不发生在焊缝上，只产生在 HAZ 或母材金属内部，从钢材表面难以发现。由焊趾或焊根冷裂纹诱发的层状撕裂有可能在这些部位显露于金属表面，从焊接接头断面可以看出，层状撕裂和其他裂纹明显区别是呈阶梯状形态，裂纹基本平行于轧制表面，较易识别。

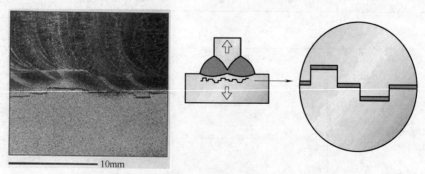

—10mm

图 3-66　层状撕裂图示

1. 判据

在对 500～800MPa 级低合金高强度钢的插销试验（沿板厚方向截取试棒）和窗形拘束裂纹试验的基础上得出裂纹撕裂敏感系数公式

$$P_L = P_{cm} + \frac{[H]}{60} + 6w(S)$$

$$P_{cm} = w(C) + \frac{w(Si)}{30} + \frac{w(Mn+Cr+Cu)}{20} + \frac{w(Ni)}{60} + \frac{w(Mo)}{15} + \frac{w(V)}{10} + 5w(B)(\%)$$

式中　[H]——熔敷金属中扩散氢（日本 JIS 法），mL/100g。

根据 P_L 值可以在图 3-67 上查出插销试验 Z 向不产生层状撕裂的临界应力 $(\sigma_Z)_{cr}$ 值。

上式仅适用于热影响区附近产生的层状撕裂。

2. 防止层状撕裂的技术措施

在 T 形、十字形及角接接头中，当翼缘板厚度等于、大于 20mm 时，为防止翼缘板产生层状撕裂，宜采取下列节点构造设计：

① 采用较小的焊接坡口角度及间隙，见图 3-68（a），并满足焊透深度要求；

② 在角接接头中，采用对称坡口或偏向于侧板的坡口，见图 3-68（b）；

③ 采用对称坡口，见图 3-68（c）；

④ 在 T 形或角接接头中，板厚方向承受焊接拉应力的板材端头伸出接头焊缝区，见图 3-68（d）；

⑤ 在 T 形、十字形接头中，采用铸钢或锻钢过渡段，以对接接头取代 T 形、十字形接头，见图 3-68（f）。

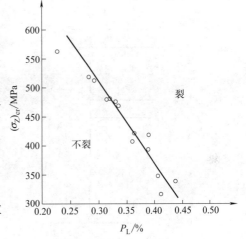

图 3-67　层状撕裂敏感性系数
P_L 与 $(\sigma_Z)_{cr}$ 的关系

七、金属可焊性的理论分析

（一）利用物理性能分析

金属的熔点、热导率、密度、线膨胀系数、热容量等因素都对热循环、熔化、结晶、相变等过程产生影响，从而影响焊接性。

纯铜（紫铜）热导率高，焊接时热量散失迅速，升温的范围很宽，坡口不容易熔化，焊接时需要较强烈的加热，热源功率不足时，会产生熔透不足的缺陷。铜、铝等热导率高的材料，熔池结晶快，易于产生气孔。有些材料热导率低（如钛、不锈钢等），焊接时温度梯度陡，残余应力高、变形大，而且由于高温停留时间延长，热影响区晶粒长大，对接头性能也不利。

金属线膨胀系数大时，接头的变形及应力也必将更加严重，奥氏体钢焊接时就应注意这方面的问题。

密度小的铝及铝合金，熔池中的气泡和非金属夹杂物不易上浮逸出，就会在焊缝中残留气孔和夹渣。

（二）利用化学性能分析

与氧亲和力较强的金属（如铝、钛及其合金）在焊接高温下极易氧化，因而需要采取较可靠的保护方法，如采用惰性气体保护焊或真空中焊接等，有时焊缝背面也需加以保护。

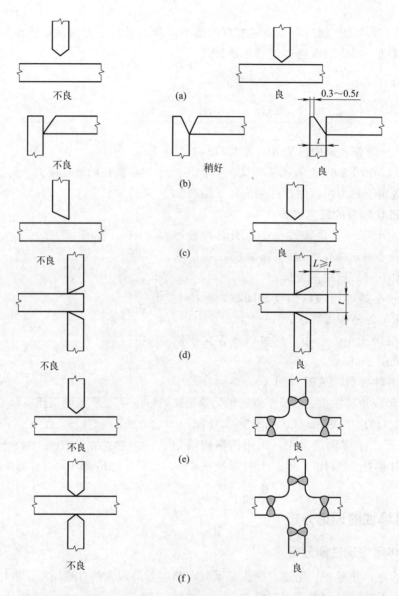

图 3-68　T形、十字形、角接接头防止层状撕裂的节点构造设计

（三）利用合金相图分析

大多数被焊材料都是合金，或至少含有某些杂质元素，因而可以利用他们的相图分析焊接性问题。例如，对于共晶型相图来说，其固相线与液相线之间的温度区间大小，会影响结晶时的成分偏析，影响生产低熔共晶的程度，也影响脆性温度区间（BTR）的大小，这对分析热裂纹倾向是重要的参考依据。另外，若结晶凝固时形成单相组织，则焊缝晶粒易于粗大，也是形成热裂纹的重要影响因素。

（四）利用 CCT 图或 SHCCT 图分析

对于各类低合金钢，可以利用其各自的连续冷却曲线（CCT 图）或模拟焊接热影响区的连续冷却曲线（SHCCT 图）分析其焊接性问题。这些曲线可以大体上说明在不同焊接热循环条件下将获得什么样的金相组织和硬度，可以估计有无冷裂的危险，以便确定适当的焊接工艺条件（图 3-69）。

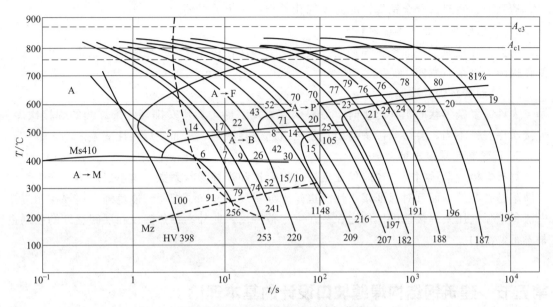

图 3-69　Q345 钢的连续冷却曲线

图中虚线表示的曲线是相当于厚板手弧焊时的冷却速度。

（五）从焊接工艺条件分析焊接性

1. 热源特点

各种焊接方法所采用的热源在功率、能量密度、最高加热温度等方面有很大的差别，从而影响焊接质量，使金属在不同工艺条件下焊接时显示出不同的焊接性。

电渣焊：功率很大，能量密度很低，最高加热温度也不高，加热缓慢，高温停留时间长，焊接热影响区晶粒粗大，冲击韧度下降，必须经正火处理才能改善。

电子束焊、激光焊：功率小，但能量密度高、加热迅速、高温停留时间短暂、热影响区极窄、没有晶粒长大危险。

当然，选择热源应考虑所焊材料的特点以及焊件的厚度等因素。

2. 保护方法

熔焊时，对熔池和热影响区金属的保护方法不外乎是渣保护、气保护或在真空中等几种。这些方法分别适用于不同的金属和合金。在真空条件下焊接时对防止氮、氢、氧的侵入最为彻底，但此法不适用于含高蒸气压成分（如锌、锰、锂、镁）较高的合金，而且设备复杂，成本较高。通常钢铁焊接时多用以渣为主的保护，如手弧焊、埋弧焊等；也有时采用气体保护焊，如 CO_2 保护焊、氩弧焊等。对铝、镁、钛等较活泼的合金，则以惰性气体保护焊为最常用。保护方法选择是否恰当也会影响金属焊接性的效果。

3. 热循环的控制

除由正确选择焊接工艺规范控制焊接热循环外，预热、缓冷、层间温度等工艺措施也都能调整焊接效果，可不同程度地改变金属的焊接性。

4. 其他工艺因素

为改善焊接性，防止各类缺陷的产生，对工艺因素的其他环节也应给予足够的重视，其中主要的几个环节如下：

1）彻底清理坡口及其附近。

清除油、锈对低合金钢焊接时防止气孔、裂纹是十分重要的。

2）严格按规定处理焊接材料。

为保证焊接质量，焊条、焊剂应按规定烘干和保存；焊丝应严格除油、除锈；保护气体要经提纯去除杂质后使用。

3）合理安排焊接顺序。

大件或复杂形状的工件焊接时，为减少应力及变形，必须安排好各条焊缝的焊接次序。焊接次序安排不当，会影响接头性能，甚至引起焊接缺陷，从而使焊接性变差。

5. 正确制定焊接规范

只有焊接规范适当时，才能保证良好的熔合比和焊缝形状系数。这不仅对防止产生裂纹等缺陷是必要的，而且对保证接头性能也是十分重要的。除了控制线能量外，还要控制焊接电流、电弧电压及焊接速度，使之保持在一定范围内。此外，预热温度和层间温度的控制也是不可忽视的。

第五节　建筑钢结构焊缝坡口设计的基本理论

随着钢板厚度的增大，焊接难度大大增加。GB/T 1591《低合金高强度结构钢》和 YB 4104《高层建筑结构用钢板》规定钢板厚度最大仅为 100mm，这不仅反映了厚板在生产和焊接上的难度，也反映了标准相对于建筑钢结构焊接工程的发展有滞后。

无论在理论和实践两方面都证明：建筑钢结构并不一定需要钢板越厚越好。然而由于实现设计师理念的需要，建筑钢结构焊接工程中厚钢板得到越来越大量的使用。国家体育场"鸟巢"钢结构焊接工程中 Q460-Z35 厚度 110mm 和 Q345GJD 厚度 100mm，北京新保利工程使用轧制 H 型钢翼板厚度达 125mm（材质 ASTMA913Gr60），基本代表了我国建筑钢结构焊接工程的用钢厚度。建筑钢结构厚板焊接技术得到了很大发展，是一项方兴未艾的实用技术。

一、一次结晶、二次结晶对焊缝性能的影响

在建筑钢结构行业，无论是钢结构制作还是钢结构安装，都对焊接坡口尺寸给予了极大的关心。这是因为坡口尺寸的大小同工程的成本、效率、安全密切相关。

坡口的定义是：

完成焊缝全熔透及局部熔透指标的一种结构形式。

一般来说，焊缝分为工作焊缝和联系焊缝。

承担动载和主要受力的焊缝叫工作焊缝，为全熔透焊缝。

反之则为局部熔透焊缝，为联系焊缝（包括角焊缝）。

窄间隙焊接技术的出现，使得对焊接坡口尺寸的关注更为重要。坡口越小，区域偏析产生的可能越大，根部稀释率也越大，带来的后果是焊缝综合指标的降低，并且极易形成热裂纹。

在焊接过程中，一次结晶对焊缝金属组织有重大影响，关键的因素有焊接气孔、裂纹、夹渣和偏析等缺陷的产生，而以偏析影响最大。一次结晶过程：晶核的形成和晶核的长大两

个过程；特点：熔池体积小，冷却速度快，这样就使含碳量高、合金元素较多的钢种和铸铁等易产生硬化组织和结晶裂纹（柱状晶）。一次结晶过程中的偏析主要有以下内容：

（1）显微偏析 最先结晶的中心最纯，后结晶的部分含合金元素和杂质略高，最后结晶的部分，即结晶的外端和前缘含合金元素和杂质最高，因此在一个晶粒内部和晶粒之间化学成分不均匀的，这种现象称为显微偏析，易发生在高合金钢和含碳量较高的钢。低碳钢因结晶区间不大，显微偏析不严重，而高碳钢、合金钢由于合金元素较多，结晶区间增大，显微偏析比较严重，严重时会引起热裂纹，所以焊后一般需要进行扩散及细化晶粒的热处理。

（2）区域偏析 熔池结晶时，由于柱状晶不断长大和推移，会把杂质推向中心，使熔池中心的杂质比其他部分多，这种现象叫区域偏析，在低温环境焊接时比较严重，极易产生热裂纹。

窄而深的焊缝，偏析在柱状晶的交界和焊缝中心，焊缝较宽时杂质堆聚在焊缝上层，堆焊缝的受力影响不大。因此坡口设计时并不是越小越好。排列式焊法多层多道焊和准确的预热和后热也是防止偏析的最好方法。

（3）层状偏析 焊缝断面上不同分层的化学成分分布不均匀的现象叫层状偏析。焊缝在凝固过程中，晶粒的成长速度发生周期性变化，形成周期性偏析。使焊缝的力学性能不一致，耐腐蚀性能也不一致。直接表征是层状气孔，易在焊缝一次成形的工艺中出现，因此，多层多道焊同样也是防止层状偏析的有效手段。

（4）焊缝中的夹杂物 由焊缝冶金反应产生的焊后残留在焊缝金属中的微观金属杂质（如硫化物、其他元素的氧化物）称为夹杂物，是焊缝引起夹渣和热裂纹的主要原因。防止的方法：正确选择焊材，正确执行工艺，层层清渣。

一次结晶结束后，熔池变为固体焊缝，高温的焊缝金属冷却到室温时，要经过一系列的相变过程，这种相变过程就称为焊缝金属的二次结晶。主要影响参数有 $t_{8/5}$、$t_{8/3}$、t_{100} 等。改善一、二次结晶的主要办法是正确合理地选用焊材，通过焊材向熔池中加入 V、Mo、Ti、Nb、Al、B、N 等元素，细化晶粒，即我们通常说的微合金化，使焊缝金属得到针状铁素体，而提高强韧性，改善二次结晶；控制 $t_{8/5}$（To、E）即控制预热温度和控制线能量。多层多道焊（排列式）F、H、O 焊缝基本不摆动，V 位置的焊条的摆幅不大于焊条直径的3倍。

可见，过于窄小的坡口对焊缝的一次结晶十分不利。不仅理论分析如此，在工程实践中也得到证实，窄而深的坡口（单道焊缝的成形系数小于1），在拘束度很大的场合，极易出现热裂纹。

然而，窄间隙焊接技术仍是有吸引力的技术，采用窄间隙坡口（窄坡口）不仅能提高效率、降低成本，而且能减少钢结构系统的应力应变。

坡口尺寸小到什么程度才算安全呢？这个问题始终没有得到很好的解决，特别对施工现场而言十分困难，这是因为施工现场没有加工 U 形坡口的设备，只能进行 V 形、X 形坡口的加工，从严格意义上讲：这种坡口只能叫小尺寸坡口，而不能叫"窄间隙焊"。

二、窄间隙焊接技术的基本分析

1963 年美国人首先提出概念不是十分严格的"窄间隙焊接技术"，1966 年首次使用"窄间隙焊"（NGW）这个词，20 世纪 80 年代初窄间隙焊接技术基本完成试验阶段而进入工业生产领域，"窄间隙焊"概念沿用至今。

与传统焊接技术相比，窄间隙焊有很多优越性：1）焊缝的横截面积大幅度减少；2）热压缩塑性变形量大幅度减少且沿板厚方向更趋均匀化；3）焊接线能量较小，提高了焊接接头的冲击韧性；4）焊接效率很高。

窄间隙焊是一种高质量、高效率的焊接技术，其焊接接头有较高的力学性能，残余应力和残余变形较低，焊接效率很高，这些因素决定了该项技术在钢结构焊接领域的客观地位，特别是在厚板焊接工程中具有十分强的优势。

然而，在建筑钢结构焊接工程中，真正意义上的窄间隙焊接技术没有得到该有的推广应用，说明了该项技术有它固有的局限性。窄间隙焊接技术还存在一些十分棘手的问题，从根本上看还没有产生技术上的飞跃进步。

（一）窄间隙焊的技术关键

日本压力容器研究委员会施工分会第八专门委员会对窄间隙焊的定义作了如下规定：

窄间隙焊接是把厚度为 30mm 以上的钢板，按小于板厚的间隙相对放置开坡口，再进行机械化或自动化弧焊的方法（板厚小于 20mm 时，间隙小于 20mm；板厚大于 30mm 时，间隙小于 30mm）。

实现高质量、高效率、高可靠性的窄间隙焊并非易事，在窄而深的坡内进行电弧焊接，传统坡口下的传统焊接工艺难以保证焊接质量。如果不采用自动化弧焊和多层多道焊技术，焊缝金属的一次结晶极易产生区域偏析，进而产生热裂纹。

1）在窄间隙焊接条件下，若采用传统焊接技术，侧壁熔合很难保证，熔深达不到要求，电弧轴线基本与坡口面（坡口侧壁）平行，一般情况下连能量密度很低的电弧周边也难以作用到坡口侧壁，更不用说能量密度最高的电弧中心了，这就导致了侧壁均匀熔合的可靠性差，在线能量低时这种情况尤为突出，这是窄间隙焊的最大困难。

2）在窄而深的坡口内进行气体保护明弧焊接时，焊接的飞溅对工艺可靠性影响极大。当飞溅聚集到喷嘴端口和导电嘴出口处，会影响气体的保护效果和送丝稳定性；飞溅若粘合或焊在侧壁上，将直接导致焊枪运行困难甚至短路。

3）对工艺参数的稳定和电弧空间作用位置的控制要求极高。因为工艺参数的稳定精度和电弧作用的位置精度直接影响到层、道间以及与侧壁之间的熔合质量（中、低线能量时尤为突出）；窄而深的坡口内清渣极为困难，窄而深的坡口内保护气体的送达和层流状态的保持直接决定对焊接区的冶金保护，焊枪运行不畅直接影响气体保护。

（二）窄间隙焊接技术问题的解决

世界各国的焊接专家在攻克上述难关的历程中，发明了许许多多的技术方法。

1）解决侧壁熔合问题：采用麻花焊丝、波浪焊丝；采用双丝分别偏向两侧壁；采用螺旋送进焊丝；焊丝在坡口内偏摆；交流波形上叠加脉冲；旋转射流等。不难发现传统焊接设备是不能完成上述技术的基本动作的。

2）解决飞溅问题：采用多丝、细丝埋弧焊（一般为三丝、中等线能量）；采用富氩气氛（$Ar+CO_2$、CO_2 10%～20%）全射流过渡或射流/短路混合过渡（用脉冲电流）；采用药芯焊丝电弧焊；采用表面张力过渡特别技术等。

3）解决工艺过程稳定性控制问题：采用降特性电源或脉冲电源；缩短送丝长度，采用高稳定性、高推力的送丝机构；采用特殊箱形喷嘴、多重保护（内、外保护）；采用各种光电式计算机辅助自动跟踪系统等。

从上述介绍中可以发现：窄间隙焊并不是单纯减少焊缝截面积、用常规工艺可以完成的焊接技术。窄间隙焊具有以下特征：1）是利用了现有弧焊原理的一种特别技术；2）多数采用I形坡口、U形或双V形坡口，精度要求高，坡口角度大小视焊接中的变形量而定；3）采用多层焊或多层多道焊；4）自下而上各层焊道数目基本相同（通常为1或2道）；5）采用小或者中等线能量焊接；6）能够进行全位置焊。

从坡口角度上判断：30mm以上的钢板，焊缝成形系数等于或大于1的坡口不能叫窄间隙焊。

（三）国内外建筑钢结构应用窄间隙焊的大致情况

在我国，窄间隙焊接技术在压力容器、西气东输压力管道领域得到较广泛的应用，目前为止在建筑钢结构行业尚未起步。在国外应用也不多，1971年日本第一次在高层楼钢架的现场作业中使用了窄间隙焊。一开始在中、高层钢结构十字接头部件现场安装采用窄间隙CO_2半自动焊，后来的全自动焊首先用在BOX的角焊缝上（位置F）、BH柱及十字柱与BOX柱对接（位置H），另外在圆柱上也有应用。实践证实：在大型及超高层的钢结构焊接工程中，如果使用的钢板厚度不到35mm的话，采用窄间隙焊是不经济的。

在建筑钢结构领域中，无论是工厂制作或是现场安装焊接工程，推广应用窄间隙焊技术是有一定困难的。主要有两个方面的困难：

1）高精度的坡口加工是建筑钢结构焊接工程推广窄间隙焊接技术的主要障碍。

窄间隙焊接典型坡口如图3-70所示。

单从焊接的角度上看，采用图3-70所示坡口可以大大地降低焊接成本，但却大大地增加了坡口机械加工成本；由于建筑钢结构焊接量大、焊缝多且长，机械加工十分困难且成本很高，估计加工成本远远大于焊接成本，特别是在安装现场由于焊接接头的复杂性、位置的多样性，机械加工几乎不能进行。

2）特殊的焊接工艺、专用焊接设备是建筑钢结构焊接工程推广窄间隙焊接技术的又一难关。

首先要解决高精度坡口加工的机械设备，然后要解决焊接设备，有了上述两项基础工作，才有希望开展窄间隙焊。

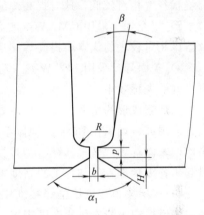

图3-70　厚板窄间隙焊接的典型坡口

R—圆弧半径；b—坡口间隙；
P—坡口钝边厚度；H—反面坡口深度；
α_1—反面坡口角度；β—正面坡口角度

是否在建筑钢结构领域内窄间隙焊接技术就没有推广的必要呢？回答是否定的。由于窄间隙焊接技术的优点，在建筑钢结构领域内应当得到相应的肯定。特别是在钢结构焊接接头拘束度很大、存在有层状撕裂危险的丁字和十字接头时，窄间隙焊接技术大有用武之地。

用常规的设备进行窄间隙焊接，必须对工艺进行研究，并对坡口做适当的改进，同时还要培训焊工，否则窄间隙焊接就难以实现。改进后的焊缝坡口成形系数可能大于等于1，不算真正意义上的窄间隙焊。

三、应用窄间隙焊接技术原理发展窄坡口焊接技术

由于建筑钢结构领域的特殊性和对工程成本的严格要求，大面积应用机械加工坡口是不现实的，购置价格昂贵的专用设备开展窄间隙焊接技术也是不合算的，这是建筑钢结构焊接接头同压力容器焊接接头情况不同所致。

那么，建筑钢结构应当走什么样的技术路线呢？应用窄间隙焊接技术原理，改革坡口形式，采用多层多道焊技术，减少焊缝金属截面积，提高焊接接头的综合性能，是窄间隙焊焊接建筑钢结构正确的技术路线。

窄间隙焊接技术的核心是减少焊缝金属的截面积，因此，暂时定义为"窄坡口焊接技术"。

由于钢结构厚板焊接工程量大、难度高，技术界十分重视坡口的设计：坡口小易形成窄而深的形式，焊缝成形系数偏小，影响一次结晶、容易产生区域偏析；在拘束应力大的前提下进而导致焊接热裂纹的产生，因此，在坡口减少的同时要采用多层多道焊接技术和组合焊接新工艺。

在厚板焊接中，常规焊接是用一种焊接方式从打底、填充到盖面全部完成。这种方式由于管理简便而大面积使用，然而也有它的局限性。以 GMAW（熔化极气体保护电弧焊）为例，在厚板打底焊接中，由于坡口小，干丝伸出过长，气体保护不好而使焊缝金属产生不应有的缺陷造成返工，产生直接经济损失。这一难题由国家体育场"鸟巢"钢结构焊接工程创造的组合焊接新工艺成功得以解决。新工艺简述如下。

1) 打底焊 采用 SMAW（焊条电弧焊），主要有两个目的，其一，解决 GMAW 伸出干丝过长影响焊接质量的矛盾，提高打底焊缝成形质量；其二，SMAW 同 GMAW 相比较，焊缝稀释率相对较低，这对提高焊缝金属的综合指标比较有利。

2) 填充焊 采用 GMAW（实心 CO_2 气体保护焊），主要的目的是利用 GMAW 的高效及熔深相对较大的优点，提高焊接质量和效率。

3) 盖面焊 采用 FCAW-G（药芯 CO_2 气体保护焊），主要是提高焊缝的表面质量，获得良好的观感效果。

从焊缝成形的角度上看，打底焊和盖面焊是最重要的步骤，假如在厚板焊接中，缺陷出在打底焊缝，如果在 BOX 结构体系中，那么返工时间是整条焊缝正常焊接时间的 3 倍以上。因此国家体育场"鸟巢"钢结构焊接工程中，提出了厚板焊缝一次合格率为 100% 的指标，引起了各级管理人员和焊工的高度重视，保证了组合工艺的有效实施，收到了良好的效果。

4) 多层多道接头错位焊接新工艺 在钢板的焊接中，多层焊的焊缝质量比单层焊好，多层多道焊的焊缝质量比多层焊好，特别是板厚超过 25mm 时效果明显，因此在厚板焊接时首选多层多道焊技术。

所谓多层焊技术，不是一次成形，而是多层成形，焊接运条手法允许摆动，焊接厚度一般不控制，适合低碳钢厚板焊接。

多层多道焊就是在多层焊的基础上，焊接手法上不允许摆动，焊接厚度要明确规定，以限制焊缝的热输入量。一般规定：GMAW、FCAW-G 每一道不超过 5mm（通常是 3～5mm 之间）；SMAW 用 A_V 值来确定每一道的厚度（A_V＝一根焊条所焊焊缝的长度/一根焊条除焊条头外的长度），通常 $A_V \geqslant 0.6$。在立焊位置允许摆动，但限制摆幅，SMAW 允许宽度为焊条直径的 3 倍，GMAW、FCAW-G 允许摆动 15～20mm（现也可以用快速脉冲压缩电弧实现立向下焊、不摆动）。

多层多道错位焊接技术是在多层多道焊接技术的基础上，焊接接头每一道次错位连接，即：接头不在一个平面内，通常错位 50mm 以上。这种技术特别适合于高强钢厚板的焊接。

在焊后冷却过程中，焊缝从接近基本金属开始凝固，单道焊的组织为典型的柱状结晶，且共晶粒通常是与等温曲线法线方向（即最大温度梯度方向）长大。由于凝固是从纯度较高的高熔点物质开始，所以在最后凝固部分及柱状晶的间隙处，便会留下低熔点夹杂物。在多层多道焊时，对前一道焊缝重新加热，加热超过 900℃ 的部分可以消除柱状晶并使晶粒细化。因此多层焊比单层焊的力学性能要好，特别是冲击韧性有显著的提高。值得一提的是：多层多道焊对焊接接头的应力应变控制相当有利，提高了焊接接头的综合性能指标。

四、坡口对焊缝金属稀释率及其性能的影响

在焊接接头的设计中，首先是焊材的选择，以保证焊缝金属所要求的强度。由于基本金属也要参加冶金反应进而对焊接材料进行稀释，其结果是基本金属对焊缝金属性能发生一定的影响。所以说，焊缝金属是熔敷金属和熔融的基本金属的混合物，其性能和基本金属、熔敷金属都有所区别。

在焊缝金属中，基本金属所占的比例取决于焊缝类型和焊接规范。

在对接接头中，不开坡口的单道焊缝稀释率最高，特别是采用热输入能量大的焊接方法时更是如此，应当指出的是多层焊时各层焊道的稀释率是不一样的，最大的稀释率发生在缺口的根部处，熔合区次之，而在焊缝中心靠近表面处可认为稀释率为零。

对接焊缝中基本金属成分比例与焊道次序的关系为：坡口角度较大时，它与表面堆焊时的变化规律相似，此时基本金属所占的份额略高于堆焊的情况。而在坡口较窄时，每层的基本金属成分的比例均较大，同时也可以看出堆焊焊道上、下部分化学成分不均匀性很大，而对接焊缝中不均匀性的差别相对较小，这将给焊接接头的设计带来不可低估的影响，见图 3-71。

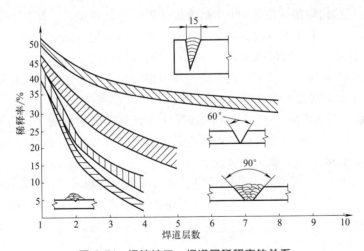

图 3-71 焊接坡口、焊道同稀释率的关系

建筑钢结构厚板焊缝大多采用单 V 形带衬板的坡口形式，这是 BOX 结构特点所要求的，V 形坡口的根部肯定是稀释率最大的地方。同时也是应力最集中的地方。在打底焊接结束后，每一层的焊肉全都对焊缝根部加载，致使根部质量极不稳定。所以降低稀释率是保证厚板焊缝质量重要措施。

在比较 SMAW、GMAW、FCAW-G 之后确认，以 SMAW 稀释率为最小。在国家体育场"鸟巢"钢结构焊接工程中，采用了 SMAW 打底、GMAW 填充、FCAW-G 盖面的工艺。此举还解决了 CO_2 焊枪厚板打底困难的问题，发挥了三项技术各自的特长，焊缝不仅成形良好，而且一次合格率相当高。

在焊接低合金钢时要充分注意的是，基本金属对焊缝的稀释造成焊缝金属性能上的变

化，这种变化同所焊材料的厚度成正比，只有在大厚度材料焊接时才显出这种性能的不均匀变化。

在焊接接头的设计中，在选用坡口形式、填充材料、焊接方法或焊接参数时也要充分考虑基本金属的稀释作用。例如在某些接头中，如果焊缝中的 S、P 含量到一定数量就会发生结晶裂纹（热裂纹）。此时采用高稀释率的方法，如深 V 形坡口（窄而深、成形系数小于 1），高输入能量的焊接方法。随着焊接热输入量的增加，基本金属的熔深增加，熔合比增大，就极易出现热裂纹。因此在设计坡口尺寸时要特别注意这一点。

在异种材料的焊接中稀释率更是人们所关心的问题，此时有可能有两种材料产生不希望得到的有害的化合物。例如采用具有垫板的对接接头时，应注意垫板的成分，因为它的有害成分对接头的稀释有可能导致焊缝中发生裂纹。同样如果采用铜垫板，应当注意施焊时材料不会因吸附了铜元素而脆化。

五、典型焊接接头坡口设计

根据国家体育场"鸟巢"钢结构焊接工程的实践经验：建筑钢结构厚板焊缝宜为 30°～35°、6～10mm。当板厚 40mm 以上、坡口角度小于 30°、间隙小于 6mm 时，工艺评定的技术指标特别是侧弯和低温冲击韧性一般都不合格。

国家体育场"鸟巢"钢结构焊接工程高强厚钢板全部采用了多层多道错位焊接技术，焊接质量良好，证明这项技术有强大的生命力，值得推广应用。

GB 50661《钢结构焊接规范》5.1.1 是为设计提出的原则要求，具有十分丰富的技术内涵。其中 2.3.1.2 有关于减少焊缝的数量和尺寸以及应力均匀的阐述。

根据焊接残余应力与焊缝的截面积成正比、与建筑钢结构体系的刚度（板厚）成反比的技术观点，减少焊缝的数量和尺寸，就是直接减少焊接残余应力，这是具有战略意义的，或者说这是从宏观上控制焊接残余应力。

1) 在设计建筑钢结构体系中，设计的首要任务就是准确地分清工作焊缝和联系焊缝。工作焊缝坡口设计时要求全熔透，而联系焊缝采用角焊缝或局部焊透焊缝，这样可大幅度地减少焊缝截面积，也就大大降低了焊接残余应力。

2) 至于坡口的尺寸，是战术动作，也可以说从微观上控制应力应变，建议为 30°～35°、8mm（V 形坡口，间隙为 8mm 加衬垫）。

3) 对接焊缝清根应力均衡坡口设计。

为了使焊接接头焊接残余应力均匀，无论是工作焊缝还是联系焊缝，尽可能做到板材中心两边焊缝成形系数（$\phi = B/H$，B—焊缝宽度，H—焊缝深度）基本相等，详见图 3-72。

图 3-72 坡口突破原标准图集两边不等宽的不当设计（即无论板厚薄，一律采用大面 45°、小面 60° 两边宽窄不一的坡口设计），而是采用投影和直尺丈量的方法保证板材两边坡口宽窄一致。

具体做法是：在确定大面坡口后，由大面坡口向对岸投影（也可以用直尺在对岸量出等

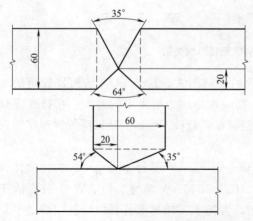

图 3-72　全熔透（CJP）坡口焊缝成形系数控制

单位：mm

宽），然后连上大面坡口的顶端。这类坡口是专门为全熔透碳弧气刨工艺设计的。焊接过程中，大面焊完后，小面碳弧气刨焊根到板的中心（允许刨到中心或稍微超过中心线一点，按照大部分焊工的技术水平都能实现），然后焊接。这样的焊接接头两边的宽度和深度几乎相等，那么焊缝成形系数（$\phi = B/H$；B—焊缝宽度，H—焊缝深度）也就基本相等，即：$\phi_1 \approx \phi_2$。同原来宽窄不一的设计相比，板材两边的焊接残余应力因此相对均匀。T 形焊缝同理。如果一个钢结构焊接工程每条焊缝都是均匀的，那么焊接残余应力对结构体系的影响就大大降低。

全熔透焊缝最理想的形式就是采用 X 对称坡口，采用单面焊双面成形技术，可保证焊接质量，提高工效，降低成本。

图 3-73 坡口设计为等强度焊接接头（Q345 试件试验结果是：拉伸强度同母材相等，断在母材上），是为重要联系焊缝设计。

GB/T 985.1《气焊、焊条电弧焊、气体保护焊和高能束焊的推荐坡口》和 GB/T 985.2《埋弧焊焊缝坡口的基本形式和尺寸》中规定了坡口的通用形式，其中坡口部分尺寸均给出了一个范围，并无确切的组合尺寸；GB/T 985.1 中板厚 40mm 以上、GB/T 985.2 中板厚 60mm 以上均规定采用 U 形坡口，且没有焊接位置规定及坡口尺寸及装配允差规定。上述两个国家标准比较适合于可以使用焊接变位器等工装设备及坡口加工、组装要求较高的产品，如机械行业中的焊接加工，对钢结构制作的焊接施工则不尽适合，尤其不适合于钢结构工地安装中各种钢材厚度和焊接位置的需要。目前大型、大跨度、超高层建筑钢

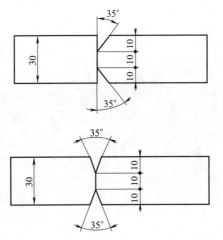

图 3-73 部分熔透坡口（PJP）焊缝成形系数控制

单位：mm

结构多由国内进行施工图设计。GB 50661 规范中将坡口形式和尺寸的规定与国际标准接轨是十分必要的。美国与日本标准中全焊透焊缝坡口的规定差异不大，部分焊透焊缝坡口的规定有些差异。美国《钢结构焊接规范》AWS D1.1 中对部分焊透焊缝坡口的最小焊缝尺寸规定值较小，工程中很少应用。日本建筑施工标准规范《钢结构工程》JASS 6（1996 年版）所列的日本钢结构协会《焊缝坡口标准》JSSI 03（1992 年底版）中，对部分焊透焊缝规定最小坡口深度为 $2\sqrt{t}$（t 为板厚）。实际上日本和美国的焊缝坡口形式标准在国际和国内均已广泛应用。GB 50661 参考了日本标准的分类排列方式，综合美、日两国标准的内容，制订了三种常用焊接方法的标准焊缝坡口形式与尺寸。

此外，为了结构安全而对焊缝几何尺寸要求宁大勿小这种做法是不正确的，其结果适得其反。设计、施工和监理各方都要走出这一概念上的误区。

第四章

焊条电弧焊
（SMAW）

焊条电弧焊即手工电弧焊（SMAW），是人工操纵焊条进行焊接的电弧焊方法。焊条电弧焊是目前可靠性最高的常规焊接技术，是实施建筑钢结构焊接必须掌握的重要技术之一。

第一节　焊条电弧焊定义与原理

焊条电弧焊（SMAW）是利用焊条与工件之间燃烧的电弧熔化焊条端部和工件，在焊条端部迅速熔化的金属以细小熔滴经弧柱过渡到工件局部熔化的金属中，并与之融合，一起形成熔池，随着电弧向前移动，熔池的液态金属逐步冷却结晶而形成焊缝。焊接过程中，焊条芯是焊缝组成部分；焊条的药皮经高温分解和熔化而生成气体和熔渣，对金属熔滴和熔池起防止大气污染的保护作用和冶金反应作用；某些药皮加入金属粉末为焊缝提供附加的填充金属。

电弧中心温度在5000℃以上，电弧电压16～40V，焊接电流20～500A。

图4-1为焊条电弧焊典型焊接装置组成，图4-2为电弧焊工作原理。

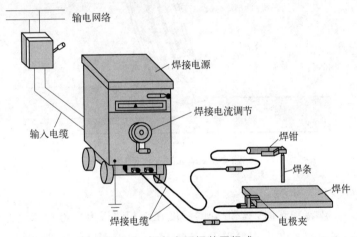

图 4-1　焊条电弧焊装置组成

利用焊条与焊件间的电弧热，将焊条和焊件熔化，从而形成接头。焊接过程中，焊条药皮熔化分解生成气体和熔渣，气、渣的联合保护有效地排除了周围空气的有害影响。通过高温下熔化金属与熔渣间的冶金反应、还原与净化金属得到优质的焊缝。

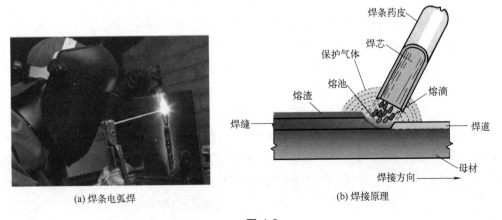

(a) 焊条电弧焊　　　　　　　　(b) 焊接原理

图 4-2

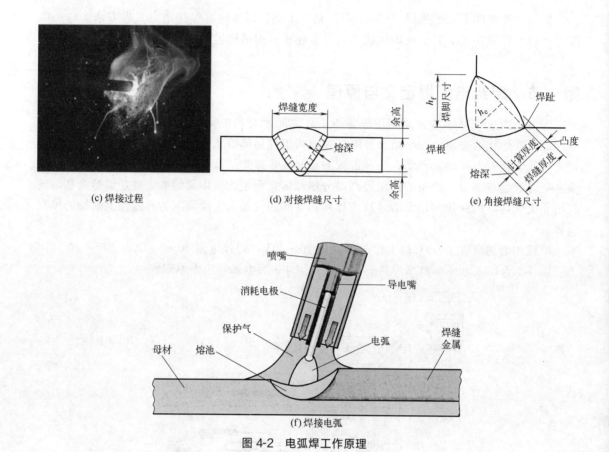

(c) 焊接过程

(d) 对接焊缝尺寸

(e) 角接焊缝尺寸

(f) 焊接电弧

图 4-2　电弧焊工作原理

焊接接头由焊缝金属和热影响区组成。

(1) 焊缝金属　焊接加热时，焊缝处的温度在液相线以上，母材与填充金属形成共同熔池，冷凝后成为铸态组织。在冷却过程中，液态金属自熔合区向焊缝的中心方向结晶，形成柱状晶组织。由于焊条芯及药皮在焊接过程中具有合金化作用，焊缝金属的化学成分往往优于母材，只要焊条和焊接工艺参数选择合理，焊缝金属的强度一般不低于母材强度。

(2) 热影响区（HAZ）　在焊接过程中，焊缝两侧金属因焊接热作用而产生组织和性能变化的区域为热影响区。

低碳钢的热影响区（HAZ）分为熔合区、过热区、正火区和部分相变区。

1）熔合区　位于焊缝与基本金属之间，部分金属未熔，也称半熔化区。加热温度约为 $1490 \sim 1530 ℃$，此区成分及组织极不均匀，强度低，塑性很差，是裂纹及局部脆性破坏的发源地。

2）过热区　紧靠着熔合区，加热温度约为 $1100 \sim 1490 ℃$。由于温度大大超过 A_{c3}，奥氏体晶粒急剧长大，形成过热组织，塑性大大降低，冲击韧性值下降 $25\% \sim 75\%$ 左右。

3）正火区　加热温度约为 $850 \sim 1100 ℃$，属于正常的正火加热温度范围。冷却后得到均匀细小的铁素体和珠光体组织，其力学性能优于母材。

4）部分相变区　加热温度约为 $727 \sim 850 ℃$。只有部分组织发生转变，冷却后组织不均匀，力学性能较差。

第二节　焊条电弧焊焊接冶金过程特点

电弧焊时，熔化的金属、熔渣、气体三者之间进行着一系列物理变化和化学反应，如金属的氧化与还原、气体的溶解与析出、杂质的去除等。因此，焊接熔池可以看成是一座微型冶金炉。但是，焊接冶金过程与一般的冶炼过程不同，主要有以下特点。

1）冶金温度高。容易造成合金元素的烧损与蒸发。

2）冶金过程短。焊接时，由于焊接熔池体积小（一般 $2\sim3cm^3$），冷却速度快，液态停留时间短（熔池从形成到凝固约 10s），各种化学反应无法达到平衡状态，在焊缝中会出现化学成分不均匀的偏析现象。

3）冶金条件差。焊接熔池一般暴露在空气中，熔池周围的气体、铁锈、油污等在电弧的高温下，将分解成原子态的氧、氮等，极易同金属元素产生化学反应。反应生成的氧化物、氮化物混入焊缝中，使焊缝的力学性能下降；空气中水分分解成氢原子，在焊缝中产生气孔、裂缝等缺陷，会出现"氢脆"现象。

上述情况将严重影响焊接质量，因此，必须采取有效措施来保护焊接区，防止周围有害气体侵入金属熔池。

4）对焊接电源的基本要求如下。

① 具有陡降的特性。

② 具有一定的空载电压以满足引弧的需要，一般为 $50\sim90V$。

③ 限制适当的短路电流，以保证焊接过程频繁短路时，电流不致无限增大而烧毁电源。短路电流一般不超过工作电流的 $1.25\sim2$ 倍。

常用焊接电源的类型有交流弧焊机、直流弧焊机和交、直流两用弧焊机。

第三节　焊条电弧焊工艺及特点

一、工艺特点

1）焊条电弧焊设备简单，操作灵活方便，适应性强，可达性好，可靠性高，不受场地和焊接位置的限制，在焊条能达到的位置一般都能施焊，这些都是其广泛使用的原因。

2）可焊金属材料范围广，除难熔或极易氧化的金属外，大部分工业用的金属均能焊接。

3）待焊接头装配要求低，但对焊工操作要求高，焊接质量在一定程度上取决于焊工的操作水平。

4）劳动条件差，熔敷速度慢，生产率低。因所用焊条尺寸一般已固定，其直径在 $1.6\sim5mm$ 范围，长度在 $200\sim450mm$ 之间，焊接电流一般在 500A 以下。每焊完一根焊条，必须更换焊条，并残留一段焊条头，因而焊条未被充分利用，焊后还需清渣，故生产率低。

二、电源及其极性

焊条电弧焊根据采用的焊接电源不同，分为直流电弧焊和交流电弧焊。

在直流电弧焊中，根据焊件、焊条连接的电源极性不同，又分为直流正接法与直流反接法。当焊件接电源正极时，称为直流正接法，反之为直流反接法。图 4-3 所示分别为直流正接法、直流反接法。图 4-4 所示为交流焊条电弧焊。交流电弧的焊接电流按照正弦波的规律变化，直流电弧的焊接电流不变，因此直流电弧稳定，常用于重要工程结构的焊接。直流与交流焊条电弧焊所采用的焊条种类不同。母材不同、结构与性能要求不同，所选用的焊条种类也不同。

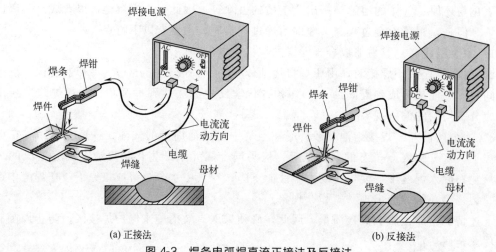

(a) 正接法 (b) 反接法

图 4-3　焊条电弧焊直流正接法及反接法

三、焊接位置

焊条电弧焊可以用于平焊、横焊、立焊以及仰焊等多种位置焊接，图 4-5 所示为平板对接不同位置的焊条电弧焊。

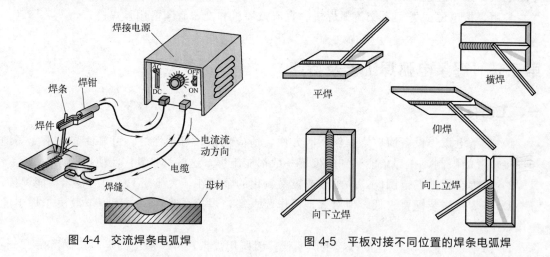

图 4-4　交流焊条电弧焊　　　　图 4-5　平板对接不同位置的焊条电弧焊

第四节　焊条电弧焊适用范围与局限性

一、可焊工件厚度范围

见表 4-1。1mm 以下的薄板不宜用焊条电弧焊；采用坡口多层焊的厚度虽不受限制，但效率低，填充金属量大，其经济性下降，所以一般大多用于 3～40mm 工件焊接。

表 4-1　焊条电弧焊可焊工件厚度范围

因素	可焊工件厚度												
	0.4	1.6	3.2	4.8	6.4	10	12.7	19	25	51	102	⋯	203
单层不开坡口	←——→												
单层开坡口				←———→									
多层多道				←——————————————→									
单层填角		←———→											

二、可焊金属范围

能焊金属有：碳钢、低合金钢、不锈钢、耐热钢、铜及其合金、铝及其合金；能焊但可能需要预热、后热或两者兼有的金属有：铸铁、高强度钢、淬火钢等；不能焊的金属有：低熔点金属（如锌、铅、锡及其合金），难熔金属（如钨、钼、钽），活性金属（如钛、铌、锆）等。

三、最适合的产品结构和生产性质

结构复杂的产品、有很多短的或不规则的结构、有各种空间位置及不易实现机械化或自动化焊接的焊缝，最宜用焊条电弧焊；单件或小批量的焊接产品多采用焊条电弧焊；安装或修理部门因焊接位置不定，焊接工作量较小，宜采用焊条电弧焊。

四、焊接设备

焊条电弧焊的焊接设备主要有弧焊电源、焊钳、焊接电缆。此外，还有面罩、敲渣锤、钢丝刷和焊条保温筒等，这些统称辅助设备或工具。

五、弧焊电源

焊条电弧焊用的弧焊电源是一台额定电源在 500A 以下的具有下降特性的弧焊电源，它既可以是普通交流电的，如弧焊变压器；也可以是直流电的，如弧焊整流器、弧焊逆变器等。特殊情况下也可使用矩形波交流弧焊电源和脉冲弧焊电源。

（一）对电流种类的选择

1. 电压降

交流电在焊接电缆中电压降较小，若焊接在远离电源处进行，宜选用交流电，但要注意，传导交流电的电缆不应盘绕，否则产生感应电流而减少电流输出。

2. 小电流

使用小直径焊条和低焊接电流时，直流电具有较好的操作性能，它易引弧和稳弧，故选用直流电。因此，薄板焊接用直流电比交流电更合适。

3. 电弧长度

需要采用短弧焊工艺时（如用碱性焊条施焊时），因电弧电压低，用直流比交流电容易实现。

4. 电弧偏吹

用交流电焊接很少引起电弧偏吹，因磁场每秒 100 次不断地变换极性。用直流电焊接钢材时，若电弧周围的磁场不平衡，就可能出现电弧偏吹。电弧偏吹会造成焊接缺陷。

5. 焊接位置

进行立焊和仰焊时，常用较低的焊接电流，则直流电略优于交流电。若使用交流电，则需使用可以全位置焊接的电焊条。

6. 焊条

各类焊条均可用直流电焊接，在药皮中含有稳弧剂的焊条才可以用交流电焊接，有极性要求的焊条必须采用直流电焊接。

（二）对外特性的选择

焊条电弧焊时，焊工很难保持弧长恒定。因此，具有恒压（平）外特性的弧焊电源不适用，应选用恒流（或陡降）外特性的弧焊电源。因为在恒流电源中，弧长发生变化时，电流只产生很小的变化。当用于焊接非平焊位置的焊缝或装配间隙大小不均的接头根部焊道时，宜采用具有较为缓降外特性的弧焊电源。这样焊工可以利用弧长变化在特定的范围内调整焊接电流，以控制焊缝成形。如果为了提高引弧性能和电弧熔透能力，而需增加焊接短路电流时，可以选用更为理想的恒流加外拖的外特性。

为了易于引弧，焊条电弧焊电源要具有一定的空载电压，一般为 50～100V。引燃后的电弧电压（即工作电压）为 16～40V 之间。该电压由电弧长度和所用焊条类型决定。

六、辅助设备

1. 焊钳

焊条电弧焊时，用以夹持焊条进行焊接的工具即焊钳，俗称电焊把。除起夹持焊条作用外，还起传导焊接电流的作用。对焊钳的要求是导电性好、外壳应绝缘、重量轻、装换焊条方便、夹持牢固和安全耐用。

电接触不良和超负荷使用是焊钳发热的原因，绝对不允许用浸水的方法冷却焊钳。

2. 面罩与护目镜

面罩是防止焊接时飞溅、弧光及其他辐射损伤焊工面部及颈部的遮蔽工具，有手持式和头盔式两种，对面罩的要求是质轻、坚韧、绝缘性和耐热性好。

面罩正面安装有护目滤光片，即护目镜，起减弱弧光强度、过滤红外线和紫外线以保护焊工眼睛的作用。护目镜有各种颜色，从人眼对颜色的适应性考虑，以墨绿、蓝绿和黄褐色为好。护目镜颜色有深浅之分，应根据焊接电流大小、焊接方法以及焊工年龄与视力情况选用，要改正不论电流大小均使用一块滤光片的陋习。

在护目镜外侧，应加一块尺寸相同的一般玻璃，防止护目镜被飞溅污染。

3. 焊条保温筒

焊条保温筒是装载已烘干的焊条，且能保持一定温度以防止焊条受潮的一种筒形容器，有立式和卧式两种，内装焊条 2.5～5kg。焊工可以随身携带到现场，随取随用。通常是利用弧焊电源二次电压对筒内加热，温度一般在 100～400℃，能维持焊条药皮含水率不大于 0.4%。

用碱性低氢型焊条焊接重要结构，如压力容器等产品，焊工每人应配一个。

第五节　焊条电弧焊操作技术

一、引弧

引弧是焊接过程中频繁进行的动作，引弧技术的好坏直接影响焊接质量。通常的引弧方法有两种——直击法和划擦法，如图 4-6 所示。

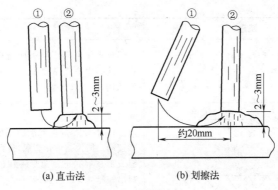

(a) 直击法　　　　　　　　(b) 划擦法

图 4-6　引弧方法

1. 直击法

直击法即将焊条与焊件表面垂直地接触，当焊条末端与焊件表面轻微一碰，迅速提起焊条并使之与焊件保持一定的距离，随即便引燃了电弧。

引弧时，要将焊条末端对准待焊处，焊条在焊件上轻轻敲击，然后将焊条提起，使弧长为焊条直径的 0.5～1 倍，然后开始正常焊接。直击法的特点是：引弧点即为焊缝的起点，这样避免了母材表面被电弧划伤。直击法主要用于薄板的定位焊及不锈钢的焊接、铸铁的焊接及狭小工件表面上的焊接。

2. 划擦法

这种引弧方法与划火柴动作相似。将焊条在焊件上划动一下，划动长度一般为 20～25mm，电弧即可引燃。当电弧引燃后，趁金属还没有开始大量熔化的瞬间，立即使焊条末端与焊件表面距离维持在焊条直径的 0.5～1 倍，这样就能保持电弧的稳定燃烧。

划擦法引弧时，焊条末端应对准待焊处，然后手腕扭转一下，使焊条在焊件上轻微划动，随后将焊条立即提起 0.5～1 倍焊条直径，并迅速移至待焊处，稍做适当横向摆动即可焊接。对初学者来说，划擦法容易掌握，但如果掌握不当，容易损坏焊件表面，造成焊件表面电弧划伤。在狭小的工作面上引弧不如采用直击法好。其主要用于碳钢焊接、厚板焊接和多层焊焊缝接头的引弧。

二、运条

1. 运条方法

焊接过程中，运条的方法的选用时应根据接头的形式和间隙、焊缝的空间位置、焊条直径与性能、焊接电流及焊工的技术水平等方面来确定。焊条电弧焊常用的运条方式见表 4-2。

表 4-2　焊条电弧焊常用的运条方式

运条方法	轨迹	特点	适用范围
直线形	→	焊条以直线移动，不做摆动，焊缝宽度较窄，熔深大	适用于薄板 I 形坡口对接平焊、多层焊打底及厚板多层多道焊
月牙形		焊条末端沿着焊接方向做月牙行的左右摆动，使焊缝宽度及余高增加	适用于中厚板材对接立焊位置的层间焊接

续表

运条方法	轨迹	特点	适用范围
锯齿形		焊条末端沿着焊接方向做锯齿形连续摆动，控制熔化金属的流动性，使焊缝增宽	适用于中厚钢板对接立焊、薄板仰焊
三角形	正三角形 斜三角形	焊接过程中，焊条末端做三角形摆动。能控制熔化金属，使焊缝成形良好。正三角形一次能焊出较厚的焊缝断面，不易产生夹渣等缺陷	适用于厚板的对接立焊和填角焊。斜三角形适用于管道斜45°位置的焊缝

2. 焊条角度和动作的作用

焊条电弧焊时，焊缝表面成形的好坏，焊接生产效率的高低，各种焊接缺陷的产生等，都与焊接运条的手法、焊条的角度和动作有着密切的关系，表 4-3 是焊条电弧焊运条时焊条角度和动作的作用。

表 4-3　焊条电弧焊运条时焊条角度和动作的作用

焊条角度和动作	作用
焊条角度	1. 防止立焊、横焊和仰焊时熔化金属下坠 2. 能很好地控制熔化金属与熔渣分离 3. 控制焊缝熔池深度 4. 防止熔渣向熔池前部流淌 5. 防止咬边等焊接缺陷
沿焊接方向移动	1. 保证焊缝直线施焊 2. 控制每道焊缝的横截面积
横向摆动	1. 保证坡口两侧及焊道之间相互很好地熔合 2. 控制焊缝获得预定的熔深与熔宽
焊条送进	1. 控制弧长，使熔池有良好的保护 2. 促进焊缝形成 3. 使焊接连续不断地进行 4. 与焊条角度的作用相似

三、接头

由于受焊条长度的限制，焊条电弧焊时，焊接工作是断续进行的，故为了保证焊缝的连续性，减小焊接变形，焊缝接头方法常采用以下几种：

1. 分段退焊法

见图 4-7（a）。

2. 从中间向两端分段退焊法

见图 4-7（b）。

上述两种焊缝接头的特点是：第二根焊条焊接的焊缝收尾与第一根焊条焊接的焊缝始端相接，即后焊的焊缝在前一焊缝的始端收尾。这样，焊缝全长受温度应力较小，引起焊接变

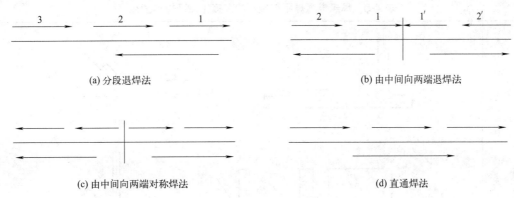

图 4-7　焊缝接头方法

形也相应减小。这两种焊接方法适用于中长焊缝（300～1000mm）的焊接。

3. 由中间向两端对称焊法

由中间向两端对称焊见图 4-7（c）。两个焊工采用同样的焊接参数，由中间向两端同时焊接，则每条焊缝所引起的变形可以相互抵消，焊后变形可大为减少。这种焊接方法适用于长焊缝（>1000mm）的焊接。

4. 直通焊法

直通焊法见图 4-7（d）。焊接引弧点在前一焊缝收弧前 10～15mm 处，引燃电弧后拉长电弧回到前一焊缝的收弧处预热弧坑片刻，然后调整焊条位置、角度，将电弧缩短到适当的长度继续焊接。这种焊接的接头方法适用于短焊缝（<300mm）的焊接，长焊缝用此种方法焊接焊后变形较大。

四、收弧

焊缝的收弧，是指一条焊缝结束时采用的收弧方法。如果焊缝收尾时采用立即拉断电弧收尾，则会形成低于焊件表面的弧坑，容易产生应力集中和减弱接头强度，从而导致产生弧坑裂纹，焊条电弧焊常用的收弧方法见表 4-4。

表 4-4　焊条电弧焊常用的收弧方法

收弧方法	操作要点	适用范围
划圈收弧法	焊接电弧移至焊缝终端时，焊条端部作圆圈运动，直至弧坑被填满后再断弧	适用于厚板焊接
回焊收弧法	焊接电弧移至焊缝收尾处稍停，然后改变焊条角度回焊一小段后断弧	适用于碱性焊条焊接
反复熄弧-引弧法	在焊缝终端多次熄弧和引弧，直到弧坑填满为止	适用于大电流或薄板焊接

五、各种位置的焊接技术

焊接位置的变化，对操作技术提出了不同的要求，这主要是由于熔化金属受重力作用造成焊缝成形困难。在焊接操作中，只要仔细观察并控制熔池的形状和大小，及时调整焊条角度和运条动作，就能控制焊缝成形和确保焊接质量。各种焊接位置的焊接特点及操作要点见表 4-5～表 4-8。

表 4-5　焊条电弧焊平焊位置的焊接特点及操作要点

焊条角度图示	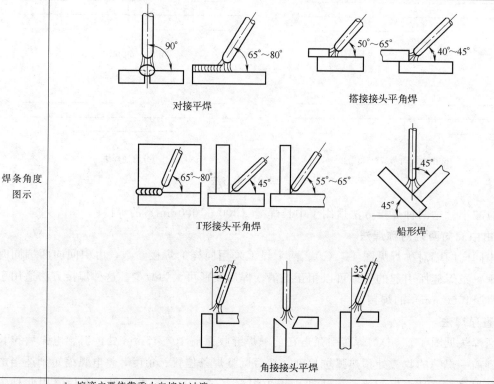 对接平焊　　搭接接头平角焊 T形接头平角焊　　船形焊 角接接头平焊
焊接特点	1. 熔滴主要依靠重力向熔池过渡 2. 熔池形状和熔池金属容易保持 3. 焊接同样板厚金属,平焊位置焊接电流比其他焊接位置大,生产效率高 4. 液态金属和熔渣容易混在一起,特别是焊接角焊缝时,熔渣容易往熔池前部流动造成夹渣 5. 焊接参数和操作不正确时,可能产生未焊透、咬边或焊瘤等缺陷 6. 平焊对接焊接时,若焊接参数或焊接顺序选择不当,易产生焊接变形
操作要点	1. 由于焊缝处于水平位置,熔滴主要靠重力过渡,所以,根据板厚可以选用直径较粗的焊条和较大的焊接电流焊接 2. 最好采用短弧焊接 3. 焊接时焊条与焊件成 $40^\circ \sim 90^\circ$ 夹角,控制好电弧长度和运条速度,使熔渣与液态金属分离,防止熔渣向前流动 4. 板厚在 5mm 以下,焊接时一般开Ⅰ形坡口,可用 $\phi 3mm$ 或 $\phi 4mm$ 焊条,采用短弧法焊接,背面封底焊前,可不铲除焊根(重要构件除外) 5. 焊接水平倾斜焊缝时,应采用上坡焊,防止熔渣向熔池前方流动,避免焊缝产生夹渣缺陷 6. 采用多层多道焊时,应注意选好焊道数及焊道顺序 7. T形、角接、搭接的平角焊接头,若两板厚度不同,应调整焊条角度,将电弧偏向厚板,使两板受热均匀 8. 正确选用运条方法 1)板厚在 5mm 以下,Ⅰ形坡口对接平焊,采用双面焊时,正面焊缝采用直线形运条方法,熔深应大于 $\frac{2}{3}\delta$(δ 为伸长率);背面焊缝也采用直线形运条。焊接电流应比焊正面焊缝时稍大些,运条速度要快 2)板厚在 5mm 以上,开其他形式坡口对接平焊,可采用多层焊或多层多道焊,打底焊宜用小直径焊条、小焊接电流、直线形运条焊接;多层焊缝的填充层及盖面层焊缝,根据具体情况分别选用直线形、月牙形、锯齿形运条;多层多道焊时,宜采用直线形运条 3)T形接头焊脚尺寸较小时,可选用单层焊,用直线形、斜环形或锯齿形运条方法;焊脚尺寸较大时,宜采用多层多道焊,打底焊都采用直线形运条方法,多层多道焊宜选用直线形运条方法焊接 4)搭接、角接平角焊时,运条操作与 T形接头平角焊运条相似 5)船形焊的运条操作与开坡口对接平焊相似

表 4-6　焊条电弧焊立焊位置的焊接特点及操作要点

焊条角度图示	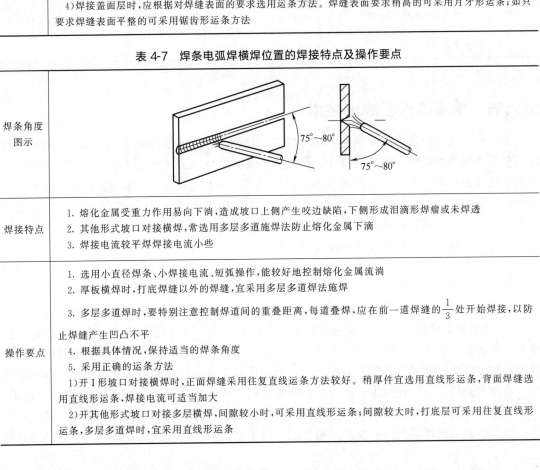
焊接特点	1. 熔化金属在重力作用下易向下淌,形成焊瘤、咬边、夹渣等缺陷,焊缝成形不良 2. 熔池金属与熔渣容易分离 3. T形接头焊缝根部容易产生未焊透 4. 焊接过程、熔透程度容易控制 5. 焊接生产效率较平焊低 6. 采用短弧焊接
操作要点	1. 保持正确的焊条角度 2. 选用较小的焊条直径($<\phi4mm$)和较小的焊接电流(80%～85%平焊位置的焊接电流),采用短弧施焊 3. 采用正确的运条方法 1)I形坡口对接向上立焊时,可选用直线形、锯齿形、月牙形运条和挑弧法焊接 2)开其他形式坡口对接立焊时,第一层焊缝常选用挑弧法或摆幅不大的月牙形、三角形运条焊接,其后可采用月牙形或锯齿形运条方法 3)T形接头立焊时,运条操作与开其他形式坡口对接立焊相似。为防止焊缝两侧产生咬边、根部未焊透,电弧应在焊缝两侧及顶角有适当的停留时间 4)焊接盖面层时,应根据对焊缝表面的要求选用运条方法。焊缝表面要求稍高的可采用月牙形运条;如只要求焊缝表面平整的可采用锯齿形运条方法

表 4-7　焊条电弧焊横焊位置的焊接特点及操作要点

焊条角度图示	
焊接特点	1. 熔化金属受重力作用易向下淌,造成坡口上侧产生咬边缺陷,下侧形成泪滴形焊瘤或未焊透 2. 其他形式坡口对接横焊,常选用多层多道施焊法防止熔化金属下滴 3. 焊接电流较平焊接电流小些
操作要点	1. 选用小直径焊条、小焊接电流、短弧操作,能较好地控制熔化金属流淌 2. 厚板横焊时,打底焊缝以外的焊缝,宜采用多层多道焊法施焊 3. 多层多道焊时,要特别注意控制焊道间的重叠距离,每道叠焊,应在前一道焊缝的 $\frac{1}{3}$ 处开始焊接,以防止焊缝产生凹凸不平 4. 根据具体情况,保持适当的焊条角度 5. 采用正确的运条方法 1)开I形坡口对接横焊时,正面焊缝采用往复直线运条方法较好。稍厚件宜选用直线形运条,背面焊缝选用直线形运条,焊接电流可适当加大 2)开其他形式坡口对接多层横焊,间隙较小时,可采用直线形运条;间隙较大时,打底层可采用往复直线形运条,多层多道焊时,宜采用直线形运条

表 4-8　焊条电弧焊仰焊位置的焊接特点及操作要点

焊条角度图示	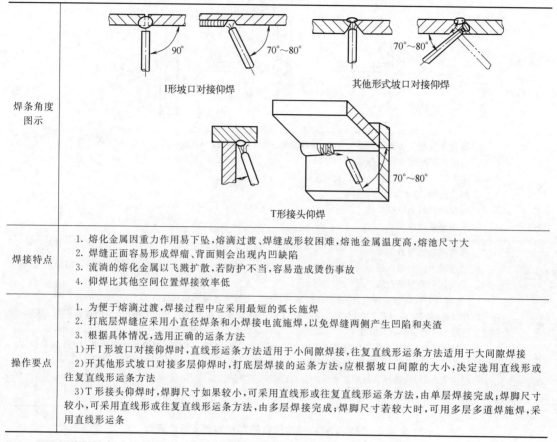
焊接特点	1. 熔化金属因重力作用易下坠,熔滴过渡、焊缝成形较困难,熔池金属温度高,熔池尺寸大 2. 焊缝正面容易形成焊瘤、背面则会出现内凹缺陷 3. 流淌的熔化金属以飞溅扩散,若防护不当,容易造成烫伤事故 4. 仰焊比其他空间位置焊接效率低
操作要点	1. 为便于熔滴过渡,焊接过程中应采用最短的弧长施焊 2. 打底层焊缝应采用小直径焊条和小焊接电流施焊,以免焊缝两侧产生凹陷和夹渣 3. 根据具体情况,选用正确的运条方法 1)开 I 形坡口对接仰焊时,直线形运条方法适用于小间隙焊接,往复直线形运条方法适用于大间隙焊接 2)开其他形式坡口对接多层仰焊时,打底层焊接的运条方法,应根据坡口间隙的大小,决定选用直线形或往复直线形运条方法 3)T 形接头仰焊时,焊脚尺寸如果较小,可采用直线形或往复直线形运条方法,由单层焊接完成;焊脚尺寸较小,可采用直线形或往复直线形运条方法,由多层焊接完成;焊脚尺寸若较大时,可用多层多道焊施焊,采用直线形运条

第六节　单面焊双面成形技术

　　单面焊双面成形技术,是锅炉、压力容器、管道、建筑钢结构焊工应熟练掌握的操作技能。在某些重要焊接结构制造过程中,既要求焊透而又无法在背面进行清根和重新焊接时,必须采用这个技术。在单面焊双面成形操作过程中,不需要采取任何辅助措施,只是坡口根部在进行组装定位焊时,应按焊接时不同操作手法留出不同的间隙,当在坡口的正面用普通焊条进行焊接时,就会在坡口的正、背两面都能得到均匀整齐、成形良好,符合质量要求的焊缝,这种特殊的焊接操作被称为单面焊双面成形。

　　作为焊工,在单面焊双面成形过程中应牢记"眼精、手稳、心静、气匀"八个字。所谓"眼精",就是在焊接过程中,焊工的眼睛要时刻注意观察焊接熔池的变化,注意"熔孔"尺寸、每个焊点与前一个焊点重合面积的大小、熔池中液态金属与熔渣的分离等。所谓"手稳",是指眼睛看到哪儿,焊条就应该按选用的运条方法,以合适的弧长、准确无误地送到哪儿,保证正、背两面焊缝表面成形良好。所谓"心静",是要求焊工在焊接过程中,专心焊接,别无他想。任何与焊接无关的杂念,都会使焊工分心,在运条、断弧频率、焊接速度等方面出现差错,从而导致焊缝产生各种焊接缺陷。所谓"气匀",是指焊工在焊接过程中,无论是站位焊接、蹲位焊接还是躺位焊接,都要求焊工能保持呼吸平稳均匀。既不要憋气,以免焊工因缺氧而烦躁,影响发挥焊接技能;也不要大喘气,以免焊工身体上下浮动而影响手稳。这八个字是焊工经多年实践总结而得到的，指导焊工进行单面焊双面成形操作时收效很大。"心静、气匀"是前提，是对焊工思想素质上的要求，在焊接岗位上，每个焊工都要专心从事焊接工作，"一心不可二用"，否则，不仅焊接质量不高，也容易出现安全事故。只有做到"心静、气匀"，焊工的"眼精、手稳"才能发挥作用。所以这八个字，既有各自独立的特性，又有相互依托的共性，需要焊工在焊接实践中仔细体会其中的奥秘。

一、板对接单面焊双面成形技术

1. 打底层单面焊双面成形技术

单面焊双面成形按其操作手法大体上可分为连弧焊法和断弧焊法两大类。而断弧焊法又可分为一点焊法、二点焊法和三点焊法等三种。单面焊双面成形技术的关键是第一层打底焊缝的熔孔成形操作，其他各填充层操作要点与各种位置普通焊接操作技术相同。

连弧焊法打底层焊接时，电弧引燃后，中间不允许人为地熄弧，一直是短弧连续运条，直至应换另一根焊条时才熄弧。由于在连弧保护焊接时，熔池始终处在电弧连续燃烧的保护下，液态金属和熔渣易于分离，气孔也容易从熔池中逸出，保护效果较好，所以焊缝不容易产生缺陷，力学性能也较好，用碱性焊条焊接时，多采用连弧操作方法焊接。

断弧焊法打底层焊接时，利用电弧周期性的燃弧-断弧（灭弧）过程，使母材坡口钝边金属有规律地熔化成一定尺寸的熔孔，在电弧作用正面熔池的同时，使 $\frac{1}{3}\sim\frac{2}{3}$ 的电弧穿过熔孔而形成背面焊道。连弧焊与断弧焊单面焊双面成形技法见表 4-9、表 4-10。

表 4-9　连续焊打底层单面焊双面成形技法

项目	内容
引弧	在定位焊缝上划擦引弧，焊至定位焊缝尾部时，以稍长的电弧(弧长约为 3.5mm)在该处摆动 2～3 个来回进行预热。当看到定位焊缝与坡口根部金属有"出汗"现象时，表明预热温度已合适，此时应立即压低电弧(弧长约为 2mm)，待 1s 之后听到电弧穿透坡口而发出"噗噗"声，同时看到定位焊缝以及坡口根部两侧金属开始熔化并形成熔池，说明引弧工作结束，可以进行连弧焊接
焊条角度	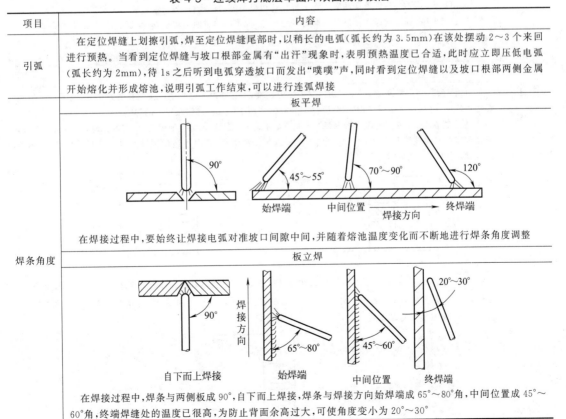

板平焊

在焊接过程中，要始终让焊接电弧对准坡口间隙中间，并随着熔池温度变化而不断地进行焊条角度调整

板立焊

在焊接过程中，焊条与两侧板成 90°，自下而上焊接，焊条与焊接方向始焊端成 65°～80°角，中间位置成 45°～60°角，终端焊缝处的温度已很高，为防止背面余高过大，可使角度变小为 20°～30°

项目	内容
	板横焊

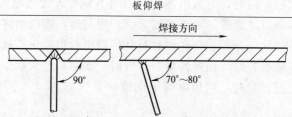

为防止背面焊缝产生咬边、未焊透缺陷,焊条与板下方角度为 80°~85°。在横焊过程中还应注意电弧应指向横板对接坡口下侧根部,每次运条时,电弧在此处应停留 1~1.5s,让熔化的液态金属铺向上侧坡口,形成良好的根部成形

项目	内容
焊条角度	板仰焊

焊条引弧后采用短弧,并让电弧始终在对接板的间隙中间燃烧。焊条与焊接方向成 70°~80°角,焊接时尽量控制熔池温度应低些,以减少背面焊缝下凹

板平焊

1. 采用直线运条方法,焊条摆动应始终保持在钝边口两侧之间进行,每边熔化缺口控制在 0.5mm 为宜
2. 进退清根法,焊接过程中运条采用前后进退操作,焊条向前进时为焊接,时间较长,向后退时为降低熔池金属温度,看清熔孔大小,为下个焊点的焊接做准备,这个过程时间较短
3. 左右清根法,主要应用在焊接坡口间隙大的焊缝上,焊接过程中,电弧在坡口两侧交替进退清根

板立焊

1. 上下运弧法,电弧向上运弧时,用以降低熔池温度,不拉断电弧是为了观察熔孔的大小,为电弧向上运弧焊接做准备;电弧向下运弧到根部熔孔时开始焊接;适用于焊接坡口间隙较小的焊缝
2. 左右挑弧法,在焊接过程中将电弧左右挑起,用以分散热量,降低熔池温度,左右挑弧时,并不熄灭电弧,而是观察此时焊缝熔孔的大小,为电弧向下运弧焊接做准备;电弧向下运弧到根部熔孔时开始焊接,适用于焊接坡口间隙较小的焊缝

项目	内容
运条方法	

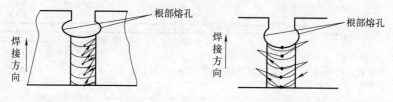

3. 左右凸摆法,在焊接过程中,焊接电弧在坡口间隙中左右交替焊接,以分散焊接电弧热量,使熔池温度不过热,防止液态金属因温度过高而外溢流淌;电弧左右摆动时,中间为凸形圆弧;此法在左右摆动过程中不熄弧,多用于间隙偏大的焊缝

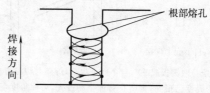

续表

项目	内容
	板横焊
运条方法	1. 直线进退清根法，在焊接过程中，焊条不做横向摆动，而是按一定的频率做直线进退运弧，电弧前进到根部熔孔时开始焊接；退弧运条是为了分散电弧热量，使熔池温度不过热，防止熔化金属因温度过高而外溢流淌形成焊瘤；此次在运弧过程中不熄弧，退弧运条一瞬间观察熔孔大小及位置，为进弧焊接做准备，多用于焊接间隙偏小的焊缝 2. 直线运条法，在焊接过程中，焊条不做横向摆动，油始焊端起弧，以短弧直线运条，将焊条焊完为止，多用于焊接小间隙焊缝
	板仰焊
	采用直线运弧左右略有小摆动法。在焊接过程中，为克服熔池液态金属下坠而造成凹陷，焊条应伸入坡口间隙，尽量向焊缝背面送电弧，把熔化的液态金属向上顶。为使坡口两侧钝边熔化，焊条应略有左右小摆动，主要作用有二：其一是分散电弧热量，防止熔池温度过高，液态金属流淌，造成背面焊缝内凹过大；其二，左右略有小摆动，使坡口左右钝边熔化均匀
	一看、二听、三准
焊接要领	看：要认真观察熔池的形状和熔孔的大小；在焊接过程中注意将熔渣与液态金属分开，熔池是明亮而清晰的，熔渣在熔池内是黑色的，熔孔的大小以电弧能将两侧钝边完全熔化并深入每侧母材 0.5～1mm 为好；熔孔过大，背面焊缝余高大，甚至形成焊瘤或烧穿；熔孔过小时，坡口两侧根部容易造成未焊透 听：焊接过程中，电弧击穿试件坡口根部时会发出"噗噗"的声音，表明焊缝熔透良好；如果没有这种声音出现时，表明坡口根部没有被电弧击穿，继续向前焊接会造成未焊透缺陷；所以，在焊接时，应认真听电弧击穿试件坡口根部发出的"噗噗"声音 准：焊接过程中，要准确地掌握好熔孔形成的尺寸，即每一个新焊点应与前一个焊点搭接 $\frac{2}{3}$，保持电弧的 $\frac{1}{3}$ 部分在试件背面燃烧；用于加热和击穿坡口根部钝边，形成新的焊点；与此同时，在控制熔孔形成的尺寸过程中，电弧应将坡口两侧钝边完全熔化，并准确地深入每侧母材 0.5～1mm
收弧	在需要更换焊条而熄弧之前，应将焊条下压，使熔孔稍微扩大后往回焊接 15～20mm，形成斜坡形再熄弧，为下根焊条引弧打下良好的接头基础
接头方法	接头方法有两种：冷接和热接 冷接：更换焊条时，要把距弧坑 15～20mm 的斜坡上的焊渣敲掉并清理干净，这时弧坑已经冷却，起弧点应该在距 15～20mm 的斜坡上。电弧引燃后将其引至弧坑处预热，当有"出汗"现象时，将电弧下压直至听到"噗噗"声后，提起焊条再向前继续施焊 热接：当弧坑还处在红热状态时迅速更换焊条，在距弧坑 15～20mm 的斜坡上起弧并焊至收弧处，这时，弧坑处的温度升高很快，当有"出汗"现象时迅速将焊条向熔孔下压，听到"噗噗"声后，提起焊条继续向前施焊

表 4-10　断弧焊打底层单面焊双面成形技法

项目	内容
引弧	在定位焊缝上划擦引弧，然后沿直线运条至定位焊缝与坡口根部相接处，以稍长的电弧（弧长约为 3.5mm）在该处摆动 2～3 个来回进行预热。当呈现"出汗"现象时，立即压低电弧（弧长约 2mm），听到"噗噗"的电弧穿透坡口发出的声音，同时又看到坡口两侧、定位焊缝与坡口根部相接金属开始熔化，形成熔池并有熔孔，说明电弧工作结束，可以进行断弧打底层焊接
	板平焊
焊条角度	 焊条与焊接方向夹角为 45°～55°；坡口根部钝边大，夹角要大些；反之，夹角可选小些

续表

项目	内容
	板立焊
	焊条与焊接方向夹角为 $65°\sim75°$；始焊端温度较低，夹角应大些；终焊端温度较高，夹角可以小些
	板横焊
焊条角度	
	焊条与焊接方向夹角为 $65°\sim80°$，与焊件下板夹角为 $80°\sim85°$；电弧应指向对接缝下侧板根部并停留 $1\sim1.5s$，以防止根部未焊透
	板仰焊
	焊条始终压紧在板间隙中间，与焊接方向成 $70°\sim80°$ 角，控制熔池温度低些，以减少背面焊缝下凹
	一点击穿法
运条方法及特点	适用条件： $d>b$ $p=0\sim0.5mm$
	电弧同时在坡口两侧燃烧，两侧钝边同时熔化，然后迅速熄弧，在熔池将要凝固时，又在灭弧处引燃电弧、击穿、停顿，周而复始重复进行 优点：熔池始终是一个一个叠加的集合，熔池在液态存在时间较长，冶金反应较充分，不易出现夹渣、气孔等缺陷 缺点：熔池温度不易控制，温度低，容易出现未焊透；温度高，背面余高过大，甚至出现焊瘤

项目	内容
运条方法及特点	**二点击穿法** 适用条件： $d \geqslant b$ $p = 0 \sim 1\text{mm}$ 电弧分别在坡口两侧交替引燃，左侧钝边给一滴熔化金属，右侧钝边也给一滴熔化金属，依次循环 这种方法比较容易掌握，熔池温度也容易控制，钝边熔合良好，但是由于焊道是两个熔池叠加形成，熔池反应时间不太充分，使气泡及熔渣上浮受到一定限制，容易出现夹渣、气孔等缺陷；如果熔池的温度控制在前一个熔池尚未凝固，对称侧的熔池就已形成，两个熔池能充分叠加在一起共同结晶，就能避免产生气孔和夹渣 **三点击穿法** (a)　　　(b) (c) 适用条件： $b > d$　　$p = 0.5 \sim 1.5\text{mm}$ 电弧引燃后，左侧钝边给一滴熔化金属(图 a)，右侧钝边给一滴熔化金属(图 b)，中间间隙给一滴熔化金属(图 c)。依次循环。 这种方法比较适合根部间隙较大的情况；因为两焊点中间熔化金属较少，第三滴熔化金属补在中央是非常必要的；否则，在熔池凝固前析出气泡时，由于没有较多的熔化金属愈合孔穴，在背面容易出现冷缩孔缺陷
焊接要领	**一看、二听、三准、四短** "看""听"见表 4-9。 准：焊接过程中，要准确地掌握好熔孔形成的尺寸，即每一个新焊点应与前一个焊点搭接 2/3，保持电弧的 1/3 部分在试件背面燃烧，用于加热和击穿坡口根部钝边；当听到电弧击穿坡口根部发出的"噗噗"声时，迅速向熔池后方灭弧，灭弧的瞬间熔池金属凝固，形成一个熔透坡口的焊点 短：灭弧与重新引燃电弧之间的时间间隔要短；间隔时间过长，熔池温度过低，熔池存在的时间较长，冶金反应不充分，容易造成气孔、夹渣等缺陷；间隔时间不能过短，否则熔池温度过高，会使背面焊缝余高过大，甚至出现焊瘤或烧穿
收弧	见表 4-9。

2. 填充层的单面焊双面成形技术

焊接单面焊双面成形填充层时，焊条除了向前移动外，还要有横向摆动。在摆动过程中，焊道中央移弧要快，即滑弧，电弧在两侧时要稍做停留，使熔池左、右侧温度均衡，两侧圆滑过渡。在焊接第一层填充层时（打底层焊后的第一层），应注意焊接电流的选择，过大的焊接电流会使第一层金属组织过烧、使焊缝根部的塑性、韧性降低，因而在弯曲试验时，背弯不合格者居多。除了焊缝熔合不良、气孔、夹渣、裂纹、未焊透等缺陷外，大部分是第一层填充层焊接电流过大造成金属组织过烧、晶粒粗大、塑性、韧性降低所致，所以填充层焊接也要限制焊接电流。各种位置板材对接填充层焊接要点见表 4-11。

表 4-11 各种位置板材对接填充层的焊接要点

项目	内容
	板平焊
清渣	对前一层焊缝要仔细清渣，特别是死角处的焊渣更要清理干净，防止焊缝产生夹渣
引弧	在距焊缝起始端 10～15mm 处引弧，然后将电弧拉回到起始端施焊
运条方法	采用直线或稍微横向摆动运条 最后一层填充层应比母材表面低 0.5～1.5mm，并且焊缝中心要凹，而两边与母材交界处要高，使盖面层焊接时，能看清坡口，保证盖面焊缝边缘平直
焊条角度	焊条与焊接前进方向成 75°～85°夹角 75°~85° 焊接方向
	板立焊
清渣	对前一层焊缝要仔细清渣，特别是死角处的焊渣更要清理干净，防止焊缝产生夹渣
引弧	在距焊缝起始端 10～15mm 处引弧，然后将电弧拉回到起始端施焊，每次接头或其他填充层也都按此方法操作，防止产生焊接缺陷
运条方法	月牙形或横向锯齿形运条，最后一层填充层应比母材表面低 1～1.5mm，并且焊缝中间凹，而两边与母材交界处要高，使盖面层焊接时，能看清坡口，保证盖面焊缝边缘平直
焊条角度	焊条与试板下倾角为 65°～75° 焊接方向 65°~75°
	板横焊
清渣	同板平焊
引弧	在距焊缝起始端 10～15mm 处引弧，然后将电弧拉回到起始端施焊，每次接头或其他填充层也都按此方法操作，防止产生焊接缺陷
运条方法	采用直线运条法，焊接过程中不做任何摆动，直至每根焊条焊完 焊道之间搭接要适量，以不产生深沟为准，为避免在焊道之间深沟产生夹渣缺陷，通常两焊道之间搭接 $\frac{1}{3}$～$\frac{1}{2}$，最后一层填充高度距母材表面 1.5～2mm 为宜

续表

项目	内容
焊条角度	为防止横焊填充层焊接操作不正确,使盖面层焊缝发生下坠现象,在焊接填充层上,焊条与上、下试板夹角要有区别 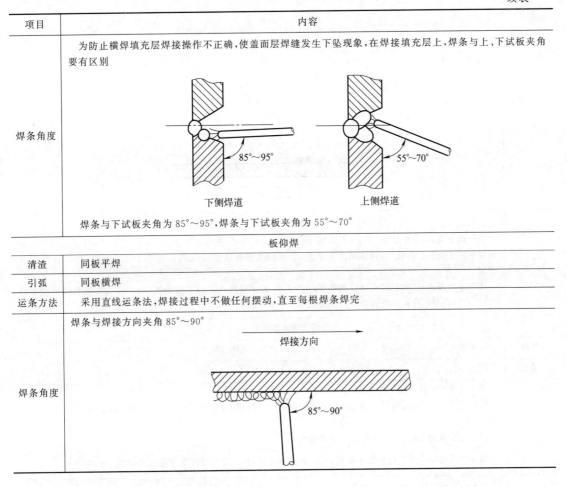 下侧焊道　　　　上侧焊道 焊条与下试板夹角为 85°～95°,焊条与下试板夹角为 55°～70°

板仰焊

项目	内容
清渣	同板平焊
引弧	同板横焊
运条方法	采用直线运条法,焊接过程中不做任何摆动,直至每根焊条焊完
焊条角度	焊条与焊接方向夹角 85°～90°

3. 盖面层单面焊接双面成形技术

盖面层焊接和中间填充层相似,在焊接过程中,焊条角度应尽可能与焊缝垂直,以便在焊接电弧的直吹作用下,使盖面层焊缝的熔深尽可能大些,与最后一层填充层焊缝能够熔合良好。由于盖面层焊缝是金属结构上最外表的一层焊缝,除了要求足够的强度、气密性外。还要求焊缝成形美观、鱼鳞纹整齐,让人不仅有安全感,还要有似艺术品般美感的享受。各种位置板材对接盖面层的焊接要点见表 4-12。

表 4-12　各种位置板材对接盖面层的焊接要点

项目	内容
	板平焊
清渣	焊前仔细清理最后一层填充层与坡口两侧母材夹角处、填充层焊道间的焊渣以及焊道表面的油、污、锈、垢
引弧	在距焊缝起始端 10～15mm 处引弧,然后将电弧拉回到起始端施焊
运条方法	采用直线运条法,焊接过程中不做任何摆动,直至每根焊条焊完 焊接电流要适当小些,焊条摆动到坡口边缘时,要稳住电弧并稍做停留,注意控制坡口边缘,使之熔化 1～2mm 即可 控制弧长及摆动幅度,防止焊缝发生咬边缺陷 焊接速度要均匀一致,做到焊缝表面高低差符合技术文件要求 最后一层填充层应比母材表面低 1～1.5mm,并且焊缝中间凹,而两边与母材交界处要高,使盖面层焊接时,能看清坡口,保证盖面焊缝边缘平直

续表

项目	内容
	板平焊
焊条角度	焊条与焊接方向夹角 75°～80°
接头技术	采用热接法 　　更换焊条前,应向熔池稍填些液态金属,然后迅速更换焊条,在弧坑前 10～15mm 处引弧,并将其引到弧坑处划一个小圆圈预热弧坑,待弧坑重新熔化,形成熔池延伸进坡口两侧边缘各 1～2mm 时,即可进行正常焊接 　　接头位置很重要,如果接头部位离弧坑较远偏后,盖面层接头的焊缝就偏高;如果接头部位离弧坑较近偏前时,在盖面层焊缝接头部位会造成焊缝脱节
	板立焊
清渣	同板平焊
引弧	同板平焊
运条方法	采用月牙形或横向锯齿形运条 　　焊接电流要适当小些,焊条摆动到坡口边缘时,要稳住电弧并稍做停留,注意控制坡口边缘,使之熔化 1～2mm 即可 　　控制弧长及摆动幅度,防止焊缝发生咬边缺陷 　　焊条摆动的频率应比板对接平焊时稍快,焊接速度要均匀,每个新熔池应覆盖前一个熔池的 $\frac{2}{3}$～$\frac{3}{4}$
焊条角度	焊条与试板下倾角度 65°～70°
接头技术	采用热接法 　　更换焊条前,应向熔池稍填些液态金属,然后迅速更换焊条,在弧坑前 10～15mm 处引弧,并将其引到弧坑处划一个小圆圈预热弧坑,待弧坑重新熔化,形成熔池延伸进坡口两侧边缘各 1～2mm 时,即可进行正常焊接
	板横焊
清渣	同板平焊
引弧	同板平焊
运条方法	采用直线运条法,焊接过程中不做任何摆动,直至每根焊条焊完 　　每层焊缝均由下板坡口施焊,直线焊到终点,每层若干条焊道也是采取由下板焊起,一道道焊缝叠加,直至熔进上板母材 1～2mm,焊接过程中采用短弧施焊,控制熔池金属的流动,防止产生"泪滴"现象

项目	内容
	板横焊

运条方法	

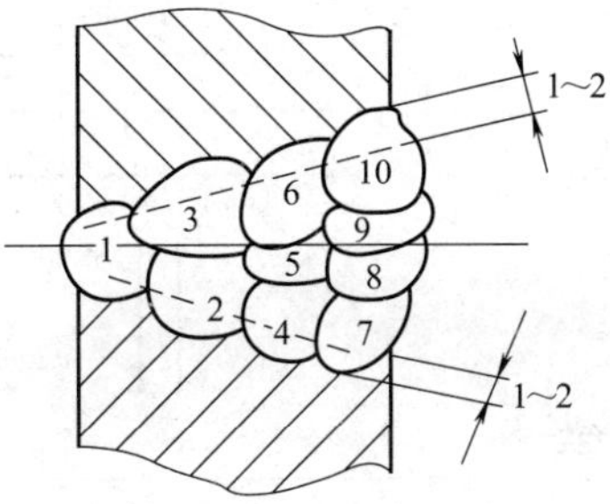

焊接各道时,应合理选择焊条与下板角度。焊接第 7 道焊缝时,焊条与下板夹角为 80°～90°,第 8 道 95°～100°,第 9 道 75°～85°,第 10 道 85°～95°

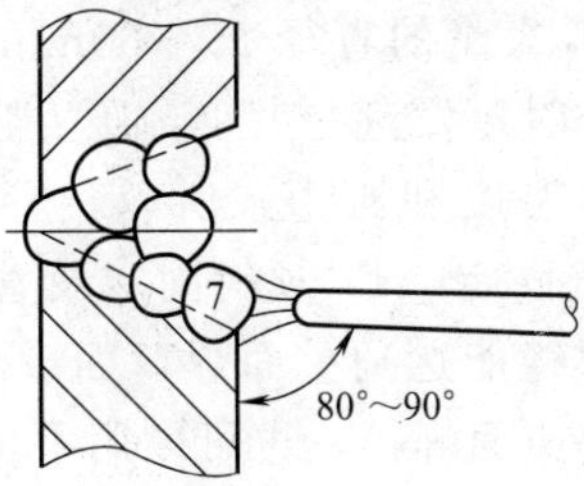

焊条角度	

第7道焊缝　　　　第8道焊缝

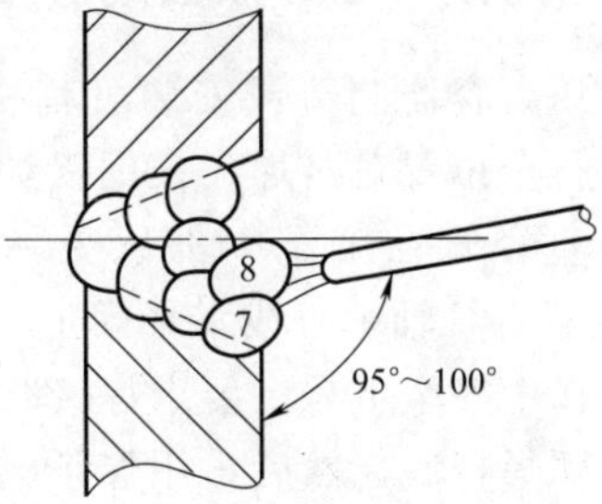

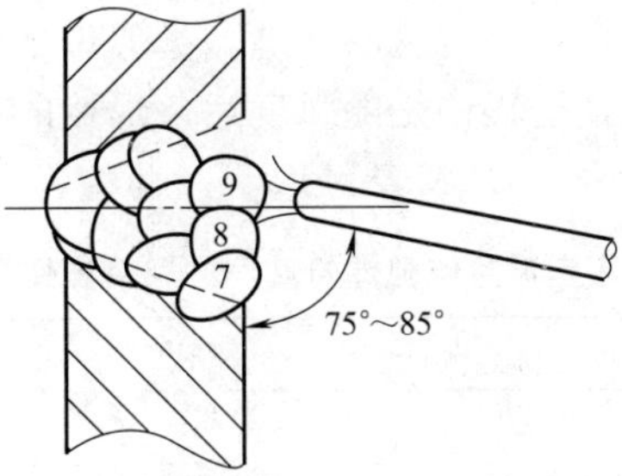

第9道焊缝　　　　第10道焊缝

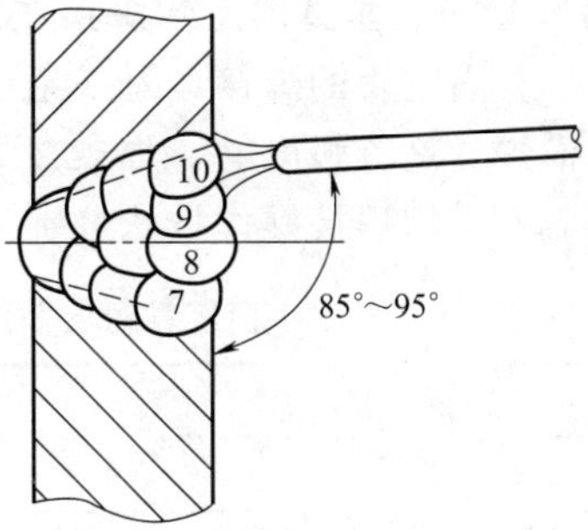

盖面层的各条焊道应平直、搭接平整,与母材相交应圆滑过渡,无咬边

接头技术	采用热接法 更换焊条前,应向熔池稍填些液态金属,然后迅速更换焊条,在弧坑前 10～15mm 处引弧,并将其引到弧坑处划一个小圆圈预热弧坑,待弧坑重新熔化,即可进行正常焊接

	板仰焊
清渣	同板平焊
引弧	同板平焊
运条方法	采用直线或稍微横向摆动运条 合理选择焊接电流,焊条摆动到坡口边缘时,要稳住电弧并稍作停留,注意控制坡口边缘,使之熔化 1～2mm 即可 控制弧长及摆动幅度,防止焊缝发生咬边缺陷 焊接速度要均匀

续表

项目	内容
	板仰焊
焊条角度	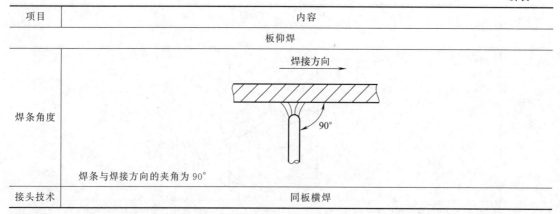焊条与焊接方向的夹角为 90°
接头技术	同板横焊

二、小直径管对接单面焊双面成形技术

在锅炉、压力容器制造或安装过程中，有大量的直径 25～60mm 水冷壁管、烟管，对流管等需要进行全位置对接焊。根据锅炉工作时蒸发量的大小，压力容器工况及压力等级的区别，这些小直径管在工作中都承受一定的温度和压力，所以，管壁厚度大多在 2.5～9mm。焊接位置有管轴中心线水平固定、垂直固定、45°倾斜固定及管子转动平焊等。为了使管焊缝在工作中安全可靠，要求焊接时，焊缝能达到单面焊双面成形。采用的焊接方法，可以是焊条电弧焊打底，然后再用焊条电弧焊盖面焊接，也可以用手工钨极氩弧焊打底，然后再用焊条电弧焊盖面焊接，具体焊接技术如下。

1. 小直径管对接垂直固定焊焊接技术

中心线垂直固定管的焊接，是一条处于水平位置的环缝，类似于平板对接横焊，所不同的是管子的横焊缝是有弧度的，焊条在焊接过程中是随弧度运条焊接的，小直径管垂直固定焊打底层与盖面层的焊接操作技法分别见表 4-13 和表 4-14。

表 4-13　小直径管对接垂直固定焊条电弧焊打底层的焊接操作技法

项目	内容
	连弧焊
引弧	起弧位置应在坡口的上侧,当上侧钝边熔化后,再把电弧引至钝边的间隙处,这时焊条应往下压,焊条与下管壁夹角可适当增大,当听到电弧击穿坡口根部,发出"噗噗"声后并且钝边每侧熔化 0.5～1mm 并形成第一个熔孔,这时引弧工作完成
焊条角度	焊条与下管壁夹角为 70°～80° 焊条与焊点处管切线焊接方向夹角为 75°～85°
运条方法	焊接方向为从左向右,采用斜椭圆形运条,始终保持短弧施焊 焊接过程中,为防止熔池金属产生泪滴形下坠,电弧在上坡口侧停留的时间应略长些,同时要有 $\frac{1}{3}$ 电弧通过坡口间隙在管内燃烧;电弧在下坡口侧只是稍加停留并有 $\frac{2}{3}$ 的电弧通过坡口间隙在管内燃烧 打底层焊道应在坡口正中偏下,焊缝上部不要有尖角,下部不允许熔合不良等缺陷出现
与定位焊缝接头	施焊到定位焊缝根部时,焊条要向根部间隙位置顶一下,当听到"噗噗"声后,将焊条快速运条到定位焊缝的另一端根部预热,看到端部定位焊缝有"出汗"现象时,焊条要往根部间隙处压弧,听到"噗噗"声后稍做停顿,仍用原先焊接手法继续施焊
收弧	当焊接近始焊端起点时,焊条在始焊端收口处稍停一下预热,看到有"出汗"现象时,将焊条向坡口根部间隙处下压,让电弧击穿坡口根部,听到"噗噗"声后稍做停顿,然后继续向前施焊 10～15mm,填满弧坑即可

续表

项目	内容
	断弧焊
引弧	起弧位置在坡口的上侧，电弧引燃后，对起弧点处坡口上侧钝边进行预热。上侧钝边熔化后，再把电弧引至钝边的间隙处，使熔化金属充满根部间隙，这时焊条向坡口根部间隙处下压，同时焊条与下管壁夹角适当增大，当听到电弧击穿根部发出"噗噗"的声音后，钝边每侧熔化 0.5～1mm 并形成第一个熔孔时，引弧工作完成 焊条与下管壁夹角为 70°～80° 焊条与焊接处的管切线夹角(沿焊接方向)为 75°～85°
运条方法	断弧焊单面焊双面成形有三种焊接手法：即一点焊法、二点焊法、三点焊法，当管壁厚为 2.5～3.5mm、根部间隙＜2.5mm 时，由于管壁较薄，焊接多采用一点焊法；根部间隙＞2.5mm 时，采用二点焊法；当管壁厚＞3.5mm、根部间隙＜2.5mm 时，采用一点焊法；根部间隙＞2.5mm 时，可采用二点焊法；根部间隙＞4mm 时，采用三点焊法 焊接方向是从左向右焊，逐点将熔化金属送到坡口根部，然后迅速向侧后方灭弧，灭弧动作要干净利落，不拉长弧，防止产生咬边缺陷，灭弧与重新引弧的时间间隔要短，灭弧频率以 70～80 次/min 为宜。灭弧后重新引弧的位置要准确，新焊点应与前一个焊点搭接 $\frac{2}{3}$ 左右 焊接时注意保持焊缝熔池形状与大小基本一致，熔池中液态金属与熔渣要分离并保持清晰明亮，焊接速度保持均匀
与定位焊缝接头	焊接过程中，焊缝要与定位焊缝相接时，焊条要向根部间隙位置顶一下，当听到"噗噗"声后，将焊条快速运条到定位焊缝的另一端根部预热，看到端部定位焊缝有"出汗"现象时，焊条要往根部间隙处压弧，听到"噗噗"声后，稍做停顿，仍用原先焊接手法继续施焊
收弧	当焊接接近焊端起点时，焊条在始焊端收口处稍停一下预热，看到有"出汗"现象时，将焊条向坡口根部间隙处下压，让电弧击穿坡口根部，听到"噗噗"声后稍做停顿，然后继续向前施焊 10～15mm，填满弧坑即可
	连弧焊、断弧焊
更换焊条时的接头方法	更换焊条时的接头方法有热接法和冷接法两种；打底层焊缝在更换焊条时多用热接法，这样可以防止背面焊缝出现冷缩孔和未焊透、未熔合等缺陷 热接法：在焊缝收弧处熔池尚保持红热状态时，迅速更换完焊条并在收弧斜坡前 10～15mm 处引弧，将电弧拉至收弧斜坡上运条预热，并在斜坡的终端最低点处压低电弧击穿坡口根部，与此同时，使电弧稍停一下，视钝边每侧熔化 0.5～1mm 并形成熔孔时，再恢复原来操作手法继续焊接；热接法更换焊条的动作越快越好 冷接法：焊缝熔池已经冷却凝固，首先应在收弧处用角磨砂轮或锉刀、锯条等工具修磨出斜坡，然后在斜坡前 10～15mm 处引弧并运条预热斜坡，在斜坡终端最低点处有"出汗"现象时，压低电弧击穿坡口根部，稍停一下使钝边每侧熔化 0.5～1mm 并形成熔孔时，可按原来操作手法继续焊接

表 4-14 小直径管对接垂直固定焊条电弧焊盖面层焊接的操作要点

项目	内容
清渣	仔细清理打底层焊缝与管子坡口两侧母材夹角处及焊点与焊点叠加处的焊缝
运条方法及焊条角度	采用直线形运条，不做横向摆动，自左向右根据管壁厚度确定的盖面层焊道数，一道道地从最下层焊缝开始焊接，直至最上层盖面层焊缝焊完熔进上侧坡口边缘 1～2mm 为止 每道焊缝与前一道焊缝搭接 $\frac{1}{3}$ 左右，盖面层焊缝与管应有 2～3 道焊缝 盖面层为两道焊缝时，焊条与管壁的夹角：第 1 道焊缝焊条与下管壁夹角为 75°～80°；第 2 道焊缝焊条与下管壁夹角为 80°～90° 盖面层有 3 道焊缝时，焊条与管壁夹角：第 1 道焊缝焊条与下管壁夹角为 75°～80°；第 2 道焊缝焊条与下管壁夹角为 95°～100°；第 3 道焊缝焊条与下管壁夹角为 80°～90° 所有盖面层焊道，焊条与焊点处管切线焊接方向夹角均为 80°～85° 盖面层为 3 道焊缝时，每道焊缝应与前一道焊缝搭接 $\frac{1}{2}$ 左右，与管件下坡口相接的第 1 道焊缝应熔化坡口边缘 1～2mm 为宜；第 2 道焊缝要比第 1 道焊缝速度稍慢些，使焊缝中部熔池凝固后形成凸起；第 3 道焊缝焊接比第 2 道焊缝稍快，便于形成与上坡口边缘相接的圆滑过渡焊缝，并熔入坡口边缘 1～2mm

续表

项目	内容
接头方法	多采用热接法,在熔池前 10mm 处引弧后,将电弧引至收弧处预热,当预热处有"出汗"现象时压低电弧按原来操作手法焊接

2. 小直径管对接水平固定焊焊接技术

水平固定管的焊接,是空间全位置焊接,为方便叙述施焊顺序,将水平固定管的横断面看作钟表盘,划分成 3、6、9、12 等时钟位置。通常定位焊缝在时钟的 2 点、10 点位置,定位焊缝长度为 10～15mm 厚度为 2～3mm。焊接开始时,在时钟的 6 点位置起弧,把环焊缝分为两个半圆,即时钟 6-3-12 点位置和时钟 6-9-12 点位置。焊接过程中,焊条与焊接方向管切线夹角在不断变化。小直径管对接水平固定焊条电弧焊打底层焊接与盖面层焊接操作技法分别见表 4-15 和表 4-16。

表 4-15　小直径管对接水平固定焊条电弧焊打底层焊接的操作技法

项目	内容
	连弧焊
引弧	用碱性焊条焊接时,在起弧过程中,由于熔渣少、电弧中保护气体少等原因,熔池保护效果不好,焊缝极易出现密集气孔(多为 N_2 气孔)。为了防止这类现象出现,碱性焊条的引弧多采用划擦法 在始焊处时钟 6 点位置的前方 10mm 处引弧后,把电弧拉至始焊处(时钟 6 点位置)进行电弧预热,当发现坡口根部有"出汗"现象时,将焊条向坡口间隙内顶送,听到"噗噗"声后,稍停一下,使钝边每侧熔化 1～2mm 并形成第一个熔孔,这时引弧工作完成 碱性焊条许用电流比同直径的酸性焊条要小 10% 左右,所以引弧过程容易出现粘焊条现象,为此,引弧过程要求焊工手稳、技术高,引弧及回弧动作要快、准
焊条角度	起弧点(时钟 5-6 点位),焊条与焊接方向管切线夹角为 80°～85° 在时钟 7-8 点位置,为仰焊爬坡焊,焊条与焊接方向管切线夹角为 100°～105° 在时钟 9 点位置立焊时,焊条与焊接方向管切线夹角为 90° 在立位爬坡焊(时钟 10-11 点位置)施焊过程中,焊条与焊接方向管切线夹角为 85°～90° 在时钟 12 点位置焊接时(平焊),焊条与焊接方向管切线夹角为 70°～75°。 前半圈与后半圈相对应的焊接位置,焊条角度相同
运条方法	电弧在时钟 6-5 点位置 A 处引燃后,以稍长的电弧加热该处 2～3s,待引弧处坡口两侧金属有"出汗"现象时,焊条稍微左右摆动并向后上方稍推,观察到熔滴金属已与钝边金属连成金属小桥后,焊条稍拉开,恢复正常焊接;焊接过程中必采用短弧把熔滴送到坡口根部 爬坡仰焊位置焊接时,电弧以月牙形运动并在两侧钝边外处稍做停顿,看到熔化的金属已挂在坡口根部间隙并熔入坡口两侧各 1～2mm 时再移弧 时钟 9-12 点位置,3-12 点位置(水平管立焊爬坡)焊接手法与时钟 6-9、6-3 点位置大体相同,所不同的是管子温度开始升高,加上焊接熔滴、熔池的重力和电弧吹力等作用,在爬坡焊时极容易出现焊瘤,所以要保持短弧快速运条 在管平焊位置(时钟 12 点)焊接时,前半圈焊缝收弧点在 B 点
与定位焊缝接头	焊接过程中,焊缝要与定位焊缝相接时,焊条要向根部间隙位置顶一下,当听到"噗噗"声后,将焊条快速运条到定位焊缝的另一端根部预热,看到端部定位焊缝有"出汗"现象时,焊条要往根部间隙处压弧,听到"噗噗"声后,稍做停顿,仍用原先焊接手法继续施焊
收弧	当焊接近收弧处时,焊条应该在收弧处稍停一下预热,然后将焊条从坡口根部间隙压弧,让电弧击穿坡口根部,听到"噗噗"声后稍做停顿,然后继续向前施焊 10～15mm,填满弧坑即可
	断弧焊
引弧	在时钟 6-5 点位置(仰焊位)引弧,用长弧进行预热,当焊条端部出现熔化状态时,用腕力将焊条端部的第一、二滴熔滴甩掉;与此同时,观察预热处有"出汗"现象时,迅速而准确地将焊条熔滴送入焊端(时钟 5-6 点位置)间隙,稍做一下左右摆动的同时,焊条向后上方稍微推一下,然后向斜下方带弧、灭弧,第一个熔池就这样形成了,引弧工作结束

项目	内容
断弧焊	
焊条角度	起弧点(时钟 5-6 点位),焊条与焊接方向管切线夹角为 80°~85° 仰位爬坡焊(时钟 7-8 点位置),焊条与焊接方向管切线夹角为 100°~105° 在时钟 9 点位置立焊时,焊条与焊接方向管切线夹角为 90° 在立位爬坡焊(时钟 10-11 点位置)施焊过程中,焊条与焊接方向管切线夹角为 85°~90° 在时钟 12 点位置焊接时(平焊),焊条与焊接方向管切线夹角为 70°~75° 前半圈与后半圈相对应的焊接位置,焊条角度相同
运条方法	电弧在时钟 6-5 点位置处引燃后,以稍长的电弧加热该处 2~3s,待引弧处坡口两侧金属有"出汗"现象时,迅速压低电弧至坡口根部间隙,通过护目镜看到有熔滴过渡并出现熔孔时,焊条稍微左右摆动并向后上方稍推一下,观察到熔滴金属已与钝边金属连成金属小桥后,焊条迅速向斜下方带弧、灭弧,这样第一个熔池便形成了 断弧焊每次接弧时,焊条要对准熔池前部的 $\frac{1}{3}$ 左右处,接触位置要准确,每个熔池覆盖前一个熔池 $\frac{2}{3}$ 左右 灭弧动作要干净利落,不要拖泥带水,更不要拉长电弧;灭弧与接弧的时间间隔要适当,其中燃弧时间约 1s/次,断弧时间 0.8s/次;灭弧频率大约为:仰焊和平焊区段 35~40 次/min,立焊区段 40~45 次/min 焊接过程中采用短弧焊接,使电弧具有较强的穿透力,同时还要控制熔滴的过渡应尽量细小均匀,每一焊点填充金属不宜过多,防止熔池金属外溢和下坠 焊接过程中,熔池的形状和大小要基本保持一致,熔池液态金属清晰明亮,熔孔始终深入每侧母材 1~2mm
与定位焊缝接头	焊接过程中,焊缝要与定位焊缝相接时,焊条要向根部间隙位置顶一下,当听到"噗噗"声后,将焊条快速运条到定位焊缝的另一端根部预热,看到端部定位焊缝有"出汗"现象时,焊条要往根部间隙处压弧,听到"噗噗"声后,稍做停顿,仍用原先焊接手法继续施焊
收弧	后半圈焊缝将要与前半圈的收弧处相接时,焊接电弧应在收弧处稍停一下预热,然后将焊条向坡口根部间隙压弧,让电弧击穿坡口根部,听到"噗噗"声后稍做停顿,然后继续向前施焊 10~15mm,填满弧坑 收尾处焊接时,由于此时接头处管壁温度已升高,灭弧时间应稍长一些,焊条熔滴送入少一些、薄一些,严格控制熔池的温度,防止尾部出现焊瘤或焊漏
连弧焊、断弧焊	
更换焊条时的接头方法	更换焊条时的接头方法有热接法和冷接法两种;打底层焊缝在更换焊条时多用热接法,这样可以防止背面焊缝出现冷缩孔和未熔透、未熔合等缺陷 热接法:在焊缝收弧处熔池尚保持红热状态时,立即在收弧斜坡前 10~15mm 处收弧,将电弧拉至收弧斜坡上运条预热,并在斜坡的终端最低点处压低电弧击穿坡口根部,与此同时,使电弧稍停一下,视钝边每侧熔化 0.5~1mm 并形成熔孔时,再恢复原来操作手法继续焊接;热接法更换焊条的动作越快越好 冷接法:焊缝熔池已经冷却凝固,首先应在收弧处用角磨砂轮或锉刀、锯条等工具修磨出斜坡,然后在斜坡前 10~15mm 处引弧并运条预热斜坡,当运条到斜坡终端最低点,压低电弧击穿坡口根部,稍停一下使钝边每侧熔化 0.5~1mm 并形成熔孔时,可按原来操作手法继续焊接

表 4-16　小直径管对接水平固定焊条电弧焊盖面层焊接的操作要点

项目	内容
清渣	仔细清理打底层焊缝与坡口两侧母材夹角处的焊渣、焊点与焊点叠加处的焊渣
运条方法	在时钟 6-5 点位置(仰焊)引弧后,长弧预热仰焊部位,将熔化的第一、二滴熔滴甩掉(温度低、熔滴流动性不好),以短弧的方式向上送熔滴,采用月牙形运条或横向锯齿形运条方法施焊;焊接过程中始终保持短弧,焊条摆至两侧时要稍做停顿,将坡口两侧边缘熔化 1~2mm,使焊缝金属与母材圆滑过渡,防止咬边缺陷 焊接过程中,熔池始终保持椭球形状且大小一致,熔池液态金属清晰明亮,前半圈收弧时,要对弧坑稍填些熔化金属,使弧坑成斜坡状,为后半圈焊缝收尾创造条件 用碱性焊条焊接盖面层时,始终用短弧预热、焊接,引弧技法采用划擦法

续表

项目	内容
焊条角度	由于根部打底层焊缝已焊完,盖面层焊缝与根部焊透否无关,主要技术问题是盖面层焊缝应成形良好,余高应符合技术规定,焊缝与母材圆滑过渡、无咬边,为此,焊条与管子焊接方向切线夹角应比打底层焊接稍大5°左右;各焊接位置的焊条角度如下 仰焊位(时钟 6-7 点位置),焊条与焊接方向管切线夹角为 85°~90° 仰位爬坡焊(时钟 7-8 点位置),焊条与焊接方向管切线夹角为 105°~110° 立焊位置焊条与焊接方向管切线夹角为 95° 在立位爬坡焊(时钟 10-11 点位置)焊条与焊接方向管切线夹角为 90°~95° 平焊位置焊条与焊接方向管切线夹角为 75°~80° 前半圈焊接收弧时,对弧坑稍填些熔化金属,使弧坑形成斜坡状,为后半圈焊缝收尾创造条件;焊接后半圈之前,应把前半圈起头部位焊缝焊渣敲掉 10~15min,焊缝收尾时注意填满弧坑
接头方法	盖面层焊接多采用热焊法 在熔池前 10mm 处引弧,将电弧引至熄弧处预热,当预热处开始熔化时,焊条以月牙形运条或横向锯齿形运条法施焊,始终保持短弧焊接 焊接时坡口两侧边缘应熔化 1~2mm,焊缝金属与母材应达到圆滑过渡,避免产生咬边缺陷

第七节　焊条

一、概述

(一)焊条的组成及其作用

焊条是涂有药皮的供焊条电弧焊用的熔化电极,由药皮和焊芯两部分组成。

按药皮与焊芯的质量比,即药皮的质量系数 Ke 分类,当 $Ke=30\%~50\%$ 为厚皮焊条,$Ke=1\%~2\%$ 为薄皮焊条。目前广泛使用的是厚皮焊条。

1. 焊芯

(1)作用　焊芯是一根实心金属棒,焊接时作为电极,传导焊接电流,使之与焊件之间产生电弧,在电弧热作用下自身熔化过渡到焊件的熔池内,成为焊缝的填充金属。

作为电极,焊芯必须具有良好的导电性能,否则电阻热会损害药皮的效能;作为焊缝的填充金属,其质量对焊条性能有直接的影响,必须严格控制。

(2)焊芯的规格尺寸　焊芯的长度和直径也就是焊条的长度和直径,根据焊芯的材质、药皮组成、使用方便性、材料利用性和生产效率等因素确定。通常是由热轧金属盘条经冷拔到所需直径后再切成所需长度,无法轧制或冷拔的金属材料用铸造方法制成所需的规格尺寸。表 4-17 为国家标准对钢铁焊条尺寸的规定。

表 4-17　钢铁焊条的规格　　　　　　　　　　　　　单位:mm

焊条直径	焊条长度						
	碳钢焊条 GB/T 5117	低合金钢焊条 GB/T 5118	不锈钢焊条 GB/T 983	堆焊焊条 GB/T 984		铸铁焊条 GB/T 10044	
				冷拔焊芯	铸造焊芯	冷拔焊芯	铸造焊芯
1.6	200~250	—	220~260	—	—	—	—
2.0	250~350	250~350		—	—	—	—
2.5			230~350	—	—	200~300	—

续表

焊条直径	焊条长度						
	碳钢焊条 GB/T 5117	低合金钢焊条 GB/T 5118	不锈钢焊条 GB/T 983	堆焊焊条 GB/T 984		铸铁焊条 GB/T 10044	
				冷拔焊芯	铸造焊芯	冷拔焊芯	铸造焊芯
3.2	350～450	350～450	300～460	300、350	—	300～450	—
4.0			340～460	350、400、450	250～450		350～400
5.0							350～500
6.0	450～700	450～700	—	400、450		400～00	350～500
8.0			—			—	350～500
10	—	—	—	—		—	350～500
12							550～600

（3）药芯的化学成分　焊芯是从热轧盘条拉拔成丝之后截取的，焊丝是以有害元素硫、磷的含量划分质量等级，硫、磷等杂质含量越少越好。此外还需控制碳含量，通常在保证焊缝强度的前提下，碳含量越少越好。

2. 药皮

药皮又称涂料，是焊条中压涂在焊芯表面上的涂覆层。它是矿石、铁合金、纯金属、化工物料和有机物的粉末混合均匀后黏结到焊芯上的。

药皮在焊接过程中起到如下作用。

① 保护：在高温下药皮中某些物质分解出气体或形成熔渣，对熔滴、熔池周围和焊缝金属表面起机械保护作用，免受大气侵入与污染。

② 冶金处理：与焊芯配合，通过冶金反应起到脱氧，去氢，排除硫、磷等杂质和渗入合金元素的作用。

③ 改善焊接工艺性能：通过药皮中某些物质使焊接过程电弧稳定、飞溅少、易于脱渣、提高熔敷度和改善焊缝成形等。

药皮中各原材料根据其作用可以归纳为以下几类：

① 稳弧剂：使焊条容易引弧和在焊接过程中保持电弧燃烧稳定。主要是以含有易电离元素的物质作稳弧剂，如水玻璃、金红石、钛白粉、大理石、钛铁矿等。

② 造渣剂：焊接时能形成具有一定物理、化学性能的熔渣，起保护焊接熔池和改善焊缝成形的作用。大理石、萤石、白云石、菱苦土、长石、白泥、石英、金红石、钛白粉、钛铁矿等属于这一类。

③ 造气剂：在电弧高温下分解出气体、形成对电弧、熔滴和熔池保护的气氛，防止空气中的氧、氢侵入，碳酸盐类物质如大理石、白云石、菱苦土、碳酸钡等，以及有机物，如木粉、淀粉、纤维素、树脂等可作造气剂。

④ 脱氧剂：在焊接过程中起化学冶金反应，降低焊缝金属中的含氢量，以提高焊缝质量和性能。常用的脱氧剂有锰铁、硅铁、钛铁、铝铁、铝锰铁等。

⑤ 合金剂：用于补偿焊接过程合金元素的烧损及向焊缝中过渡某些合金元素，以保证焊缝金属所需的化学成分和性能，根据需要可使用各种铁合金，如锰铁、硅铁、铬铁、钼铁、钒铁、硼铁、稀土等，或纯金属粉，如金属锰、金属铬镍粉、钨粉等。

⑥ 增塑剂：用于改善药皮涂料向焊芯压涂过程中的塑性、滑性和流动性，提高焊条的压涂质量，使焊条表面光滑而不开裂。云母、白泥、钛白粉、滑石和白土等属于这一类。

⑦ 黏结剂：使药皮物料牢固地黏结在焊芯上，并使焊条在烘干后药皮具有一定的强度。常用黏结剂是水玻璃，如钾、钠及锂水玻璃等，此外，还可用酚醛树脂、树胶等。

（二）对焊条的基本要求

对焊条的基本要求可以归纳成四个方面：

1）满足接头的使用性能要求。焊缝金属具有满足使用条件的力学性能和其他物理性能与化学性能。对于结构钢用焊条，必须使焊缝具有足够的强度和韧性；对于不锈钢和耐热钢的焊条，除了要求焊缝金属能有必要的强度和韧性外，还必须具有足够的耐蚀性和耐热性，确保焊缝金属在工作期内安全可靠。

2）满足焊缝工艺性能要求。焊条应具有良好的抗气孔性和抗裂纹的能力；焊接过程不容易发生夹渣或焊缝成形不良等工艺缺陷；飞溅小，电弧稳定；能适应各种位置焊接的需要；脱渣性好，生产效率高；低烟尘和低毒等。

3）自身具有好的内外质量；药粉混合均匀，药皮粘结牢靠，表面光洁、无裂纹、脱落和起泡等缺陷；磨头磨尾圆整干净，尺寸符合要求，焊芯无锈蚀；具有一定的耐湿性，有识别焊条的标志等。

4）制造成本低。

（三）焊条的分类

对焊条可以从其用途、药皮主要的成分、熔渣性质或性能特征等不同的角度去分类。

1. 按用途分类

按用途分类可以分为以下几种：碳钢焊条、低合金钢焊条、钼和铬钼耐热钢焊条、不锈钢焊条、堆焊焊条、低温钢焊条、铸铁焊条、镍及镍合金焊条、铜及铜合金焊条、铝及铝合金焊条、特殊用途焊条等。

2. 按熔渣性质分类

主要是按熔渣的碱度，即熔渣中碱性氧化物与酸性氧化物进行划分，焊条有碱性和酸性两大类。

（1）酸性焊条　药皮中含有大量 SiO_2、TiO_2 等酸性氧化物及一定数量的碳酸盐，其熔渣碱度小于1，酸性焊条的工艺性能好，可以采用交流或直流电源进行焊接，熔渣流动性好，易于脱渣、焊缝外表面美观；因药皮中含有较多硅酸盐、氧化铁和氧化钛等，氧化性较强，焊接时合金元素烧损较多，因而熔敷金属的塑性和韧性较低，有利于熔池中气体逸出，所以不容易产生铁锈、油脂及水造成的气孔，钛型焊条、钛钙型焊条、钛铁型焊条、氧化铁型焊条，均属于酸性焊条。

（2）碱性焊条　药皮中含有大量的如大理石、萤石等的碱性造渣物，并含有一定数量的脱氧剂和合成剂。焊条主要靠碳酸盐（如大理石中的碳酸钙等）分解出的 CO_2 作为保护气体，在弧柱气氛中氢的分压较低，而且萤石中氟化钙在高温时与氢结合氟化氢，从而降低了焊缝中的含氢量，故碱性焊条又称为低氢焊条。碱性渣中氧化钙数量多，熔渣脱硫能力强，熔敷金属抗热裂性能较好；由于焊缝金属中氧和氢含量低，非金属夹杂物较少，故具有较高的塑性和韧性，以及较好的抗冷裂性能；但是由于药皮中含有较多的氟化钙，影响气体电离，所以碱性焊条一般要求采用直流电源，用反接法焊接，只有当药皮中加有稳弧剂后才可以采用交流电源焊接。

碱性焊条一般用于重要焊接结构，如承受动载或刚性较大的结构，这是因为焊缝金属的力学性能好，尤其冲击韧性高。缺点是焊接时产生气孔的倾向较大，对油、水、锈等很敏感，用前高温（300～500℃）烘干；脱渣性能差。

表 4-18 对两类焊条的工艺性能进行了比较。

表 4-18　酸性焊条与碱性焊条工艺性能比较

酸性焊条	碱性焊条
1. 药皮成分氧化性强	1. 药皮成分还原性强
2. 对水、锈产生气孔的敏感性不大,焊条在使用前经150～200℃烘干 1h,若不受潮,也可不烘	2. 对水、锈产生气孔的敏感性较大,要求焊条使用前经300～400℃,1～2h 烘干
3. 电弧稳定,可用交流或直流施焊	3. 由于药皮中含有氟化物恶化电弧稳定性,必须用直流施焊,只有当药皮中加稳弧剂后才可交直流两用
4. 焊接电流较大	4. 焊接电流较同规格的酸性焊条小 10％左右
5. 可长弧操作	5. 必须短弧操作,否则易引起气孔
6. 合金元素过渡效果差	6. 合金元素过渡效果好
7. 除氧化钛型外焊缝成形较好、熔深较浅	7. 焊缝成形尚好、容易堆高、熔深较深
8. 熔渣结构呈玻璃状	8. 焊渣结构呈结晶状
9. 脱渣较容易	9. 坡口内第一层脱渣较困难,以后各层较易
10. 焊缝常、低温冲击性能一般	10. 焊缝常、低温冲击韧性较高
11. 除氧化铁型外抗裂性能较差	11. 抗裂性能好
12. 焊缝金属的含氢量高,易产生白点,影响塑性	12. 焊缝中含氢量少
13. 焊接时烟尘较小	13. 焊接时烟尘较多

3. 按药皮主要成分分类

按药皮的主要成分可以分为八大类：钛型（氧化钛≥35％）、钛钙型（氧化钛 30％以上、碳酸盐 20％以下）、钛铁矿型（钛铁矿≥30％）、氧化铁型（多量氧化铁和较多锰铁脱氧剂）、纤维素型（有机物 15％）、低氢型（含钙、镁的碳酸盐和相当量的萤石）、石墨型（多量石墨）、盐基型（氟盐和氯盐）。由于药皮配方不同，各种药皮类型的熔渣特性、焊接工艺性能有很大的差别。即使同一类型的药皮，由于不同的生产厂家采用不同的药皮成分和配比，在焊接工艺性能等方面会出现明显的区别。

4. 按焊条性能特征分类

实际上是按特殊的使用性能对焊条进行分类，如超低氢焊条、低尘焊条、低毒焊条、立向下焊条、躺焊焊条、打底层焊条、盖面焊条、高效铁粉焊条、重力焊条、防潮焊条、水下焊条等。

二、焊条的主要性能、用途及其选用

在这里仅对结构用钢进行分析。

（一）焊条的主要性能与用途

结构钢焊条包括碳钢焊条和部分低合金钢焊条，主要是用于焊接碳素钢和低合金钢、对这类焊条的主要技术要求是力学性能，如抗拉强度、屈服点、伸长率、冲击吸收功等。

碳钢焊条国家标准只有 E43 系列和 E50 系列两种型号，即熔敷金属抗拉强度只有 420MPa 和 490MPa 两个强度级别；焊接低碳钢［碳含量（质量）＜0.25％］大多使用 E43XX（J42X）系列焊条；低合金钢焊条国家标准中有 E50、E55、E60、E70、E75、E80、

E85、E90、E100 九个系列，除了用于焊接普通低合金高强度钢外，还用于钼和铬钼耐热钢和低温钢的焊接。

（二）焊条的选用

选用焊条的基本原则是确保焊接结构安全使用的前提下，尽量选用工艺性能好和生产效率高的焊条。

确保焊接结构安全使用是选择焊条首先考虑的因素。根据被焊构件的结构特点、母材性质和工作条件（如承载性质、工作温度、接触介质等）对焊缝金属提出安全使用的各项要求，所选焊条都应使之满足。必要时通过焊接性试验来选定。

在生产中有同种金属材料焊接和异种技术材料焊接的两种情况，选用焊条时考虑的因素应有所区别。表 4-19 和表 4-20 介绍了同种钢材和异种钢材焊接时选用焊条的要点。

应当指出在焊接接头设计过程中，必须考虑焊缝金属与母材匹配问题。对于承载的焊接接头，最理想的焊接接头是等强匹配接头，即焊缝强度与母材强度相等的接头。对这种接头是按所谓等强度原则去选用焊接材料。焊条电弧焊时，就是选择熔敷金属的抗拉强度相等或相近于母材的焊条。

但是，随着母材的强度级别提高，焊接时淬硬倾向增大，实现焊缝与母材等强度并不困难，但这时焊缝的塑性、韧性却不足，这常常是接头发生脆性断裂的主要原因。因此，对于某些高强度合金结构提出采用低强匹配焊接接头，即焊缝强度低于母材强度的接头。按这种低强匹配原则选择焊接材料，焊缝强度虽然降低了，但其塑性和韧性却提高了。既增强了接头的抗脆性断裂能力，又提高了焊接时的抗裂性能。所以对于容易发生低应力脆性破坏的焊接结构，特别是厚板大型结构，提出等韧性的接头设计，即按等韧度原则去选用焊接材料。如选用钢韧性焊条，保证接头具有必要强度的同时，又具有高的断裂韧度。

与此相反，采用超强匹配接头，即焊缝强度高于母材强度的接头，对于承载的焊接接头并不可取，因为从断裂力学观点上看，强度高于母材的焊缝金属，其抗裂性能和止裂性能都不及母材金属。其接头中出现的裂纹完全有可能沿焊缝或接头方向扩展，最后造成结构破坏。况且高强度焊缝在焊接时具有较大的冷裂倾向，增加了工艺上的困难。

同种钢材焊接时焊条选用要点见表 4-19，异种钢材焊接时焊条选用要点见表 4-20。

表 4-19　同种钢材焊接时焊条选用要点

选用依据	选用要点
力学性能和化学成分要求	1. 对于普通结构钢,通常要求焊缝金属与母材等强度,应选用熔敷金属抗拉强度等于或稍高于母材的焊条 2. 对于合金结构钢,主要要求焊缝金属力学性能与母材匹配,有时还要求合金成分与母材相同或接近 3. 在被焊结构刚性大、接头应力高、焊缝容易产生裂纹的不利条件下可考虑选用于母材强度低一级的焊条 4. 当母材中碳、硫及磷等元素的含量偏高时,焊缝容易产生裂纹,应选用抗裂性能好的低氢焊条
焊件的使用性能和工作条件要求	1. 对承受动载荷和冲击载荷的焊件,除满足强度要求外,主要保证焊缝金属具有较高的冲击韧性和塑性,选用塑性和韧性较高的低氢焊条 2. 接触腐蚀介质的焊件,应根据介质的性质及腐蚀特征选用不锈钢类焊条或其他耐腐蚀焊条 3. 在高温或低温条件下工作的焊件,应选用相应的耐热钢或低温钢
焊件的结构特点和受力状态	1. 对结构形状复杂、刚性大及大厚度焊件,由于焊接过程中产生很多大的应力,容易使焊缝产生裂纹,应选用抗裂性能好的低氢焊条 2. 对焊接部位难以清理干净的焊件,应选用氧化性强,对铁锈、氧化皮不敏感的酸性焊条 3. 对受条件限制不能翻转的焊件,有些焊缝处于非平焊位置,应选用全位置焊接的焊条

续表

选用依据	选用要点
施工条件及设备	1. 在没有直流电源，而焊接结构又要求必须使用低氢焊条的场合，应选用交直流两用低氢焊条 2. 在狭小或通风条件差的场合，选用酸性焊条或低尘低毒焊条
操作性能	在满足产品性能要求的条件下，尽量选用工艺性能好的酸性焊条
经济效益	在满足使用性能和操作工艺性的条件下，尽量选用成本低、效率高的焊条

表 4-20　异种钢材焊接时焊条选用要点

异种金属	选用要点
强度级别不同的碳钢和低合金、低合金钢和低合金钢	1. 一般要求焊缝金属及接头的强度不低于两种被焊金属的最低强度，因此选用的焊条应能保证焊缝及接头的强度不低于强度较低钢材的强度，同时焊缝的塑性和冲击韧性应不低于强度较高而塑性较差的钢材的性能 2. 为了防止裂纹，应按焊接性较差的钢种确定焊接工艺，包括焊接工艺参数、预热温度及焊后处理等
低合金钢和奥氏体不锈钢	1. 通常按照对熔敷金属的化学成分限定的数值来选用焊条，建议使用铬镍含量高于母材、塑性和抗裂性较好的不锈钢焊条 2. 对于非重要结构的焊接，可选用与不锈钢相对应的焊条

（三）建筑钢结构焊条的选用

手工电弧焊焊条选用见表 4-21。

表 4-21　手工电弧焊焊条选用

焊接方法	母材规范	焊接材料规范
SMAW	Q235A	E4303①
SMAW	Q235B、C、D	E4303①　E4328　E4315　E4316
SMAW	Q295A	E4303①
SMAW	Q295B	E4328　E4315　E4316
SMAW	Q345A	E5003
SMAW	Q345B	E5003①　E5015　E5016　E5018
SMAW	Q345C、D	E5015　E5016　E5018
SMAW	Q345E	②
SMAW	Q420A、B Q420C、D	E5515-D3　E5515-G E5516-D3　E5515-G
SMAW	Q420E	②
SMAW	Q460C、D	E6015-D1　E6015-G E5516-D1　E5516-G
SMAW	Q460E	②

① 用于一般结构；

② 由供需双方决定。

三、焊条的使用和管理

（一）焊前再烘干

焊条在出厂前经过高温烘干，并用防潮材料以袋、筒、罐等形式包装（起到一定防止药皮吸潮作用），一般应在使用前拆封。考虑到焊条长期储运过程中难免受潮，为确保焊接质量，用前仍需按产品说明书的规定进行再烘干。

再烘干温度由药皮类型确定，一般酸性焊条取 70～150℃ 范围，最高不超过 200℃，烘焙 1～1.5h；碱性焊条在 300～400℃ 范围，保温 1～2h。碳钢焊条再烘干工艺参数见表 4-22（供参考）。

表 4-22　碳钢焊条再烘干工艺参数

焊条类别	药皮类型	再烘干工艺参数			
		温度 /℃	时间 /min	烘后允许存放时间/h	允许重复烘干次数
碳钢焊条	纤维素型	70～100	30～60	6	3
	钛型	75～150	30～60	8	5
	钛钙型				
	钛铁矿型				
	低氢型	300～350	30～60	4	3

（二）焊条的保管

焊条一怕受潮变质，二怕误用乱用。这关系到焊接质量和结构安全使用的问题，必须十分重视。一般都把焊接材料的管理列入质量保证体系中的重要一环，建立严格的分级管理制度。一级库主要负责验收、储存与保管。二级库主要负责焊材的预处理、向焊工发放和回收等。

1. 仓库的管理

进厂的焊条必须包装完好，产品说明书、合格证和质量保证书等应齐全。必要时按照国家标准进行复验，合格后方可入库。

焊条应存放在专用仓库内，库内应干燥（室温宜在 10～25℃，相对湿度<50%），整洁和通风良好，不许露天存放或放在有害气体、腐蚀环境内。

堆放时不许直接放在地面上，一般放在离地面不小于 300mm 的架子或垫板上。

焊条应按类别、型号、规格、批次、产地、入库时间等分类存放，并有明显标记，避免混乱。

焊条是一种陶质产品，不像钢焊芯那样耐冲击，所以装卸货时应轻拿轻放；用袋、盒包装的焊条，不能用挂钩搬运，以防止焊条及其包装受损伤。

要定期检查，发现有受潮、污损、错发等应及时处理。库存不宜过多，应先进先用，避免储存时间过长。

要有严格的发放制度，做好记录。焊条的来龙去脉应清楚可查，防止错发误领。

2. 施工中的管理

在领用活再烘干焊条时，必须核查其牌号、型号、规格等，防止出错。

不同类型焊条一般不能在同一炉中烘干，烘干时，焊条堆放不能太厚（以 1～3 层为好），以免焊条受热不均，潮气不易排除。

焊接重要产品时，尤其是野外露天作业，最好每个焊工配备一个小型焊条保温筒，施工时将烘干焊条放入保温筒内，保持 50～60℃，随用随取。

用剩的焊条不能露天存放，最好送回烘箱内。

对存放期长的焊条的处理：如果保管条件好，受潮不严重，没有药皮变质，烘干后可使用。存放时间长的焊条，有时在焊条表面上发现白色晶体（发毛），这是由水玻璃引起，结晶虽无害，但说明焊条存放时间过长而受潮。对存放多年的焊条应进行工艺性能试验，没有异常变化（如药皮无脱落，无大量飞溅），无气孔、裂纹等缺陷，则焊条的力学性能一般尚可保证，仍可用于一般构件的焊接。对于重要构件，最好按国家标准试验其力学性能然后再决定取舍。

如果焊芯严重锈蚀，铁粉焊条的药皮也严重锈蚀，这样的焊条虽经再次烘干，焊接时仍会产生气孔，且扩散氢含量很高，应当报废。药皮严重受损或严重脱落的焊条也应报废。

四、焊条型号

（一）碳钢焊条

1. 焊条型号表示方法

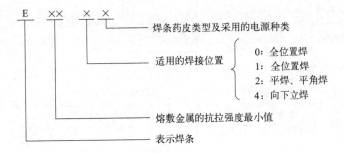

2. 碳钢焊条型号划分

根据 GB/T 5117《碳钢焊条》标准规定，碳钢焊条型号按熔敷金属的抗拉强度、药皮类型、焊接位置和焊接电流种类划分，见表 4-23。碳钢焊条型号编制方法如下：字母"E"表示焊；前两位数表述熔敷金属抗拉强度的最小值，单位为 kgf/mm^2（$1kgf/mm^2 \approx 10MPa$）；第三位数字表示焊条的焊接位置，"0"及"1"表示焊条适用于全位置焊接，"2"表示焊条适用于平焊和平角焊，"4"表示焊条适用于向下立焊；第三位和第四位数字组合时表示焊接电流种类和药皮类型，在第四位数字后面附加"R"表示耐热吸潮焊条，附加"M"表示对吸潮和力学性能有特殊规定的焊条，附加"-1"表示对冲击性能有特殊规定的焊条。

表 4-23　碳钢焊条型号划分

焊条型号	药皮类型	焊接位置	电流种类	力学性能		
				σ_b /MPa	$\sigma_{0.2}$ /MPa	δ /mm
E43 系列——熔敷金属抗拉强度≥420MPa						
E4300	特殊型	平、横、立、仰	交流或直流正、反接	≥420	≥330	≥22
E4301	钛铁矿型					
E4303	钛钙型					
E4310	高纤维钠型		直流反接			
E4311	高纤维钾型		交流或直流反接			

续表

焊条型号	药皮类型	焊接位置	电流种类	力学性能		
				σ_b /MPa	$\sigma_{0.2}$ /MPa	δ /mm
E43 系列——熔敷金属抗拉强度≥420MPa						
E4312	高钛钠型	平、横、立、仰	交流或直流正接	≥420	≥330	≥17
E4313	高钛钾型		交流或直流正、反接			
E4315	低氢钠型		直流反接			
E4316	低氢钾型		交流或直流反接			≥22
E4320	氧化铁型	平角焊	交流或直流正接			不要求
E4322		平	交流或直流正、反接			
E4323	铁粉钛钙型	平、平角焊	交流或直流正、反接		≥330	≥22
E4324	铁粉钛型					≥17
E4327	铁粉氧化铁型		交流或直流正接			≥22
E4328	铁粉低氢型		交流或直流反接			
E50 系列——熔敷金属抗拉强度≥490MPa						
E5001	钛铁矿型	平、横、立、仰	交流或直流正、反接	≥490	≥400	≥20
E5003	钛钙型					
E5011	高纤维钾型		交流或直流反接			
E5014	铁粉钛型		交流或直流正、反接			≥17
E5015	低氢钠型		直流反接			
E5016	低氢钾型		交流或直流反接			≥22
E5018	铁粉低氢型					
E5018M	铁粉低氢型		直流反接		365～500	≥24
E5023	铁粉钛钙型	平、平角焊	交流或直流正、反接		≥400	≥17
E5021	铁粉钛型					
E5027	铁粉氧化铁型		交流或直流正接			≥22
E5028	铁粉低氢型		交流或直流反接			
E5048		平、立、仰、立向下				

注：1. 直径大于 4mm 的 E5014、E5015、E5016、E5018 焊条及直径不大于 5mm 的其他型号焊条可适用于立焊和仰焊。
2. E4322 型焊条适宜单道焊。

（二）低合金焊条

根据 GB/T 5118《低合金钢焊条》标准规定，低合金焊条型号按熔敷金属力学性能、化学成分、药皮类型、焊接位置和焊接电流种类划分，见表 4-24。

表 4-24 低合金钢焊条型号划分

焊条型号	药皮类型	焊接位置	电流种类	力学性能		
				σ_b /MPa	$\sigma_{0.2}$ /MPa	δ /mm
E50 系列——熔敷金属抗拉强度≥490 MPa						
E5003-X	钛钙型	平、横立、仰	交流或直流正、反接	≥490	≥390	≥20
E5010-X	高纤维钠型		直流反接			
E5011-X	高纤维钾型		交流或直流反接			
E5015-X	低氢钠型		直流反接			≥22
E5016-X	低氢钾型		交流或直流反接			
E5018-X	铁粉低氢型					
E5020-X	高氧化铁型	平角焊	交流或直流正接			
		平	交流或直流正、反接			
E5027-X	铁粉氧化铁型	平角焊	交流或直流正接			
		平	交流或直流正、反接			
E55 系列——熔敷金属抗拉强度≥540MPa						
E5500-X	特殊型	平、横立、仰	交流或直流正、反接	≥540	≥440	≥16
E5503-X	钛钙型		交流或直流正、反接			
E5510-X	高纤维钠型		直流反接			≥17
E5511-X	高纤维钾型		交流或直流反接			
E5513-X	高钛钾型		交流或直流正、反接			≥16
E5515-X	低氢钠型		直流反接			≥22
E5516-X	低氢钾型		交流或直流反接			
E5518-X	铁粉低氢型					
E60 系列——熔敷金属抗拉强度≥590MPa						
E6000-X	特殊型	平、横立、仰	交流或直流正、反接	≥590	≥490	≥14
E6010-X	高纤维钠型		直流反接			≥15
E6011-X	高纤维钾型		交流或直流反接			
E6013-X	高钛钾型		交流或直流正、反接			≥14
E6015-X	低氢钠型		直流反接			≥15
E6016-X	低氢钾型		交流或直流反接			
E6018-X	铁粉低氢型					
E6018-M			直流反接			≥22
E70 系列——熔敷金属抗拉强度≥690MPa						
E7010-X	高纤维钠型	平、横立、仰	直流反接	≥690	≥590	≥15
E7011-X	高纤维钾型		交流或直流反接			
E7013-X	高钛钾型		交流或直流正、反接			≥13
E7015-X	低氢钠型		直流反接			≥15
E7016-X	低氢钾型		交流或直流反接			
E7018-X	铁粉低氢型					
E7018-M			直流反接			≥16

续表

焊条型号	药皮类型	焊接位置	电流种类	力学性能		
				σ_b /MPa	$\sigma_{0.2}$ /MPa	δ /mm
E75 系列——熔敷金属抗拉强度≥740MPa						
E7515-X	低氢钠型	平、横 立、仰	直流反接	≥740	≥640	≥13
E7516-X	低氢钾型		交流或直流反接			
E7518-X	铁粉低氢型					
E7518-M			直流反接			≥18
E80 系列——熔敷金属抗拉强度≥780MPa						
E8015-X	低氢钠型	平、横 立、仰	直流反接	≥780	≥690	≥13
E8016-X	低氢钾型		交流或直流反接			
E8018-X	铁粉低氢型					
E85 系列——熔敷金属抗拉强度≥830MPa						
E8515-X	低氢钠型	平、横 立、仰	直流反接	≥830	≥740	≥12
E8516-X	低氢钾型		交流或直流反接			
E8518-X	铁粉低氢型					
E8518-M			直流反接			≥15
E90 系列——熔敷金属抗拉强度≥880MPa						
E9015-X	低氢钠型	平、横 立、仰	直流反接	≥880	≥780	
E9016-X	低氢钾型		交流或直流反接			
E9018-X	铁粉低氢型					
E100 系列——熔敷金属抗拉强度≥980MPa						
E9015-X	低氢钠型	平、横 立、仰	直流反接	≥980	≥880	≥12
E9016-X	低氢钾型		交流或直流反接			
E9018-X	铁粉低氢型					

注：1. 后缀字母 X 代表熔敷金属化学成分分类代号 A1、B1、B2 等，详见标准。

2. 直径大于 4mm 的 EXX15-X、EXX16-X、EXX18-X 焊条及直径不大于 5mm 的其他型号焊条可适用于立焊和仰焊。

（三）不锈钢焊条

不锈钢焊条型号表示方法如下。

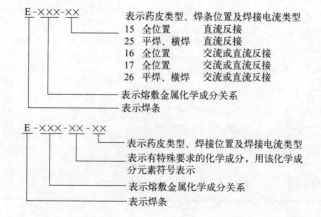

GB/T 983—2012 与 GB/T 983—1995 焊条表示方法相比，原来型号直接以熔敷金属中碳、铬、镍平均含量表示，而现在则以代号表示，该代号与美国、日本等国家的不锈钢材的牌号相同，世界上大多数工业国家都将不锈钢焊条型号与不锈钢材代号设为一致。

（四）堆焊焊条

堆焊焊条型号及表示方法如下。

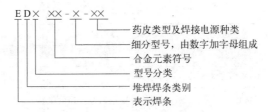

堆焊焊条型号与堆焊成分分类见表 4-25。

表 4-25　堆焊焊条型号与堆焊成分分类

型号分类	熔化金属化学成分组成类别	对应的焊条牌号
EDP××-××	普通低、中合金钢	D10×～24×
EDR××-××	热强合金钢	D30×～49×
EDCr××-××	高铬钢	D50×～59×
EDMn××-××	高锰钢	D25×～29×
EDCrMn××-××	高铬锰钢	D50×～59×
EDCrNi××-××	高铬镍钢	D50×～59×
EDD××-××	高速钢	D30×～49×
EDZ××-××	合金铸钢	D60×～69×
EDZCr××-××	高铬铸钢	D60×～69×
EDCoCr××-××	钴基合金	D80×～89×
EDW××-××	碳化钨	D90×～99×
EDT××-××	特殊钢	D00×～09×

除上述焊条外，还有低温钢焊条、铸钢焊条、铜及铜合金焊条、镍及镍合金焊条、铝及铝合金焊条以及部分特殊焊条，在此不一一详述。

第八节　建筑钢结构手工电弧焊（SMAW)施工工艺

一、适用范围

本工艺适用于建筑钢结构焊接工程中桁架或网架（壳）结构、多层和高层梁-柱框架结构等工业与民用建筑和一般构筑物，钢材厚度大于或等于 3mm 的碳素结构钢和低合金高强度结构钢。

二、施工准备

（一）材料

1. 主要材料

钢材的品种、规格、性能应符合设计要求，进口钢材产品的质量应符合设计和合同规定标准的要求，并具有产品质量合格证明文件和检验报告；进厂后，应按 GB 50205《钢结构工程施工质量验收标准》的要求分检验批进行检查验收。常用钢材分类见表 4-26。

碳素结构钢和低合金高强度结构钢应符合 GB/T 700《碳素结构钢》、GB/T 699《优质碳素结构钢》、GB/T 1591《低合金高强度结构钢》、GB/T 5313《厚度方向性能钢板》、GB/T 19879《建筑结构用钢板》规定。

表 4-26　常用钢材分类

类别号	钢材强度级别	类别号	钢材强度级别
I	Q215、Q235	III	Q390、Q420
II	Q295、Q345、Q355	IV	Q460

注：国内新材料和国外钢材按其化学成分、力学性能和焊接性能归入相应级别。

当采用其他钢材替代设计选用的材料时，必须经原设计单位同意。

对属于下列情况之一的钢材应进行抽样复验，其复验结果应符合现行国家产品标准和设计要求：①国外进口钢材；②钢材混批；③板厚等于或大于 40mm，且设计有 Z 向性能要求的厚板；④建筑结构安全等级为一级，大跨度钢结构中主要受力构件所采用的钢材；⑤设计有复验要求的钢材；⑥对质量有疑义的钢材。

钢板厚度及允许偏差应符合其产品标准的要求；型钢的规格尺寸及允许偏差应符合其产品标准的要求；钢材的表面外观质量除应符合国家现行有关标准的规定。此外，尚应符合下列规定：①当钢材的表面有锈蚀、麻点或划痕等缺陷时其深度不得大于该钢材厚度负允许偏差值的 $\frac{1}{2}$；②钢材表面的锈蚀等级应符合现行国家标准 GB/T 8923《涂覆涂料前钢材表面处理》规定的 C 级及 C 级以上；③钢材端边或断口处不应有分层夹渣等缺陷。

2. 焊接材料

焊接材料的品种、规格、性能等应符合现行国家产品标准和设计要求，进厂后应按 GB 50205《钢结构工程施工质量验收标准》的要求分检验批进行检查验收。

焊接材料应具有产品合格证明文件和检验报告，其化学成分、力学性能和其他质量要求必须符合国家现行标准规定；当采用其他焊接材料替代设计选用的材料时，必须经原设计单位同意。

大型、重型及特殊钢结构的主要焊缝采用的焊接填充材料，应按生产批号进行复验，复验应由国家质量技术监督部门认可的质量监督检测机构进行，复验结果应符合现行国家产品标准和设计要求。

3. 配套材料

① 焊接辅助材料：引、熄弧板，衬垫板，嵌条，定位板等应满足 JGJ 81《建筑钢结构焊接技术规程》的要求。

② 胎架、平台、L 形焊接支架、平台支架等。

（二）机具设备

1. 机械

交、直流手工电弧焊机，配电箱，焊条烘干箱，焊条保温筒，电动砂轮机，风动砂磨机，角向磨光机，行车或吊车等。

2. 工具

火焰烤枪、手割炬、打磨机、磨片、大力钳、尖嘴钳、螺丝刀、扳手套筒、老虎钳、气铲或电铲、手铲、小榔头、字模钢印、焊接面罩、焊接枪把、碳刨钳、插头、接线板、白玻璃、黑玻璃、飞溅膏、起重翻身吊具、钢丝绳、卸扣、手推车等。

3. 量具

卷尺，塞尺，焊缝量规，接触式、红外式或激光测温仪等。

4. 无损检查设备

放大镜、磁粉探伤仪、渗透探伤仪、模拟或数字式超声波探伤仪、探头、超声波标准对比试块、X射线或γ射线探伤仪、线型或孔型像质计、读片器、涡流探伤仪等。

（三）作业条件

1）按被焊件接头和结构形式，选定满足和适应作业的场地。

2）准备板材焊接平台、管材和空心球焊接专用胎架和转胎、BH和十字构件焊接专用L形焊接支架和平台支架、BOX构件焊接专用平台支架，平台、胎架和支架应检查测平。

3）按钢结构施工详图和钢结构焊接工艺方案要求，准备引弧板、熄弧板、衬垫板、嵌条、定位板等焊接辅助材料。

4）焊条焊接材料应根据材质、种类、规格分类堆放在干燥的焊材储藏室，焊条不得有锈蚀、破损、脏物，焊丝不得有锈蚀、油污；焊条应按焊条产品说明书要求烘干。低氢型焊条烘干温度应为350～380℃，保温时间应为1.5～2h，烘干后应缓冷放置于100～120℃保温箱中存放、待用，领用时应置于保温筒中；烘干后的低氢型焊条在大气中放置时间超过4h应重新烘干；焊条重复烘干次数不宜超过2次；受潮的焊条不应使用。

5）按被焊件接头和结构形式，布置施工现场焊接设备，定位、打底、修补焊接用手工焊机配置到位；用于焊接预热、保温、后热的火焰烤枪、电加热自动温控仪配置到位。

6）确认电源容量合理及接地可靠，熟悉防火设备的位置和使用方法。

7）按钢结构施工详图、钢结构制作工艺要领、钢结构焊接工艺方案和施工作业文件，材料下料切割后，焊接接头坡口切割、打磨，完成板材接头、管材结构、BH构件、十字构件、BOX构件、空心球等组对，并经工序检验合格，质检员签字同意转移至焊接工序。

8）焊接作业环境要求如下。

① 控制焊接作业区风速。当手工电弧焊超过8m/s应设防风棚或采取其他防风措施，制作车间内焊接作业区有穿堂风或鼓风机时，也应按以上规定设挡风装置。

② 焊接作业区的相对湿度不得大于90%。

③ 当焊件表面潮湿或有冰雪覆盖时，应采取加热去湿除潮措施。

④ 焊接作业区环境温度低于0℃时，应将构件焊接区各方向大于或等于2倍钢板厚度且不小于100mm范围内的母材，加热到20℃以上后方可施焊，且在焊接过程中均不应低于这一温度；实际加热温度应根据构件构造特点、钢材类别及质量等级和焊接性、焊接材料熔敷金属扩散氢含量、焊接方法和焊接热输入等因素确定，其加热温度应高于常温下的焊接预热温度，并由焊接技术责任人员制订出作业方案经认可后方可实施；作业方案应保证焊工操作技能不受环境低温的影响，同时对构件采取必要的保温措施。

⑤ 焊接作业区环境不符合规定但必须焊接时，应对焊接作业区设置防护棚并由施工企业制订出具体方案，连同低温焊接工艺参数、措施报监理工程师确认后方可实施。

9）室外移动式简易焊接房要能防风、防雨、防雷电，需有漏电、触电防护。

（四）技术准备

1. 单位资质和体系

应具有国家认可的企业资质和焊接质量管理体系。

2. 人员资质

焊接技术责任人员、焊接质检人员、无损探伤人员、焊工与焊接操作工、焊接辅助人员，应满足 JGJ 81 的要求。

3. 焊材选配与准备

焊条等焊接材料与母材的匹配，应符合设计要求及 JGJ 81 的规定，焊条在使用前应按其产品说明书及焊接工艺文件的规定进行烘焙和存放。

4. 常用结构钢焊条选配

参见表 4-27。

表 4-27　常用结构钢手工电弧焊焊条选配表

钢材牌号	钢材等级	焊条型号	钢材牌号	钢材等级	焊条型号
Q235	A	E4303	Q390	A	E5015、E5016、E5515-D3、E5515-G、E5516-D3、E5516-G
	B	E4303、E4328 E4315、E4316		B	
	C			C	
	D			D	
Q295	A	E4303		E	由供需双方协议
	B	E4315、E4316、E4328	Q420	A	E5515-D3、E5515-G、E5516-D3、E5516-G
Q345	A	E5003		B	
	B	E5003、E5015、E5016、E5018		C	
	C	E5015、E5016、E5018		D	
	D			E	由供需双方协议
	E	由供需双方协议	Q460	C	E6015-D1、E6015-G
				D	E6016-D1、E6016-G
				E	由供需双方协议

5. 焊接工艺评定试验

焊接工艺评定试验应按 JGJ 81 的规定实施，由具有国家质量技术监督部门认证资质的检测单位进行检测试验。

凡符合以下情况之一者，应在钢结构构件制作之前进行焊接工艺评定：①国内首次应用于钢结构工程的钢材（包括钢材牌号与标准相符但微合金强化元素的类别不同和供货状态不同，或国外钢号国内生产）。②国内首次应用于钢结构工程的焊接材料。③设计规定的钢材类别、焊接材料、焊接方法、接头形式、焊接位置、焊后热处理制度以及施工单位所采用的焊接工艺参数、预热后热措施等各种参数的组合条件为施工企业首次采用。

特殊结构或采用屈服强度等级超过 390MPa 的钢材、新钢种、特厚材料及焊接新工艺的钢结构工程的焊接制作企业应具备焊接工艺试验室和相应的试验人员。

钢结构工程中选用的新材料必须经过新产品鉴定；钢材应由生产厂提供焊接性资料、指导性焊接工艺、热加工和热处理工艺参数、相应钢材的焊接接头性能数据等资料；焊接材料应由生产厂提供储存及焊前烘焙参数规定、熔敷金属成分、性能鉴定资料及指导性施焊参数，经专家论证、评审和技术部门焊接工艺评定合格后，方可在工程中采用。

6. 编制焊接工艺方案

设计板材、构件焊接支承胎架并验算其强度、刚度、稳定性，审核报批，组织技术交底。焊接工艺文件应符合下列要求：

施工前应由焊接技术责任人员根据焊接工艺评定结果编制焊接工艺文件，并向有关操作人员进行技术交底，施工中应严格遵守工艺文件的规定。

焊接工艺文件应包括下列内容：

1）焊接方法或焊接方法的组合；

2）母材的牌号、厚度及其他相关尺寸；

3）焊接材料型号、规格；

4）焊接接头形式、坡口形状及尺寸允许偏差；

5）夹具、定位焊、衬垫的要求；

6）焊接电流、焊接电压、焊接速度、焊接层次、清根要求、焊接顺序等焊接工艺参数规定；

7）预热温度及层间温度范围；

8）后热、焊后消除应力处理工艺；

9）检验方法及合格标准；

10）其他必要的规定。

三、操作工艺

（一）工艺流程

坡口准备，板材、构件组装→定位焊→引、熄弧板配置→预热→焊接、层间检查控制→焊后处理→焊缝尺寸与外观检查→无损检测

（二）操作方法

1. 坡口准备，板材、构件组装

板材，管材，H 型梁，十字形，箱形组装的焊接接头坡口按钢结构工程施工详图或焊接技术规程 JGJ 81 规定执行。

焊接坡口可用火焰切割或机械方法加工，当采用火焰切割时，切割面质量应符合 JB/T 10045《热切割　质量和几何技术规范》的相应规定。缺棱为 1～3mm 时，应修磨平整；缺棱超过 3mm 时，应用直径不超过 3.2mm 的低氢型焊条补焊，并修磨平整；当采用机械方法加工坡口时，加工表面不应有台阶。

按制作工艺和焊接工艺要求，进行板材接头、管材结构、BH 构件、十字构件、BOX 构件组对。施焊前，焊工应检查焊接部位的组装和表面清理的质量，焊接拼制件待焊金属表面的轧制铁鳞应用砂轮修磨清除。施焊部位及其附近 30～50mm 范围内的氧化皮、渣皮、水分、油污、铁锈和毛刺等杂物必须去除，当不符合要求时，应修磨补焊合格后方能施焊。坡口组装间隙超过允许偏差规定时，可在坡口单侧或两侧堆焊、修磨使其符合要求，但当坡口组装间隙超过较薄板厚度 2 倍或大于 20mm 时，不应用堆焊方法增加构件长度和减小组装间隙。

搭接接头及 T 形角接接头组装间隙超过 1mm 或管材 T、K、Y 形接头组装间隙超过 1.5mm 时，施焊的焊脚尺寸应比设计要求值增大并应符合 JGJ 81 中"关于焊缝的计算厚

度"的规定，但 T 形角接接头组装间隙超过 5mm 时，应先在板端堆焊并修磨平整或在间隙内堆焊填补后施焊。

严禁在接头间隙中填塞焊条头、铁块等杂物。

2. 定位焊

构件的定位焊是正式焊缝的一部分，因此定位焊缝不允许存在裂纹等不能最终熔入正式焊缝的缺陷，定位焊必须由持证合格焊工施焊。

定位焊缝应避免在产品的棱角和端部等在强度和工艺上容易出问题的部位进行；T 形接头定位焊应在两侧对称进行。

定位焊预热温度应比填充焊接预热温度高 20~30℃。

定位焊采用的焊接材料型号，应与焊接材质相匹配；角焊缝的定位焊焊脚尺寸最小不宜小于 5mm，且不大于设计焊脚尺寸的 1/2，对接焊缝的定位焊厚度不宜大于 4mm。

定位焊的长度和间距，应视母材的厚度、结构形式和拘束度来确定，一般定位焊缝应距设计焊缝端部 30mm 以上，焊缝长度应为 50~100mm，间距应为 400~600mm。

焊接开始前或焊接过程中，发现定位焊有裂纹，应彻底清除定位焊后，再进行焊接。

钢衬垫的定位焊宜在接头坡口内焊接，定位焊焊缝厚度不宜超过设计焊缝厚度的 2/3。

焊接垫板的材质应与母材相同并应在构件固定端的背面定位焊，定位焊时采用火焰预热，温度为 150℃，当两个构件组对完毕，活动端无法从背面点焊，应在坡口内定位焊，当预热温度达到要求时，定位焊顺序应从坡口中间往两端进行，以防止垫板变形。

3. 引弧板、引出板

承受动载荷且需经疲劳验算的构件焊缝严禁在焊缝以外的母材上打火、引弧或装焊夹具。

其他焊缝也不应在焊缝以外的母材上打火、引弧。

T 形接头、十字形接头、角接接头和对接接头的主焊缝两端，必须配置引弧板和引出板，其材质应和被焊母材相同，坡口形式应与被焊焊缝相同，禁止使用其他材质的材料充当引弧板和引出板。

手工电弧焊焊缝的引出长度应大于 25mm，其引弧板和引出板的宽度应大于 50mm，长度宜为板厚的 1.5 倍且不小于 30mm，厚度应不小于 6mm。

焊接完成后，应用火焰切割去除引弧板和引出板，并修磨平整，不得用锤击落引弧板和引出板。

4. 预热和层间温度

碳素结构钢 Q235 厚度大于 40mm，低合金高强度结构钢 Q345 厚度大于 25mm，环境温度为常温时，其焊接前预热温度宜按表 4-28 规定执行。

表 4-28　钢材最低预热温度要求

钢材牌号	接头最厚部件的厚度/mm				
	$t<25$	$25 \leqslant t \leqslant 40$	$40 < t \leqslant 60$	$60 < t \leqslant 80$	$t>80$
Q235	—	—	60℃	80℃	100℃
Q345	—	60℃	80℃	100℃	140℃
Q460E	—	—	—	—	>150℃

当操作地点温度低于常温高于 0℃时，应提高预热温度 15~25℃；其他条件不变时，T

形接头应比对接接头的预热温度高 25～50℃。

Q345GJ 预热温度参考 Q345 执行；Q460E 钢材在常温下，当板厚 $t=100～110mm$ 时，最低预热温度为 150℃，铸钢厚度 $t=100～150mm$ 时，预热温度为 150～200℃。

焊接接头两端板厚不同时，应按厚板确定预热温度，焊接接头材质不同时，按强度高、碳当量高的钢材确定预热温度。

焊前预热及层间温度的保持宜采用电加热器、火焰加热器等加热，并采用专用的测温仪器测量。

厚板焊前预热及层间温度的保持应优先采用电加热器，板厚 25mm 以下也可用火焰加热器加热，并采用专用的接触式热电偶测温仪测量。

预热的加热区域应在焊缝两侧，加热宽度应各为焊件待焊处厚度的 1.5 倍以上，且不小于 100mm。可能时应在焊件反面测量，测量点应在离电弧经过前的焊接点各方向不小于 75mm 处。箱形杆件对接时不能在焊件反面测量，则应根据板厚不同适当提高正面预热温度，以便使全板厚达到规定的预热温度。当用火焰加热器时正面测量应在加热停止后进行。

焊接返修处的预热温度应高于正常预热温度 50℃左右，预热区域应适当加宽，以防止发生焊接裂纹。

层间温度范围的最低值与预热温度相同，其最高值应满足母材热影响区不过热的要求，Q460E 钢规定的焊接层间温度低于 200℃，其他钢种焊接层间温度低于 250℃。

预热操作及测温人员必须经过培训，以确保规定加热制度的准确执行。

5. 后热

当技术方案有焊后消氢热处理要求时，焊件应在焊接完成后立即加热到 250～300℃。保温时间根据板厚按每 25mm 板厚不小于 0.5h 且总保温时间不得小于 1h 确定。达到保温时间后用岩棉被包裹缓冷，其加热、测温方法和操作人员培训要求与预热相同。

6. 多层焊的施焊应符合的要求

厚板多层焊时应连续施焊，每一焊道焊接完成后应及时清理焊渣及表面飞溅物，发现影响焊接质量的缺陷时，应清除后方可再焊，在连续焊接过程中应控制焊接区母材温度，使层间温度的上、下限符合工艺文件要求，当遇有中断施焊，应采取适当的后热、保温措施，再次焊接时重新预热温度应高于初始预热温度。

坡口底层焊道采用焊条手工电弧焊时宜使用不大于 $\phi4mm$ 的焊条施焊，底层根部焊道的最小尺寸应适宜，但最大厚度不应超过 5mm。

7. 塞焊和槽焊

塞焊和槽焊可采用手工电弧焊焊接方法。平焊时，应分层熔敷焊缝，每层熔渣冷却凝固后，必须清除方可重新焊接。立焊和仰焊时，每道焊缝焊完后，应待熔渣冷却并清除后方可施焊后续焊道。

8. 焊接工艺参数

焊条手工电弧焊的焊接工艺参数如下。

1）电源极性：采用交流电源时，焊条与工件的极性随电源频率周期性变换，电源稳定性较差。采用直流电源时，工件接正极称为正极性（或正接），工件接负极称为反极性（或反接）。一般酸性焊条本身稳弧性较好，可用交流电源施焊；碱性药皮焊条稳弧性较差，必须用直流反接才可以获得稳定的焊接电弧，焊接时飞溅较小。

2）弧长与焊接电压：焊接时焊条与工件距离变化立即引起焊接电压的改变，弧长增大时，电压升高，使焊缝的宽度增大，熔深减小，弧长减小则得到相反的效果，一般低氢型碱性焊条要求短弧、低电压操作才能得到预期的焊缝性能。

3）焊接电流：焊接电流对电弧的稳定性和焊缝熔深有极为密切的影响，焊接电流的选择还应与焊条直径相配合，一般按焊条直径的约 40 倍值选择焊接电流，如 $\phi 3.2mm$ 焊条可使用电流范围为 $100\sim140A$，$\phi 4.0mm$ 焊条为 $120\sim190A$，$\phi 5.0mm$ 焊条为 $180\sim250A$，但立、仰焊位置时宜减少 $15\%\sim20\%$。焊条药皮类型对选择焊接电流值亦有影响，主要是由于药皮的导电性不同，如铁粉型焊条药皮导电性强，使用电流较大。

4）焊接速度：焊接速度过小，母材易过热变脆，同时还会造成焊缝余高过大成形不好；焊接速度过大，会造成夹渣、气孔、裂纹等缺陷。一般焊接速度应与焊接电流相匹配。

5）运条方式：手工电弧焊的运条方式有直线形式和横向摆动式。在焊接低合金高强结构钢时，要求焊工采取多层多道的焊接方法，在立焊位置摆动幅度不允许超过焊条直径的 3 倍，在平、横、仰焊位置禁止摆动，焊道厚度不得超过 5mm，以获得良好的焊缝性能。

6）焊接层次：无论角接还是对接，均要根据板厚和焊道的厚度、宽度安排焊接层次、道次以完成整个焊缝。

9. 控制焊接变形的工艺措施

宜按下列要求采用合理的焊接顺序控制变形：

1）对接接头、T 形接头和十字接头坡口焊接，在工件放置条件允许或易于翻身的情况下，宜采用双面坡口对称顺序焊接；有对称截面的构件，宜采用对称于构件中轴的顺序焊接。

2）双面非对称坡口焊接，宜采用先焊深坡口侧部分焊缝、后焊浅坡口侧，最后焊完深坡口侧焊缝的顺序。

3）长焊缝宜采用分段退焊法或与多人对称焊接法同时运用；

4）宜采用跳焊法，避免工件局部加热集中。

宜采用反变形法控制角变形。一般构件可用定位焊固定同时限制变形。大型、厚板构件宜用刚性固定法增加结构焊接时的刚性。大型结构宜采取分部组装焊接、分别矫正变形后再进行总装焊接或连接的施工方法。

10. 熔化焊缝缺陷返修工艺

焊缝表面缺陷超过相应的质量验收标准时，对气孔、夹渣、焊瘤、余高过大等缺陷应用砂轮修磨、铲、凿、钻、铣等方法去除，必要时应进行焊补，对焊缝尺寸不足、咬边、弧坑未填满等缺陷应进行焊补。

经无损检测确定焊缝内部存在超标缺陷时应进行返修，返修应符合下列规定：

1）返修前应由施工企业编写返修方案。

2）应根据无损检测确定的缺陷位置、深度，用砂轮打磨或碳弧气刨清除缺陷，缺陷为裂纹时，碳弧气刨前应在裂纹两端钻止裂孔并清除裂纹及其两端各 50mm 长的焊缝或母材。

3）清除缺陷时应将刨槽加工成四侧边斜面角大于 10° 的坡口，并应修整表面、磨除气刨渗碳层，必要时应用渗透探伤或磁粉探伤方法确定裂纹是否彻底清除。

4）焊补时应在坡口内引弧，熄弧时应填满弧坑，多层焊的焊层之间接头应错开，焊缝长度应不小于 100mm；当焊缝长度超过 500mm 时，应采用分段退焊法。

5）返修部位应连续施焊，当中断焊接时，应采取后热、保温措施，防止产生裂纹，再次焊接前宜用磁粉或渗透探伤方法检查，确认无裂纹后方可继续补焊。

6）焊接修补的预热温度应比相同条件下正常焊接的预热温度高，并应根据工程节点的实际情况确定是否采用超低氢型焊条焊接或进行焊后消氢处理。

7）焊缝正、反面各为一个部位，同一部位返修不宜超过两次。

8）对两次返修后仍不合格的部位应重新制订返修方案，经工程技术负责人审批并报监理工程师认可后方可执行。

9）返修焊接应填报返修施工记录及返修前后的无损检测报告，作为工程验收及存档资料。

碳弧气刨应符合下列规定：

1）碳弧气刨工必须经过培训合格后方可上岗操作。

2）应采用直流电源、反接，根据钢板厚度选择碳棒直径和电流，如 $\phi 8mm$ 碳棒采用 $350 \sim 400A$，$\phi 10mm$ 碳棒采用 $450 \sim 500A$。压缩空气压力应达到 0.4MPa 以上。碳棒与工件夹角应小于 45°。操作时应先开气阀，使喷口对准工件待刨表面后再引弧起刨并连续送进、前移碳棒。电流、气压偏小，夹角偏大，碳棒送移不连续均易引起"夹碳"或"粘渣"。

3）发现"夹碳"时，应在夹碳边缘 $5 \sim 10mm$ 处重新起刨，所刨深度应比夹碳处深 $2 \sim 3mm$；发生"粘渣"时可用砂轮打磨。Q420、Q460 及调质钢在碳弧气刨后，不论有无"夹碳"或"粘渣"，均应用砂轮打磨刨槽表面，去除淬硬层后方可进行焊接。

四、质量标准

（一）主控项目

1）焊条、焊丝等焊接材料与母材的匹配应符合设计要求及 JGJ 81《建筑钢结构焊接技术规程》的规定，焊条在使用前，应按其产品说明书及焊接工艺文件的规定进行烘焙和存放。

检查数量：全数检查。

检验方法：检查质量证明书和烘焙记录。

2）焊工必须经考试合格并取得合格证书，持证焊工必须在其考试合格项目及其认可范围内施焊。

检查数量：全数检查。

检验方法：检查焊工合格证及其认可范围、有效期。

3）对首次采用的钢材、焊接材料、焊接方法、焊后热处理等，应进行焊接工艺评定，并应根据评定报告确定焊接工艺。

检查数量：全数检查。

检验方法：检查焊接工艺评定报告。

4）设计要求全焊透的一、二级焊缝应采用超声波探伤进行内部缺陷的检验，超声波探伤不能对缺陷作出判断时，应采用射线探伤，其内部缺陷分级及探伤方法应符合 GB/T 11345《焊缝无损检测 超声检测 技术、检测等级和评定》或 GB/T 3323《焊缝无损检测　射线检测》的规定。

一级、二级焊缝的质量等级及缺陷分级应符合表 4-29 的规定。

表 4-29　一、二级焊缝质量等级及缺陷分级

焊缝质量等级		一级	二级
内部缺陷超声波探伤	评定等级	Ⅱ	Ⅲ
	检验等级	B 级	B 级
	探伤比例	100%	20%
内部缺陷射线探伤	评定等级	Ⅱ	Ⅲ
	检验等级	AB 级	AB 级
	探伤比例	100%	20%

注：探伤比例的计数方法应按以下原则确定：（1）对工厂制作焊缝，应按每条焊缝计算百分比，且探伤长度应不小于 200mm，当焊缝长度不足 200mm 时，应对整条焊缝进行探伤；（2）对现场安装焊缝，应按同一类型、同一施焊条件的焊缝条数计算百分比，探伤长度应不小于 200mm，并应不少于 1 条焊缝。

检查数量：全数检查。

检验方法：检查超声波或射线探伤记录。

5）T 形接头、十字接头、角接接头等要求熔透的对接和角对接组合焊缝，其焊脚尺寸不应小于 $\frac{t}{4}$（图 4-8a、b、c）；设计有疲劳验算要求的吊车梁或类似构件的腹板与上翼缘连接焊缝的焊脚尺寸为 $\frac{t}{2}$（图 4-8d），且不应大于 10mm。焊脚尺寸的允许偏差为 0～4mm。

检查数量：资料全数检查；同类焊缝抽查 10%，且不应少于 3 条。

检验方法：观察检查，用焊缝量规抽查测量。

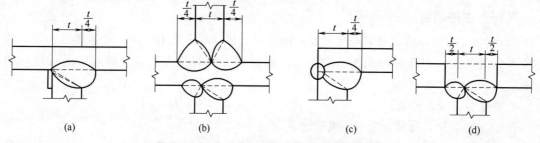

图 4-8　熔透的对接和角对接组合焊缝示意图

6）焊缝表面不得有裂纹、焊瘤等缺陷。一级、二级焊缝不得有表面气孔、夹渣、弧坑裂纹、电弧伤等缺陷；且一级焊缝不得有咬边、未焊满、根部收缩等缺陷。

检查数量：每批同类构件抽查 10%，且不应少于 3 件；被抽查构件中，每一类型焊缝按条数抽查 5%，且不应少于 1 条；每条检查 1 处，总抽查数不应少于 10 处。

检验方法：观察检查或使用放大镜、焊缝量规和钢尺检查，当存在疑义时采用渗透或磁粉探伤检查。

（二）一般项目

1）对于需要进行焊前预热或焊后热处理的焊缝，其预热温度或后热温度应符合国家现行有关标准的规定或通过工艺试验确定；预热区在焊道两侧，每侧宽度均应大于焊件厚度的 1.5 倍以上，且不应小于 100mm；后热处理应在焊后立即进行，保温时间应根据板厚按每 25mm 板厚 1h 确定。

检查数量：全数检查。

检验方法：检查预、后热施工记录和工艺试验报告。

2）二级、三级焊缝外观质量标准应符合表 4-30 的规定。三级对接焊缝应按二级焊缝标准进行外观质量检验。

检查数量：每批同类构件抽查 10％，且不应少于 3 件；被抽查构件中，每一类型焊缝按条数抽查 5％，且不应少于 1 条；每条检查 1 处，总抽查数不应少于 10 处。

检验方法：观察检查或使用放大镜、焊缝量规和钢尺检查。

表 4-30　二级、三级焊缝外观质量标准　　　　　　　　　单位：mm

项目	允许偏差	
缺陷类型	二级	三级
未焊满（指不足设计要求）	$\leqslant 0.2+0.02t$，且$\leqslant 1.0$	$\leqslant 0.2+0.04t$ 且$\leqslant 2.0$
	每 100.0 焊缝内缺陷总长$\leqslant 25.0$	
根部收缩	$\leqslant 0.2+0.02t$，且$\leqslant 1.0$	$\leqslant 0.2+0.04t$ 且$\leqslant 2.0$
	长度不限	
咬边	$\leqslant 0.05t$，且$\leqslant 0.5$，连续长度$\leqslant 100.0$，且焊缝两侧咬边总长$\leqslant 10\%$焊缝全长	$\leqslant 0.1t$，且$\leqslant 1$，长度不限
弧坑裂纹	不允许	允许存在个别长度$\leqslant 5.0$ 的弧坑裂纹
电弧擦伤	不允许	允许存在个别电弧擦伤
接头不良	缺口深度 0.05t，且$\leqslant 0.5$	缺口深度 0.1t，且$\leqslant 1.0$
	每 1000.0 焊缝不应超过 1 处	
表面气孔	不允许	每 50.0 焊缝内允许存在直径$\leqslant 0.4t$，且$\leqslant 3.0$ 的气孔 2 个，孔距应$\geqslant 6$ 倍孔径
表面夹渣	不允许	深$\leqslant 0.2t$，长$\leqslant 0.5t$ 且$\leqslant 20.0$

注：表内 t 为连接处较薄的板厚。

3）焊缝尺寸允许偏差应符合表 4-31 和表 4-32 的规定。

表 4-31　对接焊缝及完全熔透组合焊缝尺寸允许偏差　　　　　单位：mm

序号	项目	示意图	允许偏差	
			一、二级	三级
1	对接焊缝余高 C		$B<20:0\sim 3.0$；$B\geqslant 20:0\sim 4.0$	$B<20:0\sim 4.0$；$B\geqslant 20:0\sim 5.0$
2	对接焊缝错边 d		$d<0.15t$，且$\leqslant 2.0$	$d<0.15t$，且$\leqslant 3.0$

检查数量：每批同类构件抽查 10％，且不应少于 3 件；被抽查构件中，每种焊缝按条数各抽查 5％，但不应少于 1 条；每条检查 1 处，总抽查数不应少于 10 处。

表 4-32　部分焊透组合焊缝和角焊缝外形尺寸允许偏差　　　　　单位：mm

序号	项目	图　例	允许偏差
1	焊脚尺寸 h_f		$h_f \leqslant 6$：$0 \sim 1.5$ $h_f > 6$：$0 \sim 3.0$
2	角焊缝余高 C		$h_f \leqslant 6$：$0 \sim 1.5$ $h_f > 6$：$0 \sim 3.0$

注：1. $h_f > 8.0$mm 的角焊缝其局部焊脚尺寸允许低于设计要求值 1.0mm，但总长度不得超过焊缝长度 10%；
　　2. 焊接 H 形梁腹板与翼缘板的焊缝两端在其 2 倍翼缘板宽度范围内，焊缝的焊脚尺寸不得低于设计值。

检验方法：用焊缝量规检查。

4）焊成凹形的角焊缝，焊缝金属与母材间应平缓过渡；加工成凹形的角焊缝，不得在其表面留下切痕。

检查数量：每批同类构件抽查 10% 且不应少于 3 件。

检验方法：观察检查。

5）焊缝感观应达到：外形均匀、成形较好，焊道与焊道、焊道与基本金属间过渡较平滑，焊渣和飞溅物基本清除干净。

检查数量：每批同类构件抽查 10%，且不应少于 3 件；被抽查构件中，每种焊缝按数量各抽查 5%，总抽查处不应少于 5 处。

检验方法：观察检查。

五、应注意的质量问题

（一）防止层状撕裂的工艺措施

T 形接头、十字接头、角接接头焊接时，宜采用以下防止板材层状撕裂的焊接工艺措施：

1）采用双面坡口对称焊接代替单面坡口非对称焊接。

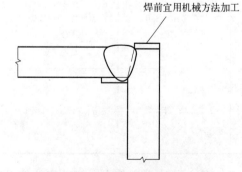

图 4-9　特厚板角接接头防止层
状撕裂的工艺措施示意图

焊前宜用机械方法加工

2）采用低强度焊条在坡口内母材板面上先堆焊塑性过渡层。

3）Ⅱ类及Ⅱ类以上钢材箱形柱角接接头当板厚大于、等于 80mm 时，板边火焰切割面宜用机械方法去除淬硬层（见图 4-9）。

4）采用低氢型、超低氢型焊条或气体保护电弧焊施焊。

5）提高预热温度施焊。

6）对于钢结构焊接工程中的重要节点，焊后立即按本规程规定进行消氢处理。

（二）建筑钢结构焊接工程应力应变的控制

1）焊接应力应变是能量存在同一焊件的两种不同形式，是一对互相制约又相辅相成的一对矛盾，在短期内可互相转化，减少一方必须增加另一方。

2）对于有严格形位公差的节点，宜采用增大约束来减少焊接变形。对于约束很高、焊接应力大的节点，宜采用一端尽量自由收缩的方法进行焊接。

3）对于对接接头、T形接头和十字接头坡口焊接，在工件放置条件允许或易于翻身的情况下，宜采用双面坡口对称顺序焊接；对于有对称截面的构件，宜采用对称于构件中轴的顺序焊接。

4）对双面非对称坡口焊接，宜采用先焊深坡口侧部分焊缝、后焊浅坡口侧、最后焊完深坡口侧焊缝的顺序。

5）对长焊缝宜采用分段退焊法或与多人对称焊接法同时运用。

6）宜采用跳焊法，避免工件局部加热集中。

7）在节点形式、焊缝布置、焊接顺序确定的情况下，宜采用熔化极气体保护电弧焊或药芯焊丝自保护电弧焊等能量密度相对较高的焊接方法，并采用较小的热输入。

8）宜采用反变形法控制角变形。

9）对一般构件可用定位焊固定同时限制变形；对大型、厚板构件宜用刚性固定法增加结构焊接时的刚性。

10）对于大型结构宜采取分部组装焊接、分别矫正变形后再进行总装焊接或连接的施工方法。

11）高层钢结构焊接工程必须注重安装顺序，钢结构宜安装二层或二层以上后，对第一层按规程进行焊接作业。

12）对于栓焊连接的节点，宜采用先栓（初拧）、后焊、再拴（终拧）的方法进行。

13）对于桁架结构体系，一定要排出焊接顺序，宜按先焊上、下弦，后焊腹杆的顺序进行。上、下弦宜从中心焊缝向两端推进。腹杆必须用先焊一端、再焊另一端的方法进行。严禁在同一杆件两端同时焊接。

（三）熔化焊缝

1）焊缝表面缺陷超过相应的质量验收标准时，对气孔、夹渣、焊瘤、余高过大等缺陷应用砂轮打磨、铲、凿、钻、铣等方法去除，必要时应进行焊补；对焊缝尺寸不足、咬边、弧坑未填满等缺陷应进行焊补。

2）经无损检测确定焊缝内部存在超标缺陷时应进行返修，返修应符合下列规定：

返修前应由施工企业编写返修方案。

应根据无损检测确定的缺陷位置、深度，用砂轮打磨或碳弧气刨清除缺陷，缺陷为裂纹时，碳弧气刨前应在裂纹两端钻止裂孔并清除裂纹及其两端各50mm长的焊缝或母材。

清除缺陷时应将刨槽加工成四侧边斜面角大于10°的坡口，并应修整表面、磨除气刨渗碳层，必要时应用渗透探伤或磁粉探伤方法确定裂纹是否彻底清除。

焊补时应在坡口内引弧，熄弧时应填满弧坑；多层焊的焊层之间接头应错开，焊缝长度应不小于100mm；当焊缝长度超过500mm时，应采用分段退焊法。

返修部位应连续焊成。如焊接中断，应采取后热、保温措施，防止产生裂纹，再次焊接前宜用磁粉或渗透探伤方法检查，确认无裂纹后方可继续补焊。

　　焊接修补的预热温度应比相同条件下正常焊接的预热温度高，并应根据工程节点的实际情况确定是否需用采用超低氢型焊条焊接或进行焊后消氢处理。

　　焊缝正、反面各作为一个部位，同一部位返修不宜超过两次。

　　对两次返修后仍不合格的部位应重新制订返修方案，经工程技术负责人审批并报监理工程师认可后方可执行。

　　返修焊接应填报返修施工记录及返修前后的无损检测报告，作为工程验收及存档资料。

　　3）碳弧气刨应符合下列规定：

　　碳弧气刨工必须经过培训合格后方可上岗操作。

　　当发现"夹碳"时，应在夹碳边缘 5～10mm 处重新起刨，所刨深度应比夹碳处深 2～3mm。发生"粘渣"时可用砂轮打磨。Q420、Q460 及调质钢在碳弧气刨后，不论有无"夹碳"或"粘渣"，均应用砂轮打磨刨槽表面，去除淬硬层后方可进行焊接。

第五章

埋弧焊（SAW）

埋弧焊（SAW）是在一定大小颗粒的焊剂层下，焊丝和工件之间放电而产生的电弧热使焊丝的端部及工件的局部熔化形成熔池，熔池金属凝固后即形成焊缝。根据调研，建筑钢结构制作工厂80％的焊接工作量是埋弧焊（SAW）完成的。因此，埋弧焊（SAW）效率和质量直接影响企业的生存发展。

第一节　埋弧焊方法概论

一、埋弧焊过程原理及其特点

埋弧焊（SAW）是电弧在焊剂层下燃烧进行焊接的方法。埋弧焊（SAW）是利用焊丝与焊件之间焊剂层下燃烧的电弧产生热量，熔化焊丝、焊剂和母材金属而形成焊缝，连接被焊工件。在埋弧焊（SAW）中，颗粒状焊剂对电弧和焊接区起保护和合金化作用。而焊丝则用作填充金属。

图5-1为最常见的埋弧焊焊接装置示意图，各组成部分的工作是：焊剂料斗1在焊接区前方不断输送焊剂8于焊件9的表面上；送丝机构2由电动机带动压轮，保证焊丝3不断地向焊接区输送；焊丝经导电嘴5而带电，保证焊丝与工件之间形成电弧；通常焊剂料斗、送丝机构、导电嘴等安装在一个焊接机头或小车的行走机构上以一定的焊接速度向前移动，控制盒（箱）6对送丝速度和机头行走速度以及焊接工艺参数等进行控制与调节，小型的控制盒常设在小车上，大的控制箱则作为配套部件而独立设置。电源7向电源不断提供能量。

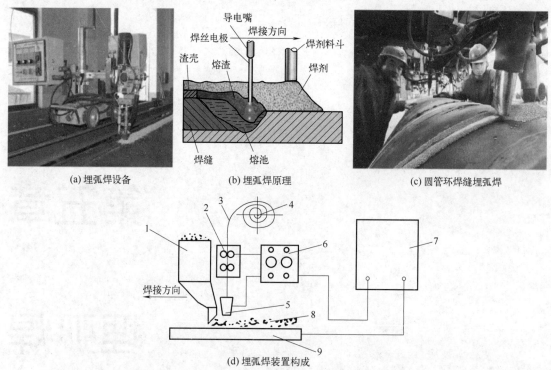

(a) 埋弧焊设备　　　(b) 埋弧焊原理　　　(c) 圆管环焊缝埋弧焊

(d) 埋弧焊装置构成

图 5-1　埋弧焊焊接装置示意图

1—焊剂料斗；2—送丝机构；3—焊丝；4—焊丝盘；5—导电嘴；6—控制盒；7—弧焊电源；8—焊剂；9—焊件

埋弧焊的基本原理如图5-2所示。其焊接过程是：焊接电弧1在焊剂层3下的焊丝4与母材2之间产生，电弧热使其周围的母材、焊丝和焊剂熔化以致部分蒸发，金属和焊剂的蒸发气体形成一个气泡，电弧就在这个气泡内燃烧。气泡的上部有一层熔化的焊剂——熔渣7构成的外膜以及覆盖在上面未熔化的焊剂，它们共同对焊接起隔离空气、绝热和屏蔽光辐射的作用。焊丝熔化的熔滴落下与已局部熔化的母材混合而构成金属熔池8，部分熔渣因密度小而浮在熔池表面。随着焊丝向前移动，电弧力将熔池中熔化

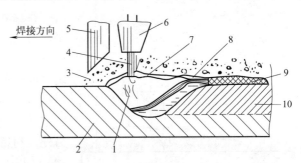

图 5-2　埋弧焊的基本原理

1—电弧；2—母材；3—焊剂层；4—焊丝；5—焊剂漏嘴；
6—导电嘴；7—熔渣；8—金属熔池；9—渣壳；10—焊缝

金属推向熔池后方，在随后的冷却过程中，这部分熔化金属凝固成焊缝10。熔渣凝固成渣壳9，覆盖在焊缝金属表面上。在焊接过程中，熔渣除了对熔池和焊缝金属起机械保护作用外，还与熔化金属发生冶金反应（如脱硫、去杂质、渗合金等），从而影响焊缝金属的化学成分。

在一定大小颗粒的焊剂层下，由焊丝和工件之间放电而产生的电弧热，使焊丝的端部及工件的局部熔化，形成熔池，熔池金属凝固后即形成焊缝。

二、埋弧焊工艺方法

最近10年，埋弧焊作为一种高效、优质的焊接方法有了很大的发展，多种埋弧焊工艺方法在工业生产中得到实际应用。埋弧焊按机械化程度、焊丝数量及形状、送丝方式、焊丝受热条件、附加添加剂种类和方式、坡口形式和焊缝成形条件等分类，详见图5-3。

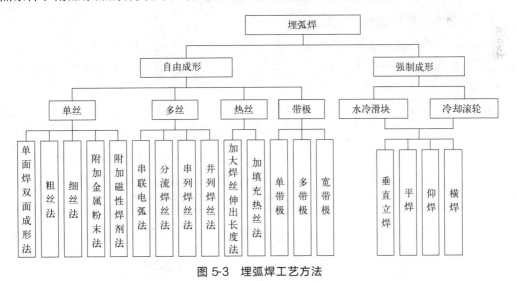

图 5-3　埋弧焊工艺方法

（一）单丝焊接法

单丝焊接法是埋弧焊中最通用的焊接方法，其原理见图5-4，由于焊接设备简单、操作方便，在工业各部门已普遍应用。单丝焊可分细丝焊和粗丝焊。焊丝直径2.5mm以下为细

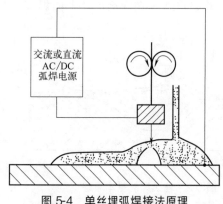

图 5-4　单丝埋弧焊接法原理

丝，直径 2.5mm 以上为粗丝。

粗丝埋弧焊通常用于自动焊或机械化焊接。多半配用缓降外特性电源和弧压控制送丝系统。当焊接电流大于 600A 时，配用恒压电源和等速送丝系统，同样可实现稳定的焊接过程。粗丝埋弧焊可使用高达 1000A 的大电流，获得高达 20kg/h 以上的高熔敷率，因此主要用于 20mm 以上的厚板焊接。另外，利用粗丝大电流深熔的特点，可以一次焊透 20mm 以上的 I 形坡口对接缝，从而进一步提高了焊接效率。

细丝埋弧焊通常配用恒压电源和等速送丝系统，电弧长度的控制靠恒压电源弧长变化时电流快速升降产生的自调节作用。细丝埋弧焊主要用于薄板的焊接，可以获得高的焊接速度和光滑平整的焊缝外形，最高焊接速度可达 200m/h，在这种情况下，对焊接设备和接头跟踪的精度提出了严格的要求。细丝埋弧焊也经常用于手工埋弧焊，焊剂通过软管由压缩空气送至焊接区，焊炬或由焊工手动操作或夹持在机架上或小车上完成焊接过程。焊接角焊缝时一般在焊炬前装上导向轮，以使焊丝对准焊缝，形成两侧熔合良好的角焊缝。

单丝埋弧焊可以使用交流电，也可使用直流电。使用直流电焊接时，正极性（即焊丝接负极）连接法比反极性（即焊丝接正极）连接法的焊丝熔敷率要高得多。图 5-5 曲线示出正反极性焊接时不同焊接电流下的熔敷率。在 900A 焊接电流下，正极性焊接的熔敷率比反极性的高 30% 左右。但正极性焊接的熔透深度要比反极性低 20%～25%。因此，表面堆焊或不要求深熔的填充焊应选用正极性焊接法。而要求深熔的平板对接单面焊或双面焊以及厚板开坡口对接接头的根部焊道则必须采用反极性焊接法。

（二）加大焊丝伸出长度焊接法

埋弧焊时的焊丝伸出长度较短（25～35mm），可以使用较大的焊接电流，而不致使焊丝受电阻热发红影响焊接质量。如果控制恰当，也可利用加大焊丝伸出长度而产生的电阻热提高焊丝的熔化速度，即提高了熔敷率。图 5-6 示出不同焊丝伸出长度的熔敷率。

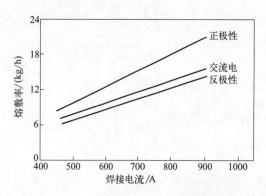

图 5-5　埋弧焊熔敷率与焊丝极性的关系

焊丝直径 4mm，伸出长度 32mm，电压 32V

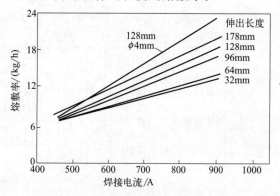

图 5-6　不同焊丝伸出长度的熔敷率

焊接电流通过从焊嘴伸出的一段焊丝时产生的电阻热 H 可按下式计算

$$H = I^2 L\rho/D$$

式中　I——电流；

　　　L——焊丝伸出长度；

　　　ρ——焊丝的电阻率；

　　　D——焊丝直径。

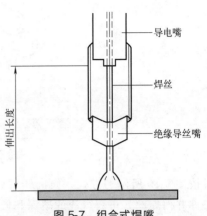

图 5-7　组合式焊嘴

可见，焊丝的电阻热与电流的平方和焊丝的伸出长度成正比，与焊丝直径成反比。

采用加大焊丝伸出长度的一个很大缺点是焊丝端部在焊接过程中会产生扭曲变形，或受电弧磁力的作用产生偏移，这样就严重地影响焊丝对接触的准确对中。为克服上述缺点，可采用 图 5-7 所示的组合式焊嘴，即在导电嘴前加设绝缘导丝嘴，以使电弧以上的一段焊丝长度缩短至 25～30mm，便于焊丝准确对中。

在实际焊接生产中可以使用的最大焊丝伸出长度按不同的焊丝直径列于表 5-1 。

表 5-1　不同直径焊丝的最大容许伸出长度　　　　单位：mm

焊丝直径	焊丝伸出长度
3.2	76
4.0	128
5.0	165

使用加大焊丝伸出长度法焊接时，除了熔透深度比传统的埋弧焊低 10% 以外，焊道的形状不会发生明显的变化。由于加大焊丝伸出长度的电弧吹力较小，故易于出现焊接装配质量较差的对接接头。为了避免在窄坡口内形成夹渣，加大焊丝伸出长度法通常采用直流电焊接。为便于引弧，焊丝端应剪成 45° 夹角或采用热引弧技术。

加大焊丝伸出长度焊接法可以使用标准的埋弧焊机，无需改进电源和送丝系统。由于熔敷率较高，可以选用较高的焊接速度。故焊接小车和工件的移动速度应与之相适应，同时推荐使用直流反极性焊接法，以保证焊道有足够的熔深。

（三）热丝埋弧焊接法

加大焊丝伸出长度焊接法实际上是一种热丝焊接法。热丝埋弧焊的另一种形式是外加一根经电阻加热的辅助焊丝，该焊丝由一独立的辅助电源加热，并由一独立的送丝系统给送至焊接区。其原理见图 5-8 。附加的热丝通常采用直径 1.6mm 的细丝，加热电源为平特性交流变压器，输出电压为 8～15V。焊丝通过导丝嘴直接送至焊接熔池前沿。该焊接法的总熔敷率可超过加大焊丝伸出长度法，可提高 70% 左右。焊丝热输入有所提高，但不损害焊缝金属的力学性能。

（四）多丝埋弧焊接法

（1）并联焊丝焊接法　　并联焊丝焊接法是将两根或多根焊丝并联于同一台电源进行焊接，以提高熔敷率和焊接速度，电源与焊丝的连接方法如图 5-9 所示。采用直流电源时，2 根焊丝的电弧会相互吸引集中于一个焊接熔池上。直流反接法可获得最大的熔深。2 根焊丝

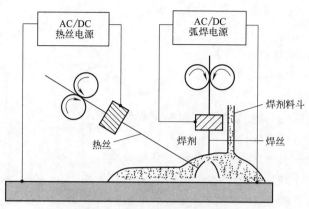

图 5-8   热丝埋弧焊接法原理

可按图 5-10 所示的方式，横向于焊接方向或纵向于焊接方向排列。焊丝横向于焊接方向，亦称并列焊丝，可获得浅的熔深和低的稀释率。焊丝纵向于焊接方向，亦称串列焊丝，可获得较高的焊接速度，其焊道具有与单丝焊相似的形状。并列焊丝法主要用于表面堆焊，焊丝也可作横向摆动，以进一步降低稀释率和热输入。对于堆焊，为达到较高的熔敷率，通常采用直流正接法。串列焊丝法用于连接焊，焊接速度约比单丝焊高 1.5 倍。

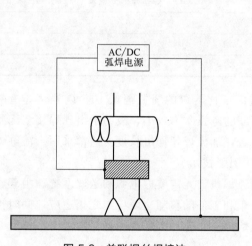

图 5-9   并联焊丝焊接法

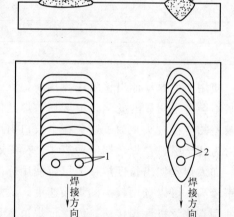

图 5-10   并列焊丝和串列焊丝对焊缝熔透的影响

1—并列焊丝；2—串列焊丝；3—并列焊丝焊缝
截面形状；4—串列焊丝焊缝截面形状

（2）串联电弧焊接法   串联电弧焊接法是将 2 根由单独送丝系统送给的焊丝分别连接于焊接电源两输出端。两电弧之间形成一串联的焊接回路，如图 5-11 所示。采用直流焊接电源时，两根焊丝的极性相反，电弧间相互排斥而产生偏吹；正接法焊接时，会形成熔敷不规则焊道截面。采用交流电焊接时，熔透比较均匀。与并联电弧焊相似，2 根焊丝并列布置时，可以获得浅的熔深和低的稀释率，因此可用于表面堆焊。串列焊丝布置则可用于薄板的焊接。

为进一步提高熔敷率和焊接速度并改善焊道成形，从串联电弧焊接法中派生出分流焊丝法，其接法如图 5-12 所示。分流焊丝一端与工件相接，对每一个焊接回路形成分流，分流焊丝在电弧直接加热和电阻热共同作用下熔化。

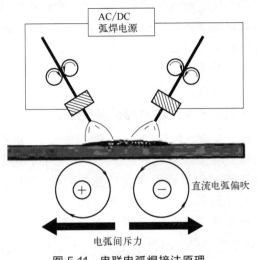

图 5-11　串联电弧焊接法原理

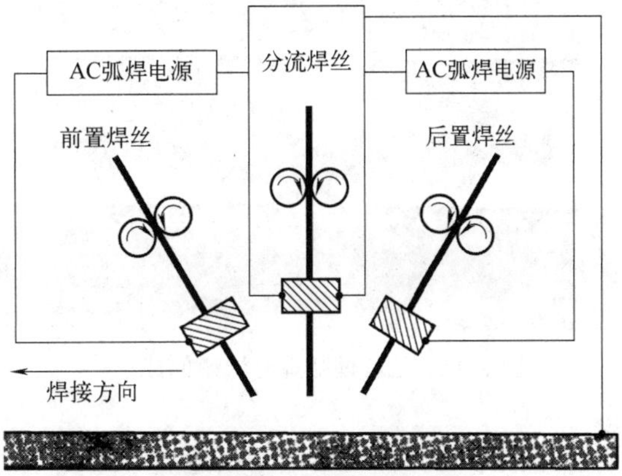

图 5-12　分流焊丝焊接法

（3）多丝多电源埋弧焊　多丝多电源埋弧焊中，每根焊丝由单独的送丝机构送进并由独立的焊接电源供电。焊丝的数量、焊丝的极性和所使用的电源种类可以有多种组合形式。最常用的是如图 5-13 和图 5-14 所示的双丝和三丝焊接法。按实际经验，焊接电源只能采取直流和交流联用，如所有的电源均为直流电源则电弧偏吹现象十分严重。通常将前置焊丝接直流电源，后置焊丝及中间焊丝均接交流电源。在一些特殊应用场合，例如管道内环缝的焊接，则必须全部采用交流焊接电源。

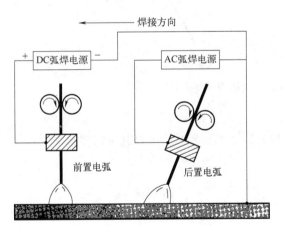

图 5-13　双丝双电源焊接法

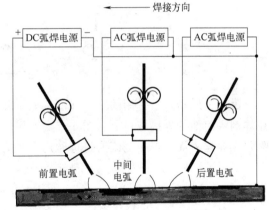

图 5-14　三丝多电源焊接法

多丝多电源埋弧焊与单丝埋弧焊相比，其主要优点是焊接速度可成倍地提高，显著地提高厚板的焊接效率。此外，三丝焊时，每根焊丝可有不同的作用，例如，前置焊丝选用大电流和低电压，以达到深熔的目的，中间焊丝选用比前置焊丝小的电流，使熔深略有增加并改善焊道的成形，而最后一根后置焊丝选用更低的电流和较高的电压，以形成平整光滑的焊道外形，如图 5-15 所示。

双丝焊和三丝焊时焊丝的间距和焊丝与工件表面夹角和按图 5-16 选择。前置焊丝通常垂直于钢板表面或稍作后拖，以获得最佳的熔深，中间焊丝可垂直于钢板或向前倾斜，这样可减少对焊接熔池的搅动。后置焊丝一般向前倾斜，以获得平滑的焊道表面。

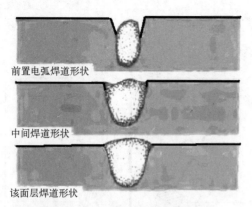

前置电弧焊道形状

中间焊道形状

该面层焊道形状

图 5-15　三丝埋弧焊时焊道的成形

在角接缝和对接缝的焊接产生中已广泛应用串列双丝埋弧焊，前置焊丝接直流反极，后置焊丝接交流电源，在许多应用场合可以获得满意的焊接质量，其中包括管道生产、造船、压力容器制造和钢结构生产等。

（五）加金属粉末埋弧焊接法

在常规的埋弧焊中，只有 $10\%\sim20\%$ 电弧能量用于填充焊丝的熔化，其余的能量消耗于熔化焊剂和母材以及焊接熔池的过热，因此，可以将过剩的能量用于熔化附加焊丝和铁粉，以提高焊接效率。加金属粉末的埋弧焊接法，由于熔敷率高，稀释率低，很适宜于表面堆焊和厚壁坡口焊缝的填充层焊接。

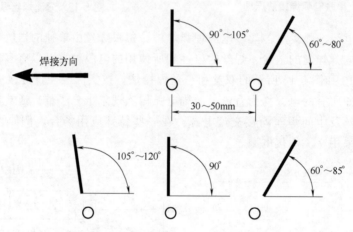

图 5-16　双丝和三丝焊时焊丝的间距及夹角

附加金属粉末最常用的方法如图 5-17 所示。第一种方法金属粉末通过计量器直接铺撒在焊剂层前面的焊接坡口上（图 5-17a）；第二种方法金属粉末通过可控管送到焊丝周围，并吸附在焊丝表面（焊接电流流过焊丝产生磁力）进入焊接熔池（图 5-17b）。

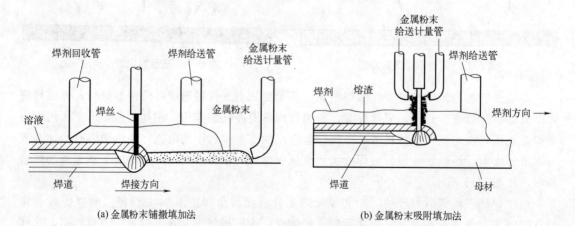

(a) 金属粉末铺撒填加法　　　　　(b) 金属粉末吸附填加法

图 5-17　附加金属粉末埋弧焊接法

　　金属粉末的成分原则上应该按所用的焊丝成分确定，这样，焊缝金属的成分很少受金属
粉末焊丝的实际熔化比例的影响，在焊接某些低合金钢时，为提高焊缝金属的性能，可加适
量的镍和钼等金属粉末或使用合金粉末。

　　加金属粉末埋弧焊接法已在海洋建筑等重要焊接结构中得到实际应用并取得经济效益。
例如 50mm 厚板，单丝埋弧焊需焊 31 道焊缝，而附加 5kg/h 铁粉后，焊道数减少至 16 道，
而且焊剂的消耗量也减少了一半。

（六）窄间隙埋弧焊

　　埋弧焊接时，当板厚超过 20mm 时，为保证根部和侧壁熔透，通常采用开坡口（Ｖ形、
Ｕ形等）焊接，随着板厚的增加，坡口的体积也随之增加，单位长度上的焊缝金属填充量
急剧增加，不仅焊接效率降低，而且焊材消耗量明显增加，如图 5-18 所示。为解决这一矛
盾，发展了窄间隙埋弧焊，即在宽度 14～20mm 的窄间隙内完成整个焊接接头的焊接，以
节省焊接材料的消耗并缩短焊接时间。

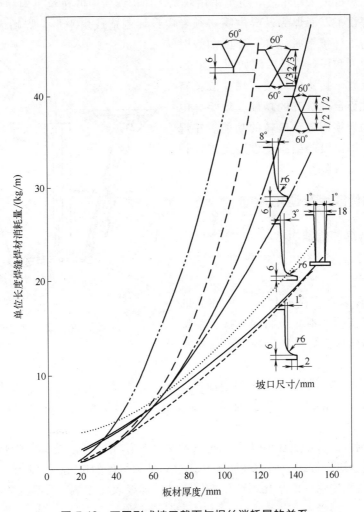

图 5-18　不同形式坡口截面与焊丝消耗量的关系

　　为优质、高效地完成窄间隙埋弧焊必须首先解决两个技术关键。第一必须研制出在窄缝
内脱渣良好的埋弧焊焊剂；第二必须采用焊头能自动跟踪接缝的焊接设备，以保证每层焊道

与侧壁的良好熔合。

窄间隙埋弧焊可采用如图 5-19 所示的三种工艺方案。即每层单道、每层双道和每层三道的焊接工艺方案。对于每层单道的工艺能在最小宽度为 14mm 的间隙内完成焊接过程。这种工艺方法的焊接时间最短，但对坡口间隙误差要求较高，焊丝必须始终对准间隙的中心，以保证两侧壁均匀熔合；每层双道焊的工艺方法通常在宽度 18～24mm 的

每层单道　　　每层双道　　　每层三道

图 5-19 窄间隙埋弧焊的工艺方案

间隙内完成，便于操作，容易获得无缺陷的焊缝，是目前最常用的窄间隙埋弧焊方法。每层三道的工艺方法一般只用于厚度超过 300mm 的特厚板的窄间隙焊。在这种情况下，间隙宽度可扩大至 24mm。

窄间隙埋弧焊可以采用单丝，也可采用双丝。焊接设备中的送丝机构和焊接电源可以采用标准的埋弧焊设备，而焊头及导电嘴必须专门设计制造成扁平形，焊嘴表面应涂以绝缘层，防止焊嘴与工件接触时烧坏。窄间隙焊时焊头的位置、焊剂和焊丝给送系统如图 5-20 所示。为连续完成整个接头的焊接，**焊头应具有随焊道厚度增加而自动提升的功能；焊炬导电嘴应有随焊道的切换而自动偏转的功能。**在焊接厚壁环缝时，焊接滚轮架应装设防止工件轴向窜动的自动防偏移装置。

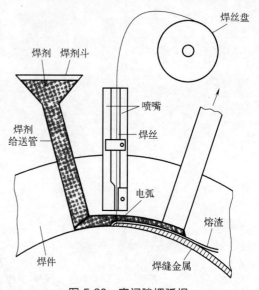

图 5-20 窄间隙埋弧焊

三、埋弧焊的优缺点及适用范围

（一）埋弧焊的优缺点

埋弧焊与其他焊接方法相比具有下列优点：

1）埋弧焊可以相当高的焊接速度和高的熔敷率完成厚度实际上不受限制的对接、角接和搭接接头，多丝埋弧焊特别适用于厚板接头和表面堆焊。

2）单丝或多丝埋弧焊可以单面焊双面成形工艺完成厚度 20mm 以下直边对接接头或以双面焊工艺完成 40mm 以上的直边对接和单 V 形坡口对接接头，可以取得相当高的经济效益。

3）利用焊剂对焊缝金属脱氧还原反应以及渗合金作用，可以获得力学性能优良、致密性高的优质焊缝金属。焊缝金属的性能容易通过焊剂和焊丝的选配任意调整。

4）埋弧焊过程中焊丝的熔化不产生任何飞溅，焊缝表面光洁，焊后无需修磨焊缝表面，省去辅助工序。

5）埋弧焊过程无弧光刺激，焊工可集中注意力操作，焊接质量易于保证；同时劳动条件得到改善。

6）埋弧焊易于实现机械化和自动化操作，焊接过程稳定，焊接参数调整范围广，可以

适应各种形状工件的焊接。

7）埋弧焊可在风力较大的露天场地施焊。

埋弧焊的缺点：

1）焊接设备占地面积较大，一次投资费用较高；并需采用处理焊丝、焊剂的辅助设备装置。

2）每层焊道焊接后必须清除焊渣，增加了辅助时间。若清渣不仔细，容易使焊缝产生夹渣之类的缺陷。

3）埋弧焊只能在平焊或横焊位置下进行，对工件的倾斜度亦有严格的限制，否则焊剂和焊接熔池难以保持。

（二）埋弧焊的适用范围

随着埋弧焊焊剂和焊丝新品种的发展和埋弧焊工艺的改进，目前已知可焊接的钢种有：所有牌号的低碳钢、$w_C < 0.6\%$ 的中碳钢、各种低合金高强度钢、耐热钢、耐候钢、低温用钢、各种铬钢和铬镍不锈钢、高合金耐热钢和镍基合金等。淬硬性较高的高碳钢、马氏体时效钢、铜及其合金也可采用埋弧焊焊接，但必须采取特殊的焊接工艺才能保证接头的质量。埋弧焊还可用于不锈耐蚀、硬质耐磨金属的表面堆焊。

铸铁、奥氏体锰钢、高碳工具钢、铝和镁及其合金尚不能采用埋弧焊进行焊接。

埋弧焊是各工业部门应用最广泛的机械焊接方法之一，特别是在船舶、发电设备、锅炉压力容器、大型管道、机车车辆、重型机械、桥梁及炼油化工装备生产中已成为主导焊接工艺。

第二节　埋弧焊用焊接材料

一、埋弧焊的冶金特点

埋弧焊的冶金过程是液态熔渣与液态金属以及电弧气氛之间的相互作用，其中主要包括氧化、还原反应，脱硫、脱磷反应以及去气等过程。埋弧焊的冶金过程具有下列特点：

1）焊剂层具有物理隔绝作用。埋弧焊接时，电弧在一层较厚的焊剂层下燃烧，部分焊剂在电弧热作用下立即熔化，形成液态熔渣，包围了整个焊接区和液态熔池，隔绝了周围的空气，产生了良好的保护作用，焊缝金属的 w_N 仅为 0.02%（用优质药皮焊条焊接的焊缝金属 w_N 为 $0.02\% \sim 0.03\%$），故埋弧焊焊缝具有较高的致密性和纯度。

2）冶金反应较完全。埋弧焊接时，由于焊接熔池和凝固的焊缝金属被厚的熔渣层覆盖，焊接区的冷却速度较慢，熔池液态金属与熔渣的反应时间较长，故冶金反应较充分，去气较完全，熔渣也易于从液态金属中浮出。

3）焊缝金属的合金成分易于控制。埋弧焊接过程中可以通过焊剂或焊丝对焊缝金属进行渗合金，焊接低碳钢时可利用焊剂中的 SiO_2 和 MnO 的还原反应，对焊缝金属渗硅和渗锰以保证焊缝金属应有的合金成分和力学性能。焊接合金钢时，通常利用相应的合金焊丝来保证焊缝金属的合金成分。

4）焊缝金属纯度较高。埋弧焊过程中，高温熔渣具有较强的脱硫、脱磷作用，焊缝金属中的硫、磷含量可控制在很低的范围内。同时，熔渣亦具有去气作用而大大降低了焊缝金属中氢和氧的含量。

二、埋弧焊时的主要冶金反应

埋弧焊时的冶金反应主要有：硅锰还原反应，脱硫，脱磷，碳的氧化反应和去气反应。

（一）硅、锰还原反应

硅和锰是低碳钢焊缝金属中的主要合金元素，锰可提高焊缝的抗热裂性和力学强度，改善常温和低温韧性；硅使焊缝金属镇静，加快熔池金属的脱氧过程，保证焊缝的致密性。低碳钢埋弧焊用焊剂通常含有较高含量的氧化锰（MnO）和二氧化硅（SiO_2），焊缝金属的渗硅和渗锰主要通过 MnO 和 SiO_2 的还原反应实现。

$$2[Fe]+(SiO_2)=\!=\!=2(FeO)+[Si]$$
$$[Fe]+(MnO)=\!=\!=(FeO)+[Mn]$$

上列 Si、Mn 还原反应在熔滴过渡过程中最为剧烈，其次是焊丝端部和熔池的前部。这三个区域的温度都很高，有利于反应向右进行。在温度较低的熔池后部，Si、Mn 还原反应可能向左进行，即熔池金属中的 Si 和 Mn 与 FeO 反应使熔池脱氧而形成 SiO_2 和 MnO 进入熔渣，但因温度较低，反应较缓慢，因此，Si 和 Mn 还原反应的最终结果是使焊缝金属渗硅和渗锰。

从焊剂中向焊缝金属过渡硅、锰的数量取决于下列四点：

1）焊剂成分的影响。

Si 和 Mn 的过渡量与焊剂中 SiO_2 和 MnO 含量成正比。焊剂中 SiO_2 含量大于 40%，向焊缝金属过渡的硅量可达 0.1% 以上。焊剂中 MnO 的含量大于 25%，Mn 的过渡量明显增加，而 MnO 含量超过 35%，渗锰量不再按比例增大。此外，Mn 的过渡量还与焊剂中的 SiO_2 含量有关。SiO_2 含量大于 40% 的焊剂，锰的过渡量明显减少。

2）焊丝和母材金属中 Si 和 Mn 原始含量的影响。

熔池金属中 Si 和 Mn 原始含量越低，则 Si 和 Mn 的过渡量越大，反之则减少。另外，金属中的 Mn 与熔渣中的 SiO_2 反应生成 Si 和 MnO。

$$(SiO_2)+2[Mn]=\!=\!=2(MnO)+[Si]$$

故熔池金属中，Mn 的原始含量高可使 Si 的过渡量增加，Si 的原始含量高则可使 Mn 的过渡量增加。

3）焊剂碱度的影响。

Mn 的过渡量随焊剂碱度的提高而增加，因为碱度增加意味着强碱性氧化物 CaO 和 MgO 增加，这样可替换一部分 MnO 参加还原反应。同时，CaO 和 MgO 含量增加使自由的 SiO_2 含量减少，结果使 Si 的过渡量降低。

4）焊接参数的影响。

焊接参数对 Si、Mn 合金元素的过渡有一定的影响。采用小电流焊接时，焊丝熔化后呈大熔滴过渡，熔滴形成的时间较长，Si 和 Mn 的过渡量增多。而采用大电流焊接时，焊丝熔化加快，并以细熔滴过渡，熔滴形成时间缩短，Si 和 Mn 的过渡量相应减少。电弧电压提高时，焊剂熔化量增加，焊剂与金属熔化量之比加大，从而使 Si 和 Mn 的过渡量增加。

（二）碳的烧损

焊缝金属中的碳来自焊丝和母材，焊剂中碳的含量很少。焊丝中的碳在熔滴过渡时发生剧烈的氧化

$$C+O \longrightarrow CO$$

熔池金属中的碳氧化程度要低得多。

焊丝中碳的原始含量增加，则烧损量增加。碳氧化过程中，对熔池金属产生搅拌作用，加快熔池中气体的逸出，有利于遏制焊缝中氢气孔的形成。

焊缝金属的合金含量对碳的氧化有一定的影响。硅含量的提高能抑制碳的氧化；而锰含量的增加，对碳的氧化无明显的影响。

（三）去氢反应

埋弧焊时，焊缝中的气孔主要是氢气孔。为去除焊缝中的氢，应将氢结合成不溶于熔池金属的化合物而排出熔池。采用高硅高锰焊剂埋弧焊时，可通过下列反应把氢结合成稳定而不溶于熔池的化合物。

（1）HF 的形成

$$CaF_2 + SiO_2 \longrightarrow CaSiO_3 + SiF_4$$

SiF_4 在电弧高温作用下分解

$$SiF_4 \longrightarrow SiF + F^-$$

CaF_2 在高温下发生分解

$$CaF_2 \longrightarrow CaF + F^-$$

F^- 优先与氢结合成不溶于熔池金属的 HF 而排入大气中，防止了氢气孔的形成。

（2）OH^- 的形成　在电弧高温作用下，OH^- 可通过下列反应形成。

$$MnO + H^+ \longrightarrow Mn + OH^-$$
$$SiO_2 + H^+ \longrightarrow SiO + OH^-$$
$$CO_2 + H^+ \longrightarrow CO + OH^-$$
$$MgO + H^+ \longrightarrow Mg + OH^-$$

OH^- 不溶于熔池金属而防止了氢气孔的形成。

（四）脱硫和脱磷反应

硫是促进焊缝金属产生热裂纹的主要因素之一，通常要求焊缝金属的 w_S 低于 0.025%，因为硫是一种偏析倾向较大的元素，故微量的硫也会产生有害的影响。

埋弧焊时，降低焊缝金属的硫含量可以通过提高焊剂中 MnO 的含量或焊丝中的锰含量来实现。硫的危害主要是它与 Fe 结合成低熔点共晶体，当焊缝金属从熔化状态凝固时，低熔共晶液膜偏聚于晶界而导致红脆性或热裂纹。硫铁化合物可被 Mn 置换，而形成熔点较高的 MnS，并大部分从金属熔池中上浮到熔渣中。

$$FeS + Mn \longrightarrow Fe + MnS$$

焊剂中的 CaO 亦能通过下列反应将 FeS 中的 S 结合成硫化钙而达到脱硫的目的。

$$FeS + CaO \longrightarrow 铁氧化合物 + CaS$$

三、埋弧焊用焊剂

（一）埋弧焊焊剂的分类

埋弧焊焊剂可按用途、化学成分、制造方法、物理特性和外表构造进行分类。

1. 按用途分类

焊剂按适于焊接的钢种可分为碳钢埋弧焊焊剂、合金钢埋弧焊焊剂、不锈钢埋弧焊焊剂、铜及铜合金埋弧焊焊剂和镍基合金埋弧堆焊用焊剂。按适用的焊丝直径分为细焊丝（$\phi1.6mm\sim\phi2.5mm$）埋弧焊焊剂和粗焊丝（$>\phi2.5mm$）埋弧焊焊剂。按焊接位置可分为平焊位置埋弧焊焊剂和强迫成形焊剂。按特殊的用途可分为高速埋弧焊焊剂、窄间隙埋弧焊焊剂、多丝埋弧焊焊剂和带极堆焊埋弧焊焊剂等。

2. 按化学组分分类

埋弧焊焊剂按其组分中酸性氧化物和碱性氧化物的比例可分为酸性焊剂和碱性焊剂。

$$K = \frac{w(SiO_2) + w(TiO_2)}{w(CaO) + w(FeO) + w(MnO) + w(Na_2O) + w(Al_2O_3)}$$

$K>1$ 为酸性焊剂，$K<1$ 则为碱性焊剂。

焊剂的碱度可按下式求得

$$碱度 = \frac{\sum w(碱性氧化物)(\%)}{\sum w(酸性氧化物)(\%)}$$

焊剂的碱度愈高，合金元素的渗合率愈高，焊缝金属的纯度亦愈高，缺口冲击韧度也随之提高。

按焊剂中的 SiO_2 含量可将其分成低硅焊剂和高硅焊剂。w_{SiO_2} 在 35% 以下者称低硅焊剂，w_{SiO_2} 大于 40% 者称高硅焊剂。按焊剂中的锰含量可分无锰焊剂和有锰焊剂。焊剂中 w_{Mn} 小于 1% 者为无锰焊剂，含锰量超过此值者为有锰焊剂。

3. 按焊剂的制造方法分类

按制造方法焊剂可分为熔炼焊剂和烧结焊剂两种。熔炼焊剂是将炉料组成物按一定的配比在电炉或火焰炉内熔炼后制成的。而烧结焊剂是配料粉碎成粉末再用黏结剂黏合成颗粒焙烧制成。这两种焊剂在工业生产中均普遍采用。

4. 按焊剂的物理特性分类

焊剂在熔化状态的黏度随温度变化的特性可分为长渣焊剂和短渣焊剂。熔渣的黏度随着温度的降低而急剧增加的熔渣称为短渣，黏度随温度缓慢变化的熔渣称为长渣。短渣焊剂焊接工艺性能好，利于脱渣和焊缝成形。长渣焊剂则相反。

5. 按焊剂颗粒构造分类

按焊剂颗粒构造可分为玻璃状焊剂和浮石状焊剂。玻璃状焊剂颗粒呈透明的彩色，而浮石状焊剂为不透明的多孔体。玻璃状焊剂的堆散密度高于 $1.4g/cm^3$，而浮石状焊剂则不到 $1g/cm^3$，因此，玻璃状焊剂能更好地隔离焊接区不受空气的侵入。

（二）对焊剂性能的基本要求

在埋弧焊中，焊剂对焊缝的质量和力学性能起着决定的作用，故对焊剂的性能提出了下列多方面的要求：

① 保证焊缝金属具有符合要求的化学成分和力学性能；

② 保证电弧稳定燃烧，焊接冶金反应充分；

③ 保证焊缝金属内不产生裂纹和气孔；

④ 保证焊缝成形良好；

⑤ 保证熔渣的脱渣性良好；

⑥ 保证焊接过程有害气体析出最少。

为达到上述要求，焊剂应具有合适的组分和碱度，使合金元素有效地过渡、脱硫、脱磷和完全去气。在焊剂中可加适量的钠、钾和钙以提高电弧燃烧的稳定性。焊剂中氟的存在对电弧稳定性不利，氟还可能以氟化氢、氟化硅等有害气体形式析出。但焊剂中的氟化钙对防止气孔的形成起主要作用，故焊剂中 CaF_2 的含量应恰当控制。焊剂中的 MnO 含量增加，加强了脱硫作用，提高了焊缝的抗裂性。焊剂的脱渣性主要取决于熔渣与金属之间热膨胀系数的差异以及熔渣壳与焊缝表面的化学结合力。因此，焊剂的组分应使熔渣与金属的膨胀系数有较大的差异，并尽量减少其化学结合力。

（三）埋弧焊焊剂型号及标准成分

1. 埋弧焊焊剂型号表示方法

焊剂型号的表示方法（GB/T 5293）如下：

$HJx_1 x_2 x_3$ —Hxxx

HJ 表示埋弧焊用焊剂，其分别为"焊剂"两字拼音的第一个字母。

第一位数字 x_1 为 3、4、5。表示焊缝金属抗拉强度的等级，如表 5-2 所示。

第二位数字 x_2 为 0 或 1，表示力学性能试样的状态，"0"表示焊后状态，"1"表示焊后热处理状态。

第三位数字 x_3 表示焊缝金属缺口冲击韧度值不小于 $34J/cm^2$ 的最低试验温度，分级标准见表 5-3。

尾部 Hxxx 表示焊接试板用焊丝牌号。

表 5-2　焊缝金属拉伸力学性能要求（GB/T 5293）

焊剂型号	抗拉强度/MPa	屈服强度/MPa	伸长率/%
HJ3××—H××		≥304	
HJ4××—H××	412～550	≥330	≥22
HJ5××—H××	480～647	≥398	

表 5-3　焊缝金属缺口冲击韧度要求（GB/T 5293）

焊剂型号	试验温度 /℃	冲击韧度 /(J/cm²)	焊剂型号	试验温度 /℃	冲击韧度 /(J/cm²)
HJ××0—H××	—		HJ××4—H××	−40	
HJ××1—H××	0	无要求 ≥34	HJ××5—H××	−50	无要求 ≥34
HJ××2—H××	−20		HJ××6—H××	−60	
HJ××3—H××	−30				

举例：HJ403—H08MnA 即表示采用 H08MnA 焊丝，试样在焊后状态的抗拉强度为 412～550MPa，屈服强度≥330MPa，伸长率不小于 22%，−30℃的缺口冲击韧度不小于 $34J/cm^2$。

在实际工业生产中，习惯采用焊剂的商品牌号。其编制方法与焊剂型号不同，所列牌号主要表征焊剂的主要化学成分。

熔炼焊剂牌号的表示方法如下：

$HJx_1 x_2 x_3$

其中 HJ 表示焊剂两字汉字拼音的第一个字母。第一位数字 x_1，以数码 1～4 表示，代表焊剂的类型及 MnO 的平均质量分数，详见表 5-4。

第二位数字 x_2 以数码 1～9 表示，表征炼焊剂中 SiO_2 和 CaF_2 的平均质量分数，详见表 5-5。

表 5-4　熔炼焊剂牌号中 x_1 的含义

焊接牌号	焊剂类型	焊剂中 MnO 的平均质量分数/%
$HJ1x_2x_3$	无锰	<2
$HJ2x_2x_3$	低锰	2～15
$HJ3x_2x_3$	中锰	15～30
$HJ4x_2x_3$	高锰	>30

表 5-5　熔炼焊剂牌号中 x_2 的含义

焊剂牌号	焊剂类型	平均含量(质量分数)/%	
		SiO_2	CaF_2
$HJx_11\times3$	低硅低氟	<10	<10
$HJx_12\times3$	中硅低氟	10～30	<10
$HJx_13\times3$	高硅低氟	>30	<10
$HJx_14\times3$	低硅中氟	<10	10-30
$HJx_15\times3$	中硅中氟	10-30	10-30
$HJx_16\times3$	高硅中氟	>30	10-30
$HJx_17\times3$	低硅高氟	<10	>30
$HJx_18\times3$	中硅高氟	10～30	>30
$HJx_19\times3$	其他类型	—	—

例如低碳钢焊接常用的高锰高硅低氟焊剂牌号 HJ431X 含义为：HJ 表示埋弧焊用熔炼焊剂；第一位数字 4 表示高锰；第二位数字 3 表示高硅低氟；第三位数字 1 表示高锰高硅低氟焊剂一类中的序号；X 表示细颗粒度。

烧结焊剂牌号表示方法如下：

$SJx_1x_2x_3$

其中，SJ 为烧结二字汉语拼音的第一个字母，表示埋弧焊用烧结焊剂。

第一位数字 x_1 以数码 1～6 表示，代表焊剂熔渣渣系，如表 5-6 所示。

表 5-6　烧结焊剂牌号中 x_1 的含义

焊剂牌号	熔渣渣系类型	主要组分范围(质量分数)
SJ1xx	氟碱型	$w(CaF_2)\geqslant15\%,w(CaO+MgO+MnO+CaF_2)>50\%,w(SiO)<20\%$
SJ2xx	高铝型	$w(Al_2O_3)\geqslant20\%,w(Al_2O_3+CaO+MgO)>45\%$
SJ3xx	硅钙型	$w(CaO+MgO+SiO_2)>60\%$
SJ4xx	硅锰型	$w(MnO+SiO_2)>50\%$
SJ5xx	铝钛型	$w(Al_2O_3+TiO_2)>45\%$
SJ6xx	其他型	—

第二、第三位数字 x_2x_3 表示同一渣系类型中的几种不同的牌号，依自然排序排列。

例如普通碳素结构钢、低合金钢埋弧焊用硅钙型烧结焊剂牌号 SJ301 含义为：SJ 表示埋弧焊用烧结焊剂；第一位数字 3 表示硅钙型渣系；第二、第三位数字 01 表示该渣系的第 1 种烧结型焊剂。

2. 常用埋弧焊焊剂的标准成分

目前，我国各工业部门常用的碳钢、低合金钢和不锈钢埋弧焊熔炼焊剂和烧结焊剂的标准成分分别综列于表 5-7 和表 5-8。

表 5-7　常用埋弧焊熔炼焊剂成分

牌号	焊剂类型	可焊钢种	组成成分质量分数/%
HJ130	无锰高硅低氟型	低碳钢、低合金钢	SiO_2 35～40,CaF_2 4～7,MgO 14～19,CaO 10～18,Al_2O_3 12～16,TiO_2 7～11,FeO 约 2.0,S<0.05,P<0.05
HJ131	无锰高硅低氟型	镍基合金	SiO_2 31～38,CaF_2 2～5,CaO 48～55,Al_2O_3 6～9,R_2O≤3,FeO ≤1.0,S<0.05,P<0.05
HJ150	无锰中硅中氟型	铬不锈钢、轧辊堆焊	SiO_2 21-23,CaF_2 25～33,MgO 9～13,CaO 3～7,Al_2O_3 28～32,S<0.08%,P<0.08
HJ151	无锰中硅中氟型	铬不锈钢、铬镍不锈钢	SiO_2 24-30,CaF_2 18～24,MgO 13～20,Al_2O_3 22～30,CaO≤6,FeO≤1.0,S<0.07,P<0.08
HJ172	无锰低硅高氟型	高铬马氏体热强钢、铬镍不锈钢	MnO 1～2,SiO_2 3-6,CaF_2 45～55,CaO 2～5,Al_2O_3 28～35,ZrO_2 2～4,NaF 2～3,R_2O≤3,FeO≤0.8,S<0.05,P<0.05
HJ230	低锰高硅低氟型	低碳钢及低合金钢	MnO 5～10,SiO_2 40～46,CaF_2 7～11,CaO 8～14,Al_2O_3 10～17,MgO 10～14,FeO≤1.5,S<0.05,P<0.05
HJ250	低锰中硅中氟型	低合金钢、低温用钢	MnO 5～8,SiO_2 18～22,CaF_2 23～30,CaO 4～8,Al_2O_3 18～32,MgO 12～16,FeO≤1.5,S<0.05,P<0.05
HJ251	低锰中硅中氟型	低合金钢、铬钼耐热低合金钢	MnO 7～10,SiO_2 18～22,CaF_2 23～30,CaO 3～6,Al_2O_3 18～32,MgO 14～17,FeO≤1.0,S<0.08,P<0.05
HJ252	低锰中硅中氟型	低合金钢、厚板低温用钢、核能容器用钢	MnO 2～5,SiO_2 18～22,CaF_2 18～24,CaO 2～7,Al_2O_3 22～28,MgO 17～23,FeO≤1.0,S<0.07,P<0.08
HJ260	低锰高硅中氟型	铬镍不锈钢、轧辊高合金钢堆焊	MnO 2～4,SiO_2 29～34,CaF_2 20～25,CaO 4～7,Al_2O_3 19～24,MgO 15～18,FeO<1.0,S<0.07,P<0.07
HJ330	中锰高硅低氟型	低碳钢及低合金钢	MnO 22～26,SiO_2 44～48,CaF_2 3～6,MgO 16～20,CaO<3,Al_2O_3<4,R_2O≤1,FeO<1.5,S<0.06,P<0.08
HJ350	中锰中硅中氟型	低合金钢	MnO 14～19,SiO_2 30～35,CaF_2 14～20,CaO 10～18,Al_2O_3 13～18,FeO<1.0,S≤0.06,P≤0.07
HJ351	中锰中硅中氟型	低合金钢	MnO 14～19,SiO_2 30～35,CaF_2 14～20,CaO 10～18,Al_2O_3 13～18,TiO_2 2～4,FeO<1.0,S≤0.04,P≤0.05
HJ430	高锰高硅低氟型	低碳钢、普通低合金钢	MnO 38～47,SiO_2 38～45,CaF_2 5～9,CaO≤6,Al_2O_3≤5,FeO ≤1.8,S≤0.06,P≤0.08
HJ431	高锰高硅低氟型	低碳钢、普通低合金钢	MnO 34～38,SiO_2 40～44,CaF_2 3～7,MgO 5～8,CaO≤6,Al_2O_3≤4,FeO≤1.8,S≤0.06,P≤0.08
HJ433	高锰高硅低氟型	低碳钢、管线用钢	MnO 44～47,SiO_2 42～45,CaF_2 2～4,CaO≤4,Al_2O_3≤3,FeO ≤1.8,R_2O≤0.5,S≤0.06,P≤0.08
HJ434	高锰高硅低氟型	低碳钢、普通低合金钢	MnO 35～40,SiO_2 40～45,CaF_2 4～8,CaO 3～9,TiO_2 1～8,Al_2O_3≤6,MgO≤5,FeO≤1.5,S≤0.05,P≤0.05

表 5-8　常用埋弧焊烧结焊剂成分

牌号	焊剂类型	可焊钢种	组成成分质量分数/%
SJ101	氟碱型	普通低合金钢、低合金高强钢	TiO_2+SiO_2 25,CaO+MgO 30,MnO+Al_2O_3 25,CaF_2 20

牌号	焊剂类型	可焊钢种	组成成分质量分数/%
SJ301	硅钙型	低碳结构钢、普通低合金钢、管道锅炉用钢	TiO_2+SiO_2 40，$CaO+MgO$ 25，$MnO+Al_2O_3$ 25，CaF_2 10
SJ401	硅锰型	低碳钢、普通低合金钢	TiO_2+SiO_2 45，$CaO+MgO$ 10，$MnO+Al_2O_3$ 40
SJ501	铝钛型	低碳钢、普通低合金钢	TiO_2+SiO_2 30，$CaO+MgO$ 25，$MnO+Al_2O_3$ 55，CaF_2 5
SJ502	铝钛型	低碳钢、低合金钢	TiO_2+SiO_2 45，$CaO+MgO$ 10，$MnO+Al_2O_3$ 30，CaF_2 5
SJ601	氟碱型	铬镍不锈钢	TiO_2+SiO_2 15，$CaO+MgO$ 35，$MnO+Al_2O_3$ 20，CaF_2 25

四、埋弧焊焊剂选择

埋弧焊焊剂是保证焊接质量和决定焊缝性能的重要因素之一。如上所述，埋弧焊焊剂的种类很多，正确地选择焊剂可以在最低的生产成本下获得质量符合技术要求的焊缝。这里，除了考虑埋弧焊高稀释率和高输入热量的工艺特点以外，应充分了解焊剂的种类对焊缝成分的影响。在埋弧焊中，焊缝的最终化学成分是母材、焊丝与焊剂共同作用的结果，因此，埋弧焊焊剂必须与所焊的钢种和焊丝相匹配。

（一）碳钢埋弧焊焊剂的选择原则

对低碳钢焊接接头的力学性能主要提出一定的强度和韧性的要求，接头的抗拉强度必须等于或大于母材标准规定的抗拉强度的下限值，韧性指标则取决于焊接结构的最低工作温度及负载的性质。碳钢焊缝的强度主要由焊缝金属中的碳、硅和锰等元素所决定。其韧性还与焊缝中的磷和氮含量有关。埋弧焊时，由于焊剂的覆盖，进入电弧区的空气极少，w_N 不超过 0.008%。焊丝中的 w_C 由于氧化烧损，大都在 0.12% 以下，w_S 通过冶金反应可控制在 0.02% 以下，这样焊缝的韧性主要取决于焊缝中的硅、锰和磷的含量，图 5-21 示出焊缝金属 Mn/Si 含量比和磷含量与缺口韧性的关系。曲线表明，当 w_P 控制在 0.025% 以下，焊缝已具有足够的韧性。焊缝的 Mn/Si 含量比增加，焊缝的韧性亦随之提高，当此比值大于 2 时，焊缝的韧性已达到较高的水平。焊缝中 Mn、Si 的绝对含量决定了焊缝的强度，其含量相应大于 1.0% 和 0.25%，即能保证低碳钢焊缝 412MPa 的抗拉强度值。随着焊缝中 Mn、Si 含量的增加，焊缝的强度成正比提高。

熔池金属中的锰、硅含量取决于焊丝中这两种元素的含量，并与焊剂和熔渣中的氧化物浓度和熔渣的碱度有关。考虑到 MnO 和 SiO_2 含量的影响最大，则以下式来表征 Mn、Si 合金元素的有效过渡值。

$$K_2=\frac{N_{MnO}}{N_{SiO_2}}+B_N$$

式中　K_2——有效过渡系数；

　　　B_N——焊剂碱度。

表 5-9 列出几种常用焊剂有效过渡系数的计算实例。表 5-10 列出不同有效过渡系数的焊剂与几种焊丝配组焊接时焊缝金属 Mn 和 Si 的烧损和过渡量。图 5-22 以列线表示焊剂有效过渡系数与焊缝金属 Mn、Si 增量的关系。表 5-11 列出采用不同有效过渡系数的焊剂配 H08MnA 焊丝多道焊接时，焊缝金属的化学成分、Mn/Si 含量比及焊缝金属常温、低温缺口冲击韧度的典型数据。

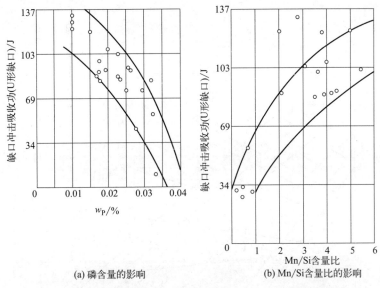

(a) 磷含量的影响　　　　　(b) Mn/Si 含量比的影响

图 5-21　焊缝金属 Mn/Si 含量比和磷含量与缺口韧性的关系

表 5-9　焊剂有效过渡系数计算实例

序号	焊剂的化学成分（质量分数）/%										B_N	$\dfrac{N_{MnO}}{N_{SiO_2}}$	$K_2 = B_N + \dfrac{N_{MnO}}{N_{SiO_2}}$
	SiO_2	FeO	MnO	CaO	MgO	Al_2O_3	TiO_2	CaF_2	Na_2O	K_2O			
1	40.53	1.59	1.00	31.28	10.78	12.57	0.78	—	0.29	0.86	1.30	0.02	1.32
2	44.50	1.11	30.20	17.42	0.24	2.43	0.65	—	0.56	0.41	1.0	0.58	1.58
3	36.80	0.81	7.71	29.95	9.38	15.60	1.00	6.0	0.17	0.49	1.51	0.17	1.68
4	40.40	3.06	39.60	9.90	0.14	3.72	0.40	—	0.48	0.45	1.15	0.83	1.98
5	32.0	1.95	28.1	11.28	—	22.70	1.45		0.34	0.70	1.32	0.74	2.06
6	14.79	1.08	20.25	14.97	0.91	23.95	10.65	8.90	0.10	0.38	2.11	1.15	3.26

表 5-10　不同有效过渡系数焊剂与各种焊丝配组焊接时 Mn 和 Si 的过渡值（质量分数）

单位：%

焊丝牌号	$K_2 = 1.3$		$K_2 = 1.7$		$K_2 = 2.1$		$K_2 = 3.3$	
	Mn	Si	Mn	Si	Mn	Si	Mn	Si
H08A	−0.2	+0.5	+0.1	+0.3	+0.8	+0.2	+1.3	±0
H10MnA	−0.3	+0.6	±0.0	+0.4	+0.7	+0.2	+1.2	±0
H10Mn1.5	−0.8	+0.7	−0.2	+0.5	+0.25	+0.25	+1.1	−0.05
H10Mn2	−1.2	+0.75	−0.5	+0.55	+0.1	+0.3	+0.8	−0.05
H10Mn3	−1.7	+0.8	−1.0	+0.6	−0.4	+0.4	+0.6	−0.10

　　由表 5-10 所列数据和图 5-22 所示曲线可知，采用同一种焊丝和有效过渡系数不同的焊剂相配，可以获得成分不同的焊缝化学成分，焊剂的有效过渡系数提高，焊缝金属的锰含量随之增高，而硅含量变化不大，故 Mn/Si 含量比亦随之提高，焊缝金属的强度和常温及低温冲击韧度相应增高。因此可按对接接头强度和韧度的要求，选择有效过渡系数不同的焊剂和同一种焊丝达到所要求的强度和韧性指标。但是采用不同的焊丝和同一种焊剂埋弧焊时，

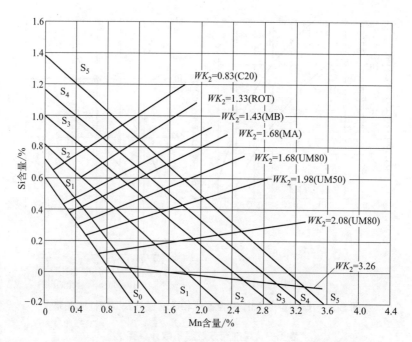

图 5-22 焊剂有效过渡系数与焊缝金属 Mn、Si 含量的关系

WK_2—焊剂有效过渡系数；S_0、S_1、S_2、S_3、S_4、S_5—焊丝牌号

表 5-11 采用不同焊剂与 H08MnA 焊丝焊接时焊缝金属的化学成分和冲击韧度

焊剂种类		熔炼焊剂							
焊剂有效过渡系数 WK_2		1.32				1.68			
焊缝的化学成分		C	Si	Mn	Mn/Si	C	Si	Mn	Mn/Si
（质量分数）/%		0.06	0.70	0.33	0.47	0.07	0.32	0.82	2.59
U 形缺口 冲击韧度 /(J/cm²)	20℃	52				157			
	0℃	45				148			
	−20℃	48				137			
	−40℃	40				104			
	−60℃	36				63			
20℃布氏硬度		478				482			
焊剂种类		熔炼焊剂				烧结焊剂			
焊剂有效过渡系数 K_2		1.32				1.68			
焊缝的化学成分		C	Si	Mn	Mn/Si	C	Si	Mn	Mn/Si
（质量分数）/%		0.05	0.33	1.26	3.83	0.07	0.53	1.58	2.98
U 形缺口 冲击韧度 /(J/cm²)	20℃	149				132			
	0℃	142				128			
	−20℃	139				103			
	−40℃	113				98			
	−60℃	48				55			
20℃布氏硬度		522				547			

注：1. 焊丝成分质量分数：C 0.07%，Si 0.03%，Mn 0.89%，P 0.005%，S 0.011%。

2. 焊接规范：750A，36V，堆焊 11 层，焊丝直径 ϕ5mm。

3. 焊后状态，层间温度 250℃。

焊缝金属的成分却变化不大。如表 5-12 实测数据表明。当采用锰含量不同的三种焊丝配有效系数基本相同的焊剂焊接时，焊缝金属的 Mn、Si 含量及 Mn/Si 含量比基本保持不变，其强度和韧性亦稳定保持在相同的级别上。因此，对于碳钢和碳锰钢的焊接，通过选用不同成分的焊丝配相同有效系数的焊剂很难显著改变焊缝金属的成分及性能。

表 5-12　用不同种类焊丝与同一种焊剂焊接时焊缝金属成分质量分数和冲击韧度

焊剂种类	熔炼焊剂					
有效过渡系数	$WK_2=1.98$			$K_2=2.06$		
焊丝成分质量分数/%	C	Si	Mn	C	Si	Mn
	0.08	0.09	0.53	0.10	0.12	1.02
焊缝成分质量分数/%	C	Si	Mn	Mn/Si	C	Si	Mn	Mn/Si
	0.10	0.37	1.27	3.4	0.10	0.42	1.32	3.1
U 形缺口冲击韧度/(J/cm^2)	131				135		
焊剂种类	熔炼焊剂					
有效过渡系数	$K_2=2.06$			$K_2=1.82$		
焊丝成分质量分数/%	C	Si	Mn	C	Si	Mn
	0.12	0.13	1.48	008	0.09	0.53
焊缝成分质量分数/%	C	Si	Mn	Mn/Si	C	Si	Mn	Mn/Si
	0.11	0.47	1.38	2.9	0.09	0.49	1.21	2.5
U 形缺口冲击韧度/(J/cm^2)	129				126		

选择碳钢埋弧焊焊剂时，应根据焊件的钢种和配用的焊丝种类，并遵循下列原则：

1）采用沸腾钢焊丝如 H08A 和 H08MnA 等焊丝焊接时，必须采用高锰高硅焊剂，如 HJ43X 系列的焊剂，以保证焊缝金属通过冶金反应得到必要的硅锰渗合金，形成致密的具有足够强度和韧性的焊缝金属。

2）焊接对接接头韧性要求较高的厚板时，应选用中锰中硅焊接（如 HJ350、SJ301 等）和 H10Mn2 高锰焊丝。直接由焊丝向焊缝金属渗锰，并通过焊剂中 SiO_2 的还原反应，使焊缝金属适量渗硅，可以获得冲击韧度较高的焊缝金属。

3）对于中板对接大电流不开坡口单面焊工艺，应选择氧化性较高的高锰高硅焊剂配 H08A 或 H08MnA 低碳焊丝，以便尽量降低焊缝金属的碳含量，提高抗裂性。

4）对于工件表面锈蚀较多的焊接接头，应选择抗锈能力较强的 SJ501 焊剂并按强度要求选择相应牌号的焊丝。

5）薄板高速埋弧焊应选用 SJ501 烧结焊接配相应强度等级的焊丝。在这种情况下，对接头的强度和韧性一般无特殊要求，主要考虑在高的焊接速度下保证焊缝良好的成形和熔合。

（二）低合金钢埋弧焊焊剂的选择原则

低合金钢焊接时，由于钢材的强度较高，对淬硬较敏感，接头热影响区和焊缝金属对冷裂纹或氢致延迟裂纹的倾向较高。虽然埋弧焊的热循环有利于防止冷裂纹的产生，但在厚板的焊接中由于焊缝残余应力高，加上氢在焊缝中逐层积累，仍容易产生氢致延迟裂纹。因此在低合金钢埋弧焊时首先应选择碱度较高的低氢型 HJ25X 系列焊剂。因这些焊剂均为低锰中硅焊剂，在焊接冶金反应中，Si 和 Mn 还原渗合金的作用不强，这样必须采用硅含量适中的合金焊丝，如 H08MnMo、H08Mn2Mo、H08CrMoA、H10Mn2 等。

其次为保证接头的强度和韧性不低于母材的相应指标，亦选用硅锰还原反应较弱的高碱度焊接，如 HJ250 和 SJ101 焊剂，在这种焊剂下焊接的焊缝金属纯度较高，非金属夹杂物较少，接头的韧性易于保证。

在低合金钢厚板多层多道焊时，应选用脱渣性良好的焊剂，由于高碱度熔炼焊剂的脱渣性不良，而高碱度的烧结焊剂却具有良好的脱渣性，因此，在这种应用场合多半选用烧结焊剂。

（三）不锈钢埋弧焊焊剂的选择原则

不锈钢埋弧焊时，焊剂的主要任务是防止合金元素的过量烧损，因此应首先选用氧化性低的焊剂，我国常用的不锈钢埋弧焊用熔炼型焊剂为 HJ260 低锰高硅中氟型焊剂，因焊剂仍有一定的氧化性，故需配用铬镍含量较高的铬镍钢焊丝。HJ150、172 型焊剂亦可用于不锈钢的埋弧焊，这类焊剂虽氧化性较低，合金元素烧损较少，但焊接工艺性能尚佳，脱渣性能不良，故很少用于不锈钢厚板多层多道焊工艺。SJ103 氟碱型烧结焊剂不仅能保证焊缝金属具有足够的 Cr、Mo、Ni 合金含量，而且具有良好的工艺性，脱渣良好，焊缝成形美观。

五、焊剂的储存与烘干

埋弧焊焊剂在大气中存放时，会吸收水分。焊剂中的水分是焊缝产生气孔和冷裂纹的主

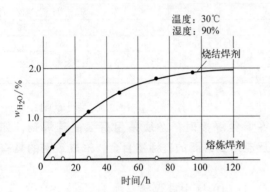

图 5-23　熔炼焊剂和烧结焊剂的吸潮性

要原因，故应控制在 0.1% 以下。熔炼焊剂与烧结焊剂的吸潮性不同，烧结焊剂的吸潮性比熔炼焊剂高得多，如图 5-23 所示。因此，烧结焊接在使用前应按产品说明书的规定温度进行烘干。熔炼焊剂也有一定的吸潮性，如在大气中长时间存放时，水分含量亦会超过标准规定。因此，熔炼焊剂同样应注意焊前的烘干。

焊剂烘干时，可将焊剂铺在干净的钢板上放入电炉和火焰炉内烘干，焊剂堆放高度最好不超过 50mm，否则烘干效果不佳。目前，我国已研制出专用的焊剂烘干设备，并可批量供货。这些焊剂烘干炉多采用远红外辐射加热，自动控温，连续进料和出料，焊剂烘干均匀可靠，具体技术数据见表 5-13。

表 5-13　焊剂烘干机技术数据

型号	YJJ-A-500	YJJ-A-300	YJJ-A-200	YJJ-A-100
焊剂装载容量/kg	500	300	200	100
最高工作温度/℃	400			
电热功率/kW	9	7.6	6.3	4.6
电源电压/V	380V(50Hz)			
吸入焊剂速度/(kg/min)	3.2			
上料机功率/kW	0.75			
烘干方式	连续			
烘干后焊剂水分含量/%	0.05			

此外还有 XZYH 系列旋转式远红外加热自动控温焊剂烘干机，最高工作温度可达 450℃，可装载焊剂容量有 60kg 和 150kg 两种。

六、埋弧焊用焊丝

国产埋弧焊用焊丝可分为低碳结构钢焊丝、合金结构钢焊丝和不锈钢焊丝。这些焊丝的牌号、代号及标准化学成分列于表 5-14。低碳结构钢焊丝分低硅低锰和低硅中锰二种。

表5-14 国产埋弧焊用焊丝

钢种	序号	牌号	代号	化学成分质量分数/%									
				C	Mn	Si	Cr	Ni	Mo	V	其他	S	P
低碳结构钢	1	焊08	H08	≤0.10	0.3~0.55	≤0.03	≤0.20	≤0.30	—	—	—	≤0.040	≤0.040
	2	焊08高	H08A	≤0.10	0.3~0.55	≤0.03	≤0.20	≤0.30	—	—	—	≤0.030	≤0.030
	3	焊08特	H08E	≤0.10	0.3~0.55	≤0.03	≤0.20	≤0.30	—	—	—	≤0.025	≤0.025
	4	焊08锰	H08Mn	≤0.10	0.8~1.1	≤0.07	≤0.20	≤0.30	—	—	—	≤0.040	≤0.040
	5	焊08锰高	H08MnA	≤0.10	0.8~1.1	≤0.07	≤0.20	≤0.30	—	—	—	≤0.030	≤0.030
	6	焊15高	H15A	0.11~0.18	0.35~0.65	≤0.03	≤0.20	≤0.30	—	—	—	≤0.030	≤0.030
	7	焊15锰	H15Mn	0.11~0.18	0.80~1.10	≤0.03	≤0.20	≤0.30	—	—	—	≤0.040	≤0.040
	8	焊10锰2	H10Mn2	≤0.12	1.50~1.90	≤0.07	≤0.20	≤0.30	—	—	—	≤0.040	≤0.040
合金结构钢	9	焊08锰钼高	H08MnMoA	≤0.10	1.20~1.60	≤0.25	≤0.20	≤0.30	0.30~0.50	—	钛0.15（加入量）	≤0.030	≤0.030
	10	焊08锰2钼高	H08Mn2MoA	0.06~0.11	1.60~1.90	≤0.25	≤0.20	≤0.30	0.50~0.70	—	钛0.15（加入量）	≤0.030	≤0.030
	11	焊10锰2钼高	H10Mn2MoA	0.08~0.13	1.70~2.0	≤0.40	≤0.20	≤0.30	0.60~0.80	—	钛0.15（加入量）	≤0.030	≤0.030
	12	焊08锰2钼钒高	H08Mn2MoVA	0.06~0.11	1.60~1.90	≤0.25	≤0.20	≤0.30	0.50~0.70	0.06~0.12	钛0.15（加入量）	≤0.030	≤0.030
	13	焊10锰2钼钒高	H10Mn2MoVA	0.08~0.13	1.70~2.00	≤0.40	≤0.20	≤0.30	0.60~0.80	0.06~0.12	钛0.15（加入量）	≤0.030	≤0.030
	14	焊08铬钼高	H10CrMoA	≤0.10	0.40~0.70	0.15~0.35	0.08~1.1	≤0.30	0.40~0.60	—	—	≤0.030	≤0.030
	15	焊13铬钼高	H13CrMoA	0.11~0.16	0.40~0.70	0.15~0.35	0.08~1.1	≤0.30	0.40~0.60	—	—	≤0.030	≤0.030
	16	焊18铬钼高	H18CrMoA	0.15~0.22	0.40~0.70	0.15~0.35	0.08~1.1	≤0.30	0.15~0.25	—	—	≤0.030	≤0.030
	17	焊08铬钼钒高	H08CrMoVA	≤0.10	0.40~0.70	0.15~0.35	1.0~1.3	≤0.30	0.50~0.70	0.15~0.35	—	≤0.025	≤0.030
	18	焊08铬镍2钼高	H08CrNi2MoA	0.05~0.10	0.05~0.85	0.1~0.3	0.7~1.0	1.4~1.8	0.20~0.40	—	—	≤0.030	≤0.030
	19	焊30铬锰硅高	H30CrMnSiA	0.25~0.35	0.8~1.1	0.90~1.2	0.8~1.1	≤0.30	—	—	—	≤0.025	≤0.030
	20	焊10铬钼高	H10Cr MoA	≤0.12	0.4~0.7	0.15~0.35	0.45~0.65	≤0.30	0.40~0.60	—	—	≤0.025	≤0.025
	21	焊10铬5钼	H10Cr5Mo	≤0.12	0.4~0.7	0.15~0.35	4.0~6.0	≤0.30	0.40~0.60	—	—	≤0.030	≤0.030

续表

钢种	序号	牌号	代号	化学成分质量分数/%									
				C	Mn	Si	Cr	Ni	Mo	V	其他	S	P
不锈钢	22	焊0铬14	H0Cr14	≤0.06	0.3~0.7	0.3~0.7	13~15	≤0.6	—	—	—	≤0.030	≤0.030
	23	焊1铬13	H1Cr13	≤0.15	0.3~0.6	0.3~0.6	12~14	≤0.6	—	—	—	≤0.030	≤0.030
	24	焊2铬13	H2Cr13	0.16~0.24	0.3~0.6	0.3~0.6	12~14	≤0.6	—	—	—	≤0.030	≤0.030
	25	焊00铬19镍9	H00Cr19Ni9	≤0.03	1.0~2.0	≤1.00	18~20	8.0~10	—	—	—	≤0.030	≤0.030
	26	焊0铬19镍9	H0Cr19Ni9	≤0.06	1.0~2.0	0.5~1.0	18~20	8.0~10	—	—	—	≤0.020	≤0.030
	27	焊1铬19镍9	H1Cr19Ni9	0.14	1.0~2.0	0.5~1.0	18~20	8.0~10	—	—	—	≤0.020	≤0.030
	28	焊0铬19镍9硅2	H0Cr19Ni9Si2	≤0.06	1.0~2.0	2~2.75	18~20	8.0~10	—	—	—	≤0.020	≤0.030
	29	焊1铬19镍9钛	H1Cr19Ni9Ti	≤0.06	1.0~2.0	0.3~0.7	18~20	8.0~10	—	—	钛0.50~0.80	≤0.020	≤0.030
	30	焊1铬19镍9钛	H1Cr19Ni9Ti	≤0.10	1.0~2.0	0.3~0.7	18~20	8.0~10	—	—	钛0.50~0.80	≤0.020	≤0.030
	31	焊1铬19镍10铌	H1Cr19Ni10Nb	≤0.09	1.0~2.0	0.3~0.8	18~20	9~11	—	—	铌1.20~1.50	≤0.020	≤0.030
	32	焊0铬19镍11钼3	H0Cr19Ni11Mo3	≤0.06	1.0~2.0	0.3~0.7	18~20	10~12	2.0~3.0	—	—	≤0.020	≤0.030
	33	焊1铬25镍13	H1Cr25Ni13	≤0.12	1.0~2.0	0.3~0.7	23~26	12~14	—	—	—	≤0.020	≤0.030
	34	焊1铬25镍20	H1Cr25Ni20	≤0.15	1.0~2.0	0.2~0.5	24~27	17~20	—	—	—	≤0.020	≤0.030
	35	焊1铬15镍13锰6	H1Cr15Ni13Mn6	≤0.12	5.0~7.0	0.4~0.9	14~16	12~14	—	—	—	≤0.020	≤0.030
	36	焊1铬20镍10锰6	H1Cr20Ni10Mn6	≤0.12	5.0~7.0	0.3~0.7	18~22	9~11	—	—	—	≤0.030	≤0.040
	37	焊1铬21镍10锰6	H1Cr21Ni10Mn6	≤0.10	5.0~7.0	0.2~0.6	20~22	9~11	—	—	—	≤0.020	≤0.030
	38	焊1铬20镍7锰6硅2	H1Cr20Ni7Mn6Si2	≤0.12	5.0~7.0	1.8~2.6	18~21	6.5~8	—	—	—	≤0.020	≤0.030
	39	焊1铬25钼3钒2钛	H1Cr25Mo3V2Ti	≤0.15	0.4~0.7	0.6~1.0	24~26	≤0.6	2.40~2.60	2.00~2.50	钛0.02~0.30	≤0.030	≤0.030

注：w(Cu)均为≤0.20%。

因此必须配用高硅高锰或中锰高硅焊剂。合金钢焊丝除 H10Mn2 焊丝之外，其余均为中硅高锰和中硅中锰焊丝。故应与中锰中硅焊剂或低锰中硅焊剂相配用。不锈钢焊丝都是中硅中锰或中硅高锰焊丝，故可采用低锰中硅中氟或无锰低硅高氟焊剂焊接。

埋弧焊焊丝的规格有 $\phi2$、$\phi3$、$\phi4$、$\phi5mm$，焊丝表面可分光焊丝和镀铜焊丝。对于光焊丝应采用不影响焊缝质量的涂料防锈。

七、埋弧焊焊剂与焊丝的选配

埋弧焊焊剂与焊丝的选配是焊制高质量焊接接头的决定性因素之一，是埋弧焊工艺过程的重要环节。在进行埋弧焊焊剂与焊丝的选配时，应着重考虑埋弧焊的工艺特点和冶金特点。

第一是稀释率高，在不开坡口对接缝单道焊或双面焊以及开坡口对接焊缝的根部焊道焊接时，由于埋弧焊焊缝熔透深度大，母材大量熔化后混入焊缝金属，稀释率可高达 70%。在这种情况下，焊缝金属的成分在很大程度上取决于母材的成分，而焊丝的成分不起主要的作用。因此选用合金元素含量低于母材的焊丝进行焊接，并不降低接头的强度。例如 16Mn 钢不开坡口对接接头，可选用锰含量比母材低的 H08MnA 焊丝和 HJ431 焊剂。

第二是热输入高。埋弧焊是一种高效焊接方法，为获得高的熔敷率，通常选用大电流焊接，因此焊接过程中就产生了高的输入热量，结果焊缝金属和热影响区的冷却速度降低，接头的强度和韧性也随之降低。因此在厚板开坡口焊缝填充焊道焊接时，应选用合金成分略高于母材的焊丝并配用中性焊剂。

第三是焊接速度快，埋弧焊一般的焊接速度为 25m/h，最高的焊接速度可达到 100m/h。在这种情况下，焊缝良好的成形不仅取决于焊接参数的合理选配，而且也取决于焊剂的特性。硅钙型、锰硅型及氧化铝型焊剂的特性能满足高速埋弧焊的要求。

推荐采用的各种常用钢材埋弧焊焊丝/焊剂组合列于表 5-15。

表 5-15 各种常用钢材埋弧焊焊丝/焊剂组合

序号	适用钢种	推荐用焊丝/焊剂	
		焊丝牌号	焊剂牌号
1	Q215,Q235,10 钢	H08A	HJ431 SJ501
2	20 钢,20g,22g,20R	H08MnA	HJ431 SJ501
3	16Mn,19Mn6,16MnRE, 09MnV,09Mn2,12Mn	H10Mn2	HJ431 SJ501
		H08MnMo	HJ350 SJ101
4	15MnV,15MnVN,12MnV,14MnNb, 16MnNb,25Mn,20MnMo,15MnTi	H08MnMo	HJ350 SJ101
5	18MnMoNb,20MnMoNb,13MnNiMo	H08Mn2Mo	HJ250(350+250) SJ101
6	15MnMoV,15MnMoVN,HQ70WCF60, 14MnMoNbB,12Ni3CrMoV,30CrMnSiA	H08Mn2Mo H08Mn2NiMo	HJ250 SJ101
7	12CrMo,A213-T2,A335-P2(ASTM)	H10CrMo	HJ350 SJ101

序号	适用钢种	推荐用焊丝/焊剂	
		焊丝牌号	焊剂牌号
8	15CrMo,20CrMo,13CrMo44,A213-T12,A335-P11,A387-11(ASTM)	H12CrMo	HJ350 SJ101
9	12Cr1MoV,13CrMoV42	H08CrMoV	HJ350 SJ101
10	2.25Cr1Mo,10CrMo910,A213T22,A387-22,A335-P22	H10Cr3MoMnA	HJ350 或 HJ350＋HJ250
11	0Cr13,1Cr13	H0Cr14,H0Cr18,	HJ260
12	1Cr18Ni9,00Cr18Ni9,1Cr18Ni9Ti	H0Cr19Ni9 H00Cr19Ni9	HJ260
13	1Cr18Ni12Mo2,1Cr18Ni12Mo3	H00Cr19Ni12Mo2	HJ260

第三节　埋弧焊工艺及技术

一、埋弧焊工艺基础

埋弧焊工艺的主要内容有：

1）焊接工艺方法的选择；

2）焊接工艺装备的选用；

3）焊接坡口的设计；

4）焊接材料的选定；

5）焊接工艺参数的制定；

6）焊接组装工艺编制；

7）操作技术参数及焊接过程控制技术参数的制定；

8）焊缝缺陷的检查方法及修补技术的制定；

9）焊前预处理与焊后热处理技术的制定。

编制焊接工艺的原则是：首先要保证接头的质量完全符合焊件技术条件或标准的规定。其次是在保证接头质量的前提下，最大限度降低生产成本，即以最高的焊接速度，最低的焊材消耗和能量消耗以及最少的焊接工时完成整个焊接过程。

编制焊接工艺的依据是焊件材料的牌号和规格，工件的形状和结构，焊接位置以及对焊接接头性能的技术要求等。

根据上述基本原始资料，可制定初步的工艺方案，即结合工厂生产车间现有焊接设备和工艺装备，选择焊接工艺方法（如单丝焊或多丝焊、加焊剂衬垫或悬空焊、单层焊或双面焊、多层多道焊等）、焊剂/焊丝组合、焊丝直径、焊接坡口形式以及组装工艺等。

焊接工艺参数的制定应以相应的焊接工艺试验结果或焊接工艺评定试验结果为依据。埋弧焊工艺参数包括主要参数和次要参数。主要参数是指那些直接影响焊缝质量和生产效率的参数。它们是焊接电流、电弧电压、焊接速度、电流种类及极性和预热温度等。对焊缝质量产生有限影响或无多大影响的参数为次要参数。他们是焊丝伸出长度、焊丝倾角、焊丝与工件的相对位置、焊剂粒度、焊剂堆散高度和多丝焊的丝间距离等。有关操作技术的参数有引弧和收弧技术、焊接衬垫的压紧力、焊丝端的对中以及电弧长度的控制等。

焊接工艺参数从两方面决定了焊缝质量。一方面，焊接电流、电弧电压和焊接速度三个参数合成的焊接线能量影响着焊缝的强度和韧性；另一方面，这些参数分别影响到焊缝的成形，也就影响到焊缝的抗裂性，对气孔和夹渣的敏感性。这些参数的合理匹配才能焊出成形良好无任何缺陷的焊缝。对于操作者来说，最主要的任务是正确调整各工艺参数，控制最佳的焊道成形。因此，操作者应清楚了解各工艺参数对焊缝成形影响的规律以及焊接熔池形成，焊缝形成和结晶过程对焊缝质量的影响。

（一）焊缝形成和结晶过程的一般规律

焊缝的形成是焊接熔池建立、熔池连续前移和凝固的过程，焊缝纵向和横向截面的形状是由熔池的瞬态形状决定的。在埋弧焊时，焊丝与母材在电弧热作用下熔化，而形成液态金属熔池，其形状和尺寸如图 5-24 所示。

$$Q = \frac{\eta I U}{v_{\mathrm{w}}}$$

式中　Q——单位焊缝长度上的焊接线能量，J/cm；

　　　η——热效率，%；

　　　I——焊接电流，A；

　　　U——电弧电压，V；

　　　v_{w}——焊接速度，mm/s。

由上式可知，熔池尺寸的大小与电流电压的乘积成正比，与焊接速度成反比。

焊缝的形状通常是焊缝横截面的形状，

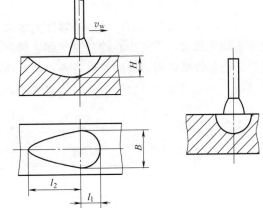

图 5-24　埋弧焊熔池的形状及尺寸

如图 5-25 所示，以熔深 H、熔宽 B 和余高 a 　H—熔池最大深度；B—熔池最大宽度；$l_1 + l_2$—熔池长度

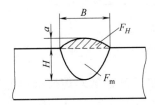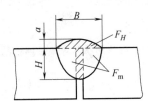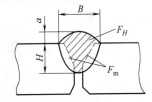

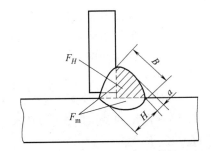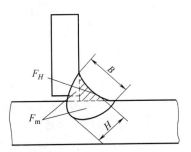

图 5-25　各种焊缝横截面形状及尺寸

F_{m}—母材熔化的横截面积（mm²）；F_{H}—焊丝熔敷的横截面积（mm²）；a—余高；B—焊缝宽度；H—熔深

三个尺寸表征。为保证焊缝的机械强度，焊缝必须有足够的熔深。但大量的试验结果和生产经验证明，焊缝的熔深 H、熔宽 B 及余高 a 应成适当的比例。通常焊缝的形状以形状系数 $\phi=B/H$ 和增厚系数 B/a 来表征。小的形状系数表示焊缝横截面形状深而窄，易出现热裂纹和气孔；大的形状系数表示焊缝横截面浅而宽，易形成未焊透或夹渣。因此，形状系数应有一个合适的范围。对于埋弧自动焊焊缝，通常应将形状系数控制在 $1.3\sim1.5$。增厚系数应控制在 $4\sim8$，以使接头具有足够的静载和动载强度。增厚系数过大，即焊缝余高过小，将减弱接头的静载强度；增厚系数过小，即焊缝余高过大，则将降低接头的动载强度。

　　上述焊缝形状对焊缝质量的影响与焊缝的结晶密切相关。焊缝金属的结晶总是以熔池底部边缘母材半熔化状态的晶粒为晶核，晶体生长反向于散热方向，即垂直于熔池壁方向。故焊缝金属的结晶方向取决于熔池的形状。在形状系数 ϕ 小的焊缝中，从两侧生长的晶粒几乎对向相交于焊缝中心，结果低熔点杂质聚集于该部位而极易诱发裂纹和气孔等缺陷。在形状系数较大的焊缝中，其结晶方向有助于将低熔点杂质推向焊缝顶部，如图 5-26（a）所示，因而可抑制裂纹和气孔的产生。从焊缝的纵向截面看，熔池底部细长，两侧生长的晶粒在焊缝中心的夹角大，焊缝中心的杂质底部呈椭圆形，就不易出现纵向热裂纹。因此，控制焊缝成形是防止焊缝缺陷形成的先决条件，富有经验的焊工可从焊缝的外形判断焊缝内部是否存在缺陷，并通过规范参数的调整，使焊缝达到最佳的成形。

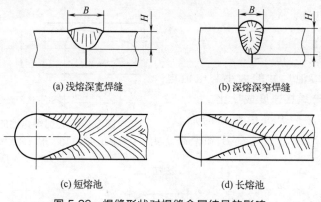

图 5-26　焊缝形状对焊缝金属结晶的影响

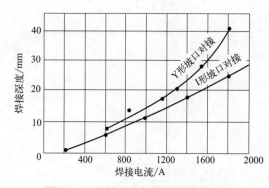

图 5-27　焊接电流与熔透深度的关系

（二）焊接工艺参数对焊缝成形的影响

　　影响焊缝成形的主要因素是焊接电流、电弧电压、焊接速度、电源种类及其极性。

1. 焊接电流

　　焊接电流是决定焊丝熔化速度、熔透深度和母材熔化量的最重要的参数。焊接电流对熔透深度影响最大，焊接电流与熔透深度几乎是直线正比关系。图 5-27 示出 I 形坡口对接焊和 Y 形坡口对接焊时，焊接电流和熔透深度的关系曲线。如以数学式表示：

$$H=K_m I$$

式中　H——熔透深度；

　　　　K_m——熔透系数；

I——焊接电流，A。

熔深系数 K_m 取决于焊丝直径和电流种类。$\phi2mm$ 直径的焊丝 $K_m=1.0\sim1.7$，$\phi5mm$ 焊丝 $K_m=0.7\sim3$，采用交流电埋弧焊时，K_m 一般在 1.1～1.3 范围之内。

焊接电流对焊缝截面形状和熔深的影响示于图 5-28，在其他参数不变的条件下，随着焊接电流的提高，熔深和余高同时增大。焊缝形状系数变小，防止烧穿和焊缝裂纹。焊接电流不宜选得太大，但电流过小也会使焊接过程不稳定并造成未焊透或未熔合。因此，对于不开坡口对接焊缝，焊接电流按所要求的最低熔透深度来选定即可，对于开坡口焊缝的填充层，焊接电流主要按焊缝最佳的成形为准则来选定。

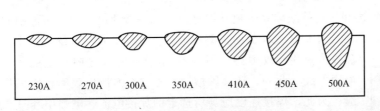
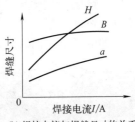

(a) 不同焊接电流时焊缝横截面形状　(b) 焊接电流与焊缝尺寸的关系

图 5-28　焊接电流对焊缝横截面形状和熔深的影响

H—熔深；B—焊缝宽度；a—余高

此外，焊丝直径决定了焊接电流密度，因而也对焊缝横截面形状产生一定的影响。采用细焊丝焊接时形成深而窄的焊道，采用粗焊丝焊接时则形成宽而浅的焊道。

2. 电弧电压

电弧电压与电弧长度成正比关系。在其他参数不变的条件下，随着电弧电压的提高，焊缝的宽度明显增大，而熔深和余高则略有减小。电弧电压过高时，会形成浅而宽的焊道，从而导致未焊透和咬边等缺陷的产生。此外焊剂的熔化量增多，造成焊波表面粗糙、脱渣困难。降低电弧电压，能提高电弧的挺度，增大熔深；但电弧电压过低，会形成高而窄的焊道，使边缘熔合不良。电弧电压对焊缝形状的影响示于图 5-29。

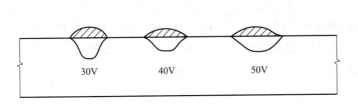
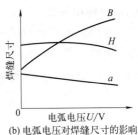

(a) 不同电弧电压时焊缝横截面形状　(b) 电弧电压对焊缝尺寸的影响

图 5-29　电弧电压对焊缝形状的影响

B—熔宽；H—熔深；a—余高

为获得成形良好的焊道，电弧电压与焊接电流应相互匹配。当焊接电流加大时，电弧电压应相应提高。

3. 焊接速度

焊接速度决定了每单位焊缝长度上的热输入能量，在其他参数不变的条件下，提高焊接速度，单位长度焊缝上的热输入能量和填充金属量减少，因而熔深、熔宽及余高都相应减小，如图 5-30 所示。

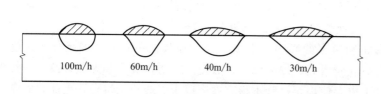
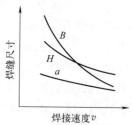

图 5-30　焊接速度对焊缝形状的影响

B—熔宽；H—熔深；a—余高

焊接速度太快，会产生咬边和气孔等缺陷，焊道外形恶化。如焊接速度太慢，可能引起烧穿。如电弧电压同时较高，则可能导致焊缝横截面呈蘑菇形。而这种形状的焊缝对人字形裂纹或液化裂纹敏感。图 5-31 示出这种焊缝中产生的典型凝固裂纹。此外，还会因熔池尺寸过大而形成表面粗糙的焊缝。为此，焊接速度应与所选定的焊接电流、电弧电压适当匹配。

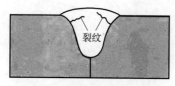

图 5-31　焊缝横截面为蘑菇形及裂纹分布部位

4. 电源种类及其极性

采用直流电源进行埋弧焊，与交流电源相比，能更好地控制焊道形状、熔深，且引弧容易，以直流反接（焊丝接正极）焊接时，可获得最大的熔深和最佳的焊缝表面。以直流正接（焊丝接负极）焊接时，焊丝熔化速度要比反接高 35%，使焊缝余高变大、熔深变浅。因为在正接时，电弧最大的热量集中于焊丝的顶端。直流正接法埋弧焊可用于要求浅熔深的材料焊接以及表面堆焊。为获得成形良好的焊道，直流正接法焊接时，应适当提高电弧电压。

（三）其他工艺参数对焊缝成形的影响

其他工艺参数对焊缝成形也有一定的影响。这些参数有：焊丝伸出长度，焊剂粒度和堆散高度及焊丝倾角和偏移量。

1. 焊丝伸出长度

焊丝的熔化速度由电弧热和电阻热共同决定。电阻热是指伸出导电嘴一段焊丝通过焊接电流时产生的加热量（I^2R），因此焊丝的熔化速度与伸出长度的电阻加热成正比，图 5-32 为伸出长度的电阻加热与焊丝熔化速度的关系。伸出长度越长，电阻热越大，熔化越快。

当电流密度高于 $125A/mm^2$ 时，焊丝伸出长度对焊缝形状的影响变得更大。在较低的电弧电压下，增加伸出长度，焊道宽度变窄、熔深减小、余高增加。在焊接电流保持不变的情况下，加长焊丝伸出长度，可使熔化速度提高 25%～50%。因此，为保持良好的焊道成形，加长焊丝伸出长度时，应适当提高电弧电压和焊接速度。在不要求较大熔深的情况下，可利用加长伸出长度来提高焊

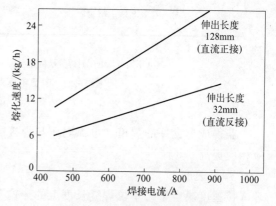

图 5-32　焊丝伸出长度的电阻加热与焊丝熔化速度的关系

接效率，而在要求较大熔深时不推荐加长焊丝伸出长度。

为保证焊缝成形良好，对于不同的焊丝直径推荐以下最佳焊丝伸出长度和最大伸出长度。

① 对于直径 $\phi2.0$、$\phi2.5$ 和 $\phi3.0$mm 焊丝，最佳伸出长度为 $30\sim50$mm，最大焊丝伸出长度为 75mm。

② 对于直径 $\phi4$、$\phi5$ 和 $\phi6$mm 的焊丝，最佳焊丝伸出长度为 $50\sim80$mm，最大焊丝伸出长度为 125mm。

2. 焊剂粒度和堆散高度

焊剂粒度和堆散高度对焊道的成形也有一定的影响，焊剂粒度通常以过筛的目数表示。例如 8×48 表示 $90\%\sim95\%$ 的颗粒能通过每英寸 8 孔的筛，$2\%\sim5\%$ 的颗粒能通过每英寸 48 孔的筛。焊剂粒度应根据所使用的焊接电流来选择，细颗粒焊剂适用于大的焊接电流，能获得较大的熔深和宽而平坦的焊缝表面。如在小电流下使用细颗粒焊剂，因焊剂层密封性较好，气体不易逸出，会在焊缝表面留下斑点。相反，如在大电流下使用粗颗粒焊剂，则会因焊剂层保护不良而在焊缝表面形成凹坑或出现粗糙的波纹。

焊剂粒度与所使用的焊接电流范围之间最合适的关系列于表 5-16。

表 5-16 焊剂粒度与焊接电流的关系

颗粒度	8×48	12×65	12×150	20×200
焊接电流/A	小于 600	小于 600	$500\sim900$	$600\sim1200$

焊剂层太薄或太厚都会在焊缝表面引起斑点、凹坑、气孔并改变焊道的形状。焊剂层太薄，电弧不能完全埋入焊剂中，电弧燃烧不稳定且出现闪光、热量不集中，降低焊缝熔透深度。焊剂层太厚，电弧受到熔渣壳的物理约束，会形成外形凹凸不平的焊缝，但熔透深度增加。因此焊剂层的厚度应加以控制，以电弧不再闪光、同时又能使气体从焊丝周围均匀逸出为准。按照焊丝直径和所使用的焊接电流，焊剂层的堆散高度通常在 $25\sim40$mm 范围内，焊丝直径越大、电流越高，堆散高度应相应越大。

3. 焊丝倾角和偏移量

焊丝的倾角对焊道的成形有明显的影响。焊丝相对于焊接方向可作向前倾斜和向后倾斜。顺着焊接方向倾斜称为前倾。背着焊接方向倾斜称为后倾。焊丝前倾时，电弧大部分热量集中于焊接熔池，电弧吹力使熔池向后推移，因而形成熔透深、余高大、熔宽窄的焊道。焊丝后倾时，电弧热量大部分集中于未熔化的母材，从而形成熔深浅、余高小、熔宽大的焊道。表 5-17 列出焊丝倾角对焊道成形的影响。

表 5-17 焊丝倾角对焊道成形的影响

焊丝倾角	前倾 15°	垂直 0°	后倾 15°
焊道形状			
熔透	深	中等	浅
余高	大	中等	小
熔宽	窄	中等	宽

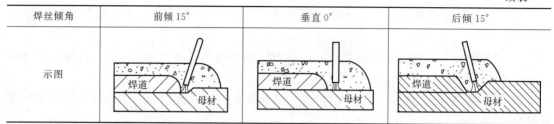

焊丝倾角	前倾 15°	垂直 0°	后倾 15°
示图			

角焊缝焊接时，焊丝与工件之间的夹角对焊道成形亦有影响，如图 5-33 所示，减小焊丝与底板的夹角，可使熔透深度增加。夹角为 30°，可获得最大的熔深。

环缝埋弧焊时，焊丝与焊件中心垂线的相对位置对焊道的成形有很大的影响，如图 5-34 所示。环缝焊时，焊件在不断地旋转，熔化的焊剂和金属熔池由于离心力的作用倾向于离开电弧区而流动。因此，为防止熔化金属溢流和焊道成形不良，应将焊丝逆焊件旋转方向后移适当距离，使焊接熔池正好在焊件转到中心位置时凝固，后偏量过大会形成浅熔深、表面下凹的焊道，后偏量过小则会形成熔透深而窄的焊道，焊道中间凸起，有时还可能出现咬边。焊丝最佳偏移量主要取决于所焊工件的直径，但也与工件的厚度，所选用的焊接电流和焊接速度有关。表 5-18 列出不同直径工件的焊丝偏移量。

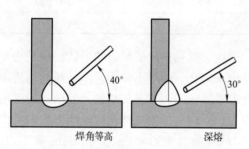

图 5-33　焊丝与工件的夹角对焊道成形的影响

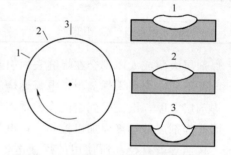

图 5-34　环缝焊时焊丝的位置对焊道成形的影响（1、2、3 为焊丝位置）
1—焊道明显下凹，熔深最浅；2—焊道平整、美观易脱渣；3—明显凸鼓，熔深最大

表 5-18　环缝焊时焊丝离工作中心垂线最佳偏移量

工件外径/mm	焊丝偏移量/mm	工件外径/mm	焊丝偏移量/mm
25～75	12	1050～1200	50
75～450	22	1200～1800	55
450～900	34	大于 1800	75
900～1050	40		

4. 工件的倾斜

在埋弧焊过程中，工件的倾斜对焊道的成形也有一定的影响。埋弧自动焊大多是在平焊位置进行的，但在某些特殊应用场合必须在工件略作倾斜的条件下进行焊接。当工件倾斜方向与焊接方向一致时称为下坡焊，相反则称为上坡焊。

下坡焊时，若工件的倾斜度太大，焊道中间下凹，熔深减小，焊缝宽度增大，焊道边缘可能出现未熔合。上坡焊时，工件的倾斜度对焊道成形的影响与下坡焊相反。若工件倾斜度大，熔深和余高随之增大，而熔宽则减小。见表 5-19。

表 5-19　工件倾斜对焊道成形的影响

薄板埋弧焊时，将工件倾斜 15°，可防止烧穿，焊道成形良好。厚板焊接时，因焊接熔池体积增大，工件倾斜度应相应减小。

上坡焊时，当焊接电流达到 800A，工件的倾斜度不应大于 6°，否则焊道成形就会失控。

二、埋弧焊接头的设计

（一）埋弧焊接头和坡口形式的设计原则

埋弧焊接头和坡口形式的设计应允许利用埋弧焊熔深大、熔敷率高的特点。焊接接头设计应首先保证结构的强度要求，即焊缝应具有足够的熔深和厚度；其次是考虑经济性，即在保证熔透的前提下，尽量减少焊接坡口的填充金属量，缩短焊接时间。从经济观点出发，埋弧焊接头应尽量不开坡口或少开坡口。因埋弧焊可使用高达 2000A 的焊接电流，单面焊熔深可达 18～20mm，因此，对 40mm 以下的钢板可采用 I 形直边对接形式进行埋弧自动焊而获得全熔透的对接缝。但这种高效焊接法在实际生产中受到各种限制。首先，普通结构钢厚板不可避免存在杂质的偏析，提高了深熔焊缝热裂纹的敏感性。其次，采用大电流焊接时，焊接线能量大大超过各种钢材所容许的极限，不仅使焊缝金属结晶粗大，而且热影响区晶粒急剧长大，这两个区域金属冲击韧性明显下降。因此，这种工艺只能用于对接头质量要求不高，或无冲击韧性要求的焊接结构中。

对于重要的焊接结构，如锅炉、受压容器、船舶和重型机械等，板厚大于 20mm 的对接接头就要求开一定形状的坡口，以达到优质和高效的统一。

在厚度超过 50mm 的厚板结构中，坡口的形状对生产成本有相当大的影响。图 5-35 对比了各种形式坡口的横截面积。U 形坡口虽然加工比较费时，但焊缝截面减少很多，焊材的消耗明显减少。双 V 形坡口与单 V 形坡口相比，在相同的板厚下，焊缝截面可以减少一半。对于厚度超过 100mm 的特厚板结构，即使焊接坡口采用 U 形，焊缝金属的填充量仍相当可观。

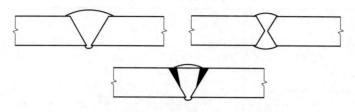

图 5-35   各种坡口横截面积对比

在角接接头中，在保证角焊缝强度的前提下，可让角接边缘形成一定深度的坡口来减小焊缝的截面积。这与对接接头的情况有所不同。

（二）埋弧焊坡口标准

埋弧焊接头坡口的基本形式和尺寸已由 GB/T 985.2 加以标准化，详细内容见表 5-20。

坡口制备可以采用热切割、火焰气刨、电弧气刨和机械加工等方法来完成。坡口尺寸的加工精度可按焊件尺寸、钢种和对接头的要求来确定。

（三）焊接衬垫

埋弧自动焊是一种深熔焊接法，熔池体积较大，处于液态的时间较长，因此，通常采用各种衬垫完成焊接。焊接衬垫常用于要求全熔透的各种接头。

焊接衬垫可分两种，一种是固定衬垫，作为接头的一部分，与接头其余部分形成一个整体。固定衬垫有：衬板、锁边坡口、底层焊缝。另一种是临时衬垫，它是焊接工艺装备的一部分，焊后可立即拆离焊缝。铜衬板、焊剂板和柔性衬带均属临时衬垫。

1. 衬板

某些焊接结构的焊接接头只容许从单面进行焊接，且要求接头全熔透，在这种情况下，可以采用永久钢衬板，点固在焊缝背面。衬板的材料牌号应与焊件钢材相近或完全相同。焊接过程中，焊缝熔透到垫板上，焊缝底部与垫板接触面熔合。按设计要求，焊后将衬板永久保留或者采用机械加工方法把衬板去掉。

永久衬板的尺寸可按表 5-21 的规定选用。

2. 锁边坡口

在 GB/T 985.2 中，列出两种锁边坡口。当焊件厚度大于 10mm，且只能从单面焊接时，可采用各种形式的锁边坡口（参见表 5-20）。焊接过程中应保证底层焊缝与锁边完全熔合，为此，锁边坡口的钝边尺寸不宜过大，对接焊缝应留有一定的间隙。

3. 底层焊道

在一些组合式焊接坡口（如不对称双 V 形坡口、V-U 形坡口或 U-V 形坡口以及不对称双 U 形坡口等）中，通常采用手工电弧焊、气体保护焊或药芯焊丝气体保护焊等方法完成底层焊缝的焊接。这种底层焊缝成为从另一方面进行埋弧焊的支托。底层焊缝的厚度，即不对称双面坡口中小坡口的深度，按照正面焊缝埋弧焊参数来确定，既要保证双面焊缝之间的完全熔透，又要避免烧穿。在这种情况下，双面坡口之间的钝边是很重要的坡口参数。加大钝边尺寸可降低烧穿的概率，减少填充金属量，但由于焊缝中母材的比例高，母材中大量

表 5-20　埋弧自动焊坡口基本形式及尺寸标准（GB/T 985.2）

序号	工件厚度/mm	名称	坡口形式（单位:mm）	焊缝形式	α(β)	b	p	H	R
1	3~10	I形坡口	（图）	（图）	—	—	—	—	—
2	3~6				—	0~1	—	—	—
3	6~20				—	0~2.5	—	—	—
4	6~24				—	—	—	—	—
6	3~12	I形带垫板坡口	（图）	（图）	—	0~5	—	—	—
7	10~20	带钝边单边V形坡口	（图）	（图）	(35°~50°)	0~4	5~8	—	—
8					(35°~50°)	0~2.5	6~10	—	—
9	10~30	带钝边单边V形带垫板坡口	（图）	（图）	(20°~40°)	2~5	0~4	—	—

续表

序号	工件厚度/mm	名称	坡口形式（单位:mm）	焊缝形式	α(β)	b	p	H	R
							坡口尺寸		
10	20~50	带钝边的J形坡口			(6°~12°)	0~2	6~10	—	3~10
11	10~24	Y形坡口			50°~80°	0~2.5	5~8	—	—
12	10~30				40°~80°		6~10	—	—
13	10~30	Y形带垫板坡口			40°~60°	2~5	2~5	—	—
14	30~60	V-Y形复合坡口			65°~72°(8°~12°)	0~2.5	1~3	8~12	—

序号	坡口名称	板厚	坡口图	焊缝图	角度	间隙		
15	K形坡口	20~30			$\beta=45°\sim60°$ $\beta_1=45°\sim60°$	5~10	—	—
16	双Y形坡口	24~60			$\alpha=50°\sim80°$ $\alpha_1=50°\sim60°$	0~2.5	5~10	—
17	带钝边双U形坡口	50~160			（5°~12°）	0~2.5	6~10	6~10

续表

序号	工件厚度/mm	名称	坡口形式（单位：mm）	焊缝形式	坡口尺寸				
					$\alpha(\beta)$	b	p	H	R
18	40~160	U-Y形坡口			70°~80° (5°~10°)	0~2.5	2~3	9~11	8~11
19	60~250	窄间隙坡口			70°~80° (1°~3°)	0~2	1.5~2.5	—	—
20	6~14	I形坡口			—	0~2.5	—	—	—

序号	坡口形式	板厚	坡口角度	钝边 p	间隙 b	其他
21	带钝边单边 V 形坡口	10~20	(35°~45°)	0~2.5	0~3	—
22	带钝边双面 单边 V 形坡口	20~40	$\beta=35°\sim45°$ $\beta_1=45\sim50$	0~2.5	1~3	0~10
23	I 形坡口	2~60	—	0~3	—	—
24			—	0~2	—	—

续表

序号	工件厚度/mm	名称	坡口形式（单位：mm）	焊缝形式	坡口尺寸				
					$\alpha(\beta)$	b	p	H	R
25	10~24	带钝边单边V形坡口			(35°~45°)	0~2.5	3~7	—	—
26	10~40	带钝边双单边V形坡口			(10°~50°)	0~2.5	3~5	—	—
27	30~60	带钝边双J形坡口			(30°~50°)	0~2.5	3~5	—	5~7

表 5-21 永久衬板尺寸 单位：mm

接头板厚 δ	衬板厚度	衬板宽度
3～6	$(0.5～0.7)\delta$	$4\delta+5$
6～14	$(0.3～0.4)\delta$	—

杂质混入焊缝会导致裂纹等缺陷的产生。图 5-36 示出修正钝边尺寸可有效地防止底层埋弧焊焊缝中的结晶裂纹。

在不开坡口 I 形直边对接接头中，当边缘加工误差较大，装配间隙宽窄不均时，往往在埋弧焊缝的反面先用焊条点弧焊封第一层至第二层，正面埋弧焊焊缝完成后，再用电弧气刨或其他加工方法把手工封底的焊缝清除掉，然后焊上埋弧焊焊缝。

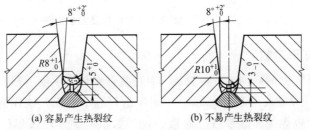

(a) 容易产生热裂纹　　(b) 不易产生热裂纹

图 5-36 钝边尺寸对 U 形坡口底层埋弧焊缝裂纹的影响

4. 铜衬垫

铜衬垫可分固定式铜垫板和移动式铜滑块两类。铜垫板主要用于中厚薄板对接缝单面焊双面成形焊工艺。固定式铜垫板一般安装在装配平台的顶紧支架上，从背面与接缝贴紧。如焊缝背面要求一定的余高，在铜垫板的中间可加工出凹槽，以防止铜衬板表面在焊接过程中被电弧熔化，铜衬垫的尺寸可按所焊钢板的厚度，即选用的焊接规范确定。表 5-22 列出了几种常用的铜衬垫尺寸。

表 5-22 铜垫板截面尺寸 单位：mm

接头板厚 δ	槽宽 b	槽深 h	凹槽半径 r
4～6	10	2.5	7.0
6～8	12	3.0	7.5
8～10	14	3.5	9.5
12～14	18	4.0	12

对于连续批量生产的场合，最好在铜垫板内部通水冷却，防止铜垫板过热而引起焊缝表面渗铜。

5. 焊剂垫

焊剂垫是单面焊双面成形埋弧焊中应用比较广的一种衬垫，通常由焊剂槽、加压元件、支架三部分组成。焊剂槽可用薄板卷制而成，有一定的柔性，便于在顶紧力的作用下与焊件背面贴紧。焊剂槽中充满颗粒度较细的焊剂，焊剂层下亦可放些纸屑，以增加焊剂层的弹性。加压元件通常采用橡皮软管或橡皮膜，通以 0.3～0.6MPa 的压缩空气。焊剂垫支架可采用型钢或薄板压制而成。

6. 柔性衬垫

在薄板和薄壁管埋弧焊中，也经常使用柔性衬带支托焊接熔池。柔性衬带有下列几种：

陶瓷衬带、玻璃纤维布衬带、石棉布衬带、热固化焊剂衬带等。这些衬带借助粘接带紧贴在焊缝背面，使用十分方便，热固化焊剂衬带可制成复合式柔性衬带。其结构如图 5-37 所示。

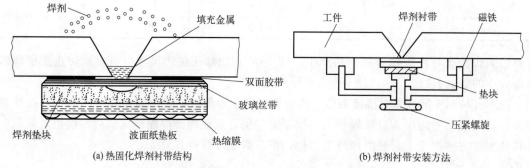

(a) 热固化焊剂衬带结构　　　　(b) 焊剂衬带安装方法

图 5-37　热固化焊剂衬带的结构及安装方法

（四）埋弧焊成形系数

熔焊时，在单道焊缝横截面上焊缝宽度（B）与焊缝计算厚度（H）之比值，即 $\phi=B/H$ 叫焊缝成形系数。焊缝成形系数 ϕ 越小，则表示焊缝窄而深，这样的焊缝中容易产生气孔夹渣和热裂纹。所以焊缝成形系数应保持一定的数值，例如埋弧焊的焊缝成形系数 ϕ 要大于 1.3。

三、埋弧焊焊前准备

埋弧焊焊前准备工作包括焊接坡口的制备和清理，焊剂的烘干、焊丝的清理和缠绕以及接头的组装、固定、夹紧或打底焊等。

（一）焊接坡口的制备

埋弧自动焊焊缝坡口的制备对焊缝质量起着至关重要的作用。目前在工业生产上使用的埋弧自动焊机大都是机械化焊机设备，焊机小车或工件转动只是等速运动，对坡口角度、钝边或间隙的误差，不能随时调整焊接速度或其他规范参数以弥补坡口尺寸的偏差。因此，在焊缝坡口的制备过程中应采取措施保证坡口加工尺寸符合标准的规定，特别是钝边和间隙尺寸必须严加控制。对于重要的焊接结构（如锅炉、压力容器等），焊缝坡口最好用机械加工方法制备。对无法用机械加工设备加工坡口的焊件，也应采用自动切割机或靠模切割机加工坡口。采用手工火焰切割或等离子切割均不能保证标准要求的坡口尺寸误差。除非切割后用砂轮修磨整形，但这种手工修整相当费时费工。焊接坡口正确的加工方法和加工程度要求以及严格的工序检查，无论是对于保证埋弧焊焊质量还是降低生产成本，缩短制造周期都是十分重要的。

如果坡口尺寸、钝边、间隙、坡口倾角或 U 形坡口底部 R 等超出了容许的误差，就很可能出现烧穿、未焊透、余高过大或过小、未熔合和夹渣等缺陷，焊后必须返修而降低了生产效率。

焊接坡口的表面状态对焊缝质量的影响也很重要，不应忽视。坡口表面如残留锈斑、氧化皮、气割残渣、潮气和油污等，就可能在焊缝中出现气孔。因此，焊前必须将这些污染清除干净。

焊接操作者在焊接之前应仔细检查焊缝坡口表面，发现锈蚀必须用砂轮打磨清除，对于油污则应用丙酮擦净；对于潮气应用火焰加热烘干，以防止焊缝中气孔的形成。

在低合金钢和不锈钢的焊接中，焊接坡口的清理更为重要，坡口表面的锈蚀和水分油污不但会引起气孔，而且可能导致氢致裂纹、焊缝增碳，甚至降低不锈钢焊接接头的耐蚀性和低合金钢接头的力学性能，故应特别注意。

（二）焊材的准备

埋弧焊用焊材（焊剂和焊丝）焊前应做适当的处理。碳钢埋弧焊时，焊剂在焊前应进行300～350℃的烘干，以消除焊剂中水分，防止焊接过程中气孔的形成。低合金钢埋弧焊时，碱性焊剂应在400～450℃温度下烘干，消除焊剂中的结晶水，降低焊缝中的氢含量，保证焊缝不致出现白点、氢致裂纹等缺陷。焊剂在焊前彻底烘干是低合金钢埋弧焊焊前准备工作的重要环节。在实际生产中，经常出现因焊剂未烘干或烘干不良而导致焊缝或热影响区出现氢致裂纹。在湿度较大（超过85%）的工作环境下，熔炼焊剂在大气中存放24h、烧结焊剂在大气中存放8h后就应按规定的烘干制度重新烘干。

碳钢和低合金钢埋弧焊焊丝表面应保持光洁，对于油、锈和其他有害涂料焊前应清除干净，否则也可能导致焊缝出现气孔。不锈钢埋弧焊焊丝表面应采用丙酮等溶剂彻底清除油污。在厚板焊接中，焊丝消耗量相当大，通用埋弧焊机的焊丝盘容量一般均较小，为减少焊缝接头数量，节省更换焊丝的辅助时间，推荐采用大盘焊丝，焊前需将焊丝重新缠绕成盘。在焊丝缠绕过程中可同时清锈除油。

（三）接头的组装

埋弧焊接头的组装状况对焊接质量有很大影响，对接接头的间隙和错边在很大程度上影响着焊缝的熔透和外表成形，焊前应仔细检查。接头的组装误差主要决定于划线、下料、成形和坡口加工的精度。接头的装配质量是通过严格控制前道工序的加工偏差来保证的。特别是在单面焊双面成形焊时，接头的装配间隙是决定熔透深度的重要因素，装配间隙应严格控制，在同一条焊缝上装配间隙的误差不应超过1mm，否则就很难保证单面焊双面成形焊缝的均匀熔透。

焊接接头的错边应控制在容许范围之内，错边超差，不仅影响焊缝外形，而且还会引起咬边、夹渣等缺陷。接头的错边量应控制在不超过接头板厚的10%，最大不超过3mm。

对于需要加衬垫的焊接接头，固定衬垫的装配的固定焊十分重要，应保证垫板与接头的背面完全贴紧。使用焊剂垫时，应将焊剂垫对钢板的压紧力调整到合适的范围，与所选用的焊接规范参数相适应。如果焊剂垫的顶压力超过电弧的穿透力则可能形成内凹超过标准规定的焊缝，相反则会形成焊瘤等缺陷。

对于需焊条电弧焊封底的埋弧焊接头，推荐采用E5015或E5016等低氢碱性药皮焊条，而不应采用E4313、E4303等酸性药皮焊条。因为埋弧焊焊缝与酸性焊条焊缝金属混合后往往会出现气孔。封底焊缝的质量应完全符合对主焊缝的质量要求。不符合质量要求的封底焊缝应采用电弧气刨或其他方法清除后重新按正规的工艺焊接。

四、埋弧焊操作技术

埋弧焊操作技术包括引弧、收弧、电弧长度的控制、焊丝端的位置、焊道的排列顺序、引弧板和引出板的设置等。焊接操作工必须熟练掌握这些技术，才能保证埋弧焊过程顺利地完成。

（一）引弧及收弧技术

埋弧焊的引弧方法有很多种，在工业生产中最常用的方法是：钢绒球引弧法、尖焊丝引弧法、刮擦引弧法和焊丝回抽法等。

钢绒球引弧法是将直径约 10mm 的钢绒球放置在引弧点上，然后将焊丝对准钢绒球轻轻下压，使焊丝、钢绒球和工件表面三者连成通路，撒上焊剂做好引弧准备。按下启动开关，接通焊接电源，电流通过钢绒球，立即使钢绒球局部熔化而引燃电弧。由于钢绒球的化学成分不可能与被焊钢材的成分相同，因此只有在引弧板上引弧时，才能采用这种引弧方法。在封闭的环缝中不宜采用钢绒球引弧法。在这种情况下，钢绒球熔化后与焊接熔池混合而局部改变焊缝金属的成分。

尖焊丝引弧法是将焊丝端剪成锥形尖头，然后将焊丝在引弧点上缓慢下送，与工件轻轻接触并撒上焊剂，启动接通焊接电源后，短路电流通过点接触的焊丝尖端，因电流密度相当高，接触点电阻产生高温，很快将焊丝尖端熔化而引燃电弧。这种引弧方法十分简易，得到普遍的采用，但局限于 500A 以上的焊接电流。

焊丝回抽引弧法是最可靠的引弧方法之一。但必须使用具有焊丝回抽功能的焊机。引弧时，通常先将光洁的焊丝端向下缓缓给送，直到与工件表面正好接触为止，然后撒上焊剂准备引弧。启动接通焊接电源时，因焊丝与工件短接，焊丝与工件之间的电压，即电源二次输出端电压接近于 0，此信号反馈到送丝电机的控制线路，使电机反转回抽焊丝而引燃电弧，当电弧电压上升道给定值时，送丝电机绕组输入正向激磁电流，电机换向正转并以设定的速度向下送丝，开始正常的焊接过程。采用这种引弧法时应注意焊丝端无残留熔渣，工件表面无氧化皮和锈斑，露出金属光泽，否则不易引弧成功。

埋弧焊时，由于焊接熔池体积较大，收弧后会形成较大的弧坑，如不做适当的填补，弧坑处往往会形成放射性的收缩裂纹。在某些焊接性较差的钢中，这种弧坑裂纹会向焊缝主体扩展而必须返修补焊。为在焊接结束前的收弧过程中对弧坑进行填补，在埋弧焊设置中大都装有收弧程序开关，即先按停止按钮"1"，焊接小车或工件停止行走，而焊接电源未切断，焊丝继续向下给送，待电弧继续燃烧一段时间后再按停止按钮"2"，切断电源，同时焊丝停止给送。这样可对弧坑作适当的填补，从而消除了弧坑裂纹。对于重要的焊接部件，必须采用这种收弧技术。

（二）电弧长度的控制

在埋弧焊过程中，控制电弧长度保持给定的恒值是获得成形良好焊缝的必要条件。埋弧焊与其他焊接方法一样，电弧长度决定了电弧电压。在埋弧焊时电弧长度是不可见的，因此控制电弧长度只有通过电弧电压来实现。为此，每台埋弧焊机的操作盘上都应装备电流表和电压表。电流、电压表应定期校验，表所指的值与实际值的误差不应超过 ±3%，以使焊接操作者能按表值正确调整电弧电压或焊接电流，来控制电弧长度。

（三）焊丝位置的调整

埋弧焊时，焊丝相对于接缝和工件的位置也很重要。不合适的焊丝位置会引起焊缝成形不良，导致咬边、夹渣和未焊透等缺陷的形成，因此，焊接过程中应随时调整焊丝的位置，使其始终保持在所要求的正确位置上。焊丝的位置包括焊丝中心线与接缝中心线的相对位置和焊丝相对于接头平面的倾斜角。焊丝相对于焊接方向有倾斜以及多丝焊缝根部焊道焊接时，焊丝的中心垂线必须对准接缝的中心线，如图 5-38 所示。如焊丝偏离接缝中心线超过容许范围，则很可能产生未焊透。在焊接不等厚对接接头时，焊丝适应适当向较厚侧偏移一定距离（图5-38），以使接头两侧均匀熔合。

在角焊缝横焊时，焊丝的位置如图5-39所示。焊丝中心线应向工件底板平移$\frac{1}{4}\sim\frac{1}{2}$焊丝直径的距离（视平板和立板的厚度差而定）。在焊制焊脚尺寸较大的角缝时，应选用较大的偏移量。不适当的焊丝位置可能引起立板侧的咬边，或可能形成外形不良、焊脚尺寸不等的角焊缝。

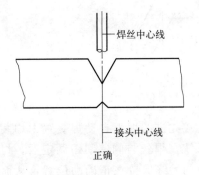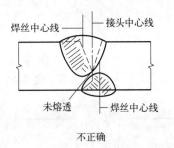

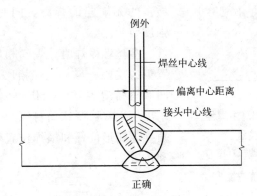

图5-38 焊丝与接缝的相对位置

角焊缝横焊时，焊丝相对于立板平面的倾斜角可调整到$20°\sim45°$，正确的角度视立板和底板的相对厚度而定，焊丝应靠近厚度较大的部件。

在船形位置焊接时，通常将焊丝放在垂直位置并与工件相交成$45°$，如图5-40（a）所示。在要求较深的熔透时，工件的倾斜度可调整到图5-40（b）所示的倾斜角度。为防止咬边，焊丝亦可略作倾斜。

在厚板深坡口对接焊时，除了根部焊道需对中接缝中心外，填充层焊道焊接时，焊丝与坡口侧壁的距离应大致等于焊丝的直径，如图5-41所示。焊接过程中应始终保持丝/壁间距在容许范围内。如此间距太小，则很容易产生咬边，如太大，则会出现未熔合。在实际生产中，厚壁深坡口接头会经常由于丝/壁间距掌握不当出现上述缺陷，而导致焊缝返修。

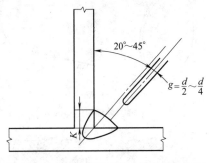

图5-39 角焊缝横焊时焊丝的正确位置
g—焊丝中心线至焊缝中心线的间距；
d—焊丝直径；K—焊脚高度

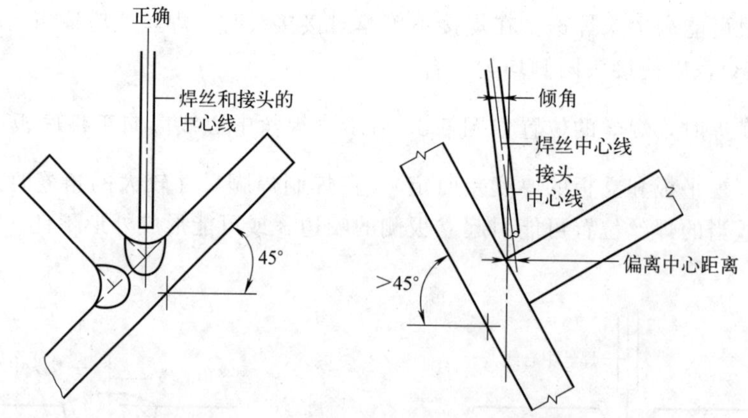

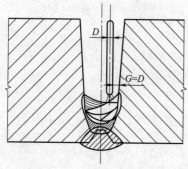

图 5-40　船形位置焊接时的焊丝位置

(a) 正确位置　　　　(b) 深熔焊焊丝位置

图 5-41　厚壁深坡口焊缝中焊丝
在坡口内的正确位置

焊丝与坡口侧壁间距 G＝焊丝直径 D

在现代较先进的埋弧自动焊装置中均装有焊头自动跟踪系统,焊丝与侧壁间距调定后,焊丝通过自动跟踪机构始终保持在正确的位置,从而获得高质量的无缺陷的焊缝,同时也减轻了焊工的劳动强度。

多丝埋弧焊时,焊丝相对于工件保持正确的位置更为重要。与单丝焊相比,还增加了丝间距和丝间倾斜角等参数,操作更复杂。图 5-42 和图 5-43 示出压力容器厚壁筒身纵缝双丝埋弧焊和大型板梁角接缝船形位置和横焊位置焊接实例中的焊丝排列和位置。

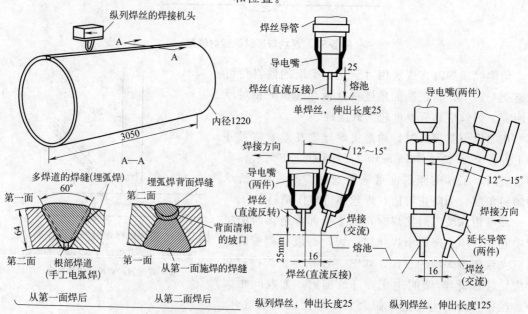

图 5-42　压力容器厚壁筒身纵缝双丝埋弧焊中焊丝排列与位置

单位:mm

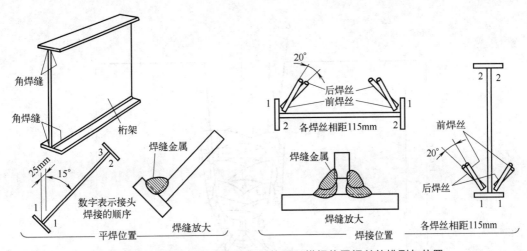

图 5-43　大型工字板梁角焊缝船形位置和横焊位置焊丝的排列与位置

（四）焊道顺序的排列

在厚板 U 形坡口、V 形坡口多层多道焊缝中，焊道顺序很重要。正确合理的焊道顺序以及焊道间的搭接量对焊缝质量有重要影响。在平板拼接中，焊道顺序是防止挠曲变形的有效手段，对于某些低合金钢焊道顺序还是调整焊缝温度的规范、提高焊缝和热影响区冲击韧度的工艺措施。一名熟练的焊工应该掌握焊道顺序可能产生的有利和不利影响的规律并在实际施焊中加以充分利用和弥补。

图 5-44 示出 100mm 厚板 U 形、V 形组合坡口双面焊道顺序编排实例。这种焊道顺序有效地防止了平板拼接中容易产生的挠曲变形。

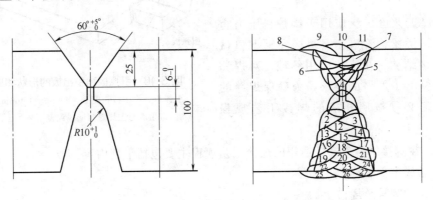

图 5-44　厚 100mm 平板拼接缝的焊道顺序

单位：mm

图 5-45 示出厚 150mm 压力容器纵缝 U 形坡口中的焊道顺序，确保了焊道与坡口侧壁以及焊道之间的良好熔合并充分利用了次层焊道的热量对前道焊缝的回火作用。

（五）引弧板和引出板的设置

埋弧自动焊焊缝引弧端和收弧端的焊道成形和质量总是比焊接过程稳定后形成的焊道差得多，特别是在厚板纵缝焊接时，在焊缝始端和终端引弧点和收弧坑层层重叠，大大降低了焊缝的质量。因此，引弧点和收弧坑部位的焊缝金属必须切除。为节省焊件的用料，在焊缝的始端和末端分别装上引弧板和引出板是实际生产中最常用的方法。引弧板和引出板的大小

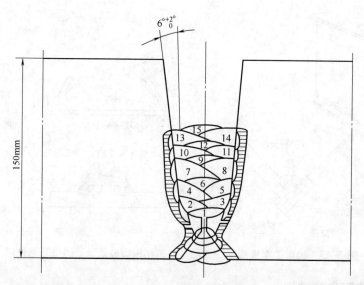

图 5-45　厚 150mm 压力容器纵缝 U 形坡口中的焊道顺序

应足以堆积焊剂并使引弧点和弧坑落在正常焊缝之外。如焊件纵缝开一定形状的坡口，则引弧板和引出板亦应开相应的坡口，如图 5-46 所示，在厚板纵缝焊接中，为省略引弧板和引出板坡口加工工序，可采用一定厚度，尺寸与焊件坡口尺寸相近的板条装焊而成。

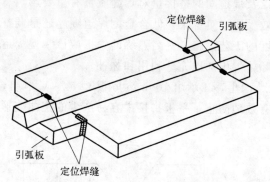

图 5-46　引弧板和引出板的形状和安装

引弧板、引出板长度 $L＝80mm－100mm$，坡口角度与主焊缝相同，误差不超过 $±5°$

五、埋弧焊工艺规程

埋弧焊工艺已广泛应用于锅炉、压力容器、船舶、桥梁、管道、钢结构和重型机械等重要焊接结构。在这些应用领域，对焊缝的质量都提出了严格的要求，为确保焊缝的质量，焊工必须按照相应的焊接工艺规程施焊。

目前，在焊接结构生产厂通用的焊接工艺规程主要包括下列内容：

① 产品或部件名称。

② 母材的牌号及规格。

③ 焊接方法。

④ 接头坡口形式及尺寸。

⑤ 焊接材料：焊丝牌号与规格；焊剂牌号与粒度。

⑥ 焊接温度：预热温度；层间温度；消氢处理温度；焊后热处理温度。

⑦ 焊接工艺电参数：焊接电流；电弧电压；焊接速度。

⑧ 焊接设备型号。

⑨ 焊接工装编号。

⑩ 操作技术：焊接位置；焊接顺序；焊道层数。

⑪ 焊后检查方法。

表 5-23 为某一产品埋弧焊工艺规程实例。焊接工艺规程由施工单位的焊接工程师编制。对于要求保证力学性能的接头，所编制的焊接工艺规程必须经过焊接试板的检验，验证按此工艺规程焊接的接头是否符合产品技术条件的相应规定。这一验证程序在工程上通称为焊接工艺评定。对于埋弧焊来说，影响接头力学性能的工艺参数很多：如焊接材料的牌号或成分，焊接热输入（焊接电流、电弧电压和焊接速度的综合），焊件厚度，温度规范（预热温度、层间温度、焊后热处理温度）等。这些工艺参数的变动如超出容许范围，就会改变接头的力学性能，因此，在初次编制的焊接工艺规程用于焊接生产前，完成焊接工艺评定是十分必要的。

表 5-23　埋弧焊工艺规程实例

产品零部件名称	水箱筒体纵缝	母材	牌号	16Mn
焊接方法	埋弧焊		规格	10～16mm

接头坡口形式(单位:mm)

焊前准备	1. 焊前将接缝两侧边缘氧化皮污垢等清理干净 2. 接缝装配错边不超过厚板的 1/10 3. 采用 E5015，φ4mm 焊条定位焊 4. 焊剂在 350～400℃ 烘干 3～4h	焊接材料	焊接材料	焊条牌号：E5015 规格：φ4mm 焊丝牌号：H10Mn2 规格：φ5mm 焊剂牌号：HJ431 规格：_____ 保护气体：_____ 流量：_____
预热	预热温度：_____ 层间温度：≤300℃	焊后 热处理		后热：_____℃/h 消氢：_____℃/h 消除应力处理：_____℃/h

焊接规范	板厚 /mm	层次	焊接电流 /A	电弧电压 /V	送丝速度 /(m/h)	焊接速度 /(m/h)	电流种类
	12	1	650～700	36～38	68.5	34.5	交流
		2	700～750	38～40	68.5	29～35	
	16	1	800～850	38～40	81～87.5	27.5	
		2	850～900	38～40	81～87.5	25～28	

焊接设备型号	MZ1-1000
操作技术	①双面单道焊
	②第一层焊后，背面电弧气刨
	③第一层在焊剂垫上焊接
焊后检查	①外表检查，无焊瘤、咬边
	②X 射线照相 15%

编制		校对		审核	

（一）焊接工艺评定

焊接工艺评定的程序是先由焊接工程师根据产品的技术条件、施工设计图的焊接节点详图和有关的工艺试验报告初步制定该焊接接头的焊接工艺设计书，在该设计书中应当规定所有影响焊接接头力学性能的主要焊接工艺参数以及接头各项检查项目和相应的合格标准。焊接工艺评定工作由另一名焊接工程师来完成。焊接试板由一名技术熟练的焊工在接近生产实际的条件下焊制。试板经无损探伤合格后，按设计书规定的检验项目从试板中取出拉力、弯曲和冲击试样。如果焊接试板所有试样的检验结果全部合格，则证明焊接工艺设计书中规定的焊接工艺参数是合格的，并编写出焊接工艺评定报告。编制焊接工艺设计书的焊接工程师根据焊接工艺评定报告编写正式的焊接工艺规程，经工厂技术负责人批准后发给施工单位使用。表 5-24 示出一份典型的埋弧焊自动焊工艺评定报告。

表 5-24　埋弧自动焊工艺评定报告实例

产品零部件名称	大气除氧器水箱筒体	技术条件	30.82.044
评定项目名称	CT$_3$ 双面埋弧自动焊	钢号	Q235

接头坡口形式及尺寸(单位:mm)

母材理化性能	化学成分质量分数				
钢号 Q235	C	Si	Mn	S	P
规格 16mm	0.22％	0.22％	0.54％	0.017％	0.020％
力学性能					
检验号 H0813	σ_b/MPa	σ_s/MPa	δ/％	a_k/(J/cm^2)	冷弯
	477	293	34	—	180°
焊丝化学成分复验结果 牌号：H08MnA 规格：ϕ4mm 检验号：HS0918	C	Si	Mn	S	P
	0.07	0.07	0.91	0.024	0.015

焊接工艺参数	焊接位置：平焊		预热温度：_____	
	焊接规范		层间温度：_____	
	焊接电流：600～650A		电弧电压：32～36V	
	焊接速度：(25～30)m/h		电流种类：交流	
	极性：_____		焊后热处理：_____	

产品零部件名称	大气除氧器水箱筒体	技术条件	30.82.044
评定项目名称	Q235 双面埋弧自动焊	钢号	Q235

接头力学性能	试样号	试样形式	抗拉强度 σ_b/MPa	断裂部位	弯曲试样形式	弯曲角	冲击缺口部位	20℃ 冲击韧度 a_k/(J/cm^2)
	C030	板状	477,522	焊口外	面弯 背弯	180°	焊缝	58、76、56
							熔合线	162、200、144
							热影响区	84、86、56

焊工钢号	R17		合格证号		8203
评定结果		合格			
编制		校对		审核	

如果评定试板的所有检验项目中有任何一项不合格，则说明所设计的焊接工艺不尽合理，不能保证产品技术条件所要求的力学性能，故焊接工艺需重新改设计，并重新做焊接工艺评定试验，直至全部检验项目合格为止。

对于工程首次采用的新焊接方法、新工艺、新材料必须首先进行相应的材料焊接性试验和系统的工艺试验。焊接工艺评定是针对具体的焊接产品中某一类接头做最后的检验。对于已经评定合格，并在生产中成熟应用的焊接工艺，如因某种原因必须改变一种或一种以上的主要焊接工艺参数，则需要重新做焊接工艺评定试验加以验证。所谓主要工艺参数是指那些明显影响接头力学性能的工艺参数，除了钢种的类别和接头的厚度外，埋弧自动焊的主要工艺参数是：

① 焊丝的牌号和成分；

② 焊剂的牌号和成分；

③ 预热温度和层间温度；

④ 焊接电流；

⑤ 焊后热处理温度及保温时间等。

焊接工艺评定首先是按照钢种来进行的，原则上，每一种钢号的接头均需做焊接工艺评定试验。这样试验工作量相当大。在不影响焊接工艺评定代表性的前提下，尽量减少重复的评定工作，将各种钢材按其强度等级和焊接性划分归类。常用的 50 多种压力容器钢材归并成 8 类 15 类别。对于只要求强度性能的接头，则应按级别号来评定。属于同一类的各种钢材，只要接头的厚度在规定的容许范围之内，已评定合格的一种钢材的焊接工艺亦可用于其他钢种，例如 Q235 和 20g 两种钢，按强度等级属于同一类钢，Q235 钢的焊接工艺评定合格后，就不必再做相同厚度的 20g 钢的焊接工艺评定试验，焊接工程师可以根据 Q235 钢的焊接工艺评定报告编制出 20g 钢的埋弧焊工艺规程。

（二）焊接工艺参数的选择原则

1. 焊接工艺参数选择依据

焊接工艺参数的选择是针对将要投产的焊接结构施工图上标明的具体焊接接头进行的。根据产品图纸和相应的技术条件，下列原始条件是已知的：

① 接头的钢材、板厚。

② 工件的形状和尺寸（直径、总长度）。

③ 焊缝的种类（纵缝、环缝）。

④ 焊缝的位置（平焊、横焊、上坡焊、下坡焊）。

⑤ 接头的形式（对接、角接、搭接）。

⑥ 坡口的形式。

⑦ 对接头性能的技术要求，其中包括焊后无损探伤方法、抽查比例以及接头强度、冲击韧度、弯曲、硬度和其他物理和化学性能的合格标准。

⑧ 焊接结构（产品）的生产批量和进度要求。

2. 焊接工艺参数选择程序

根据上述已知条件，通过对比分析，首先可选定埋弧焊工艺方法，采用单丝焊还是多丝焊或其他工艺方法；同时根据工件的形状和尺寸可选定细丝埋弧焊还是粗丝埋弧焊。例如小直径圆筒的内外环缝应采用焊丝 $\phi 2mm$ 的细丝埋弧焊；船形位置厚板角接接头通常可采用

ϕ4mm 焊丝的埋弧自动焊。

焊接工艺方法选定后，即可按照钢材、板厚和对接头性能的要求，选择适用的焊剂和焊丝的牌号。对于厚板深坡口或窄间隙埋弧焊接头，应选择既能满足接头性能要求又具有良好工艺性和脱渣性的焊剂。

根据所焊钢材的焊接性试验报告，选定预热温度、层间温度、后热温度以及焊后热处理温度和保温时间。由于埋弧焊的电弧热效率较高，焊缝及热影响区的冷却速度较慢，对于一般焊接结构，板厚 90mm 以下的接头可不预热；厚度 50mm 以下的普通低合金钢，如施工现场的环境温度在 10℃ 以上，焊前也不必预热；强度极限 600MPa 以上的高强度钢或其他低合金钢，板厚 20mm 以上的接头应预热 100~150℃。后热和焊后热处理通常也只用于低合金钢厚板接头。

最后根据板厚、坡口形式和尺寸选定焊接参数：焊接电流、电弧电压和焊接速度。

3. 焊接电流的选择

埋弧焊焊接电流主要按焊丝直径和所要求的熔透深度来选择，同时还应考虑所焊钢种的焊接性对焊接线能量的限制。焊丝直径选定后焊接电流已有一个确定的范围，即对于一定直径的焊丝，为维持电弧的稳定燃烧，焊丝承受焊接电流的能力有一定的极限。图 5-47 示出各种直径的碳钢焊丝推荐采用的电流范围以及直流反极性焊接时的熔敷率。正极性焊接时，熔敷率约提高 35%。焊丝熔化速度与焊接电流的关系示于图 5-48。

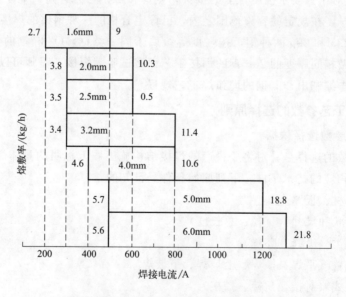

图 5-47 各种直径焊丝推荐的电流范围
（直流反极性）及相应的熔敷率

某些特定焊接接头适用的焊接电流范围要比图 5-48 所示的范围窄得多，焊接过程容许的波动不应超过 ±5%。因此，在焊接工艺规程中规定的焊接电流是一个标定值或是较窄的电流范围。对于碳钢金额低合金钢接头，焊接电流可按所要求的熔透深度来选定。下面以不开坡口直边对接接头为例说明焊接电流的选择程序。对接接头板厚 13mm，采用双面埋弧焊，焊缝熔透深度及焊道尺寸的要求见表 5-25。接头截面如图 5-49 所示。

表 5-25　厚 13mm 钢板直边对接双面焊焊缝截面尺寸的基本要求

熔透深度 H/mm	焊道宽度 B/mm	焊道余高 a/mm	P/W	H/W	咬边
$55\% \leqslant P \leqslant 80\%$ T 为 $7 \sim 10$mm	$\leqslant 20.0$	$\leqslant 4.0$	$\leqslant 0.75$	$\leqslant 0.3$	无

注：T—板厚，mm。

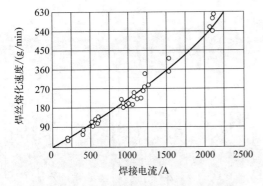

图 5-48　焊丝熔化速度与焊接电流的关系

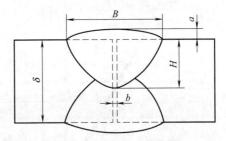

图 5-49　厚 13mm 钢板双面焊对接接头示意图

由表中数据可见，所要求的最小熔透深度为 7mm，最大熔透深度为 10mm，平均熔透深度为 8.5mm。按照不留间隙对接接头熔透深度与焊接电流之间 1.1∶100 的关系计算，为达到 8.5mm 平均熔透深度，焊接电流应达到 773A。而为达到最小 7mm 和最大 10mm 熔透深度所需要的焊接电流相应为 636A 和 909A。最后将焊接电流定为 750 ~ 800A 足以保证熔透。

4. 电弧电压的选择

电弧电压是决定焊道宽度的主要工艺参数，应按所要求的焊道宽度来选择，同时应考虑电弧电压与焊接电流的匹配关系。图 5-50 示出采用高锰高硅熔炼焊剂埋弧焊时，焊接电流与电弧电压之间对于宽焊道和窄焊道的对应关系。由图示曲线可见，随着焊接电源的提高，电弧电压大致上以 100∶1.3 的比例相应增高。例如，当焊接电流采用 750 ~ 800A 时，对于中等熔宽焊道，对应的电弧电压为 31 ~ 32V。对于宽焊道，对应的电弧电压为 35 ~ 36V。在实际生产中，为保证焊道有足够的熔宽，一般取较高的电弧电压。

5. 焊接速度的选择

埋弧焊时，焊接速度与焊接电流之间亦存在一定的匹配关系。在给定的焊接电流下，过高的焊接速度会导致未焊透和咬边；过低的焊接速度会造成焊道余高和熔宽过大。图 5-51 示出焊道不产生咬边的焊接速度与焊接电流的对数关系，由图 5-51 所示数据可见，在 1000A 焊接电流下，焊道不产生咬边的最高极限速度为 50cm/min。焊

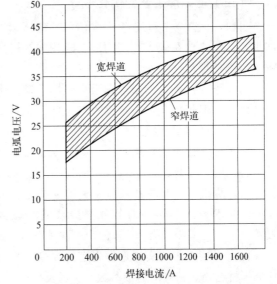

图 5-50　焊接电流与电弧电压的匹配关系

接电流越小，容许的极限速度越高。这些数据是采用某些商品熔炼焊剂进行大量的埋弧焊试验取得的。采用不同特性的焊剂，特别是某些烧结焊剂，在给定焊接电流下的容许极限速度与图 5-51 所示的数据将有较大的差别。因此，焊接速度与焊接电流的关系应按所选用的焊剂特性加以修正。图 5-52 示出对接接头双面埋弧自动焊的焊接速度与焊接电流在不同电弧电压下的匹配关系。图中标出的边界区是试验数据计算机处理的结果。在 700～1000A 的电流范围内，焊接速度的适用范围为 0.5～1.33m/min。结合厚 13mm 双面对接接头的实例，焊接速度选择 0.5～0.58m/min 是比较合适的。

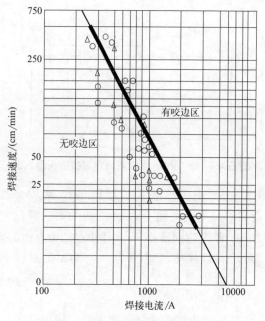

图 5-51　单丝埋弧焊时，焊道不产生
咬边的焊接速度与焊接电流关系

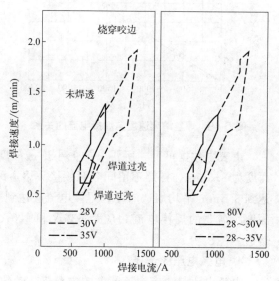

图 5-52　双面对接接头埋弧焊焊接
速度与焊接电流边界区示图

（三）埋弧焊工艺的优化设计

目前，大多数在工业生产中使用的埋弧焊工艺是以经验为基础的比较稳妥的焊接工艺，即焊接工艺参数在较大范围内波动时均能获得质量符合要求的接头。但是这种工艺有时不经济，生产效率较低。

另一种焊接工艺是以达到最大经济效果为出发点的，采用这种焊接工艺可以获得最高的生产效率，但规范参数很接近边界条件。生产工艺条件稍有偏差，接头中就会出现各种焊接缺陷，甚至使整个焊接过程失稳。结果不能持续地取得预期的经济效果。

第三种是优化的焊接工艺，它是以全面采用先进的技术并用精确的计算方法确定焊接参数为特征的，是焊接质量与效率的统一。首先焊接过程是高速完成的，同时，焊缝质量又是优等的，焊缝具有良好的成形、光滑的外表、最佳的焊缝金属成分和力学性能，接头中不存在产品技术条件不容许的各种焊接缺陷和焊接变形，因此能持续稳定地取得最好的经济效益。

优化焊接工艺的实施是靠先进的焊接工艺、精密控制的焊接设备、合理的坡口设计、最佳的焊材选择、精确的焊接参数计算以及生产全过程的严格质量控制来保证的。优化的不仅是焊接工艺，与焊接工艺有关的工艺装备、焊接设备和其他制造工艺亦应提高到新的水平。

下面以窄间隙埋弧焊为例作进一步的说明。厚板对接接头（当厚度超过50mm时）通常将焊接边缘加工成U形坡口。与V形坡口相比，U形坡口的截面减少很多，但当厚度超过100mm时，坡口倾角为8°～10°的U形坡口截面就显得较宽大，填充金属量十分可观。为达到高效、优质和低消耗的统一，开发了窄间隙埋弧焊新工艺，设计了合理的焊缝坡口，这种坡口设计不仅节约了大量的焊接材料，缩短了焊接周期，提高了焊接效率，而且改善了焊缝的质量，有效地利用了焊接热的层间回火作用，显著降低了焊接残余应力并提高了接头各区的力学性能和冲击韧度。但同时对坡口尺寸的加工精度和接头组装精度提出了要求，必须装备可精确控制的焊头跟踪系统以及导电块可按预定程序偏转的扁平型焊嘴，对于圆筒形工件还需配备能防止工件轴向窜动的防偏移滚轮架。焊头行走机构或工件转动速度必须采用测速反馈控制传动系统，以保持焊接速度的恒定，焊接电源应具有规范参数预置功能并对电弧电压和焊接电流加反馈控制，以保证焊接参数在整个焊接过程中稳定在给定值。焊接过程通过微型计算机实行程序控制。由此可见，优化的焊接工艺带动了现代先进技术的推广使用，使焊接综合技术水平全面得到提高。基于优化焊接工艺的设计以及在大规模工业生产中的应用必将受到工厂企业的广泛关注。

第四节　建筑钢结构埋弧焊施工工艺

本工艺适用于建筑钢结构焊接工程中桁架或网格结构、单层多层和高（超高）层梁-柱框架结构等工业与民用建筑和一般构筑物，钢材厚度大于或等于6mm的碳素结构钢和低合金高强度结构钢，采用埋弧焊的施工。

一、施工准备

（一）材料

1. 主要材料

（1）钢材　钢材的品种、规格、性能应符合设计要求，进口钢材产品的质量应符合设计和合同规定标准的要求，并具有产品质量合格证明文件和检验报告。进厂后，应按GB 50205的要求分检验批进行检查验收。

碳素结构钢和低合金高强度结构钢，应符合GB/T 700、GB/T 699、GB/T 1591、GB/T 5313、GB/T 19879规定。常用钢材分类见表5-26。

表5-26　常用钢材分类

类别号	钢材强度级别
I	Q215、Q235
II	Q295、Q345
III	Q355　Q420、Q390
IV	Q460

注：国内新材料和国外钢材按其化学成分、力学性能和焊接性能归入相应级别。

当采用其他钢材替代设计选用的材料时，必须经原设计单位同意。

对属于下列情况之一的钢材应进行抽样复验，复验结果应符合现行国家产品标准和设计要求：①国外进口钢材；②钢材混批；③板厚等于或大于40mm，且设计有Z向性能要求的厚板；④建筑结构安全等级为一级，大跨度钢结构中主要受力构件所采用的钢材；⑤设计有复验要求的钢材；⑥对质量有疑义的钢材。

钢板厚度及允许偏差应符合其产品标准的要求；型钢的规格尺寸及允许偏差应符合其产品标准的要求；钢材的表面外观质量应符合国家现行有关标准的规定。此外，还应符合下列规定：①当钢材的表面有锈蚀麻点或划痕等缺陷时其深度不得大于该钢材厚度负允许偏差值的 1/2；②钢材表面的锈蚀等级应达到 GB/T 8923 规定的 C 级及 C 级以上；③钢材端边或断口处不应有分层夹渣等缺陷。

（2）焊接材料　设计要求，进厂后，应按 GB 50205 的要求分检验批进行检查验收。

埋弧焊用焊丝和焊剂应符合 GB/T 5293、GB/T 14957、GB/T 12470 的规定。

焊接材料应具有焊接材料厂出具的质量合格证明文件和检验报告；其化学成分、力学性能和其他质量要求必须符合国家现行标准规定；当采用其他焊接材料替代设计选用的材料时，必须经原设计单位同意。

大型、重型及特殊钢结构的主要焊缝采用的焊接填充材料，应按生产批号进行复验，复验应由国家质量技术监督部门认可的质量监督检测机构进行，复验结果应符合现行国家产品标准和设计要求。

2. 配套材料

① 焊接辅助材料：引弧板、熄弧板、衬垫板、嵌条、定位板，应满足 JGJ 81 的要求。

② 胎架、平台、L 形焊接支架、平台支架等。

（二）机具设备

1）机械设备：电源箱、交流或直流埋弧焊接电源、单丝或双丝半自动埋弧焊接小车、门架式成套埋弧自动焊机、焊剂烘箱、焊条烘箱、空气压缩机、碳弧气刨机、焊接变位机、焊接滚轮架、电加热自动温控仪、半自动切割机、手工焊机、CO_2 气体保护焊机和送丝机、行车或吊车等。

2）工具：火焰烤枪、手割炬、气管、打磨机、磨片、盘丝机、大力钳、尖嘴钳、螺丝刀、扳手套筒、老虎钳、气铲或电铲、手铲、焊剂渣皮分离筛、导电嘴、导电杆、焊丝盘、焊剂筒、小榔头、字模钢印、焊接面罩、焊接枪把、焊条保温筒、碳刨钳、插头、接线板、白玻璃、黑玻璃、飞溅膏、起重翻身吊具、钢丝绳、卸扣、手推车等。

3）量具：水准仪、直尺、角尺、卷尺、塞尺、焊缝量规、接触式或红外或激光测温仪等。

4）无损检查设备：放大镜、磁粉探伤仪、渗透探伤仪、模拟或数字式超声波探伤仪、探头、超声波标准对比试块、X 射线或 γ 射线探伤仪、线型或孔型像质计、读片器、涡流探伤仪等。

（三）作业条件

1）按被焊接头和结构形式，选定满足和适应埋弧焊作业的场地。

2）准备板材焊接平台、管材焊接专用胎架和转胎、H 形和十字构件焊接专用 L 形焊接支架和平台支架、箱形构件焊接专用平台支架，平台、胎架和支架应检查测平。

3）按钢结构施工详图和钢结构焊接工艺方案要求，准备引弧板、熄弧板、衬垫板、嵌条、定位板等焊接辅助材料。

4）焊条、焊丝、焊剂等焊接材料，根据材质、种类、规格分类堆放在干燥的焊材储藏室，焊条不得有锈蚀、破损、脏污，焊丝不得有锈蚀、油污，焊剂不得混有杂物；埋弧焊剂、定位打底修补用焊条应按说明书要求烘干保温后，按规定领用；埋弧焊丝盘卷，按焊接工艺规定领用。

5）准备单丝或双丝半自动埋弧焊接小车，准备焊接导轨和导轨支架。

6）按被焊接头和结构形式，布置施工现场焊接设备，定位、打底、修补焊接用手工焊机和 CO_2 气体保护焊机配置到位；用于焊接预热、保温、后热的火焰烤枪、电加热自动温控仪配置到位。

7）电源容量合理及接地可靠，熟悉防火设备的位置和使用方法。

8）按钢结构施工详图、钢结构制作工艺要领、钢结构焊接工艺方案和施工作业文件，材料下料切割后，埋弧焊接头坡口切割、打磨，完成板材接头、管材结构、H形构件、十字构件、箱形构件组对，并经工序检验合格，质检员签字同意转移至埋弧焊接工序。

9）焊接作业环境应具备以下条件。

① 焊接作业区风速当手工电弧焊超过 8m/s、气体保护电弧焊及药芯焊丝电弧焊超过 2m/s 时，应设防风棚或采取其他防风措施，制作车间内焊接作业区有穿堂风或鼓风机时，也应按以上规定设挡风装置。

② 焊接作业区的相对湿度不得大于 90%。

③ 当焊件表面潮湿或有冰雪覆盖时，应采取加热去湿除潮措施。

④ 焊接作业区环境温度低于 0℃ 时，构件焊接区各方向大于或等于 2 倍钢板厚度且不小于 100mm 范围内的母材加热到 20℃ 以上后方可施焊，且在焊接过程中均不应低于这一温度。实际加热温度应根据构件构造特点、钢材类别及质量等级和焊接性、焊接材料熔敷金属扩散氢含量、焊接方法和焊接热输入等因素确定，其加热温度应高于常温下的焊接预热温度，并由焊接技术责任人员制订出作业方案经认可后方可实施。作业方案应保证焊工操作技能不受环境低温的影响，同时对构件采取必要的保温措施。

⑤ 焊接作业区环境超出①、④规定但必须焊接时，应对焊接作业区设置防护棚并由施工企业制订出具体方案，连同低温焊接工艺参数、措施报监理工程师确认后方可实施。

⑥ 室外埋弧焊施工作业，仅适用于单丝或双丝半自动埋弧焊接小车，室外移动式简易焊接房要能防风、防雨、防雷电，需有漏电、触电防护。

（四）技术准备

1. 单位资质和体系

应具有国家认可的企业资质和焊接质量管理体系。

2. 人员资质

焊接技术责任人员、焊接质检人员、无损探伤人员、焊工与焊接操作工、焊接辅助人员，应满足 JGJ 81 的要求。

3. 焊材选配与准备

焊丝、焊剂等焊接材料与母材的匹配，应符合设计要求及 JGJ81 的规定，焊剂在使用前应按其产品说明书及焊接工艺文件的规定进行烘焙和存放，见表5-27。

4. 焊接工艺评定试验

焊接工艺评定试验应按 JGJ 81 的规定实施，由具有国家质量技术监督部门认证资质的检测单位进行检测试验。

表 5-27　常用结构钢埋弧焊焊接材料的选配

钢材		焊剂型号-焊丝牌号示例
牌号	等级	
Q235	A、B、C	F4A0-H08A
	D	F4A2-H08A
Q235	A、B、C	F4A0-H08A
	D	F4A2-H08A
Q295	A	F5004-H08A[①]、F5004-H08MnA[②]
	B	F5014-H08A[①]、F5014-H08MnA[②]
Q345	A	F5004-H08A[①]、F5004-H08MnA[②]、F5004-H10Mn2[②]
	B	F5014-H08A[①]、F5014-H08MnA[②]、F5014-H10Mn2[②] F5011-H08A[①]、F5011-H08MnA[②]、F5011-H10Mn2[②]
	C	F5024-H08A[①]、F5024-H08MnA、F5024-H10Mn2[②] F5021-H08A[①]、F5021-H08MnA[②]、F5021-H10Mn2[②]
	D	F5034-H08A[①]、F5034-H08MnA[②]、F5034-H10Mn2[②] F5031-H08A[①]、F5031-H08MnA[②]、F5031-H10Mn2[②]
	E	F5041[③]
Q390	A、B	F5011-H08MnA[①]、F5011-H10Mn2[②]、F5011-H08MnMoA[②]
	C	F5021-H08MnA[①]、F5021-H10Mn2[②]、F5021-H08MnMoA[②]
	D	F5031-H08MnA[①]、F5031-H10Mn2[②]、F5031-H08MnMoA[②]
	E	F5041[③]
Q420	A、B	F6011-H10Mn2[②]、F6011-H08MnMoA[②]
	C	F6021-H10Mn2[②]、F6021-H08MnMoA[②]
	D	F6031-H10Mn2[②]、F6031-H08MnMoA[②]
	E	F6041[③]
Q460	C	F6021-H08MnMoA[②]
	D	F6031-H08Mn2MoVA[②]
	E	F6041[③]

注：① 薄板 I 形坡口对接；

② 中、厚板坡口对接；

③ 供需双方协议。

　　凡符合以下情况之一者，应在钢结构构件制作之前进行焊接工艺评定：①国内首次应用于钢结构工程的钢材（包括钢材牌号与标准相符但微合金强化元素的类别不同和供货状态不同，或国外钢号国内生产）；②国内首次应用于钢结构工程的焊接材料；③设计规定的钢材类别、焊接材料、焊接方法、接头形式、焊接位置、焊后热处理制度以及施工单位所采用的焊接工艺参数、预热后热措施等各种参数的组合条件为施工企业首次采用。

　　特殊结构或采用屈服强度等级超过 390MPa 的钢材、新钢种、特厚材料及焊接新工艺的钢结构工程的焊接制作企业应具备焊接工艺试验室和相应的试验人员。

5. 焊接工艺文件

　　编制焊接工艺方案，设计板材、构件焊接支承胎架并验算其强度、刚度、稳定性，审核报批，做好技术交底。焊接工艺文件应符合下列要求：

1）施工前应由焊接技术责任人员根据焊接工艺评定结果编制焊接工艺文件，并向有关操作人员进行技术交底，施工中应严格遵守工艺文件的规定。

2）焊接工艺文件应包括下列内容：

① 焊接方法或焊接方法的组合；

② 母材的牌号、厚度及其他相关尺寸；

③ 焊接材料型号、规格；

④ 焊接接头形式、坡口形状及尺寸允许偏差；

⑤ 夹具、定位焊、衬垫的要求；

⑥ 焊接电流、焊接电压、焊接速度、焊接层次、清根要求、焊接顺序等焊接工艺参数规定；

⑦ 预热温度及层间温度范围；

⑧ 后热、焊后消除应力处理工艺；

⑨ 检验方法及合格标准；

⑩ 其他必要的规定。

6. 埋弧焊工艺参数

可参考表 5-28～表 5-31。

表 5-28　钢板对接工艺参数的选择

板厚 /mm	焊丝直径/mm	电源极性	焊接层次	电流 /A	电压 /V	焊接速度 /(cm/min)	接头形式（单位:mm）
6	φ4mm	反	正	400	28	55	
			反	400～450	28	55	
8	φ4mm	反	正	450～500	30	50	
			反	500～550	31	50	
10	φ4mm	反	正	500～550	32	60	
			反	500～550	33	60	
12	φ4mm	反	正	550～600	35	45	
			反	550～600	35	45	
14	φ4mm	反	正	550～600	36～38	42	
			反	570～620	35～38	45	
16	φ4mm	反	正	550～600	36～38	42	
			反	570～620	38～40	42	
18	φ4mm	反	正	550～600	36～38	42	
			反	580～630	36～38	45	
$20 \leqslant t < 30$	φ4.8mm	反	1、2	550～600	29～32	40	60°±5°　50°±5°
			3～5	580～630	29～32	40	

续表

板厚/mm	焊丝直径/mm	电源极性	焊接层次	电流/A	电压/V	焊接速度/(cm/min)	接头形式（单位:mm）
t≥30	φ4.8mm	反	1	600~650	33~36	40~45	
			填充	700~750	34~37	40~45	
			盖面	700~750	36~38	33~35	

表 5-29 箱型构件全熔透焊缝焊接参数的选择

板厚	接头形式	焊道		焊接方法	焊丝数	焊丝规格/mm	电流/A	电压/V	焊接速/(cm/min)	气流量/(L/min)	电源极性
≤8		1		GMAW	1	1.6	340~360	28~30	27~30	19~21	DC
8<t≤16		打底	1	GMAW	1	1.6	340~360	25~28	40~45	19~21	DC
			2	GMAW	1	1.6	380~400	28~30	40~45	19~21	DC
		填充盖面		SAW	2	4.8	600~650	40~43	58~63	~	DC
							600~650	35~38			AC
16<t≤30		打底	1	GMAW	1	1.6	340~360	25~28	40~45	19~21	DC
			2	GMAW	1	1.6	380~400	28~30	40~45	19~21	DC
		填充		SAW	2	4.8	600~650	40~43	58~63	~	DC
							600~650	35~38			AC
		盖面		SAW	2	4.8	750~800	32~35	60~65		DC
							700~750	35~38			AC
30<t≤60		打底	1	GMAW	1	1.6	340~360	25~28	40~45	19~21	DC
			2	GMAW	1	1.6	380~400	28~30	40~45	19~21	DC
		填充		SAW	2	4.8	600~650	40~43	58~63	~	DC
							600~650	35~38			AC
		盖面		SAW	2	4.8	750~800	32~35	60~65	~	DC
							700~750	35~38			AC
>60		打底	1	GMAW	1	1.6	340~360	25~28	40~45	19~21	DC
			2	GMAW	1	1.6	380~400	28~30	40~45	19~21	DC
		填充		SAW	2	4.8	600~650	40~43	58~63	~	DC
							600~650	35~38			AC
		盖面		SAW	2	4.8	750~800	32~35	60~65		DC
							700~750	35~38			AC

注：半熔透部分根据以上工艺参数进行填充盖面。

表 5-30 角焊缝焊接参数的选择

类别	焊角大小/mm	焊丝规格/mm	电流/A	电压/V	焊接速度/(cm/min)	气体流量/(L/min)	电源极性	焊接位置
单丝龙门	6	4.8	500～530	30～32	68～73	—	DC	船形焊
	8	4.8	580～600	30～33	45～50	—		
	10	4.8	630～650	30～33	38～40	—		
	12	4.8	750～780	32～35	28～30	—		
双丝龙门	10	4.8	600～650	30～35	45～50		DC	船形焊
		4.8	650～680	33～36			AC	
	12	4.8	680～720	30～33	43～48	—	DC	
		4.8	760～780	35～38			AC	
生产线焊接	5	1.6	160～170	30～32	90～95	—	DC	平角焊
	6		210～230	32～34	90～95	—		
	8		230～250	32～34	80～85	—		
	10		240～260	34～36	75～80	—		
	12		240～260	34～36	70～75	—		
	14		250～270	35～37	65～70	—		
半自动埋弧	6	4	600～650	34～36	50～60		DC	船形焊
	8	4	600～650	34～36	40～45		DC	
	10	4	670～720	33～35	30～35		DC	
	12	4	670～720	33～35	23～28		DC	
	6	3.2	500～550	32～34	35～40		DC	
	8	3.2	550～600	34～36	30～35		DC	
	10	3.2	600～650	34～36	23～28		DC	
	12	3.2	600～650	34～36	15～20		DC	

注：大于 10mm 的采用多道焊进行焊接，焊接过程中认真清理层间杂物。

表 5-31 全熔透角焊缝焊接参数的选择

序号	腹板厚度	接头形式（单位：mm）	焊接方法	焊丝规格	焊丝数	焊道	电流/A	电压/V	焊接速/(cm/min)	电源	焊接位
1	6		SAW	4.8	1	正	600～650	30～35	65～70	DC	船形焊
						反	600～650	30～35	65～70	DC	
						反	650～700	30～35	50～60	DC	
2	8		SAW	4.8	1	正	650～700	30～35	50～60	DC	船形焊

序号	腹板厚度	接头形式（单位：mm）	焊接方法	焊丝规格	焊丝数	焊道	电流/A	电压/V	焊接速/(cm/min)	电源	焊接位
3	10	$0\sim1$　10	SAW	4.8	1	正	700~750	33~38	40~50	DC	
						反	700~750	33~38	40~50	DC	
4	$12 \leqslant t < 20$	50°　4　反面清根	SAW	4.8	1	1	580~620	25~28	40~45	DC	
						填	580~620	30~33	40~45	DC	
						盖	580~620	30~32	40~45	DC	
							600~650	33~35		AC	
5	$20 \leqslant t < 30$	50°　55°　$P=4\sim6\mathrm{mm}$　反面清根　$H_1=\dfrac{t-p}{3}$	SAW	4.8	2	1	550~600	28~30	35~40	DC	—
							550~600	30~32		AC	
						填	750~850	33~35	35~40	DC	
							700~750	30~33		AC	
						盖	700~750	35~38	30~35	DC	
							700~750	35~38		AC	
6	$30 \leqslant t \leqslant 40$	20~22　2　t　20~22	SAW	4.8	1	2	550~600	28~30	35~40	DC	
							550~600	30~32		AC	
					2	2	650~700	30~33	25~30	DC	
							720~750	32~34		AC	
						填	—	800~850	35~36	25~30	DC
							780~820	35~36		AC	
						盖	—	600~650	30~32	40~45	DC
							650~700	36~37		AC	

二、操作工艺

（一）工艺流程

坡口准备，板材、构件组对→定位焊→引弧板、熄弧板装配→预热→焊接、层间检查控制→焊后处理→焊缝尺寸与外观检查→无损检查

（二）操作方法

1. 坡口准备，板材、构件组对

1）板材、管材、H形、十字、箱形梁组对的埋弧焊接头坡口按钢结构工程施工详图或 JGJ 81 规定执行。

2）焊接坡口可用火焰切割或机械方法加工，当采用火焰切割时，切割面质量应符合 ZB J 59002.3《热切割　气割质量和尺寸偏差》的相应规定。缺棱为 1～3mm 时，应修磨平整；缺棱超过 3mm 时，应用直径不超过 3.2mm 的低氢型焊条补焊，并修磨平整；当采用机械方法加工坡口时，加工表面不应有台阶。

3）板材、构件组对：按制作工艺和焊接工艺要求，进行板材接头、管材结构、H形构件、十字构件、箱形构件组对；施焊前，焊工应检查焊接部位的组装和表面清理的质量，焊接拼制件待焊金属表面的轧制铁鳞应用砂轮打磨清除；施焊部位及其附近 30～50mm 范围内的氧化皮、渣皮、水分、油污、铁锈和毛刺等杂物必须去除；当不符合要求时，应修磨补焊合格后方能施焊；埋弧焊接坡口组装允许偏差值应符合表 5-32 的规定；坡口组装间隙超过允许偏差规定时，可在坡口单侧或两侧堆焊、修磨使其符合要求，但当坡口组装间隙超过较薄板厚度 2 倍或大于 20mm 时，不应用堆焊方法增加构件长度和减小组装间隙，见表 5-32。

表 5-32　埋弧焊焊接接头装配的允许偏差

序号	项目名称	示意简图	允许偏差
1	坡口角度 $(\alpha+\alpha_1)$		$-5°<\alpha_1\leqslant+10°$
			$-5°<\alpha_1\leqslant+10°$
2	坡口钝边 $(f+f_1)$		有衬板：$-1.0\leqslant f_1\leqslant+1.0mm$ 无衬板：$-2.0\leqslant f_1\leqslant+2.0mm$
3	根部间隙 $(R+R_1)$	3-1 无衬垫板时	埋弧焊：$0\leqslant R_1\leqslant1.0mm$
		3-2 有衬垫板时	$-1.0\leqslant R_1\leqslant3.0mm$
4	搭接长度 $(L+L_1)$ 搭接间隙 (e)		$L_1\leqslant5.0mm$ $e\leqslant1.5mm$

续表

序号	项目名称	示意简图	允许偏差
5	对接错边量(S)		$6<t\leqslant 8mm,S\leqslant 1.0mm$ $8<t\leqslant 20mm,S\leqslant 2.0mm$ $20<t\leqslant 40mm,S\leqslant \dfrac{t}{10}$,但$\leqslant 3.0mm$ $t<40mm,S\leqslant \dfrac{t}{10}$,但$\leqslant 4.0mm$
6	装配间隙(e)	6-1 衬垫板间隙 	$0\leqslant e\leqslant 1.5mm$
		6-2 T接装配间隙 	$e\leqslant 1.5mm$;当超过1.5mm而小于5.0mm时采用填片或封底焊,并增加焊高尺寸$e-1.5mm$(有顶紧要求除外)

4)搭接接头及T形角接接头组装间隙超过1mm或管材T、K、Y形接头组装间隙超过1.5mm时,施焊的焊脚尺寸应比设计要求值增大并应符合JGJ 81中"关于焊缝的计算厚度"的规定;但T形角接接头组装间隙超过5mm时,应事先在板端堆焊并修磨平整或在间隙内堆焊填补后施焊。

5)严禁在接头间隙中填塞焊条头、铁块等杂物。

2. 定位焊

1)定位焊必须由持相应合格证的焊工施焊,所采用焊接材料及焊接工艺要求应与正式焊缝的要求相同;定位焊预热温度应高于正式施焊预热温度。

2)定位焊缝距设计焊缝端部10mm以上,钢衬垫的定位焊宜在接头坡口内焊接;定位焊缝的焊接应避免在焊缝的起始、结束和拐角处施焊,弧坑应填满,严禁在焊接区以外的母材上引弧和熄弧。

3)当定位焊焊缝最后被埋弧焊缝重新熔合时,该定位焊焊缝在定位焊焊接时,预热不是强制规定的;焊接厚板、钢材碳当量较高或构件拘束度较大时,定位焊预热不足可导致坡口底部焊趾裂纹并可能延伸至母材,难以被埋弧焊缝熔合,对结构安全性造成隐患,因此应按表5-33执行。

4)定位焊焊缝应与最终焊缝有相同的质量要求,定位焊缝不得有裂纹、夹渣、焊瘤等缺陷;定位焊焊缝有裂纹、气孔、夹渣等缺陷时,必须清除后重新焊接,当最后进行埋弧焊时,弧坑、气孔可不必清除;对于开裂的定位焊缝,必须先查明原因,再清除开裂焊缝,并在保证杆件尺寸正确的条件下补充定位焊;不熔入最终焊缝的定位焊缝必须清除,清除时不得使母材产生缺口或切槽。

5)定位焊焊缝厚度不宜超过设计焊缝厚度的2/3,不宜小于4mm;定位焊尺寸、间距见表5-34,应填满弧坑。

表 5-33　常用结构钢材最低预热温度要求

钢材牌号	接头最厚部件的板厚 t/mm				
	$t<25$	$25{\leqslant}t{\leqslant}40$	$40<t{\leqslant}60$	$60<t{\leqslant}80$	$t>80$
Q235	—	—	60℃	80℃	100℃
Q295、Q345	—	60℃	80℃	100℃	140℃

注：本表适应条件：

1. 接头形式为坡口对接，根部焊道，一般拘束度。

2. 热输入约为 15～25kJ/cm。

3. 采用低氢型焊条，熔敷金属扩散氢含量（甘油法）：E4315、4316 不大于 8mL/100g；E5015、E5016、E5515、E5516 不大于 6mL/100g；E6015、E6016 不大于 4mL/100g。

4. 一般拘束度，指一般角焊缝和坡口焊缝的接头未施加限制收缩变形的刚性固定，也未处于结构最终封闭安装或局部返修焊接条件下而具有一定自由度。

5. 环境温度为常温。

6. 焊接接头板厚不同时，应按厚板确定预热温度；焊接接头材质不同时，按高强度、高碳当量的钢材确定预热温度。

表 5-34　定位焊尺寸和间距

母材厚度 /mm	定位焊焊缝长度/mm		焊缝间距/mm
	手工焊	自动、半自动	
$t<25$	40～50	50～60	300～400
$25{\leqslant}t{\leqslant}40$	50～60	50～60	300～400
$t>40$	50～60	60～70	300～400

3. 引弧板、引出板、垫板

1）严禁在承受动载荷且需经疲劳验算构件焊缝以外的母材上打火、引弧或装焊夹具。

2）不应在焊缝以外的母材上打火、引弧。

3）T形接头、十字形接头、角接接头和对接接头主焊缝两端，必须配置引弧板和引出板，其材质应和被焊母材相同，坡口形式应与被焊焊缝相同，禁止使用其他材质的材料充当引弧板和引出板。

4）埋弧焊焊缝引出长度应大于 80mm，其引弧板和引出板宽度应大于 80mm，长度宜为板厚的 2 倍且不小于 100mm，厚度应不小于 10mm。

5）焊接完成后，应用火焰切割去除引弧板和引出板，并修磨平整，不得用锤击落引弧板和引出板。

4. 焊接预热和层间温度控制

1）Ⅰ、Ⅱ类钢材匹配相应强度级别的低氢型焊接材料并采用中等热输入进行焊接时，板厚与最低预热温度要求宜符合表 5-33 的规定。

实际工程结构施焊时的预热温度，尚应满足下列规定：

① 根据焊接接头的坡口形式和实际尺寸、板厚及构件拘束条件确定预热温度，焊接坡口角度及间隙增大时应相应提高预热温度。

② 根据熔敷金属的扩散氢含量确定预热温度，扩散氢含量高时应适当提高预热温度，当其他条件不变时使用超低氢型焊条打底预热温度可降低 25～50℃；二氧化碳气体保护焊当气体含水量符合 JGJ 81 的规定要求或使用富氩混合气体保护焊时，其熔敷金属扩散氢可视同低氢型焊条。

③ 根据焊接时热输入的大小确定预热温度。当其他条件不变时，热输入增大 5kJ/cm，预热温度可降低 25～50℃；电渣焊和气电立焊在环境温度为 0℃ 以上施焊时可不进行预热。

④ 根据接头热传导条件选择预热温度。在其他条件不变时，T 形接头应比对接接头的预热温度高 25～50℃，但 T 形接头两侧角焊缝同时施焊时应按对接接头确定预热温度。

⑤ 根据施焊环境温度确定预热温度。操作地点环境温度低于常温时（高于 0℃），应提高预热温度 15～25℃。

2）预热方法及层间温度控制方法应符合下列规定：

① 焊前预热及层间温度的保持宜采用电加热器、火焰加热器等加热，并采用专用的测温仪器测量；

② 预热的加热区域应在焊接坡口两侧，宽度应各为焊件施焊处厚度的 1.5 倍以上，且不小于 100mm；预热温度宜在焊件反面测量，测温点应在离电弧经过前的焊接点各方向不小于 75mm 处；当用火焰加热器预热时正面测温应在加热停止后进行。

③ Ⅲ、Ⅳ 类钢材的预热温度、层间温度应遵守钢厂提供的指导性参数要求。

5. 焊接、层间检查控制

（1）工艺的选用 不同板厚接头焊接时，按较厚板的要求选择焊接工艺；不同材质间的板接头焊接时，应按强度较高材料选用焊接工艺要求，焊材应按强度较低材料选配。

（2）焊剂烘焙和使用 焊接材料在使用前应按材料说明书或表 5-35 规定的温度和时间要求进行烘焙和储存。

表 5-35 常用焊剂烘焙和储存条件

焊剂类型	使用前烘焙温度/℃	使用前烘焙时间/h	使用前存放条件/℃	容许大气中暴露时间/h
熔炼型、碱性烧结型	300～350	2～2.5	120±20	4
酸性烧结型	150～200	1～1.5	120±20	8

焊剂的使用：焊工应按工程要求对应所施焊接头的母材材质，按工艺规定从保管室领取合格的焊材。焊接过程中必须盖好筒盖，严禁外露受潮，当发现焊材受潮时，必须立即回库重新烘焙。

（3）施焊前机械设备检查调试 检查单丝或双丝半自动埋弧焊接小车、门架式成套埋弧自动焊机搭铁接线，设备电路、焊剂回收送进气路、控制线路检查；按被焊板材和构件形式更换导电杆，同时检查更换导电嘴，埋弧焊丝盘卷装上焊机，焊丝送进调直，调整导电嘴与工件间距离（约 40mm），埋弧焊剂装入焊机的焊剂箱，检查氧气、乙炔气、压缩空气的通畅和可靠，开机调试。

（4）施焊操作

① 焊前，应按接头装配要求检查接头装配要求和质量，合格后方能施焊。

② 开机后焊丝调直送进，对中预定焊道，焊机预行走，检查焊件的摆放平直，焊道平直合格、预热符合工艺后，按焊接工艺规范给定焊接参数进行焊接。

③ 从接头的两侧进行焊接完全焊透的对接焊缝时，在反面开始焊接之前，应采用适当的方法（如碳刨、凿子等）清理根部至正面完整焊缝金属为止，清理部分的深度不得大于该部分的宽度。每一焊道熔敷金属的深度或熔敷的最大宽度不应超过焊道表面的宽度。

④ 同一焊缝应连续施焊，一次完成；不能一次完成的焊缝应注意焊后的缓冷和重新焊接前的预热。

⑤ 焊接过程中，尽可能采用平焊位置或船形位置焊接。

⑥ 焊接必须严格执行焊接工艺所给定的程序和次序。

（5）多层焊的施焊要求

① 厚板多层焊时应连续施焊，每一焊道焊接完成后应及时清理焊渣及表面飞溅物，发现影响焊接质量的缺陷时，应清除后方可再焊；在连续焊接过程中应控制焊接区母材温度，使层间温度的上、下限符合工艺文件要求；遇有中断施焊的情况，应采取适当的后热、保温措施，再次焊接时重新预热温度应高于初始预热温度。

② 坡口底层焊道采用焊条手工电弧焊时宜使用不大于 φ4mm 的焊条施焊，底层根部焊道的最小尺寸应适宜，但最大厚度不应超过 6mm。

6. 焊后处理

1）焊缝焊接完成后，对有后热消氢处理要求的焊缝，应立即按工艺要求进行，不得在焊缝冷却后进行。

2）焊缝焊接完成后，应清理焊缝表面的熔渣和金属飞溅物，检查焊缝外观质量，当不符合要求时，应焊补或打磨，修补后的焊缝应光滑圆顺，不影响原焊缝的外观质量要求。

3）对于重要构件或重要节点焊缝，焊缝外观检查合格后，应在焊缝附近打上焊工的钢印。

4）对于有焊后消应力处理的重要节点焊缝，按工艺要求进行。

5）当要求进行焊后消氢处理时，应符合下列规定：

① 消氢处理的加热温度应为 200～250℃，保温时间应依据工件板厚按每 25mm 板厚不小于 0.5h 且总保温时间不得小于 1h 确定，达到保温时间后应缓冷至常温；

② 消氢处理的加热和测温方法按 JGJ 81 的规定执行；

6）Ⅲ、Ⅳ类钢材的后热处理应遵守钢厂提供的指导性参数要求，或 JGJ 81 的规定执行。

7）焊后消除应力处理：

① 设计文件对焊后消除应力有要求时，根据构件的尺寸，制作宜采用加热炉整体退火或电加热器局部退火对焊件消除应力，仅为稳定结构尺寸时可采用振动法消除应力。

② 焊后热处理应符合 JB/T 6046 的规定，当采用电加热器对焊接构件进行局部消除应力热处理时，尚应符合下列要求：

a. 使用配有温度自动控制仪的加热设备，其加热、测温、控温性能应符合使用要求；

b. 构件焊缝每侧面加热板（带）的宽度至少为钢板厚度的 3 倍，且应不小于 200mm；

c. 加热板（带）以外构件两侧尚宜用保温材料适当覆盖；

③ 用锤击法消除中间焊层应力时，应使用圆头手锤或小型振动工具进行，不应对根部焊缝、盖面焊缝或焊缝坡口边缘的母材进行锤击；

④ 用振动法消除应力时，应符合 JB/T 5926 的规定。

7. 焊缝尺寸与外观检查

1）所有焊缝应冷却到环境温度后进行外观检查，Ⅱ、Ⅲ类钢材的焊缝应以焊接完成24h 后检查结果作为验收依据，Ⅳ类钢应以焊接完成 48h 后的检查结果作为验收依据；

2）外观检查一般用目测，裂纹的检查应辅以 5 倍放大镜并在合适的光照条件下进行，必要时可采用磁粉探伤或渗透探伤，尺寸的测量应用量具、卡规；

3）焊缝尺寸与外观检查按焊缝质量等级要求进行。

8. 无损检查

1）无损检查，按焊缝质量等级要求，在外观检查合格后进行。

2）焊缝无损检测报告签发人员必须持有相应探伤方法的Ⅱ级或Ⅱ级以上资格证书。

3）设计文件指定进行射线探伤或超声波探伤不能对缺陷性质做出判断时，可采用射线探伤进行检测验证。

4）下列情况之一应进行表面检测：

① 外观检查发现裂纹时，应对该批中同类焊缝进行100％的表面检测；

② 外观检查怀疑有裂纹时，应对怀疑的部位进行表面探伤；

③ 设计图纸规定进行表面探伤时；

④ 检查员认为有必要时。

铁磁性材料应采用磁粉探伤进行表面缺陷检测，确因结构原因或材料原因不能使用磁粉探伤时，方可采用渗透探伤。磁粉探伤应符合 JB/T 6061 的规定。渗透探伤应符合 JB/T 6062 的规定。磁粉探伤和渗透探伤的合格标准应符合 JGJ 81 中外观检验的有关规定。

三、质量标准

（一）主控项目

1. 焊接材料

焊条、焊丝、焊剂等焊接材料与母材的匹配应符合设计要求及 JGJ 81 的规定，焊条、焊剂等在使用前，应按其产品说明书及焊接工艺文件的规定进行烘焙和存放。

检查数量：全数检查。

检验方法：检查质量证明书、检验报告和烘焙记录。

2. 焊工考试

焊工必须经考试合格并取得合格证书，持证焊工必须在其考试合格项目及其认可范围内施焊。

检查数量：全数检查。

检验方法：检查焊工合格证及其认可范围、有效期。

3. 焊接工艺评定

对于首次采用的钢材、焊接材料、焊接方法、焊后热处理等，应进行焊接工艺评定，并应根据评定报告确定焊接工艺。

检查数量：全数检查。

检验方法：检查焊接工艺评定报告。

4. 内部缺陷

设计要求全焊透的一、二级焊缝应采用超声波探伤进行内部缺陷的检验，超声波探伤不能对缺陷作出判断时，应采用射线探伤，其内部缺陷分级及探伤方法应符合 GB/T 11345 或 GB/T 3323 的规定。

一级、二级焊缝的质量等级及缺陷分级应符合表 5-36 的规定。

检查数量：全数检查。

检验方法：检查超声波或射线探伤记录。

表 5-36　一、二级焊缝质量等级及缺陷分级

焊缝质量等级		一级	二级
内部缺陷超声波探伤	评定等级	Ⅱ	Ⅲ
	检验等级	B 级	B 级
	探伤比例	100%	20%
内部缺陷射线探伤	评定等级	Ⅱ	Ⅲ
	检验等级	AB 级	AB 级
	探伤比例	100%	20%

注：探伤比例的计数方法应按以下原则确定：

1. 对工厂制作焊缝，应按每条焊缝计算百分比，且探伤长度应不小于 200mm，当焊缝长度不足 200mm 时，应对整条焊缝进行探伤；

2. 对现场安装焊缝，应按同一类型、同一施焊条件的焊缝条数计算百分比，探伤长度应不小于 200mm，并应不少于 1 条焊缝。

5. 焊脚尺寸

T 形接头、十字接头、角接接头等要求熔透的对接和角对接组合焊缝，其焊脚尺寸不应小于 $\frac{t}{4}$（图 5-53a、b、c），且不应大于 10mm；设计有疲劳验算要求的吊车梁或类似构件的腹板与上翼缘连接焊缝的焊脚尺寸为不应小于 $\frac{t}{2}$（图 5-53d），且不应大于 10mm。焊脚尺寸的允许偏差为 0~4mm。

检查数量：全数检查；同类焊缝抽查 10%，且不应少于 3 条。

检验方法：观察检查，用焊缝量规抽查测量。

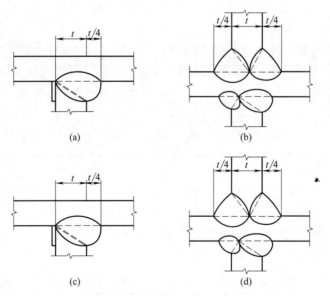

(a) (b) (c) (d)

图 5-53　熔透的对接和角对接组合焊缝示意图

6. 外观缺陷

焊缝表面不得有裂纹、焊瘤等缺陷。一级、二级焊缝不得有表面气孔、夹渣、弧坑裂纹、电弧擦伤等缺陷；且一级焊缝不得有咬边、未焊满、根部收缩等缺陷。

检查数量：每批同类构件抽查 10%，且不应少于 3 件；被抽查构件中，每一类型焊缝

按条数抽查 5%，且不应少于 1 条；每条检查 1 处，总抽查数不应少于 10 处。

检验方法：观察检查或使用放大镜、焊缝量规和钢尺检查，当存在疑义时，采用渗透或磁粉探伤检查。

（二）一般项目

1）对于需要进行焊前预热或焊后热处理的焊缝，其预热温度或后热温度应符合国家现行有关标准的规定或通过工艺试验确定。预热区在焊道两侧，每侧宽度均应大于焊件厚度的 1.5 倍以上，且不应小于 100mm；后热处理应在焊后立即进行，保温时间应根据板厚按每 25mm 板厚 1h 确定。

检查数量：全数检查。

检验方法：检查预热、后热施工记录和工艺试验报告。

2）二级、三级焊缝外观质量标准应符合表 5-37 的规定。三级对接焊缝应按二级焊缝标准进行外观质量检验。

表 5-37 二级、三级焊缝外观质量标准　　　　　　　　　　　　　　　　单位：mm

项目	允许偏差	
缺陷类型	二级	三级
未焊满（指不满足设计要求）	$\leq 0.2+0.02t$，且≤ 1.0	$\leq 0.2+0.04t$ 且≤ 2.0
	每 100.0 焊缝内缺陷总长≤ 25.0	
根部收缩	$\leq 0.2+0.02t$，且≤ 1.0	$\leq 0.2+0.04t$ 且≤ 2.0
	长度不限	
咬边	$\leq 0.05t$，且≤ 0.5，连续长度≤ 100.0，且焊缝两侧咬边总长$\leq 10\%$焊缝全长	$\leq 0.1t$，且≤ 1，长度不限
弧坑裂纹	不允许	允许存在个别长度≤ 5.0 的弧坑裂纹
电弧擦伤	不允许	允许存在个别电弧擦伤
接头不良	缺口深度 $0.05t$，且≤ 0.5	缺口深度 $0.1t$，且≤ 1.0
	每 1000.0 焊缝不应超过 1 处	
表面气孔	不允许	每 50.0 焊缝内允许存在直径$\leq 0.4t$，且≤ 3.0 的气孔 2 个，孔距应≥ 6 倍孔径
表面夹渣	不允许	深$\leq 0.2t$，长$\leq 0.5t$ 且≤ 20.0

注：表内 t 为连接处较薄的板厚。

检查数量：每批同类构件抽查 10%，且不应少于 3 件；被抽查构件中，每一类型焊缝按条数抽查 5%，且不应少于 1 条；每条检查 1 处，总抽查数不应少于 10 处。

检验方法：观察检查或使用放大镜、焊缝量规和钢尺检查。

3）焊缝尺寸允许偏差应符合表 5-38 和表 5-39 的规定。

表 5-38 对接焊缝及完全熔透组合焊缝尺寸允许偏差　　　　　　　　　　单位：mm

序号	项目	示意图	允许偏差	
			一、二级	三级
1	对接焊缝余高 C		$B<20$：$0\sim 3.0$；$B\geq 20$：$0\sim 4.0$	$B<20$：$0\sim 4.0$；$B\geq 20$：$0\sim 5.0$

续表

序号	项目	示意图	允许偏差	
			一、二级	三级
2	对接焊缝错边 d		$d < 0.15t$，且$\leqslant 2.0$	$d < 0.15t$，且$\leqslant 3.0$

表 5-39　部分焊透组合焊缝和角焊缝外形尺寸允许偏差

序号	项目	图　例	允许偏差/mm
1	焊脚尺寸 h_f		$h_f \leqslant 6$：$0 \sim 1.5$ $h_f > 6$：$0 \sim 3.0$
2	角焊缝余高 C		$h_f \leqslant 6$：$0 \sim 1.5$ $h_f > 6$：$0 \sim 3.0$

注：1. $h_f > 8.0$mm 的角焊缝其局部焊脚尺寸允许低于设计要求值 1.0mm，但总长度不得超过焊缝长度10%；

2. 焊接 H 形梁腹板与翼缘板的焊缝两端在其 2 倍翼缘板宽度范围内，焊缝的焊脚尺寸不得低于设计值。

　　检查数量：每批同类构件抽查 10%，且不应少于 3 件；被抽查构件中，每种焊缝按条数各抽查 5%，但不应少于 1 条；每条检查 1 处，总抽查数不应少于 10 处。

　　检验方法：用焊缝量规检查。

　　4）焊成凹形的角焊缝，焊缝金属与母材间应平缓过渡；加工成凹形的角焊缝，不得在其表面留下切痕。

　　检查数量：每批同类构件抽查 10% 且不应少于 3 件

　　检验方法：观察检查

　　5）焊缝感观应达到：外形均匀，成形较好，焊道与焊道、焊道与基本金属间过渡较平滑，焊渣和飞溅物基本清除干净。

　　检查数量：每批同类构件抽查 10%，且不应少于 3 件；被抽查构件中，每种焊缝按数量各抽查 5%，总抽查处不应少于 5 处。

　　检验方法：观察检查。

四、成品保护

　　① 焊道表面熔渣未完全冷却时，不得铲除熔渣，避免影响焊道成形。

　　② 厚板及高强钢的表面焊道，焊后应立即采用热的熔渣焊剂覆盖缓冷，避免表面快冷产生裂纹。

　　③ 用锤击法消除中间焊层应力时，应使用圆头手锤或小型振动工具进行，不应对根部焊缝、盖面焊缝或焊缝坡口边缘的母材进行锤击；锤击应小心进行，以防焊缝金属或母材皱褶或开裂。

④ 冬季和雨季施焊时，注意保护未冷却的接头，应避免碰到冰雪。

五、应注意的质量问题

（一）防止层状撕裂的工艺措施

T形接头、十字接头、角接接头焊接时，宜采用以下防止板材层状撕裂的焊接工艺措施：

① 采用双面坡口对称焊接代替单面坡口非对称焊接。

② 采用低强度焊条在坡口内母材板面上先堆焊塑性过渡层。

③ Ⅱ类及Ⅱ类以上钢材箱形柱角接接头当板厚大于 等于 80mm 时，板边火焰切割面宜用机械方法去除淬硬层（见图 5-54）。

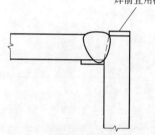

焊前宜用机械方法加工

图 5-54 特厚板角接接头防止层状撕裂的工艺措施示意图

④ 采用低氢型、超低氢型焊条或气体保护电弧焊施焊。

⑤ 提高预热温度施焊。

（二）控制焊接变形的工艺措施

1）宜按下列要求采用合理的焊接顺序控制变形：

① 对于对接接头、T形接头和十字接头坡口焊接，在工件放置条件允许或易于翻身的情况下，宜采用双面坡口对称顺序焊接；对于有对称截面的构件，宜采用对称于构件中和轴的顺序焊接。

② 对双面非对称坡口焊接，宜采用先焊深坡口侧部分焊缝、后焊浅坡口侧、最后焊完深坡口侧焊缝的顺序。

③ 对长焊缝宜采用分段退焊法或与多人对称焊接法同时运用。

④ 宜采用跳焊法，避免工件局部加热集中。

2）在节点形式、焊缝布置、焊接顺序确定的情况下，宜采用熔化极气体保护电弧焊或药芯焊丝自保护电弧焊等能量密度相对较高的焊接方法，并采用较小的热输入。

3）宜采用反变形法控制角变形。

4）对一般构件可用定位焊固定同时限制变形；对大型、厚板构件宜用刚性固定法增加结构焊接时的刚性。

5）对于大型结构宜采取分部组装焊接、分别矫正变形后再进行总装焊接或连接的施工方法。

（三）熔化焊缝缺陷返修

1）焊缝表面缺陷超过相应的质量验收标准时，对气孔、夹渣、焊瘤、余高过大等缺陷应用砂轮打磨、铲、凿、钻、铣等方法去除，必要时应进行焊补；对焊缝尺寸不足、咬边、弧坑未填满等缺陷应进行焊补。

2）经无损检测确定焊缝内部存在超标缺陷时应进行返修，返修应符合下列规定：

① 返修前应由施工企业编写返修方案。

② 应根据无损检测确定的缺陷位置、深度，用砂轮打磨或碳弧气刨清除缺陷。缺陷为裂纹时，碳弧气刨前应在裂纹两端钻止裂孔并清除裂纹及其两端各 50mm 长的焊缝或母材。

③ 清除缺陷时应将刨槽加工成四侧边斜面角大于 $10°$ 的坡口，并应修整表面、磨除气刨渗碳层，必要时应用渗透探伤或磁粉探伤方法确定裂纹是否彻底清除。

④ 焊补时应在坡口内引弧，熄弧时应填满弧坑；多层焊的焊层之间接头应错开，焊缝长度应不小于 100mm；当焊缝长度超过 500mm 时，应采用分段退焊法。

⑤ 返修部位应连续焊成。如中断焊接时，应采取后热、保温措施，防止产生裂纹；再次焊接前宜用磁粉或渗透探伤方法检查，确认无裂纹后方可继续补焊。

⑥ 焊接修补的预热温度应比相同条件下正常焊接的预热温度高，并应根据工程节点的实际情况确定是否需用采用超低氢型焊条焊接或进行焊后消氢处理。

⑦ 焊缝正、反面各作为一个部位，同一部位返修不宜超过两次。

⑧ 对两次返修后仍不合格的部位应重新制订返修方案，经工程技术负责人审批并报监理工程师认可后方可执行。

⑨ 返修焊接应填报返修施工记录及返修前后的无损检测报告，作为工程验收及存档资料。

3）碳弧气刨应符合下列规定：

① 碳弧气刨工必须经过培训合格后方可上岗操作。

② 应采用直流电源、反接，根据钢板厚度选择碳棒直径和电流，如 $\phi 8mm$ 碳棒采用 $350\sim400A$，$\phi 10mm$ 碳棒采用 $450\sim500A$。压缩空气压力应达到 0.4MPa 以上。碳棒与工件夹角应小于 $45°$。操作时应先开气阀，使喷口对准工件待刨表面后再引弧起刨并连续送进、前移碳棒。电流、气压偏小，夹角偏大，碳棒送移不连续时均易引起"夹碳"或"粘渣"。

③ 当发现"夹碳"时，应在夹碳边缘 $5\sim10mm$ 处重新起刨，所刨深度应比夹碳处深 $2\sim3mm$；发生"粘渣"时可用砂轮打磨，Q420、Q460 及调质钢在碳弧气刨后，不论有无"夹碳"或"粘渣"，均应用砂轮打磨刨槽表面，去除淬硬层后方可进行焊接。

（四）焊工自检

焊工应在焊前、焊中和焊后检查以下项目：

（1）焊前

任何时候开始焊接前都要检验构件标记并确认该构件装配质量，检验焊接设备，检验焊接材料，清理现场，预热。

（2）焊中

预热和保持层间温度，检验填充材料，打底焊缝外观，清理焊道，按认可的焊接工艺焊接。

（3）焊后

清除焊渣和飞溅物，检查焊缝尺寸以及焊缝外观有无咬边、焊瘤、裂纹和弧坑等缺陷，并记录冷却速度。

六、质量记录

钢结构（钢构件焊接）分项工程检验批质量验收记录。

七、安全、环保措施

1）焊接作业场地应设立明显标志。

2）焊工操作时应穿工作服、绝缘鞋和戴电焊手套、防护面罩等安全防护用品。

3）操作前应先检查焊机和工具，如焊接夹具和焊接电缆的绝缘体、焊机外壳保护接地和焊机的各接线点等，确认安全合格后方可作业。

4）焊接时临时接地线头严禁浮搭，必须固定、压紧，用胶布包严。

5）操作时遇下列情况必须切断电源：

① 改变电焊机接头时；

② 改接二次回路时；

③ 转移工作地点搬动焊机时；

④ 焊机发生故障需进行检修时；

⑤ 更换保险装置时；

⑥ 工作完毕或临时离开操作现场时。

6）高处作业必须严格遵守以下规定：

① 必须使用标准的防火安全带，设安全绳，并系在可靠的构架上。

② 焊工必须站在稳固的操作平台上作业，焊机必须放置平稳、牢固，设有良好的接地保护装置。

③ 焊接时二次线必须双线到位，严禁借用金属构架、轨道作回路地线。

7）焊接作业的防火措施：

① 焊接现场必须配备足够的防火设备和器材，如消火栓、砂箱、灭火器等，电气设备失火时，应立即切断电源，采用干粉灭火。

② 焊接作业现场周围 10m 范围内不得堆放易燃、易爆物品。

③ 在周围空气中存在可燃气体和可燃粉尘的环境严禁焊接作业。

8）室外露天冬季、雨季施工，应按冬季、雨季施工方案，做好预防和处理。

9）室外露天施工用电应符合 JGJ 46 的规定。

第六章

气体保护焊
（MAG、MIG）

用外加气体作为电弧介质并保护电弧和焊接区的电弧焊称为气体保护电弧焊，简称气体保护焊。

第一节　气体保护焊概述

一、气体保护焊的特点

气体保护焊与其他焊接方法相比，具有以下特点：

1）属于明弧焊方法，又没有熔渣覆盖熔池，便于观察熔池和焊接区。电弧和熔池的可见性好，焊接过程中可根据熔池情况调节焊接参数。

2）是一种高效、节能、节材的焊接方法。焊接过程操作方便；没有熔渣或熔渣很少，焊后清渣容易；不必像手弧焊那样每焊一道即要清渣，因而减少了辅助时间，提高了工效；也不用换焊条，避免了扔掉焊条头对材料的浪费。

3）电弧在保护气体的压缩下热量集中，焊接速度较快，熔池较小，HAZ 较窄，焊后变形小。

4）有利于实现焊接过程机械化、自动化，特别是适用于空间位置机械化焊接。

5）可以焊接化学活泼性强和易形成高熔点氧化膜的镁、铝、钛及其合金。

6）适宜薄板焊接。

7）能进行脉冲焊接，以减少热输入。

8）防风性能较差。保护气流的抗风能力有限，在施工现场，如因通风干扰较大，需采取相应的防风措施。

9）电弧的光幅射很强；在窄小空间部位及可达性差的地方焊接时，不如手弧焊灵便。

二、气体保护焊原理

气体保护电弧焊通过电极（焊丝或钨极）与母材间产生的电弧熔化焊丝（或填丝）及母材，形成熔池金属。电极、电弧和焊接熔池是靠自焊枪喷嘴喷出的保护气体来形成保护，防止大气的侵入，从而获得完好接头。

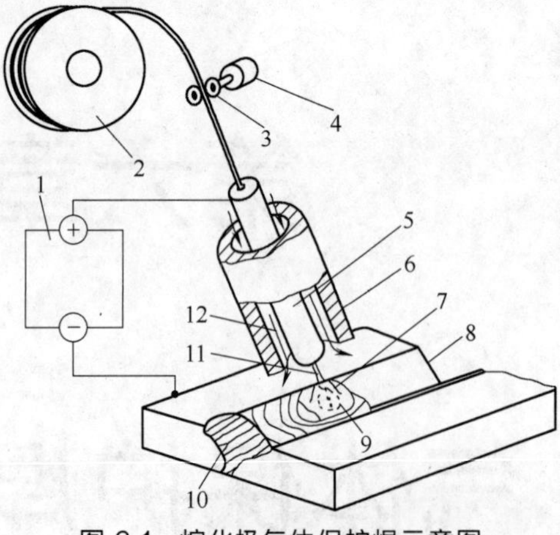

熔化极气体保护焊方法如图 6-1 所示，由焊丝盘拉出的焊丝经送丝轮送入焊枪，再经导电嘴后与母材之间产生电弧，以此电弧为热源熔化焊丝和母材，其周围有自喷嘴喷出的气体保护电弧及焊接区，隔离空气，保证焊接过程的正常进行。

非熔化极气体保护焊如图 6-2 所示，这种方法是以惰性气体为保护气体，以钨极与母材之间产生的电弧作为热源而进行熔焊。采用这种方法施焊可以采用填充金属，也可以不采用填充金属。这种焊接方法通常采用氩气作为保护气体，所以又称为钨极氩弧焊。这种方法可以很好地控制焊缝成形，焊缝美观。

图 6-1　熔化极气体保护焊示意图

1—焊接电源；2—焊丝盘；3—送丝轮；4—送丝电机；5—导电嘴；6—喷嘴；7—电弧；8—母材；9—熔池；10—焊缝金属；11—焊丝；12—保护气

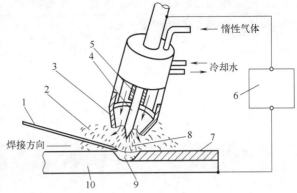

图 6-2　非熔化极气体保护焊示意图

1—填丝；2—保护气体；3—喷嘴；4—钨极；5—钨极夹头；6—焊接电源；
7—焊缝金属；8—电弧；9—熔池；10—母材

　　合适的保护气体流量，可形成稳定的层流气帘，有效地防止大气的侵入，是气体保护焊获得优质接头的重要因素之一。

三、气体保护焊的应用范围

　　气体保护焊根据所采用的保护气体的种类不同，适于焊接不同的金属。CO_2 焊可以焊接碳钢和低合金钢，而惰性气体保护焊除了可焊接碳钢和合金钢外，也适于焊接铝、铜、镁等有色金属及它们的合金。某些沸点很低的金属，如锌、铅、锡等，由于焊接时蒸发出的物质有毒或污染焊缝，因此很难焊接或是不宜焊接。

　　气体保护焊方法适合于焊接薄板及中厚板工件。不论是熔化极气体保护还是非熔化极气体保护焊方法，都可以成功地焊接厚度不足 1mm 的薄板。当然可焊接厚度的上限，原则上是没有限制的。但一般地说，当厚度超过 12mm 时，其他电弧焊方法，比如埋弧焊，在效率上和成本上都比气体保护焊方法具有优势。但也并不是说，气体保护焊绝对不适于厚板的焊接，在实际生产应用中要视具体材质而定。比如在铝合金焊接中，75mm 厚的工件，采用大电流熔化极惰性气体保护焊（简称 MIG 焊），双面单道焊即可完成。这种情况下，其生产效率也是很高的。从生产效率上看，熔化极气体保护焊高于非熔化极气体保护焊。从焊缝外观上看，非熔化极气体保护焊（填丝或不填丝）没有飞溅，焊缝成形也更加美观。

　　就焊接位置而言，气体保护焊适于各种位置的焊接。但由于采用的保护气体不同，具体的适应性不同。比如，氩气比空气重，因而氩弧焊更适于水平位置的焊接；氦气比空气轻，自然氦弧焊更适于空间位置，特别是仰焊位置的焊接。总地说来，熔化极气体保护焊方法对焊接位置的适应性是较强的。

四、气体保护焊方法分类

　　气体保护焊分类方法很多，通常的分类方法如表 6-1 所列。

　　由表 6-1 可见，气体保护焊方法，按电极类型分，可分为熔化极气体保护焊和非熔化极气体保护焊；按焊丝形式分，可分为实心焊丝气体保护焊和药芯焊丝电弧焊；按采用的保护气体的种类分，可分为二氧化碳气体保护焊、惰性气体保护焊（MIG 焊）、活性气体保护焊（MAG 焊）、药芯焊丝电弧焊、钨极氩弧焊和钨极氦弧焊等。

表 6-1 气体保护焊方法分类

分类方法	按电极类型分	按焊丝形式分	按气体种类分	采用的保护气体
气体保护焊	熔化极气体保护焊	实心焊丝气体保护焊	二氧化碳气体保护焊	CO_2（二氧化碳）
				CO_2+O_2（二氧化碳＋氧气）
			惰性气体保护焊（MIG 焊）	Ar（氩）
				He（氦）
				He＋Ar（氦＋氩）
			活性气体保护焊（MAG 焊）	Ar＋CO_2（氩＋二氧化碳）
				Ar＋O_2（氩＋二氧化碳）
				Ar＋CO_2＋O_2（氩＋二氧化碳＋氧）
		药芯焊丝电弧焊	药芯焊丝气体保护焊	CO_2（二氧化碳）
				CO_2＋Ar（二氧化碳＋氩）
			药芯焊丝自保护焊电弧焊	
	非熔化极气体保护（TIG）	—	钨极氩弧焊	Ar（氩）
			钨极氦弧焊	He（氦）

熔化极惰性气体保护电弧焊简称 MIG 焊（Metal Inert Gas Arc Welding），熔化极活性气体保护电弧焊简称为 MAG 焊（Metal Active Gas Arc Welding）。钨极氩弧焊和钨极氦弧焊属于非熔化极（钨极）惰性气体保护电弧焊，简称 TIG 焊（Tungsten Inert Gas Welding）。

在此需要说明两点：一是如前所述 MAG 焊为活性气体保护焊，但习惯上均称为混合气体保护焊。二是药芯焊丝自保护电弧焊不能归类为气体保护焊，但因为药芯焊丝又有采用气体保护的，故为叙述方便，通常都将药芯焊丝自保护焊方法也归在气体保护焊中加以介绍。

另外，在熔化气体保护焊方面，还可以根据其电弧特性，特别是熔滴过渡形式分为短路电弧焊、潜弧焊、射流电弧焊、脉冲电弧焊以及大电流电弧焊等方法（见表 6-2）。

短路电弧焊法，通常采用细丝，焊接电流较小，因其熔滴过渡形态为短路过渡而得名，特别适合薄板和空间位置的焊接。

射流电弧焊法，其熔滴特别细小，是沿焊丝轴向射向熔池。熔滴过渡过程极为稳定。采用氩气，或是 CO_2 含量不超过 25％ 的富氩混合气体，或是 O_2 含量不超过 5％ 的富氩混合气体，都可以实现射流电弧焊。

表 6-2 焊接方法及保护气体的种类

焊接方法 ＼ 保护气体的种类	氩气（Ar）	混合气体（Ar＋CO_2）（Ar＋O_2）	二氧化碳（CO_2）
短路电弧焊	×	○	◎
射流电弧焊	◎	○	×
脉冲电弧焊	◎	○	×
潜弧焊	×	△	◎
大电流电弧焊	◎	○	△

注：◎最常用；○常用；△不常用；×不用。

脉冲电弧焊法是通过特殊的焊接电源提供脉冲电流而进行焊接的，这种方法也特别适于薄板和空间位置的焊接。

潜弧焊法是 CO_2 焊中在大电流范围内采用的一种方法，由于电弧尽量潜入熔池，有利于防止产生飞溅。

大电流电弧焊法，通常称为大电流 MIG 焊，此种方法适合于厚板的高效率焊接，近年来得到了迅速的发展。特别是在铝及铝合金的焊接施工中，大电流 MIG 焊方法的高效率的特点更为突出。

第二节 钨极氩弧（TIG）焊简述

钨极氩弧（TIG）焊采用钨棒代替焊丝作为焊接电弧的一极，也就是说焊接电弧是在钨棒和焊件之间燃烧加热焊件进行焊接的，而且在焊接过程中，钨棒是不熔化的，所以焊接电弧的稳定性大大提高。为了保证电弧、熔池不受空气的影响，需要采用 Ar、He 作为保护气体，而 Ar 用得比较普遍，所以称为钨极氩弧焊。

钨极氩弧焊是以钨或钨合金（钍钨、铈钨等）作为不熔化电极，用 Ar 或 He 惰性气体为保护气体的电弧焊方法，通常简称为 TIG 焊（Tungsten Inert Gas Arc Welding）或者 GTAW（Gas Tungsten Arc Welding）。钨极氩弧焊包括不填丝与填丝两种焊接方法（图 6-3）。

(a) 不填丝

(b) 填丝

图 6-3 钨极氩弧焊

采用不填丝 TIG 焊时，TIG 焊电弧加热焊件连接区域，依靠焊件自身的局部熔化、冷凝结晶形成焊缝，常用于薄壁件、微小器件的焊接。采用填丝 TIG 焊时，焊丝作为填充材料进行焊接。

如图 6-4 所示，TIG 焊系统主要由焊接电源、焊枪、保护气体系统、循环水系统等组成。

如图 6-5 所示，TIG 焊是在 Ar 保护下利用钨极和焊件之间燃烧的电弧熔化母材和填充焊丝（也可以没有填充焊丝）进行焊接的。为了避免钨极烧损，在焊接电流较大时，往往采用循环水冷方式冷却焊枪与钨极。

由于 TIG 焊接过程中钨极不熔化，相对于焊条电弧焊、GMAW 等来说，焊接电弧及焊接过程稳定。采用 Ar 或 He 作为保护气体，保护效果好。由于 Ar 或 He 惰性气体与熔化的金属不发生反应，也不溶于液态金属，因此，焊缝金属纯净，焊缝成形美观。但也因为此原

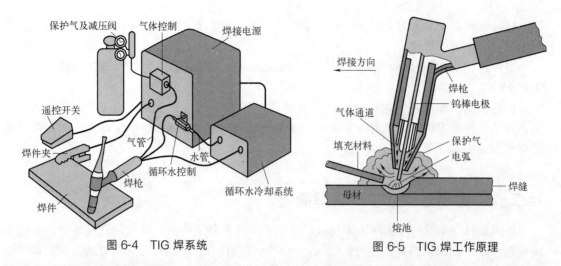

图 6-4 TIG 焊系统   图 6-5 TIG 焊工作原理

因，TIG 焊没有去除焊件表面杂质的能力，所以，焊前需要对焊件严格清理，去除表面的杂质。受钨棒电极电流承载能力的限制，焊接电流一般为 10～300A，通过加强水冷，也可以适当增加电流范围，但一般不会超过 500A。一般情况下 TIG 焊焊接热输入较低，焊接质量好，特别适宜于薄板的焊接以及全位置焊接。

由于 Ar 的电离电压较高，引弧困难，为了避免钨极烧损污染焊件，TIG 焊焊接中往往采用高频高压引弧措施，而高频引弧对操作人员及周边电子设备会有一定的高频辐射与干扰，这在使用中应加以注意。

TIG 焊又分为直流焊和交流焊。由于在直流反接时，TIG 弧具有阴极清理作用，可以去除铝、镁及其合金表面的氧化膜，因此，采用交流 TIG 焊或者直流反接 TIG 焊，可以进行铝、镁及其合金的焊接。

TIG 焊可以采用手工焊接，也可以很方便地实现自动焊接。

TIG 焊几乎可以用于所有金属及其合金的焊接，但焊接成本较高，因此主要用于不锈钢、高合金钢、高强度钢以及铝、镁、铜、钛等有色金属及其合金的焊接。TIG 焊生产率虽然不如熔化极气体保护电弧焊高，但是容易得到高质量的焊缝，特别适宜于薄件、精密零件的焊接。在焊接较厚的焊件时，需要开一定形状的坡口并采用填丝 TIG 焊。TIG 焊已广泛应用于航空航天、核能、化工、纺织、锅炉、压力容器、医疗器械及炊具等工业领域。图 6-6 所示为飞机环控系统零部件的不填丝自动 TIG 焊应用。

(a) 零部件1

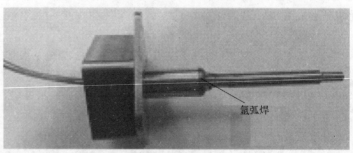

(b) 零部件2

图 6-6 飞机环控系统零部件的不填丝自动 TIG 焊应用

第三节 CO₂ 气体保护焊（GMAW、FCAW-G）

一、CO₂ 气体保护焊的特点

CO₂ 气体保护焊是以活性气体 CO₂ 作为保护气体的熔化极气体保护焊方法，大多数的活性气体都不能单独用作焊接过程的保护气体，CO₂ 是唯一的例外。

其工作原理简图见图 6-7，系统组成见图 6-8。

CO₂ 气体保护焊的特点主要有如下几点：

1）生产效率高。采用较粗的焊丝（焊丝直径≥ϕ1.6mm）焊接时，可以使用较大的电流，实现射滴过渡。电流密度可达（100～300）A/mm²。焊丝的熔化系数大，母材的熔透深度大。另外，这种方法基本上没有熔渣，一般不需要清渣，从而节省了许多辅助时间，因此可以较大地提高焊接生产效率。

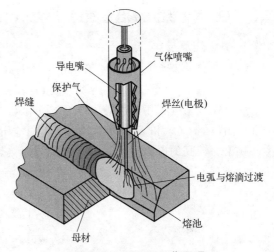

图 6-7 GMAW 工作原理

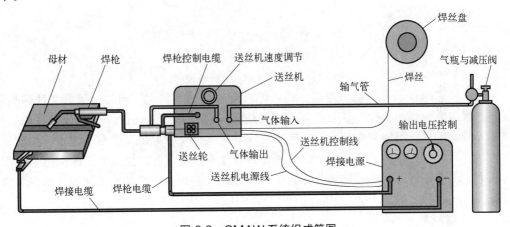

图 6-8 GMAW 系统组成简图

2）焊接变形小。电流密度高，热量集中，受热面积小，故工件焊后变形小，特别是焊接薄板时，往往不需要焊后校形工序。

3）是一种低氢型焊接方法，焊缝含氢量很低，所以在焊接低合金钢时不易产生冷裂纹。

4）采用短路过渡方式焊接时，有利于全位置及其他位置的焊接。

5）此种方法属于明弧焊，电弧可见性好，采用半自动焊接法进行曲线焊缝和空间位置焊缝的焊接十分方便。

6）操作简单，容易掌握。

7）焊接飞溅较大是其不足之处。

　　CO_2 气体保护焊的应用范围：CO_2 气体使用保护焊是目前广泛使用的一种弧焊方法，可以用于汽车、船舶、管道、机车车辆、集装箱、矿山及工程机械、电站设备、建筑等金属结构的焊接生产。从被焊件材质上看，CO_2 气体保护焊可以焊接碳钢和低合金钢。从工件厚度上看，从薄板到厚板都可以焊接，采用细丝、短路过渡的方法，可以焊接薄板；采用粗丝、射滴过渡的方法，可以焊接中板、厚板。从焊接位置上看，可以进行全位置、平焊、横角焊及其他空间位置的焊接。

二、CO_2 气体保护焊冶金原理

1. 氧化还原反应

　　CO_2 气体保护焊时，CO_2 气体在电弧的高温作用下分解成 CO 和原子态氧

$$CO_2 \rightleftharpoons CO + O$$

　　所以在电弧气氛中存在着 CO_2、CO 和 O 三种成分，其中 CO 不溶于金属，也不与金属发生作用，但 CO_2 和 O 却能与铁和其他合金元素发生化学反应而使金属烧损。

　　在温度较高的电弧空间和接近电弧的焊接熔池中将发生如下反应

$$[Fe] + CO_2 \rightleftharpoons (FeO) + CO \uparrow$$

$$[Fe] + O \rightleftharpoons (FeO)$$

$$[Si] + 2O \rightleftharpoons (SiO_2)$$

$$[Mn] + O \rightleftharpoons (MnO) \downarrow$$

$$[C] + O \rightleftharpoons CO$$

式中，[ ]——液态金属中的反应物，( )——渣中的反应物。

　　在远离电弧的熔池区域，温度较低，将发生如下反应

$$2(FeO) + [Si] \rightleftharpoons 2[Fe] + (SiO_2)$$

$$(FeO) + [Mn] \rightleftharpoons [Fe] + (MnO)$$

$$(FeO) + [C] \rightleftharpoons [Fe] + CO \uparrow$$

　　综上可见，CO_2 及其高温下分解出的氧都具有较强的氧化性。同时，随着温度的提高，其氧化性增强。很强的氧化性导致合金元素的烧损。另外，无论是在焊接区域的较高温区，还是在较低温度区，都能发生生成 CO 气体的反应。这种反应如果发生在熔池中，而随着熔池的冷却结晶 CO 气体又来不及逸出时，则会在焊缝中形成气孔；生成 CO 的反应如果发生在熔滴中，则由于气体的受热膨胀会导致熔滴的爆炸，是焊接飞溅的重要原因。可见，合金元素烧损、气孔和飞溅是 CO_2 气体保护焊需要解决的三大问题。

2. 硅、锰脱氧

　　由前面的介绍可知，CO_2 气体保护焊时，氧化作用一方面使合金元素烧损，另一方面使飞溅增大。同时反应的生成物 FeO 又是一种有害物质。它残留在焊缝金属中形成夹渣，会降低焊缝金属的力学性能。因此要采取相应的措施进行脱氧。

　　实践证明，采用 Si、Mn 脱氧是有效的。而且 Si、Mn 联合脱氧的效果更好。这种联合脱氧效果的充分发挥，要求焊丝中的 Si、Mn 含量有一个适当的配合比例。一般取 Mn/Si 含量比＝2.0～4.5 为宜。如普遍采用的焊丝 H08Mn2SiA 即是一例，Si、Mn 脱氧的反应方程式如下

$$2(FeO) + [Si] \rightleftharpoons 2[Fe] + (SiO_2)$$

$$(FeO) + [Mn] \rightleftharpoons [Fe] + (MnO)$$

SiO$_2$ 和 MnO 能结合成复合化合物 MnO·SiO$_2$，其熔点低，密度小，且聚集为大块，易于浮出熔池，凝固后形成极少量的渣壳覆盖在焊缝表面。而单独采用 Si 脱氧时，生成的 SiO$_2$ 熔点高且颗粒小，不易浮出熔池，易在焊缝中形成夹渣。单独采用 Mn 脱氧时，其脱氧能力小，且生成的 MnO 密度大，也不易浮出熔池表面。这就是为什么要采用 Si、Mn 联合脱氧的原因。

加入焊丝的 Si 和 Mn，一部分用于使 FeO 脱氧，一部分被直接氧化掉和蒸发掉。剩余的部分便成为焊缝金属的合金元素。这一点在选择焊丝上是重要的。尽管 H08Mn2Si 类焊丝适用于 CO$_2$ 气体保护焊，而在其他焊接方法中，例如在采用 MIG 焊或埋弧焊方法焊接低合金钢时，往往优先选用不含硅及少含锰的焊丝，如 H08Mn、H10Mn2 等，而不宜采用 H08Mn2Si。因为这些方法不像 CO$_2$ 气体保护焊那样具有氧化性，过量的 Si 和 Mn 会降低焊缝金属的冲击韧性及其他性能。

3. 气孔及防止措施

CO$_2$ 气体保护焊时可能产生的气孔主要有三种：一氧化碳气孔、氢气孔和氮气孔。

（1）一氧化碳气孔 当焊接冶金反应中脱氧元素（Si、Mn）不足时，便会产生 CO 气孔，产生 CO 气孔的原因在于熔池中的下列反应

$$(FeO)+[C] \Longrightarrow [Fe]+CO \uparrow$$

这个反应在熔池的较低温度区间进行得较为剧烈，在金属结晶过程中由于 CO 的急剧析出而发生沸腾现象。但此时熔池已开始凝固，CO 气体不易出去，于是在焊缝中形成气孔。

如果在焊丝中含有足够的脱氧元素如 Si 和 Mn 等，以及限制焊丝中的含碳量，即可抑制上述氧化反应，从而有效地防止 CO 气孔的产生。因此，适当地选择含有适当 Si、Mn 等元素的焊丝是防止 CO 气孔的主要措施。

（2）氢气孔 由于氢可以溶解于液态金属，所以当焊接熔池中存在被溶解的氢时，在焊缝金属结晶的瞬间，由于溶解度突然减小，而这些气体又来不及从熔池中逸出，就会在焊缝中形成气孔。

电弧区的氢主要来自两方面：一是来自焊丝和工件表面的油污、铁锈等；二是来自 CO$_2$ 气体中所含的水分。油污、铁锈和水分在电弧高温的作用下都能分解出氢。所以为防止氢气孔，一方面要在焊前适当地清除焊丝和工件表面的油污和铁锈，另一方面要尽量使用含水量低的 CO$_2$ 气体。例如，当 CO$_2$ 气体纯度低于 98.7% 时，在焊缝中往往会出现气孔；当纯度不低于 99.11% 时，就能得到无气孔的致密焊缝。由此可见，提高 CO$_2$ 气体纯度、尽量降低其中所含的水汽，对减少氢气孔是有效的。因此大多数国家规定，焊接用气体纯度不应低于 99.5%。

CO$_2$ 气体保护焊时，虽然有产生氢气孔的可能性，但与埋弧焊和氩弧焊相比，CO$_2$ 焊对油、锈的敏感性还是较低的。所以一般认为 CO$_2$ 焊具有较强的抗潮和抗锈能力。

（3）氮气孔 氮气也能溶解于液态金属，在熔池冷却结晶时来不及逸出便形成氮气孔。

氮气的来源有两方面：一是空气侵入了焊接区；一是 CO$_2$ 气体不纯。一般说来，正常 CO$_2$ 气体中的含氮量很小，不太容易造成气孔。焊缝中产生氮气孔的主要原因是保护层遭到破坏，外部空气侵入焊接区。造成保护效果不良的因素主要有如下几点：

① CO$_2$ 气体流量很小，不足以保护焊接区。

② 喷嘴与工件间的距离过大，空气容易侵入。

③ 喷嘴内壁飞溅物附着过多，影响保护效果。

④ 操作场地有风，破坏了保护气帘。

针对上述情况，为防止氮气孔的产生，焊接时就要保证适当的 CO_2 气体流量，注意喷嘴与工件间的距离不要过大，要经常清理喷嘴上的飞溅附着物。同时还要注意不要让穿堂风冲击焊接场地，以确保 CO_2 气体的保护效果。

三、CO_2 气体及焊丝

1. CO_2 气体

CO_2 是无色气体，在不加压力下冷却时，气体将直接变成固体——干冰；升高温度，固态 CO_2 又直接变成气体。CO_2 气体在加压的情况下即变成无色液体，且该液体的密度随温度的变化而变化：当温度低于 $-11℃$ 时，它比水重；当温度高于 $-11℃$ 时，它比水轻。液态 CO_2 的沸点很低，为 $-78℃$，在 $0℃$ 和一个大气压下，$1kg CO_2$ 液体可蒸发为 $509L CO_2$ 气体。通常容积为 $40L$ 的标准钢瓶可以灌入 $25kg$ 液态 CO_2。

瓶装 CO_2 气与氢气等其他气体满瓶时的压力不同，CO_2 气瓶的标准钢瓶满瓶时的压力为 $5.0 \sim 7.0 MPa$，而氩气等其他气体钢瓶满瓶时的压力可达 $12 \sim 15 MPa$。必须指出，该压力的大小并不代表瓶中液态 CO_2 的多少。因为，通常 $25kg$ 液态 CO_2 只占钢瓶容积的 80% 左右，其余 20% 左右的空间则充满了汽化的 CO_2，气瓶压力表所指示的压力值就是这部分气体的饱和压力，此压力与环境温度的高低有关。只要气瓶内还有液体 CO_2 存在，此饱和蒸气压即基本恒定不变。当气瓶内的液态 CO_2 全部挥发成 CO_2 气体之后，瓶内气体的压力便随着 CO_2 气体的消耗而逐渐下降。

液态 CO_2 中约可溶解 0.05%（重量）的水，多余的水则呈自由状态沉于瓶底。溶于 CO_2 液体中的水分，将随着 CO_2 蒸发而蒸发。当气瓶压力低于 $1.0 MPa$ 时，除溶解于 CO_2 液体中的水分要蒸发外，沉于瓶底的多余水分也要蒸发，从而大大提高 CO_2 气体中的含水量。因此低于 $1.0 MPa$ 的 CO_2 气瓶中的气体就不应再用来焊接。

焊接用 CO_2 气体的纯度应当较高，一般不应低于 99.5%，有些优质接头的焊接则要求 CO_2 的纯度不低于 99.8%，露点低于 $-40℃$。

在焊接现场，对于纯度偏低的 CO_2 气体，采取下列提纯措施对减少气体中的水分是有效的：

1）将气瓶倒立静止 $1 \sim 2h$，以便瓶内自由状态的水分沉积到瓶口部位。然后打开阀门，放水 $2 \sim 3$ 次，每次可间隔 $30min$ 左右。

2）然后将钢瓶正置约 $2h$，再放气 $2 \sim 3min$，以除去顶部杂气。

3）在气路系统中设立 $2 \sim 3$ 个干燥器，并注意经常更换干燥剂（硅胶或脱水硫酸铜）。

2. 焊丝

对 CO_2 气体保护焊用焊丝（以下简称 CO_2 焊丝）的要求，可以概括地从其内在质量和外部质量两个方面来介绍。

（1）内在质量

① CO_2 焊丝在化学成分上应含有适量的 Si、Mn 等脱氧元素，这是针对前面已经介绍过 CO_2 气体保护焊时电弧气氛中氧化性较强所必须采取的措施。同时为增强抗氮气孔的能力，可加入 Ti、Al 等合金元素，不仅可进一步增强脱氧能力，而且起到强烈地固定氮的作用，有利于提供抗气孔能力。

② 焊丝中的 C 含量不宜太高。如前所述，焊接过程中 C 被氧化生成 CO 是引起气孔和

飞溅的重要原因，故 C 含量应适当。

③ 针对不同的母材采用不同的焊丝，要求不同种类的焊丝其合金元素要适当，以确保相应焊接接头的强度要求。

（2）外部质量

① 焊丝表面要清洁，应去除拉拔生产过程中附着于焊丝表面的润滑剂、油污等。

② 焊丝表面通常是镀铜的。其作用有三：一是防止生锈，便于保存；二是改善导电性；三是减小送丝阻力。对焊丝铜镀层的要求一是牢固，二是不能太厚。镀层如不牢固，在送丝软管中会脱落，以致堵塞软管，增加送丝阻力，使焊接过程不稳。镀层过厚，会使焊缝金属增铜，降低其力学性能。

③ 焊丝应规则层绕成盘，以便于使用，同时焊丝不允许有弯折处，否则会影响送丝稳定性。

④ 焊丝应具有一定的硬度，过软的焊丝当送丝阻力稍大时即送丝不稳，影响焊接质量，细焊丝尤其如此。

总之，CO_2 焊丝应符合 GB/T 8110 的有关规定。

（3）常用 CO_2 焊丝的牌号及化学成分　表 6-3 列出了常用 CO_2 焊丝的牌号、化学成分及用途。其中在焊丝牌号最后标有字母"A"的，表示该焊丝对化学成分中的杂质元素要求更严格，即 S、P 含量更要低。H08Mn2SiA 焊丝目前应用最广。有些要求更高的产品，甚至不允许焊缝有微气孔存在，针对这种要求，国内研制出了 H04Mn2SiTiA 和 H04MnSiAlTiA 两种焊丝。这两种焊丝抗气孔能力较强，焊接时的飞溅也小。

应该指出，采用 CO_2 气体保护焊焊接不锈钢，焊缝的抗晶间腐蚀能力较差，焊接质量不如氩弧焊，焊缝成形也差，所以通常很少应用。

近年来，国内研制出了 HS 系列气体保护焊丝，其中有三种是不同强度等级的 CO_2 焊丝（见表 6-4）。它们都具有较好的焊接工艺性，电弧稳定，飞溅也少。其熔敷金属具有较好的低温冲击韧性。HS-50T 焊丝和 HS-60 焊丝都特别适于焊接负温下使用的焊接结构，如工程机械、矿山机械、船舶、桥梁、管线及压力容器等。HS-70C 焊丝适于焊接工程机械、矿山机械及建筑机械等。

（4）常用钢种的焊丝选择　在生产实践中，可以根据被焊钢材的强度等级和产品的具体要求来合理地选择相应的焊丝。例如，最常遇到的钢是低碳钢和低合金钢，例如 10、20、16Mn、15MnV 钢等。对于通常使用的低碳钢和低合金钢，可选用 H08Mn2SiA、H08MnSiA 等。如要求不高时，也可选用不带"A"的焊丝。总之，此类焊丝适用于焊接低碳钢 $\sigma_s \leqslant 490$ MPa 的低合金钢。如果钢材的强度等级要求较高，可采用含 Mo 的焊丝，如 H10MnSiMo 等。如果是低温条件下使用的焊接结构，可选用 HS-50T、HS-60、HS-70C 等焊丝。

表 6-3 和表 6-4 可以作为根据母材选用焊丝的参考。

四、CO_2 气体保护焊熔滴过渡形式

CO_2 气体保护焊有三种熔滴过渡形式：第一种是较小电流、较低电弧电压下的短路过渡；第二种是较大电流、较高电弧电压下的射滴过渡（细颗粒过渡）；第三种是介于上述二者之间的半短路过渡（混合过渡）。

表 6-3　常用 CO_2 焊丝的化学成分及用途

牌号	代号	合金元素质量分数/%								S≤	P≤	用途
		C	Si	Mn	Mo	Ti	Al	Cr	Ni			
焊10锰硅	H10MnSi	≤0.14	0.60~0.90	0.8~1.10	—	—	—	≤0.20	≤0.30	0.03	0.04	焊接碳钢、低合金钢
焊08锰硅	H08MnSi	≤0.10	0.70~1.0	1.0~1.30	—	—	—	≤0.20	≤0.30	0.03	0.04	
焊08锰2硅	H08Mn2Si	≤0.11	0.65~0.95	1.70~2.10	—	—	—	≤0.20	≤0.30	0.04	0.04	
焊08锰硅高	H08MnSiA	≤0.10	0.60~0.85	1.40~1.70	—	—	—	≤0.20	≤0.25	0.03	0.035	
焊08锰2硅高	H08Mn2SiA	≤0.11	0.65~0.95	1.80~2.10	—	—	—	≤0.20	≤0.30	0.03	0.03	焊接低合金高强度钢
焊04锰2硅钛高	H04Mn2SiA	≤0.04	0.70~1.10	1.80~2.20	—	0.20~0.40	—	—	—	0.025	0.025	
焊04锰硅铝钛A	H04MnSiAlTiA		0.40~0.80	1.40~1.80	—	0.35~0.65	0.20~0.40	—	—	0.025	0.025	
焊10锰硅钼	H10MnSiMo	≤0.14	0.70~1.10	0.90~1.20	0.15~0.25	—	—	≤0.02	≤0.30	0.030	0.040	
焊08锰3锰2钼高	H08Cr3Mn2MoA	≤0.10	0.30~0.50	2.00~2.50	0.35~0.50	—	—	2.5~3.0	—	0.030	0.030	焊接贝氏体钢

表 6-4　HS 系列的 CO_2 焊熔敷金属化学成分和力学性能

焊丝牌号	合金元素质量分数/%								熔敷金属力学性能 ($\phi1.2mm$)				用途及特点	备注
	C	Si	Mn	Ni	Mo	Cr	P	S	σ_b /MPa	σ_s /MPa	δ_5 /%	夏比冲击吸收功 /J(试验温度)		
HS-50T(相当于 AWSER70S-G)	0.08	0.25	0.91	—	—	—	0.004	0.006	549	469	31	87.7 (-30℃)	焊接490MPa级碳钢、低合金高强度钢，特别适用于负温下适用的结构	
HS-60(相当于 AWSER80S-G)	0.092	0.31	0.92	—	0.31	—	—	—	648	575	24.6	100 (-20℃)	焊接500MPa级高强度结构钢，特别适用于焊接负温下适用的结构	
HS-70C(相当于 AWSER100S-G)	0.11	0.43	1.20	0.66	0.31	—	0.016	0.015	749	664	20.8	94 (-40℃) 60 (-40℃)	焊接690MPa级高强度结构钢，适用于中碳合金钢的焊接	
HS-1LM(相当于 AWSER80S-G)	0.07	0.27	1.22	—	0.56	1.32	—	—	650	549	21.9	60 (常温)	焊接12CrMo、15CrMo、1.25Cr、0.5Mo钢，可采用 CO_2 气体保护焊，工艺性好、电弧稳定、飞溅少、熔敷金属具有良好的冲击韧性	680℃1h消除应力处理
HS-1LF	0.07	0.30	0.95	—	0.59	1.16	—	—	660	570	20	60 (常温)	焊接12Cr1MoV钢，可采用 CO_2 气体保护焊，工艺性好、电弧稳定、飞溅少、熔敷金属具有良好的冲击韧性	720℃1h消除应力处理

1. 短路过渡

焊丝端部的熔滴与熔池短路接触，强烈过热和电磁收缩力的作用使其爆断，直接向熔池过渡的形式称为短路过渡。

短路过渡是在较小焊接电流和较低电弧电压条件下发生的熔滴过渡形式。

短路过渡过程如图 6-9 所示。电弧燃烧后，焊丝熔化并在端头形成熔滴（图中 e）。由于焊丝迅速熔化而形成电弧空间，其长度决定于电弧电压的大小。随后，熔滴体积逐渐增加而弧长略有缩短（图中 f）。随着熔滴的不断长大，电弧向未熔化的焊丝传入的热量减小，因此焊丝熔化速度降低（图中 g）。熔滴与熔池都在不断地起伏运动着，从而增加了熔滴和熔池的接触机会。接触时即使电弧空间短路（图中 h、a），同时电弧熄灭，电弧电压急剧下降而接近于零，而短路电流开始增大，在焊丝与熔池之间形成液体金属柱（图中 b）。随着短路电流的不断增大，它所引起的电磁颈缩力强烈地压缩液柱，同时表面张力促使液柱熔池流动，因而形成缩颈，即所谓

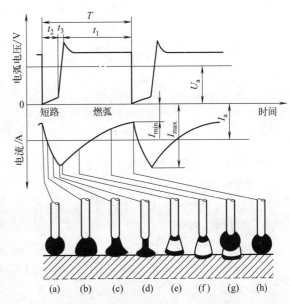

图 6-9　短路过渡过程与电流、电弧电压的关系

t_1—燃弧时间；t_2—短路时间；t_3—电压恢复时间；
T—焊接循环周期；I_{max}—短路峰值电流；I_{min}—最小电流；
I_a—焊接电流（平均值）；U_a—电弧电压（平均值）

"小桥"（图中 d）。随后该"小桥"由于过热汽化而迅速爆断，电弧电压迅速恢复到空载电压以上，电弧重新燃起而重复上述过程。

短路过渡一般适用于 $\phi1.2mm$ 以下的细丝，最稳定的电弧电压范围比较窄，通常为 $20V\pm2V$ 的范围。

短路过渡具有如下焊接特点：

1）焊接过程中伴随有少量飞溅；

2）焊道熔深较小而余高较大；

3）焊接变形较小；

4）适合于采用细丝（$\leqslant\phi1.2mm$）进行薄板及空间位置焊接。

2. 射滴过渡

熔滴尺寸与焊丝直径相当的情况下，以较高的速度通过电弧空间的过渡形式称为射滴过渡。

射滴过渡是较大焊接电流和较高电弧电压条件下发生的熔滴过渡形式。

在较大焊接电流和较高电弧电压下，随着电流的增加，熔滴尺寸并不增加，反而减小，而且焊丝端头逐步深入到熔池凹坑内，熔滴过渡形式转为接近轴向过渡，即为射滴过渡（图 6-10a）。

射滴过渡时不再有短路现象发生，焊接过程较为稳定，焊接飞溅比较小，这种射滴过渡国内习惯上称为"细颗粒过渡"，国外常称为"非轴向射流过渡"。

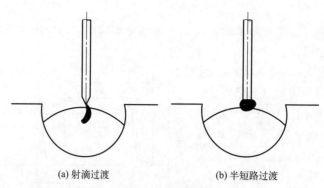

(a) 射滴过渡   (b) 半短路过渡

图 6-10　射滴过渡及半短路过渡示意图

概括起来，射滴过渡具有如下特点：

1）熔滴较细；

2）过渡频率较高，为非轴向过渡；

3）焊道熔深较大；

4）飞溅较小，成形较好；

5）焊丝溶化效率较高，适于采用粗丝（$\phi 1.6mm$ 以上）进行中厚板的焊接。

3. 半短路过渡

焊接电流和电弧电压等参数处于短路过渡和射滴过渡之间时，或者说采用中等工艺参数时，即可发生半短路过渡形式。

半短路过渡即是短路过渡的基础上，再增加焊接电流和电弧电压，这时焊丝端头的熔滴随之长大，短路次数减少，短路时间缩短，非短路过渡的比例增加，熔滴呈大滴排斥特点（图 6-10b）。这是一种短路过渡与非短路过渡相混合的过渡形式，焊接过程不稳，飞溅也较大。这种过渡形式国内习惯上称为大颗粒过渡，生产中一般不采用。

五、主要焊接参数的影响及其合理选择

CO_2 气体保护焊的主要工艺参数有焊丝直径、焊接电流、电弧电压、焊接速度、气体流量、电流极性和焊丝伸出长度等。

1. 焊丝直径

CO_2 气体保护焊所用焊丝直径范围较宽，$\phi 1.6mm$ 以下的焊丝多用于半自动焊，超过 $\phi 1.6mm$ 的焊丝多用于自动化焊接。

通常根据工件的板厚和焊接位置来选择焊丝直径（见表 6-5），一定的焊丝直径又与一定的焊接电流相适应（见表 6-6）。

表 6-5　焊丝直径的选择

焊丝直径/mm	熔滴过渡形式	焊件板厚/mm	焊接位置
0.5～0.8	短路过渡 射滴过渡	0.4～3.2 2.5～4	全位置 水平
1.0～1.4	短路过渡 射滴过渡	2～8 2～12	全位置 水平

续表

焊丝直径/mm	熔滴过渡形式	焊件板厚/mm	焊接位置
1.6	短路过渡	3～12	全位置
	射滴过渡	>8	水平
≥2.0	射滴过渡	>	水平

表 6-6　不同直径焊丝的电流范围

焊丝直径/mm	焊接电流范围/A	焊丝直径/mm	焊接电流范围/A
0.6	40～90	1.2	80～350
0.8	50～120	1.6	140～500
1.0	70～180	2.0	200～550

$\phi 1.0$mm 以下的焊丝的熔滴过渡以短路过渡为主，$\phi(1.2～1.6)$mm 焊丝的熔滴过渡形式可为短路过渡和射滴过渡，$\phi 2.0$mm 以上的粗丝通常是射滴过渡。

从焊接位置上看，细丝可用于平焊和全位置焊接，粗丝则只适于水平位置焊接。

从板厚看，细丝适用于薄板，可采用短路过渡；粗丝适用于厚板，可采用射滴过渡，采用粗丝焊接既可提高效率，又可加大熔深。另一方面，在焊接电流和焊接速度一定时，焊丝直径越细，焊缝的熔深便越大。

2. 焊接电流

焊接电流是影响焊接质量的重要工艺参数，它的大小主要取决于送丝速度，随着送丝速度的增加，焊接电流也增加（图 6-11）。另外焊接电流的大小还与焊丝伸长、焊丝直径、气体成分等有关，当喷嘴与母材间距增加时，焊丝伸长增加，焊接电流减少（图 6-12）。

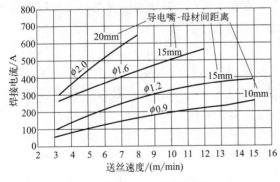

图 6-11　焊接电流与送丝速度的关系

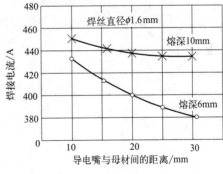

图 6-12　焊丝伸长对焊接电流的影响

焊接电流对焊缝的熔深和焊缝成形均有较大影响。无论是平板堆焊还是开坡口的焊缝，都是随着焊接电流的增加，熔深也增加（图 6-13、图 6-14）。但焊接电流在 250A 以下时，焊缝熔深较小，一般在 1～2mm 左右；当电流超过 300A 后，熔深明显增大。通常，I 形对接坡口时，若假设间隙为 0 时熔深为 100%；间隙为 0.5mm 时熔深为 110%；间隙为 1.0mm 时熔深为 125%。如间隙为 2mm 以上时，就会烧穿。V 形坡口对接焊时也有类似的情况。

平板堆焊时，不同焊接电流的焊缝成形如图 6-15 所示。当焊接电流增加，焊缝的熔深和余高均增加，而熔宽增加不多。

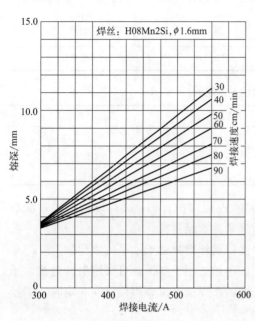

图 6-13　熔深与焊接电流的关系（平板焊时）　　图 6-14　熔深与焊接电流的关系（Ⅴ形坡口时）

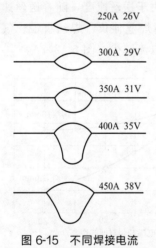

图 6-15　不同焊接电流
的焊缝成形

CO_2 气体保护焊中，针对被焊件的板厚并兼顾焊接位置来选择适宜的焊接电流十分重要。特别是在半自动焊时，通常焊丝较细，因而焊接线能量较低。所以在厚板焊接时，为保证熔深和坡口面的良好熔合，在保证飞溅不过大的前提下，应尽可能采用稍高些的焊接电流。

3. 电弧电压

电弧电压时电弧两端之间的电压降，在 CO_2 气体保护焊中可认为是导电嘴到工件之间的电压。这一参数对焊接过程稳定性、熔滴过渡、焊缝成形、焊接飞溅等均有重要影响。

短路过渡时弧长较短，随着弧长的增加，电压升高，飞溅也随之增加。再进一步增加电弧电压，可达到无短路的过程。相反，如降低电弧电压，弧长缩短，直至引起焊丝与熔池的固体短路。

可以根据所采用的焊接电流的大小，计算出电弧电压的近似值。

如焊接电流在 200A 以下，主要是短路过渡，电弧电压可由下式计算

$$U = 0.04I + 16 \pm 2$$

当焊接电流在 200A 以上时，主要是射滴过渡，电弧电压可由下式计算

$$U = 0.04I + 20 \pm 2$$

粗丝情况下，焊接电流在 600A 以上时，电弧电压一般为 40V 左右。

细丝 CO_2 气体保护焊的电弧电压与焊接电流的匹配关系如图 6-16 和表 6-7 所示。上述

的电弧电压计算公式，在采用加长焊接电缆时，可按表 6-8 的数值加以修正。因为测量出的电弧电压值包含了加长电缆的压降，所以电压表显示出的电压值应为公式计算值与表 6-8 的修正值之和。

电弧电压对焊缝成形的影响如图 6-17 所示。电弧电压升高，熔深变浅，熔宽增加，余高减小，焊趾平滑；相反，电弧电压降低，则熔深变大，焊缝变得窄而高。

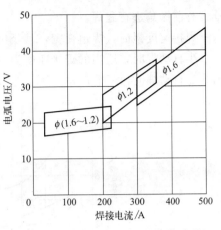

图 6-16　合适的电弧电压与焊接电流范围

4. 焊接速度

焊接速度与电弧电压和焊接电流之间，也有一个相应的关系，在一定的电弧电压和焊接电流下，焊接速度与焊缝成形的关系如图 6-18 所示。

表 6-7　短路过渡 CO_2 气体保护焊电弧电压与焊接电流的最佳匹配

焊接电流/A	电弧电压/V	
	平焊	立焊、仰焊
70～120	18～21.5	18～19
130～170	19.5～23	18～21
180～210	20～24	18～22
220～260	21～26	—

表 6-8　加长电缆修正电弧电压参考值　　　　　　　　　单位：V

电缆长度 ＼ 电流	100A	200A	300A	400A	500A
10m	1	1.5	1	1.5	2
15m	1	2.5	2	2.5	3
20m	1.5	3	2.5	3	4
25m	2	4	3	4	5

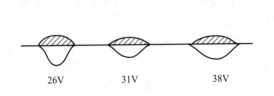

(a) 不同电弧电压时焊缝横截面形状

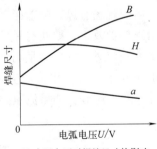

(b) 电弧电压对焊缝尺寸的影响

图 6-17　电弧电压对焊缝形状的影响

B—熔宽；H—熔深；a—余高

由图可见，焊接速度增加时，焊缝的熔深、熔宽和余高均较小，即称为凸起焊道。焊接速度若过快，易出现咬边缺陷。为防止这种情况，应适当增加焊接电流、减小弧长，并使焊枪带有前倾角进行施焊。

焊接速度慢时，焊道变宽，甚至出现液态金属导前，造成焊瘤缺陷。

半自动焊时，适当的焊接速度为30～60mm/min。过慢或过快的焊接速度都为操作带来困难。自动焊时由于能严格控制工艺参数，焊接速度可提高。

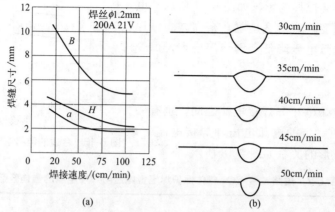

图 6-18　焊接速度与焊缝成形的关系（a）及不同焊接速度时的焊缝成形（b）

B—熔宽；H—熔深；a—余高

5. 气体流量

气体流量是气体保护焊的重要参数之一。保护效果不好时，将出现气孔，使焊缝成形变坏，甚至使焊接过程无法进行。通常情况下，保护气体流量与焊接电流有关。当采用小电流焊接薄板时，气体流量可小些；采用大电流焊接厚板时，气体流量要适当加大。气体流量与焊接电流的关系可以表6-9为参考。

表 6-9　CO_2 气体流量与焊接电流的关系

焊接电流/A	气体流量/(L/mm)	焊接电流/A	气体流量/(L/mm)
≤200	10～15	>200	15～25

气体流量的掌握也要根据具体情况来定。比如在无坡口的平板对接焊时，气体流量可稍大些；在深坡口内焊接时，气体流量可稍小些。

另外，施焊现场有风，喷嘴距工件过高，以及喷嘴上粘附大量飞溅物等，都将影响保护效果。为增强保护效果，要在有风的场地采取防风措施（见表6-10）。

喷嘴高度一定时，气体流量与气孔的关系如表6-11所列。由表中数据可见，当气体流量小于10L/min时，焊缝中会产生时气孔；达到15L/min后保护效果明显增强。当然，气体流量也并非越大越好。如果流量过大，形成涡流将空气卷入，也将产生气孔，并破坏焊接过程稳定性。

表 6-10　防风措施参考表

风速/(m/s)	气体流量/(L/min)	防风措施
0～1.5	25～30	不需要
1.5～4	25～30	使用局部挡风盒
	50～60	不可能采用上述措施时,加大流量
4～8	50～60	局部挡风盒和挡风帐篷并用
>8	—	不能进行焊接

表 6-11　气体流量与气孔的关系

喷嘴高度/mm	气体流量/（L/mm）	外观气孔	焊缝内部气孔
20	25	无	无
	20	无	无
	15	无	无
	10	微量	少量
	5	少量	多量

6. 电流极性

CO_2 气体保护焊主要是采用直流反极性，即焊丝接正极，工件接负极。这时焊接过程稳定，飞溅也小。相反，当采用正极性时（焊丝接负极，工件接正极），在相同的焊接电流下，焊丝溶化速度大为提高，约为反极性的 1.6 倍，且熔深较浅，余高增加，飞溅也大。

利用上述特点，正极性主要用于堆焊、铸铁补焊和大电流高速 CO_2 气体保护焊。

7. 焊丝伸长

焊丝伸长是指从导电嘴到焊丝端头的这段焊丝的长度，这个伸出长度对焊接电流、焊缝熔深、焊接飞溅等均有影响，因此保持这个长度稳定不变，是获得稳定的焊接过程的重要因素之一。

在焊接电流相同时，焊丝伸长的增加将引起熔化速度的增加，如图 6-19 所示。这样，当送丝速度不变时，焊丝伸长增加，焊接电流则减小，易导致未焊透和熔合不良。同时焊丝伸长过大，电弧不稳，飞溅大，焊缝成形恶化，甚至产生气孔，或者难以正常焊接。

反之焊丝伸长减小时，焊接电流增加，熔深变大。伸长过小时会烧坏导电嘴，也不能正常进行焊接。

适宜的焊丝伸长 L 可按下式计算出

$$L = 10d$$

式中，d——焊丝直径，mm。

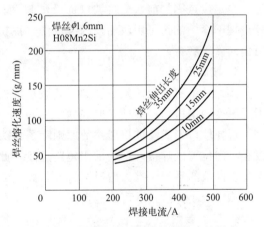

图 6-19　焊丝伸长对焊丝熔化速度的影响

六、焊前准备

焊前准备包括焊接设备的检查、工件清理、坡口加工、定位点固等。

1. 电路、水路、气路检查

焊前应对焊接设备电路、水路、气路进行仔细检查，确认其全部正常后，方可开机工作，以免由于焊接设备故障而造成焊接缺陷。

焊接设备电路检查，首先开启焊机电源开关，电源指示灯亮，冷却风扇转动，各显示仪表指示正常。电路检查最易被忽视而又最易出现问题的是工件焊接地线电缆的可靠连接，连接不可靠会影响引弧和焊接稳定性。另外焊枪的喷嘴、导电嘴均应正常无损。

水路检查应检查冷却水箱是否水源充足，管路有无漏水处。特别是主要水管接头的连接是否可靠。使用自来水时，要检查水龙头是否打开；没有水压开关的，事先定要确认自来水有水并畅通无阻。

气路检查主要是检查气瓶或气路总阀门的开启、预热器的接通、减压器的开通，并点动电磁气阀调好流量计，最终确认可自焊枪喷嘴流出足够的保护气流。同时要注意气瓶中的气体不低于正常使用的储量要求，即减压器的高压表指示不低于 1 MPa。

2. 送丝系统检查

送丝系统的检查主要是针对自焊丝盘到焊枪的整个送丝途径。即：

1）焊丝直径应符合所焊工件的要求。

2）焊丝轮之沟槽尺寸应与焊丝直径相符。

3）导电嘴尺寸应与焊丝相符。

4）按点动送丝钮，将焊丝送出导电嘴 15mm 左右。如无点动按钮，可按焊枪上的送丝按钮。但要防止焊丝与工件打弧。

5）如发现送丝轮压紧力不适当，应加以调节。

6）最好用斜嘴钳将焊丝端头剪成斜尖形，以便于爆断引弧。

3. 坡口加工及清理

坡口加工的精度是保证熔合良好和焊缝规整美观的重要因素之一。

坡口加工可以采用机械加工、气体火焰切割和等离子弧切割等方法进行。

坡口的清理也很重要，坡口污染是引起气孔及熔合不良等缺陷的重要因素。

在定位点固焊前，应将坡口面及坡口两侧至少各自 20mm 以内的油污、铁锈及氧化皮等清理干净。油污可用汽油及丙酮清洗、擦拭；铁锈可用钢丝刷清除；较厚的轧制氧化皮可用角向砂轮磨去。

4. 坡口形式

无论是半自动焊还是自动焊，其坡口形式均与接头形式、板厚和焊缝位置等因素有关。不同厚度的钢板的典型坡口形式列于表 6-12。

选择坡口形式及坡口形式的原则除了接头形式以外，主要是板厚和空间位置。例如，薄板和空间位置的焊接，都是采用短路过渡，此时熔深较浅，故坡口钝边较小而根部间隙可稍大些。厚板的平焊大都采用射滴过渡，此时熔深较大，故坡口钝边可大些，而坡口角度和根部间隙均较小，这样既可熔透良好，又能减少填充金属量，提高生产效率。

5. 工艺参数

生产中应根据板厚、接头形式及坡口尺寸、焊接位置以及对接头质量的具体要求，合理选择焊接工艺参数。CO_2 半自动和自动焊的焊接工艺参数可参考表 6-13。

焊接过程中，应根据电弧现象的观察和焊缝外观的不足之处，找出产生这些结果的原因，并适当调整焊接工艺参数。调整时可参考表 6-14。

6. 定位焊缝

定位焊缝是为装配和固定焊件接头的位置而完成的焊缝。焊接定位焊缝的要求是：

1）采用与正式焊接时相同的焊丝。

2）定位焊焊道的长度及间隔根据板厚选择。薄板的焊道长度一般为几毫米，不超过 10mm；间隔可为几十毫米。厚板焊道长度可适当加长，但一般不超过 50mm。

要注意刚度较大的焊件定位焊时，过短的定位焊道容易在正式焊接时开裂。

3）定位焊时操作必须同正式焊接时一样认真、仔细。

4）对于薄板单道焊的焊件，如焊道外观特别是余高要求严格时，可采用不填丝的 TIG 焊进行定位焊。亦可采用角向砂轮将定位焊道加以修磨，以利于正式焊缝的焊接。

表 6-12 推荐使用的坡口形式及尺寸

单位：mm

序号	适用厚度范围	接头形式	代号	坡口形式图例	焊缝形式图例及尺寸	坡口基本尺寸		
1	1~9	对接接头	I		$s \geq 0.7\delta$	δ: 1~2(含)	2~4.5(含)	4.5~9.0(含)
						b: 0~0.5	0~2	1~2.0
2	3~12	对接接头	I			δ: 3~4.5(含)	4.5~9(含)	9~12(含)
						b: 0~1.0	0~1.5	0~2.0
3	1~9	对接接头	I		$s \geq 0.7\delta$	δ: 1~2(含)	2~4.5(含)	4.5~9.0(含)
						b: 0~1	0~2.5	1~3
4	5~60	对接接头	V			δ: 5~9(含)	9~20(含)	20~60(含)
						a/(°): 40~45	40~60	50~60
						b: 0~2	0~2	0~2
						p: 0~3	0~5	0~5
5	5~60	对接接头	V			δ: 5~9(含)	9~20(含)	20~60(含)
						a/(°): 30~40	30~50	45~50
						b: 2~4	4~6	6~7
						p: 0~3	0~3	0~3

续表

序号	适用厚度范围	接头形式	坡口形式 代号	坡口形式 图例	焊缝形式 图例及尺寸	坡口基本尺寸
6	5~60	对接接头	V		$s \geqslant 0.7\delta$	δ: 5~9(含) / 9~20(含) / 20~60(含); a/(°): 45~50 / 45~60 / 50~60; b: 0~2 / 0~2 / 0~2; p: 0~3 / 0~5 / 0~5
7	5~60		V			δ: 5~9(含) / 9~20(含) / 20~60(含); a/(°): 35~45 / 35~50 / 50~60; b: 2~4 / 4~6 / 6~7; p: 0~2 / 0~3 / 0~3
8	30~60		V			a/(°): 60~70; β/(°): 10; b: 0~2; p: 0~5
9	20~60		U			β/(°): 10~12; R: 8~10; b: 0~2; p: 2~5
10	10~100		K			δ: 10~20(含) / 20~40(含) / 40~100(含); a/(°): 40~45 / 40~60 / 50~60; b: 0~3 / 0~3 / 0~3; p: 0~5 / 0~5 / 0~5

序号	δ	接头形式	坡口形式	坡口图	尺寸/mm
11	1~60	T 形接头	I		δ 1~2（含） / 2~4.5（含） / >4.5；b 0~0.5 / 0~1.0 / 0~2.0
12	5~60	T 形接头	V		见下表
13	5~60	T 形接头	V		见下表

序号 11（I 形）

δ	1~2（含）	2~4.5（含）	>4.5
b	0~0.5	0~1.0	0~2.0

序号 12（V 形） $s \geqslant 0.7\delta$　$\dfrac{\delta}{4} < K_1 < 10$

δ	5~12（含）	12~25（含）	25~60（含）
$a\,/\,(°)$	40~45	45~60	50~60
b	0~2	0~2	0~2
p	0~3	0~5	0~5

δ	5~12	12~25	25~40	40~60
$K_{\min}$	3	4	6	8

序号 13（V 形） $\dfrac{\delta}{4} < K_1 < 10$

δ	5~9	9~20	20~60
$a\,/\,(°)$	30~40	30~50	45~50
b	2~4	4~6	6~7
p	0~2	0~3	0~3

续表

序号	适用厚度范围	接头形式	代号	坡口形式 图例	焊缝形式 图例及尺寸	坡口基本尺寸
14	10~100	T形接头	K		$\dfrac{\delta}{4} < K_1 < 10$	δ: 10~20(含), 20~40(含), 40~100(含) a/(°): 45~50, 45~60, 50~60 b: 0~2, 0~3, 0~3 p: 0~5, 0~5, 0~5
15	1~9	角接接头	I		$s \geqslant 0.7\delta$	δ: 1~2(含), 2~4.5(含), 4.5~9(含) b: 0~0.5, 0~1.5, 0~2.0
16	3~12	角接接头			K δ: 3~4.5, >4.5~12 $K_{\min}$: 2, 3	δ: 3~4.5(含), 4.5~9(含), 9~12(含) b: 0~1.0, 0~1.5, 0~2.0

坡口基本尺寸明细：

序号14：

δ	10~20(含)	20~40(含)	40~100(含)
a/(°)	45~50	45~60	50~60
b	0~2	0~3	0~3
p	0~5	0~5	0~5

序号15：

δ	1~2(含)	2~4.5(含)	4.5~9(含)
b	0~0.5	0~1.5	0~2.0

序号16：

δ	3~4.5(含)	4.5~9(含)	9~12(含)
b	0~1.0	0~1.5	0~2.0

序号16 焊缝形式 $K_{\min}$：

δ	3~4.5	>4.5~12
$K_{\min}$	2	3

序号	接头	坡口形式	坡口示意图	板厚δ	装配与焊接尺寸

序号 17　角接头　I形　δ=5~30

b	0~2
l	由设计确定

$K \geqslant 0.5\delta$

δ	5~12（含）	12~25（含）	25~30（含）
$K_{\min}$	3	4	6

序号 18　角接头　V形　δ=5~60

δ	5~9（含）	9~20（含）	20~60（含）
a/（°）	40~45	40~60	50~60
b	0~2	0~2	0~2
p	0~3	0~5	0~5

$s \geqslant 0.7\delta$

δ	5~12（含）	12~25（含）	25~30（含）	25~30
$K_{\min}$	3	4	6	8

续表

序号	适用厚度范围	接头形式	坡口形式		焊缝形式	坡口基本尺寸
			代号	图例	图例及尺寸	
19	5~60		V		$s \geq 0.7\delta$	δ: 5~9(含)／9~20(含)／20~60(含)；a/(°): 30~40／30~50／45~50；b: 2~4／4~6／6~7；p: 0~2／0~3／0~3
20	5~60	角接接头	V			δ: 5~9(含)／9~20(含)／20~60(含)；a/(°): 45~50／45~60／50~60；b: 0~2／0~2／0~2；p: 0~3／0~5／0~5

坡口基本尺寸（序号19）

δ	5~9（含）	9~20（含）	20~60（含）
a/(°)	30~40	30~50	45~50
b	2~4	4~6	6~7
p	0~2	0~3	0~3

坡口基本尺寸（序号20）

δ	5~9（含）	9~20（含）	20~60（含）
a/(°)	45~50	45~60	50~60
b	0~2	0~2	0~2
p	0~3	0~5	0~5

δ	5~12（含）	12~25（含）	25~30（含）	25~30
K_{min}	3	4	6	8

δ	1~2(含)	2~4.5(含)	4.5~9(含)
b	0~0.5	0~1	0~2.0
l		≥2(δ₁+δ)	

δ	3~12(含)	>12
b	≥2δ	δ+12

$K \geqslant \delta + b$

| 21 | 搭接接头 | 1~30 | I | | |
| 22 | | ≥3 | I | | |

表 6-13　CO_2 半自动和自动焊焊接工艺参数

接头种类	母材厚度/mm	坡口形式	焊接位置	有无垫板	焊丝直径/mm	坡口及坡口面角度/(°)	根部间隙/mm	钝边/mm	根部半径/mm	焊接电流/A	电弧电压/V	气体流量/(L/min)	自动焊焊速/(m/h)	极性
对接接头	1.0~2.0	I	平	无	0.5~1.2	—	0~0.5	—	—	35~120	17~21	6~12	18~35	直流反接
				有	0.5~1.2	—	0~1.0	—	—	40~150	18~23	6~12	18~35	
			立	无	0.5~0.8	—	0~0.5	—	—	35~100	16~19	8~15	—	
				有	0.5~1.0	—	0~1.0	—	—	35~100	16~19	8~15	—	
	2.0~4.5	I	平	无	0.8~1.2	—	0~2.0	—	—	100~230	20~26	10~15	20~30	
				有	0.8~1.6	—	0~2.5	—	—	120~260	21~27	10~15	20~30	
			立	无	0.8~1.0	—	0~1.5	—	—	70~120	17~20	10~15	—	
				有	0.8~1.0	—	0~2.0	—	—	70~120	17~20	10~15	—	

续表

接头种类	母材厚度/mm	坡口形式	焊接位置	有无垫板	焊丝直径/mm	坡口及坡口面角度/(°)	根部间隙/mm	钝边/mm	根部半径/mm	焊接电流/A	电弧电压/V	气体流量/(L/min)	自动焊焊速/(m/h)	极性
对接接头	5.0~9.0	I	平	无	1.2~1.6	—	1.0~2.0	—	—	200~400	23~40	15~20	20~42	直流反接
	10~12	I	平	有	1.2~1.6	—	1.0~3.0	—	—	250~420	26~41	15~25	18~35	
	10~12	I	平	无	1.6	—	1.0~1.2	—	—	350~450	32~43	20~25	20~42	
	5~60	V	平	无	1.2~1.6	45~60	0~2.0	0~5.0	—	200~450	23~43	15~25	20~42	
	5~60	V	平	有	1.2~1.6	30~50	4.0~7.0	0~3.0	—	250~450	26~43	20~25	18~35	
	5~60	V	立	无	0.8~1.2	45~60	0~2.0	0~3.0	—	100~150	17~21	10~15		
	5~60	V	立	有	0.8~1.2	35~50	4.0~7.0	0~2.0	—	100~150	17~21	10~15		
	5~60	V	横	无	1.2~1.6	40~50	0~2.0	0~5.0	—	200~400	23~40	15~25		
	5~60	V	横	有	1.2~1.6	30~50	4.0~7.0	0~3.0	—	250~400	26~40	20~25		
	5~60	V	平	无	1.2~1.6	45~60	0~2.0	0~5.0	—	250~450	23~43	15~25	20~42	
	5~60	V	立	无	0.8~1.2	45~60	2~6.0	0~3.0	—	100~150	17~21	10~15		
	10~100	K	平	无	0.8~1.2	35~50	0~2.0	0~2.0	—	100~150	17~21	10~15		
	10~100	K	立	无	1.2~1.6	45~60	3~7.0	0~5.0	—	200~450	23~43	15~25	20~42	
	10~100	X	平	无	0.8~1.2	35~50	0~2.0	0~3.0	—	100~150	17~21	10~15		
	10~100	X	立	无	1.2~1.6	40~60	0~2.0	0~5.0	—	200~400	23~40	15~25	20~42	
	10~100	X	横	无	1.2~1.6	45~60	0~3.0	0~5.0	—	200~450	23~43	20~25	20~42	
	10~100	X	立	无	1.0~1.2	45~60	0~2.0	0~3.0	—	100~150	17~21	10~15		
	20~60	U	平	无	1.2~1.6	10~12	0~2.0	2~5.0	8~10	200~450	19~21	20~25	20~42	
	40~100	双U	平	无	1.2~1.6	10~12	0~2.0	2~5.0	8~10	200~450	23~43	20~25	20~42	
T形接头	1.0~2.0	I	平	无	0.5~1.2	—	0~0.5	—	—	4.0~120	18~21	6~12	18~35	
	1.0~2.0	I	横	无	0.5~1.2	—		—	—	40~120	18~21	6~12		
	1.0~2.0	I	立	无	0.5~0.8	—		—	—	35~100	16~19	6~12		
	2.0~4.5	I	平	无	0.8~1.6	—	0~1.0	—	—	100~230	20~26	10~15	20~30	
	2.0~4.5	I	立	无	0.8~1.0	—		—	—	70~120	17~20	10~15		
	2.0~4.5	I	横	无	0.8~1.6	—		—	—	100~230	20~26	10~15		
	5.0~6.0	I	平	无	0.8~1.6	—	0~2.0	—	—	200~450	23~43	15~25	20~42	
	5.0~6.0	I	立	无	0.8~1.2	—		—	—	100~150	17~21	10~15		
	5.0~6.0	I	横	无	0.8~1.6	—		—	—	200~450	23~43	15~25		

直流反接

接头形式	板厚/mm	坡口形式	焊接位置	衬垫	焊丝直径/mm	坡口角度/(°)	间隙/mm	钝边/mm		焊接电流/A	电弧电压/V	气体流量/(L/min)	
对接接头	5~60	V	平	无	1.2~1.6	40~60	0~2.0	0~5.0	—	200~450	23~43	15~25	20~42
			立	有	1.2~1.6	30~50	4~7.0	0~3.0	—	250~450	26~43	20~25	18~35
	10~100	K	横	无	0.8~1.2	45~60	0~2.0	0~5.0	—	100~150	17~21	10~15	
				有	0.8~1.2	35~50	4~7.0	0~2.0	—	100~150	17~21	10~15	
			平	无	1.2~1.6	40~60	0~2.0	0~5.0	—	200~400	23~40	15~25	20~42
			立	有	1.2~1.6	30~50	4~7.0	0~3.0	—	250~400	26~40	20~25	
			横	无	1.2~1.6	45~60	0~3.0	0~5.0	—	200~400	23~40	15~20	20~35
	1~2	I	平	无	0.5~1.2	—	0~0.5	—	—	40~120	18~21	6~12	
			立	无	0.5~0.8	—		—	—	35~80	16~18	6~12	
			横	无	0.5~1.2	—	0~1.5	—	—	40~120	18~21	6~12	
	2~4.5	I	平	无	0.8~1.6	—		—	—	100~230	20~26	10~15	20~30
			立	无	0.8~1.0	—	0~2.0	—	—	70~120	17~20	10~15	
			横	无	0.8~1.6	—	0~1.0	—	—	100~230	20~26	10~15	
	5~30	I	平	无	0.8~1.2	—	0~2.0	—	—	200~450	23~43	20~25	20~42
			立	无	0.8~1.2	—		—	—	100~150	17~21	10~15	
			横	无	0.8~1.6	—	0~2.0	—	—	200~400	23~40	15~25	
角形接头	5~60	V	平	无	1.2~1.6	45~60	0~2.0	0~3.0	—	200~450	23~43	15~25	20~42
			立	有	1.2~1.6	30~50	2~7.0	0~3.0	—	200~450	26~43	20~25	18~35
			横	无	0.8~1.2	45~60	0~2.0	0~3.0	—	100~150	17~21	10~15	
	10~100	K		有	0.8~1.2	35~50	4~7.0	0~2.0	—	100~150	17~21	10~15	
			平	无	1.2~1.6	40~60	0~2.0	0~5.0	—	200~400	23~40	15~25	20~42
			立	有	1.2~1.6	30~50	2~7.0	0~3.0	—	250~400	26~40	20~25	18~35
			横	无	1.2~1.6	45~60	2~6.0	0~3.0	—	250~400	26~43	20~25	
	1~4.5	I	平	无	0.8~1.2	30~50	0~2.0	0~2.0	—	100~150	17~21	10~15	
			立	无	0.8~1.6	45~60	3~7.0	0~5.0	—	100~150	17~21	10~15	
	5~30	I	横	无	1.2~1.6	30~60	0~2.0	0~3.0	—	200~450	23~43	15~25	20~42
搭接接头	1~4.5	I	横	无	0.8~1.6	—	0~1.0	—	—	40~230	17~26	8~15	
	5~30	I	横	无	1.2~1.6	—	0~2.0	—	—	200~400	23~40	15~25	

表 6-14　工艺参数影响规律

原因	现象	原因	现象
电弧电压过高	1. 弧长变长 2. 飞溅颗粒变大 3. 产生气孔 4. 焊道变宽 5. 熔深、余高变小	焊接电流过高	1. 飞溅颗粒变大 2. 焊道变窄 3. 熔深、余高变大
		焊接速度过快	1. 焊道变窄 2. 产生咬边 3. 熔深、余高变小
电弧电压过低	1. 焊丝插向熔池 2. 飞溅增加 3. 焊道变窄 4. 熔深、余高变大	焊丝伸长太大	1. 气体保护不好 2. 电弧不稳 3. 飞溅增大 4. 焊缝成形恶化

七、引弧与收弧技术

引弧与收弧技术包括引弧与收弧瞬间的操作要领及焊缝始端与火口的处理方法。

（1）引弧与始端处理

引弧时，保证焊枪姿态与正式焊接时一样，同时焊丝端头距工件表面距离不超过 5mm。然后按下焊枪开关，随后即送气、送电、送丝，直至焊丝与工件表面相碰而短路焊断引弧。此时要注意的是，焊丝与工件相碰要产生一反弹力；焊工应紧握焊枪，克服此反弹力，不使焊枪远离工件，而是一直保持喷嘴到工件表面的恒定距离。这是防止引弧端产生缺陷的关键。

始端的处理可以采用两种方法：

第一种方法是针对重要产品的严格要求，可采用引弧板，如图 6-20（a）所示。

第二种方法是倒退法或回头法引弧，这是简便常用的方法，如图 6-20（b）所示。倒退法引弧就是在焊缝始端向前 20mm 左右处引弧后立即快速返回起始点，然后开始向前焊接。

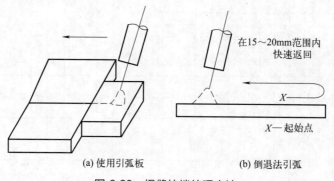

(a) 使用引弧板　　(b) 倒退法引弧

图 6-20　焊缝始端处理方法

（2）收弧与火口处理

收弧时仍要保持焊枪喷嘴到工件表面的距离不变，释放焊枪开关，即可停送丝、停电、停送气。然后将焊枪移开工件。收弧时要注意克服手弧焊工的习惯做法，即将焊把向上抬起。CO_2 气体保护焊收弧时如将焊枪抬起，将破坏火口区的保护效果。

火口即是焊缝末端熔池凝固的结果。如果收弧方法不当，火口处理不好，即会形成所谓弧坑。这样的火口容易产生裂纹、缩孔等缺陷。所以要讲究火口的处理方法。

对于要求较高的重要产品，当然可以采用收弧板，将火口引至工件之外，也就省去了火口处理操作。

如果焊接电源本身带有火口处理装置，则在焊接前将面板上火口处理开关扳到"有火口处理"档，在焊接结束收弧时，焊接电流和电弧电压都会自动减小到适宜的数值，容易将火口填平。

如果焊接电源本身无火口处理装置，通常是采用多次断续引弧填充火口的方法，直至填平位置。如图 6-21 所示。在此要注意的是，继续引弧也靠焊枪开关的释放与按下来实现，切不可像手弧焊那样将手把时起时落。

（3）环焊缝的始端及火口处理

环焊缝的始端及火口处理比较特殊。因为环焊缝有个焊缝首尾相接的方法，得到薄而窄的焊道。在焊缝火口与始端搭接时，通常不用采取断续引弧法，也能获得饱满的火口，即不易形成弧坑。同时由于始端焊道薄而窄，也不会使首尾搭接处过高或过宽。

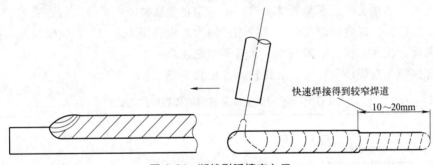

图 6-21　断续引弧填充入口

八、焊缝接头技术

CO_2 气体保护焊尽管焊丝是连续送进，并不像手弧焊那样需要更换焊条，但半自动焊时的较长焊缝也是由短焊缝所组成。故焊缝接头是不可避免的。而焊缝接头处的质量又是由操作手法决定的。

接头处的处理方法如图 6-22 所示，焊接低合金高强钢时除立焊（V）位置外，其他位置（F、H、O）不允许摆动，当无摆动焊接时，可在火口前约 10mm 处引弧，然后快速将电弧引向火口，待熔化金属充满火口时立即将电弧引向前方，进行正常焊接（图 6-22）。

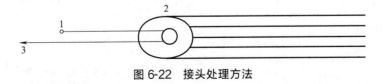

图 6-22　接头处理方法

九、左焊法和右焊法

左焊法是焊接电弧从接头的右端向左端移动，并指向待焊部分的操作方法（图 6-23a）；右焊法即焊接电弧从接头的左端向右端移动，并指向已焊部分的操作方法（图 6-23b）。

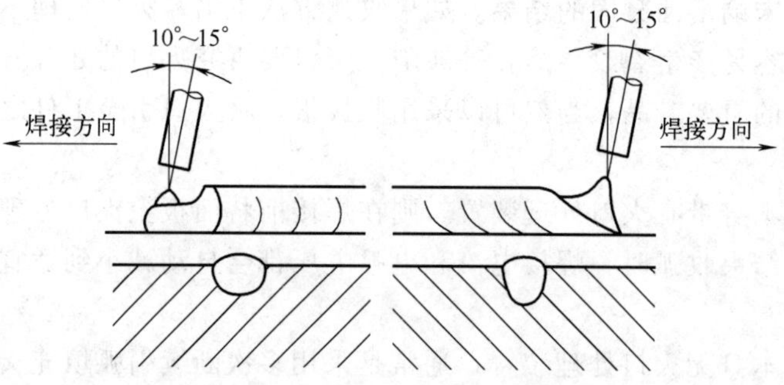

(a) 左焊法　　　　　(b) 右焊法

图 6-23　焊枪角度及焊道断面形状

　　通常的半自动气体保护焊，多用左焊法。其特点是容易观察焊接方向，即容易看清接缝。由于熔化金属被吹向前方，电弧不能直接作用在母材上，因而熔深较浅，焊道平且宽，飞溅较大。由于焊枪前倾 10°～15°，喷嘴指向前进方向，抗风能力较强，保护效果较好。在焊接速度较快时，左焊法更为适宜。右焊法正好相反，不易观察焊接方向，特别是在采用小电流焊接无坡口的接头时，不易看清接缝。由于熔化金属被吹向后方，故电弧可直接作用在母材上，熔深较大，焊缝窄而高，飞溅较小。因为焊枪后倾 10°～15°，喷嘴指向与前进方向相反，抗风能力较弱，保护效果稍差，尤其不宜快速焊。

　　不同焊接接头左焊法和右焊法的比较，参见表 6-15。

表 6-15　不同焊接接头左焊法和右焊法的比较

接头形式	左焊法	右焊法
薄板焊接 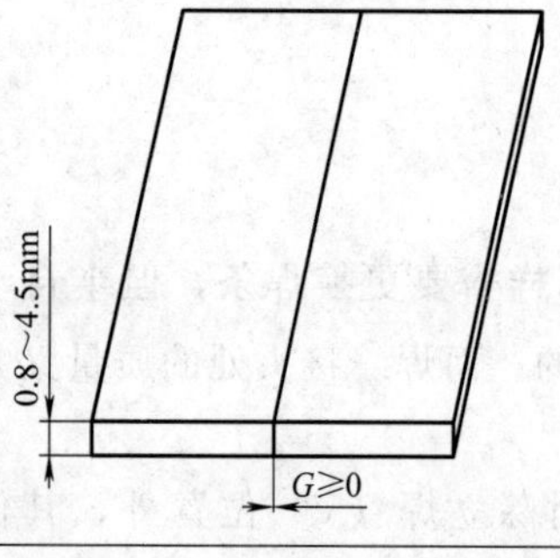 0.8～4.5mm　　G≥0	可得到稳定的背面成形，焊道宽而余高小 G 较大时采用摆动法易于观察焊接线	易烧穿 不易得到稳定的背面焊道 焊道高而窄 G 大时不易焊接
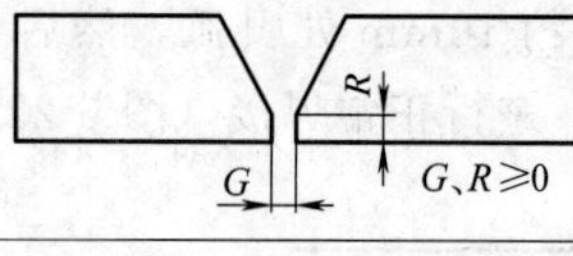 G　　G、R≥0　R	可得到稳定的背面成形 G 大时做摆动，根部能焊得好	易烧穿 不易得到稳定的背面焊道 G 大时最易烧穿
水平角焊缝焊接焊脚尺寸 8mm 以下 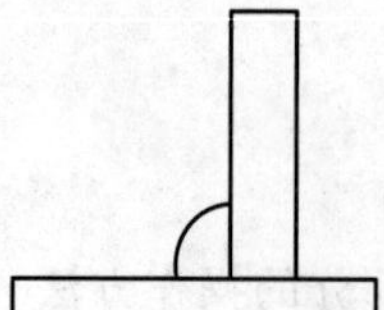 	易于看到焊接线而能正确地瞄准焊缝 周围易附着细小的飞溅	不易看到焊接线，但可看到余高 余高易呈圆弧状 基本上无飞溅 根部熔深大

续表

接头形式	左焊法	右焊法
船形焊焊脚尺寸达 10mm 以下	余高成凹形,因此熔化金属向焊枪前流动,焊趾处易形成咬边根部熔深浅(易造成未焊透)摆动易造成咬边,焊脚过大时难焊	余高平滑不易发生咬边根部熔深大易看到余高,因熔化金属不导前,焊缝宽度、余高均容易控制
水平横焊 (I形坡口、V形坡口) $G \geqslant 0$	容易看清焊接线 G 较大时也能防止烧穿焊道齐整	熔深大、易烧穿焊道成形不良、窄而高飞溅少焊道宽度和余高不易控制易生成焊瘤
高速焊接 (平、立、横焊等)	可通调整焊枪角度来防止飞溅	易产生咬边,且易呈沟状连续咬边焊道窄而高

十、平焊

（1）无垫板熔透焊　无垫板熔透焊即单面焊双面成形的悬空焊。此种焊法对焊工的技术水平要求较高，对坡口精度和焊接工艺参数的要求也较严格。

无垫板熔透焊时，熔池呈椭圆形，其前端较母材表面有少许下沉，这是正常现象。在焊接过程中，如出现椭圆形熔池被拉长，即为烧穿前兆。这时应根据情况，改变焊枪操作方式，防止烧穿。如可以加大焊枪摆幅或采取前后摆动的方式来调整电弧对熔池的加热，降低其温度。

为了既能熔透使背面成形，又避免烧穿，对于不同的坡口间隙应采取不同的焊枪指向来焊接。间隙小时，为保证熔透，焊丝应指向熔池前部；间隙大时，为防止烧穿，焊丝可指向熔池中心，并提高运行速度。在整条焊缝坡口不均匀时，尤其要注意根据间隙之大小随时调整操作手法。

单面焊双面成形焊接法，一般是采用细丝短路过渡，而且根据板厚的不同，采取不同的根部间隙。同时组装定位焊的焊道应尽量小，防止熔透不良。当定位焊焊道过大时，应采用角向砂轮磨修。

典型的单面焊焊缝的焊接条件如表 6-16 所示，不同板厚所允许的根部间隙如表 6-17 所示。当然，焊接条件和根部间隙的选择还受工件大小的影响，但主要的影响因素是板厚，在生产中要根据具体情况，按表中所列数值范围，灵活地掌握。

（2）有垫板熔透焊　有垫板时自然比悬空焊容易掌握，通常不必担心烧穿的问题，可根据间隙的大小选择焊接电流，而且工艺参数的要求也不必十分严格。推荐按表 6-18 来选择焊接条件。在薄板时可采用短路过渡，厚板时可采用射滴过渡。

表 6-16　单面焊典型焊缝的焊接条件

坡口形状(单位:mm)	焊接条件
0～0.5　　　▽1.6	$I = 60 \sim 120A$ $U = 16 \sim 19V$ 焊丝直径 $\phi(0.8 \sim 1.0)$mm
0～1.5　　　1.6～3.2	$I = 80 \sim 150A$ $U = 17 \sim 20V$ 焊丝直径 $\phi(0.9 \sim 1.2)$mm
60°　　▽6 2.0～2.5　　1.5～2.0	$I = 120 \sim 130A$ $U = 18 \sim 19V$ 焊丝直径 $\phi 1.2$mm

表 6-17　不同板厚所允许的间隙

板厚/mm	根部间隙/mm	板厚/mm	根部间隙/mm
0.8	<0.2	4.5	<1.6
1.6	<0.5	6.0	<1.8
2.3	<1.0	10.0	<2.0
3.2	<1.6		

表 6-18　有垫板熔透焊典型焊接条件

板厚/mm	根部间隙/mm	焊丝直径/mm	焊接电流/A	电弧电压/V
0.8～1.6	0～0.5	0.8～1.2	80～140	18～22
2.0～3.2	0～1.0	1.2	100～180	18～23
4.0～6.0	0～1.2	1.2～1.6	200～420	23～38
8.0	0.5～1.6	1.6	350～450	34～42

　　焊缝的背面成形由垫板来决定，通常垫板为紫铜，因其导热快，不易与工件焊合在一起。在大电流焊接时，最好采用水冷垫板，可确保垫板不与工件焊合。当背面成形要求有余高时，垫板要有弧形沟槽，沟槽的尺寸即所要求的背面焊缝的外形尺寸。沟槽的加工应尽量光洁，沟槽表面粗糙会导致与工件相粘合。另外，为确保焊缝的背面成形，工件要用卡具紧固在垫板上，保证工件接缝处与垫板贴合严密。贴合不紧的地方，便不能获得良好的背面成形。

　　(3) 中厚板对接焊　如前所述，CO_2 焊的熔滴过渡形式与板厚有关。比如，短路过渡适用于薄板。板厚增加时，为保证熔深采用射滴过渡。同时薄板可不开坡口单面焊接，板厚增加则要根据情况选择相应的坡口形式，或者进行双面焊。例如 12mm 的板厚，可用 I 形坡口，进行双面单层焊；亦可选用 V 形、半 V 形、U 形和 X 形等坡口形式，相应地进行单面焊或双面焊。

　　根据 CO_2 气体保护焊的特点，在小角度坡口及小间隙的根部焊道施焊时，易出现铁水导前现象而造成未焊透，故应采用右焊法，并直线移动焊枪（不摆动），如图 6-24（a）所示。反之，当坡口角度大及间隙大时，宜采用左焊法，并小幅摆动焊枪来进行根部焊道的焊接（图 6-24b）。

坡口填充焊时，应采用多层多道焊：焊层、焊道数视坡口角度和深度而定。主要是要注意焊道排列方式和每焊完一道后的焊缝表面形状，避免出现如图 6-25（a）（b）那样的情况。其中（a）是因为第 2 层只焊一道，且焊道中央向上凸起，与两坡口面形成尖角。（b）是因为第 2 层中箭头侧的焊道施焊时，由于焊枪指向不对，造成向中心凸起的焊道，也与坡口面间形成尖角。上述两种情况均易使后续焊道形成未熔合缺陷。为防止上述情况的发生，一是要注意坡口两侧的熔合良好，可以采用两侧稍停中间略快的摆动手法；二是要注意焊道排列顺序，并掌握好焊丝指向。总之每一层焊完后，焊缝表面应平滑，焊缝中间部分稍呈下凹状最佳。

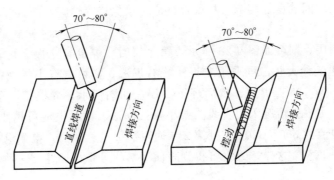

(a) 坡口角度小，间隙小，右焊法　　(b) 坡口角度大，间隙大，左焊法

图 6-24　根部焊道的焊接方法

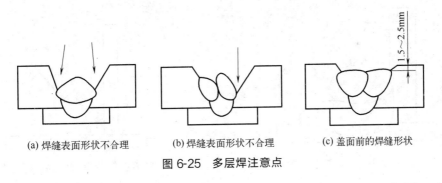

(a) 焊缝表面形状不合理　　(b) 焊缝表面形状不合理　　(c) 盖面前的焊缝形状

图 6-25　多层焊注意点

坡口盖面焊时，要求前一层的焊缝表面低于工件表面 1.5～2.5mm，如图 6-25（c）所示，这样盖面焊缝可以做到趾端平滑、成形美观。

（4）水平角缝单道焊　　水平角缝单道焊时，最大焊脚长度可达 7～8mm。焊脚长度的要求通常与板厚相对应，不同焊脚长度时焊枪指向位置也不同。焊脚长小于 5mm 时，焊枪指向根部（图中 a）；焊脚长大于 5mm 时，焊枪指向距根部 1～2mm 处（图中 b）。焊接时采用左焊法，这样操作方便，保护良好，成形美观。

值得注意的是，采用大电流焊接水平角缝时，焊接速度要稍低，同时要适当地做横向摆动，焊接电流和电弧电压均稍高些，切不可过分地追求一道就获得太大的焊脚。否则，将使铁水下淌，立板出现咬边，底板产生焊瘤，焊脚大小不均匀造成焊缝成形恶化，如图 6-26所示，因此如果要求的焊脚长度较大，就应考虑采用多层焊。

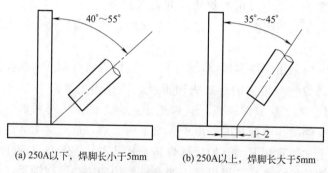

(a) 250A以下，焊脚长小于5mm　　　(b) 250A以上，焊脚长大于5mm

图 6-26　水平角缝单道焊焊枪姿势

（5）水平角缝多层焊　水平角焊时，当焊脚超过 8mm 时应采用多层焊。此时应注意焊道排列方式和各层之间的良好熔合，最终焊缝应尽量保持等焊脚，而且焊缝表面平滑，如图 6-27 所示。

如果共需焊两层，则可如图 6-28 所示，第 1 层时，焊枪与立板夹角较小，并指向距根部 2～3mm 处，电流稍大些，可采用左焊法或右焊法，亦可略有小幅度摆动。此时获得的是带有下淌倾向的不等脚长焊道。然后焊第 2 层。如图所示，焊枪指向第 2 层焊道的凹坑处，采用左焊法，可根据情况采用直线法或小幅摆动法。此时电流可稍小，焊接速度稍快。例如，第 1 层时电流为 300～320A，则第 2 层时为 250～260A。电弧电压也可由第 1 层的 32～34V 降到 28～30V。这样，最终可得到表面平滑的等脚长焊缝，这种焊法适合于要求脚长 8～12mm 的焊缝。

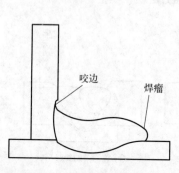

图 6-27　水平角缝的咬边与焊瘤

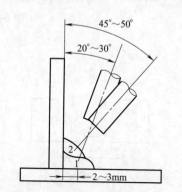

图 6-28　两层焊时的焊枪姿态

当要求的焊脚更大时，需采用 3 层或 3 层以上的焊接法，焊接次序如图 6-29 所示。其中第 1 层可按单道焊要领施焊，得到 6～7mm 的焊脚长度（图中 a）。第 2 层，如图中（b）所示，焊枪指向第 1 层焊道与底板的焊趾处，可采用直线焊接或小幅摆动焊接法。要注意水平板一侧达到所要求的脚长，同时焊趾整齐美观。

如果脚长要求较小，为 8～12mm 时，可如图中（c）所示，第 2 层焊 2 道既可；如果脚长为 12～14mm，则需按图中（d）所示，第 2 层需焊 3 道。

针对更大的脚长要求，可以按上述要领进行 3 层以上的焊接。但要注意，焊接层数越多，热量积累越多，故此焊道易下淌。所以层数越多时，焊接电流和电弧电压都要相应地适当减小，而焊速却要相应地增加，多层角缝焊接次序可参见图 6-30。

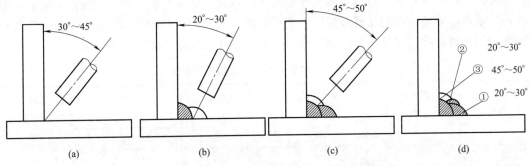

图 6-29　厚板水平角缝多层多道焊排列顺序

十一、立焊

立焊位置的焊接分为向下立焊和向上立焊，向上立焊主要用于薄板，向上立焊则用于厚板大于 6mm 的工件。

（1）向下立焊　向下立焊的焊缝熔深较浅，成形美观。但要注意防止产生未焊透和焊瘤。

向下立焊时的焊枪姿态见图 6-31 和图 6-32（a）。即为保持住熔池，不使铁水流淌，要将电弧始终对准熔池的前方，对熔池起着上托的作用。若掌握不好，铁水会流到

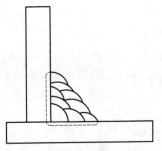

图 6-30　水平角缝的多层多道焊

电弧前方，容易产生焊瘤和未焊透缺陷，如图 6-32（b）所示。一旦发生铁水导前现象，应加速焊枪的移动，并使焊枪倾角减小，靠电弧吹力把铁水推上去。

向下立焊也适于薄板的 T 形接头和角接头。不论何种接头，均以直线焊法为常用。因为摆动法不易保持熔池，很难掌握。

向下立焊主要采用细丝、短路过渡、小电流、低电压和较快的焊接速度，并要在施焊过程中及时调整焊枪姿态，保证正常焊接。其典型的焊接工艺参数参见表 6-19。

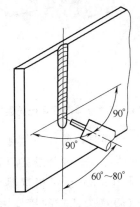

图 6-31　向下立焊的焊枪姿态

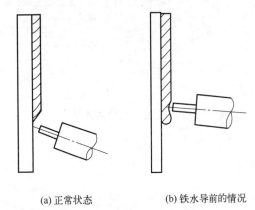

（a）正常状态　　　　（b）铁水导前的情况

图 6-32　向下立焊时的焊枪操作姿态

（2）向上立焊

向上立焊熔深大，适于厚度大于 6mm 的工件。

向上立焊时如熔池较大，铁水易流失。故通常采用较小的焊接参数。如平板对接时，采用 ϕ1.2mm 焊丝，焊接电流 110～130A，电弧电压 18～20V。如采用直线式焊接法，焊道

易呈凸起状，成形不良且易咬边，多层焊时后续的填充焊道易造成未熔合。所以一般不采用直线式焊接法，而是采用摆动式焊接法。摆动方式见图 6-33。其中（a）（b）适用于角缝和对接缝的第 1 道焊缝的焊接，（c）（d）适用于第 2 层及以后的多层焊时的焊接。

表 6-19　向下立焊对接焊缝的工艺参数

板厚 /mm	根部间隙 /mm	焊丝直径 /mm	焊接电流 /A	电弧电压 /V	焊接速度/ (mm/min)
0.8	0	0.9	60～65	16～17	
1.0	0	0.9	60～65	16～17	60～65
1.2	0	0.9	70～75	16.5～17	
1.6	0	0.9	75～85	17～18	55～65
	0	1.2	100～110	16～16.5	80～83
2.0	1.0	0.9	85～90	18～19	45～50
	0.8	1.2	110～120	17～18	70～80
2.3	1.3	0.9	90～100	18～19	40～45
	1.5	1.2	120～130	18～19	55～60
3.2	1.8	1.2	140～160	19～19.5	38～42
4.0	2.0	1.2	140～160	19～19.5	35～38

焊枪角度可见图 6-34，焊枪倾角保持在工件表面垂直线上下约 10°的范围内。在此要克服一般焊工习惯于焊枪指向上方的做法，因为这样电弧易被拉回熔池，使熔池减小，影响焊透性。所以，焊枪基本上保持与工件相垂直是十分重要的。

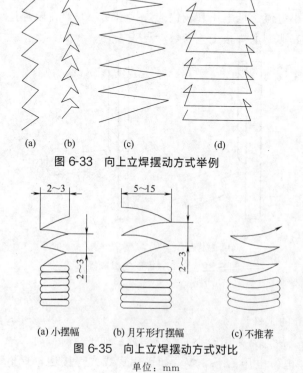

图 6-33　向上立焊摆动方式举例

(a)　(b)　(c)　(d)

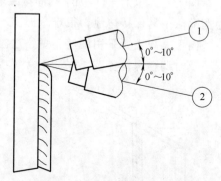

图 6-34　向上立焊时的焊枪角度

(a)小摆幅　(b)月牙形打摆幅　(c)不推荐

图 6-35　向上立焊摆动方式对比

单位：mm

另外，摆动焊时，要注意摆幅与摆动波纹间距的匹配，并要注意摆动波纹的取向（参见图 6-35）。可根据具体条件采用图中（a）或（b）的摆动方式。其中（a）所示为小摆幅，热量集中，要注意防止焊道过分凸起。（b）所示摆幅较大，焊道平滑。为防止下淌，摆动时中间稍快；为防止咬边，在两侧趾端要稍作停留。图中（c）所示的摆动方式不宜采用，因为这种向下弯曲的月牙形摆动方式易造成铁水下淌，焊道中心凸起，并易在两侧产生咬边。

十二、横焊

横焊位置焊接特点是铁水受重力作用容易下淌，因此在焊道上边易产生咬边，在焊道下边易造成焊瘤。为防止上述缺陷，要限制每道焊缝的熔敷金属量。当坡口较大、焊缝较宽时，应采用多层焊。

（1）单道横焊　单道横焊用于薄板。可采用直线式或小幅摆动法，为便于观察焊件接缝，通常采用左焊法，如图 6-36 所示。焊枪仰角 0°～5°，前倾角 10°～20°。如需采用摆动法焊出较宽的焊道，要注意摆幅一定要小，过大的摆幅会造成铁水下淌。有时在较大宽度范围内表面堆焊时，亦可采用右焊法。因为右焊法焊道较为凸起，便于后续焊道的熔敷。横焊时通常是采用低电压小电流的短路过渡方式，其对接焊的典型焊接工艺参数见表 6-20。

表 6-20　横焊对接的工艺参数

板厚/mm	间隙/mm	焊丝直径/mm	焊接电流/A	电弧电压/V
3.2 以下	0	0.8～1.2	100～150	18～22
3.2～6.0	1～2	0.8～1.2	100～160	18～22
6.0 以上	1～2	1.2	100～200	18～24

（2）多层横焊　厚板对接焊和角焊时，应采用多层焊法，其焊枪姿态和焊道排列方式如图 6-37 所示。第 1 层焊 1 道，焊枪仰角 0°～10°，指向根部尖角处（图中 a），可采用左焊法，以直线式或小幅摆动法操作。这一道要注意防止焊道下垂，熔敷成等脚长的焊道。

第 2 层的第 1 道焊道焊接时，如图中（b）所示，焊枪指向第 1 层焊道的下趾端部，采用直线式焊接法。

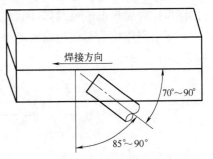

图 6-36　横焊时的焊枪姿态

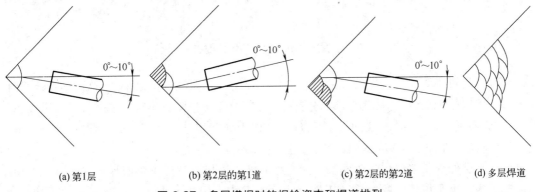

(a) 第1层　　(b) 第2层的第1道　　(c) 第2层的第2道　　(d) 多层焊道

图 6-37　多层横焊时的焊枪姿态和焊道排列

第 2 层的第 2 道，如图中（c）所示，以同样的焊枪仰角指向第一层焊道的上趾端部。这一道的焊接可采用小幅摆动法，要注意防止咬边，熔敷处尽量平滑的焊道。如果焊成了凸形焊道，则会给后续焊道的焊接带来困难，容易形成未熔合缺陷。

第 3 层及以后各层的焊接与第 2 层相类似，均是自下而上熔敷，焊道排列方式如图中 (d) 所示。

多层横焊要注意层道数越多，由于热量的积累便越易造成铁水下淌，故要逐渐次采取减少熔敷金属量和相应地增加道数的办法。另外就是要注意每一层焊缝的表面都应尽量平滑。中间各层可采用稍大的电流，盖面时电流可略小些。例如图 6-37（d）所示的焊缝，可采用 ϕ1.2mm 焊丝。盖面层焊接电流为 150～200A，电弧电压为 22～24V；其余各层焊接电流为 200～280A，电弧电压为 23～25V。

十三、仰焊

仰焊时，由于操作不方便，同时由于重力作用，铁水下垂，焊道易呈凸形，甚至产生焊接熔池铁水下滴等现象，所以焊接难度较大，更需要掌握正确的操作方法和严格控制工艺参数。

（1）单道仰焊　单道焊适于薄板的焊接，而且常为单面焊。通常可留 1.5mm 左右的间隙。适用细丝、小电流、低电压进行焊接。例如可采用 ϕ1.2mm 焊丝，焊接电流 120～130A，电弧电压 19～20V。

焊枪姿态及角度参见图 6-38。可采用直线式或小幅摆动法。熔池的保持要靠电弧吹力和铁水表面张力的作用，所以焊枪角度和焊接速度的调整很重要。可采用右焊法，但不能将焊枪后倾过大，否则会造成凸形焊道及咬边。焊速也不宜过慢，否则会导致焊道表面凹凸不平。在焊接时要根据熔池的具体状态，及时调整焊接速度和摆动方式。摆动要领与立焊时相类似，即中间稍快，而在趾端处稍停，这样可有效地防止咬边、熔合不良、焊道下垂等缺陷的产生。

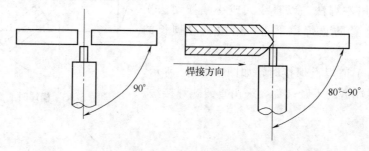

图 6-38　单道仰焊的焊枪姿态

仰焊时还可采取一种特殊的焊接方式。如果焊接位置允许，可以采用前后方向移动焊枪的方式，即焊缝轴线位于焊工前方且与焊工视线相平行（左焊法和右焊法是与焊工视线相垂直），由远而近地进行焊接。这种方法的优点是便于观察熔池和焊接方向，调整焊枪姿态和摆动手法均较方便，用心练习，便会得心应手。

（2）多层仰焊　多层焊适于厚板。无垫板时第 1 层焊道类似于单面焊。有垫板时工件间隙可略大些，可采用较大的电流，还是短路过渡方式。例如可采用 ϕ1.2mm 焊丝，焊接电流 130～140A，电弧电压 19～20V。

焊枪姿态与单道焊时相同（图 6-39），操作要领也与单道焊相同。有垫板时则要注意垫板与坡口根部的充分熔透，并要力求获得表面平坦的焊道。

可以采用右焊法或由远及近的前后方向的特殊焊法。

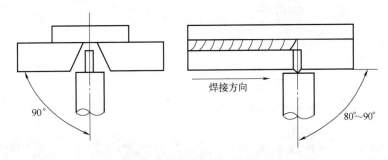

图 6-39　多层仰焊时的焊枪姿态

第 2 层和第 3 层均以横向摆动的方式进行焊接，也是中间稍快两侧稍停的要领。这时焊接电流可为 120～130A，电弧电压为 18～19V。

以后各层的焊接，由于焊缝宽度增加，热量不很集中，铁水不易下垂。但若焊缝过宽也不宜采用单道摆动焊，因摆幅过大易造成未熔合和气孔。所以自第 4 层以后，也可采用每层 2 道的焊接方法（图 6-40）。这时每层的第 1 道可略过焊缝中线，第 2 道与第 1 道要良好搭接。要防止第 1 道焊道凸起，给第 2 道留下了深而窄的坡口，难于施焊。

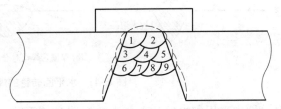

图 6-40　建筑钢结构厚板仰焊的熔敷方式

要注意焊好每一层焊缝，使其表面平坦，便于后续焊道的熔敷。在盖面之前，焊道表面距工件表面应为 1～2mm，然后熔敷盖面焊道。盖面焊道也要摆到趾端稍作停留，保证趾端平滑，并要注意焊缝中间平整。工艺参数可与中间焊道相当。

十四、环焊缝的焊接

环焊缝主要是针对管子的焊接而言。根据管子的位置可分为垂直管和水平管的焊接；根据管子可否转动，通常分为水平回转管和水平固定管的焊接。其中垂直管的焊接相当于横焊，不再介绍。下边仅叙述水平回转管和水平固定管的焊接要领。

（1）水平回转管的焊接　水平回转管焊接时是管子回转，焊枪固定不动。管子的回转速度即是焊接速度，这是一种自动焊方法。根据管子壁厚的不同，可选定合适的焊枪指向位置，如图 6-41（a）所示。如果工件是薄壁管，焊枪指向 3 点处，这时相当于向下立焊，壁薄而要求熔深浅，既可采用快速焊接，又可获得良好的焊缝成形。如果工件是厚壁管，则焊枪指向位置偏离 12 点处一定的距离 l，这个 l 值的大小直接影响焊道成形（如图中 b 所示）。可见当 l 过小时，熔深较大或余高凸起，成为梨形焊道；l 过大时，熔深较小而表面下凹，趾端熔合不良，甚至形成焊瘤；只有当 l 适宜时，焊缝成形理想——熔透，形状呈盘底状，余高适中，趾端平滑。因此，对于厚壁管，可通过 l 值的合理调整，获得良好的焊缝形状。管子的直径越大，则 l 值越趋减小。

（2）水平固定管的焊接　水平固定管的焊接通常又称为全位置焊接。因为它是管子固定不动，而焊枪绕管子圆周移动，整个焊接过程包括了平焊、向下立焊、仰焊和向上立焊。为了在不同的空间位置时，都能保证铁水不流失、焊道厚度均匀、焊透良好、不烧穿、成形美

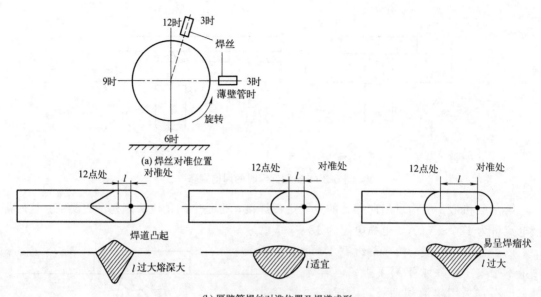

(a) 焊丝对准位置

(b) 厚壁管焊丝对准位置及焊道成形

图 6-41　水平回转管的焊枪指向与焊道成形

观，要求采用细焊丝、小电流的短路过渡形式。一般管壁较薄时焊丝直径不超过 1.0mm，管壁较厚时也多采用 1.2mm 焊丝。

全位置焊接，即焊枪绕管子圆周旋转的焊接法，多用于自动焊接。也就是焊枪由专用回转机构带动，绕管子圆周移动。此时可由专用电控系统控制不同焊接位置的不同焊接参数，从而获得整圈焊缝的均一性。

在半自动焊中，一般不采用焊枪转一周的焊接法，而是根据管子壁厚的不同采取方便的焊接方法。例如 3mm 以下的薄壁管，可以采用向下焊的方法。管壁较薄的可以不开坡口，不留根部间隙。管壁较厚，如中板以上，则要开坡口，并要留 1～2mm 的根部间隙。采取向上多层焊方法，一般是从 6 点处向 12 点焊接，需要摆动时，其要领可参照立焊。

水平固定管的典型焊接工艺参数可参见表 6-21。

表 6-21　水平固定管焊接工艺参数

坡口形式	I 形	V 形
薄板	向下焊接 焊接电流 80～140A 电弧电压 18～22V 根部间隙 0mm 焊丝直径 $\phi(0.8\sim1.0)$mm	—
中板以上	向上焊接 焊接电流 120～160A 电弧电压 19～23V 根部间隙 0～2.5mm 焊丝直径 $\phi1.2$mm	要求单面焊双面成形 第 1 层（向上焊接）焊接电流 100～140A，电弧电压 18～22V，根部间隙 0～2mm，焊丝直径 $\phi1.2$mm 第 2 层以上（向上焊接）焊接电流 120～160A，电弧电压 19～23V，焊丝直径 $\phi1.2$mm

十五、CO₂ 电弧点焊

CO₂ 电弧点焊是将两张重叠在一起的钢板，从单面利用 CO₂ 电弧熔透上板及下板的一部分而形成焊点的焊接方法。

CO₂ 电弧点焊与电阻点焊相比，具有如下优点：

① 设备简单，焊枪操作方便、灵活；

② 适应的板厚范围和焊点间距范围都较宽；

③ 焊点强度较高；

④ 电源功率较小。

CO₂ 电弧点焊适用于薄板框架式结构的焊接，如汽车的门、窗等等。

1. CO₂ 电弧点焊操作技术

CO₂ 电弧点焊在焊前也应仔细清除工作表面和板间接触面上的油、锈、涂料等污物；同时要将钢板之间压紧，如有间隙便易造成未熔合。为此可采用专门的喷嘴，如图 6-42 所示。由图中（a）可见，喷嘴端部开有排气孔。点焊时将喷嘴压在工件上。保证两层板的贴合，气体可自排气孔逸出（可见图 b）。

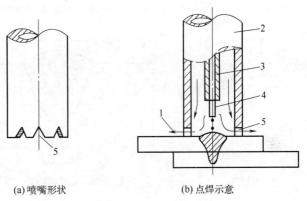

(a) 喷嘴形状　　(b) 点焊示意

图 6-42　CO₂ 电弧点焊

1—CO₂ 气；2—喷嘴；3—导电嘴；4—焊丝；5—保护气逸出孔

薄板重叠后可直接点焊，板稍厚的可先在上板开孔，然后点焊，即所谓"塞焊"。通常板厚超过 4.5mm 时，即要采用塞焊的方法。

CO₂ 电弧点焊的要领有三条：一是两板粘紧无间隙；二是要采用大电流；三是燃弧时间要短。

为保证点焊过程，可以在普通 CO₂ 焊机上附加一个时间控制器，使之按下述顺序完成点焊程序：

提前送气—送丝、通电—停止送丝—停电—延时停气

时间控制器的作用就是准确地控制点焊时间和焊丝回烧时间。点焊时间控制好，可获得合格的焊点质量；回烧时间控制好，既可防止焊丝与焊点粘合，又可防止焊丝头残留大熔滴而影响下一次引弧。

用于 CO₂ 电弧点焊的焊机，其空载电压应高些，最好不低于 70V，保证点焊时频繁引弧的可靠性。

2. 接头形式及焊接参数选择

CO₂ 电弧点焊适用于较薄工件的连接，其常用接头形式如图 6-43 所示。

CO₂ 电弧点焊焊点形状及尺寸如图 6-44 所示，其中 B 为焊点直径，b 为点焊直径，H 为有效熔深。

CO₂ 电弧点焊是一种大电流短时间的弧焊方法。根据上、下板厚度的不同匹配和所采用的焊丝直径不同，其工艺参数也不同。采用较细焊丝的点焊参数见表 6-22，采用 $\phi1.6mm$ 焊丝的点焊参数见表 6-23。

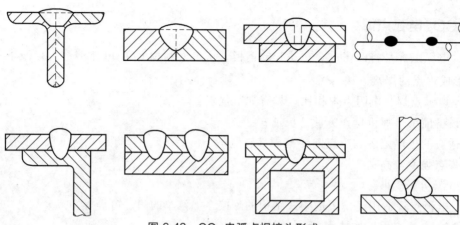

图 6-43　CO_2 电弧点焊接头形式

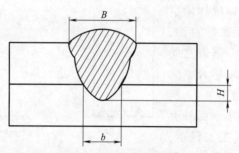

图 6-44　CO_2 电弧点焊焊点形状

表 6-22　CO_2 电弧点焊参数之一 ϕ（0.8~1.2）mm 焊丝

板厚/mm		焊丝直径 /mm	焊接电流 /A	电弧电压 /V	焊接时间 /s	焊丝伸出长度 /mm	气体流量 /(L/min)
上板	下板						
0.5	3	1.0	280	27	0.5	9	10
1.0	3	0.8	300	31	0.7	9	10
1.5	4	1.2	325	34	1.5	10	12
2.0	3	1.2	300	33	1.5	10	12
2.0	5	1.2	365	35	1.5	10	12
2.5	4	1.2	350	35	1.5	10	12
2.5	5	1.2	375	36	1.5	10	12
3.0	3	1.2	335	35	1.5	10	12
3.0	5	1.2	380	37	1.5	10	12

表 6-23　CO_2 电弧点焊参数之二 ϕ1.6mm 焊丝，气体流量 20L/min

板厚/mm		焊接参数			单点抗 剪力/N	焊点尺寸		
上板	下板	电流/A	电压/V	时间/s		H	B	b
1.2	2.3	320	31	0.6	14210	1.5	15.5	7.0
1.2	3.2	350	32	0.6	16660	2.5	15.5	7.5
1.2	6	390	33	1.1	19600	5.0	18.5	8.5
1.6	2.3	340	32	0.6	14700	1.5	15.5	6.0

续表

板厚		焊接参数			单点抗 剪力/N	焊点尺寸		
上板	下板	电流/A	电压/V	时间/s		H	B	b
1.6	3.2	370	33	0.7	16660	2.5	17.0	7.0
1.6	6	460	35	0.7	23520	5.0	17.0	8.0
2.3	3.2	380	32	1.0	18130	3.0	16.0	7.5
3.2	3.2	400	33	1.0	18130	2.5	17.0	7.5
3.2	4.5	400	32	1.5	24500	3.5	19.0	8.5
3.2	6	460	35	2.0	29400	5.0	19.0	9.0
6(ϕ5)	6	460	35	1.9	30380	4.5	19.0	8.5
6(ϕ7)	6	460	35	2.0	35280	4.0	20.0	9.0
6(ϕ5)	9	480	35	2.0	34300	4.0	19.5	9.0
6(ϕ7)	9	480	35	2.0	36260	6.0	19.5	9.0

十六、CO_2 气体保护焊常见焊接缺陷及防止措施

CO_2 气体保护焊时的异常现象和焊接缺陷的产生，所涉及的因素比较复杂，例如焊接材料的选择、焊接工艺参数的选择、焊前准备等，同时也与焊工的操作手法正确与否和熟练度有关。为此，要对产生不良现象和焊接缺陷的原因加以分析、归纳，指出其防止措施或注意要点。了解起因并掌握对策，就能获得满意的焊接质量。

1. 电弧不稳

电弧不稳通常与送丝不稳、弧长波动、飞溅较大、磁偏吹等现象有关。其原因及相应的措施参见表 6-24。

表 6-24　电弧不稳的原因及措施

引起的现象	检查及措施
送丝不稳	1)导电嘴孔径磨损 2)电缆是否过分弯曲 3)送丝轮尺寸是否与焊丝直径相符 4)加压轮压紧力是否合适 5)送丝弹簧软管是否堵塞
电弧电压(弧长)波动	1)电源一次端输入电压是否波动太大 2)焊接极性是否正确 3)焊丝伸出长度是否过大 4)送丝是否稳定 5)焊丝直径与焊接电流是否匹配 6)地线连接是否可靠
飞溅大	1)电流、电压的给定是否适宜 2)焊丝直径是否过粗 3)焊枪角度是否过大 4)是否有磁偏吹 5)保护气体是否不纯

引起的现象	检查及措施
磁偏吹	1)改变地线位置 2)采用引板 3)尽量减小焊接区间隙 4)在焊缝轴线的一端放置磁铁

2. 焊道成形不良

焊道外观不良方面的缺陷，往往是由于焊接条件不适当或焊枪操作不当所引起。典型的焊道成形不良示例如图 6-45 所示，其产生原因及防止措施见表 6-25。

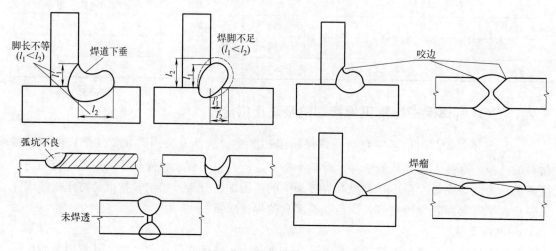

图 6-45　焊道成形不良示例

表 6-25　焊道成形缺陷产生原因及防止措施

缺陷种类	防止措施
焊道形状不规整	1)尽量减小电缆之弯曲 2)更换导电嘴 3)减小焊丝伸出长度 4)仔细清理坡口面 5)防止磁偏差
凸形焊道 （焊道宽度过小）	1)提高电弧电压 2)选用较粗的焊丝 3)加大横向摆幅 4)降低焊接速度
焊脚不足	1)增加焊接电流 2)降低焊接速度 3)加大横向摆幅 4)增加焊道层数
焊脚不等 （焊道下垂）	1)调整焊枪指向及角度 2)增加焊道层数 3)提高焊接速度
火口不良	调整火口处理条件

续表

缺陷种类	防止措施
焊道下塌	1）缩小接头间隙 2）减小焊接电流 3）提高焊接速度 4）增大横向摆幅
熔深不足	1）增加焊接电流 2）调整焊枪指向 3）采用上坡焊 4）避免焊枪过分前倾 5）降低焊接速度
咬边	1）降低焊接速度 2）平角焊时焊枪适当指向底板 3）适当降低电流、电压
焊瘤	1）增加焊接电流 2）提高焊接速度 3）提高电弧电压 4）缩短焊丝伸长长度 5）仔细清理坡口面及坡口两侧

3. 气孔

气孔是由于焊缝金属在熔化状态吸收的气体在其凝固过程中来不及逸出所造成。气孔可分为内部气孔和表面气孔，图 6-46 是其示意图。气孔产生原因和防止措施参见表 6-26。

(a) 内部气孔　　　　(b) 表面气孔

图 6-46　气孔示意图

表 6-26　气孔产生原因及防止措施

原因	措施
母材污染（附着油、漆、涂料等）	仔细清除坡口面及其两侧的油、锈、涂料、水分、氧化皮等，然后开始焊接
焊丝上附着有锈、水分等	往往是某段焊丝有锈，可去掉锈丝段再使用 水分要拭去，干燥后再用
受风的影响	1）设置屏风 2）增加保护气流量
喷嘴被飞溅堵塞	1）清除飞溅 2）在喷嘴内壁涂敷防飞溅剂
喷嘴与母材间距离太大	保证喷嘴与母材间距离不超过 25mm
CO_2 气流量太小	1）钢瓶气压不足 0.1MPa 时，更换钢瓶 2）为适应有风的场合而加大流量 3）检查预热器工作是否正常 4）检修气管及接头漏气处

续表

原因	措施
气体质量不佳	使用合格的气体
焊接参数不当	1)增加焊接电流 2)降低焊接速度

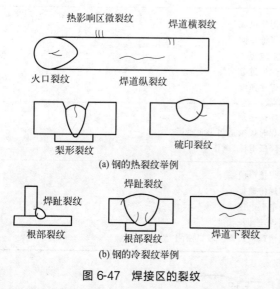

图 6-47　焊接区的裂纹

4. 裂纹

焊接区的裂纹是最危险的焊接缺陷。裂纹种类如图 6-47 所示。

焊接裂纹通常分为冷裂纹和热裂纹两大类。冷裂纹是在约 200℃ 以下的较低温度下形成的，热裂纹则是在结晶温度附近的较高温度下形成的。母材含硫所致"硫印裂纹"，就是一种热裂纹。收弧不良，形成火口时产生的火口裂纹，也是一种热裂纹。冷裂纹是在低温下产生的，其形成原因主要是接头内的拉应力、焊接区的含氢量、材料的硬化组织等有关。底层焊道的根部裂纹、热影响区的焊趾裂纹和焊道下裂纹，是典型的冷裂纹。冷裂纹的防止措施主要是尽量降低母材坡口、焊丝带来的油、锈及气体中的水分，并要防止空气中的水分混入焊接区。此外，焊接区的预热和后热等也是有效的办法。

总之，焊缝裂纹的形成原因比较复杂，除严格控制焊接材料外，施工中的具体防止措施可参见表 6-27。

表 6-27　焊接裂纹的原因及防止措施

裂纹种类	原因与防止措施
焊缝的纵、横裂纹	1)电流过大 2)焊接速度过大 3)根部间隙过大 4)要注意焊接顺序
梨形裂纹	1)坡口角度太小 2)焊接电流过大 3)焊接速度过快
硫印裂纹	线能量过大
火口裂纹	1)正确收弧,填满火口 2)增厚火口处焊缝金属

十七、CO_2 气体保护焊的应用

1. 船体结构的 CO_2 气体保护焊

CO_2 气体保护焊几乎可以代替手工电弧焊，在各种位置上焊接，是目前造船厂应用最

广的焊接方法。

　　船体结构采用 CO_2 气体保护焊的焊缝形式及应用位置如图 6-48 所示。

　　由于造船的吨位越来越大，船体分段重量大大增加，分段翻身很不方便，仰焊工作量非常大。为了解决这个难题，采用了 CO_2 气体保护焊单面焊双面成形工艺。用平焊代替仰焊，大大提高了焊接质量和生产效率。

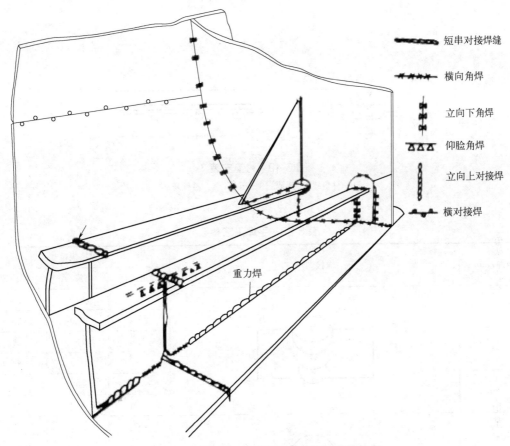

短串对接焊缝

横向角焊

立向下角焊

仰脸角焊

立向上对接焊

横对接焊

重力焊

图 6-48　船体结构 CO_2 气体保护焊的焊接位置

2. 焊接工艺

　　（1）单面焊双面成形的工艺要点　采用无钝边的 V 形坡口，留够间隙，装配要求如图 6-49 所示。

　　不允许在坡口内焊定位焊缝，采用压码固定板缝。压码尺寸 14mm×150mm×250mm，间距 500～700mm。用于坡口背面的压码上加工有 R35mm 的扇形孔。

　　（2）衬垫　在坡口背面安装衬垫，主要用压码固定，压码间距离如图 6-49 所示，不足部分用磁铁压码补充。衬垫与钢板必须贴紧。衬垫接缝要小，且要与压板接缝错开。

　　（3）平焊工艺要点　根部间隙≤4mm 时不能施焊。采用左向焊法，焊枪做锯齿形运动。为保证根部焊透，电弧在坡口两侧应稍停留。接头位于斜面时，应采用上坡焊。焊接工艺参数如表 6-28 所示。

　　（4）立焊工艺要点　短焊道采用向上立焊，焊接工艺参数如表 6-29 所示。长焊道采用药芯焊丝垂直自动焊。

（5）横焊工艺要点　焊接工艺参数如表 6-30 所示。

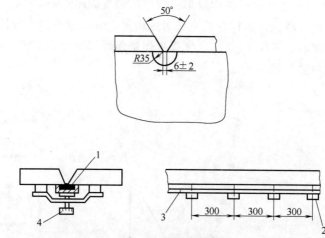

图 6-49　衬垫安装

1—衬垫；2—压码；3—压板；4—磁铁压码

单位：mm

表 6-28　平焊工艺参数

板厚/mm	焊接顺序	焊接规范		
		焊道顺序	电流/A	电压/V
14		1	200	25
		2～4	280	29
16		1	200	25
		2～4	280	29
20		1	200	25
		2～4	300	31
22		1	200	25
		2～5	300	31
25		1	200	25
		2～7	300	31
32		1	200	25
		2～11	300	31

续表

板厚/mm	焊接顺序	焊接规范		
		焊道顺序	电流/A	电压/V
35	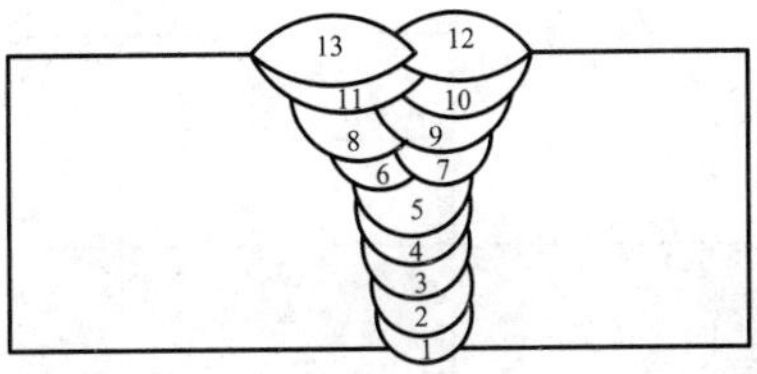	1	200	25
		2～13	300	31

表 6-29　立焊工艺参数

板厚/mm	焊接顺序	焊接规范		
		焊道顺序	电流/A	电压/V
14	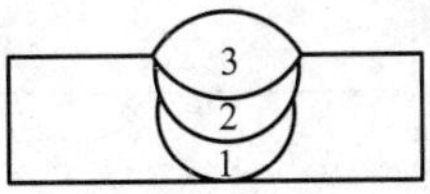	1～3	130	20
16		1～3	130	20
20	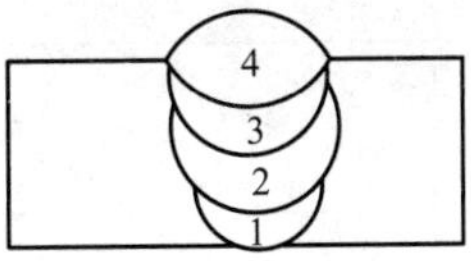	1	130	20
		2～3	160	20
		4	140	20
22		1	130	20
		2～3	160	22
		4	140	20
25	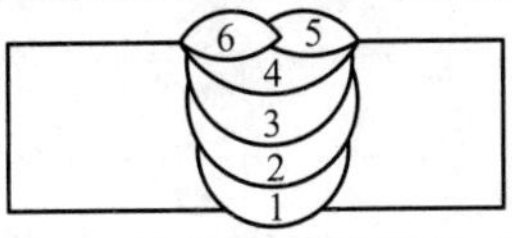	1	130	20
		2～4	160	22
		5～6	140	20
32	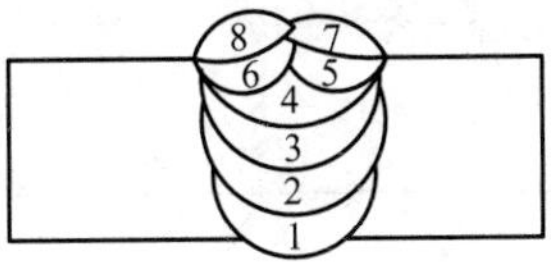	1	130	20
		2～6	160	22
		7～8	140	20
35	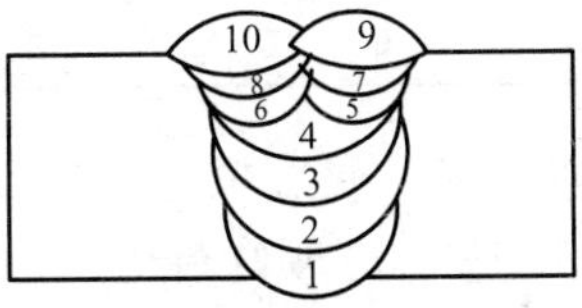	1	130	20
		2～8	160	22
		9～10	140	20

（6）船用柴油机的焊接　船用柴油机的机座、机架、扫气管（箱）、排烟管、走台支架都是焊接结构。还有运动部件中的活塞头、气缸盖冷却水圈、排气阀、柴油机的曲轴也可以采用焊接结构，使得焊接结构达到整机重量的 40% 左右。

柴油机机座所有钢板都是船用钢 4C 板，轴泵中间体用 20 铸钢。焊接机座的结构如图 6-50 所示。

表 6-30　横焊工艺参数

板厚/mm	焊接顺序	焊接规范		
		焊道顺序	电流/A	电压/V
14		1	200	22
		2～3	240～260	29
		4～7	140	19
16		1	200	22
		2～4	260～280	26
		5～8	140	19
20		1	200	22
		2～6	260～280	26
		7～11	160	20
25		1	200	22
		2～10	260～280	28
		11～16	180	22
32		1	200	22
		2～18	260～280	28
		19～25	180	22
35	同上,但是盖面层焊道为 9 道	1	200	22
		2～18	260～280	28
		19～27	180	22

　　柴油机架的材质也是船用钢 4C 板及 3C 或 Q235 板,贯穿螺丝管材质为 15 无缝钢管。

　　机座和机架的接头形式以 K 形角接最多,其次是 T 形坡口角接,X 形对接,K 形对接和半 V 形角接。除打底焊缝外,绝大部分焊缝都在平位焊接。典型的对接接头多层焊的工艺参数如表 6-31 所示。

　　3. CO_2 气体保护焊在锅炉压力容器制造业的应用

　　(1) 锅炉膜式水冷壁的脉冲 MAG 焊　膜式水冷壁是电站锅炉的重要部件,200MW 和 300MW 锅炉膜式壁由 29～31 根管子组成,两侧带有扁钢或无扁钢的管屏结构,如图 6-51 所示。

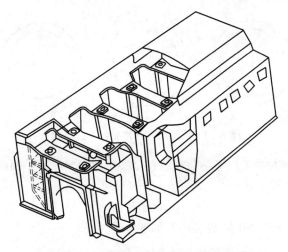

图 6-50 船用柴油机焊接机座结构形式

表 6-31 对接焊缝多层焊焊接参数

位置	焊丝	焊丝直径 /mm	焊接层次	焊接参数			
				层数	电流 /A	电压 /V	速度 /(cm/min)
平焊	实心	1.2		1	200~250	23~27	20~30
				≥2	250~300	27~31	25~40
		1.6		1~2	200~250	23~27	20~30
				≥3	320~400	32~36	25~40
	药芯	1.2		1	200~250	23~27	20~30
				≥2	260~300	28~33	25~40
		1.6		1	250~280	28~30	16~22
				≥2	290~340	30~32	22~30
立向上焊	实心	1.2		≥1	120~160	20~22	10~15
	药芯	1.2		1	140~170	22~25	10~15
				≥2	170~220	24~28	10~20
立向下焊	药芯	1.2		≥1	260~280	26~28	60~80
横焊	实心	1.2		1	140~160	20~23	25~45
				≥2	240~280	28~30	25~45
				盖面	140~160	20~23	25~45
	药芯	1.2		1	200~230	23~25	25~45
				≥2	240~280	25~28	25~45
				盖面	200~230	23~25	25~45

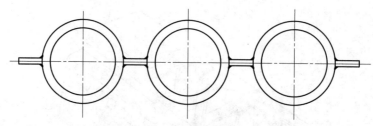

图 6-51　锅炉膜式水冷壁组件的结构

哈尔滨锅炉厂、东方锅炉厂等单位引进的 12 极 MPM 和 4 极 MPM 型膜式壁管屏自动焊设备已稳定地用于生产。

① 焊接工艺　采用 ϕ1.2mm、H08Mn2SiA 焊丝，Ar＋(15％～20％) CO_2 保护气。500A 水冷直式焊枪，12 极 MPM 焊接装置如图 6-52 所示。

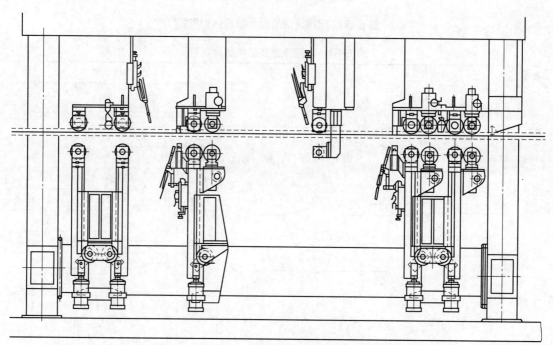

图 6-52　锅炉膜式水冷壁 12 极 MPM 焊接设备

12 极 MPM 焊接设备上下各 6 个焊枪，可以同时焊接 4 根扁钢与 5 根钢管（包括 2 根工艺管）的双面角焊缝，一次成形，工件不需翻身，用于膜式水冷壁组件的焊接。

4 极 MPM 焊接设备用于膜式水冷壁管屏组装焊接。

焊接膜式水冷壁时，上下焊枪的喷嘴直径如图 6-53 所示。焊枪角度和位置如图 6-54 所示。12 极 MPM 焊枪群的相对位置如图 6-55 所示。

焊接工艺参数如表 6-32 所示。

② 焊接质量　焊缝表面质量和制造精度达到国内外同类产品的先进水平。

③ 经济效益　采用 MPM MAG 焊代替埋弧自动焊生产膜式壁的制造成本对比见表 6-33。从表中可以看出，采用 MPM 技术产生膜式水冷壁，生产效率提高了 1 倍以上，工时定额，能源和材料消耗大幅度降低，大大降低了制造成本。按 16 极 MPM 年生产能力 123.2 万米焊缝计算，年节约价值达 194.66 万元，经济效益十分显著。

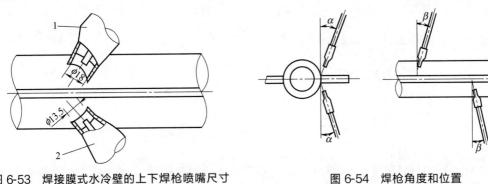

图 6-53 焊接膜式水冷壁的上下焊枪喷嘴尺寸

1—上焊枪喷嘴；2—下焊枪喷嘴

单位：mm

图 6-54 焊枪角度和位置

$\alpha = 23^\circ \pm 5^\circ$，$\beta = 15^\circ \pm 5^\circ$

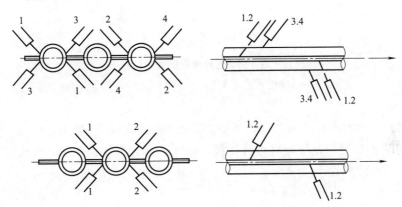

图 6-55 锅炉膜式水冷壁 12 极 MPM 焊枪群的位置

表 6-32 焊接工艺参数

焊丝直径/mm	焊接电流/A	电弧电压/V	焊接速度/(mm/min)	焊丝伸出长度/mm	气体流量/(L/min)
1.2	250～300	26～29	700～800	20	20

表 6-33 每米焊缝制造成本对比

方法成本 项目	16 头 MPM MAG 焊		6 头埋弧焊	
	数量	金额/元	数量	金额/元
焊丝	$\phi1.2$ H08M2SiA 0.1kg	0.51	$\phi4$ H08MNA 0.125kg	0.375
焊剂或气体	Ar+CO_2 0.03m³	0.15	SJ501 0.2kg	0.54
生产工时	5min	1.5	8.8 min	2.64
能源消耗	0.568kW·h	0.13	1.33 kW·h	0.305
合计	—	2.29	—	3.86

（2）锅炉鳍片管的 CO_2 向下立焊　SZS 系列新型燃油热水锅炉，其由鳍片管和扁钢焊成，焊接工作量占整个焊接工作量的 60% 左右。采用 CO_2 向下立焊代替手工电弧焊，经济效益明显。

SZS 系列燃油热水锅炉的鳍片管结构如图 6-56 所示，光管为 $\phi51mm \times 3m \times 3mm$ 20g 钢，扁钢为 Q235A，厚 3mm。

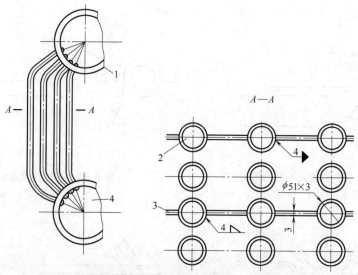

图 6-56　锅炉鳍片管焊接结构示意图

1—上锅管；2—光管；3—扁钢；4—下锅管

单位：mm

第一排鳍片管为双面焊，第二排为单面焊，焊脚尺寸 4mm，要求连续焊，并保证焊透深度大于扁钢厚度 70%焊缝与母材圆滑过渡，表面不得有裂纹、气孔、弧坑、夹渣和未熔合等缺陷，且不准烧穿管子。

① 焊接工艺　选用 $\phi1.2$mmKC—50 焊丝（日本产品），相当于我国的 H08Mn2SiA。CO_2 气纯度 $\geqslant99.5\%$，含水量 $\leqslant0.005\%$。

角焊缝 CO_2 向下立焊采用短路过渡形式。焊接工艺参数如表 6-34 所示。

表 6-34　CO_2 向下立焊工艺参数

焊丝直径 /mm	焊丝伸出 长度/mm	焊接电流 /A	电弧电压 /V	焊接速度 /(cm/min)	CO_2 流量 /(L/min)	电源极性
$\phi1.2$	12～15	170～190	20～22	45～50	18～25	直流反接

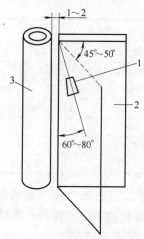

图 6-57　焊枪角度示意图

1—焊枪；2—鳍片；3—光管

单位：mm

为保证焊接质量，光管和扁钢必须平直，装配间隙 1～2mm，定位焊缝长 10～20mm，间距 50～150mm。施焊部位的油、锈等污物必须清除干净。

焊接区应有良好的防风、防雨、防雪措施，风速不得大于 2m/s。

焊接过程中焊丝端部应指向鳍片边缘，离管子外圆 2～3mm 处，避免烧穿光管，焊枪角度如图 6-57 所示。采用单层焊，焊枪下移的速度必须均匀，使电弧始终保持在熔池前方，否则会产生焊瘤，熔深太浅，焊缝成形不好。

② 焊接质量　采用 CO_2 向下立焊代替手工电弧焊焊接鳍片管，变形小，焊缝美观，质量好，返修量小，焊后不清渣，节约工时，焊接操作简单，培训焊工容易。

③ 经济效益　以 SZS4.2-0.7/95-Y 型燃油热水锅炉的鳍片管焊接为例，说明 CO_2 向下立焊代替手工电弧焊的经济效益。

分析项目和结果见表 6-35。

由表 6-35 可看出，采用 CO_2 向下立焊代替手工电弧焊焊接鳍片管可提高工效 2 倍多，耗电量降低 60%，成本降低 50%，经济效益十分明显。

（3）锅炉管板 CO_2 自动焊　锅炉制造中管板接头很多，其结构如图 6-58 所示。

① 焊接工艺　采用 $\phi0.8mm$　H08Mn2SiA 焊丝。用 NZC-160 型 CO_2 管板自动焊机焊接。根据经验，装配时保证 $H=K+(2\sim3)mm$ 最好。焊接方向如图 6-59 所示。

表 6-35　一台锅炉鳍片管的经济效益

焊接方法 成本 项目	CO_2 向下立焊			手工电弧焊		
	用量	单位/元	金额/元	数量	单位/元	金额/元
焊材	焊丝 60kg CO_2 气 2 瓶	3.4 16	204 32	J422 焊条 120kg	3.9	468
人工	4.2 人日	7.8	32.8	13.2 人日	7.8	103
耗电量	200 kW·h （720MJ）	0.12	24	610 kW·h （2196MJ）	0.12	73.2
设备	—	—	22	—	—	26
合计	—	—	346	—	—	670.2

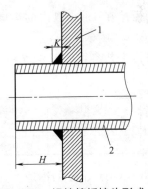

图 6-58　锅炉管板接头形式

1—管板（材料 20g）；

2—管子（$\phi63.5$，20g）

K—焊脚高度，mm；H—管子伸

出管板的长度，mm

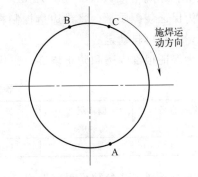

图 6-59　锅炉管板焊缝焊接方向

C—弧点；CA 段—下坡焊区；

AB 段—上坡焊区；BC 段—衰减区段

焊接工艺参数如表 6-36 所示。

表 6-36　焊接工艺参数

焊丝直径/mm	焊丝干伸长/mm	焊接电流/A	电弧电压/V	机头摆幅/mm	气体流量/(L/min)
$\phi0.8$	8～10	60～80	17～19	2	7～15

② 焊接质量　焊缝均匀、美观，接头搭接区稍高，无表面缺陷。焊脚 $K=5\sim5.5mm$，达到设计要求（$K=5mm$）。水压试验 100% 合格。剖视焊缝，熔合良好，无内部缺陷。

4. CO_2 气体保护焊在建筑业的应用

（1）钢网架空心球 CO_2 气体保护自动焊

焊接空心球节点网架是一种具有多种优越性的屋盖结构，在工程上使用将产生巨大的经

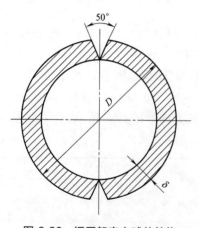

图 6-60 钢网架空心球的结构

$D = (160 \sim 350)$ mm，$\delta = 4 \sim 14$mm

济效益。

空心球是网架结构的重要元件，由两个半球拼焊而成，如图 6-60 所示。

半球端面车成 25°坡口，无钝边，球圆度极限偏差在 1.0～1.5mm 内。球壁厚为 4～14mm，直径 ϕ（160～350）mm，材质为 Q235。

① 焊接工艺 采用 CO_2 自动焊专用焊接设备，包括：NBC-200 型和 NBC-500 型 CO_2 焊机各一台；包括气体配比器在内的控制箱一台；具有对中、定位、装卡、顶紧及旋转功能的气动胎具一台；焊枪摆动机构一台及附属机构等。

主要技术参数如下。

电源电压及频率：3 相 380V，50Hz；

输入容量（最大）：230kV·A；

转胎转速调节范围：0.3～1.6r/min；

焊枪摆动机构调节范围：摆幅 0°～16°，摆速 10～110 次/min；

空心球规格：ϕ(160～350)mm。

为保证装配质量，将错边量控制在 0.5mm 以内，选择直径差在 1mm 以内的半球进行装配，卡具可自动定心。

为保证根部焊透和防止烧穿，采用下坡焊大电流打底。焊接工艺参数如表 6-37 所示。

表 6-37　焊接工艺参数

焊丝直径 /mm	偏移距离 /mm	焊接电流 /A	电弧电压 /V	焊接速度 /(m/h)	气体流量 /(L/h)
ϕ0.8	20～40	140～160	20～22	30	700～800

表中所列工艺参数可焊接壁厚 $\delta = 8 \sim 14$mm，直径 ϕ（200～350）mm 的钢球。随着壁厚的增加，应相应地提高焊接电流，并减小偏移距离。

要求焊缝表面与钢球表面齐平或低 0.5mm，不允许高出钢球表面。

② 焊接质量 用 CO_2 自动焊代替手工电弧焊接钢球，焊接质量稳定，效率高。

③ 经济效益 以球径 ϕ350mm，壁厚 12mm 钢球为例，采用手工电弧焊和 CO_2 自动焊的焊接费用比较列于表 6-38。

表 6-38　两种焊接方法的费用比较

焊接方法	手工电弧焊	CO_2 保护焊
装对定固焊接时间/min	16	11
焊条或焊丝费用/元	3.86	2.71
气体费用/元	——	0.24
电费/元	0.63	0.32
总费用/元	4.49	3.27

由上表可看出，采用 CO_2 气体保护焊焊接钢球，效率提高 30％左右，成本降低 27％。

（2）轻型 H 型钢 CO_2 保护双头自动焊 以 H 型钢为主体的钢结构代替传统的工、槽、角钢组合结构，可节约钢材 20% 左右。

轻型 H 型钢板厚一般 ≤8mm，材质为 Q235、16Mn 和 08CuPVRe 钢，结构如图 6-61 所示。

① 焊接工艺 原工艺采用埋弧双面焊，需焊四条角缝。改用双头 CO_2 自动焊，因熔深大，采用单面焊法，一次焊成。

母材为 08CuPVRe 钢，焊丝用 $\phi1.6$mm 的 H08MnSiCuNiCr 耐候钢。

钢板矫平后下料，要求割口质量高，装配时保证腹板能紧贴翼板，避免烧穿。焊接工艺参数如表 6-39 所示。

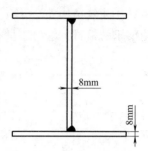

图 6-61 轻型 H 型钢的结构

② 焊接质量 按上述工艺参数焊接单面 H 型钢焊缝成形较好，构件变形小，实测角焊缝厚度在 5～6mm 之间，远大于腹板厚度，腹板熔深在 2～3mm 之间，焊脚 $K=5\sim6$mm。

③ 经济效益 CO_2 气体保护焊熔深大，焊缝质量好，不易出现气孔、夹渣、裂纹等缺陷，而且生产效率高，工件变形小。选用双头 CO_2 自动焊焊接 H 型钢，工效比埋弧焊高 2～3 倍，比手工电弧焊高 4～5 倍。

表 6-39 焊接工艺参数

焊丝直径 /mm	焊丝伸出长度/mm	焊接电流 /A	电弧电压 /V	焊接速度 /(m/h)	气体流量 /(L/h)
1.6	20	260～300	30～36	36～45	15

第四节 实用建筑钢结构 GMAW、FCAW-G 工艺

一、适用范围

本工艺适用于建筑钢结构焊接工程中桁架或网格结构，单层、多层和高（超高）层梁-柱框架结构等工业与民用建筑和一般构筑物，钢材厚度 ≥3mm 的碳素结构钢和低合金高强度结构钢采用气体保护焊的施工。

二、施工准备

（一）材料

1. 主要材料

钢材的品种、规格、性能应符合设计要求，进口钢材产品的质量应符合设计和合同规定标准的要求，并具有产品质量合格证明文件和检验报告；进厂（场）后，应按 GB 50205《钢结构工程施工质量验收标准》的要求分检验批进行检查验收。

1）碳素结构钢和低合金高强度结构钢，应符合 GB/T 700《碳素结构钢》、GB/T 699《优质碳素结构钢》、GB/T 1591《低合金高强度结构钢》、GB/T 5313《厚度方向性能钢板》、GB/T 19879《建筑结构用钢板》的规定。常用钢材强度级别见表 6-40。

当采用其他钢材替代设计选用的材料时，必须经原设计单位同意。

2）对属于下列情况之一的钢材应进行抽样复验，其复验结果应符合现行国家产品标准和设计要求：①国外进口钢材；②钢材混批；③板厚 ≥40mm，且设计有 Z 向性能要求的厚

板；④建筑结构安全等级为一级，大跨度钢结构中主要受力构件所采用的钢材；⑤设计有复验要求的钢材；⑥对质量有疑义的钢材。

表 6-40　常用钢材强度级别

类别号	钢材强度级别	类别号	钢材强度级别
Ⅰ	Q215、Q235	Ⅲ	Q420、Q390
Ⅱ	Q295、Q345	Ⅳ	Q460

注：国内新材料和国外钢材按其化学成分、力学性能和焊接性能归入相应级别。

3）钢板厚度及允许偏差应符合其产品标准的要求；型钢的规格尺寸及允许偏差应符合其产品标准的要求；钢材的表面外观质量除应符合国家现行有关标准的规定外，尚应符合下列规定：①当钢材的表面有锈蚀麻点或划痕等缺陷时其深度不得大于该钢材厚度负允许偏差值的 1/2；②钢材表面的锈蚀等级应符合 GB 8923 规定的 C 级及 C 级以上；③钢材端边或断口处不应有分层夹渣等缺陷。

4）焊接材料：焊接材料的品种、规格、性能等应符合现行国家产品标准和设计要求，进厂后，应按 GB 50205 的要求分检验批进行检查验收。

焊接材料应具有产品合格证明文件和检验报告，其化学成分、力学性能和其他质量要求必须符合国家现行标准规定；当采用其他焊接材料替代设计选用的材料时，必须经原设计单位同意。

大型、重型及特殊钢结构的主要焊缝采用的焊接填充材料，应按生产批号进行复验，复验应由国家质量技术监督部门认可的质量监督检测机构进行，复验结果应符合现行国家产品标准和设计要求。

2. **配套材料**

焊接辅助材料：引、熄弧板，衬垫板，嵌条，定位板，CO_2 气体等应满足现行 JGJ 81 的要求。

胎架、平台、L 形焊接支架、平台支架等。

（二）机具设备

（1）机械　交直流手工电弧焊机、配电箱、焊条烘干箱、保温筒、气体保护焊机和送丝机、空压机、碳弧气刨机、电动砂轮机、风动砂磨机、角向磨光机、行车或吊车等。

（2）工具　火焰烤枪、手割炬、气管、打磨机、磨片、盘丝机、大力钳、尖嘴钳、螺丝刀、扳手套筒、老虎钳、气铲或电铲、手铲、焊丝盘、小榔头、字模钢印、焊接面罩、焊接枪把、碳刨钳、插头、接线板、白玻璃、黑玻璃、飞溅膏、起重翻身吊具、钢丝绳、卸扣、手推车等。

（3）量具　卷尺，塞尺，焊缝量规，接触式、红外式或激光测温仪等。

（4）无损检查设备　放大镜、磁粉探伤仪、渗透探伤仪、模拟或数字式超声波探伤仪、探头、超声波标准对比试块、X 射线或 γ 射线探伤仪、线型或孔型像质计、读片器、涡流探伤仪等。

（三）作业条件

1）按被焊件接头和结构形式，选定满足作业要求的场地。

2）准备板材焊接平台、管材和空心球焊接专用胎架和转胎、H 形和十字构件焊接专用 L 形焊接支架和平台支架、箱形构件焊接专用平台支架，平台、胎架和支架应检查测平。

3）按钢结构施工详图和钢结构焊接工艺方案要求，准备引弧板、熄弧板、衬垫板、嵌条、定位板等焊接辅助材料。

4）焊丝等焊接材料应根据材质、种类、规格分类堆放在干燥的焊材储藏室。

5）按被焊件接头和结构形式，布置施工现场焊接设备，定位、打底、修补焊接用 CO_2 气体保护焊机配置到位；用于焊接预热、保温、后热的火焰烤枪、电加热自动温控仪配置到位。

6）电源容量合理及接地可靠，现场人员熟悉防火设备的位置和使用方法。

7）按钢结构施工详图、钢结构制作工艺要领、钢结构焊接工艺方案和施工作业文件，材料下料切割后，焊接接头坡口切割、打磨，完成板材接头、管材结构、H 形构件、十字构件、箱形构件、空心球等组对，并经工序检验合格，质检员签字同意转移至焊接工序。

8）焊接作业环境要求：

① 气体保护电弧焊及药芯焊丝电弧焊焊接作业区风速超过 2m/s 时，应设防风棚或采取其他防风措施，制作车间内焊接作业区有穿堂风或鼓风机时，也应按以上规定设挡风装置。

② 焊接作业区的相对湿度不得大于 90%。

③ 当焊件表面潮湿或有冰雪覆盖时，应采取加热等措施去湿除潮。

④ 焊接作业区环境温度低于 0℃ 时，应将构件焊接区各方向 ≥2 倍钢板厚度且不小于 100mm 范围内的母材，加热到 20℃ 以上后方可施焊，且在焊接过程中均不应低于这一温度；实际加热温度应根据构件构造特点、钢材类别及质量等级和焊接性、焊接材料熔敷金属扩散氢含量、焊接方法和焊接热输入等因素确定，其加热温度应高于常温下的焊接预热温度，并由焊接技术责任人员制订出作业方案经认可后方可实施；作业方案应保证焊工操作技能不受环境低温的影响，同时对构件采取必要的保温措施。

⑤ 焊接作业区环境不符合①、②规定但必须焊接时，应对焊接作业区设置防护棚并由施工企业制订出具体方案，连同低温焊接工艺参数、措施报监理工程师确认后方可实施。

⑥ 室外移动式简易焊接房要能防风、防雨、防雷电，需有漏电、触电防护。

（四）技术准备

1）单位资质和体系：应具有国家认可的企业资质和焊接质量管理体系。

2）人员资质：焊接技术责任人员、焊接质检人员、无损探伤人员、焊工与焊接操作工、焊接辅助人员，应满足 JGJ 81 的要求。

3）焊材选配与准备：焊丝等焊接材料与母材的匹配，应符合设计要求及 JGJ 81 的规定，焊条在使用前应按其产品说明书及焊接工艺文件的规定进行烘焙和存放。

4）焊丝选配：见表 6-41。

表 6-41　常用结构钢 CO_2 气体保护焊实心焊丝选配表

钢材	CO_2 气体保护焊实心焊丝		
牌号	等级		国标型号
Q235	A		ER49-1
	B		
	C		ER50-6
	D		
Q295	A		ER49-1、ER49-6
	B		ER50-3、ER50-6

续表

钢材	CO$_2$气体保护焊实心焊丝		
牌号	等级	国标型号	
Q345	A	ER49-1	
	B	ER50-3	
	C	ER50-2、-6	
	D		
	E	由供需双方协议	
Q390	A		
	B	ER50-3	
	C		
	D	ER50-2、-6	
	E	由供需双方协议	
Q420	A		
	B	DR55-D2	
	C		
	D		
	E	由供需双方协议	
Q460	C	ER55-D2	
	D		
	E	由供需双方协议	

5）焊接工艺评定试验：焊接工艺评定试验应按 JGJ 81 的规定实施，由具有国家质量技术监督部门认证资质的检测单位进行检测试验。

凡符合以下情况之一者，应在钢结构构件制作之前进行焊接工艺评定：①国内首次应用于钢结构工程的钢材（包括钢材牌号与标准相符但微合金强化元素的类别不同和供货状态不同，或国外钢号国内生产）；②国内首次应用于钢结构工程的焊接材料；③设计规定的钢材类别、焊接材料、焊接方法、接头形式、焊接位置、焊后热处理制度以及施工单位所采用的焊接工艺参数、预热后热措施等各种参数的组合条件为施工企业首次采用。

特殊结构或采用屈服强度等级超过 390MPa 的钢材、新钢种、特厚材料及焊接新工艺的钢结构工程的焊接制作企业应具备焊接工艺试验室和相应的试验人员。

6）编制焊接工艺方案，设计板材、构件焊接支承胎架并验算其强度、刚度、稳定性，审核报批，组织技术交底。焊接工艺文件应符合下列要求：

① 施工前应由焊接技术责任人员根据焊接工艺评定结果编制焊接工艺文件，并向有关操作人员进行技术交底，施工中应严格遵守工艺文件的规定。

② 焊接工艺文件应包括下列内容：

a. 焊接方法或焊接方法的组合；

b. 母材的牌号、厚度及其他相关尺寸；

c. 焊接材料型号、规格；

d. 焊接接头形式、坡口形状及尺寸允许偏差；

　　e. 夹具、定位焊、衬垫的要求；

　　f. 焊接电流、焊接电压、焊接速度、焊接层次、清根要求、焊接顺序等焊接工艺规定；

　　g. 预热温度及层间温度范围；

　　h. 后热、焊后消除应力处理工艺；

　　i. 检验方法及合格标准；

　　j. 其他必要的规定。

三、操作工艺

（一）工艺流程

　　坡口准备，板材、构件组装→定位焊→引、熄弧板配置→预热→焊接、层间检查控制→焊后处理→焊缝尺寸与外观检查→无损检查

（二）操作步骤和方法

　　1）坡口准备，板材、构件组装。

　　2）板材、管材、H 形、十字、箱形组装的焊接接头坡口按钢结构工程施工详图或焊接技术规程 JGJ 81 规定执行。

　　3）焊接坡口可用火焰切割或机械方法加工，当采用火焰切割时，切割面质量应符合 JB/T 10045.3《热切割　气割质量和尺寸偏差》的相应规定。缺棱为 1～3mm 时，应修磨平整；缺棱超过 3mm 时，应用直径不超过 3.2mm 的低氢型焊条补焊，并修磨平整；当采用机械方法加工坡口时，加工表面不应有台阶。

　　4）按制作工艺和焊接工艺要求，进行板材接头、管材结构、H 形构件、十字构件、箱形构件组对。施焊前，焊工应检查焊接部位的组装和表面清理的质量，焊接拼制件待焊金属表面的轧制铁鳞应用砂轮修磨清除；施焊部位及其附近 30～50mm 范围内的氧化皮、渣皮、水分、油污、铁锈和毛刺等杂物必须去除。当不符合要求时，应修磨补焊合格后方能施焊；坡口组装间隙超过允许偏差规定时，可在坡口单侧或两侧堆焊、修磨使其符合要求，但当坡口组装间隙超过较薄板厚度 2 倍或大于 20mm 时，不应用堆焊方法增加构件长度和减小组装间隙。

　　5）搭接接头及 T 形角接接头组装间隙超过 1mm 或管材 T、K、Y 形接头组装间隙超过 1.5mm 时，施焊的焊脚尺寸应比设计要求值增大并应符合 JGJ 81 中"关于焊缝的计算厚度"的规定，但 T 形角接接头组装间隙超过 5mm 时，应先在板端堆焊并修磨平整或在间隙内堆焊填补后施焊。

　　6）严禁在接头间隙中填塞焊条头、铁块等杂物。

（三）定位焊

　　1）构件的定位焊是正式焊缝的一部分，因此定位焊缝不允许存在裂纹等不能最终熔入正式焊缝的缺陷，定位焊必须由持证合格焊工施焊。

　　2）定位焊缝应避免在产品的棱角和端部等在强度和工艺上容易出问题的部位进行；T 形接头定位焊，应在两侧对称进行。

　　3）定位焊预热温度应比填充焊接预热温度高 20～30℃。

　　4）定位焊采用的焊接材料型号，应与焊接材质相匹配；角焊缝的定位焊焊脚尺寸最小

不宜小于 5mm，且不大于设计焊脚尺寸的 1/2，对接焊缝的定位焊厚度不宜大于 4mm。

5）定位焊的长度和间距，应视母材的厚度、结构形式和拘束度来确定，一般定位焊缝应距设计焊缝端部 30mm 以上，焊缝长度应为 50～100mm，间距应为 400～600mm。

6）焊接开始前或焊接过程中，发现定位焊有裂纹，应彻底清除定位焊后，再进行焊接。

7）钢衬垫的定位焊宜在接头坡口内焊接，定位焊焊缝厚度不宜超过设计焊缝厚度的 2/3。

8）焊接垫板的材质应与母材相同并应在构件固定端的背面定位焊，定位焊时采用火焰预热，温度不低于正式焊接预热温度，当两个构件组对完毕，活动端无法从背面点焊，应在坡口内定位焊，当预热温度达到要求时，定位焊顺序应从坡口中间往两端进行，以防止垫板变形。

（四）引弧板、引出板

1）承受动载荷且需经疲劳验算的构件焊缝严禁在焊缝以外的母材上打火引弧或装焊夹具。

2）其他焊缝不应在焊缝以外的母材上打火、引弧。

3）T 形接头、十字形接头、角接接头和对接接头的主焊缝两端，必须配置引弧板和引出板，其材质应和被焊母材相同，坡口形式应与被焊焊缝相同，禁止使用其他材质的材料充当引弧板和引出板。

4）手工电弧焊和气体保护焊焊缝的引出长度应大于 25mm，其引弧板和引出板的宽度应大于 50mm，长度宜为板厚的 1.5 倍且不小于 30mm，厚度应不小于 6mm。

5）焊接完成后，应用火焰切割去除引弧板和引出板，并修磨平整，不得用锤击落引弧板和引出板。

（五）预热和层间温度

1）碳素结构钢 Q235 厚度大于 40mm，低合金高强度结构钢 Q345 厚度大于 25mm，环境温度为常温时其焊接前预热温度宜按表 6-42 规定执行。

表 6-42　钢材最低预热温度要求

钢材牌号	接头最厚部件的厚度/mm				
	$t<25$	$25{\leqslant}t{\leqslant}40$	$40<t{\leqslant}60$	$60<t{\leqslant}80$	$t>80$
Q235	—	—	60℃	80℃	100℃
Q345	—	60℃	80℃	100℃	140℃
Q460E					>150℃

2）当操作地点温度低于常温时，应提高预热温度 20～25℃，T 形接头比对接接头提高预热温度 25～50℃，$t<25$mm 的 Q345 钢和 $t<40$mm 的 Q235 钢的预热温度为 25～50℃。

3）Q345GJ 预热温度参考 Q345 执行；Q460E 钢材在常温下，当板厚 $t=100～110$mm 时最低预热温度为 150℃，铸钢厚度 $t=100～150$mm 时预热温度为 150～200℃。

4）焊接接头两端板厚不同时，应按厚板确定预热温度，焊接接头材质不同时，按强度高、碳当量高的钢材确定预热温度。

5）焊前预热及层间温度的保持宜采用电加热器、火焰加热器等加热，并采用专用的测温仪器测量。

6）厚板焊前预热及层间温度的保持应优先采用电加热器，板厚 25mm 以下也可用火焰加热器加热，并采用专用的接触式热电偶测温仪测量。

7）预热的加热区域应在焊缝两侧，加热宽度应各为焊件待焊处厚度的 1.5 倍以上，且不小于 100mm，预热温度可能时应在焊件反面测量，测量点应在离电弧经过前的焊接点各方向不小于 75mm 处。箱形杆件对接时不能在焊件反面测量，则应根据板厚不同适当提高正面预热温度，以便使全板厚达到规定的预热温度。当用火焰加热器时正面测量应在加热停止后进行。

8）焊接返修处的预热温度应高于正常预热温度 50℃ 左右，预热区域应适当加宽，以防止发生焊接裂纹。

9）层间温度范围的最低值与预热温度相同，其最高值应满足母材热影响区不过热的要求，Q460E 钢规定的焊接层间温度低于 200℃，其他钢种焊接层间温度低于 250℃。

10）预热操作及测温人员须经培训，以确保规定加热制度的准确执行。

（六）后热

当技术方案有焊后消氢热处理要求时，焊件应在焊接完成后立即加热到 250～300℃，保温时间根据板厚按每 25mm 板厚不小于 0.5h 且不小于 1h 确定，达到保温时间后用岩棉被包裹缓冷，其加热、测温方法和操作人员培训要求与预热相同。

（七）施焊要求

多层焊的施焊应符合下列要求：

1）厚板多层焊时应连续施焊，每一焊道焊接完成后应及时清理焊渣及表面飞溅物，发现影响焊接质量的缺陷时，应清除后方可再焊，在连续焊接过程中应控制焊接区母材温度，使层间温度的上、下限符合工艺文件要求，当遇有中断施焊，应采取适当的后热、保温措施，再次焊接时重新预热温度应高于初始预热温度。

2）坡口底层焊道采用焊条手工电弧焊时宜使用不大于 $\phi 4mm$ 的焊条施焊，底层根部焊道的最小尺寸应适宜，但最大厚度不应超过 5mm。

塞焊和槽焊可采用气体保护电弧焊及自保护电弧焊等焊接方法。平焊时应分层熔敷焊缝，每层熔渣冷却凝固后，必须清除方可重新焊接。立焊和仰焊时每道焊缝焊完后，应待熔渣冷却并清除后方可施焊后续焊道。

（八）焊接工艺参数

(1) 焊接电流电压影响　当电流大时焊缝熔深大，余高大。当电压升高时熔宽大，熔深浅。反之则得到相反的焊缝成形，同时焊接电流大，则焊丝的熔敷速度大，生产效率高。

(2) 保护气体　100% CO_2 气体保护焊在较高的电流密度下（$\phi 1.2mm$ 实心焊丝电流约 170A 以上，药芯焊丝约 150A 以上），熔滴过渡形式为颗粒过渡，电弧较稳定，熔深大，效率高，但飞溅相当大且焊缝表面成形较差。小电流密度形成短路过渡形式时，电弧稳定但穿透力低熔深小，不适于建筑钢结构施工的板厚范围。20% CO_2 ＋80% Ar 的混合气体可以稳定电弧，减少飞溅，实现喷射过渡，但减少了熔透率，熔深减小，熔宽变窄。对于建筑钢结构而言，焊缝熔敷金属对熔深要求高，同时 CO_2 ＋富 Ar 混合气体的高成本也成为在建筑钢结构工程中推广的障碍。CO_2 气体纯度对焊接质量有一定的影响，杂质中的水分和碳氢化合物会使熔敷金属中扩散氢含量增高，对厚板多层焊易于产生冷裂纹或延迟裂纹。Ar 气体纯度不应低于 99.95%（GB/T 4842《氩》），CO_2 气体优等品其纯度不应低于 99.9%，水蒸气与乙醇总含量（m/m）不应高于 0.005%，并不得检出液态水（HG/T 2537《焊接用二氧化碳》）；在重、大型钢结构中低合金高强度结构钢特厚板节点拘束应力较大的主要焊缝焊接时应采用优等品，在低碳钢厚板节点主要焊缝焊接时宜采用一等品，对一般轻型钢结构薄板焊接可采用合格品。

（3）保护气体流量　气体流量大，在作业环境较差时对熔池的保护较充分，但流量大对电弧的冷却和压缩很剧烈，电弧吹力太大会扰乱熔池，影响焊缝成形。车间或现场风速较小时通常用 20L/min 气体流量，风速大于 2m/s 而无适当防护措施时，根据具体情况选用 20～80L/min 大气体流量。

（4）导电嘴与焊丝端头距离影响　导电嘴与焊丝伸出端的距离称为焊丝伸出长度，通常 $\phi1.2mm$ 焊丝保持在 15～20mm，按电流大小做出选择，电流大则焊丝伸出长度选较大值。

（5）焊炬到工件距离　焊炬到工件距离过大，保护气流到达工件表面处的挺度差，空气易侵入，保护效果不好，焊缝易出气孔。距离太小则保护罩易被堵塞，需经常更换。合适的距离根据使用电流的大小而定，焊丝伸出长度确定后焊炬保护罩一般伸出导电嘴端头约 5mm。

（九）控制焊接变形的工艺措施

1）对接接头：T 形接头和十字接头坡口焊接，在工件放置条件允许或易于翻身的情况下，宜采用双面坡口对称顺序焊接；有对称截面的构件，宜采用对称于构件中和轴的顺序焊接。

2）双面非对称坡口焊接，宜采用先焊深坡口侧部分焊缝、后焊浅坡口侧，最后焊完深坡口侧焊缝的顺序。

3）长焊缝宜采用分段退焊法或与多人对称焊接法同时运用。

4）宜采用跳焊法，避免工件局部加热集中。

5）在节点形式、焊缝布置、焊接顺序确定的情况下，宜采用熔化极气体保护电弧焊或药芯焊丝自保护电弧焊等能量密度相对较高的焊接方法，并采用较小的热输入。

6）宜采用反变形法控制角变形。

7）一般构件可用定位焊固定同时限制变形；大型、厚板构件宜用刚性固定法增加结构焊接时的刚性。

8）大型结构宜采取分部组装焊接、分别矫正变形后再进行总装焊接或连接的施工方法。

（十）熔化焊缝缺陷返修工艺

焊缝表面缺陷超过相应的质量验收标准时，对气孔、夹渣、焊瘤、余高过大等缺陷应用砂轮修磨、铲、凿、钻、铣等方法去除，必要时应进行焊补，对焊缝尺寸不足、咬边、弧坑未填满等缺陷应进行焊补；经无损检测确定焊缝内部存在超标缺陷时应进行返修。返修应符合下列规定：

1）返修前应由施工企业编写返修方案。

2）应根据无损检测确定的缺陷位置、深度，用砂轮打磨或碳弧气刨清除缺陷，缺陷为裂纹时，碳弧气刨前应在裂纹两端钻止裂孔并清除裂纹及其两端各 50mm 长的焊缝或母材。

3）清除缺陷时应将刨槽加工成四侧边斜面角大于 10°的坡口，并应修整表面、磨除气刨渗碳层，必要时应用渗透探伤或磁粉探伤方法确定裂纹是否彻底清除。

4）焊补时应在坡口内引弧，熄弧时应填满弧坑，多层焊的焊层之间接头应错开，焊缝长度应不小于 100mm；当焊缝长度超过 500mm 时，应采用分段退焊法。

5）返修部位应连续施焊，当中断焊接时，应采取后热、保温措施，防止产生裂纹，再次焊接前宜用磁粉或渗透探伤方法检查，确认无裂纹后方可继续补焊。

6）焊接修补的预热温度应比相同条件下正常焊接的预热温度高，并应根据工程节点的实际情况确定是否采用超低氢型焊条焊接或进行焊后消氢处理。

7）焊缝正、反面各为一个部位，同一部位返修不宜超过两次。

8）对两次返修后仍不合格的部位应重新制订返修方案，经工程技术负责人审批并报监理工程师认可后方可执行。

9）返修焊接应填报返修施工记录及返修前后的无损检测报告，作为工程验收及存档资料。

（十一）碳弧气刨应符合的规定

1）碳弧气刨工必须经过培训合格后方可上岗操作。

2）应采用直流电源、反接，根据钢板厚度选择碳棒直径和电流，如 $\phi 8mm$ 碳棒采用 $350\sim400A$，$\phi 10mm$ 碳棒采用 $450\sim500A$。压缩空气压力应达到 0.4MPa 以上。碳棒与工件夹角应小于 45°。操作时应先开气阀，使喷口对准工件待刨表面后再引弧起刨并连续送进、前移碳棒。电流、气压偏小，夹角偏大，碳棒送移不连续均易引起"夹碳"或"粘渣"。

3）发现"夹碳"时，应在夹碳边缘 $5\sim10mm$ 处重新起刨，所刨深度应比夹碳处深 $2\sim3mm$；发生"粘渣"时可用砂轮打磨。Q420、Q460 及调质钢在碳弧气刨后，不论有无"夹碳"或"粘渣"，均应用砂轮打磨刨槽表面，去除淬硬层后方可进行焊接。

四、质量标准

（一）主控项目

1）焊丝等焊接材料与母材的匹配应符合设计要求及 GB 50661 的规定。

检查数量：全数检查。

检验方法：检查质量证明书、焊材检验报告和烘焙记录。

2）焊工必须经考试合格并取得合格证书，持证焊工必须在其考试合格项目及其认可范围内施焊。

检查数量：全数检查。

检验方法：检查焊工合格证及其认可范围、有效期。

3）对于首次采用的钢材、焊接材料、焊接方法、焊后热处理等，应进行焊接工艺评定，并应根据评定报告确定焊接工艺。

检查数量：全数检查。

检验方法：检查焊接工艺评定报告。

4）设计要求全焊透的一、二级焊缝应采用超声波探伤进行内部缺陷的检验，超声波探伤不能对缺陷做出判断时，应采用射线探伤，其内部缺陷分级及探伤方法应符合 GB/T 11345 或 GB/T 3323 的规定。

一级、二级焊缝的质量等级及缺陷分级应符合表 6-43 的规定。

检查数量：全数检查。

检验方法：检查超声波或射线探伤记录。

5）T 形接头、十字接头、角接接头等要求熔透的对接和角对接组合焊缝，其焊脚尺寸

不应小于 $t/4$（图 6-62a、b、c），且不应大于 10mm；设计有疲劳验算要求的吊车梁或类似构件的腹板与上翼缘连接焊缝的焊脚尺寸不应小于 $t/2$（图 6-62d），且不应大于 10mm。焊脚尺寸的允许偏差为 0～4mm。

表 6-43   一、二级焊缝质量等级及缺陷分级

焊缝质量等级		一级	二级
内部缺陷超声波探伤	评定等级	Ⅱ	Ⅲ
	检验等级	B 级	B 级
	探伤比例	100%	20%
内部缺陷射线探伤	评定等级	Ⅱ	Ⅲ
	检验等级	AB 级	AB 级
	探伤比例	100%	20%

注：探伤比例的计数方法应按以下原则确定：（1）对工厂制作焊缝，应按每条焊缝计算百分比，且探伤长度应不小于 200mm，当焊缝长度不足 200mm 时，应对整条焊缝进行探伤；（2）对现场安装焊缝，应按同一类型、同一施焊条件的焊缝条数计算百分比，探伤长度应不小于 200mm，并应不少于 1 条焊缝。

检查数量：资料全数检查；同类焊缝抽查 10%，且不应少于 3 条。

检验方法：观察检查，用焊缝量规抽查测量。

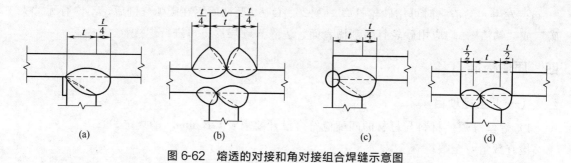

图 6-62   熔透的对接和角对接组合焊缝示意图

6）焊缝表面不得有裂纹、焊瘤等缺陷。一级、二级焊缝不得有表面气孔、夹渣、弧坑裂纹、电弧擦伤等缺陷；且一级焊缝不得有咬边、未焊满、根部收缩等缺陷。

检查数量：每批同类构件抽查 10%，且不应少于 3 件；被抽查构件中，每一类型焊缝按条数抽查 5%，且不应少于 1 条；每条检查 1 处，总抽查数不应少于 10 处。

检验方法：观察检查或使用放大镜、焊缝量规和钢尺检查，当存在疑义时，采用渗透或磁粉探伤检查。

（二）一般项目

1）对于需要进行焊前预热或焊后热处理的焊缝，其预热温度或后热温度应符合国家现行有关标准的规定或通过工艺试验确定；预热区在焊道两侧，每侧宽度均应大于焊件厚度的 1.5 倍以上，且不应小于 100mm；后热处理应在焊后立即进行，保温时间应根据板厚按每 25mm 板厚 1h 确定。

检查数量：全数检查。

检验方法：检查预、后热施工记录和工艺试验报告。

2）二级、三级焊缝外观质量标准应符合表 6-44 的规定。三级对接焊缝应按二级焊缝标准进行外观质量检验。

检查数量：每批同类构件抽查 10％，且不应少于 3 件；被抽查构件中，每一类型焊缝按条数抽查 5％，且不应少于 1 条；每条检查 1 处，总抽查数不应少于 10。

检验方法：观察检查或使用放大镜、焊缝量规和钢尺检查。

表 6-44 二级、三级焊缝外观质量标准　　　　　　　　　　单位：mm

项目	允许偏差	
缺陷类型	二级	三级
未焊满(指不足设计要求)	$\leqslant 0.2+0.02t$,且$\leqslant 1.0$	$\leqslant 0.2+0.04t$ 且$\leqslant 2.0$
	每 100.0 焊缝内缺陷总长$\leqslant 25.0$	
根部收缩	$\leqslant 0.2+0.02t$,且$\leqslant 1.0$	$\leqslant 0.2+0.04t$ 且$\leqslant 2.0$
	长度不限	
咬边	$\leqslant 0.05t$,且$\leqslant 0.5$,连续长度$\leqslant 100.0$,且焊缝两侧咬边总长$\leqslant 10\%$焊缝全长	$\leqslant 0.1t$,且$\leqslant 1$,长度不限
弧坑裂纹	不允许	允许存在个别长度 $\leqslant 5.0$ 的弧坑裂纹
电弧擦伤	不允许	允许存在个别电弧擦伤
接头不良	缺口深度 $0.05t$,且$\leqslant 0.5$	缺口深度 $0.1t$ 且$\leqslant 1.0$
	每 1000.0 焊缝不应超过 1 处	
表面气孔	不允许	每 50.0 焊缝内允许存在直径$\leqslant 0.4t$,且$\leqslant 3.0$ 的气孔 2 个,孔距应$\geqslant 6$ 倍孔径
表面夹渣	不允许	深$\leqslant 0.2t$,长$\leqslant 0.5t$ 且$\leqslant 20.0$

注：表内 t 为连接处较薄的板厚

3）焊缝尺寸允许偏差应符合表 6-45 和表 6-46 的规定。

检查数量：每批同类构件抽查 10％，且不应少于 3 件；被抽查构件中，每种焊缝按条数各抽查 5％，但不应少于 1 条；每条检查 1 处，总抽查数不应少于 10 处。

检验方法：用焊缝量规检查。

表 6-45 对接焊缝及完全熔透组合焊缝尺寸允许偏差　　　　　　　　单位：mm

序号	项目	示意图	允许偏差	
			一、二级	三级
1	对接焊缝余高 C		$B<20$:0~3.0;$B\geqslant 20$:0~4.0	$B<20$:0~4.0;$B\geqslant 20$:0~5.0
2	对接焊缝错边 d		$d<0.15t$,且$\leqslant 2.0$	$d<0.15t$,且$\leqslant 3.0$

表 6-46　部分焊透组合焊缝和角焊缝外形尺寸允许偏差

序号	项目	图例	允许偏差
1	焊脚尺寸 h_f		$h_f \leqslant 6:0 \sim 1.5$ $h_f > 6:0 \sim 3.0$
2	角焊缝余高 C		$h_f \leqslant 6:0 \sim 1.5$ $h_f > 6:0 \sim 3.0$

注：1. $h_f > 8.0\text{mm}$ 的角焊缝其局部焊脚尺寸允许低于设计要求值 1.0mm，但总长度不得超过焊缝长度 10%；
2. 焊接 H 形梁腹板与翼缘板的焊缝两端在其 2 倍翼缘板宽度范围内，焊缝的焊脚尺寸不得低于设计值。

4）焊成凹形的角焊缝，焊缝金属与母材间应平缓过渡；加工成凹形的角焊缝，不得在其表面留下切痕。

检查数量：每批同类构件抽查 10% 且不应少于 3 件。

检验方法：观察检查。

5）焊缝感观应达到：外形均匀、成形较好，焊道与焊道、焊道与基本金属间过渡较平滑，焊渣和飞溅物基本清除干净。

检查数量：每批同类构件抽查 10%，且不应少于 3 件；被抽查构件中，每种焊缝按数量各抽查 5%，总抽查处不应少于 5 处。

检验方法：观察检查。

五、成品保护

① 焊道表面熔渣未完全冷却时，不得铲除熔渣，避免影响焊道成形。

② 厚板及高强钢的表面焊道，焊后应立即采用热的焊剂覆盖缓冷，避免表面快冷产生裂纹。

③ 用锤击法消除中间焊层应力时，应使用圆头手锤或小型振动工具进行，不应对根部焊缝、盖面焊缝或焊缝坡口边缘的母材进行锤击；锤击应小心进行，以防焊缝金属或母材皱褶或开裂。

④ 冬季、雨季施焊时，注意保护未冷却的接头，应避免碰到冰雪。

六、应注意的质量问题

（1）防止层状撕裂　T 形接头、十字接头、角接接头焊接时，宜采用以下防止板材层状撕裂的焊接工艺措施：

1）采用双面坡口对称焊接代替单面坡口非对称焊接。

2）采用低强度焊条在坡口内母材板面上先堆焊塑性过渡层。

3）Ⅱ类及Ⅱ类以上钢材箱形柱角接接头当板厚大于、等于 80mm 时，板边火焰切割面宜用机械方法去除淬硬层（见图 6-63）。

4）采用气体保护焊施焊。

5）提高预热温度施焊。

（2）焊工应在焊前、焊中和焊后检查以下项目

1）焊前：任何时候开始焊接前都要检验构件标记并确认该构件装配质量，检验焊接设备；检验焊接材料，清理现场，预热。

2）焊中：预热和保持层间温度，检验填充材料，打底焊缝外观，清理焊道，按认可的焊接工艺焊接。

3）焊后：清除焊渣和飞溅物，检查焊缝尺寸，检查焊缝外观有无咬边、焊瘤、裂纹和弧坑等缺陷，并记录冷却速度。

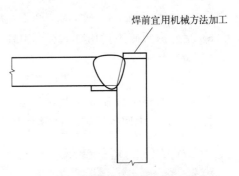

图6-63 特厚板角接接头防止层状撕裂的工艺措施示意图

七、质量记录

钢结构（钢构件焊接）分项工程检验批质量验收记录。

八、安全、环保措施

1. 安全操作要求

1）焊接作业场地应设立明显标志。

2）焊工操作时应穿工作服、绝缘鞋和戴电焊手套、防护面罩等安全防护用品。

3）操作前应先检查焊机和工具，如焊接夹具和焊接电缆的绝缘体、焊机外壳保护接地和焊机的各接线点等，确认安全合格后方可作业。

4）焊接时临时接地线头严禁浮搭，必须固定、压紧，用胶布包严。

5）操作时遇下列情况必须切断电源：

① 改变电焊机接头时；

② 改接二次回路时；

③ 转移工作地点搬动焊机时；

④ 焊机发生故障需进行检修时；

⑤ 更换保险装置时；

⑥ 工作完毕或临时离开操作现场时。

2. 高处作业必须严格遵守以下规定

1）必须使用标准的防火安全带，设安全绳，并系在可靠的构架上；

2）焊工必须站在稳固的操作平台上作业，焊机必须放置平稳、牢固，设有良好的接地保护装置。

3）焊接时二次线必须双线到位，严禁借用金属构架、轨道作回路地线。

3. 焊接作业的防火措施

1）焊接现场必须配备足够的防火设备和器材，如消火栓、砂箱、灭火器等，电气设备失火时，应立即切断电源，采用干粉灭火。

2）焊接作业现场周围10m范围内不得堆放易燃、易爆物品。

3）在周围空气中有可燃气体和可燃粉尘的环境严禁焊接作业。

4）施工现场气刨、气割作业，应设挡板或接火盒。

5）室外露天施工，冬季雨季施工，应按冬季雨季施工方案，做好预防和处理。

6）室外露天施工，用电应符合 JGJ 46《施工现场临时用电安全技术规范》的规定。

4. 环保措施

1）焊条头、埋弧焊的焊渣应及时清理并统一回收处理。

2）清理操作平台和地面上废弃物、垃圾时，应按生活垃圾、不可回收废弃物、可回收废弃物分类后集中回收，装入容器运走，严禁随意处理或抛撒。

九、FCAW-G 的特殊要求

FCAW-G 原理见图 6-64。

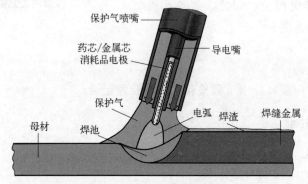

图 6-64　FCAW-G 原理

FCAW-G 执行本节上述所有规定。此外还有以下注意事项：

1）FCAW-G 为渣气联合保护，抗风能力较强；药芯焊丝工艺性好，容易操作。但熔深浅，抗裂性能差，极易吸潮，加上本身含氢量较高，是产生氢致裂纹的基本条件。

2）采用 FCAW-G 焊接重要受力焊缝时，宜做焊缝消氢处理。

3）药芯焊丝最好一次用完，未用完的焊丝要密封干燥保存。建议：不要用在重要受力焊缝的焊接中。

第七章

电渣焊（ESW）
和气电立焊（EGW）

第一节　电渣焊过程及特点

电渣焊是一种 20 世纪 50 年代开始应用于工业生产的熔焊化方法，它可以"以小拼大"，将较小的铸件、锻件、钢板拼焊成大型机械产品零部件。在大厚度焊接结构的焊接中，具有生产率高、自动化程度高、工人劳动强度低等优点，最近广泛用于 BOX 结构的筋板的焊接。电渣焊优点和缺点一样突出，由于焊缝和 HAZ 晶粒粗大、冲击韧性低的缺点，在建筑钢结构领域内逐渐受到限制。

一、电渣焊的过程

利用电流通过液体熔渣所产生的电阻热进行焊接的方法称电渣焊。图 7-1 为电渣焊过程

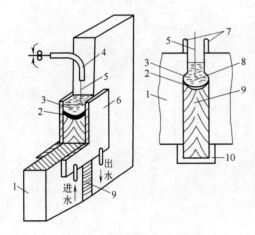

图 7-1　电渣焊过程示意图

1—焊件；2—金属熔池；3—渣池；4—导电嘴；
5—焊丝；6—水冷强迫成形装置；7—引出板；
8—熔滴；9—焊缝；10—起焊槽

示意图，焊前先把工件垂直放置，在两工件之间留有约 20～40mm 的间隙，在工件下端装有起焊槽，上端装引出板，并在工件两侧表面装有强迫焊缝成形的水冷成形装置（滑块）。开始焊接时，使焊丝与起焊槽短路起弧，不断加入少量固体焊剂，利用电弧的热量使之熔化，形成液态熔渣，待渣池达到一定深度时，增加焊丝送进速度，并降低焊接电压，使焊丝插入渣池，电弧熄灭，转入电渣焊接过程。由于液态熔渣具有一定的导电性，当焊接电流从焊丝端部经过渣池流向工件时，在渣池内产生大量电阻热，其温度可达 1600～2000℃，将焊丝和工件边缘熔化，熔化的金属沉积到渣池下面形成金属熔池。随着焊丝不断送进，熔池不断上升并冷却凝固而形成焊缝。由于熔渣始终浮于金属熔池上部，不仅保证了电渣过程的顺利进行，

而且对金属熔池起到了良好的保护作用。随着焊接熔池的不断上升和焊缝的形成，焊丝送进机构和强迫成形滑块也不断向上移动，从而保证焊接过程连续地进行。在被焊工件上端装的引出板是为了把渣池和在停止焊接时往往易产生缩孔和裂纹的那部分焊缝金属引出工件之外。工件下端的起焊槽除了起造渣作用外，也是为了把开始电渣过程不稳定，不容易产生未熔合缺陷那部分留在起焊槽内。焊后再将引出板和起焊槽割除。

二、电渣焊的特点

电渣焊在工艺上具有如下特点：它是一种机械焊接方法，在焊接接头多用 I 形坡口，处于立焊位置，即焊缝轴线处在垂直或接近垂直的位置下施焊，除环缝外焊接时焊件是固定的。焊接开始以后就连续焊到结束，中间不能停顿。焊缝的凝固过程是从底部向上进行，在凝固的焊缝金属上面总有熔化金属，而熔化金属始终有高温熔渣覆盖。没有电弧，焊接过程平稳且无飞溅。具有高的熔敷率，从而可以单道焊非常厚的截面。

与其他熔焊方法比较，电渣焊具有下列优点：

1）可以一次焊接很厚的工件，从而可以提高焊接生产率。理论上能焊接的板厚是无限的，但实际上要受到设备、电源容量和操作技术等方面限制，常焊的板厚约在 13～500mm。

2）厚的工件也不需开坡口，只要两工件之间有一定装配间隙即可，因而可以节约大量填充金属和加工时间。

3）由于处在立焊位置，金属熔池上始终存在着一定体积的高温熔池，这使熔池中的气体和杂质较易析出，故一般不易产生气孔和夹渣等缺陷。又由于焊接速度缓慢，其热源的热量集中程度远比电弧焊为弱，因此近缝区加热和冷却速度缓慢，这对于焊接易淬火的钢种来说，近缝区产生淬火裂缝的可能性减少。焊接中碳钢和低合金钢时均可不预热。

4）由于母材熔深较易调整和控制，焊缝金属中的填充金属和母材金属的比例可在很大范围内调整，这对于调整焊缝金属的化学成分及降低有害杂质具有特殊意义。

由于电渣焊热源的特点和焊接速度缓慢，也存在着一个很大的缺点，即焊缝金属和近缝区在高温（1000℃以上）停留时间长，易引起晶粒粗大，产生过热组织，造成焊接接头冲击韧度降低，所以对某些钢种焊后一般都要求进行正火或回火热处理，这对于大型工件来说是比较困难的。如何提高电渣焊在焊态时的接头冲击韧度是当前电渣焊技术发展中的一个重要课题。

第二节　电渣焊种类和适用范围

按电极的形状，电渣焊方法有丝极电渣焊、熔嘴电渣焊（含管极电渣焊）和板极电渣焊三种。

一、丝极电渣焊（ESW-WE）

图 7-2 为丝极电渣焊示意图，用焊丝作为电极，焊丝通过不熔化的导电嘴送入渣池。安装导电嘴的焊接机头随金属熔池的上升而向上移动，焊接较厚的工件时可以采用 2 根、3 根或多根焊丝，还可使焊丝在接头间隙中往复摆动以获得较均匀的熔宽和熔深。

这种焊接方法焊丝在接头间隙中的位置及焊接工艺参数容易调节，因而熔宽与熔深易于控制，适合于焊缝较长的工件和环焊缝的焊接，也适合高碳钢、合金钢对接和 T 形接头的焊接。但是，当采用多丝焊时，焊接设备和操作较复杂，又由于焊机位于焊缝的一侧，只能在焊缝的另一侧安装控制变形的定位铁，以致焊后易产生角变形。

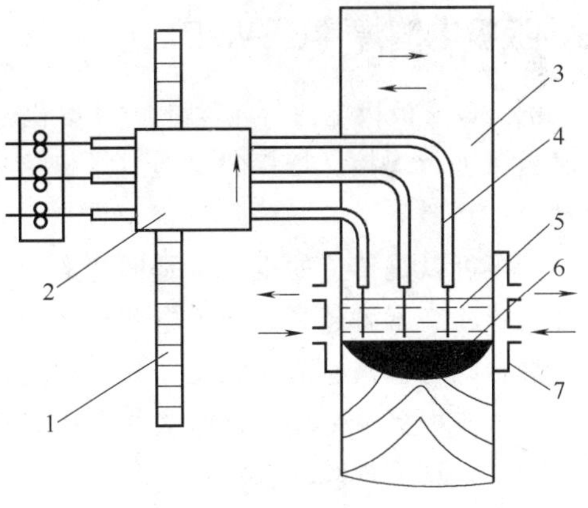

图 7-2　丝极电渣焊示意图

1—导轨；2—焊机机头；3—工件；4—导电嘴；
5—渣池；6—金属熔池；7—水冷成形滑块

二、熔嘴电渣焊（ESW-MN）

图 7-3 为熔嘴电渣焊示意图。它是由焊丝和固定在工件之间并与工件绝缘的熔嘴共同作为熔化电极的一种电渣焊。熔嘴是由一根或数根导丝钢管与钢板组成，其形状与被焊工件断面形状相似，它不仅起导电嘴的作用，而且熔化后便成为焊缝金属的一部分。焊丝通过导丝

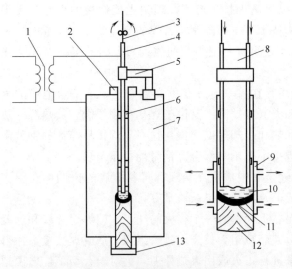

图 7-3　熔嘴电渣焊示意图

1—电源；2—引出板；3—焊丝；4—熔嘴钢管；5—熔嘴夹持架；
6—绝缘板；7—工件；8—熔嘴钢板；9—水冷成形滑块；
10—熔池；11—金属熔池；12—焊缝；13—起焊槽

钢管不断向熔池送进。根据工件厚度，可采用 1 个、2 个或多个熔嘴。根据工件断面形状，熔嘴电极的形状可以是不规则的或规则的。根据需要，焊缝的化学成分可以通过熔嘴及焊丝的化学成分的配合达到要求，而且易于调整。

熔嘴电渣焊设备简单、体积小，操作方便，目前已成为对接焊缝和 T 形焊缝的主要焊接方法。焊接时，焊机位于焊缝上方，故适合于梁体等复杂结构的焊接。由于可采用多个熔嘴，且熔嘴固定于接头间隙中，不易产生短路等故障，所以适合于大截面工件的焊接。熔嘴可做成各种曲线或曲面形状，以适应具有曲线或曲面的焊缝焊接。

当被焊工件较薄时（如 20～60mm），熔嘴可简化为一根或两根管子，在管子外面涂上涂料，焊丝通过管子不断向渣池送进，两者作为电极进行电渣焊，这种方法称为管极电渣焊，是熔嘴电渣焊的特殊形式，见图 7-4。

管极外表面的涂料有绝缘作用，焊接时不会与工件短路，于是装配间隙可以缩小，因而可以节省焊接材料和提高焊接生产率。又由于薄板焊接可以只用一根管极，操作简便，而管极易于弯成各种曲线形状，管极电渣焊多用于薄板及曲线焊缝的焊接。可以通过管极的涂料向焊缝金属中渗合金元素，以达到调整化学成分或优化焊缝晶粒作用。

三、板极电渣焊（ESW-BE）

图 7-5 为板极电渣焊示意图，其熔化电极为金属板条，根据焊件厚度可采用一块或数块金属板条进行焊接。焊接时，通过送机构将板极连续不断地向熔池中送进，板极不需做横向摆动。

板极可以是铸造的也可以是锻造的，其长度一般约为焊缝长度的 3 倍以上。焊缝越长，焊接位置的高度就越高。板极电渣焊受板极送进长度和自身刚度的限制，宜用于大断面短焊缝的焊接。与丝极电渣焊相比，板极比丝极容易制备，对于某些难以拔制成焊丝的合金钢，就可以做成板极，采用板极电渣焊。所以板极电渣焊常用于合金钢的焊接和堆焊工艺，目前主要用于模具堆焊和轧辊堆焊。

四、电渣焊的适用范围

（1）可焊接的范围　主要用于钢材或铁镍合金的焊接。其中低碳钢和中碳钢很容易焊接。由于冷却缓慢，也适于焊接高碳钢和铸铁。采取适当措施也可以焊接低合金钢、不锈钢和镍基合金等。

（2）可焊接的厚度　一般宜焊接板厚在 30mm 以上，小于 30mm 的板在经济上就不如埋弧焊和气电立焊。电渣焊虽没有厚度上限，但受设备条件限制，丝极电渣一般可焊板厚达

400mm，更大厚度则用板极电渣焊和熔嘴电渣焊，其厚度可达 1m。目前世界上已焊成焊缝厚度为 3m 的锤座。

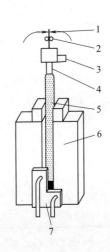

图 7-4　管极电渣焊示意图

1—焊丝；2—送丝滚轮；3—管极夹持机构；4—管极钢管；
5—管极涂料；6—工件；7—水冷却成形滑块

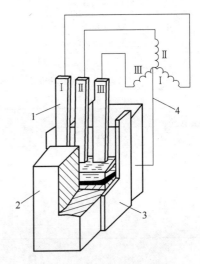

图 7-5　板极电渣焊示意图

1—焊件；2—板极；3—强迫成形装置；4—电源

（3）可焊接的接头　等厚板之间的对接接头最易焊，也最常用，其次是 T 形接头、角接头和十字接头。

（4）可焊接的结构　应用最多的是厚板结构，其次是大截面结构、圆筒形结构和变截面结构（包括具有曲线或曲面焊缝的结构）。这些结构在机器制造、重型机械、锅炉压力容器、船舶、高层建筑等工业部门中经常遇到。

第三节　电渣焊设备

电渣焊设备主要由电源、机头和滑块或挡板等组成。

一、丝极电渣焊设备

（一）电源

电渣焊可用交流或直流电源，一般多用交流电源，为了保证电渣过程稳定和减小网路电压波动的影响，以及避免出现电弧放电或弧渣混合过程，电渣焊用的电源必须是空载电压低、感抗小的平特性（即恒压）电源。电渣焊变压器应该是三相供电，其次级电压应具有较大的调节范围。由于焊接时间长，中途不停顿，故其负载持续率一般为 100%，每根焊丝的额定电流不应小于 750A，以 1000A 居多。

表 7-1 为目前国产电渣焊电源的技术数据。

（二）机头

机头包括送丝机构、摆动机构、行走机构、控制系统和导电嘴等。图 7-6 是典型三丝极电渣焊机机头。

表 7-1　国产电渣焊电源主要技术数据

型号		BP×1000	BP×3000
一次电压/V		380	380
二次电压调节范围/V		38~53.4	7.9~63.3
额定负载持续率/%		80	100
焊接电流/A	当负载持续率为100%	900(每相)	3000
	当负载持续率为80%	1000(每相)	—
额定容量/kV·A		160	450
相数		3	3
冷却方式		通风机	一次空冷、二次水冷
外形尺寸(长×宽×高)/mm		1400×940×1685	1535×1100×1480
主要特点与用途		可同时供给三根焊丝电流,每根电流最大电流1000A,一次电压有18挡供调节,具有平直外特性	可作丝极或板极电渣焊用,具有平直外特性

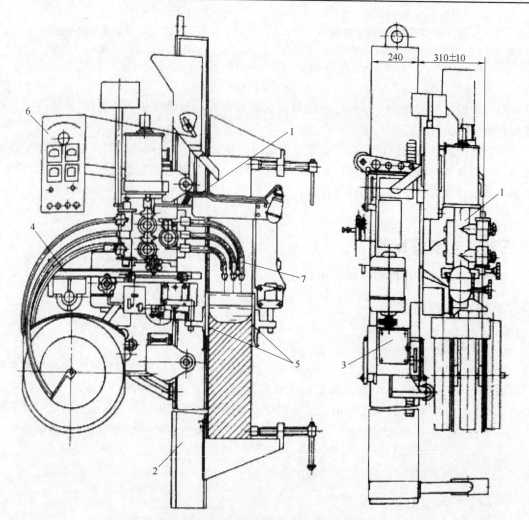

图 7-6　三丝极电渣焊机头（A-372P 型）

1—三丝极焊机头；2—钢轨；3—行走小车；4—水平往复移动机构；5—成形装置；6—控制盘；7—导电嘴

1. 送丝和摆动机构

送丝机构的作用是将焊丝从焊速盘以恒定的速度经导电嘴送向熔渣池。送丝机最好由单独的驱动电机和给送轮给送单根焊丝。一般是利用多轴减速箱由一台电机带动，若干对给送轮给送多根焊丝。送丝速度可均匀无级调节。对于直径为 $\phi 2.4mm$ 和 $\phi 3.2mm$ 的焊丝，其送丝速度约在 $17 \sim 150mm/s$ 的范围。

当每根焊丝所占焊件厚度超过 70mm 时，焊丝应作横向摆动，以扩大单根焊丝所焊的焊件厚度，焊丝的摆动是由作水平往复摆动的机构，通过整个导电嘴的摆动完成的。摆动的幅度、摆动的速度以及摆至两端的停留时间应能调节，一般采用电子线路来控制摆动动作。

2. 行走机构

电渣焊机的行走机构是用来带动整个机头和滑块沿接缝作垂直移动，有有轨式和无轨式两种形式。有轨式行走机构是使整个机头沿与焊缝平行的轨道上移动。齿条式行走机构是由直流电机、减速箱、爬行齿轮和齿条组成，齿条用螺钉固定在专用的立柱上而成为导轨。行走速度应能无级调节和精确控制，因为焊接时，整个机头要随熔池的升高而自动地沿焊缝向上移动。

3. 导电嘴

丝极电渣焊机上的导电嘴是将焊接电流传递给焊丝的关键器件，而且对焊丝导向并把它送入熔渣池。导电嘴要求结构紧凑、导电可靠、送丝位置准确而不偏移、使用寿命长等。通常是由钢质焊丝导管和铜质导电嘴组成，前者导向，后者导电。铜质导电嘴的引出端位置靠近熔渣，最好用铬锆铜制作，因它在高温下能保持较高强度。整个导电嘴都缠上绝缘带，以防止它与焊件短路。

4. 控制系统

电渣焊接过程中的焊丝送进速度、导电嘴横向摆动距离及停留时间、行走机构的垂直移动速度等参数均采用电子开关线路控制和调节。其中比较复杂又较困难的是行走机构上升速度的自动控制和熔渣池深度的自动控制，目前都是采用传感器检测渣池位置加以控制。

（三）滑块

滑块是强制焊缝成形的冷却装置，焊接时，随机头一起向上移动，其作用是保持熔渣池和金属熔池在焊接区内不致流失，并强迫熔池金属冷却形成焊缝，通常用热导性良好的纯铜制造并通过冷却水。共分前、后冷却滑块，前冷却滑块悬挂在机头的滑块支架上，滑块支架的另一根支杆通过对接焊缝的间隙与后滑块相连，此支杆的长度取决于焊件的厚度。滑块由弹簧紧压在焊缝上，不同形状的焊接接头使用不同形状的滑块。见图 7-7～图 7-9。调整滑块的高低可改变焊丝的伸长度。

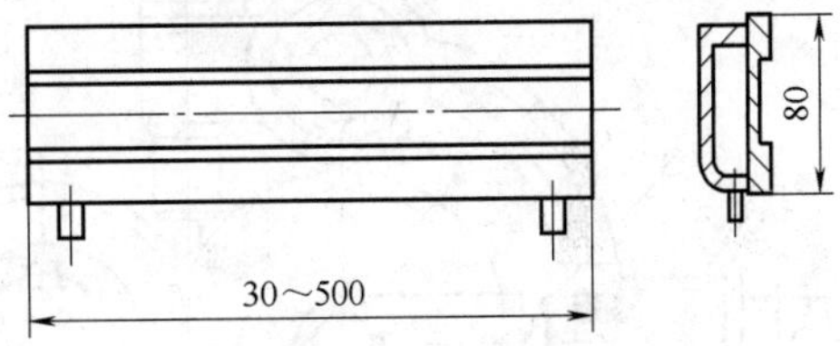

(a) 对接接头用

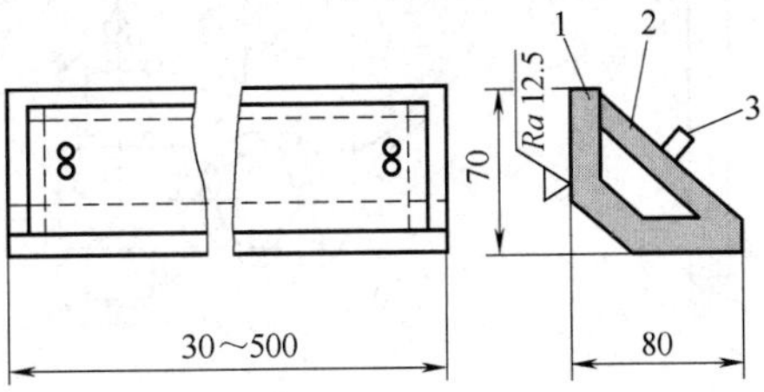

(b) T形接头用

图 7-7　固定式水冷成形滑块

1—铜板；2—水冷罩壳；3—管接头

单位：mm

二、熔嘴电渣焊设备

熔嘴电渣焊设备由电源、送丝机构、熔嘴夹持机构、挡板及机架等组成。由于熔嘴电渣焊主要用于焊接大断面焊件，须采用大功率的焊接电源，如 $BP_{t-3} \times 3000$ 型变压器。

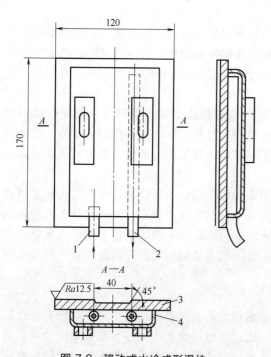

图 7-8　移动式水冷成形滑块

1—进水管；2—出水管；3—铜板；4—水冷罩壳

单位：mm

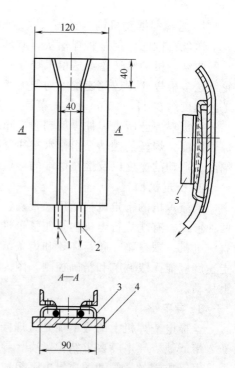

图 7-9　环缝电渣焊内成形滑块

1—进水管；2—出水管；3—薄钢板外壳；

4—铜板；5—角铁支架

单位：mm

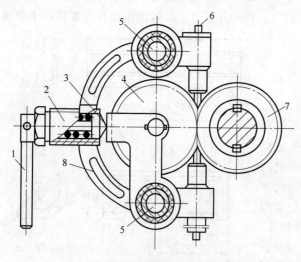

图 7-10　熔嘴电渣焊焊丝送进装置

1—手柄；2—环形套；3—顶杆；4—压紧轮；5—支架

滑动轴；6—焊丝；7—主动轮；8—弓形支架

（一）送丝机构

送丝机构由直流电动机、减速箱、焊丝给送装置和机架等组成。送丝速度一般在 $45 \sim 200 \mathrm{m/h}$ 范围内无级调节。一般是用一台直流电动机送进单根或多根焊丝，每一根焊丝都有一个焊丝给送装置（图 7-10）。该装置可以根据熔嘴尺寸或熔嘴间距不同将弓形支架 8 在支架滑动轴 5 上移动。焊丝 6 通过主动轮 7 和压紧轮 4 送入熔嘴板上的导向管内。各主动轮均装在同一根主动轴上，通过手柄 1 使顶杆 3 顶紧压紧轮 4 以获得对焊丝足够的压紧力，保证在主动轮 7 的带动下将焊丝送进。多丝焊时，各焊丝同步给送。

（二）熔嘴夹持机构

熔嘴夹持机构主要是保证在焊缝间隙内的熔嘴板固定不动，同时在装配和焊接过程中能随时调节熔嘴的位置，使它处于缝隙中间。对夹持机构的要求是：具有足够刚性，且便于安

装；能保证熔嘴处在间隙中间，并调
节方便，熔嘴与焊件以及熔嘴之间的
绝缘必须可靠。常用的单熔嘴夹持装
置见图 7-11。大断面熔嘴电渣焊时，
焊前根据熔嘴的数量，通过两根支架
轴 4 将各单熔嘴夹持装置组成一个多
熔嘴的夹持机构。安装时，先在焊件
上按熔嘴夹持机构所需宽度，在两边
各焊上一块钢板，然后将熔嘴夹持机
构与钢板连接固定。熔嘴与熔嘴夹持
机构的连接，是通过熔嘴夹持装置上
的夹持板 7，用螺钉紧固的。熔嘴板位
置的调节是通过调节螺母 1 和固定螺
钉 7 进行，可以前后移动和左右摆动。

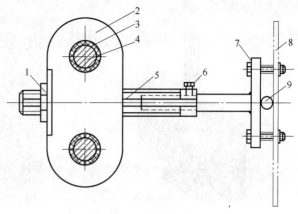

图 7-11　单熔嘴夹持机构

1—调节左右位置螺母；2—滑动支架；3—绝缘圈；
4—支架滑动轴；5—螺杆；6—垂直位置固定螺钉；
7—夹持板；8—熔嘴板；9—调整轴

通过调节调整轴 9 两侧的螺丝就可以调节熔嘴板的垂直度。该夹持机构不能使熔嘴在垂直方
向上下移动。若需少量移动，将在熔嘴板上与夹持板连接的孔割成长孔即可。

　　管极电渣焊时，使用上述单根送丝机构即可，也可利用焊丝直径和送丝速度范围相同的
埋弧焊或气体保护焊机的送丝机来完成单丝送进。

第四节　气电立焊（EGW）简述

　　气电立焊和电渣焊类似，是熔化极气体保护焊和药芯焊丝电弧焊两种方法的融合。气电
立焊利用水冷铜滑块挡住熔化熔池金属外淌，从而可以实现较大电流的立焊位置焊接。如果
采用实心焊丝，可外加气体进行保护。气电立焊焊接过程平静，飞溅极少，通常焊接以单道
焊完成。该方法适用于厚壁大型结构立缝的焊接，例如造船立向焊缝的焊接就是其典型
应用。

　　图 7-12 所示为气电立焊原理与机头。在气电立焊焊接过程中，实心或药芯焊丝由上向
下送入待焊焊件坡口和两个水冷铜滑块组成的凹槽中。电弧在焊丝和焊件底部的引弧板之间
引燃。电弧的热量熔化焊件坡口表面和焊丝。熔化焊丝和母材不断汇流到电弧下面的熔池
中，并凝固形成焊缝。在厚壁焊件中，焊丝可摆动，也可以添加多根焊丝，以保证均匀分布
热量和熔敷金属量。随着焊件之间焊道空间的逐渐填充，水冷铜滑块跟随焊接机头向上移
动，下面的熔池冷凝结晶形成焊缝。虽然焊缝的轴线和行走方向是垂直向上的，但实际是平
焊位置，因此可以采用较大的焊接电流，具有较高的焊接效率。

　　分析气电立焊过程，可以得出其主要特点如下：

　　1）采用水冷铜滑块，为防止熔化金属溢出，只能焊接立焊位置、规则形状的焊缝。

　　2）焊缝保护好，凹槽内熔池受到熔渣与气体的保护。

　　3）热输入大，焊接单程完成（理论上可以忽略焊件厚度），生产效率高，比焊条电弧焊
高 10 倍以上。

　　4）焊接过程机械化，操作简便，工艺过程稳定。

　　5）焊接热输入大，容易出现粗大晶粒组织。

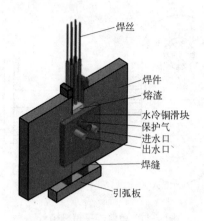

(a) 气电立焊原理　　　　　　　　　　(b) 气电立焊机头

图 7-12　气电立焊原理与机头

气电立焊主要用于碳素钢和合金钢的焊接，也可用于奥氏体不锈钢及其他金属和合金焊接。气电立焊用于连接必须在垂直位置焊接或为可放在垂直位置焊接的厚板，焊接通常以单程完成，接头越长，效率越高，适用于船体壳体、桥梁、沉箱、海上钻井设备等大型结构件的焊接。

第五节　实用建筑钢结构电渣焊（ESW)焊接工艺

本工艺适用于建筑钢结构焊接工程中，箱形构件壁板厚度≥10mm 的碳素结构钢和低合金高强度结构钢采用电渣焊的施工。电渣焊不得用于调质钢、焊缝承受拉应力和直接承受动载荷的结构件。

一、施工准备

（一）材料

1) 钢材：建筑钢结构用钢材的选用应符合设计图的要求，进口钢材产品的质量应符合设计和合同规定标准的要求。进厂后，应按 GB 50205 的要求分检验批进行检查验收。

碳素结构钢和低合金高强度结构钢应符合 GB/T 700、GB/T 699、GB/T 1591、GB/T 5313、GB/T 19879 规定。

建筑钢结构用钢材，应具有质量合格证明文件或检验报告；其化学成分、力学性能和其他质量要求必须符合国家现行标准规定。当采用其他钢材替代设计选用的材料时，必须经原设计单位同意。

对属于下列情况之一的钢材应进行抽样复验，其复验结果应符合现行国家产品标准和设计要求：①国外进口钢材；②钢材混批；③板厚≥40mm，且设计有 Z 向性能要求的厚板；④建筑结构安全等级为一级，大跨度钢结构中主要受力构件所采用的钢材；⑤设计有复验要求的钢材；⑥对质量有疑义的钢材。

钢板厚度及允许偏差应符合其产品标准的要求。型钢的规格尺寸及允许偏差符合其产品标准的要求。钢材的表面外观质量除应符合国家现行有关标准的规定外，还应符合下列规定：①当钢材的表面有锈蚀麻点或划痕等缺陷时其深度不得大于该钢材厚度负允许偏差值的1/2；②钢材表面的锈蚀等级应符合 GB/T 8923 规定的 C 级及 C 级以上要求，钢材端边或断口处不应有分层夹渣等缺陷。

2）焊接材料：焊接材料的品种、规格、性能等应符合现行国家产品标准和设计要求。进厂后，应按 GB 50205 的要求分检验批进行检查验收。

焊丝和焊剂应符合 GB/T 5293、GB/T 14957、GB/T 8110、GB/T 12470 的规定。

焊接材料应具产品合格证明文件或检验报告；其化学成分、力学性能和其他质量要求必须符合国家现行标准规定。当采用其他焊接材料替代设计选用的材料时，必须经原设计单位同意。

大型、重型及特殊钢结构的主要焊缝采用的焊接填充材料，应按生产批号进行复验。复验应由国家质量技术监督部门认可的质量监督检测机构进行，复验结果应符合现行国家产品标准和设计要求。

3）焊接辅助材料：引、熄弧铜块，碎丝切丸，耐火泥，嵌条等。

4）胎架、平台支架等。

（二）机具设备

1）机械设备：电源箱、焊接变压器（熔嘴电渣焊）、直流焊接电源（丝极电渣焊）、专用电渣焊送丝机头（熔嘴电渣焊）、门架式成套电渣焊机、40 钻床、焊剂烘箱、焊条烘箱、空气压缩机、碳弧气刨机、电加热自动温控仪、手工焊机、CO_2 气体保护焊机和送丝机、行车或吊车等。

2）工具：火焰烤枪、手割炬、气管、打磨机、磨片、盘丝机、大力钳、尖嘴钳、螺丝刀、扳手套筒、老虎钳、导电嘴、焊丝盘、焊剂筒、焊剂分量小筒、小榔头、字模钢印、水冷板、水管、千斤顶、焊接面罩、焊接枪把、焊条保温筒、碳刨钳、插头、接线板、圆钢棒、钻头、白玻璃、黑玻璃、起重翻身吊具、钢丝绳、卸扣、手推车等。

3）量具：水准仪、卷尺、焊缝量规、接触式或红外、激光测温仪等。

4）无损检查设备：放大镜、磁粉探伤仪、模拟或数字式超声波探伤仪、探头、超声波标准对比试块等。

（三）作业条件

1）按被焊接头和结构，选定满足和适合电渣焊作业的场地。

2）准备电渣焊焊接专用平台胎架，平台胎架检查测平。

3）按钢结构施工详图和钢结构焊接工艺方案要求，准备引、熄弧铜块，碎丝切丸，耐火泥，嵌条等焊接辅助材料。

4）焊条、焊丝、焊剂等焊接材料，根据材质、种类、规格分类堆放在焊材干燥室。焊条不得有锈蚀、破损、脏物，焊丝不得有锈蚀、油污。焊剂不得混有杂物。埋弧焊焊剂、定位打底修补用焊条按焊接工艺要求烘干保温后，按规定领用。埋弧焊丝盘卷按焊接工艺规定领用。

5）按被焊接头和结构布置施工现场焊接设备。定位、打底、修补焊接用手工焊机和 CO_2 气体保护焊机配置到位，用于焊接预热、保温、后热的火焰烤枪、电加热自动温控仪配置到位。

6）电源容量合理及接地可靠，现场人员熟悉防火设备的位置和使用方法。

7）按钢结构施工详图、钢结构制作工艺要领、钢结构焊接工艺方案和施工作业文件，材料下料切割后，电渣焊衬垫板端铣，在专用平台上进行电渣焊隔板组对、箱形构件组对、箱形构件纵缝打底焊接，并经工序检验合格，质检员签字同意转移至电渣焊工序。

8）焊接作业环境要求：

① 焊接作业区的相对湿度不得大于90％。

② 当焊件表面潮湿或有冰雪覆盖时，应采取加热去湿除潮措施。

③ 焊接作业区环境温度低于0℃时，应将构件焊接区各方向≥2倍钢板厚度且不小于100mm范围内的母材加热到20℃以上后方可施焊，且在焊接过程中均不应低于这一温度，并由焊接技术责任人员制订出作业方案经认可后方可实施。作业方案应保证焊工操作技能不受环境低温的影响，同时对构件采取必要的保温措施。

④ 室外电渣焊施工作业仅适用于单管熔嘴电渣焊。室外移动式简易焊接房要能防风、防雨、防雷电，需有漏电、触电防护。

二、技术准备

1. 单位资质和体系

应具有国家认可的企业资质和焊接质量管理体系。

2. 人员资质

焊接技术责任人员、焊接质检人员、无损探伤人员、焊工与焊接操作工、焊接辅助人员的资质应满足 JGJ 81 的要求。

3. 焊材选配与准备

焊丝、焊剂等焊接材料与母材的匹配，应符合设计要求及 JGJ 81 的规定，焊剂在使用前应按其产品说明书及焊接工艺文件的规定进行烘焙和存放。

表 7-2 为常用单管熔嘴电渣焊接材料的选配。表 7-3 为常用丝极电渣焊接材料的选配。

表 7-2 常用单管熔嘴电渣焊接材料的选配

钢材	焊丝	焊剂	焊管	备注
Q235、Q345	H08MnA、H08MnA＋Si(JW-3)、H08MnMoA、H10Mn2	HJ360(国产)	XTH. SES-IX	通过焊接工艺评定试验确定

表 7-3 常用丝极电渣焊接材料的选配

钢材	焊丝	焊剂	导丝管	备注
Q235、Q345	JM-56 JW-9	JF-600	欧粹牌导管	通过焊接工艺评定试验确定

4. 焊接工艺评定试验

焊接工艺评定试验应按 JGJ 81 的规定实施，由具有国家质量技术监督部门认证资质的检测单位进行检测试验。

凡符合以下情况之一者，应在钢结构构件制作之前进行焊接工艺评定：

1）国内首次应用于钢结构工程的钢材（包括钢材牌号与标准相符但微合金强化元素的类别不同和供货状态不同，或国外钢号国内生产）。

2）国内首次应用于钢结构工程的焊接材料。

3）设计规定的钢材类别、焊接材料、焊接方法、接头形式、焊接位置、焊后热处理制度以及施工单位所采用的焊接工艺参数、预热后热措施等各种参数的组合条件为施工企业首次采用。

对于特殊结构、屈服强度等级超过 390MPa 的钢材、新钢种、特厚材料及采用焊接新工艺的钢结构工程，焊接制作企业应具备焊接工艺试验室和相应的试验人员。

钢结构工程中选用的新材料必须经过新产品鉴定。钢材应由生产厂提供焊接性资料、指导性焊接工艺、热加工和热处理工艺参数、相应钢材的焊接接头性能数据等资料。焊接材料应由生产厂提供贮存及焊前烘焙参数规定、熔敷金属成分、性能鉴定资料及指导性施焊参数，经专家论证、评审和焊接工艺评定合格后，方可在工程中采用。

5. 编制焊接工艺方案

设计焊接支承胎架并验算其强度、刚度、稳定性，审核报批，做好技术交底。焊接工艺文件应符合下列要求：

1）施工前应由焊接技术责任人员根据焊接工艺评定结果编制焊接工艺文件，并向有关操作人员进行技术交底，施工中应严格遵守工艺文件的规定。

2）焊接工艺文件应包括下列内容：

① 焊接方法或焊接方法的组合；

② 母材的牌号、厚度及其他相关尺寸；

③ 焊接材料型号、规格；

④ 焊接接头形式、坡口形状及尺寸允许偏差；

⑤ 夹具、定位焊、衬垫的要求；

⑥ 焊接电流、焊接电压、焊接速度、焊接层次、清根要求、焊接顺序等焊接工艺参数规定；

⑦ 预热温度及层间温度范围；

⑧ 后热、焊后消除应力处理工艺；

⑨ 检验方法及合格标准；

⑩ 其他必要的规定。

6. 焊接参数

常用单管熔嘴电渣焊接参数可参考表 7-4、常用单丝极电渣焊接参数可参考表 7-5。

表 7-4　常用单管熔嘴电渣焊接参数（熔嘴直径 ϕ12mm）

壁板厚 t_1/mm	垫板厚 t_3/mm	电流/A	电压 /V	送丝速度 /(m/min)	焊丝直径	坡口间隙 a	隔板厚度 t_2/mm
20～100	25	630±20%	38±10%	5.2±40%	ϕ2.4	25±6	20～44
30～100	30	690±20%	40±10%	3.4±40%	ϕ3.2	25±6	45～72

表 7-5　常用单丝极电渣焊接参数（焊丝直径 ϕ1.6mm）

壁板厚 t_1/mm	垫板厚 t_3/mm	电流/A	电压 /V	送丝速度 /(m/min)	有无摆动	坡口间隙 a	隔板厚度 t_2/mm
19	19	380	42～43	9.5	无	25	25
	25	380	42～43	9.0	无	25	25
	28	380	44～45	9.0	有 2s	25	25

续表

壁板厚 t_1/mm	垫板厚 t_3/mm	电流/A	电压/V	送丝速度/(m/min)	有无摆动	坡口间隙 a	隔板厚度 t_2/mm
22	19	380	43～44	9.0	无	25	25
	22	380	44～45	9.0	无	25	25
	25	380	45～46	9.0	无	25	25
	32	380	45～46	9.0	有 2s	25	25
32	22	380	46～47	8.5	无	25	25
	25	380	46～48	8.5	无	25	25
	28	380	46～47	8.5	有 2s	25	32
	32	380	48～49	8.5	有 3s	25	32
	40	380	48～49	8.5	有 3s	25	32
36	18	380	46～47	8.5	无	20	25
	25	380	48～49	8.5	无	25	25
	36	380	48～49	8.5	有 3s	25	32

注：厚板及双丝电渣焊工艺参数，需参考设备厂家推荐参数，并通过焊接工艺评定试验确定。

7. 电渣焊隔板的装配工艺要求

方法：电渣焊隔板装配后铣边。

1）隔板下料切割，手工焊部位的坡口按图纸或焊接工艺进行切割、钻孔、矫正后，采用靠模装配手工焊和电渣焊衬垫板，装配时每边加放铣削余量 4mm，具体见图 7-13，焊接按焊接工艺要求进行。

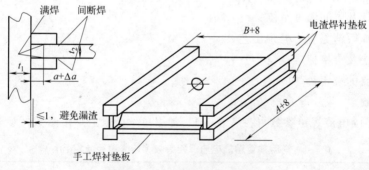

图 7-13　电渣焊隔板的装配示意

注：A、B 为图纸尺寸加板厚调整值

2）隔板焊接后，四周进行铣边并去除毛刺，对于斜置隔板铣边，必须按斜度设置。

3）隔板加工后的精度应满足：

四条边互相垂直，垂直度偏差≤1.0mm；

对角线偏差≤1.5mm；

外形尺寸＋(1～2)mm，不允许出现负偏差。

8. 定位焊

1）定位焊必须由持相应合格证的焊工施焊，所采用焊接材料及焊接工艺要求应与正式焊缝的要求相同。定位焊预热温度应高于正式施焊预热温度。

2）定位焊缝距设计焊缝端部 10mm 以上，钢衬垫的定位焊宜在接头坡口内焊接。定位焊缝的焊接应避免在焊缝的起始、结束和拐角处施焊，弧坑应填满，严禁在焊接区以外的母材上引弧和熄弧。

3）定位焊焊缝应与最终焊缝有相同的质量要求，定位焊缝不得有裂纹、夹渣、焊瘤等缺陷，存在裂纹、气孔、夹渣等缺陷时，必须清除后重新焊接。当最后进行埋弧焊时，弧坑、气孔可不必清除。对于开裂的定位焊缝，必须先查明原因，再清除开裂焊缝，并在保证杆件尺寸正确的条件下补充定位焊。不熔入最终焊缝的定位焊缝必须清除，清除时不得使母材产生缺口或切槽。

4）定位焊焊缝厚度不宜超过设计焊缝厚度的 2/3，不宜小于 4mm；定位焊尺寸、间距见表 7-6，应填满弧坑。

表 7-6 定位焊尺寸和间距

母材厚度/mm	定位焊焊缝长度/mm		焊缝间距
	手工焊	自动、半自动	/mm
$t < 25$	40～50	50～60	300～400
$25 \leqslant t \leqslant 40$	50～60	50～60	300～400
$t > 40$	50～60	60～70	300～400

9. 焊剂烘焙和使用

焊接材料在使用前应按材料说明书或表 7-7 规定的温度和时间要求进行烘焙和储存。

表 7-7 常用焊剂烘焙和储存条件

焊剂类型	使用前烘焙温度/℃	使用前烘焙时间/h	使用前存放条件/℃	容许在大气中暴露时间/h
熔炼型碱性烧结型	300～350	2～2.5	120±20	4

焊剂的使用：焊工应按工程要求对应所施焊接头的母材材质，按工艺规定从保管室领取合格的焊材。焊接过程中必须盖好筒盖，严禁外露受潮，当发现焊材受潮，须立即回库重新烘焙。

10. 切割与焊接接头表面要求

1）焊接坡口可用火焰切割或机械方法加工。当采用火焰切割时，切割面质量应符合 JB/T 10045 的相应规定。缺棱为 1～3mm 时，应修磨平整；缺棱超过 3mm 时，应用直径不超过 3.2mm 的低氢型焊条补焊，并修磨平整。当采用机械方法加工坡口时，加工表面不应有台阶。

2）施焊前，焊工应检查焊接部位的组装和表面清理的质量，焊接拼制件待焊金属表面的轧制铁鳞应用砂轮打磨清除，施焊部位及其附近 30～50mm 范围内的氧化皮、渣皮、水分、油污、铁锈和毛刺等杂物必须去除。不符合要求时，应修磨补焊合格后方能施焊。

3）严禁在接头间隙中填塞焊条头、铁块等杂物。

11. 引熄弧、焊接衬垫板

1）不得在焊缝以外的母材上打火、引弧。

2）焊接衬垫板材质应和被焊母材相同。

3）焊接完成后，应用火焰切割去除引入和引出端，并修磨平整。

12. 预热方法

1）焊前预热宜采用电加热器、火焰加热器等加热，并采用专用的测温仪器测量。

2）预热的加热区域应在焊接坡口两侧，宽度应各为焊件施焊处厚度的 1.5 倍以上，且不小于 100mm；预热温度宜在焊件反面测量，测温点应在离电弧经过前的焊接点各方向不小于 75mm 处；当用火焰加热器预热时正面测温应在加热停止后进行。

三、操作工艺

（一）工艺流程

1. 熔嘴电渣焊工艺流程

钻电渣焊引入、引出孔→被焊件上端装熄弧铜块→熔嘴入孔→送丝机头就位点固，焊丝盘装卡→熔嘴与机头装卡，焊丝送进调直→调节熔嘴对中→引弧铜块填充切丸、焊剂→被焊件下端装引弧铜块→引、熄弧铜块周边封闭→闭合回路→引弧过程→电弧过程→电渣过程→收弧过程→结束焊接，提升熔嘴管→卸引、熄弧块→关闭焊机，移走→焊后处理→无损检查。

2. 丝极电渣焊工艺流程

钻电渣焊引入引出孔→焊机启动，通水路，调试→装熄弧铜块→导丝管就位、焊丝调直、导丝管对中→引弧铜块填充切丸、焊剂→装引弧铜块→引、熄弧铜块周边封闭→闭合回路→引弧过程→电弧过程→电渣过程→收弧过程→结束焊接，提升导丝管→卸引、熄弧块→关闭水路和焊机→焊后处理→无损检查。

（二）操作方法

1. 熔嘴电渣焊操作方法

1）钻电渣焊引入、引出孔：箱形柱（梁）内隔板装配后，盖板前须在箱形外箱体面板表面上划出隔板中心线，箱形构件纵缝打底后，吊运至钻床平台胎架上并抄平，按隔板中心线确定电渣焊钻孔位置，采用 40 钻床钻电渣焊引入、引出孔（孔径取 35～40mm）。

2）清孔：用圆钢棒清除孔内杂物，用火焰烤枪清除孔内水、锈、油污。

3）被焊件上端装熄弧铜块。

4）熔嘴入孔。熔嘴电渣焊使用的消耗性熔嘴，需比被焊箱形 BOX 柱（梁）截面长 150～200mm。

5）送丝机头就位点固，焊丝盘装卡。

6）熔嘴与机头装卡，焊丝送进调直。

7）调节熔嘴对中：对于超厚箱形柱（梁）壁板，熔嘴略偏向壁板侧。对薄壁板与厚隔板，熔嘴略偏向隔板侧，熔嘴应伸出箱形柱（梁）壁板下端 10～20mm。熔嘴对中后，固定焊接机头，焊丝送进、调直、剪断，焊丝伸出长度 30～50mm。

8）引弧铜块填充切丸、焊剂：先将适量的引弧钢切丸放入引弧铜块，再根据电渣焊孔洞大小，使用焊剂分量小筒，按焊接工艺评定的焊剂使用量，分量焊剂倒入引弧铜块。将填充切丸和焊剂搅拌均匀。

9）被焊件下端装引弧铜块：将装好切丸和焊剂的引弧铜块固定在被焊孔洞下端，位置调整好后，用千斤顶顶紧固定。

10）引、熄弧铜块周边封闭：采用耐火泥对引、熄弧铜块周边封闭。

11）加装预热板或水冷板：对于超厚箱形柱（梁）壁板，当电渣焊热量不足以维持壁板的均匀熔合时，需按工艺在壁板外侧加装预热板（或烤枪火焰预热）；对薄壁板，当电渣焊热量会导致壁板烧穿时，需按工艺在壁板外侧加装水冷板，接通冷却水回路。

12）闭合回路：检查设备和焊接回路，符合要求后闭合回路，启动焊接。

13）引弧过程：将焊接电压放大至 50V，焊丝送进，与混合好的引弧铜块内切丸和焊剂接触，电弧引燃。

14）电弧过程：电弧燃烧，熔化混合好的切丸和焊剂，在引弧铜块内形成电渣焊所需渣池，采用黑玻璃观察熔池，调整熔嘴对中，适量补充焊剂，形成稳定的渣池。

15）电渣过程：利用黑玻璃观察熔池，结合箱形柱（梁）壁板下端外侧熔池观察，熔池稳定进入箱形柱（梁）壁板下端后，调整焊接电压为工艺正常值，焊接过程中，根据熔池的声音，结合黑玻璃观察熔池，随时适量加入焊剂，补充渣池流入衬垫和壁板的间隙所导致的渣损失，同时调整熔嘴和焊丝对中，电渣焊熔渣深度应控制为 30～60mm。

16）熔池越过被焊隔板，进入箱形柱（梁）壁板上端时，调整熔嘴焊管对中，降低 2V 左右电压，并调整焊丝送丝速度，采用点触断续送丝，适当下压熔嘴焊管。

17）结束焊接，提升熔嘴焊管：熔池进入熄弧铜块，采用点触断续送丝，待熔化铁水进入熄弧铜块 5mm 左右，停止焊接，提升熔嘴焊管。

18）熄弧铜块内渣池冷却后，卸引、熄弧块，移走加装的预热板或水冷板。

2. 丝极电渣焊操作方法

相同步序内容参考"熔嘴电渣焊操作方法"。

1）钻电渣焊引入、引出孔。

2）清孔。

3）焊机启动，通水路，调试：门架式成套电渣焊机启动，通水路，检查水路指示灯，检查调试焊机，检查非消耗水冷导丝管是否漏水（焊接过程中，需时刻检查非消耗水冷导丝管水路指示灯）。

4）被焊件上端装熄弧铜块。

5）导丝管就位、焊丝调直、导丝管对中：移动门架式成套电渣焊机位置，下降门架式成套电渣焊机上压紧接触顶块，与箱体接触顶紧，门架式成套电渣焊机位置固定（焊接回路接通）。对于超厚箱形柱（梁）壁板，导丝管略偏向壁板侧。对薄壁板与厚隔板，导丝管略偏向隔板侧，导丝管应伸出箱形柱（梁）壁板下端 5～10mm。导丝管对中后，固定焊接机头，焊丝送进、调直、剪断，焊丝伸出长度 30～50mm。

6）引弧铜块填充切丸、焊剂。

7）被焊件下端装引弧铜块。

8）引、熄弧铜块周边封闭。

9）加装预热板或水冷板。

10）闭合回路。

11）引弧过程。

12）电弧过程。

13）电渣过程：利用黑玻璃观察熔池，结合箱形柱（梁）壁板下端外侧熔池观察，熔池稳定进入箱形柱（梁）壁板下端后，调整焊接电压为工艺正常值，焊接过程中，根据熔池的声音，结合黑玻璃观察熔池，随时适量加入焊剂，补充渣池流入衬垫和壁板的间隙所导致的渣损失，同时调整导丝管和焊丝对中，电渣焊渣深度应控制为 30~60mm（电渣过程中，非消耗水冷导丝管根据机器设置自动提升）。

14）熔池越过被焊隔板，进入箱形柱（梁）壁板上端时，调整导丝管对中，降低 2V 左右电压，并调整焊丝送丝速度，采用点触断续送丝。

15）结束焊接，提升导丝管，熔池进入熄弧铜块，采用点触断续送丝，待熔化铁水进入熄弧铜块 5mm 左右，停止焊接，提升熔嘴焊管。

16）提升门架式成套电渣焊机上压紧接触顶块（断开焊接回路），移走门架式成套电渣焊机，熄弧铜块内渣池冷却后，卸引、熄弧块，移走加装的预热板或水冷板。

17）关闭水路和焊机。

3. 焊后处理

1）焊缝焊接完成后，应清理焊缝表面的熔渣和金属飞溅物，检查焊缝外观质量，当不符合要求时，应焊补或打磨，修补后的焊缝应光滑圆顺，不影响原焊缝的外观质量要求。

2）对于重要构件或重要节点焊缝，焊缝外观检查合格后，应在焊缝附近打上焊工的钢印。

3）对于有焊后消应力处理的重要节点焊缝，按工艺要求进行。

4）焊后消除应力处理：

① 设计文件对焊后消除应力有要求时，根据构件的尺寸，宜采用加热炉整体退火或电加热器局部退火对焊件消除应力，仅为稳定结构尺寸时可采用振动法消除应力。

② 焊后热处理应符合 JB/T 6046 的规定。当采用电加热器对焊接构件进行局部消除应力热处理时，尚应符合下列要求：

使用配有温度自动控制仪的加热设备，其加热、测温、控温性能应符合使用要求；

构件焊缝每侧面加热板（带）的宽度至少为钢板厚度的 3 倍，且应不小于 200mm；

加热板（带）以外构件两侧宜用保温材料适当覆盖。

用振动法消除应力时，应符合 JB/T 5926 的规定。

四、焊缝质量检查

（一）焊缝尺寸与外观检查

1）所有焊缝应冷却到环境温度后进行外观检查，Ⅱ、Ⅲ类钢材的焊缝应以焊接完成 24h 后检查结果作为验收依据，Ⅳ类钢应以焊接完成 48h 后的检查结果作为验收依据。

2）外观检查一般用目测，裂纹的检查应辅以 5 倍放大镜并在合适的光照条件下进行，必要时可采用磁粉探伤或渗透探伤，尺寸的测量应用量具、卡规。

焊缝尺寸与外观检查按焊缝质量等级要求进行。

（二）无损检查

1）无损检查按焊缝质量等级要求，在外观检查合格后进行。

2）焊缝无损检测报告签发人员必须持有相应探伤方法的Ⅱ级或Ⅱ级以上资格证书。

3）设计文件指定进行射线探伤或超声波探伤不能对缺陷性质做出判断时，可采用射线探伤进行检测、验证。

4）下列情况之一应进行表面检测：

外观检查发现裂纹时，应对该批中同类焊缝进行 100％的表面检测；

外观检查怀疑有裂纹时，应对怀疑的部位进行表面探伤；

设计图纸规定进行表面探伤时；

检查员认为有必要时。

5）铁磁性材料应采用磁粉探伤进行表面缺陷检测，确因结构原因或材料原因不能使用磁粉探伤时，可采用渗透探伤。

6）磁粉探伤应符合 JB/T 6061 的规定，渗透探伤应符合 JB/T 6062 的规定。

7）磁粉探伤和渗透探伤的合格标准应符合 GB 50661 中外观检验的有关规定。

第八章

栓钉焊
（SW）

相对于其他焊接工艺而言，栓钉焊技术（SW）在国内应用的时间较晚，大约始于 20 世纪 80 年代初期，当时所用设备材料均从国外进口。随着我国建筑钢结构的高速发展，栓钉焊的应用领域也在逐渐拓宽，目前已经广泛应用于建筑钢结构、桥梁、电站、电气设备、控制系统等许多方面，从而带动了栓钉焊接工艺、设备、材料的发展。目前我国已经能独立开发栓钉焊接工艺所需的一切设备和材料，有的达到国际先进水平。从发展的角度上看，对栓钉焊工艺、设备研究不够，基础知识普及不足，在一定程度和一定范围影响了栓钉焊接技术（SW）的应用及其技术进步。

第一节　概述

栓钉焊接方法最先应用在英国色滋马斯（译音）造船所。当时，采用简单的焊接工具把栓钉安装在焊接工具的端部，配备一个能把栓钉吸上去的电磁线圈，在此基础上，L. T. Steel 和 H. Martin 两人制造了能把黄铜栓钉焊在钢板上的自动装置，从此奠定了现代栓钉焊的发展方向。1934 年，美国人 T. Nelson 为了取消舰艇上的木甲板，用钢制成圆柱栓钉和螺柱栓钉，采用栓钉焊的方法，将其焊在航空母舰的金属甲板上获得成功，这就是最早的纳尔逊螺柱焊接法。

日本在 20 世纪 20 年代初期曾把这种方法称为"拉弧焊"，并在电气配线和电气设备安装工程中将黄铜焊钉焊在钢板上，应用成功。

第二次世界大战后，美国的 TRW 尼尔逊公司继续对这项技术进行研究，又取得了飞速进展，与此同时，英国的库仑布公司、荷兰的飞利浦公司均取得很大成就，于是栓钉焊接技术得到广泛应用。

在螺柱的端面与另一板状工件之间利用电弧热使之熔化并施加压力完成连接的焊接方法称栓钉焊。它兼具熔焊和压焊特征，目前多数采用电弧式栓钉焊和电容储能放电式栓钉焊，是一种加压熔焊。焊接过程中的加热和加压程序为自动控制，有半自动操作和自动操作两种方式。

栓钉焊的接头是 T 字形接头，螺柱或类似的紧固件的轴线垂直工件的待焊表面。待焊表面主要是平的，也可是斜面或曲面的。可在平焊、立焊或仰焊位置焊接。

栓钉焊有电弧栓钉焊和电容储能放电栓钉焊两种基本方法。两者主要区别是供电电源和燃弧时间长短不同，前者由弧焊供电，燃弧时间约 0.1～1s；后者由电容储能电源供电，燃弧时间非常短，约 1～15ms。此外，电弧栓钉焊常使用焊剂（焊铝时使用保护气体）和陶质套圈，而电容放电栓钉焊因燃弧时间很短，不需焊剂和外加保护。焊接时不需要填充金属。

电弧式栓钉焊和电容储能放电式栓钉焊均采用直流焊接电源。电弧式栓钉焊电源与焊条电弧焊的直流电源相类似，不过其功率和电容量较焊条电弧焊电源大得多。电弧式栓钉焊适用于直径 6～25mm 的栓钉和螺柱的焊接；电容储能放电式栓钉焊的电源则是一组储能电容器，依靠电容器的瞬间放电提供焊接过程所需的能量，因此一般适用于焊接小直径的栓钉和螺柱。

栓钉焊是栓钉或螺柱全截面的焊接，较焊条电弧其焊角焊缝有突出的优点，且焊接效率高、成本低，因此栓钉焊在安装螺柱或类似的紧固件方面可取代铆接、钻孔和攻螺纹、焊条电弧焊、电阻焊或钎焊，在船舶、锅炉、压力容器、车辆、航空、石油、建筑等工业部门应用广泛。

第二节　电弧栓钉焊的焊接过程

电弧栓钉焊的全套设备如图 8-1 所示。焊接开始时先将螺柱放入焊枪的夹头里并套上耐热陶瓷防弧罩套圈，并压在母材上使螺柱端与工件（母材）接触（图 8-2a），按下开关接通电源，枪体中的电磁线圈通电而将螺柱从工件拉起，随即起弧（图 8-2b）。电弧热使柱端和母材熔化，由时间控制器自动控制燃弧时间。在断弧的同时，线圈也断电，靠压紧弹簧把螺柱压入母材熔池即完成焊接（图 8-2c）。最后提起焊枪并移去套圈（图 8-2d）。拉弧式栓钉焊见图 8-3。

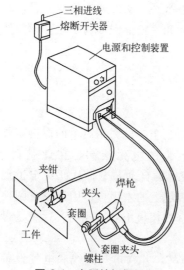

图 8-1　电弧栓钉焊设备

一、母材

用其他弧焊方法容易焊接的金属材料，都适于进行电弧栓钉焊。其中应用最多的是普通碳钢、高强度钢、不锈钢和铝合金。表 8-1 列出可焊的母材和相应螺柱材料。

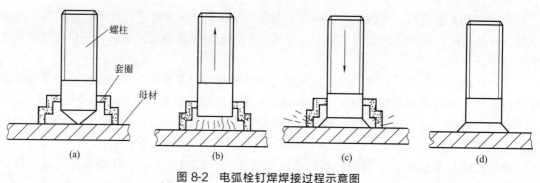

(a)　　　　　(b)　　　　　(c)　　　　　(d)

图 8-2　电弧栓钉焊焊接过程示意图

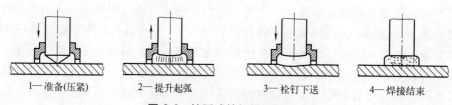

1—准备(压紧)　　2—提升起弧　　3—栓钉下送　　4—焊接结束

图 8-3　拉弧式栓钉焊焊接过程

表 8-1　电弧栓钉焊、螺柱与母材的材料组合

母材	低碳钢	奥氏体不锈钢	铝合金
螺柱	低碳钢、奥氏体不锈钢	低碳钢、奥氏体不锈钢	铝合金

母材可焊的最小板厚与螺柱端径有关。为了充分利用紧固件强度，防止焊穿和减少变形，建议母材厚度不要小于螺柱端径的 1/3。当强度不作为主要要求时，最薄也不能小于螺柱端径的 1/5。表 8-2 为推荐的最小钢板厚度。

表 8-2　电弧栓钉焊时推荐的最小钢板厚度

螺柱底端直径/mm	最小钢板厚度/mm	螺柱底端直径/mm	最小钢板厚度/mm
4.8	0.9	12.7	3.0
6.4	1.2	15.9	3.8
7.9	1.5	22.2	6.4
9.5	1.9	25.4	9.5
11.1	2.3		

二、螺柱

工业上最常用的螺柱材料是低碳钢、高强度钢、不锈钢和铝，其最低抗拉强度如表 8-3 所示，螺柱的外形必须是焊枪能夹持并顺利地进行焊接，其端径受母材厚度限制，其范围示于表 8-3。

表 8-3　电弧栓钉焊接头最低抗拉强度

螺柱材料	螺柱端径范围/mm	接头抗拉强度/MPa
低碳钢	3～32	415
高强钢	3～32	93
不锈钢	3～19	585
铝	6～13	275

钢的栓钉焊时，为了脱氧和稳弧，常在螺柱端部中心处（约在焊接点 2.5mm 范围内）放一定量焊剂。图 8-4 示出焊剂固定于柱端的四种方法，其中（c）较为常用。对于直径小于 6mm 以下的螺柱，若无特定的应用场合，则不需要焊剂。

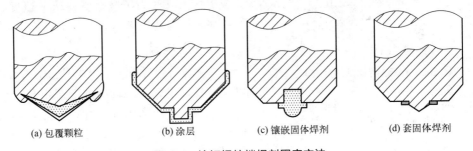

(a) 包覆颗粒　　(b) 涂层　　(c) 镶嵌固体焊剂　　(d) 套固体焊剂

图 8-4　栓钉焊柱端焊剂固定方法

铝螺柱端做成尖端，以利于引弧，但不需加焊剂。为防止焊缝金属氧化并稳定电弧需用惰性气体保护。

螺柱待焊底端多为圆形，亦有用方形或矩形。矩形螺柱端的宽厚比不应大于 5。

螺柱的长度必须考虑焊接过程产生的缩短量。因为焊接时螺柱和母材金属熔化，随后熔化金属从接头处被挤出，所以螺柱总长度要缩短。表 8-4 给出了缩短量的典型值。

表 8-4　电弧栓钉焊时，螺柱典型缩短量　　　　　单位：mm

螺柱直径	5～12	16～22	≥25
长度缩短量	3	5	5～6

三、套圈

电弧栓钉焊一般都使用套圈，焊前套在螺柱待焊端面，由焊枪上的卡钳保持适当位置。套圈的作用是：①施焊时将电弧热集中于焊接区；②阻止空气进入焊接区，减少熔化金属氧化；③将熔化金属限定在焊接区内；④遮挡弧光。

套圈有消耗型和半永久型两种，前者为一次性使用，多用陶质材料制成，焊后易于碎除。后者可在一定次数上重复使用，直至焊接质量变得不合要求前更换。一次性使用套圈焊后不必经螺柱滑出。故螺柱的外形不受限制，广为应用。

套圈为圆柱形，底面与母材的待焊表面相配并做出锯齿形，以便焊接区排出气体，其内部形状和尺寸应能容纳因挤出熔化金属而在螺柱底端形成的角焊缝。

四、电弧栓钉焊设备

电弧栓钉焊的设备，由焊枪、时间控制器和电源等组成。专用焊机常把电源与时间控制器做成一体。

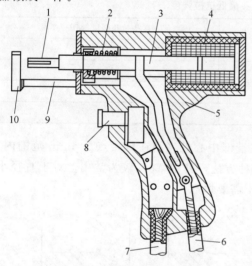

图 8-5　电弧栓钉焊焊枪结构
1—夹头；2—弹簧；3—铁芯；4—电磁线圈；
5—枪体；6—焊接电缆；7—控制电线；
8—按钮；9—支杆；10—脚盖

（一）焊枪

电弧栓钉焊枪有手持式和固定式两种，其工作原理相同。手持式焊枪应用较普遍，图 8-5 为其中的一种结构，固定式焊枪是为某特定产品而专门设计的，被固定在支架上，在一定工位上完成焊接。

焊枪上可调参数有：螺柱提升高度、螺柱外伸长度和螺柱与套圈夹头的同轴度等。螺柱提升通过电磁线实现；弹簧可将螺柱压入熔池完成焊接。有些为了减缓螺柱压入速度，减少焊接飞溅，枪内安装有阻尼机构。

（二）电源

电弧栓钉焊对电源的要求是：①需直流电源以获得稳定电弧；②较高的空载电压，约 70～100V；③具有陡降的外特性；④能在短时间内输出大电流并迅速达到设定值。一般焊条电弧焊用的直流电源可以使用，但必须配备一个控制箱，以进行电流的通断、引弧和燃弧时间的控制。由于栓钉焊电流比电弧焊大得多，对大直径栓钉焊可以用两台以上普通弧焊电源并联使用。

由于栓钉焊电源的负载持续率很低，相当于焊条电弧焊的 $1/3～1/5$。若有可能宜选购专为电弧栓钉焊设计的电源，以达到负载持续率较低而输出较高的电流。焊接大直径螺柱用的电流宜用三相输入的电源，使供电平衡。

五、弧栓钉焊的焊接工艺

（一）焊接环境

焊接作业区域的相对湿度不得大于 90%。

当焊件表面潮湿或有冰雪覆盖时，应采取加热去湿除潮措施。

焊接作业环境温度低于 0℃时，应将构件焊接区域内≥3 倍钢板厚度且不小于 100mm 范围内的母材加热到 50℃以上。

（二）焊前准备

应配备具有与其焊接难度相当的焊接持证人员，严禁无证人员上岗。

焊接前，应有针对性地进行焊接工艺评定试验。

焊接前由栓钉焊工对栓钉进行检查，保证无锈蚀、氧化皮、油脂、受潮及其他会对焊接质量造成影响的缺陷。在栓钉施焊处的母材附近不应有氧化皮、锈、油漆或潮气等影响焊接质量的有害物质，且母材表面施焊处不得有水分，如有水分必须用气焊烤干燥。焊接用的陶瓷护圈应保持干燥，陶瓷护圈在使用前进行烘干，烘干温度为 120℃，保温 2h。

施焊前应对焊枪的性能进行检查。焊机距离墙体及其他障碍物应不低于 30mm，焊机周围要保持气体流通，要利于散热。

施工单位应根据焊接工艺评定，编制焊接作业指导文件或焊接工艺卡；

（三）焊接技术参数的选择

焊接方法：SW（栓钉焊）。

焊条选择：根据母材及栓钉材质进行选择。

焊接电流选择：在正式施焊前，应选用与实际工程要求相同规格的焊钉、瓷环及相同批号、规格的母材（母材厚度不应小于 16mm，且不大于 30mm），采用相同的焊接方式与位置进行工艺参数的评定试验，以确定在相同条件下施焊的焊接电流、焊接时间之间的最佳匹配关系。

平焊位置栓钉焊接规范参考值见表 8-5。

表 8-5 平焊位置栓钉焊接规范参考值

栓钉规格 /mm	电流/A		时间/s		伸出长度/mm
	非穿透焊	穿透焊	非穿透焊	穿透焊	
$\phi13$	950	900	0.7	1.0	3～4
$\phi16$	1250	1200	0.8	1.2	4～5
$\phi19$	1500	1450	1.0	1.5	4～5
$\phi22$	1800		1.2		4～6

（四）焊接过程（图 8-6）

1）把栓钉放在焊枪的夹持装置中，把相应直径的保护瓷环置于母材上，把栓钉插入瓷环内并于母材接触；

2）按动电源开关，栓钉自动提升，激发电弧；

3）焊接电流增大，使栓钉端部和母材局部表面熔化；

4）设定的电弧燃烧试件到达后，将栓钉自动压入母材；

5）切断电流，熔化金属凝固，并使焊枪保持不动；

6）冷却后，栓钉端部表面形成均匀的环状焊缝余高，敲碎并清除保护环。

（五）焊接工艺

1）启动电源 1min 以后方可进行焊接操作。

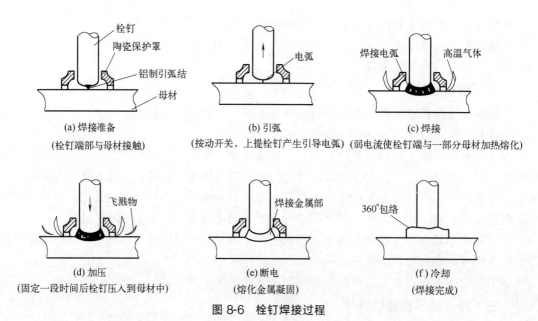

(a) 焊接准备
(栓钉端部与母材接触)

(b) 引弧
(按动开关，上提栓钉产生引导电弧)

(c) 焊接
(弱电流使栓钉端与一部分母材加热熔化)

(d) 加压
(固定一段时间后栓钉压入到母材中)

(e) 断电
(熔化金属凝固)

(f) 冷却
(焊接完成)

图 8-6　栓钉焊接过程

2）每一次施焊前，若焊接设备、焊钉规格未变，且焊接参数均与工艺评定试验相同，则应对最先焊的两个焊钉做试验。即对试验焊钉进行外观检验和弯曲试验。试验合格后，方可进行正式工程焊接。试验焊钉可直接焊于结构件上。

3）焊接过程中，应随时对焊接质量进行检测，发现问题及时矫正。对于发现的个别焊缝缺陷进行修补。

4）若施工中存在大批量的不合格焊缝，需考虑是否焊接参数发生变化，应查明原因，及时矫正。

5）焊枪的夹头与焊钉要配套，以使焊钉既能顺利插入，又能保持良好的导电性能。

6）焊枪、焊钉的轴线要尽量与工作表面保持垂直，同时用手轻压焊枪，使焊枪、焊钉及瓷环保持静止状态。

7）在焊枪完成引弧后，提升、下压的过程中要保持焊枪静止，待焊接完成，焊缝冷却后再轻提焊枪。要特别注意，在焊缝完全冷却以前，不要打碎瓷环。

8）阴雨天或天气潮湿时，焊工拿的瓷环尽量少些，保持瓷环始终处于干燥状态。

9）焊接操作人在施工过程中，应严格执行焊接作业指导文件。

（六）栓钉焊接中出现缺陷及解决办法

1. 磁偏吹

磁偏吹影响及补救措施见表 8-6。磁偏吹易造成焊缝成形不均匀，往往在磁力线密集的一侧产生无焊缝余高的现象。

解决的方法是：边缘处增设临时导磁板；将电线对称布置；将电线直接接到栓钉附近；将二次电缆线在栓钉上绕一圈。

磁偏吹与焊接电流密度成正比，也受地线钳夹持位置以及补偿块金属位置的影响。另外，绕垂直轴线转动焊枪在不同位置磁偏吹效果也不同。磁偏吹使金属一侧加剧熔化并增加焊缝金属中的孔洞。

2. 热量不足

易产生熔合不良，熔深不够及气体等缺陷。

表 8-6　磁偏吹影响及补救措施

序号	产生原因	补救措施
A		
B		
C		

解决的方法是：增加焊接电流和焊接时间。

3. 热量过大

易产生较大的金属飞溅，易造成焊缝咬边、夹渣甚至裂纹等缺陷。

解决的方法是：降低焊接电流和缩短焊接时间。

4. 栓钉伸出长度过大或长短

栓钉伸出长度过长易产生大量飞溅物，导致焊缝形状不良和夹渣等缺陷；栓钉伸出长度过短易造成金属熔化量不够，从而导致焊缝成形不良。

解决的方法是：根据具体的情况选择合适的伸出长度。

5. 焊枪提升高度掌握不够

非穿透焊时焊枪提升高度应≥2.5mm。

6. 栓钉与工件表面不垂直

防止办法是使栓钉焊枪垂直工作。

（七）焊接质量检验

1. 焊前检测

在开始焊接前或改变焊接工艺或设置焊接参数时都要按以下方式进行至少 2 件剪力钉的焊接测试。外观检查合格后，对栓钉进行冲击力弯曲试验，弯曲度为 15°，焊接面上下不得有任何缺陷为合格；若继续检测，任何剪力钉上产生不合格现象，就要修改工艺；所有进行这项工作的工人都要进行焊前测试。

2. 焊后外观检测

检查数量：按总焊钉数量抽查 1%，且不应少于 10 个。

检验方法：观察检查。

栓钉焊接头外观检验合格标准见表 8-7。

表 8-7 栓钉焊接头外观检验合格标准

外观检验项目	合格标准	检验方法
焊缝外形尺寸	360°范围内：焊缝高＞1mm；焊缝宽＞0.5mm	目检
焊缝缺陷	无气孔、无夹渣	目检
焊缝咬边	咬边深度＜0.5mm	目检
焊钉焊后高度	−2mm＜高度偏差＜2mm	用钢尺测量

3. 抽样检验（弯曲试验）

焊钉焊接后应进行弯曲试验检查，其焊缝和热影响区不应有肉眼可见的裂纹。

检查数量：每批同类构件抽查 10%，且不应少于 10 件；被抽查构件中，每件检查焊钉数量的 1%，但不应少于 1 个。

检验方法：焊钉弯曲 30°后用角尺检查和观察检查。

所有查出的不合格焊接部位应采用手工电弧焊的方法进行修补。

4. 其他要求

栓钉焊接部位的外观检查要求四周的熔化金属以形成一个均匀小圈而无缺陷者为合格；

焊接后，栓钉高度公差为 ±2mm，栓钉偏离竖直方向的倾斜角≤15°；

外观检查合格后，对栓钉进行冲击力弯曲试验，弯曲度为 15°，焊接面上下不得有任何缺陷；

经冲力试验检验合格的栓钉，可在弯曲状态下使用，不合格的栓钉应进行更换。

（八）弯曲检验中常见缺陷的种类、产生原因及调整措施

见表 8-8。

表 8-8 弯曲检验中常见缺陷的种类、产生原因及调整措施

锤击检查			
序号	外观显示	产生原因	调整措施
1	母材撕裂(焊接参数正确)	—	无，只能报废

续表

	锤击检查		
序号	外观显示	产生原因	调整措施
2	锤击弯曲后在栓钉杆处断裂（焊接参数正确）	—	无，只能报废
3	在焊缝处断裂，断口呈多孔状	焊接能量过低 母材金属不适合焊接	增加焊接电流或时间 检查母材金属化学成分
4	在焊缝热影响区处断裂，栓钉没有达到要求的变形量，断口呈灰色	母材金属含碳量过高，母材金属不合适	检查母材金属 延长焊接时间 必要时进行预热
5	焊缝处断裂，断口发亮	焊缝中引过高 焊接时间过短	检查栓钉引弧点大小 增加焊接时间
6	母材金属层状撕裂	母材含有非金属夹杂物，母材金属不合适	—

第三节　实用建筑钢结构栓钉焊施工工艺规程

根据现阶段栓钉焊的现状，在本节中列举了栓钉焊的施工工艺标准。以供参考。

一、适用范围

本工艺规程适用于工业与民用建筑工程的组合结构中采用拉弧栓钉焊方法或电弧焊焊接方法焊接的栓钉焊接工程。除执行本规程外，应符合国家现行标准中相关规定的要求。

二、施工准备

（一）材料

1）栓钉成品应符合 GB/T 10433《电弧螺柱焊用圆柱头焊钉》及本节提出的要求。栓钉原材的材质、栓钉成品的力学性能应符合表 8-9 及表 8-10 的规定。当设计要求采用其他类型的材料时，其性能应满足相应标准的规定。

表 8-9　栓钉原材的化学成分含量　　　　　　　单位：%（质量）

牌号	C	Si	Mn	P	S	Alt
ML15	0.13～0.18	0.15～0.35	0.30～0.60	≤0.035	≤0.035	—
ML15Al	0.13～0.18	≤0.10	0.30～0.60	≤0.035	≤0.035	≥0.020

注：Alt 表示钢中的全铝量。

表 8-10　栓钉成品的力学性能

抗拉强度 R_m/(N/mm^2)	屈服强度 R_{e1}/(N/mm^2)	伸长率 A/%
≥400	≥320	≥14

2）栓钉出厂前必须通过焊接端的质量评定，包括对相同材质、相同几何形状、相同引弧点、相同直径、采用相同瓷环的栓钉焊接端的评定，具体要求如下。

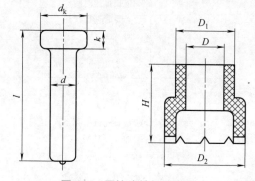

栓钉生产厂商应提供以下证明文件：每批（钢厂供货批号）栓钉原材的材质证明及复验报告；栓钉焊接端的力学性能试验报告；产品合格证。

瓷环应符合 GB/T 10433《电弧螺柱焊用圆柱头焊钉》及本规程规定的栓钉焊接质量要求。

瓷环内径尺寸 D（图 8-7）应与栓钉公称直径尺寸 d 匹配，其规格列于表 8-11。

图 8-7　圆柱头栓钉和瓷环

表 8-11　瓷环的规格及内径尺寸　　　　　　　单位：mm

栓钉公称直径尺寸 d	瓷环内径尺寸 D	D_1	D_2	H
10	10.3～10.8	14	18	11
13	13.4～13.9	18	23	12
16	16.5～17	23.5	27	17
19	19.5～20	27	31.5	18
22	23～23.5	30	36.5	18.5
25	26～26.5	38	41.5	22

瓷环成品化学组成和物理性能参见表 8-12 和表 8-13 的规定。

表 8-12　瓷环的化学成分含量　　　　　　　单位：%（质量）

MgO	Al_2O_3	SiO_2	其他
1～7	20～25	60～70	0～19

表 8-13　瓷环的物理性能

密度/(g/cm^3)	耐火度/℃	吸水率/%	耐压强度/(kN/mm^2)	击穿电压/(kV/mm)
2.1～2.2	≥1500	≤5	280～500	10～20

瓷环应满足以下要求：在电弧燃烧过程中有效隔离空气，防止焊缝产生气孔；保证良好的焊缝成形；在焊接过程中应保持完整；焊后易于清除。

瓷环生产厂商应按批次提供以下证明文件：瓷环材质证明；产品合格证。

（二）机具设备

1. 拉弧式栓钉焊接设备

拉弧式栓钉焊接设备的安全要求应符合 JB/T 8323《螺柱焊机》的有关规定。

2. 栓钉焊接电源

栓钉焊接电源应使用专用的配电控制箱，配电控制箱的各项指标应符合 GB 7251.4《低压成套开关设备和控制设备 第 4 部分：对建筑工地用成套设备（ACS）的特殊要求》的规定，每个配电控制箱除可接入一台用于修补栓钉的手工电弧焊机以及必要的机具外，不得接入第二台栓钉焊接电源。

3. 焊枪

焊枪应具有按已设定的程序带动栓钉自动提升、下降的功能，其执行机构可以是电磁铁、步进电机或伺服电机；焊枪带动栓钉的提升高度及下降速度应能满足栓钉焊接工艺的要求；焊枪夹头具有传输焊接电流和夹持栓钉的双重功能，应选用电阻率低、弹性好的材料制造；按设备使用说明书标出的额定焊接电流焊接相应直径的栓钉，在额定负载持续率下连续工作 2 小时以上，其焊枪手持部位的最高温升应小于或等于 30℃。

4. 连接电缆

连接焊枪和接地钳的焊接电缆、控制电缆和焊接设备的输入电缆，其导线的截面积和电缆的长度应符合表 8-14 的规定。对连接电缆有特殊要求时，应与栓钉焊接设备生产厂家协议解决。

表 8-14　电缆导线的截面积　　　　　　　　　　　　单位：mm^2

额定焊接电流/A		1600	2000	2500	3150
焊接电缆	截面积	≥70	≥95	≥95	≥120
控制电缆	截面积	≥2.0			
输入电缆	截面积	≥10	≥16	≥25	≥35

5. 栓钉焊接设备生产厂家应提供的证明文件

产品使用说明书；产品合格证书；装箱清单。

6. 标准

采用电弧焊焊接方法进行栓钉焊接时，选用的焊接材料、保护气体以及焊接设备均应符合 JGJ 81 标准的规定。

（三）作业条件

栓钉焊接施工的焊工，应进行理论知识考试和操作技能考试，合格后方能上岗。

凡符合以下情况之一者，应在栓钉焊接前进行焊接工艺评定：

① 首次用于栓钉焊接工程的钢材（指母材）；

② 首次采用的用于制造栓钉的钢材；

③ 采用拉弧式栓钉穿透焊方式进行栓钉焊接；

④ 采用拉弧式栓钉焊平焊位置非穿透焊方式进行栓钉焊接时，栓钉直径≥16mm；

⑤ 采用拉弧式栓钉焊非平焊位置焊接时；

⑥ 采用电弧焊焊接方法进行栓钉焊接时。

栓钉焊接工艺评定应由施工单位根据焊接条件，制定焊接工艺评定方案，编制焊接工艺评定指导书，按规定施焊试件、切取试样，并由具有相应资质的检测单位进行检测、试验。

焊接工艺评定所用设备的性能、钢材、栓钉及楼承钢板应与实际工程所用一致，并符合相应标准要求，同时所用材料的材质应有生产厂出具的质量证明文件。

栓钉焊接工艺评定试件应由施工企业中技术熟练的焊接人员施焊。

栓钉焊接工艺评定试验完成后，应由评定单位根据检测结果提出焊接工艺评定报告，连同焊接工艺评定指导书、评定记录、评定试样、检验结果一起报工程质量监督部门和有关单位审查备案。报告及表格可采用附录2的格式。

不同钢材（母材）的焊接工艺评定应符合下列规定（栓钉焊接工艺评定替代规则）：

① 常用钢材屈服强度见表 8-15。

表 8-15　常用钢材屈服强度

类别号	钢材屈服强度 R_{el}/MPa
I	≤235
II	$235 < R_{el} \leq 345$
III	$345 < R_{el} \leq 420$
IV	>420

② Ⅲ、Ⅳ类钢材的焊接工艺评定试验可以替代Ⅰ、Ⅱ类钢材的焊接工艺评定试验。

③ Ⅰ、Ⅱ类钢材中的栓钉焊接工艺评定试验可以相互替代。

④ Ⅲ、Ⅳ类中钢材的栓钉焊接工艺评定试验不得相互替代。

评定合格的试件母材厚度在工程中适用的厚度范围应符合表 8-16 的规定。

表 8-16　评定合格的母材厚度与工程适用的厚度范围

试件母材厚度/mm	适用于焊件母材厚度的有效范围/mm	
	最小值	最大值
$1/3d \leq \delta < 12$	δ	2δ,且不大于 16
$12 \leq \delta < 25$	0.75δ	2δ
$\delta \geq 25$	0.75δ	1.5δ

注：d 为焊接工艺评定试件栓钉的直径，δ 为试件厚度。

不同种类栓钉的焊接工艺评定应符合下列规定：

① 不同类别材料的焊接工艺评定结果不得互相替代。

② 穿透焊与非穿透焊的焊接工艺评定结果不得互相替代。

不同焊接位置的栓钉焊接工艺评定结果不可替代。

凡符合下列情况之一者，应重新进行焊接工艺评定试验：

① 栓钉材质改变。

② 栓钉直径改变。

③ 瓷环材料改变。

④ 焊接材料改变。

⑤ 预热温度比评定合格的焊接工艺低 20℃或高 50℃以上。

⑥ 提升高度、伸出长度、焊接时间、电流、电压的变化超过评定合格的各项参数的±5%。

试件制备应符合下列要求：

① 母材材质、栓钉材质、楼承钢板材质、楼承钢板的镀层含量及焊接位置和焊接方式应与工程设计图纸和实际施工的要求一致。

② 试件和试样的尺寸应符合图 8-8 要求。

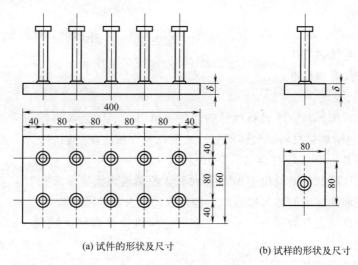

(a) 试件的形状及尺寸

(b) 试样的形状及尺寸

图 8-8　栓钉焊试件和试样尺寸

单位：mm

③ 试样的数量：拉伸、弯曲试样各 5 个。

④ 施焊前应对焊接表面进行处理，焊件表面不得有水、锈蚀、油污、渣等影响焊接质量的杂质。

⑤ 试件的焊接工艺参数应符合焊接工艺评定指导书的要求。

⑥ 采用穿透焊焊接方式时，应选择工程中实际应用的楼承钢板，并裁剪成同母材钢板一样的尺寸，置于母材钢板受焊一侧的表面。

焊接工艺评定过程应记录的主要工艺参数有：焊接电流、焊接时间、提升高度、伸出长度、预热温度、预热方式等。若采用电弧焊焊接方法，应记录的主要工艺参数有：焊接电流、电弧电压、焊接速度、气体流量、预热温度、预热方式等。

三、操作工艺

1）栓钉焊接施工中，除应满足本规程和 GB/T 10433 的要求外，还应符合下列要求：

① 焊接前栓钉不得带有油污，两端不得有锈蚀，否则应在施工前采用化学或机械方法进行清除。

② 瓷环应保持干燥状态，如受潮则应在使用前经 120～150℃烘干 2h。

③ 母材或楼承钢板表面如存在水、氧化皮、锈蚀、油漆、油污、水泥灰渣等杂质，应

清除干净。

2）焊接工艺文件应符合下列要求：

① 施工前应由焊接技术负责人员根据焊接工艺评定结果编制焊接工艺文件，并向有关操作人员进行技术交底并做好记录，施工中应严格遵守工艺文件的规定。

② 焊接工艺文件应包括下列内容。

a. 母材的材质、规格及其他相关信息；

b. 栓钉材质的牌号、栓钉规格；

c. 焊接瓷环的牌号、规格；

d. 非穿透焊或穿透焊，若为穿透焊，则须注明楼承钢板的材质规格及镀层含量；

e. 焊接位置；

f. 焊接工艺参数：焊接电流、提升高度、伸出长度、焊接时间、电源极性；

g. 预热温度与预热方式；

h. 检验方法及合格标准；

i. 其他必要的规定。

③ 若采用电弧焊焊接方法进行栓钉的焊接或修补，其工艺文件除包含本规程规定的相关内容外，还应包括焊接材料，气体牌号、纯度以及焊接速度等内容。

3）栓钉焊接作业环境应符合以下要求：

① 焊接作业区域的相对湿度不得大于90%，严禁雨雪天气露天施工。

② 当焊件表面潮湿或有冰雪覆盖时，应采取加热去湿除潮措施。

③ 焊接作业环境温度处于−5～0℃之间时，应将构件焊接区域内≥3倍钢板厚度且不小于100mm范围内的母材预热到50℃以上。当超出上述规定时，应单独进行工艺评定。

4）栓钉焊接施工要求：

① 栓钉焊施工应按照相关工艺文件的要求进行焊前准备。

② 每个工作日（或班）正式施焊之前，应按照工艺指导书规定的焊接工艺参数先在一块厚度和性能类似于产品构件的材料上试焊两个栓钉并进行检验。检验项目包括外观质量和弯曲试验。检验结果应符合表8-17的规定，检验合格后方可进行施工。焊接过程中应保持焊接参数的稳定。当检验结果不符合规定时，应重复上述检验，但重复焊接次数不得超过两次，否则应查明原因重新制定工艺措施直至合格，必要时应重新进行工艺评定。

表 8-17 栓钉焊接接头外观检验合格标准

外观检 验项目	合格标准	检验方法
焊缝外 形尺寸	360°范围内焊缝饱满拉弧式栓钉焊：焊缝高 $K_1 \geqslant 1$mm；焊缝宽 $K_2 \geqslant 0.5$mm 电弧焊：最小焊脚尺寸应满足表8-18的规定	目测、钢尺、 焊缝量规
焊缝缺陷	无气孔、夹渣、裂纹等缺陷	目测、放大镜
焊缝咬边	咬边深度≤0.5mm，且最大长度不得大于1倍的栓钉直径	钢尺、焊缝量规
栓钉焊后高度	高度偏差≤±2mm	钢尺
栓钉焊后倾斜角度	倾斜角度偏差 $\theta \leqslant 5°$	钢尺、量角器

③ 拉弧式栓钉穿透焊应符合下列规定：

a. 栓钉穿透焊中组合楼盖板的楼承钢板厚度不应超过 1.6mm。超过此厚度时，不得采用穿透焊。

b. 在组合楼板搭接的部位，若采用穿透焊无法获得合格焊接接头，应采用机械或热加工法在楼承钢板上开孔，然后进行焊接。

c. 穿透焊接的栓钉直径应不大于 19mm。

d. 在准备进行栓钉焊接的构件表面不宜进行涂装。若构件表面已涂装对焊接质量有影响的涂层，施焊前应全部或局部清除。

e. 进行穿透焊的组合楼板应在铺设施工后的 24h 内完成栓钉焊接。当遇有雨雪天气时，必须采取适当措施保证焊接区干燥。

f. 楼承钢板与钢构件母材之间的间隙大于 1mm 时不得采用穿透焊。

④ 焊接完毕后，应将套在栓钉上的瓷环或附着在角焊缝上的药皮全部清除。

5）缺陷修复：

① 施工过程中应对焊接质量随时进行检查，发现有缺陷时，应及时进行修补。

② 焊缝修补应符合下列要求：

a. 当栓钉焊缝的挤出焊脚不足 360°且缺损长度不超过栓钉直径的 $\frac{1}{2}$ 时，可采用电弧焊方法进行修补，修补焊缝应超过缺损两端 10mm，焊脚尺寸不得小于 6mm。

b. 当焊缝中存在明显的裂纹缺陷时应在距母材表面 5mm 以上处铲除不合格栓钉，并将其表面打磨光洁平整，若母材出现凹坑，可用电弧焊方法填足修平，然后在原位置重新植焊，其焊接质量应满足表 8-17 的要求。

c. 对上述之外的其他不合格缺陷也可铲除不合格栓钉，按以上②的规定重新植焊；或直接采用电弧焊方法进行补焊，其焊接质量应满足本规程的要求。

③ 若挤出焊脚立面出现不熔合，或水平面出现溢瘤，可不进行焊补。必要时可用机械方法对溢瘤予以去除。

四、质量标准

（一）一般规定

1）质量检查人员应按规程及施工图纸和技术文件要求，对焊接质量进行监督和检查。

2）质量检查人员的主要职责是：

① 检验所用钢材、栓钉和瓷环的规格、型号、材质、外观质量以及复验结果是否符合设计要求和国家现行相关标准的要求。

② 检查实际施工中的技术条件是否与焊接工艺评定报告确认的焊接工艺方案及相关技术文件相符。

③ 检查焊工合格证及认可的施焊范围。

④ 检查焊工是否严格按焊接工艺技术文件要求及操作规程施焊。

⑤ 对焊接质量按照设计图纸、技术文件及本规程要求进行质量验收。

（二）外观检查和现场抽样检查方法

1. 外观检查

栓钉焊接接头（图 8-9）冷却到环境温度后即可进行外观检查。外观检查应逐一进行，其质量应满足表 8-17 的要求，采用电弧焊方法焊接的栓钉焊接接头，其最小焊脚尺寸应满足表 8-18 的要求。

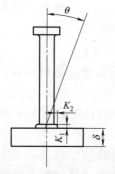

图 8-9　栓钉焊后示意图

表 8-18　采用电弧焊方法的栓钉焊接接头最小焊脚尺寸

栓钉直径/mm	角焊缝最小焊脚尺寸/mm	栓钉直径/mm	角焊缝最小焊脚尺寸/mm
10,13	6	25	10
16,19,22	8		

数量：全数检查。

检查方法：可借助放大镜进行。尺寸的测量应使用焊缝量规、卡具、钢尺等工具。

2. 弯曲抽样检查方法

① 现场弯曲试验应采用锤击方法在焊缝不完整或焊缝尺寸较小的方向将其从原轴线弯曲 30°，视其焊接部位无裂纹为合格。

② 每个检验批应由同一规格、同一焊接位置、同一焊接工艺（穿透焊或非穿透焊）的栓钉焊接接头组成。每个检验批栓钉接头数量不宜超过 5000 个。

③ 抽样比例不小于已焊栓钉总数的 1%；且每检验批抽检数量应不少于 10 根。

④ 抽样检查的结果如不合格率小于 2% 时，该批验收应定为合格；不合格率大于 5% 时，该批验收应定为不合格；不合格率为 2%～5% 时，应加倍检查。如在所有抽检栓钉中不合格率不大于 3% 时，该批验收应定为合格；大于 3% 时，该批验收定为不合格。当批量验收不合格时，应对该批余下的栓钉全数进行检查。

3. 修补

所有查出的不合格焊接部位均应进行修补，合格标准与正式焊接的相同。

检查数量：抽查比例按设计要求执行。

检查方法：可借助放大镜进行。

附录 1　栓钉焊术语、符号

1.1　术语

1.1.1　栓钉（stud）

又称焊钉，指在各类结构工程中应用的抗剪件、埋设件及锚固件。

1.1.2 瓷环（ceramic ferrule）

陶瓷护圈，在栓钉焊接过程中起到电弧防护、减少飞溅并参与焊缝成形的作用。

1.1.3 栓钉焊（stud welding）

将栓钉焊于金属构件表面上的焊接方法。包括直接将栓钉焊于钢结构构件表面的非穿透焊和将栓钉通过电弧燃烧，穿过覆盖于构件上的薄钢板（一般为厚度小于等于 1.6mm 的楼承钢板）焊于构件表面上的穿透焊接。

1.1.4 拉弧式栓钉焊接（drawn arc stud welding）

拉弧式栓钉焊接过程见图 8-3，是将夹持好的栓钉置于瓷环内部，通过焊枪或焊接机头的提升机构将栓钉提升起弧，经过一定时间的电弧燃烧，通过外力将栓钉顶送插入熔池实现栓钉焊接的方法。

1.1.5 伸出长度（plunge）

见附录图 1，当焊枪在自由状态（提升机构不工作）时，栓钉端部到瓷环底端的距离 P。

1.1.6 提升高度（lift）

见附录图 1，当焊枪提升机构工作并提升到位时，栓钉端部与被焊工件表面之间的间距。

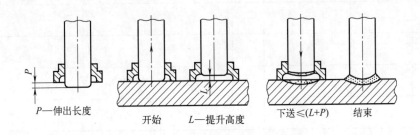

P—伸出长度　　　开始　　L—提升高度　　下送≤(L+P)　结束

附录图 1　拉弧式栓钉焊接中栓钉的运动过程

1.1.7 焊接时间（welding time）

栓钉焊接中，从起弧燃烧到栓钉插入熔池完成带电顶煅的时间。

1.1.8 电弧焊（arc welding）

指手持焊炬、焊枪或焊钳，可以在施工现场进行栓钉焊接的电弧焊接方法，包括药芯焊丝电弧焊、熔化极气体保护焊和药皮焊条电弧焊等。

1.2　符号

1.2.1　栓钉瓷环外部尺寸

d—栓钉直径；D—瓷环内径；δ—试板厚度。

1.2.2　力学性能

R_m—抗拉强度；R_{el}—屈服强度；A—伸长率。

附录 2 栓钉焊焊接工艺评定报告格式

表 1 栓钉焊焊接工艺评定报告

共 页 第 页

工程(产品)名称				评定报告编号			
委托单位				工艺指导书编号			
项目负责人				依据标准			
试样焊接单位				施焊日期			
焊工		资格代号			级别		
施焊材料		牌号	规格	热处理或表面状态			备注
母材钢号							
穿透焊板材							
焊钉钢号							
瓷环牌号				烘干温度(℃)及时间(h)			
焊接方法		焊接位置			接头形式		
焊接工艺参数	见焊接工艺评定指导书						
焊接设备型号				电源及极性			

备注:

评定结论:
　　本评定按_____规定,根据工程情况编制工艺评定指导书、焊接试件、制取并检验试样、测定性能,确认试验记录正确,评定结果为:_____。
　　焊接条件及工艺参数适用范围应按本评定指导书规定执行。

评定		年 月 日	检测评定单位:
审核		年 月 日	(签章)
技术负责		年 月 日	年　月　日

表2 栓钉焊焊接工艺评定指导书

共 页 第 页

工程名称				指导书编号			
焊接方法				焊接位置			
设备型号				电源及极性			
母材钢号		类别		厚度/mm		生产厂	

接头及试件形式		施焊材料				
		穿透焊钢材	牌号			
			生产厂			
			表面镀层			
			规格/mm			
		焊钉	牌号		规格/mm	
			生产厂			
		瓷环	牌号		规格/mm	
			生产厂			
		烘干温度（℃）及时间（min）				

焊接工艺参数	序号	电流/A	电压/V	时间/s	伸出长度/mm	提升高度/mm	备注

技术措施	焊前母材清理	
	其他：	

编制		日期	年 月 日	审核		日期	年 月 日

表3 栓钉焊焊接工艺评定记录表

共 页 第 页

工程名称		指导书编号		
焊接方法		焊接位置		
设备型号		电源及极性		
母材钢号		类别	厚度/mm	生产厂

接头及试件形式		施焊材料			
		穿透焊钢材	牌号		
			生产厂		
			表面镀层		
			规格/mm		
		焊钉	牌号	规格/mm	
			生产厂		
		瓷环	牌号	规格/mm	
			生产厂		
		烘干温度(℃)及时间(min)			

施焊工艺参数记录

序号	电流/A	电压/V	时间/s	伸出长度/mm	提升高度/mm	环境温度/℃	相对湿度/%	备注

技术措施	焊前母材清理	
	其他:	

焊工姓名		资格代号		级别		施焊日期	年 月 日
编制		日期	年 月 日	审核		日期	年 月 日

表 4　栓钉焊焊接工艺评定试样检验结果

共　　页　第　　页

焊缝外观检查						
检验项目	实测值/mm				规定值 /mm	检验结果
	0°	90°	180°	270°		
焊缝高					＞1	
焊缝宽					＞0.5	
咬边深度					＜0.5	
气　孔					无	
夹　渣					无	

拉伸试验	报告编号			
试样编号	抗拉强度 σ_b/MPa	断口位置	断裂特征	检验结果

弯曲试验	报告编号			
试样编号	试验类型	弯曲角度	检验结果	备注
	锤击	30°		
	锤击	30°		
	锤击	30°		

其他检验：

检　验		日期	年　月　日	审核		日期	年　月　日

附录 3 栓钉焊焊工考试结果登记表和焊工合格证

栓钉焊工考试结果登记表

姓名		性别		出生日期			技术等级			
单位						编号				照片
理论考试	试题来源						课时数			
	审核监考单位						考试负责人			
	考试编号				成绩			日期		
操作技能考试	基本情况	焊接位置		钢材类别				钢材牌号		
		厚度/mm		栓钉牌号				栓钉规格/mm		
		生产厂		瓷环牌号				瓷环规格		
		厂家		烘干温度/℃				烘干时间/min		
	工艺参数	电流/A		提升高度				焊接时间/min		
		电压/V		伸出长度/mm						
	试件检验	评定结果								
		外观								
		拉伸								
		弯曲								
		宏观金相								
	监考		检验				考试负责人			
结论	按建筑钢结构焊接技术规程考核,该焊工_____项考试合格。该焊工允许焊接工作范围如下:_____									
	构件形式 (穿透焊、非穿透焊)			钢材类别			企业焊工技术 考试委员会 (签章)			
	焊接位置			栓钉规格						
	技术负责人 (签字)			焊接工程师 (签字)			年 月 日			

工程建设焊工合格证

封1

工程建设焊工合格证

工程建设焊工技术考试委员会

封2

照单
片位
加公
盖章

姓名： 钢 印：
性别： 年 龄：
身份证号：
单位：
发证机关:（盖章）

证书编号：
发证日期： 有效日期：

第1页

理论知识考试

方法	考试日期	成 绩	签发人

操作技能考试(1)

焊接项目（代号）	栓钉型号及规格	签发日期	签发人

第2页

操作技能考试(2)

焊接项目（代号）	栓钉型号及规格	签发日期	签发人

第 3 页

本证书授予操作范围

考核依据标准：＿＿＿＿＿＿＿＿＿＿＿＿＿＿
焊接方法：＿＿＿＿＿＿＿＿＿＿＿＿＿＿＿＿
接头类别（板对接、角接、管件）：＿＿＿＿＿

＿＿＿＿＿＿＿＿＿＿＿＿＿＿
钢材类别：＿＿＿＿＿＿＿＿＿＿＿＿＿
焊材类别：＿＿＿＿＿＿＿＿＿＿＿＿＿
厚度管径范围：＿＿＿＿＿＿＿＿＿＿＿
单（双）面焊：＿＿＿＿＿＿＿＿＿＿＿

工程建设焊工技术考委会

第 4 页

年检记录

检验记录档案号	年检签章

第 5 页

免试证明

　　该焊工在　年　　月至　　年　月期间从事上述认可类别产品或工程的焊接，其施焊质量符合免试条件，准予延长有效期至　　年　　月　　日。

　　免试焊接项目：＿＿＿＿＿＿＿＿＿＿＿

＿＿＿＿＿＿＿＿＿＿＿＿＿＿＿＿＿＿＿＿

　　特此证明
工程建设焊工技术考试委员会
　　　　　　　　　　　　年　月　日

封 3

注意事项

1. 本证仅限证明焊工技术能力用。
2. 此证应妥为保存，不得转借他人。
3. 此证记载各项，不得私自涂改。
4. 超过有效期限，本证无效。
5. 随时接受质检人员检查。
6. 本证须由焊考委进行年审，无年检记录，不办理免试。

附录 4 拉弧式栓钉焊接的工艺参数

（资料性附录）

表 1 平焊位置栓钉焊接规范工艺参数

栓钉规格 /mm	电流/A		时间/s		伸出长度/mm	
	非穿透焊	穿透焊	非穿透焊	穿透焊	非穿透焊	穿透焊
φ13	950	900	0.7	0.9	3～4	4～6
φ16	1250	1200	0.8	1.0	4～5	4～6
φ19	1500	1450	1.0	1.2	4～5	5～8
φ22	1800	—	1.2	—	4～6	—
φ25	2200	—	1.3	—	5～8	—

表 2 横向位置栓钉焊接工艺参数

栓钉规格/mm	电流/A	时间/s	伸出长度/mm
φ13	1400	0.4	4.5
φ16	1600	0.4	4
φ19	1900	1.1～1.2	3.5
φ22	2050	1	2.5

表 3 仰焊位置栓钉焊接工艺参数

栓钉规格/mm	电流/A	时间/s	伸出长度/mm
φ13	1200	0.4	2
φ16	1300	0.7	2
φ19	1900	1	2
φ22	2050	1	2

第九章

不锈钢基本性能及焊接技术

随着城市现代化进程的推进，越来越多的建筑结构采用不锈钢材料，且设计中多涉及复杂节点，接头拘束度较大，一旦发生质量问题，尤其是裂纹，往往给工程的安全、投资方等带来巨大损失。

一些重大工程中会采用一些进口或新型不锈钢，这样就要求施工单位必须全面了解其冶炼、铸造、轧制的特点，掌握不锈钢的焊接性，才能制定出正确的焊接工艺，确保焊接施工质量。

对于特殊结构或涉及特种不锈钢焊接新工艺的工程，其制作、安装单位应具备相应的焊接工艺试验室和基本的焊接试验开发技术人员，这是非常必要的。

建筑钢结构不锈钢的应用越来越广泛，见图 9-1。中、高层屋顶落水沟，各类场馆的维护结构也采用不锈钢材料，见图 9-2、图 9-3。

图 9-1　高层建筑屋顶的不锈钢构件

图 9-2　哈尔滨中国木雕博物馆不锈钢构件维护结构

图 9-3 高层建筑屋顶的不锈钢屋面

为了保证不锈钢结构工程的焊接质量和施工安全，为不锈钢结构焊接工艺提供技术指导，使不锈钢结构焊接质量满足设计文件和相关标准的要求，本章较为详细对这个问题作介绍，以适应焊接技术进步的要求。

第一节 不锈钢概述

一、不锈钢的定义及界定范围

不锈钢大体有三种类型；

① 原义型——仅指在无污染的大气中"不生锈"的钢。

② 习惯型——原义型含义不锈钢和不锈耐酸钢的统称。

③ 广义型——习惯型含义不锈钢和不锈耐热钢（或"耐热型"不锈钢）的统称（注：广义型不锈钢近期也包含了新钢种，比如低温钢）。

根据我国钢的分类标准，钢的定义为："以铁（Fe）为主要元素，含碳（C）量一般在 2% 以下，并含有其他元素的材料"。

按该标准，将不锈钢、耐蚀钢、抗氧化钢和耐热钢归属为一类，统称"不锈、耐蚀和耐热钢"，但是严格来说，他们是有区别的。

不锈钢应指空气等接近中性的介质中不产生锈蚀的钢。

耐蚀钢指在酸、碱、盐及其溶液，海水和其他腐蚀性介质中能够不产生或少产生腐蚀的钢。

耐热钢指在较高温环境中能够抗氧化、抗蠕变的钢。

一般耐蚀钢、耐热钢都具有不锈钢的特性。

本章对不锈钢做如下定义：

不锈钢（stainless steel）是以铁-铬、铁-铬-碳、铁-铬-镍为合金系，含铬量不低于 10.5%、含碳量不高于 1.2% 的钢。

二、不锈钢的分类及其基本特性

不锈钢按类别可分为奥氏体不锈钢、铁素体不锈钢、双相不锈钢、马氏体不锈钢和析出强化（沉淀强化）不锈钢。

1. **奥氏体不锈钢**（austenitic stainless steel）

奥氏体不锈钢组织以面心立方晶体结构的奥氏体为主，无磁性，主要通过冷加工使其强化并可能导致一定磁性。

奥氏体不锈钢都含有较高的铬（一般大于 18%），含有 8% 左右的镍，有的以锰取代部分镍，为进一步提高耐腐蚀性，有的还加入了钼、铜、硅、钛、铌等元素。

奥氏体不锈钢与铁素体不锈钢相似，加热时不发生相变，不能通过热处理方法强化力学性能，其强度较低，塑性、韧性较高。

奥氏体不锈钢的耐腐蚀性能比马氏体不锈钢好，铬-镍奥氏体不锈钢对氧化性介质耐腐蚀，含钼、铜、硅的奥氏体不锈钢在硫酸中有更好的耐腐蚀性。含稳定化元素钛或铌的奥氏体不锈钢有良好的抗晶间腐蚀性能。

提高奥氏体不锈钢中的铬、钼、镍、氮元素含量，可提高抗点腐蚀性能。

2. **铁素体不锈钢**（ferritic stainless steel）

铁素体不锈钢组织以体心立方晶体结构的铁素体为主，有磁性，一般不能通过热处理加工，冷加工可使其轻微强化。

铁素体不锈钢中的主要合金元素是铬，当钢中含有 12% 的铬，再含有其他稳定铁素体元素时，则钢中的组织结构基本上是铁素体，在室温下的组织也是铁素体。

铁素体不锈钢的组织决定了其具有不太高的强度，而且不能通过热处理方法强化，该钢种有一定塑性，但脆性较大。

铁素体不锈钢对硝酸等氧化介质有良好的耐腐蚀性。随着铬的增加，其抗氧化性介质耐腐蚀的能力也增加。在含氧化物介质中有良好的抗应力腐蚀开裂能力，但在还原性介质中的耐腐蚀性较差。

3. **双相不锈钢**（duplex stainless steel）

双相不锈钢组织为奥氏体和铁素体（其中较少相的含量一般大于 15%），有磁性，可通过冷加工使其强化。

双相不锈钢一般含有 17%～30% 的铬和 3%～13% 的镍，另外还加入钼、铜、铌、氮等元素，将含碳量控制得很低。依据成分不同，有的以铁素体为主，有的以奥氏体为主，构成铁素体和奥氏体两相共存的组织状态。

双相不锈钢采用正确的固溶处理后，因为含有强化元素，其具有比奥氏体不锈钢稍高的力学性能。

双相不锈钢中因含有较高量的铬及其他多种对耐腐蚀性有效的合金元素，所以耐腐蚀性能好，特别是耐点腐蚀、缝隙腐蚀及应力腐蚀开裂性能好。

双相不锈钢虽然出现较晚，但已经受到重视，应用于各个方面。

4. **马氏体不锈钢**（martensite stainless steel）

马氏体不锈钢组织由马氏体构成，有磁性，通过热处理可调整其力学性能。

马氏体不锈钢主要含 12%～18% 的铬元素，并依据使用条件要求调整其含碳量，一般在 0.1%～0.4%，对于做工具使用时，含碳量可达 0.8%～1.0%，有的还根据需要加入一定量的镍、钼等合金元素。

马氏体不锈钢加热时可以发生相变，因此，可以通过热处理的方法在很大范围内调整其力学性能，这使马氏体不锈钢可以用于制造较高强度的构件及机械零部件。

马氏体不锈钢在大部分无机酸、有机酸及有机盐中有较好的耐腐蚀性能，但在硫酸、盐酸、热硝酸中抗腐蚀性能力差。

5. **析出强化不锈钢**（precipitation hardening stainless steel）

析出强化不锈钢组织为奥氏体或马氏体，并能通过析出硬化处理使其强化。

析出强化（沉淀硬化）不锈钢的特点是：在成分中含有铬、镍元素外，还含有在热处理时能形成沉淀析出相的铜、铝、钛、铌、钼等元素，并以此使钢得到强化。

析出强化（沉淀硬化）不锈钢可以通过热处理的方法调整力学性能。所以析出强化（沉淀硬化）不锈钢弥补了马氏体不锈钢耐腐蚀性差的不足，又弥补了奥氏体不锈钢不能通过热处理方法强化的不足，使析出强化（沉淀硬化）不锈钢既保证力学性能有较大的调节空间，又有较好的耐腐蚀性能，因此越来越得到重视。

马氏体不锈钢和析出强化不锈钢的焊接性和冷加工性能较差，在结构工程中应用较少。铁素体不锈钢在国外已有许多应用实例，但在国内的使用经验和数据较少。在我国结构工程中常用的不锈钢是奥氏体不锈钢和双相不锈钢，如 06Cr19Ni10（S30408）、022Cr19Ni10（S30403）、06Cr17Ni12Mo2（S31608）、022Cr17Ni12Mo2（S31603）奥氏体不锈钢和 022Cr23Ni5Mo3N（S22053）、022Cr22Ni5Mo3N（S22253）双相不锈钢。当有可靠依据时，可采用其他牌号的不锈钢。

三、化学成分与不锈钢组成的关系

碳和合金成分含量、种类与不锈钢的组织结构有着密切的关系。焊接方法及工艺与此密切相关。判定某一具体成分的不锈钢会具有何种组织结构，一种较简单的方法是借助 Schaeffler 图。这个图近似表示出不锈钢的化学成分与具有的金相组织之间的关系，帮助我们分析和处理问题。Schaeffler 图见图 9-4。

使用这个图时，所用的铬当量和镍当量分别按下式计算。

铬当量：$Cr_{eq}=w(Cr)+w(Mo)+1.5w(Si)+0.5w(Nb)$

镍当量：$Ni_{eq}=w(Ni)+30w(C)+0.5w(Mn)$

w 为质量分数，%。

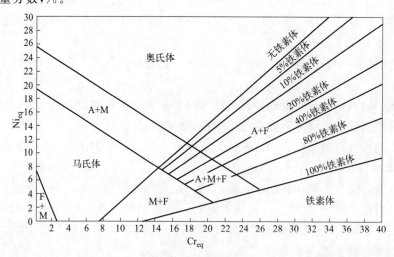

图 9-4 Schaeffler 图

例：某一不锈钢化学成分如表 9-1 所示，借助 Schaeffler 图判断其组织结构。

表 9-1　化学成分质量分数　　　　　　　　　　　　　单位:%

成分	C	Si	Mn	P	S	Ni	Cr	Mo
含量	0.07	0.60	0.80	0.030	0.0025	5.50	23.00	1.10

① 按上述公式计算铬当量: $Cr_{eq}=23.00+1.10+1.5\times0.60=25.00$

② 按上述公式计算镍量: $Ni_{eq}=5.50+30\times0.07+0.5\times0.80=8.00$

根据图 9-4 进行估算:

当横坐标 $Cr_{eq}=25.00$,纵坐标 $Ni_{eq}=8.00$ 时,该钢具有约 70%铁素体、30%奥氏体,判定为双相不锈钢。

不锈钢中的化学元素符号见表 9-2。

表 9-2　不锈钢中的化学元素符号

元素名称	化学元素符号	元素名称	化学元素符号	元素名称	化学元素符号
铁	Fe	锂	Li	钶	Ac
锰	Mn	铍	Be	硼	B
铬	Cr	镁	Mg	碳	C
镍	Ni	钙	Ca	硅	Si
钴	Co	锆	Zr	硒	Se
铜	Cu	锡	Sn	碲	Te
钨	W	铅	Pb	砷	As
钼	Mo	铋	Bi	硫	S
钒	V	铯	Cs	磷	P
钛	Ti	钡	Ba	氮	N
铝	Al	镧	La	氧	O
铌	Nb	铈	Ce	氢	H
钽	Ta	钐	Sm	稀土金属	RE[①]

① 稀土金属是元素周期表中的镧系元素和钪、钇共 17 种金属元素的总称。

第二节　不锈钢焊接技术

总体上看不锈钢焊接性是不错的,但由于不锈钢性能的特殊性,其工程应用还是有一定难度的。

不锈钢可采用 SMAW、GMAW、FCAW-G、TIG、SAW 技术(参考本书有关章及本章工程实例)。

MIG 焊接方法主要用于焊接不锈钢和类似的高合金钢。为了改善电弧特性,在 Ar 中混入适量的 O_2 和 CO_2 即成为 MAG 焊接方法。在工地推荐采用 SMAW、TIG 焊接方法。

一、焊接工艺技术要求

1) 焊接施工前,施工单位应制定焊接工艺文件用于指导焊接施工,工艺文件可依据焊接工艺评定结果制定。焊接工艺文件应至少包括下列内容:

① 焊接方法或焊接方法的组合;

② 母材的牌号、厚度及适用范围;

③ 填充金属的规格、类别和型号;

④ 焊接接头形式、坡口形式、尺寸及其允许偏差;

⑤ 焊接位置;

⑥ 焊接电源的种类和电流极性；

⑦ 清根处理；

⑧ 焊接工艺参数，包括焊接电流、焊接电压、焊接速度、焊层和焊道分布等；

⑨ 预热温度及道间温度范围；

⑩ 焊后消应热处理工艺；

⑪ 其他必要的规定。

2）SMAW（焊条电弧焊）、GMAW（实心焊丝气体保护焊）、FCAW-G、SAW（药芯焊丝气体保护焊和埋弧焊），每一道焊缝的宽深比不应小于 1.1。

3）除用于坡口焊缝的加强角焊缝外，如果满足设计要求，宜采用最小角焊缝尺寸，最小角焊缝尺寸应符合表 9-3 的规定。

表 9-3　角焊缝最小焊脚尺寸　　　　　　　　　　　　　　　单位：mm

母材厚度 $t^{①}$	角焊缝最小焊脚尺寸 $h_f^{②}$	母材厚度 $t^{①}$	角焊缝最小焊脚尺寸 $h_f^{②}$
$t<3$	1.5	$12<t\leqslant20$	6
$3\leqslant t\leqslant6$	3	$t>20$	8
$6<t\leqslant12$	5		

① 采用不预热的非低氢焊接方法进行焊接时，t 等于焊接接头中较厚件厚度，应采用单道焊；采用预热的非低氢焊接方法或低氢焊接方法进行焊接时，t 等于焊接接头中较薄件厚度。

② 焊缝尺寸不要求超过焊接接头中较薄件厚度的情况除外。

4）焊条电弧焊、半自动实心焊丝气体保护焊、半自动药芯焊丝气体保护焊、药芯焊丝自保护焊和自动埋弧焊，其单道最大焊缝尺寸宜符合表 9-4 的规定。

表 9-4　单道最大焊缝尺寸

焊道类型	焊接位置	焊缝类型	焊接方法		
			焊条电弧焊	气体保护焊和药芯焊丝自保护焊	单丝埋弧焊
根部焊道最大厚度	平焊	对接焊缝	10mm	10mm	—
	横焊		8mm	8mm	
	立焊		12mm	12mm	—
	仰焊		8mm	8mm	
填充焊道最大厚度	全部	对接焊缝	5mm	6mm	6mm
角焊缝单道最大焊脚尺寸	平焊	角焊缝	10mm	12mm	12mm
	横焊		8mm	10mm	8mm
	立焊		12mm	12mm	—
	仰焊		8mm	8mm	

5）多层焊时应连续施焊，每一焊道焊接完成后应及时清理焊渣及表面飞溅物，遇有中断施焊的情况，再次焊接时重新预热温度应不低于初始预热温度，且宜依据不锈钢的种类确定重新预热温度。

6）预热温度和道间温度取决于被焊件的材质和厚度。预热温度和道间温度应与焊接工艺规程一致。

二、焊接注意事项

（一）奥氏体不锈钢注意应力腐蚀裂纹的防治

奥氏体不锈钢是我们经常焊接的钢种，在焊接时，因工件不同部位不同时加热、不同时冷却以及焊件各部位的形状、尺寸不均匀而产生焊接残余应力，这些应力的存在除会引起变形外，另一个不良作用是在某些使用环境、条件下发生应力腐蚀开裂。所以对奥氏体不锈钢焊接结构（板厚较大时）应注意消除焊接残余应力。

应力腐蚀开裂是奥氏体不锈钢经常发生的腐蚀破坏形式，见彩插图 9-5。有关统计资料表明：应力腐蚀开裂引起的事故占整个腐蚀破坏事故的 60% 以上。

奥氏体不锈钢由于导热性差、线膨胀系数大、屈服点低，焊接时很容易变形，当焊接变形受到限制时，焊接接头中必然会残留较大的焊接残余拉应力，加速腐蚀介质的作用。接头容易出现应力腐蚀开裂是焊接奥氏体不锈钢时最不易解决的问题之一，特别是在化工设备中，应力腐蚀开裂现象经常出现。

应力腐蚀开裂的表面特征是：裂纹均发生在焊缝表面上；裂纹多平行且近似垂直焊接方向；裂纹细长并曲折，常常贯穿有黑色点蚀的部位。从表面开始向内部扩展，点蚀往往是裂纹的根源，裂纹通常表现为穿晶扩展，裂纹尖端常出现分枝，裂纹整体为树枝状。严重的裂纹可穿过熔合区进入热影响区。

防止应力腐蚀开裂的措施有：

（1）合理地设计焊接接头　避免腐蚀介质在焊接接头部位聚集，降低或消除焊接接头应力集中。

（2）消除或降低焊接接头的残余应力　焊后进行消除应力处理是常用工艺措施，加热温度在 850～900℃ 之间才可得到比较理想的消除应力效果；采用机械方法，如表面抛光、喷丸和锤击来造成表面压应力；结构设计时要尽量采用对接接头，避免十字交叉焊缝，单 V 形坡口改为 X 形坡口等。

（3）正确选用材料　选用母材和焊接材料时，应根据介质的特性选用对应力腐蚀开裂敏感性低的材料。

（二）奥氏体不锈钢注意防止晶间腐蚀

奥氏体不锈钢焊接加热后在 850～400℃ 区间缓慢冷却时，铬的碳化物会从晶界析出，使晶界处产生局部贫铬区，从而产生晶间腐蚀。特别是在含碳量较高的钢种中，含碳量越高晶间腐蚀危险性越大。奥氏体不锈钢中含碳量在 0.03% 以下的钢种，对晶间腐蚀不太敏感。

不难设想奥氏体不锈钢焊接冷却速度应加快，以尽可能短的时间通过 850～400℃ 区间。因此，焊接过程中，必须注意以下两点。

1）限制线能量，降低热输入。低热输入不仅仅减少焊接变形，而且可以有效防止热裂纹产生。

2）奥氏体不锈钢焊接前不要预热。额外的预热温度会延长 $T_{8/5}$，由此延长 850～400℃ 区间的时间。

（三）铁素体不锈钢防止 475℃ 脆性

铁素体不锈钢在 400～500℃ 长时间加热后，会表现出强度升高、韧性大幅度下降的特征，因其在 475℃ 左右表现最明显，故常称为 475℃ 脆性。

铁素体不锈钢的这种脆性倾向，随钢中含铬量的提高而增大，产生脆性的温度也随含铬量增高而移向较高的温度。

这个特殊的温度决定了铁素体不锈钢焊接工艺尽量快速通过475℃的技术方法。也要采用同奥氏体不锈钢防止晶间腐蚀的技术，限制线能量，降低热输入。

低热输入不仅仅减少焊接变形，而且可以有效防止热裂纹产生，对铁素体不锈钢而言，也是正确的。

铁素体不锈钢韧性较低，产生热裂纹倾向不明显，但抗冷裂纹能力差，要尽可能采用低氢焊接技术，在板厚超过3mm时应采取预热措施，预热温度由试验确定（国外为200～300℃），同时降低或消除焊接刚性约束。

铁素体不锈钢热导率较高，热膨胀系数比奥氏体不锈钢低，因此焊接变形不是很明显。

三、等离子弧焊

由于TIG焊的热输入较低，对于板厚超过3mm的不锈钢焊件往往需要进行多层多道填丝TIG焊，除了焊接效率低外，多次焊接反复加热对焊缝的微观组织及性能也会产生一定影响。采用等离子弧小孔焊接方法，可以对壁厚6～8mm的不锈钢焊件一次熔透，完成焊接。

图9-6所示为厚壁不锈钢管等离子弧焊接和等离子弧焊接原理示意图。

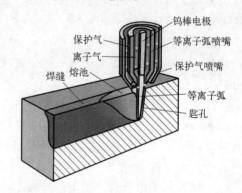

图9-6　厚壁不锈钢管等离子弧焊接和等离子弧焊接原理

1）等离子弧是压缩电弧，与TIG焊电弧相比，等离子弧也是在焊件与钨棒之间燃烧电弧，但是焊枪的结构不同。由图9-6可见，一是在等离子弧焊接时，钨极缩入焊枪等离子喷嘴（压缩喷嘴）内部；二是采用双层气体结构，压缩喷嘴喷出离子气，而保护气喷嘴喷出保护气。离子气与保护气一般都采用惰性气体，例如Ar。焊枪采用水冷方式，冷却焊枪的喷嘴与钨极，由于钨极内缩于压缩喷嘴内部，强迫钨棒电极与焊件之间的电弧通过水冷压缩喷嘴孔道，使电弧受到机械压缩、热压缩与电磁压缩，等离子弧能量高度集中在直径很小的弧柱中，形成高温、高电离度及高能量密度的压缩电弧。

图9-7所示为TIG焊电弧与等离子弧的形态对比示意图。

由图9-7可见，TIG焊电弧呈钟罩形，等离子弧呈圆柱形，等离子弧能量集中度高，电弧挺度高，穿透能力强，可以有更大的焊接熔深。与TIG焊电弧相比，等离子弧也属于非熔化极惰性气体保护电弧，等离子弧的能量密度更加集中，焊接生产率高，焊件变形小，焊缝成形好，焊接质量高，使用范围广，可用于焊接几乎所有的金属及其合金。但是等离子弧焊接参数多，合理的焊接参数匹配范围相对较窄，焊接参数之间的相互匹配与调整困难，因

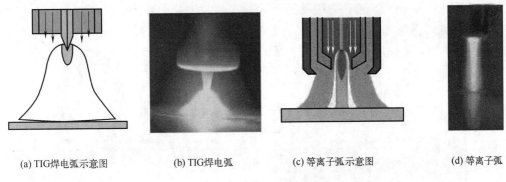

| (a) TIG焊电弧示意图 | (b) TIG焊电弧 | (c) 等离子弧示意图 | (d) 等离子弧 |

图 9-7　电弧形态对比

此具有一定的局限性。

等离子弧焊接有直流焊、交流焊，还有最近发展起来的变极性等离子弧焊。交流、变极性焊接电弧具有去除铝、镁合金表面氧化膜的功能，因此，交流、变极性等离子弧焊接主要用于铝、镁及其合金的焊接，在航天领域发挥了重要作用。

2）在等离子弧焊接方法中，需要了解小孔型等离子弧焊接方法及工艺。小孔型等离子弧焊是中厚板等离子弧焊接的主要方法，又被称为穿孔型、锁孔型或穿透型等离子弧焊。该方法利用等离子弧弧柱直径小、温度高、能量密度大、穿透能力强的特点，焊接时等离子弧将焊件完全熔透，并产生一个贯穿焊件厚度的小孔（在小孔背面露出等离子焰），熔化的金属被排挤在小孔周围，在电弧力、液体金属重力与表面张力的相互作用下保持平衡，如图9-8 所示。

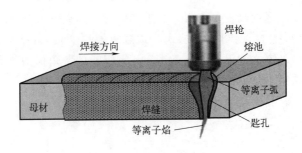

图 9-8　小孔型等离子弧焊

小孔随等离子弧沿着焊接方向移动，熔化金属向熔池后方流动，并在电弧后方锁闭，形成完全熔透、正反面都有"鱼鳞纹"的焊缝。焊接时不加填充金属，常用焊接电流为100～300A。焊件厚度在一定范围时，可在不开坡口、不留间隙、不需焊丝、背面不用衬垫的情况下实现单面焊双面成形。

3）等离子弧焊接不仅可以用于较厚板的焊接，也可以用于薄板的焊接，因为等离子弧电流可以减小到几安培，甚至到0.1A，被称为微束等离子弧焊接。因为等离子弧能量集中，在较小电流时仍能够稳定地燃烧，并具有一定的电弧挺度，所以在一些微小器件焊接中采用微束等离子弧焊接可以得到满意的焊接质量。图9-9 所示为微束等离子弧焊接波纹管，其材料为不锈钢，板厚为 0.2mm，焊接电流仅为 2A。波纹管在石油、化工、仪器、仪表、航空航天领域具有广泛的应用，如图9-9（b）所示。

(a) 焊接系统

(b) 波纹管

图 9-9　微束等离子弧焊接波纹管

第三节　不锈钢焊接工程案例

上海 LNG 事故备用站的 2 台 50000m³ LNG 储罐为双层罐体结构，其中内罐材质为 9％Ni 钢[①]，是该工程建设的核心。9％Ni 钢具有优良的低温性能，焊接难度较大。通过细致的研究，综合分析 9％Ni 钢焊接的难点和特点，制定了有效的焊接工艺措施，最终射线检测合格率达到 99.5％以上，各项指标均满足设计和使用要求，顺利完成了该工程的施工。

上海燃气集团 LNG 事故备用站扩建工程中的关键设备是 2 台 50000m³ LNG 储罐，为双层罐体结构全包容储罐，可在天然气源发生意外情况时提供城市用气。外罐为混凝土罐底及预应力钢筋混凝土罐壁（罐壁高度 29.3m，内径 54.8m），罐顶为钢顶及钢筋混凝土顶盖制成的复合拱顶；内罐为 9％Ni 钢制的自承式开顶罐（罐壁高度 26.73m，内径 52.5m），上方设置铝合金吊顶。内外罐之间设置 5m 高 9％Ni 钢焊制的壁角保护装置以及二级底板组成二级保护装置。每台储罐本体钢结构质量为 1371.4t，其中 9％Ni 钢 632t。内罐 9％Ni 钢的焊接是本次施工的核心，其焊接工作具有相当技术难度。

一、焊接技术难点分析

1. 焊接接头的低温韧性问题

鉴于 LNG 储罐的使用条件，焊接接头需做 $-196℃$ 低温冲击试验，冲击韧性值要大于 35J。由于 9％Ni 钢是经热处理提高性能的钢种，在焊接冶金反应和热循环的作用下，破坏了原始热处理状态，熔合线的成分及热影响区的组织发生变化，使低温韧性降低。

2. 焊接热裂纹问题

9％Ni 钢具有一定的热裂纹敏感性，多产生于接近固相线的高温下，具有沿晶界分布的特征，有时也能在低于固相线的温度下沿着"多边化边界"形成，通常产生于焊缝金属内，也可能出现在接头熔合组织内。这与焊缝冷却过程中的应力状态、母材和焊材的化学成分及杂质元素含量有关。

[①]　9％Ni 钢为低碳马氏体型低温钢典型钢种，这种钢含有较多的镍，具有一定的淬硬性，是广义性质的不锈钢。
（编者）

3. 焊接冷裂纹问题

9％Ni 钢也有一定的冷裂纹敏感性，其原因是应力、脆性组织和扩散氢含量过高。焊接接头的应力主要包括拘束应力、组织应力和热应力，特别是在焊接第一层焊缝时，由于根部冷却速度较快，会导致拘束应力过大。过冷度较大时会在熔合线附近出现冷脆的马氏体带。坡口处的清洁度不够、焊条未充分烘干、施焊环境湿度过大等因素会导致焊缝中扩散氢含量过大。

4. 焊接电弧磁偏吹问题

9％Ni 钢对磁化敏感，当使用直流焊机施焊时，会形成定向磁场，对 9％Ni 钢有磁化效应而产生剩磁。在焊接时就会有电弧磁偏吹现象。磁偏吹产生后会有一定的持续长度，可能会导致整条焊缝未熔合、未焊透和条状夹渣并存，严重影响焊接质量。

二、相应问题的解决方案

本项目中每台储罐 9％Ni 钢焊缝长度达 6500m，焊接工作量较大，为在保证焊接质量的同时提高焊接效率，内罐罐壁 9％Ni 钢壁板环焊缝全部采用埋弧自动焊设备施焊，壁板立焊采用焊条电弧焊。在施工过程中采取如下措施以保证 9％Ni 钢的焊接质量。

1. 选用适用的工艺参数

选用适用的工艺参数，保证 9％Ni 钢焊接接头的低温韧性。9％Ni 钢焊接时，粗晶粒区、焊缝金属、熔合区的低温韧性有可能降低，采取的措施如下：

① 选用较小的线能量与较低的层间温度。逆转奥氏体随焊接热循环的峰值温度的提高而减少，冷却速度减小，粗晶粒区会出现粗大的马氏体和奥氏体组织，逆转奥氏体的减少与贝氏体组织的出现，均会使低温韧性降低。因此焊接线能量大，高温区停留时间长，过热区也宽，晶粒也越粗大，低温韧性会下降。本工艺采用较小的线能量，以减少高温区停留时间；采用较低的层间温度，以增加冷却速度；增加焊接层数，由于后续焊道起回火作用，能促使逆转奥氏体转化，以提高低温韧性。

② 选用适用的焊接材料，保证焊缝金属的低温韧性。选用镍基焊材，含镍量≥55％，焊材需具有优良的低温和常温韧性及塑性；具有良好的操作性能，因焊缝金属均为奥氏体组织，具有良好的低温韧性。

2. 冷裂纹的防止措施

① 选用含 Ni 量高达 55％的低碳型镍基焊材，焊接时虽有母材的稀释作用，但仍有足够多的奥氏体元素，能有效阻止碳迁移，避免熔合区出现脆性组织。

② 使用线能量较小的焊接规范，控制热应力；不得强行组对，采用合理的焊接顺序，对称、同步施焊，减少拘束应力。

③ 将焊口表面的水、油污及有机物清理干净，焊条进行充分烘干，在雨雪天气或大气湿度超过 90％时禁止施焊，尽量降低焊缝中扩散氢含量。

3. 热裂纹的防止措施

① 焊接过程中采用较小的线能量，尽量缩短结晶过程，从而减少焊缝金属结晶过程中的低熔点杂质偏析量。

② 选用线膨胀系数与母材差异较小的焊材，减小焊接过程中不均匀热胀冷缩所产生的热应力。

4. 电弧磁偏吹的防治措施

电弧磁偏吹产生的主要原因是直流电源会产生定向磁场,对9%Ni钢产生磁化效应,而9%Ni钢的剩磁现象较为严重,会对焊接电弧产生干扰,导致电弧偏向焊缝某一侧。因此在焊接过程中使用方波交流电源取代直流电源,能够有效解决这一问题。此外,方波电源结合了DCEN(直流正接)和DCEP(直流反接)的优点,得到了最大的熔敷效率和最佳的焊缝成形,能够确保熔合良好,减少合金元素的烧损。

5. 环缝埋弧焊接时背面使用焊剂保护

LNG储罐的9%Ni钢内罐环缝的坡口形式为K形坡口,施焊顺序为大坡口侧焊接后,背面进行碳刨清根,再使用砂轮打磨清除表面氧化层,经PT检测合格后再进行焊接。而碳刨清根存在以下问题:①碳刨清根使用的是大功率的直流焊机,对9%Ni钢有磁性影响;②碳刨清根会增加焊材的消耗,增加劳动力使用。为解决上述问题,在进行正面埋弧自动焊时,背面采用焊剂保护,使背面的成形良好,可大幅减少清根工作量,从而节省了焊材和劳动力的使用。

三、方案具体实施

1. 焊接参数的确定

根据评定合格的焊接工艺,编制适合本工程的焊接工艺规程(见表9-5)。

表9-5　焊接工艺参数

焊接位置	焊接方法	焊条(焊丝)牌号	焊条直径	电流/A	电压/V	焊接速度/(cm/min)	线能量/(kJ/cm)	电源极性
平焊(1G)	SMAW	EniCrMo-6(Ok92.55)	2.5	80～95	20～22	5～11	10～30	交流
			3.2	85～120	22～23	6～12		
			4.0	140～165	23～24	6～15		
立焊(3G)	SMAW	EniCrMo-6(Ok92.55)	2.5	75～95	20～22	5～10	10～30	交流
			3.2	80～115	21～23	5～11		
横焊(2G)	SMAW	EniCrMo-6(Ok92.55)	2.5	80～95	20～22	5～12	10～30	交流
			3.2	85～120	21～23	5～15		
仰焊(4G)	SMAW	EniCrMo-6(Ok92.55)	2.5	75～90	20～22	5～11	10～30	交流
			3.2	80～115	21～23	5～12		
横焊(2G)	SAW	ERiCrMo-4 (ThermanitNimoc276) Marathon 104(焊剂)	2.4	300～400	27～28	35～60	10～30	交流

2. 焊接设备的选用

由于9%Ni钢内罐环缝长度是纵缝的近4倍,为加快施工进度,提高焊接效率,环缝采用埋弧自动焊。施焊时,焊接行走机构吊挂在储罐壁板上,先焊接焊缝外侧,打底层时采用双面机架,背面焊剂保护,外侧焊接结束后进行碳刨清根打磨,渗透检测合格后采用同样的方法焊接内侧。储罐立焊缝采用焊条电弧焊。

3. 焊接电源

选用某型弧焊电源与埋弧焊机配套使用,通过调节方波的波形可以调整熔深和焊道形状,焊丝负半周不会产生电弧偏吹,电弧与电弧的干扰由相位转换控制。

4. 焊道布置

在环焊缝埋弧自动焊时，为减少焊缝拘束应力，防止产生焊接冷裂纹，以及提高焊接接头的低温韧性，采用多层多焊道，$\delta=14.3\text{mm}$ 的环焊缝，大坡口侧采用 3 层 6 道，背面焊 2 层，3 台埋弧焊机均布，同向、同步施焊。

5. 焊接工艺控制

线能量控制：焊工严格按批准的 WPS 进行操作，现场由专职线能量记录员进行抽检，以保证线能量控制在规定范围。

层间温度监控：现场配备测温仪，层间温度达到要求后再次施焊，焊接检验员抽检。

施焊环境监控：现场由焊接工程师控制，超过规范要求，停止施焊。

焊缝返修控制：9％Ni 钢只允许返修一次，返修操作严格按程序进行。先碳弧气刨，清除缺陷，将刨槽打磨，清除表面氧化层，然后进行 PT 检测，确认缺陷已清除，再用原焊接工艺进行修补，再用砂轮将焊缝表面打磨光滑，最后经 RT 检测合格。

6. 打磨作业

打磨采用专用氧化铝砂轮及不锈钢丝刷。焊前将坡口面及坡口两侧 15～20mm 宽度范围内的铁锈、油污等清理干净；碳刨清根后打磨清除表面氧化层，打磨深度至少 1.6mm；在焊接结束后对焊缝进行成形打磨，表面不得有妨碍无损检测的缺陷存在。

7. 总结

该工程 2 台 LNG 低温罐施工完毕后，各项总体试验全部合格，每台储罐的射线检测一次合格率都在 99.5％以上，返修片均一次返修成功。产品试板力学性能检验结果均满足 9％Ni 钢制 LNG 储罐的设计和使用要求。虽然 9％Ni 钢本身的特点决定了这种材料的焊接难度较大，但由于针对焊接质量难题采取了有效的焊接工艺措施，并加强了各工序的控制，因而焊接质量良好，为业主提供了优质的产品，为今后此类储罐的施工积累了宝贵的经验。

附录　GB/T 983—2012《不锈钢焊条》摘要

本附录摘录了钢结构焊接工程所必需的条款，如果还要了解其他内容，请阅 GB/T 983—2012《不锈钢焊条》标准原文。

1　型号

1.1　型号划分

焊条型号按熔敷金属化学成分、焊接位置和药皮类型等进行划分。药皮类型的简要说明见 GB/T 983—2012 附录 A，不同标准之间的型号对照见 GB/T 983—2012 附录 B。

1.2　型号编制方法

焊条型号由四部分组成：

a）第一部分用字母"E"表示焊条；

b）第二部分为字母"E"后面的数字表示熔敷金属的化学成分分类，数字后面的"L"表示碳含量较低，"H"表示碳含量较高，如有其他特殊要求的化学成分，该化学成分用元素符号表示放在后面，见表 1；

c）第三部分为短划"-"后的第一位数字，表示焊接位置，见表 2；

d）第四部分为最后一位数字，表示药皮类型和电流类型，见表 3。

1.3　型号示例

本标准中完整焊条型号示例如下：

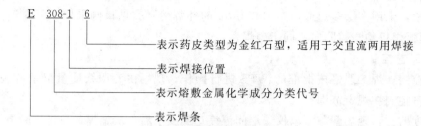

- ——表示药皮类型为金红石型，适用于交直流两用焊接
- ——表示焊接位置
- ——表示熔敷金属化学成分分类代号
- ——表示焊条

表1　熔敷金属化学成分

焊条型号[①]	化学成分质量分数[②] /%									
	C	Mn	Si	P	S	Cr	Ni	Mo	Cu	其他
E209-XX	0.06	4.0~7.0	1.00	0.04	0.03	20.5~24.0	9.5~12.0	1.5~3.0	0.75	N:0.10~0.30 V:0.10~0.30
E219-XX	0.06	8.0~10.0	1.00	0.04	0.03	19.0~21.5	5.5~7.0	0.75	0.75	N:0.10~0.30
E240-XX	0.06	10.5~13.5	1.00	0.04	0.03	17.0~19.0	4.0~6.0	0.75	0.75	N:0.10~0.30
E307-XX	0.04~0.14	3.30~4.75	1.00	0.04	0.03	18.0~21.5	9.0~10.7	0.5~1.5	0.75	—
E308-XX	0.08	0.5~2.5	1.00	0.04	0.03	18.0~21.0	9.0~11.0	0.75	0.75	—
E308H-XX	0.04~0.08	0.5~2.5	1.00	0.04	0.03	18.0~21.0	9.0~11.0	0.75	0.75	—
E308L-XX	0.04	0.5~2.5	1.00	0.04	0.03	18.0~21.0	9.0~12.0	0.75	0.75	—
E308Mo-XX	0.08	0.5~2.5	1.00	0.04	0.03	18.0~21.0	9.0~12.0	2.0~3.0	0.75	—
E308LMo-XX	0.04	0.5~2.5	1.00	0.04	0.03	18.0~21.0	9.0~12.0	2.0~3.0	0.75	—
E309L-XX	0.04	0.5~2.5	1.00	0.04	0.03	22.0~25.0	12.0~14.0	0.75	0.75	—
E309-XX	0.15	0.5~2.5	1.00	0.04	0.03	22.0~25.0	12.0~14.0	0.75	0.75	—
E309H-XX	0.04~0.15	0.5~2.5	1.00	0.04	0.03	22.0~25.0	12.0~14.0	0.75	0.75	—
E309LNb-XX	0.04	0.5~2.5	1.00	0.040	0.030	22.0~25.0	12.0~14.0	0.75	0.75	Nb+Ta: 0.70~1.00
E309Nb-XX	0.12	0.5~2.5	1.00	0.04	0.03	22.0~25.0	12.0~14.0	0.75	0.75	Nb+Ta: 0.70~1.00
E309Mo-XX	0.12	0.5~2.5	1.00	0.04	0.03	22.0~25.0	12.0~14.0	2.0~3.0	0.75	—
E309LMo-XX	0.04	0.5~2.5	1.00	0.04	0.03	22.0~25.0	12.0~14.0	2.0~3.0	0.75	—
E310-XX	0.08~0.20	1.0~2.5	0.75	0.03	0.03	25.0~28.0	20.0~22.5	0.75	0.75	—
E310H-XX	0.35~0.45	1.0~2.5	0.75	0.03	0.03	25.0~28.0	20.0~22.5	0.75	0.75	—

焊条型号[①]	化学成分质量分数[②] /%									
	C	Mn	Si	P	S	Cr	Ni	Mo	Cu	其他
E310Nb-XX	0.12	1.0~2.5	0.75	0.03	0.03	25.0~28.0	20.0~22.0	0.75	0.75	Nb+Ta: 0.70~1.00
E310Mo-XX	0.12	1.0~2.5	0.75	0.03	0.03	25.0~28.0	20.0~22.0	2.0~3.0	0.75	—
E312-XX	0.15	0.5~2.5	1.00	0.04	0.03	28.0~32.0	8.0~10.5	0.75	0.75	—
E316-XX	0.08	0.5~2.5	1.00	0.04	0.03	17.0~20.0	11.0~14.0	2.0~3.0	0.75	—
E316H-XX	0.04~0.08	0.5~2.5	1.00	0.04	0.03	17.0~20.0	11.0~14.0	2.0~3.0	0.75	—
E316L-XX	0.04	0.5~2.5	1.00	0.04	0.03	17.0~20.0	11.0~14.0	2.0~3.0	0.75	—
E316LCu-XX	0.04	0.5~2.5	1.00	0.040	0.030	17.0~20.0	11.0~16.0	1.20~2.75	1.00~2.50	—
E316LMn-XX	0.04	5.0~8.0	0.90	0.04	0.03	18.0~21.0	15.0~18.0	2.5~3.5	0.75	N:0.10~0.25
E317-XX	0.08	0.5~2.5	1.00	0.04	0.03	18.0~21.0	12.0~14.0	3.0~4.0	0.75	—
E317L-XX	0.04	0.5~2.5	1.00	0.04	0.03	18.0~21.0	12.0~14.0	3.0~4.0	0.75	—
E317MoCu-XX	0.08	0.5~2.5	0.90	0.035	0.030	18.0~21.0	12.0~14.0	2.0~2.5	2	—
E317LMoCu-XX	0.04	0.5~2.5	0.90	0.035	0.030	18.0~21.0	12.0~14.0	2.0~2.5	2	—
E318-XX	0.08	0.5~2.5	1.00	0.04	0.03	17.0~20.0	11.0~14.0	2.0~3.0	0.75	Nb+Ta: 6×C~1.00
E318V-XX	0.08	0.5~2.5	1.00	0.035	0.03	17.0~20.0	11.0~14.0	2.0~2.5	0.75	V:0.30~0.70
E320-XX	0.07	0.5~2.5	0.60	0.04	0.03	19.0~21.0	32.0~36.0	2.0~3.0	3.0~4.0	Nb+Ta: 8×C~1.00
E320LR-XX	0.03	1.5~2.5	0.30	0.020	0.015	19.0~21.0	32.0~36.0	2.0~3.0	3.0~4.0	Nb+Ta: 8×C~0.40
E330-XX	0.18~0.25	1.0~2.5	1.00	0.04	0.03	14.0~17.0	33.0~37.0	0.75	0.75	—
E330H-XX	0.35~0.45	1.0~2.5	1.00	0.04	0.03	14.0~17.0	33.0~37.0	0.75	0.75	—
E330MoMn-WNb-XX	0.20	3.5	0.70	0.035	0.030	15.0~17.0	33.0~37.0	2.0~3.0	0.75	Nb:1.0~2.0 W:2.0~3.0
E347-XX	0.08	0.5~2.5	1.00	0.04	0.03	18.0~21.0	9.0~11.0	0.75	0.75	Nb+Ta: 8×C~1.00
E347L-XX	0.04	0.5~2.5	1.00	0.040	0.030	18.0~21.0	9.0~11.0	0.75	0.75	Nb+Ta: 8×C~1.00
E349-XX	0.13	0.5~2.5	1.00	0.04	0.03	18.0~21.0	8.0~10.0	0.35~0.65	0.75	Nb+Ta:0.75~1.20 V:0.10~0.30 Ti≤0.15 W:1.25~1.75

续表

焊条型号[①]	化学成分质量分数[②] /%									
	C	Mn	Si	P	S	Cr	Ni	Mo	Cu	其他
E383-XX	0.03	0.5~2.5	0.90	0.02	0.02	26.5~29.0	30.0~33.0	3.2~4.2	0.6~1.5	
E385-XX	0.03	1.0~2.5	0.90	0.03	0.02	19.5~21.5	24.0~26.0	4.2~5.2	1.2~2.0	
E409Nb-XX	0.12	1.00	1.00	0.040	0.030	11.0~14.0	0.60	0.75	0.75	Nb+Ta:0.50~1.50
E410-XX	0.12	1.0	0.90	0.04	0.03	11.0~14.0	0.70	0.75	0.75	—
E410NiMo-XX	0.06	1.0	0.90	0.04	0.03	11.0~12.5	4.0~5.0	0.40~0.70	0.75	—
E430-XX	0.10	1.0	0.90	0.04	0.03	15.0~18.0	0.6	0.75	0.75	—
E430Nb-XX	0.10	1.00	1.00	0.040	0.030	15.0~18.0	0.60	0.75	0.75	Nb+Ta:0.50~1.50
E630-XX	0.05	0.25~0.75	0.75	0.04	0.03	16.00~16.75	4.5~5.0	0.75	3.25~4.00	Nb+Ta:0.15~0.30
E16-8-2-XX	0.10	0.5~2.5	0.60	0.03	0.03	14.5~16.5	7.5~9.5	1.0~2.0	0.75	—
E16-25MoN-XX	0.12	0.5~2.5	0.90	0.035	0.030	14.0~18.0	22.0~27.0	5.0~7.0	0.75	N:≥0.1
E2209-XX	0.04	0.5~2.0	1.00	0.04	0.03	21.5~23.5	7.5~10.5	2.5~3.5	0.75	N:0.08~0.20
E2553-XX	0.06	0.5~1.5	1.0	0.04	0.03	24.0~27.0	6.5~8.5	2.9~3.9	1.5~2.5	N:0.10~0.25
E2593-XX	0.04	0.5~1.5	1.0	0.04	0.03	24.0~27.0	8.5~10.5	2.9~3.9	1.5~3.0	N:0.08~0.25
E2594-XX	0.04	0.5~2.0	1.00	0.04	0.03	24.0~27.0	8.0~10.5	3.5~4.5	0.75	N:0.20~0.30
E2595-XX	0.04	2.5	1.2	0.03	0.025	24.0~27.0	8.0~10.5	2.5~4.5	0.4~1.5	N:0.20~0.30 W:0.4~1.0
E3155-XX	0.10	1.0~2.5	1.00	0.04	0.03	20.0~22.5	19.0~21.0	2.5~3.5	0.75	Nb+Ta:0.75~1.25 Co:18.5~21.0 W:2.0~3.0
E33-31-XX	0.03	2.5~4.0	0.9	0.02	0.01	31.0~35.0	30.0~32.0	1.0~2.0	0.4~0.8	N:0.3~0.5

注：表中单值均为最大值。

① 焊条型号中-XX表示焊接位置和药皮类型，见表2和表3；

② 化学分析应按表中规定的元素进行分析。如果在分析过程中发现其他化学成分，则应进一步分析这些元素的含量，除铁外，不应超过0.5%。

表2 焊接位置代号

代号	焊接位置[①]	代号	焊接位置[①]
-1	PA、PB、PD、PF	-4	PA、PB、PD、PF、PG
-2	PA、PB		

① 焊接位置见GB/T 16672，其中PA=平焊、PB=平角焊、PD=仰角焊、PF=向上立焊、PG=向下立焊。

表 3　药皮类型代号

代号	药皮类型	电流类型
5	碱性	直流
6	金红石	交流和直流[①]
7	钛酸型	交流和直流[②]

① 46 型采用直流焊接；

② 47 型采用直流焊接。

2　T 形接头角焊缝

角焊缝的试件检查按 GB/T 25774.3 规定。角焊缝的试验要求应符合表 4 规定。

表 4　角焊缝要求　　　　　　　　　　　　　　单位：mm

焊接位置及药皮类型	电流类型	焊条尺寸	焊接位置	试板厚度 t	试板宽度 w	试板长度 l	焊脚尺寸	两焊脚长度差	凸度
−15	直流反接	4.0 4.0 5.0(4.8) 6.0(5.6 或 6.4)	PF PB 和 PD PB PB	6～10 6～10 10 10	≥50	≥250	≤8.0 ≥6.0 ≥8.0 ≥10.0	— ≤1.5 ≤1.5 ≤2.0	≤2.0 ≤1.5 ≤2.0 ≤2.0
−16	交流	4.0 4.0 5.0(4.8) 6.0(5.6 或 6.4)	PF PB 和 PD PB PB	6～10 6～10 10 10	≥50	≥250	≤8.0 ≥6.0 ≥8.0 ≥10.0	— ≤1.5 ≤1.5 ≤2.0	≤2.0 ≤1.5 ≤2.0 ≤2.0
−17	交流	4.0 4.0 5.0(4.8) 6.0(5.6 或 6.4)	PF PB 和 PD PB PB	6～10 6～10 10 10	≥50	≥250	≤12.0 ≥8.0 ≥8.0 ≤10.0	— ≤1.5 ≤1.5 ≤2.0	≤2.0 ≤1.5 ≤2.0 ≤2.0
−25	直流反接	4.0 5.0(4.8) 6.0(5.6 或 6.4)	PB	10～12	≥50	≥250	≥8.0 ≥8.0 ≥10.0	≤1.5 ≤1.5 ≤2.0	≤1.5 ≤2.0 ≤2.0
−26 −27	交流	4.0 5.0(4.8) 6.0(5.6 或 6.4)	PB	10～12	≥50	≥250	≥8.0 ≥8.0 ≥10.0	≤1.5 ≤1.5 ≤2.0	≤1.5 ≤2.0 ≤2.0
−45 −46 −47	直流反接	2.5(2.4) 3.2(3.0) 4.0 5.0(4.8)	PG PG PG PG	6～10	≥50	≥250	≥5.0 ≥6.0 ≥8.0 ≥10.0	—	≤2.0[①] ≤3.0[①] ≤4.0[①] ≤5.0[①]

① 最大凹度值。

3　熔敷金属化学成分

熔敷金属化学成分应符合表 1 规定。

4　熔敷金属力学性能

熔敷金属拉伸试验结果应符合表 5 规定。

5 熔敷金属耐腐蚀性能

熔敷金属耐腐蚀性能由供需双方协商确定。

6 焊缝铁素体含量

焊缝铁素体含量由供需双方协商确定，有关焊缝铁素体含量见 GB/T 983—2012 附录 C。

表 5 熔敷金属力学性能

焊条型号	抗拉强度 R_m/MPa	断后伸长率 A/%	焊后热处理
E209-XX	690	15	—
E219-XX	620	15	—
E240-XX	690	25	—
E307-XX	590	25	—
E308-XX	550	30	—
E308H-XX	550	30	—
E308L-XX	510	30	—
E308Mo-XX	550	30	—
E308LMo-XX	520	30	—
E309L-XX	510	25	—
E309-XX	550	25	—
E309H-XX	550	25	—
E309LNb-XX	510	25	—
E309Nb-XX	550	25	—
E309Mo-XX	550	25	—
E309LMo-XX	510	25	—
E310-XX	550	25	—
E310H-XX	620	8	—
E310Nb-XX	550	23	—
E310Mo-XX	550	28	—
E312-XX	660	15	—
E316-XX	520	25	—
E316H-XX	520	25	—
E316L-XX	490	25	—
E316LCu-XX	510	25	—
E316LMn-XX	550	15	—
E317-XX	550	20	—
E317L-XX	510	20	—
E317MoCu-XX	540	25	—
E317LMoCu-XX	540	25	—

续表

焊条型号	抗拉强度 R_m/MPa	断后伸长率 A/%	焊后热处理
E318V-XX	540	25	—
E320-XX	550	28	—
E320LR-XX	520	28	—
E330-XX	520	23	—
E330H-XX	620	8	—
E330MoMnWNb-XX	590	25	—
E347-XX	520	25	—
E347L-XX	510	25	—
E349-XX	690	23	—
E383-XX	520	28	—
E385-XX	520	28	—
E409Nb-XX	450	13	①
E410-XX	450	15	②
E410NiMo-XX	760	10	③
E430-XX	450	15	①
E430Nb-XX	450	13	①
E630-XX	930	6	④
E16-8-2-XX	520	25	—
E16-25MoN-XX	610	30	—
E2209-XX	690	15	—
E2553-XX	760	13	—
E2593-XX	760	13	—
E2594-XX	760	13	—
E2595-XX	760	13	—
E3155-XX	690	15	—
E33-31-XX	720	20	—

注：表中单值均为最小值。

① 加热到 760℃～790℃，保温 2h，以不高于 55℃/h 的速度炉冷至 595℃以下，然后空冷至室温；

② 加热到 730℃～760℃，保温 1h，以不高于 110℃/h 的速度炉冷至 315℃以下，然后空冷至室温；

③ 加热到 595℃～620℃，保温 1h，然后空冷至室温；

④ 加热到 1025℃～1050℃，保温 1h，空冷至室温，然后在 610℃～630℃，保温 4h 沉淀硬化处理，空冷至室温。

7　熔敷金属力学性能试验

7.1　试验用母材

　　力学性能试验用母材应采用与焊条熔敷金属化学成分相当的试板。若采用其他母材，应采用试验焊条在坡口面和垫板面至少焊接三层隔离层，隔离层的厚度加工后不小于 3mm。

7.2　试件制备

　　熔敷金属力学性能试验采用 $\phi 4.0$mm 的焊条，电流采用制造商推荐的最大电流值的 70%～90% 进行焊接，对于交直流两用的焊条，试验时应采用交流。

　　力学性能试件按 GB/T 25774.1 进行制备，采用试件类型 1.3。在确保熔敷金属不受母材的影响下，也可以采用其他方法。但仲裁试验时，应按 GB/T 25774.1 要求进行试件制备。

　　试验前，焊条应按制造商推荐的烘干规范烘干。

　　试板定位焊后，启焊时试板温度应加热到表 6 规定的预热温度，并在焊接过程中保持道间温度，试板温度超过时，应在静态大气中冷却。用表面温度计、测温笔或热电偶测量道间温度。

　　试件制备由 7～9 层完成，每层由二道焊道完成，最后两层允许分别由三道焊道完成，同一焊道的焊接方向不允许改变，ϕ4.0mm 以外的其他尺寸焊条，焊层及焊道数按制造商推荐进行。

7.3　焊后热处理

　　试件要求焊后热处理时，应在加工拉伸试样之前进行，热处理条件按表 5 规定。

7.4　拉伸试验

　　熔敷金属拉伸试样尺寸及取样位置按 GB/T 25774.1 规定。熔敷金属拉伸试验应按 GB/T 2652 进行。

表 6　预热温度和道间温度

焊条型号	合金类型	预热温度和道间温度/℃
E410-XX	马氏体和铁素体铬不锈钢	200～300
E409Nb-XX		150～260
E430-XX		
E430Nb-XX		
E410NiMo-XX	软马氏体不锈钢	100～260
E630-XX		
其他	奥氏体和铁素体-奥氏体双相不锈钢	≤150

GB/T 983—2012

附录 A

（资料性附录）

焊条药皮类型

　　本标准中有三种焊条药皮类型。

A.1　碱性药皮类型 5

　　此类型药皮含有大量碱性矿物质和化学物质，如石灰石（碳酸钙）、白云石（碳酸钙、碳酸镁）和萤石（氟化钙）。焊条通常只使用直流反接。

A.2　金红石药皮类型 6

　　此类型药皮含有大量金红石矿物质，主要是二氧化钛（氧化钛）。这类焊条药皮中含有低电离元素。使用此类焊条可以使用交直流焊接。

A.3　钛酸型药皮类型 7

　　此类型药皮是已改进的金红石类，使用一部分二氧化硅代替氧化钛。此类药皮特征是熔渣流动性好，引弧性能良好，电弧易喷射过渡。但是不适用于薄板的立向上位置的焊接。

GB/T 983—2012

附录 B

(资料性附录)

焊条型号对照

为便于应用，提供了本标准焊条型号与其他相关标准的焊条型号之间的对应关系，见表 B.1。

表 B.1　焊条型号对照表

本标准	ISO 3581:2003	AWS A5.4M:2006	GB/T 983—1995
E209-XX	ES209-XX	E209-XX	E209-XX
E219-XX	ES219-XX	E219-XX	E219-XX
E240-XX	ES240-XX	E240-XX	E240-XX
E307-XX	ES307-XX	E307-XX	E307-XX
E308-XX	ES308-XX	E308-XX	E308-XX
E308H-XX	ES308H-XX	E308H-XX	E308H-XX
E308L-XX	ES308L-XX	E308L-XX	E308L-XX
E308Mo-XX	ES308Mo-XX	E308Mo-XX	E308Mo-XX
E308LMo-XX	ES308LMo-XX	E308LMo-XX	E308MoL-XX
E309L-XX	ES309L-XX	E309L-XX	E309L-XX
E309-XX	ES309-XX	E309-XX	E309-XX
E309H-XX	—	E309H-XX	
E309LNb-XX	ES309LNb-XX	—	
E309Nb-XX	ES309Nb-XX	E309Nb-XX	E309Nb-XX
E309Mo-XX	ES309Mo-XX	E309Mo-XX	E309Mo-XX
E309LMo-XX	ES309LMo-XX	E309LMo-XX	E309MoL-XX
E310-XX	ES310-XX	E310-XX	E310-XX
E310H-XX	ES310H-XX	E310H-XX	E310H-XX
E310Nb-XX	ES310Nb-XX	E310Nb-XX	E310Nb-XX
E310Mo-XX	ES310Mo-XX	E310Mo-XX	E310Mo-XX
E312-XX	ES312-XX	E312-XX	E312-XX
E316H-XX	ES316H-XX	E316H-XX	E316H-XX
E316L-XX	ES316L-XX	E316L-XX	E316L-XX
E316LCu-XX	ES316LCu-XX	—	—
E316LMn-XX	—	E316LMn-XX	—
E317-XX	ES317-XX	E317-XX	E317-XX
E317L-XX	ES317L-XX	E317L-XX	E317L-XX
E317MoCu-XX	—	—	E317MoCu-XX
E317LMoCu-XX	—	—	E317MoCuL-XX

续表

本标准	ISO 3581:2003	AWS A5.4M:2006	GB/T 983—1995
E318-XX	ES318-XX	E318-XX	E318-XX
E318V-XX	—	—	E318V-XX
E320-XX	ES320-XX	E320-XX	E320-XX
E320LR-XX	ES320LR-XX	E320LR-XX	E320LR-XX
E330-XX	ES330-XX	E330-XX	E330-XX
E330H-XX	ES330H-XX	E330H-XX	E330H-XX
E330MoMnWNb-XX	—	—	E330MoMnWNb-XX
E347-XX	ES347-XX	E347-XX	E347-XX
E347L-XX	ES347L-XX	—	—
E349-XX	ES349-XX	E349-XX	E349-XX
E383-XX	ES383-XX	E383-XX	E383-XX
E385-XX	ES385-XX	E385-XX	E385-XX
E409Nb-XX	ES409Nb-XX	E409Nb-XX	—
E410-XX	ES410-XX	E410-XX	E410-XX
E410NiMo-XX	ES410NiMo-XX	E410NiMo-XX	E410NiMo-XX
E430-XX	ES430-XX	E430-XX	E430-XX
E430Nb-XX	ES430Nb-XX	E430Nb-XX	—
E630-XX	ES630-XX	E630-XX	E630-XX
E16-8-2-XX	ES16-8-2-XX	E16-8-2-XX	E16-8-2-XX
E16-25MoN-XX	—	—	E16-25MoN-XX
E2209-XX	ES2209-XX	E2209-XX	E2209-XX
E2553-XX	ES2553-XX	E2553-XX	E2553-XX
E2593-XX	ES2593-XX	E2593-XX	—
E2594-XX	—	E2594-XX	—
E2595-XX	—	E2595-XX	—
E3155-XX	—	E3155-XX	—
E33-31-XX	—	E33-31-XX	—

GB/T 983—2012

附录 C

（资料性附录）

焊缝铁素体含量

C.1 一般原则

不锈钢焊缝金属中的铁素体含量对于焊接结构的制造和使用性能有重要影响。为了防止问题发生，常常要规定一定的铁素体含量。铁素体含量最初采用百分含量（%）表示，目前通过的是用铁素体数（FN）表示。

C.2　铁素体的使用

在奥氏体不锈钢焊件中，铁素体最重要和有益的作用是可以降低某些不锈钢焊缝的热裂纹倾向。铁素体含量的下限要求对于避免产生裂纹是必要的，除其他因素外，铁素体含量与焊缝金属成分存在一定关系。但当铁素体含量超过一定的限制，可能会降低力学性能或耐腐蚀性能，也可能两者同时存在。在适用并允许的规范内，所要求的铁素体含量可以通过调整形成铁素体的元素（如铬）与产生奥氏体元素（如镍）的比率来确定。

C.3　成分和组织间的关系

焊缝中铁素体含量一般用磁性检测仪进行测量，测量结果用铁素体数（FN）表示。由于成分和组织是相关联的，即铁素体元素（铬当量）和奥氏体元素（镍当量）。因此铁素体含量也可以通过相图进行估算。

C.4　铁素体的形成

通常热裂纹受凝固模式影响。最终的铁素体含量和形式取决于结晶过程和随后的固体状态。热裂纹的敏感性按以下凝固模式的顺序降低：单相奥氏体、初生奥氏体、混合型和单相铁素体、初生铁素体。虽然铁素体数和凝固模式都主要取决于化学成分，它们之间的关系并不总是明确的。

C.5　焊接条件的影响

焊缝金属的铁素体含量不仅仅是由所选择的焊接材料决定。除了母材的稀释影响以外，铁素体含量在很大程度上还受到焊接条件的影响。许多因素可以改变焊缝金属的化学成分。这些成分中影响最大的是氮，它可以通过焊接电弧进入焊缝金属。高电弧电压能够使铁素体数显著降低。其他的因素是通过药皮中的氧化物减少铬含量，或者是从二氧化碳中增加碳含量。很高的热输入也可以产生一定的影响，特别是对双相钢的影响。当未经稀释的焊缝金属中的铁素体含量与制造厂出具的质量证明不相符时，可能是由上述中的一种或者多种因素造成的。

C.6　热处理的影响

不锈钢母材通常经过退火和淬火处理。而大多数焊接接头是在焊态下应用。但在有些场合，焊件可能或者必须进行焊后热处理。焊后热处理可以在某些程度上减少由磁性检测仪测定的 FN（铁素体数），甚至可以降低到零。

C.7　铁素体含量的测定

C.7.1　关注不锈钢焊件铁素体含量的各方应该相互协商。这些各方应该包括焊接材料的制造商、焊接材料用户、标准或者规程制定机构等。因此测定铁素体含量最基本的方法应具有再现性。最早不锈钢焊缝金属中对铁素体的研究是通过金相学进行的，然而，由于铁素体非常细小，形状也不规则，并且在基体中分布不均匀，给测定带来难度。此外，金相检验是破坏性试验，不适用于在线质量监控。

C.7.2　因为铁素体具有磁性，容易从奥氏体中区分出来。奥氏体焊缝金属的磁性反应与铁素体含量大约成正比。可以根据这种特性确定铁素体仪器的校准规程，用于测定铁素体的含量。磁性反应也受铁素体成分的影响（高合金铁素体将比同等数量的低合金铁素体的磁性反应小）。

国际上多家机构和组织已经证实或达成共识，目前还不能真正准确地测出焊缝的"铁素体百分比"。因此引入了"铁素体数 FN"。采用铁素体数这种检测方式最重要的原因是众多检测机构和组织对相同的焊件都能给出波动很小的铁素体测量值，以此形成铁素体数的测量体系。

C.7.3 在铁素体数测量体系中，使用一级标准标定一级测量仪器[①]，一级测量仪器用来测量均匀焊缝金属试样（二级标准）中的铁素体数，其数值可以作为二级标样标定现场环境中使用的其他铁素体测量仪器。

C.7.4 关于二级标样的制备在 ISO 8249 中有规程，范围在 0～28FN 以及 0～100FN，误差 ≤±1FN。

C.8 铁素体数 FN 的测量

对于铁素体的规定和测定，重要的是有实际意义。在纯奥氏体的焊缝金属中，是没必要规定铁素体含量的。但对最大值为 0.5 的 FN，是可以实现测量的。规定和要求一个接近于焊接操作和测量再现性范围的铁素体含量是没有意义的。因此，规定值在 5FN～10FN 或者 40FN～70FN 是可以实现的。然而，对于 5FN～6FN 或者 45FN～55FN 的规定是不现实的。

整个焊缝金属的铁素体数在一个很小的波动范围内是难以实现的，这是由于焊道间的重叠区域的重新加热从而形成热处理，减少了局部铁素体含量。同样在圆弧表面、非常接近磁性母材的边缘或者粗糙表面（包括焊缝表面上的波纹），也很难保证铁素体数在一个很小的波动范围内，测量应沿平滑焊道的中线进行。

[①] GB/T 1954—2008《铬镍奥氏体不锈钢焊缝铁素体含量测量方法》。

第十章

建筑钢结构
典型焊接技术

　　建筑钢结构具有自重轻、建设周期短、适应性强、外形丰富、维护方便等优点，其应用越来越广泛。从 20 世纪 80 年代以来，中国建筑钢结构得到了空前的发展，2005 年，我国已成为世界上最大的产钢国和用钢国，年钢铁消耗量已突破 3 亿吨，而其中钢结构的产量高达 1.4 亿吨，包括了能源、交通及基础设施建设等的钢结构产业已成为国民经济建设的支柱。

　　2008 年北京奥运会前，钢结构技术难度空前的国家体育场"鸟巢"焊接工程顺利竣工，据权威评价，截至 2022 年，在工程难度、技术管理和突破方面，全面超过"鸟巢"工程的还没有出现。这一项世纪工程的顺利建成，极大地推动了我国的施工技术和钢铁产业的飞速发展，标志我国的施工技术和钢铁产业进入世界先进行列。国家体育场"鸟巢"钢结构焊接技术得到广泛的推广应用；与此同时，一大批设计新颖、用料考究的钢结构工程应运而生，钢结构工程不仅建设速度快而且质量大幅度提高。我国钢结构产业出现了欣欣向荣、蓬勃发展的大好局面。

　　焊接，作为构建钢结构的一种主要的连接方法，在建筑钢结构中发挥了重要的作用。据统计，约 50％以上的钢材在投入使用前需要经过焊接加工处理。因此，焊接水平的提高是实现钢结构技术快速发展的关键所在。

第一节　"鸟巢"钢结构焊接工程的几项典型焊接技术

　　建筑钢结构焊接方式通常有以下几种：

　　1）SMAW（焊条电弧焊），主要用于钢结构现场安装工程焊缝的焊接；

　　2）SAW（埋弧焊），主要用于钢结构制作中主焊缝的焊接工作；

　　3）GMAW（CO_2 实心焊丝气体保护焊），主要用于现场安装工程、制作工程的主、次焊缝的焊接；

　　4）FCAW-G（CO_2 药芯焊丝气体保护焊），主要用于现场安装工程、制作工程主、次焊缝的焊接；

　　5）电渣焊（ESW），主要用于 BOX 构件筋板的焊接；

　　6）栓钉焊（SW、SW-P），主要用于劲性构件的栓焊和楼层板的穿透焊。

　　7）压力埋弧焊（新开发的新技术），用于钢筋和埋设件钢板的焊接。

　　上述方式在"鸟巢"钢结构焊接工程中全部都有采用，在现场的安装工程中主要采用了以下 15 种技术：

　　1）Q460-Z35 焊接性试验研究新技术；

　　2）大规模采用电加热预（后）热技术；

　　3）厚板采用 SMAW-GMAW-FCAW-G 复合新工艺技术；

　　4）厚板采用多层多道错位焊接技术；

　　5）大面积采用仰焊技术；

　　6）GMAW、FCAW-G 大流量防风技术；

　　7）钢结构低温焊接技术；

　　8）铸钢及其异种钢焊接技术；

　　9）防止冷、热裂纹技术；

　　10）层状撕裂防止和处理技术；

11）特殊焊缝处理技术；

12）焊接机器人（FCAW-SS）焊接技术的应用；

13）钢筋 T 形焊接接头压力埋弧焊新工艺；

14）复杂钢结构应力应变控制技术；

15）特殊钢结构合龙技术。

"鸟巢"钢结构焊接工程所用的 15 项焊接技术是十分典型的，基本代表了建筑钢结构焊接技术的发展方向，以此为线索，找出其中带方向性和规律性的东西，供工作中参考。

一、建筑钢结构厚板焊接技术

国家体育场"鸟巢"钢结构焊接工程采用了同原建筑钢结构焊接工程不完全一致的组合工艺，提高了焊接效率，保证了焊接质量，为厚板焊接技术提供了有益的借鉴经验。

（一）焊工培训

集中人力、物力在短期内采取针对性很强的方式对焊工进行厚板强化培训，这一做法在"鸟巢"获得了极大的成功；焊工接受培训考试大纲的训练，进行超常的理论学习、职业道德和体能方面的半军事化训练。

通过板厚 60mm 的强化培训，焊工的思想觉悟、体能、焊接技术得到了很大的提高。但是由于国家体育场"鸟巢"钢结构过于复杂，刚刚培训的焊工尚不具备独立完成整条焊缝的能力，必须发挥整个军团的优势。于是，在第一个（13 号）立柱柱脚的拼装焊接的工程中，打破了常规的管理模式，把焊工按其特长分为三个班组：①专门进行打底焊接的班组；②专门进行填充焊接的班组；③专门进行盖面焊接的班组。由于管理思想对路，焊工工作努力，国家体育场"鸟巢"钢结构焊接工程的第一个柱脚（13 号柱脚）经过 64 小时的连续施焊、使用近 6t 焊材（主要是实心焊丝），取得了厚板焊接一次合格率 100％的突出成绩，为国家体育场"鸟巢"钢结构焊接工程开了个好头。

（二）厚板焊工艺

理论和实践两方面都证明：建筑钢结构并不一定需要钢板越厚越好，然而为实现设计师的理念，建筑钢结构焊接工程中厚钢板得到越来越大量的使用，国家体育场"鸟巢"钢结构焊接工程中 Q460-Z35 厚度 110mm 和 Q345GJD 厚度 100mm 基本代表了我国建筑钢结构焊接工程用钢厚度的最高水平。国家体育场"鸟巢"钢结构焊接工程采用了同原建筑钢结构焊接工程不完全一致的组合工艺，提高了焊接效率，保证了焊接质量，为厚板焊接技术提供了有益的借鉴经验。

1. 厚板焊接坡口的设计

由于厚板焊接工程量大、难度高，技术界十分重视坡口的设计。坡口小易形成窄而深的成形形式，焊缝成形系数偏小，影响一次结晶、容易产生区域偏析，在拘束应力大的前提下进而导致焊接热裂纹的产生。坡口加大，不仅仅焊接量大大增加，焊缝的焊接残余应力也大大增加，这对钢结构体系初始应力的控制极其不利，同时也影响工程工期。

国家体育场"鸟巢"钢结构焊接工程中，经过大量的试验研究，确定坡口角度为 30°～35°；间隙为 6～10mm。工程实践和工艺评定结果证明了这一坡口设计的科学性、合理性。

2. 关于减少焊缝的数量和尺寸以及应力均匀的阐述

根据焊接残余应力与焊缝的截面积成正比、与建筑钢结构体系的刚度（板厚）成反比的技术观点，减少焊缝的数量和尺寸，就是直接减少焊接残余应力，这是具有战略意义的，或者说这是在宏观上控制焊接残余应力。

1）在设计建筑钢结构体系中，设计的首要任务就是准确地分清工作焊缝和联系焊缝；工作焊缝坡口设计时要求全熔透，而联系焊缝采用角焊缝或局部焊透焊缝；这样可大幅度地减少焊缝截面积，也就大大降低了焊接残余应力。

2）至于坡口的尺寸，是战术动作，也可以说微观控制应力应变，建议为 30°～35° 加 8mm（V形坡口，间隙为 8mm 加衬垫）。

3）对接焊缝清根应力均衡坡口设计：为了焊接接头焊接残余应力均匀，无论是工作焊缝还是联系焊缝，尽可能做到板材中心两边焊缝成形系数 ϕ（$\phi = B/H$，B—焊缝宽度，H—焊缝深度）基本相等，详见图 10-1、图 10-2。

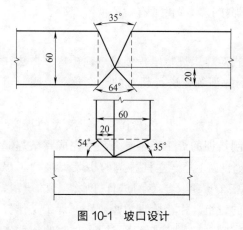

图 10-1　坡口设计

图 10-1 坡口突破原标准图集两边不等宽（即无论板厚薄，一律采用大面 45°，小面 60°两边宽窄不一的坡口）的设计，而是采用投影和直尺丈量的方法保证板材两边坡口宽窄一致的设计。

具体作法是：在确定大面坡口后，由大面坡口向对岸投影（也可以用直尺在对岸量出等宽），然后连上大面坡口的顶端。这类坡口是专门为全熔透碳弧气刨工艺设计的。焊接过程中，大面焊完后，小面碳弧气刨焊根到板的中心（允许刨到中心或稍微超过中心线一点，按照大部分焊工的技术水平都能实现）。然后焊接，这样的焊接接头两边的宽度和深度几乎相等，那么焊缝成形系数 ϕ 也就基本相等，即 $\phi_1 \approx \phi_2$。同原来宽窄不一的设计相比，板材两边的焊接残余应力因此相对均匀；图中 T 形焊缝同理。如果一个钢结构焊接工程每条焊缝都是均匀的，那么焊接残余应力对结构体系的影响就大大降低。

全熔透焊缝最理想的形式就是采用 X 对称坡口，采用单面焊双面成形技术，可保证焊接质量，提高工效，降低成本。

图 10-2 坡口设计为等强度焊接接头（Q345 试件试验结果是：拉伸强度同母材相等，断在母材上），为重要联系焊缝设计。

GB/T 985.1 和 GB/T 985.2 中规定了坡口的通用形式，其中坡口部分尺寸均给出了一个范围，并无确切的组合尺寸。GB/T985.1 中板厚 40mm 以上、GB/T985.2 中板厚 60mm 以上均规定采用 U 形坡口，且没有焊接位置规定及坡口尺寸及装配允差规定。上述两个国家标准比较适合于可以使用焊接变位器等工装设备及坡口加工、组装要求较高的产品，如机械行业中的焊接加工，对钢结构制作的焊接施工则不尽适合，尤其不适合于钢结构工地安装中各种钢材厚度和焊接位置的需要。目前大型、大跨度、超高层建筑钢结构

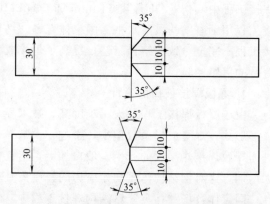

图 10-2　部分熔透坡口（PJP）焊缝成形系数控制

多由国内进行施工图设计，GB 50661 规范中将坡口形式和尺寸的规定与国际先进国家标准接轨是十分必要的。美国与日本国家标准中全焊透焊缝坡口的规定差异不大，部分焊透焊缝坡口的规定有些差异。美国 AWSD1.1《钢结构焊接规范》中对部分焊透焊缝坡口的最小焊缝尺寸规定值较小，工程中很少应用。日本建筑施工标准规范 JASS 6《钢结构工程》（1996年版）、日本钢结构协会 JSSI 03《焊缝坡口标准》（1992 年底版）中，对部分焊透焊缝规定最小坡口深度为 $2\sqrt{t}$（t 为板厚）。日本和美国的焊缝坡口形式标准在国际和国内已广泛应用。GB 50661 规范参考了日本标准的分类排列方式，综合选用美、日两国标准的内容，制订了三种常用焊接方法的标准焊缝坡口形式与尺寸。

此外，为了结构安全而对焊缝几何尺寸要求宁大勿小这种做法是不正确的，其结果适得其反。不论设计、施工或监理各方都要走出这一概念上的误区。

3. 预热、后热采用远红外电加热技术

厚板焊接的关键是防止焊接裂纹的产生，准确的预热温度、层间温度、后热温度是防止裂纹产生的关键，对厚板高强钢的焊接尤为重要，这是因为准确控制预热温度、层间温度和后热温度将直接影响和控制高强钢裂纹产生的三要素，既：扩散氢含量、硬淬倾向和拘束应力。

同火焰预热方式相比较，远红外电加热有温度控制准确可靠、可以控制升温和降温速度的优点。最重要的是，所有采用电加热的焊缝全部受热均匀，从而避免了火焰加热的不均匀同焊接过程中的不均匀叠加而产生附加应力，有效防止焊接裂纹的产生。

4. 组合焊接新工艺

在厚板焊接中，常规焊接是以一种焊接方式从打底、填充，到盖面全部完成。这种方式由于管理简便而大面积使用。然而这种方式有它的局限性。以 GMAW 为例，在厚板打底焊接中，由于坡口小，干丝伸出过长，气体保护不好而使焊缝金属产生不应有的缺陷造成返工，产生直接经济损失。国家体育场"鸟巢"钢结构焊接工程创造的组合焊接新工艺成功地解决了这一难题。

打底焊：采用 SMAW（焊条电弧焊），主要有两个目的。其一，解决 GMAW 伸出干丝过长影响焊接质量的矛盾，提高打底焊缝成形质量。其二，SMAW 同 GMAW 相比较，焊缝稀释率相对较低，这对提高焊缝金属的综合指标比较有利。

填充焊：采用 GMAW（实心 CO_2 气体保护焊），主要的目的是利用 GMAW 的高效及熔深相对较大的优点，提高焊接质量和效率。

盖面焊：采用 FCAW-G（药芯 CO_2 气体保护焊），主要是提高焊缝的表面质量，获得良好的观感效果。

从焊缝成形的角度上看：打底焊和盖面焊是最重要的步骤，假如在厚板焊接中缺陷出现在打底焊缝，对于 BOX 结构体系来说，返工时间是整条焊缝正常焊接时间的 3 倍以上。因此，国家体育场"鸟巢"钢结构焊接工程中，提出了厚板焊缝一次合格率为 100% 的指标，引起了各级管理人员和焊工的高度重视，保证了组合工艺的有效实施，收到了良好的效果。

5. 多层多道接头错位焊接新工艺

在钢板的焊接中，多层焊的焊缝质量比单层焊好，多层多道焊的焊缝质量比多层焊好，特别是板厚超过 25mm 时效果最明显，因此，在厚板焊接时，首选多层多道焊技术。

所谓多层焊技术，不是一次成形，而是多层成形，焊接运条手法允许摆动，焊接厚度一般不控制，适合低碳钢厚板焊接。

多层多道焊就是在多层焊的基础上，焊接手法上不允许摆动，焊接厚度要明确规定，以限制焊缝的热输入量。一般规定：GMAW、FCAW-G 每一道高不超过 5mm（通常是 3～5mm 之间）；SMAW 用 A_v 值来确定每一道的厚度（A_v＝一根焊条所焊焊缝的长度/一根焊条除焊条头外的长度），通常 $A_v \geqslant 0.6$。在立焊位置允许摆动，但限制摆幅：SMAW 允许宽度为焊条直径的 3 倍；GMAW、FCAW-G 允许摆动 15～20mm。

多层多道错位焊接技术就是在多层多道焊接技术的基础上，焊接接头每一道次错位连接，即：接头不在一个平面内，通常错位 50mm 以上。这种技术特别适合于高强钢厚板的焊接。

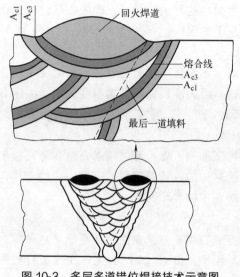

图 10-3　多层多道错位焊接技术示意图

多层多道错位焊接技术的显著优点就是上一层次对下一层次进行了有效的热处理，见图 10-3。

受焊接层数的影响；在焊后冷却过程中，焊缝从接近基本金属开始凝固，单道焊的组织为典型的柱状结晶，且共晶粒通常沿等温曲线法向方向（即最大温度梯度方向）长大。由于凝固是从纯度较高的高熔点物质开始，所以在最后凝固部分及柱状晶的间隙处，便会留下低熔点夹杂物。在多层多道焊时，对前一道焊缝重新加热，加热超过 900℃ 的部分可以消除柱状晶并使晶粒细化。因此多层焊比单层焊的力学性能要好，特别是冲击韧性有显著的提高。值得一提的是：多层多道焊对焊接接头的应力应变控制相当有利，提高了焊接接头的综合性能指标。

二、建筑钢结构低温焊接技术

我国冬季寒冷气候覆盖范围大，建筑钢结构焊接工程冬季施工备受焊接界人士的关注。冬季施焊的难题一直困扰焊接界，对冬季施工的可行性一直处在两可之中，没有准确的定论。

钢结构焊接工程能否在冬季施工？有没有临界施工焊接的最低温度？这是学术界和工程界长期致力解决的难题。

美国标准 AWS D1.1/D1.1M：206《钢结构焊接规范》规定−20℃ 为停止焊接的温度，但又声明，采取了相应措施仍然可以焊接。我国 JGJ 81 规定：焊接作业区环境温度低于 0℃ 时，应根据钢材、焊材制定适当的措施。日本建筑学会 JASS6《钢结构工程》规定的最低施焊温度为−5℃。这些标准各不相同的规定说明：各国有各国的具体情况，没有统一的"临界施焊最低温度"的定义，只能根据具体情况，做出适合于客观环境的正确决策。

国家体育场"鸟巢"钢结构焊接工程中，有一万吨以上的钢结构要在冬季完成焊接施工，根据工程现实，我们认为：冬季施焊的临界温度不能只从钢材、焊材的承受能力来规定，而必须根据人、机、料、法、环五大管理要素来确定，不能简单从事。根据这一基本思想，国家体育场"鸟巢"组织了很大规模的低温焊接试验，收到很好的成效，制定了《国家体育场钢结构低温焊接规程》，确定了−15℃ 为停止施焊的温度。

（一）低温对钢结构焊接的影响

钢结构低温焊接对焊缝金属危害的直接表征就是出现裂纹和工作状态下发生脆断，其脆断机理随温度下降的速率变化而变化，其中有一定的客观规律。

1）焊接接头脆性断裂的分析：所谓焊接接头的脆性断裂，是焊接接头中最可怕的失效形式，其后果往往是灾难性的，它是在应力不高于设计应力和没有显著塑性变形的情况下发生的。

脆性断裂的裂口平整，一般与主应力垂直，没有可以察觉的金属塑性形变，断口有金属光泽。

同一种材料在不同的条件下可以显示出不同的破坏形式，最主要的是温度、应力状态和加载速度，也就是说温度愈低，加载速度愈大，材料中的三向应力状态愈严重，则产生脆性断裂的倾向愈大。

① 应力状态的影响　试验证明，当材料处于单轴式和双轴式拉应力下，呈现塑性，当材料处于三向拉应力下，则不可发生塑性变形，呈现脆性。在实际结构中三向应力可能因三向载荷产生，但在更多的情况下是由于几何不连续引起的，由于设计不佳、工艺不当等，往往出现局部的三轴状态的缺口效应。因此脆断事故一般都起源于具有严重应力集中效应的缺口处，而试验中也只有引入这样的缺口才产生脆性行为。

② 温度的影响　如果把一组开有相同缺口的试样在不同温度下进行试验。则随着温度的降低，其破坏方式会发生变化，即从延性破坏变为脆性破坏。当温度降到某一临界值时则出现塑性到脆性的转变。这个温度称之为脆性转变温度。脆性转变温度高，则脆性倾向严重。带缺口的试样转变温度比光滑试件高。这同应力状态影响结论是一致的。

③ 加载速度的影响　提高加载速度能促使材料脆性破坏，其作用相当于降低温度。应当指出，在同样的加载速率下，在结构中缺口的影响：应变速率比无缺口的高得多，从而大大地降低了材料的局部塑性，这就说明了钢结构一旦开始脆性断裂，就很容易产生扩展的现象。当缺口根部小范围金属材料发生断裂时，则在新裂纹前端的材料立即突然受到高应力和高应变载荷，也就是说一旦缺口根部开裂，就有高的应变速率，而不管其原始加载条件是动载还是静载，此时伴有裂纹的加速扩展，应变速率更加急剧增加，导致结构最终破坏。

④ 材料状态的影响　材料状态包括材料厚度、晶粒度和化学成分。

厚度的影响：厚板在缺口处容易形成三轴应力，因此容易使材料变脆。曾经把 45mm 的钢板通过加工制作成板厚为 10mm、20mm、30mm、40mm 的钢板，研究不同板厚所造成不同应力状态对脆性破坏的影响，发现在预制 40mm 长的裂纹和施加应力等于 $\frac{1}{2}\sigma_s$ 的条件下，发生脆断的脆性转变温度随板厚增加而直线上升，当板厚超过 30mm 时，脆性转变温度增加得较为缓慢。

晶粒度的影响：对于低碳钢和低合金钢，晶粒度越细，其脆性转变温度越低。

化学成分的影响：钢中的 C、Ni、O、H、S、P 会增加钢的脆性，另一些元素如 Mn、Ni、Cr、V，如果加入量适当则有助于减少钢的脆性。

2）低温焊接条件下，焊缝的冷却速度较常温焊缝要快得多，直接后果是影响二次结晶的重要参数 $t_{8/5}$ 下降，随之出现淬硬组织，硬度增加，因此冷裂纹的敏感性也相应增加。

3）在结构拘束度很大的前提下，焊缝的冷却速度过快，极易增加焊缝一次结晶的区域偏析，在较强的拉应力场作用下，在焊缝中心发生结晶裂纹，是热裂纹的一种形式。

4）冷裂纹的延迟效应增加，焊缝金属在冷却过程中，游离氢的溶解速度降低，冷却的速度变快，氢逸出的时间变短，因此残留在金属中的比例增大，使冷裂纹的效应增加。延迟效应同残留在金属中的氢含量成正比。

5）预热效果变差。相同的温度，相同的预热时间，低温下的效果远比常温差焊缝的层间温度保持相对困难。

以上 5 点分析，基本阐明了建筑钢结构焊接工程冬季施工的理论规律，从中也可以找到冬季施工及低温焊接试验的正确思想。不难发现，冬季施焊的两大关键是：其一，尽量避免三向应力状态下施焊；其二，努力提高焊接环境和结构构件的实际温度。

钢材不是水，对钢材的焊接性而言，在 0℃或者−5℃时，钢材的焊接性不会产生突变，因此规定−5℃为低温焊接禁区理论根据不足。

对冬季施工低温焊接而言，焊接界一直在思考和研究两大问题——钢材低温焊接有没有极限温度？钢材的低温焊接临界温度是否存在？

建筑钢结构焊接工程是"人、机、料、法、环"全员、全面、全过程管理的综合性工程，所谓的极限温度应当是一个综合指标，而不能以某一环节、某一因素来决定，仅仅依靠钢材的指标来确定低温焊接的极限温度是不科学的，因此只能依靠大规模、严格的科学试验研究的最终结果进行综合分析最后来确定。可以肯定地说：绝非是−5℃所能全部涵盖。

而钢材焊接性突变的临界温度，目前理论上尚未定论，即使有，估计要低于钢材的脆性转变温度。对焊接工艺而言没有多大的实际意义。

根据以上分析可知：建筑钢结构焊接工程低温焊接试验应当有五大任务（或者说五大目标）。

① 通过大规模的综合试验，确定冬季施工低温极限温度；

② 通过准确的低温焊接试验，找出在低温环境中影响焊接接头质量的具体指标；

③ 通过准确的试验分析，找出低温环境影响焊接接头质量指标的内在规律；

④ 通过较长时间的低温焊接试验，摸索焊接管理经验；

⑤ 根据低温焊接试验的结果及其分析，编制《国家体育场"鸟巢"钢结构低温焊接技术规程》，指导国家体育场"鸟巢"钢结构焊接工程施工。

（二）关于建筑钢结构焊接工程冬季施工极限温度的确定

1）国家体育场"鸟巢"钢结构焊接工程冬季施工的最低温度为−15℃。

美国标准 AWS D1.1 中，对钢结构低温焊接温度限制为−20℃，这说明钢材和美国的焊材抵抗低温的能力是足够的。我们在低温试验的过程中也发现，气温对焊接工艺的正确实施影响不大。但是，在−15℃的环境中工作时间稍长，工人的操作技术便走形，保证不了焊缝成形质量。同时测温仪、送丝机工作也不正常。为此，特做出以上规定。

2）低温环境对焊接接头综合性能的影响是肯定的，从试验研究的分析可知：抗拉强度在低温环境中降低，控制不好很可能低于钢材本身的抗拉强度而使焊接接头不合格。

3）准确均匀的预热温度、良好的施工环境，是国家体育场"鸟巢"钢结构低温焊接试验成功的关键，紧急后热措施是低温焊接试验成功的保证。

（三）低温焊接试验成果应用原则

工艺试验和正式工程相比，焊缝所处的工况完全不同，照搬工艺试验的结果很可能适得其反，甚至造成不良后果。因为在工程实际中，低温焊接防治冷裂纹的同时，还须防范由于结构拘束度大，在冷却速度加大的前提下，焊缝中心产生偏析，在应力作用下产生热裂纹。

因此，在工程中应注意以下几条原则：

1）根据结构特点，合理编排焊接顺序，减少和尽可能均布焊接残余应力。

2）钢材本身应实现正温，即要采用各种不同的预热方式提高焊缝周围小环境温度，以此来保证焊缝综合指标。

3）正确选择预热方式。在预热温度和预热规范确定的前提下，正确选择预热方式对控制裂纹的产生有重要的意义。电加热与火焰加热相比具有明显的优势：预热区域受热均匀，有效防止局部受热造成接头附加应力；升温速度均匀、可控，防止造成母材过热等现象，可达到母材充分均匀预热；对于整体结构焊缝而言，防止受热不均造成构件变形。因此，低温焊接特别是厚板焊接优先采用电加热方式。

4）由于在正式结构焊接中采取刚性固定的方式，为防止由于氢和应力共同作用在焊缝根部产生延迟裂纹，对于板厚 $t \geqslant 40mm$ 采取焊后紧急后热及保温缓冷措施，后热温度 $250 \sim 300℃$。对于 $t < 40mm$ 采取焊后紧急保温缓冷措施。该措施可以减缓焊缝的冷却速度，有助于扩散氢的逸出。

5）由于氢在焊接熔合区附近的浓度值按马氏体、贝氏体、铁素体组织的变化依次降低，在异种钢焊接时，热影响区组织形态的不同造成了氢在熔合区附近的浓度值分布不匀，当焊缝中存在应力集中点时，氢含量大的焊缝易出现延迟裂纹。因此在异种钢焊接时应特别注意预热和后热，这是继焊材选定之后决定成败的关键因素。

6）控制线能量是防止焊接裂纹的有效途径。在低温施工中，SMAW 焊接采用 A_v 值控制线能量容易成功（见图 10-4）。在控制 $A_v \geqslant 0.6$ 的前提下，采用控制不同焊接位置的 A_v，实现大电流、薄焊道、多层多道的焊接技术，以提高焊缝热量，防止淬硬组织的产生。

$$A_v = \frac{-根焊条所焊焊缝的长度}{-根焊条的长度（除焊条头）}$$

（四）国家体育图场 "鸟巢" 钢结构低温焊接规程

哈尔滨低温焊接试验结束后，根据低温焊接试验成果应用原则，结合现场实际编写了《国家体育场钢结构工程低温焊接技术规程》，本节原文照搬，目的是让读者有一个全面的认识和了解。

在低温焊接钢结构时，最显著的特点是焊接接头具有很大的冷却速度，因而提高了焊缝的结晶速度，同时也提高了弹、塑性变形速度，即提高了焊缝结晶期间的应变增长率，这必然使热裂纹倾向增大。

在建筑钢结构焊接技术领域内，这个重要技术观念在国家体育场 "鸟巢" 钢结构焊接工程低温焊接试验中第一次正式提出，引起了广泛关注。进而又深入研究了常温状态下钢结构热裂纹的机理，这对于焊接技术的改进和发展极

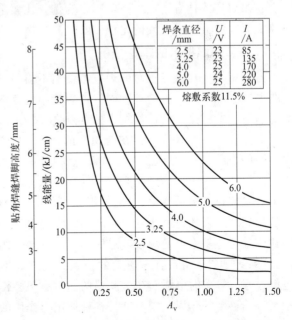

图 10-4 焊缝长度与焊条长度（除焊条头）
的比值 A_v 值控制线能量

其有利。

　　建筑钢结构低温焊接理论的充实和完善，必然带来焊接技术的进步，国家体育场"鸟巢"钢结构焊接工程中所形成的管理理念和焊接工艺，也必将为建筑钢结构焊接工程带来新的格局。

　　我国冬季寒冷天气覆盖范围辽阔，冬季施工的工作面相当大。低温焊接技术的形成，解决了建筑钢结构冬季施工的技术难题，低温焊接技术必将为施工单位赢得宝贵的工期、给业主带来丰厚的收益，这些益处反过来又推动低温焊接技术的不断发展。低温焊接技术是一项方兴未艾的、有生命力的实用技术。

　　实践证明：低温焊接试验是成功的，−15℃停止施焊的温度是科学的。国家体育场"鸟巢"钢结构焊接工程冬季施工取得了十分突出的成绩，充分证实了建筑钢结构冬季施焊的可能性、安全性。

　　建筑钢结构冬季施焊，必然为项目带来巨大的直接经济效益，为抢夺工期赢得十分宝贵的时间。因此，国家体育场"鸟巢"钢结构焊接工程中的低温焊接技术、规程、经验，必然被广大工程界所接受、必将得到大面积的推广应用。

三、建筑钢结构仰焊技术

　　钢结构行业中，"尽量避免仰焊"几乎成为了行规。然而作为一种焊接技术，它的存在是客观的，不可避免的。以前人们对仰焊技术认识不深，过分地强调了仰焊的难度，而忽视它的优越性，对仰焊技术采取了封杀的态度，这是不可取的。封杀仰焊技术的实质是理论上的混淆和对应用技术的不了解，因而造成了对仰焊技术"谈虎色变"的局面。

　　仰焊技术确实有它的难点，与此共存的也有很多优点，这些优点是建筑钢结构焊接工程最需要、最重要的技术指标所要求的。比如，结构体系的初始应力的控制；工效的提高；降低成本等，都和仰焊技术密切相关。

　　本书以国家体育场"鸟巢"项目为例，比较全面地阐述仰焊技术，力求还原仰焊技术的本来面目，给其一个正确的定位。

（一）仰焊技术的理论分析

　　建筑钢结构焊接工程对仰焊技术畏缩不前和不理解是有一定道理的。这是因为：

　　其一，钢板厚、焊缝长，同管道焊接相比存在技术难度高、工作量大、对工人体力要求高的特点，这就是推广仰焊技术的难点之一。

　　其二，在技术理论上存在认识上的盲区，"仰焊铁水重力论"就是其中最突出的代表。"仰焊铁水重力论"是人们把冶炼和电弧焊混为一谈所致，不仅仅是管理者，有的工程技术人员还以"铝热焊"的理论来解释仰焊技术。理论上的错误必然带来认识上的偏差，很容易形成否定仰焊的极端意见。"铝热焊"不用电，利用铝粉燃烧产生高温把铁矿粉熔化，从炉中流出铁水进入轨道对接接头，利用铁水高温熔融轨道基本金属从而形成焊缝。这种技术应用比较单一，基本上是焊接轨道所用，的确是利用铁水重力与高温的焊接技术。但是电弧焊不是"铝热焊"，两者有本质上的差别。电弧焊不仅仅是冶金反应，而是十分复杂的电离、电解过程。焊接时电弧在产生高温的同时有很多作用力产生。可以这样认为：电弧焊既有铁水高温和重力的作用，同时又是各种作用力作用的结果，后者对焊缝的形成起主要作用。根据熔滴过渡理论，电弧焊时产生多种作用力。以焊条电弧焊为例：电弧焊是利用焊条与工件之间产生的电弧将焊条与工件局部加热到熔化状态，焊条端部熔化后的熔滴和熔化后的母材熔合在一起，形成熔池；随着焊接电弧向前移动，熔池逐步冷却结晶形成焊缝金属。对于这一点，很多人不明白。熔融金属为什么不掉下来？是什么力起作用？

根据有关资料介绍和一些研究明确：电弧焊时，产生六种作用力作用于焊接熔池和焊缝金属的凝固，每种作用力对熔滴过渡有不同的影响，并且直接影响熔滴的大小和过渡形式。

1. 重力

焊接时熔滴由于本身的重量而具有下垂的倾向，平焊（F）时金属熔滴重力起促进熔滴过渡的作用。立焊（V）及仰焊（O）时，熔滴的重力阻碍熔滴向熔池过渡，成为阻力，也是仰焊熔池进行冶金反应的有害的作用力。

2. 表面张力

表面张力是焊条（焊丝）端头上保持熔滴的主要作用力。平焊（F）时，熔滴悬挂于焊条末端、在非短路的情况下，只有当其他力克服表面张力阻碍作用时，才能使熔滴过渡到熔池中去。所以平焊（F）时表面张力阻碍熔滴过渡，立焊（V）、横焊（H）、仰焊（O）时，表面张力则有利于熔滴过渡。当熔滴与熔池金属接触，并形成金属过桥时，由于熔池界面扩大，这时的表面张力能把液体金属拉进熔池中而有利于熔滴过渡。立焊（V）、仰焊（O）、横焊（H）熔池的熔融金属因表面张力的作用而停留在熔池中参加冶金反应，不会因本身重力脱离熔池。也可以这样认为：熔滴和熔融金属的表面张力完全克服了自身重力，在三种位置上都能正常形成熔池而进行正常的冶金反应。表面张力的大小与熔滴的成分（焊丝、焊条的品质）、温度和环境气氛有关，与焊条、焊丝的直径成正比。细条、细丝焊接时比粗条、粗丝焊接时熔滴过渡较为顺利而稳定。在保护气体中加入氧化性气体（$Ar-O_2$、$Ar-CO_2$），可以显著降低液体的表面张力，有利于形成细颗粒熔滴向熔池过渡。如果熔滴在脱离焊条（焊丝）之前，就与熔池表面接触（即短路过渡），这时表面张力的作用与上述恰恰相反，会促使熔滴向熔池过渡。表面张力托起和保护熔池，使之正常进行冶金反应。

3. 电磁压缩力

当两根平行载流导体通过相同方向的电流时，会产生使导体相吸的电磁力。焊接时可以把焊条（焊丝）末端的液体熔滴看成由许多平行载流导体所组成，焊条（焊丝）及熔滴受到由四周向中心的电磁压缩力，电磁压缩力的大小和电流密度的平方成正比，无论是平焊（F）、立焊（V）、横焊（H）、仰焊（O）电磁压缩力的方向都是促使熔滴向熔池过渡。

4. 斑点压力

当电极形成斑点时，由于斑点导电和导热的特性，在斑点上产生斑点力，也称斑点压力。斑点压力在一定条件下将阻碍熔滴向熔池过渡，由于阴极的斑点压力比阳极大，所以正接极的熔滴过渡较反接极困难。

5. 等离子流力

在电弧中由于电弧推力引起高温气流运动形成的力称为等离子流力，这种力有利于熔滴过渡。

6. 电弧气体吹力

焊条（药芯焊丝）在焊接时末端的导管内形成大量的气体，这些气体在瞬间被电弧加热至高温时体积急剧膨胀，并随着导管方向以挺直而稳定的气流把熔滴送入熔池中去，特别是仰焊（O）位置上，电弧吹力十分有利于熔滴向熔池过渡，同时也是仰焊熔池的托起力之一。

不难看出：在上述的 6 种作用力中，有 4 种力特别有利于仰焊（O）、立焊（V）、横焊（H）的熔滴过渡和熔池金属稳定进行冶金反应，特别要指出的是：SMAW、FCAW-G 的药皮的约束力也是仰焊的有利因素。可以这样理解：仰焊时由于电弧产生的有效作用力托起熔池并且进行冶金反应，熔滴在有效作用力的作用下，以各种不同的方式进入熔池，这时表面张力、电磁压缩力、等离子流力、电弧气体吹力、斑点压力的共同作用，克服了熔滴本身重力而形成熔池。药皮在熔融金属的最外面，它具有表面张力。当熔池向前移动，熔融金属凝固将要进行时，药皮因其熔点低、凝固快的特点，提前凝固，形成托起液体金属的封闭薄膜，除保护焊缝金属外，还起到了成形外力作用。这时药皮的约束力起到了十分有利成形的补充加固作用，其作用的好坏程度完全由药皮本身的黏度和品质来决定。显然熔滴的重力不是影响电弧焊的决定性因素，这就是电弧焊同铝热焊的本质区别，可以肯定地说：仰焊时熔滴本身重量不会从根本上影响仰焊技术，不应受"仰焊铁水重力论"的影响，无论是在理论上还是在实践上，仰焊技术完全应有一席之地。

（二）仰焊技术实施要点

理论上解决了认识问题，并不等于在实践中就会成功。事实上无论在理论研究和实际操作中，仰焊技术都有一定难度。仰焊不仅仅涉及应用技术理论，而且涉及全面质量管理五大要素："人、机、料、法、环"。稍有不慎就会前功尽弃，带来的后果是直接经济损失和丧失对仰焊技术推广的信心和决心。优秀的焊接工艺和良好的操作技术是获得优秀仰焊焊缝的基本保证。性能优秀的焊机、品质优良的焊条（焊丝）会最大程度保证焊接质量，提高焊接效率。国家体育场"鸟巢"钢结构工程的实践，为我们提供了仰焊技术的管理模式。

1）"人"是最关键的因素。仰焊技术的优点是质量好，成本低；熔融铁水自重如果大于有效作用力，因重力作用立即脱离熔池，因此不会形成假焊或未熔合（与此相反，这种缺陷在平焊焊缝中则最容易发生）。焊接时药皮很容易翻至熔池表面，因此不容易形成夹渣（平焊容易夹渣）；加上热空气上升，焊缝的层间温度能够保证，所以焊缝成形质量好。在 BOX 构件的焊接中采用仰焊，焊接量减少一半以上，所以成本低。但仰焊技术对焊工的操作技术要求高，对焊工的体力要求高，仰焊的效率是平焊的 70% 左右，效率比其他位置稍低。这一点就是推广仰焊技术的又一难关。

"鸟巢"钢结构焊接工程对焊工的做法是三部曲：一是"验证考核"；二是"强化培训"；三是"合理组织"。

"鸟巢"钢结构工程项目部规定凡取得"冶金、化工、造船、电力、压力容器（省级以上）"上岗证的焊工可以参加"验证考核"，其他证件不接受。"验证考核"的目的是检测焊工证与焊工实际能力的相符性，内容是考核焊工的理论知识和 25mm 厚试板的仰焊和立焊的操作技能。"鸟巢"钢结构工程参加考核的焊工 911 名，通过考核 832 名，占 91%。应当说这批焊工是非常优秀的，但他们中间参加强化培训用 50mm 厚钢板考试仰焊和立焊时，265 名焊工几乎全军覆没。考试成绩之差十分令人吃惊。这个无情的现实充分说明了建筑钢结构厚板焊的特殊性，同时也说明焊工培训的重要性。

"强化培训"指对焊工集中进行半军事化培训，主要内容如下。

技能培训：白天厚板（50mm 以上）焊立焊、仰焊试板各一件，晚上理论学习和操作讲评。

职业道德培训：主要培训焊工的责任心和主人翁精神。焊接是焊工的良心活，没有一定素质和职业道德是干不好厚板焊接的。"鸟巢"人对这一点比技能培训还要重视。

体力锻炼：规定焊工必须完成的锻炼项目，如下蹲、俯卧撑等，目的是提高焊工的体能，以适应仰焊的要求。除此之外，还有针对性地进行狭窄地方的模拟训练，全方位提高焊工素质。

好的开头就是成功的一半。一开始，焊工的个人水平还不具备单独完成"鸟巢"厚板焊缝的能力，根据焊工当时的水平，将焊工分成打底、填充、盖面三部分。利用整个军团的能力来打开局面，开一个好头，这就是"合理组织"的内容。

经过上述程序，"鸟巢"钢结构工程 200 名焊接高手逐渐脱颖而出，在推行仰焊技术的过程中起到了决定性的作用。

2）"机"主要是指焊机，仰焊对焊机性能有一定的要求，在前文有效作用力的分析中可以看出，焊机性能越好，有效作用力的作用就越好。"鸟巢"钢结构工程使用"ZX-7"逆变焊机作为仰焊技术的主打焊机，这种焊机性能稳定，推力大，能够适应仰焊技术要求。

3）"料"指焊接材料， "鸟巢"钢结构工程仰焊采用了 CHE507、CHE507RH、CHE427RH 焊条，部分采用了 TWE-711 药芯焊丝。上述材料均能获得成形良好的仰焊焊缝，能够达到 UT-B-1 的检测要求。

仰焊技术的推广应用得益于焊机性能先进和焊材质量提高。我国生产的逆变焊机、气体保护焊机性能稳定，完全可以取代进口焊机；以大西洋焊条为代表的焊条、天泰生产的 TWE-711 焊丝等优质产品完全可以满足仰焊技术的需要。大规模使用仰焊技术的时机已经成熟。

4）"法"指具体焊接方法，焊接技术采用顺序的排位为：SMAW、FCAW-G、GMAW。"鸟巢"钢结构工程大规模采用 SMAW 和部分采用 FCAW-G 而获得成功。规定在具体操作手法上不允许摆动。就焊接技术的难度而言，SMAW 最容易，只要焊接规范合理、操作位置适合、热输入量控制准确，焊工经过培训后操作，完全可以获得表面成形良好、内部质量优异的焊接接头。FCAW-G 难度稍高，因为有熔融铁水、熔渣下落，容易阻塞焊枪，使 CO_2 气体不通畅，造成焊接不连续。最难的就是 GMAW，因为实心焊丝的工艺性能较差，成形难度较大，焊接时同样有药芯焊丝 FCAW-G 的缺点，可能因为没有药皮也影响焊缝成形。根据"鸟巢"钢结构工程仰焊技术成功经验，SMAW 技术适合大规模推广和大面积使用。FCAW-G 可在一定范围使用，最好由熟练焊工操作。目前为止 GMAW 不宜大面积应用。在坡口的设计上也有一定讲究，建筑钢结构仰焊坡口设计为带钢衬垫坡口，大大地降低了仰焊的难度，如果采用中国工程建设焊接协会技术比赛的单面焊双面成形的坡口（单 V），其难度将大大提高，对焊工的要求也就更加严格。

5）"环"指施焊环境，一般要求仰焊的高度不应低于 1.2m，应用 FCAW-G 技术时应当有防风装置。

通过以上工作和焊工的努力，仰焊技术的缺点将逐步得到克服，在不断总结经验的基础上，仰焊技术肯定会取得更大发展和提高。

根据以上介绍，我们对仰焊技术有了全面的认识，从理论和实际经验上确认了仰焊技术的可行性、可靠性，对仰焊技术优缺点有了进一步的了解，希望读者在实践中进一步总结经验，不断完善和提高仰焊技术，让这项有特点的技术发扬光大，开花结果。

（三）实例：Q460E-Z35+GS20Mn5V 仰焊焊接工艺评定

在国家体育场"鸟巢"钢结构焊接工程的焊接技术中，Q460E-Z35＋GS20Mn5V 曾经被认为是皇冠上的明珠，仰焊技术又是最难的技术；本节选用焊接工艺评定报告作为实例，一方面证明仰焊技术的可行性、可靠性；另一方面给焊接界做一工作汇报，供同行参考。

焊接工艺评定报告

共 4 页　第 1 页

工程（产品）名称	国家体育场工程			评定报告编号			2005—233.1	
委托单位	北京城建精工钢结构工程有限公司			工艺指导书编号			Z₃	
项目负责人	芦广平			依据标准			JGJ 81	
试样焊接单位	国家主体育场城建国华钢结构分部			施焊日期			2005.09.21	
焊工	潘棋兵	资格代号	—		级别		—	
母材 1 钢号	Q460E-Z35	规格	110mm	供货状态	正火	生产厂		舞阳钢厂
母材 2 钢号	GS-20Mn5V	规格	100mm	供货状态	铸钢	生产厂		乐山斯堪纳

母材 1 化学成分（质量分数，%）和力学性能

	C	Mn	Si	S	P	Cr	V	σ_s /MPa	σ_b /MPa	δ_5 /%	ψ /%	A_{kv}
标准	≤0.20	11.70	≤0.55	≤0.025	≤0.025	≤0.70	0.02 ～0.20	400	550 ～720	17	—	27
合格	0.14	1.50	0.35	0.004	0.007	—	—	410	570	27	—	189
复验	—	—	—	—	—	—	—	—	—	—	—	—

母材 2 化学成分（质量分数，%）和力学性能

	C	Mn	Si	S	P	Cr	V	σ_s /MPa	σ_b /MPa	δ_5 /%	ψ /%	A_{kv}		
标准	0.17～ 0.23	1.00 ～1.50	0.20～ 0.60	≤0.015	≤0.020	≤0.40	≤0.30	300	500～650	24		34		
合格	—	—	—	—	—	—	—	—	—	—	—	—		
复验								390	590	28	—	61	49	46

焊接材料	生产厂	牌号	型号	直径/mm	烘干制度（℃×h）	备注
焊条	大西洋	CHE507RH	E5015-G	3.2、4.0	350℃×1h	—
焊丝	—					
焊剂或气体	—					

焊接方法	手工电弧焊（SMAW）	焊接位置	仰焊	接头形式		对接焊缝
焊接工艺参数	见焊接工艺评定指导书			清根工艺		—
焊接设备型号	ZX7-400（时代）			电源及极性		直流反接
预热温度/℃	150	层间温度/℃		150～200	后热温度及时间	/
焊后热处理			—			

评定结论：本评定按 JGJ 81 规定，根据工程情况编制工艺评定指导书、焊接试件、制取并检验试样、测定性能，确认试验记录正确，评定结果为：合格。焊接条件及工艺参数适用范围按本评定指导书规定执行。

评定		年　月　日	评定单位：　　　（签章）
审核		年　月　日	
技术负责		年　月　日	年　月　日

焊接工艺评定指导书

工程名称	国家体育场工程			指导书编号			Z₃		
母材 1 钢号	Q460E-Z35	规格	110mm	供货状态		正火	生产厂	舞阳钢厂	
母材 2 钢号	GS-20Mn5V	规格	100mm	供货状态		铸钢	生产厂	乐山斯堪纳	
焊接材料	生产厂	牌号		型号		烘干制度(℃×h)		备注	
焊条	四川大西洋	CHE507RH		E5015-G		350℃×1h		—	
焊丝	—	—		—		—		—	
焊剂或气体	—	—		—		—		—	
焊接方法	手工电弧焊(SMAW)			焊接位置		仰焊			
设备型号	ZX7-400(时代)			电源及极性		直流反接			
预热温度	150	层间温度/℃	150~200	后热温度(℃)及时间(min)			/		
焊后热处理				—					

接头及坡口尺寸图	Q460E-Z35　8~10　GS20Mn5V　110　100　35°	焊接顺序图	详见焊接工艺参数表

焊接工艺参数

道次	焊接方法	焊条或焊丝 牌号	φ /mm	焊剂或保护气	保护气流量/ (L/min)	电流/A	电压 /V	焊接速度 /(cm/min)	热输入/ (KJ/cm)	备注
打底	SMAW	CHE507RH	3.2	—	—	110~130	20~25	4~10	—	—
中间	SMAW	CHE507RH	4.0	—	—	140~170	22~28	4~35	—	—
盖面	SMAW	CHE507RH	4.0	—	—	140~160	22~28	18~35	—	—

技术措施	焊前清理	清除油、锈、水及氧化皮	层间清理	砂轮打磨
	背面清根		—	
	其他:			

编制		日期	年 月 日	审核		日期	年 月 日

焊接工艺评定记录表

工程名称	国家体育场工程			指导书编号			
焊接方法	手工电弧焊（SMAW）	焊接位置	仰焊	设备型号	ZX7-400	电源及极性	直流反接
母材 1 钢号	Q460E-Z35	类别	Ⅳ	生产厂	舞阳钢厂		
母材 2 钢号	GS-20Mn5V	类别	—	生产厂	乐山斯堪纳		
母材规格	110mm＋100mm			供货状态	Q460 正火/铸钢 V（调质）		

接头尺寸及施焊道次顺序	同工艺评定指导书（打底 2 层 2 道，中间层 20 层 146 道，盖面 1 层 15 道）	焊接材料				
		焊条	牌号	CHE507RH	类型	低氢碱性
			生产厂	四川大西洋	批号	053078 053181
			烘干温度/℃	350	时间/min	60
		焊丝	牌号	—	规格/mm	—
			生产厂	—	批号	—
		焊剂或气体	牌号	—	规格/mm	—
			生产厂	—		
			烘干温度/℃	—	时间/min	—

施焊工艺参数记录

道次	焊接方法	焊条直径	保护气体流量/(L/min)	电流/A	电压/V	焊接速度/(cm/min)	热输入/(kJ/cm)	备注
打底	SMAW	3.2	—	120	22～25	6		2 层 2 道
中间	SMAW	4.0	—	140～170	22～28	4～35		20 层 146 道
盖面	SMAW	4.0	—	140～160	22～28	18～35		1 层 15 道

施焊环境	室外	环境温度/℃	25	相对湿度		—
预热温度/℃	150	层间温度/℃	150～200	后热温度/℃	时间/min	—
后热处理	—					

技术措施	焊前清理	清除油、锈、水及氧化皮	层间清理	清理焊渣、砂轮打磨
	背面清根			
	其他			

焊工姓名		资格代号	—	级别	—	施焊日期	年 月 日
记录		日期	年 月 日	审核		日期	年 月 日

焊接工艺评定检验结果

工程(产品)名称			国家体育场工程			评定报告编号		
非破坏检验								
试验项目		合格标准		评定结果		报告编号		备注
外观		GB 50205		合格		—		—
X 光		—		—		—		—
超声波		GB/T 11345		合格		—		—
磁粉								
拉伸试验	报告编号			弯曲试验		报告编号		—
试样编号	σ_s/MPa	σ_b/MPa	断口位置	评定结果	试样编号	试验类型	弯心直径 D/mm	弯曲角度　评定结果
1	—	595	母材	合格				
2	—	595	母材	合格				
3	—	580	母材	合格				
4	—	585	母材	合格				

冲击试验	报告编号		2005 力 65498	宏观金相	报告编号	—
试样编号	缺口位置		试验温度/℃	冲击功 A_{kv}/J	评定结果:	
3-1-1	焊缝		−20	136		
3-1-2	焊缝		−20	144		
3-1-3	焊缝		−20	134		
3-2-1	热影响区		−20	127	硬度试验	报告编号
3-2-2	热影响区		−20	82	评定结果:	
3-2-3	热影响区		−20	113		

其他检验:									
检验		日期	年　月　日		审核		日期	年　月　日	

　　在建筑钢结构现场安装工程中，几乎都能碰到在仰焊位置施焊的焊缝。现场安装工程需要仰焊技术，"避免仰焊"是不现实的。要提高对仰焊的认识、提高仰焊焊缝的质量，在尽可能短的时间内，减少和消除对仰焊技术的疑虑心理，从而为仰焊技术争得生存的空间。国家体育场"鸟巢"钢结构焊接工程仰焊技术在理论上和工程实体上作出了表率，因此，应用"鸟巢"的技术、进一步扩大应用范围，是推广仰焊技术行之有效的途径。要做到这一点，需要全体焊接界同仁共同努力。

四、建筑钢结构铸钢及其异种钢的焊接技术

　　铸钢节点因其特有的性能，如良好的加工性能、复杂多样的建筑造型，在一些大跨度空间管桁架钢结构中开始逐步推广使用。特别在处理复杂的交汇节点上，铸钢节点有着得天独

厚的优势。在大型体育场馆、会展中心开始大规模使用。然而，铸钢节点也有先天不足：铸钢一般碳当量较高，尤其是 P、S 杂质难以控制，铸态组织晶粒粗大，导致铸钢的焊接性较差，对焊接工艺要求较高。加上我国目前没有相关的技术标准指导工程，更加大了铸钢节点施工难度。

（一）国家体育场 "鸟巢" 铸钢节点焊接技术要点

国家体育场 "鸟巢" 桁架柱铸钢转化节点共有 23 个，30t/个，板厚 100～140mm，铸钢材质采用 GS-20Mn5V（DIN7182），供货状态为调质，是一项比较典型的铸钢节点转化工程。

铸钢节点的焊接要点是：控制热输入量，尽量减少对母材供货状态的破坏，减少焊接应力，防止焊接氢至裂纹的产生。因此在工程中注意了以下三个重点：

1）采用远红外电加热技术，准确控制预热、层间、后热温度，使整条焊缝受热均匀。具体指标：预热温度 $\geqslant 150℃$ （按铸钢材料预热）；层间温度 $\leqslant 250℃$ （Q460-Z35 ＋ GS20Mn5V 为 $\leqslant 200℃$）；后热温度 250～300℃ 保温一小时后缓冷。

2）铸钢无论同 Q460-Z35 焊还是同 Q345GJD 焊，一旦开始焊接整条焊缝必须连续焊完，中途不得停顿。

3）焊接工程结束后应当立即进行 "紧急后热"，并保温缓冷。

准确的预热温度、较小的焊接线能量，不仅仅对防止冷、热裂纹有作用，而且对保证铸钢的热处理状态（调质）也是大有益处的。

整条焊缝连续焊完，可以有效控制层间温度，防止母材反复受热而影响力学指标。

"紧急后热" 对铸钢件特别重要，由于铸钢件杂质较多，成分和氢含量控制困难。"紧急后热" 可以及时消氢，有效地防止铸钢件焊后氢致裂纹的产生。

随着铸钢节点日益大规模应用，相关技术进一步推广，相关技术标准也会应运而生，铸钢的焊接技术将会更加成熟、更加可靠。

（二）异种钢焊接概述

随着国民经济的迅速发展和科学技术的不断进步，新结构、新设备层出不穷，新材料和新工艺的应用日益广泛，现代动力机械、化工、石油设备的许多零部件要求用特殊材料。为了节约优质贵重材料，降低成本，简化制造工艺，保证在不同的工作条件下使用不同的材料，充分发挥不同的材料的性能优势，异种材料焊接结构将越来越多。

根据目前焊接技术应用理论的观点，常见的异种钢材焊接分为两大类；

1）α 类钢——能发生相变的钢，包括铁素体为基础的钢；碳钢；低合金钢；Cr-Mo 耐热钢；高合金铁素体钢及马氏体钢等。

2）γ 类钢——不能发生相变的奥氏体钢，包括 18-8 型、18-12Mo 型、25-20 型钢等。

异种钢焊接分三种情况：$\alpha + \gamma$；$\gamma_1 + \gamma_2$；$\alpha_1 + \alpha_2$。

在建筑钢结构工程中常见的异种钢焊接为 $\alpha_1 + \alpha_2$，一般为碳素钢与低合金高强度钢、碳素钢与铸钢、低合金高强度钢与铸钢的焊接，难度最大的为低合金高强度钢与铸钢焊接。

"鸟巢" 工程中，Q460E-Z35 与 GS20Mn5V 的异种钢焊接技术在我国建筑钢结构中首次应用，根据《国家体育场工程 Q460E-Z35 钢热加工、焊接性方案》，在前期 Q460E-Z35 钢焊接性试验取得的阶段性成果的基础上，进行了刚性接头焊接试验。为了使试验结果能够具有针对性，结合实际构件中异种钢的焊接方式进行刚性接头试件的焊接，并进行了相关的力学性能试验，目的是得出该钢种在不同焊接方法、不同线能量及刚性固定条件下综合力学性能并对其焊接性进行综合评定，从而形成可靠的焊接工艺。

（三）异种钢焊接的技术特点及问题

异种材料的焊接问题与同种材料焊接相比，有着较大的不同，一般要比焊接同种材料困难。异种钢的焊接性主要取决于两种材料的冶金相容性、物理性能、表面状态等，两种材料的这些差异越大，焊接性越差。

金相组织相同的异种钢焊接，对焊接性影响不大。金相组织不同的异种钢焊接比同种钢焊接困难很多。两种不同金相组织的钢材存在结晶化学性（晶格参数、晶格类型、原子半径等）差异、物理性能（熔点、线膨胀系数、热传导系数、电阻比等）差异、力学性能差异、表面状态差异、焊缝稀释率差异，以及熔合区形成过渡层和扩散层的差异等，导致金相组织变化或产生新组织，影响焊接热循环过程和结晶条件，使接头性能变坏，熔合区与焊接热影响区的力学性能尤其是塑性下降，焊接残余应力增大，产生裂纹。

1. 冶金相容性的差异

晶格类型、晶格参数、原子半径等的差异也就是通常说的"冶金相容性的差异"。

两种金属材料在冶金学上是否相容，取决于它们在液态和固态的互溶性以及在焊接过程中是否可以产生金属间化合物（脆性相），只有在液态和固态下都具有良好的互溶性的金属或合金才能在熔焊时形成良好的接头。当两种金属的晶格类型相同，晶格常数、原子半径及其负电性均比较相近时，其溶质原子能够连续固溶于溶剂；否则易形成金属化合物，使焊缝性能大幅度降低。能够形成连续固溶体的异种材料具有良好的焊接性。

为了改善异种金属焊接性能，对不能形成无限固溶的异种金属，可在两种被焊金属之间加入过渡层。选择的过渡层金属与两种金属均能形成无限固溶体。

2. 物理性能的差异

两种材料的物理性能差异主要是指熔点、线膨胀系数、热传导系数、电阻系数等差异。它们将直接影响焊接的热循环过程、结晶条件和接头质量。当异种材料热性能的差异大时会使熔化情况不一致，给焊接造成困难；线膨胀系数相差较大时，会造成接头较大的残余应力和变形，易使焊缝及热影响区产生裂纹；电磁性相差较大时，焊接电弧不稳定，焊缝成形不好甚至形成不了焊缝。

3. 表面状态的差异

材料表面状态是复杂的，表面氧化层（氧化膜）、结晶表面层、吸附的氧离子和空气、水、油污、杂质等，将直接影响异种材料的焊接性，必须给予充分重视。

此外，在焊接异种材料时，会产生一层成分、组织及性能与母材不同的过渡层，过渡层的性能给焊接接头的整体性能带来了重大的影响，处理好异种材料的过渡层对于获得满意的焊接质量至关重要。过大的熔合比，会增大焊缝金属的稀释率，使过渡层更为明显；焊缝金属与母材的化学性能相差越大，熔池金属越不容易充分混合，过渡层越明显；熔池金属存在时间越长，越容易混合均匀。

4. Q460E-Z35 与 GS-20Mn5V 可焊性分析及焊接难点

Q460E-Z35 与 GS-20Mn5V 化学成分、力学性能见表 10-1～表 10-4。

（1）可焊性分析　碳当量计算如下：

按照国际焊接学会提出的碳当量计算公式进行 Q460E-Z35 碳当量计算

$$Ceq = w(C) + w(Mn)/6 + w(Ni+Cu)/15 + w(Cr+Mo+V)/5$$

表 10-1   Q460E-Z35 化学成分   单位：%（质量）

	C	Si	Mn	P	S	Cu	Ni	Mo	Nb	V	Cr	C_{EQ}
标准要求 最小	—	0.10	—	—	—	—	—	—	—	—	—	—
标准要求 最大	0.14	0.40	1.60	0.03	0.03	0.35	0.25	0.07	0.04	0.06	0.25	—
复验	0.089	0.22	1.37	0.011	0.024	0.14	0.074	0.021	0.001	0.058	0.12	0.362

注：熔炼成分摘自材质单，炉批号为 81045。

表 10-2   Q460E-Z35 的力学性能

牌号质量等级		屈服点 σ_s 不小于				抗拉强度 σ_b	伸长率 δ_5/%	冲击功 A_{kv}（纵向）不小于			180°弯曲试验	
		厚度（直径，边长）						0℃	−20℃	−40℃	钢材厚度/mm	
		≤16	16 ～35（含）	35 ～50（含）	50 ～100（含）						≤16	16～100 （含）
Q460	E	460	440	420	400	550～720	17			27	$d=2a$	$d=3a$

注：d＝弯心直径；a＝试样厚度（直径）。

表 10-3   铸钢 GS-20Mn5V 的化学成分（DIN17182）   单位：%（质量）

钢号	材料号	C	Si	Mn	P	S	Cr	Mo	Ni
GS-20 Mn5V	1.1120	0.17- 0.23	≤0.60	1.00～ 1.50	≤0.020	≤0.015	≤0.30	≤0.15	≤0.40

表 10-4   铸钢 GS-20Mn5V 的力学性能

钢号	材料号	热处理	铸件壁厚 mm	$\sigma_{0.2}$ /MPa	σ_b /MPa	抗拉、抗压 抗弯 f	δ_s /%	A_{kv}/J
GS-20 Mn5V	1.1120	调质	≤50	360	500～650	324	24	70
			50～100（含）	300	500～650	270	24	50
			100～160（含）	280	500～650	252	22	40

按钢材复检化学成分，$w(C)=0.215$，$w(Mn)=1.37$，$w(Ni)=0.074$，$w(Cu)=0.14$，$w(Cr)=0.12$，$w(Mo)=0.021$，$w(V)=0.058$，则 $Ceq=0.215+1.37/6+(0.074+0.14)/15+(0.12+0.021+0.058)/5=0.497$。

按照日本 JIS 标准提出的碳当量计算公式进行 GS-20Mn5V 碳当量计算

$$Ceq=w(C)+w(Mn)/6+w(Si)/24+w(Ni)/40+w(Cr)/5+w(Mo)/4+w(V)/14$$

按钢材复检化学成分，$w(C)=0.17$，$w(Mn)=1.50$，$w(Si)=0.60$，$w(Ni)=0.40$，$w(Cr)=0.30$，$w(Mo)=0.15$，$w(V)=0$，则 $Ceq=0.17+1.50/6+0.60/24+0.40/40+0.30/5+0.15/4+0/14=0.517$。

GS-20Mn5V 碳当量计算时，其化学成分均取上限，实际 GS-20Mn5V 碳当量可以保证在 0.50 左右。

碳当量数值越大，被焊金属的淬硬倾向越大，热影响区越容易产生冷裂纹。

碳当量 $Ceq<0.4$% 时，淬硬倾向不大，焊接性良好，当碳当量 Ceq 为 0.4～0.6，钢材易淬硬，说明焊接性已变差，焊接时需预热，随着板厚的增大，预热温度适当提高。

Q460E-Z35 碳当量为 0.49，GS-20Mn5V 碳当量约为 0.50，远大于 0.4，所以淬硬倾向大，抗裂性能差，焊接性也较差。

（2）Q460E-Z35 与 GS-20Mn5V 焊接难点

① 化学成分、力学性能及物理性能的差异　由于铸钢与低合金钢的化学成分、力学性能和物理性能的不同，焊接时会产生很多缺陷，例如气孔、裂纹等，给焊接操作带来很大困难。

② 两种材料稀释率差异　GS20Mn5V＋Q460E-Z35 的焊接，稀释率更是人们所关心的问题，此时有可能有两种材料产生不希望得到的有害的化合物。例如采用具有垫板的对接接头时，应注意垫板的成分，因为它的有害成分对接头的稀释有可能导致焊缝中发生裂纹。

建筑钢结构厚板焊缝大多采用单 V 形带衬板的坡口形式，V 形坡口的根部肯定是稀释率最大的地方，同时也是应力最集中的地方，在打底焊接结束后，每一层的焊肉全都对焊缝根部加载，致使根部质量极不稳定。所以降低稀释率是保证厚板焊缝质量重要措施。

③ 供货状态的差异　GS20Mn5V 供货状态为调质钢，Q460E-Z35 的供货状态为正火钢。由于二者供货状态的不同，各材料焊接特点不同，焊接难度加大。

正火钢的焊接特点：

正火钢焊接热输入的确定主要依据是防止过热区脆化和焊接裂纹两个方面。由于各种正火钢的脆化倾向和冷裂倾向不同，因此对热输入的要求亦不同。

对于含钒、铌、钛等强度级别较 Q460E-Z35 低的正火钢，如 Q420 等，为了防止沉淀相溶入和晶粒长大引起的脆化，宜选偏小的焊接热输入。

正火钢对许多焊接方法都适应，选择时主要考虑产品结构、板厚、性能要求和生产条件等因素，其中最为常用的是焊条电弧焊、埋弧焊和熔化极气体保护焊。钨极氩弧焊通常用于较薄的板或要求全焊透的薄壁管和厚壁管道等工件的封底焊。

调质钢（淬火＋高温回火）的焊接特点：调质钢焊接不宜采用大直径的焊条或焊丝。应尽量采用多层多道焊工艺，最好采用窄焊道而不用横向摆动的运条技术。这样不仅使焊接热影响区和焊缝金属有较好的韧性，还可以减少焊接变形。双面施焊的焊缝，背面焊道应采用碳弧气刨清理焊根并打磨气刨表面后再进行施焊。如果采用大电流埋弧焊和电渣焊工艺，由于焊接能量大，焊接区加热时间长，冷却缓慢，焊接热影响区韧性急剧下降，因此调质高强钢在经过大电流埋弧焊和电渣焊后必须进行淬火＋回火处理。

调质钢焊接时为了防止冷裂纹产生，有时需要采用预热和焊后热处理。

综上所述，GS20Mn5V＋Q460E-Z35 的焊接为调质钢与正火钢间的焊接，两种钢材在焊接工艺上存在差异，导致焊接难度的增加。

（3）焊接方法的选择　主要根据能否获得优质的焊接接头、接头形式、母材性能、构件工作条件及生产批量等因素选择焊接方法。还应考虑使母材金属熔化量降到最小限度，即尽可能降低熔合比，防止在焊缝过渡区出现脆性的淬火组织和裂纹等缺陷。

采用手工电弧焊方法，工艺较灵活，熔合比较小，埋弧焊则生产效率高，二氧化碳气体保护焊具有广泛的实用性。

将 SMAW、GMAW、FCAW-G 比较之后确认，以 SMAW 稀释率为最小。在“鸟巢”钢结构焊接工程中，GS20Mn5V＋Q460E-Z35 焊接由于是现场焊接，焊接位置存在一定难度。为提高焊接速度，保证焊接质量，仰焊采用手工电弧焊（SMAW）；其他位置焊接采用手工电弧焊（SMAW）打底、二氧化碳气体保护焊（GMAW）填充的工艺。该方法发挥了各项技术的特长，焊缝不仅仅成形良好，而且一次合格率相当高。

采用手工电弧焊打底的目的是：降低焊缝稀释率，减小两侧金属稀释率不同导致焊缝产生裂纹的可能性，从而提高了焊接的质量。

（4）焊接材料的选择

1）异种钢焊接材料的选用原则

① 保证焊接接头的使用性能，即保证焊缝金属和焊接热影响区具有良好的力学性能和综合性能。

② 保证焊缝金属有一定的致密性，即没有气孔、夹渣，或气孔、夹渣的数量、尺寸、形状不超过允许范围。

③ 能防止在焊接接头内产生冷裂纹和热裂纹，即对冷裂、热裂不敏感。

④ 焊缝金属具有符合要求的热强性、耐热性、耐蚀性、耐磨性等，不产生脆性组织，尽可能降低或消除熔合区脆性。

⑤ 具有良好的工艺性，即具有良好的操作性能，能适应多层多道焊和全位置焊接等，并有一定的焊接效率。

⑥ 焊缝组织具有稳定性，其物理性能要和两母材相适应。

2）Q460E-Z35 与 GS-20Mn5V 焊接材料的选择   GS-20Mn5V 在钢材分类中没有明确规定，但它属于合金钢的一种形式，铸造组织和锻造（轧制）组织的区别在于综合性能上的差别，一般说来铸造组织硬度较高，而质地较锻造（轧制）组织疏松，但是它比较接近于焊缝，焊缝也是铸造组织。Q460E 是结构钢中最高级别钢种，GS-20Mn5V 虽质地优良，但在综合性能和强度级别方面与 Q460E 相比有很大程度上的差别。这两种钢的焊接在焊接材料选择方面仅仅从强度理论上着手显然是不够的，这是因为除了强度差别外，还需重点满足焊缝的抗裂性能要求，也是整个焊接技术的难点。因此在焊材的选用上，首先需满足 GS-20Mn5V 强度上的要求，希望焊缝能达到与 GS-20Mn5V 等强的要求，同时考虑 Q460E 具有淬硬倾向、抗裂性能差的特点，重点应用了微合金元素提高焊缝综合指标的机理，既保证了 50 级的强度，又有良好的塑性和韧性储备，以提高焊缝的抗裂能力。由此，在进行多项试验的基础上，选择了 CHE507RH、JM58、JM56、TWE-711Ni1 等焊接材料作为 Q460E＋GS-20Mn5V 焊接的试验焊材。在确定焊材的基础上，同时对焊接工艺做了进一步的改进。

（5）焊前预热及后热

① 焊前预热   焊前预热的作用：延长焊缝金属从峰值温度降到室温的冷却时间，使焊缝中的扩散氢有充分的时间溢出，避免冷裂纹的产生，延长焊接接头从 800℃ 到 500℃ 的冷却时间，改善焊缝金属及热影响区的显微组织，使热影响区的最高硬度降低，提高焊接接头的抗裂性。

预热温度的确定：根据《现代焊接技术手册》（曾乐）第 696 页介绍的估算预热温度公式

$[C]_化 = w(C) + w(Mn)/9 + w(Cr)/9 + w(Ni)/18 + w(Mo)/13$（化学成分影响的碳当量）

考虑厚度因素，用厚度碳当量计算

$$[C]_厚 = 0.005\delta[C]_化（板厚影响的碳当量）$$

总的碳当量公式

$$[C]_总 = [C]_厚 + [C]_化$$

焊接预热温度可根据经验公式计算

$$T_0 = 350([C]_{总} - 0.25)^{1/2}$$

Q460E-Z35（110mm）与 GS-20Mn5V（100mm）的预热温度的确定见表10-5。

表 10-5　预热温度确定

钢材	$[C]_化$	$[C]_厚$	$[C]_总$	$T_0/℃$
Q460E-Z35	0.261	0.14355	0.40455	137.6
GS-20Mn5V	0.2875	0.1438	0.4313	149

注：GS-20Mn5V 的化学成分均取平均值；异种钢焊接时预热温度应以预热温度高的钢材一侧为最低预热温度，故焊接前预热温度选取≥150℃，且不超过200℃。

② 后热　Q460E-Z35 与 GS-20Mn5V 焊接后热的目的：由于 GS-20Mn5V 含杂质较多，焊接后氢含量较高，为保证氢能及时逸出，防止产生冷裂纹。

焊接完毕后，紧急进行后热处理，后热温度 300～350℃，后热时间 2 小时。后热完成，岩棉被保温缓冷至环境温度。

（6）焊接工艺

1）焊接参数的选择　见表10-6。

表 10-6　焊接参数的选择

序号	评定项目	焊接位置	规格/mm	道次	焊接方法	焊条或焊丝 牌号	焊条或焊丝 直径	焊剂或保护气	保护气流量/(L/min)	电流/A	电压/V	焊接速度/(cm/min)
1	Q460-Z35＋GS-20Mn5V	横焊（H）	110+100	打底	SMAW	CHE507RH	3.2	—	—	130~150	22~26	6~10
				中间	SMAW	CHE507RH	4.0	—	—	150~180	22~24	6~25
				盖面	SMAW	CHE507RH	4.0	—	—	150~180	22~24	6~25
2	Q460-Z35＋GS-20Mn5V	仰焊（O）	110+100	打底	SMAW	CHE507RH	3.2	—	—	110~130	20~25	4~10
				中间	SMAW	CHE507RH	4.0	—	—	140~170	22~28	4~35
				盖面	SMAW	CHE507RH	4.0	—	—	140~160	22~28	18~35
3	Q460-Z35＋GS-20Mn5V	立焊（V）	110+100	打底	SMAW	CHE507RH	3.2	—	—	110~130	20~25	8~20
				中间	GMAW	JM56	1.2	CO_2	25	130~180	16~20	8~18
				盖面	GMAW	JM56	1.2	CO_2	25	130~180	18~22	10~16

说明：焊接工艺评定试验时，烘干制度 350℃×1h，预热温度 150℃，层间温度 150～200℃，无后热。

2）焊前准备

① 焊条在使用前必须按规定烘焙，CHE507RH 焊条的烘焙温度为 350℃。烘焙 1h 后冷

却到 150℃保温，随用随取，领取的焊条应放入保温筒内。

② 不得使用药皮脱落或焊芯生锈的变质焊条、锈蚀或折弯的焊丝。

③ 二氧化碳气体的纯度必须大于 99.7%，含水率小于等于 0.005%；瓶装气体必须留 1MPa 气体压力，不得用尽。

④ 焊前，焊缝坡口及附近 50mm 范围内清除净油、锈等污物。

⑤ 施焊前，复查组装质量、定位焊质量和焊接部位的清理情况，如不符合要求，修正合格后方可施焊。

⑥ 手工电弧焊现场风速不大于 8m/s、气体保护焊现场风速不大于 2m/s，否则应设防风装置。

⑦ 焊接前，检查各焊接设备是否处于正常运行状态。

⑧ 检查坡口尺寸是否达到要求。

⑨ 焊工必须持证上岗。

3）现场焊接工艺

① 焊前清理：Q460E 钢热切割试验结果表明 Q460E 钢具有淬硬倾向，因此在焊接前，对 Q460E 钢的热切割面用角向磨光机进行打磨处理，打磨厚度 2mm，至露出原始金属光泽。同时对坡口加工造成的钝边、凹槽进行打磨处理，要求不留钝边和避免坡口面留有加工凹槽。

② 坡口形状控制：要求在加工及安装过程中严格执行深化图纸要求，坡口角度 35°，间隙 8mm。焊前进行坡口形状检查，项目为间隙、错边、焊缝原始宽度三项。

③ 预热、层间温度及后热温度控制：Q460E 钢在 150～200℃ 范围内冷裂纹敏感性小。因此，预热温度不得低于 150℃，同时不得高于 200℃，层间温度控制同预热温度要求。焊接完毕后，紧急进行后热处理，后热温度 300～350℃，后热时间 2h。后热完成，用岩棉被保温缓冷至环境温度。

④ 加热方法：采用电加热的方法，加热板设置在焊缝正反两面，预热温度达到设定值后，将焊缝正面的加热板拆除，焊缝背面的加热板作为伴随预热，焊后后热处理时再将正面加热板重新布置，并用岩棉被包裹严密。

⑤ 测温方法：测温采用红外测温仪和接触式测温仪两种，测温点设置在焊缝原始边缘两侧各 75mm 处。使用红外测温仪时，需注意测温仪需垂直于测温表面，距离不得大于 20cm。层间温度测温点应在焊道起点，距离焊道熄弧端 300mm 以上。后热温度测温点应在焊道表面。

⑥ 焊接环境要求：焊接要求在正温焊接，当环境温度在负温时，需搭设保温棚，确保焊接环境温度达到 0℃ 以上、环境风速小于 2m/s 方可施焊。

⑦ 焊接技术要求：焊接过程严格执行多层多道、窄焊道薄焊层的焊接方法，在平、横、仰焊位禁止焊枪摆动，立焊位焊枪摆幅不得大于 20mm，每层厚度不得大于 5mm。层间清理采用风动打渣机清除焊渣及飞溅物，同时对焊缝进行同频率锤击，起到消应处理的作用。

⑧ 其他要求：母材上禁止焊接卡马及连接板等临时设施，如必须焊接，在焊前按照正式焊接要求，对母材进行预热，预热温度 150～200℃。在切割临时设施时，也必须进行 150～200℃ 预热，尽量避免伤及母材，如发生该种情况，必须及时进行焊补，后打磨圆滑过渡。在焊接过程中，严禁在母材上随意打火或拖拉焊把或焊枪对母材造成电弧擦伤。如发生该种情况，应立即报告技术人员，并采取措施进行焊补和打磨，预热和后热温度同正式焊接。

4）焊接缺陷及修复

焊缝表面缺陷超过相应的质量验收标准时，对气孔、夹渣、焊瘤、余高过大等缺陷应用砂轮打磨、铲、凿、钻、铣等方法去除，必要时应进行焊补；对焊缝尺寸不足、咬边、弧坑未填满等缺陷应进行焊补。

经无损检测确定焊缝内部存在超标缺陷时应进行返修，返修应符合下列规定：

① 返修前应由施工企业编写返修方案。

② 应根据无损检测确定的缺陷位置、深度，用砂轮打磨或碳弧气刨清除缺陷。缺陷为裂纹时，碳弧气刨前应在裂纹两端钻止裂孔并清除裂纹及其两端各 50mm 长的焊缝或母材。

③ 清除缺陷时应将刨槽加工成四侧边斜面角大于 10° 的坡口，并应修整表面、磨除气刨渗碳层，必要时应用渗透探伤或磁粉探伤方法确定裂纹是否彻底清除。

④ 焊补时应在坡口内引弧，熄弧时应填满弧坑；多层焊的焊层之间接头应错开，焊缝长度应不小于 100mm；当焊缝长度超过 500mm 时，应采用分段退焊法。

⑤ 返修部位应连续焊成。如中断焊接，应采取后热、保温措施，防止产生裂纹。再次焊接前宜用磁粉或渗透探伤方法检查，确认无裂纹后方可继续补焊。

⑥ 焊接修补的预热温度应比相同条件下正常焊接的预热温度高，并应根据工程节点的实际情况确定是否需用采用超低氢型焊条焊接或进行焊后消氢处理。

⑦ 焊缝正、反面各作为一个部位，同一部位返修不宜超过两次。

⑧ 对两次返修后仍不合格的部位应重新制订返修方案，经工程技术负责人审批，并报监理工程师认可后方可执行。

（7）结论

1）GS20Mn5V ＋ Q460E-Z35 的焊接中，为提高焊接接头的抗裂性，需要进行焊前预热。

2）GS20Mn5V ＋ Q460E-Z35 的焊接，稀释率对焊缝的影响很大，有可能有两种材料产生不希望得到的有害的化合物。手工电弧焊稀释率较小，在 GS20Mn5V ＋ Q460E-Z35 的焊接中被广泛使用。

3）由于铸钢件质地疏松，材质化学成分不易控制，后热在焊接过程中显得尤其重要。

通过"鸟巢"工程的实践经验，Q460E-Z35 与 GS-20Mn5V 焊接技术已经成熟。

五、建筑钢结构合龙、钢结构体系初始应力的控制焊接技术

国家体育场"鸟巢"钢结构焊接工程有两个十分重要的工序：合龙、卸载。在建筑钢结构领域内，第一次明确提出了合龙的概念。

合龙是在规定温度范围、严格按照设计要求进行的焊接工程，主要目的是使"鸟巢"全系统应力尽量均衡，因此，合龙就是让全系统应力尽量均衡的重要技术步骤。

国家体育场"鸟巢"钢结构焊接工程专业排序为"一焊、二吊、三卸载"。"合龙"是焊接工序的收官之作，是钢结构支撑塔架卸载的前提条件，合龙焊缝在一定程度上决定整体钢结构体系的初始应力状态。从严格的意义上讲，合龙焊缝属于带载焊接的范畴，具有很高的难度。同时合龙焊缝也具有极大的焊接残余应力，容易形成焊接残余应力集中的焊缝，因此存在一定的风险。

国家体育场"鸟巢"钢结构焊接工程合龙技术包含两大方面，一是焊接具体技术，二是现场的组织管理。在整个合龙过程中，很难区分什么是管理、什么是技术。但是完全可以

说：焊接工程质量保证体系的正常和非常出色的运行，使得合龙形成了专项技术并在工程实体中获得极大的成功。

（一）合龙定义和技术要点

1. 合龙及合龙焊缝定义

建筑钢结构在初始温度的条件下，从分散的带临时约束体系到封闭稳定结构的结构体系转换过程叫合龙；使之成为封闭稳定结构的焊缝叫合龙焊缝。

2. 钢结构体系转换后的特点

1）体系的刚性明显增加；安全稳定性明显增加。

2）合龙后的钢结构体系临时约束一起形成了钢结构体系的一次初始应力。

3）合龙完成后的钢结构体系经过卸载工序之后，钢结构体系再次转换为自承重体系，一次初始应力进行二次分配，形成钢结构系统真正的初始应力状态。

3. 合龙温度的确定原则

合龙时，构件平均温度即为合龙温度，合龙温度就是钢结构在合龙过程中的初始平均温度，区别于大气温度，是结构使用中温度的基准点，也称安装校准温度。其确定原则如下：

1）确定结构合龙温度时，首先考虑当地的气象条件，应使合龙温度接近平均气温，也就是可进行施工的天数所占的比例最大的气温。

2）合龙温度应尽量设置在结构可能达到极限最高最低温度之间，使结构受温度影响最合理，使日照形成的温差应力始终处于安全的受控状态。

3）确定合龙温度应充分考虑施工中的不确定因素，预留一定温度的允许偏差，供调整用。

4. 国家体育场"鸟巢"钢结构合龙温度确定的基本思想

根据中国建筑设计研究院 2005 年 4 月 30 日提供的国家体育场钢结构施工图，要求主体钢结构合龙温度为 14℃±4℃。国家体育场钢结构暴露于室外，对气温变化比较敏感，为了保证结构的安全性并充分考虑建造的经济性，国家体育场设计时采用的初始温度与最大正、负温差如下：

钢结构初始温度（钢结构合龙温度）：14℃±4℃，即 10～18℃。

钢结构的最大正温差：50.6℃/40.6℃（主桁架与顶面次结构/桁架柱与立面次结构）。

钢结构的最大负温差：−45.4℃。

国家体育场"鸟巢"钢结构合龙温度一开始确定为 14℃±4℃，是根据以下思路确定的：根据北京此前 30 年气象资料，北京的最高气温为 40.6℃，最低气温为−27.4℃；年平均最高气温为 30.8℃，年平均最低气温为−9.4℃。

① 取合龙温度为 14℃，最高 14℃+30.8℃=44.8℃>40.6℃（合理），最低（−14℃）+（−9.4℃）=−23.4℃>−27.4℃（不合理）。

② 取合龙温度为 18℃，最高 18℃+30.8℃=48.8℃>40.6℃（合理），最低（−18℃）+（−9.4℃）=−27.4℃=−27.4℃（合理）。

③ 取合龙温度为 10℃，最高 10℃+38.8℃=48.8℃>40.6℃（合理），最低（−10℃）+（−9.4℃）=−19.8℃>−27.4℃（不合理）。

计算结果显示，两项不合理均在低温范围。

考虑工期和施工的实际情况，最终合龙温度确定为 18～23℃。

5. 温度监测的必要性

国家体育场钢结构工程为大跨度钢结构，在结构形成和使用过程中，温度变化对结构应力分布存在较大影响，掌握钢结构温度场的分布情况对于钢结构的施工和后续使用有着十分重要的意义。

钢结构的温度是由周围环境所决定的，是太阳辐射、空气流动、环境温度等多种因素共同作用的结果。钢结构的构件温度与周围的环境温度是有差别的，存在滞后性，在一些特殊条件下，存在钢构件温度比环境温度高的可能性。同时，对于国家体育场如此大体量的空间钢结构工程，各部位的钢结构温度也会存在差别。因此，不能简单地通过环境温度的测量而得到钢构件的温度，必须使用专门的测量设备对钢构件进行直接的温度测量。

国家体育场钢结构施工过程中的温度监测主要有 3 个目的：

1）测量钢结构各部位的本体温度及主要位置的大气温度、湿度，以判断钢结构温度的滞后时间效应，并由此建立钢结构本体温度与大气温度、湿度及天气预报之间的关系，通过天气预报资料和设计确定的合龙温度确定初步的合龙时间，以便组织合龙工作。

2）根据钢结构各部位的本体温度的分布情况，确定合龙温度测量基准点，确保合龙温度的可操作性和准确性。

3）根据钢结构本体温度的变化情况，确定最适宜的合龙时间段，保证合龙质量和合龙工作的有序进行。

事实上，"鸟巢"钢结构系统的合龙过程是整个系统一次初始应力的形成过程。真正形成"鸟巢"钢结构系统初始应力的工序是卸载，带有临时支撑的钢结构稳定系统，转换成自承重稳定系统的过程叫卸载。卸载是对"鸟巢"钢结构系统焊缝质量的最终检验，同时形成"鸟巢"钢结构系统真正的初始应力，"鸟巢"钢结构系统的一次初始应力在卸载过程中进行了二次分配，"鸟巢"钢结构系统的全部焊缝真正进入工作状态。

从理论上讲：钢结构系统的初始应力是钢结构体系安全运营的根本指标，只有充分实现设计对系统初始应力的要求，才有理由说：该系统是安全可靠的。

国家体育场"鸟巢"钢结构焊接工程不希望焊缝应力集中，希望焊接应力尽量均衡；对具体焊缝而言：不希望出现很大变形，影响观感质量，更不希望存在很大的焊接残余应力而影响钢结构系统安全。

在国家体育场"鸟巢"钢结构焊接工程中，通过合理的焊接顺序，科学的焊接规范，加上严格的全面质量管理思想的坚决贯彻，基本实现了国家体育场"鸟巢"钢结构系统应力、应变均衡，完全达到了设计要求。

（二）合龙工程的特点

根据设计要求，国家体育场"鸟巢"钢结构焊接工程主、次结构均需进行合龙，屋顶主结构和立面次结构有四条均匀分布的合龙线。合龙是支撑塔架卸载的前提条件，合龙的目的是确保支撑塔架卸载和后续肩部次结构及顶面次结构的安装，确保整个工程的工期目标。从焊接应用技术理论上分析，合龙焊缝对焊接工程钢结构体系初始应力状态的分布起十分重要的作用，因此，合龙工程得到了各方面的重视。

具体合龙技术条件是：合龙温度 $180\sim230℃$；主次结构均分别分两次同时进行。

合龙工程有以下特点。

1. 合龙工程必须在夜间进行

国家体育场"鸟巢"屋盖钢结构属于特大型大跨度钢结构，双榀主桁架贯通最大跨度 258.365m。

由于"鸟巢"结构的钢构件直接暴露于室外，冬季时，钢构件的温度与室外气温基本相同；夏季时，室外气温最高，同时太阳照射强度也最大，太阳照射将引起构件温度显著升高。结构在迎光面与背光面的温差，以及屋面、立面钢构件的温差将形成梯度较大的温度场分布。

温度变化将在结构中引起很大的内力和变形，对结构合龙的安全性将产生显著的影响，由于合龙温度是以钢结构杆件的平均温度为准，合龙工程必须在构件受热均匀的环境中进行。也就是说：**合龙工程必须在没有日照的夜间并且在构体温度均匀时进行，这就是合龙工程对环境温度的具体要求。**

2. 合龙口必须同时进行

国家体育场"鸟巢"钢结构主、次结构焊缝的合龙分成两个阶段进行，在相同温度范围内进行，每一个阶段在进行焊接时都是同时进行，从严格的意义上讲：真正的合龙是第二阶段的主结构焊缝的焊接。因为，真正形成钢结构主结构体系的一次初始应力的焊缝在第二阶段形成，虽然在第一阶段钢结构体系的应力状态发生了很大变化，但初始应力没有达到最大值，同时也没有最后固定，容易发生变化。只有在第二阶段，钢结构体系形成了封闭、稳定的结构体系，这时钢结构的应力状态才是真正的一次初始应力状态。

为什么合龙焊缝焊接要同时进行呢？主要有两个原因。

其一，合龙温度的限制。在相同的构件和环境温度条件下，所形成的焊缝的差别受温度的影响最小；环境温度随时间的推移会发生变化，时间一长很有可能超出合龙温度的范围，使合龙焊接不能进行，所以要同时焊接。

其二，从严格的意义上讲，合龙焊缝的焊接属于带载焊接范畴。如果两条或两条以上的焊缝不同时焊接，那么，先焊的焊缝负载小，因而焊接的残余应力小，后焊的焊缝则刚好相反，负载比先焊的焊缝大得多，容易形成应力集中，焊缝的中心也容易出现热裂纹。这种情况在"负载转移"的卡马焊接时要特别小心，一个断面上的所有卡马，必须在同一段时间内完成，也就是说：不能一个卡马焊好后再焊另一个卡马，而是所有卡马都同时焊接；如果卡马太多，要采取巡回焊接的技术，使所有卡马完成焊接时间大致相同。GMAW、FCAW-G非常适合合龙焊缝和卡马的焊接。这样，能够使一个断面的卡马负载基本均匀，这种应力状态的形成对正式焊接主焊缝十分有利。所以，只有同时焊接所有的合龙焊缝，合龙焊缝才能获得基本相同的负载，从而使钢结构体系形成我们所希望的基本均匀的一次初始应力为卸载状态，达到封闭、稳定的目的。

3. 合龙焊缝负载转移技术

从焊接的本质上讲，合龙焊缝属于带载焊接类型。一旦形成封闭稳定结构，就形成了系统的一次应力。而合龙焊缝便是应力最大的焊缝，随着温度的变化，应力随之变化，不仅在大小上变化，而且在方向上变化，这就给合龙焊缝的焊接带来很多困难，特别是在拉应力强大时焊接过程中极易形成热裂纹。

根据焊接应用技术理论和工程经验，最有效的方法是用卡马转移负载，待焊缝形成后割除卡马，使一次应力全部转移到卡马上，然后再转移到焊缝上，确保焊缝的安全。

由于合龙口数量众多，且合龙段的安装随着工程的总体安装进程在不同时间里进行，合龙段的安装质量不仅影响结构安装过程中的安全，而且影响最终的合龙和结构的总体施工质量及结构使用过程中的安全，因此，必须采取合理的安装工艺措施，确保合龙段与相关构件的安装及结构的顺利合龙。为了获得合龙焊缝的成功，必须按照以下程序进行：

1）为控制合龙时合龙口的间隙大小，减少合龙口的焊接量和焊接残余应力，确保合龙口的焊接质量，在进行合龙段的安装时，要尽量控制合龙段安装时合龙口的间隙大小，该间隙大小要考虑温度变形计算结果和焊接收缩变形，如达不到预定的要求，可调整合龙焊缝的实际尺寸。

2）为确保合龙段施工过程中的安全，合龙段安装就位后，除设计要求的合龙口不进行焊接连接外，其他接口部位均需及时焊接完毕，以增强结构的整体稳定性。

3）为确保合龙口在施工过程中因温度变化而自由伸缩，合龙口采用卡马搭接连接，卡马的大小和数量需根据该接口部位的受力计算确定。此受力计算不但要考虑合龙段安装过程中搭接受力要求，而且要考虑合龙过程中合龙口的受力要求，根据安装和合龙过程中卡马的最不利受力情况计算。

① 合龙口上翼缘设置 3 块卡马，其他边各设置 2 块卡马。为增加卡马侧向稳定性，上翼缘两边卡马增设规格为 100mm×100mm×10mm 的三角形劲板。除下翼缘的卡马焊接固定在已装主桁架牛腿上外，其他卡马均焊接固定在合龙段端口上，如图 10-5 所示。

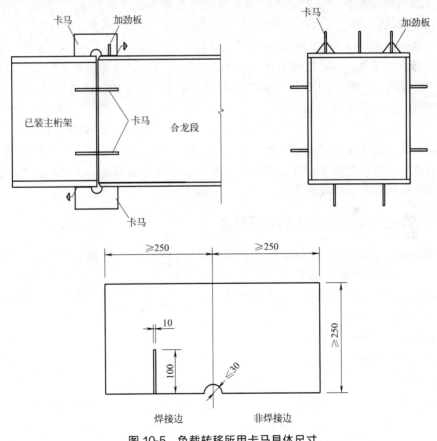

图 10-5　负载转移所用卡马具体尺寸

单位：mm

② 卡板规格：厚度≥20mm，高度≥250mm，长度≥500mm，材质为 Q235B。焊缝要求：焊角尺寸≥14mm，双面角焊缝。

③ 为确保安全，合龙段安装就位后，非合龙口要及时进行焊接，同时，合龙口卡马需

按要求设置好。

④ 在整个安装过程中，要定时进行合龙口的跟踪检查工作，一是检查卡马的连接焊缝和变形情况，确保卡马的安全；二是检查合龙口的间隙情况。

⑤ 用最快的速度、最好的质量完成合龙焊缝的焊接工作，全力力争一次合格率为 100%。

⑥ 合龙焊缝焊接完成之后 24 小时，按 UT-B-1 的标准又对焊接质量进行检验，根据质量的具体情况确定下一步工作内容。

⑦ 合龙焊缝出现缺陷时，应立即组织返工，返工完成 24 小时后按 UT-B-1 的标准进行检验，原则上不允许再次返工。

⑧ 焊缝检验合格后，割除卡马，在割除卡马的顺序上按对称割除的方式进行。

在第⑧步完成之后，整体结构的初始第一应力全部由焊缝承担，包括合龙焊缝在内，合龙焊缝此刻受到的冲击最大。从一定意义上讲：割除卡马是对合龙焊缝质量的最大考验。

国家体育场"鸟巢"钢结构合龙焊缝全部经受住钢结构一次应力的冲击，获得了巨大的成功。

在我们的工程实践中，经常听到的、见到的是桥梁合龙、拦河大坝合龙。国家体育场"鸟巢"钢结构焊接工程第一次提出建筑钢结构焊接工程的合龙观念，在 2006 年 9 月 17 日合龙成功以后（合龙焊缝的一次合格率几乎为 100%），从理论和工程实践上都为建筑钢结构合龙提出了新的课题，也可以说是提出了挑战。这是因为"合龙"观念的提出，意味着钢结构体系开始重视初始应力的研究，这将开辟一个新的技术领域，将会有更多更新的工作，将会碰到和解决更多的难题。

钢结构焊接工程的初始应力应变的指标应当成为钢结构焊接工程重要的质量控制指标，钢结构整体合龙是结构整体安全运营的关键工序。国家体育场"鸟巢"钢结构焊接工程合龙的成功，为建筑钢结构焊接工程作出了榜样、提供了成功的借鉴经验，同时也为我国建筑钢结构焊接规程提供了有力的技术支持。

六、建筑钢结构 Q460E-Z35 钢焊接技术

国家体育场"鸟巢"钢结构焊接工程采用了 Q460E-Z35 钢材，厚度 110mm，共计 750t。根据检索，这是我国乃至世界上的第一次大规模使用。Q460E-Z35 国内第一次生产，并在短期内制作成为国家体育场"鸟巢"钢结构焊接工程构件。施工单位因此面临严峻的新钢种焊接性试验研究的问题。

（一）焊接性试验

1. 焊接性试验研究的主要内容

根据钢材的不同特点及使用要求，焊接性试验研究的内容有：

（1）测定焊缝及 HAZ 抗冷裂纹的能力　冷裂纹是高强度低合金钢焊接过程中最为常见的缺陷，具有延迟特点，因此危害很大。焊缝和 HAZ 金属在焊接热循环的作用下，由于组织及性能上的变化，同时受焊接应力和扩散氢的共同影响而产生冷裂纹。所以测定焊缝及 HAZ 金属抗冷裂纹的能力是焊接性试验研究的一项重要内容。

（2）测定焊缝金属抗热裂纹的能力　热裂纹是一种较常发生又危害严重的一项焊接缺陷，在复杂的建筑钢结构焊接工程中时有发生。这种缺陷是熔池金属结晶过程中，由于存在一些有害元素（低熔点共晶物）并受热应力作用而在结晶末期发生。热裂纹

既和母材有关，又和焊材有关。所以测定焊缝金属抵抗热裂纹的能力是焊接性试验研究的一项重要内容。

（3）测定焊接接头的使用性能　使用要求是多方面的，厚钢板结构要求抗层状撕裂能力时，就须作 Z 向拉伸或 Z 向窗口试验，以测定该钢材抗层状撕裂的能力。

（4）测定焊接接头抗脆性断裂的能力　对于在低温下工作的焊接接头和承受冲击载荷的焊接结构，经过焊接的冶金反应、结晶、固态相变等一系列过程，焊接接头可能发生粗晶脆化、组织脆化、热应变时效脆化等现象，接头韧性严重下降，即焊接接头发生脆性转变。因此，对这类焊接结构用材，须要做抗脆断（或抗脆性转变）能力的试验。

2. Q460E-Z35 焊接性试验研究方案及研究技术路线

1）调查研究、搜集整理国内外对 Q460E-Z35 厚板的研究成果资料及工程实际应用情况，跟踪国内外发展的动向，确保该项目研究的先进性和实用性。

2）利用国内舞阳钢铁有限公司现有设备，通过成分设计及工艺控制措施，试生产出能够满足国家体育场钢结构工程用钢需求的 Q460E-Z35 级钢材。

3）通过热切割、热矫正、焊接性试验和刚性接头试验等系列试验，对试生产的 Q460E-Z35 级钢材的焊接性进行系统研究，总结出一套适合 Q460E-Z35 厚板的热切割、热矫正及焊接技术，为国家体育场钢结构工程 Q460E-Z35 厚板的热切割、热矫正及焊接提供指导性意见。

4）结合焊接性的研究成果，通过一系列焊接工艺评定试验，总结出一套适用于国家体育场钢结构工程 Q460E-Z35 厚板的焊接工艺参数，以指导国家体育场钢结构工程 Q460E-Z35 厚板焊接施工。

主要内容包括：

① Q460E-Z35 热切割试验。

② Q460E-Z35 热矫正试验。

③ Q460E-Z35 焊接冷裂纹敏感性试验。

④ Q460E-Z35 刚性接头试验。

Q460E-Z35 厚板焊接工艺评定试验：依据 Q460E-Z35 厚板热加工及焊接性试验研究的成果，结合国家体育场钢结构工程实际情况，通过系列的焊接工艺评定试验总结出满足 Q460E-Z35 厚板焊接的成套工艺参数。主要工作内容包括：

① Q460E-Z35＋Q460E 焊接工艺评定试验。

② Q460E-Z35＋Q345GJD 焊接工艺评定试验。

③ Q460E-Z35＋GS-20Mn5V（铸钢）焊接工艺评定试验。

具体技术路线见图 10-6。

3. 焊接材料选择原则

焊缝强度匹配系数是表明焊接接头力学非均质性的参数之一。当焊缝强度与母材强度之比大于 1，称为超强匹配；等于 1 称为等强匹配；小于 1（最低 0.86）称为低强匹配。建筑钢结构工程多采用等强或超强匹配。近年来美日等国家从防止焊接冷裂纹角度考虑，对低强匹配焊接接头的组织性能进行大量研究。采用低强匹配焊材使焊接裂纹显著减小的经验在美日等国家得到大量采用，但主要是对于承受压应力的焊缝。而对于承受拉应力的焊缝，这方面的研究结果目前分歧还很大。

根据以往工程实践，本次试验在焊材选择时考虑采用强韧性、低氢兼顾匹配原则。手工

图 10-6　Q460E-Z35 焊接性试验技术路线

焊条采用超强匹配，药芯焊丝和实心焊丝 CO_2 气体保护焊采用等强匹配。

根据设计对焊接接头的要求，考虑抗拉强度、塑性、韧性等各项综合性能，提出了匹配焊接材料的性能要求，并以焊丝和焊条的实际试验结果作为选用依据。试验采用的焊接材料各项力学性能及熔敷金属扩散氢分别列于表 10-7～表 10-9。

表 10-7 焊接材料的熔敷金属力学性能

焊材型号	焊材牌号	σ_S/MPa	σ_b/MPa	δ_5/%	A_{kv}/J	冲击试验温度
E5515-G*	CHE557	545	650	27	117,130,132	−40℃
ER55-G	TM60	580	660	26	110,134,136	−40℃
ER55-G	JM68	555	635	28	110,142,128	−20℃
E551T1-G	TWE-81K2	540	600	21	64,72,86	−40℃
F55A4-H10MnMo	JF-B+JW-9	540	635	24	52,60,56	−40℃

注：1. 以上数据摘自材质单；

2. "−G"提出的附加要求为−40℃冲击功≥34J，且气体保护焊保护气体为CO_2；

3. 带"*"者为试件经过620℃×1h热处理。

表 10-8 焊接材料熔敷金属的力学性能复验结果

焊材型号	焊材牌号	σ_S/MPa	σ_b/MPa	δ_5/%	ψ/%	A_{kv}/J	冲击试验温度	保护气体	备注
E5515-G	CHE557	580	670	25	65	72,68,53,83,71	−40℃	—	第一批试验
ER55-G	TM60	455	560	26.5	67.5	40,51,34,58,57	−40℃	CO_2	
E551T1-G	TWE-81K2	565	635	21.5	60.5	90,84,97,92,95	−40℃	CO_2	
ER55-G	TM60	445	575	28.5	71	22.5,24,32,42,28	−40℃	CO_2	第二批试验
ER55-G	JM68	635	720	24	68.5	28,28,82,48,32	−40℃	80%Ar+20%CO_2	
ER55-G	JM68	610	665	24.5	64.5	106,138,134,136,94	−40℃	CO_2	
ER55-G	JM68	520	600	26.5	71	145,127,136,122,131	−40℃	CO_2（二次补作）	

注：1. 在进行焊接材料复验时，由于第一批复验结果中，实心焊丝的冲击性能虽然满足设计要求，但数据偏低，因此又进行了再次试验，试验结果低于要求数值，为此又增选了两种实心焊丝进行第二批试验。

2. TM60焊材因产品质量不稳定，未采用。

表 10-9 熔敷金属扩散氢试验结果（水银法）

焊材型号	焊材牌号	焊材规格/mm	熔敷金属扩散氢含量/(mL/100g)	备注
E5515-G	CHE557	φ4.0	3.32	—
ER55-G	TM60	φ1.2	1.67	TM60+普莱克斯气体(CO_2含量≥99.9%、H_2O含量≤50ppm[①])
E551T1-G	TWE-81K2	φ1.2	4.61	TWE-81K2+普莱克斯气体(CO_2含量≥99.9%、H_2O含量≤50ppm)

① 1ppm=10^{-6}。

4. 碳当量

采用国际焊接学会（IIW）推荐的钢碳当量公式计算：

$Ceq=w(C)+w(Mn)/6+w(Cr+Mo+V)/5+w(Cu+Ni)/15（%）$

碳当量越高则淬硬和冷裂倾向越大，焊接性就越差。一般认为，$Ceq<0.4\%$者为焊接性良好；$Ceq=0.4\%\sim0.5\%$者焊接性稍差，焊接时要采取适当的预热措施；$Ceq>0.5\%$者为焊接性不好，必须采取有效的工艺措施才能防止冷裂发生。按照试验钢板的成分（实际复验值）用以上公式计算的结果其 Ceq 为 $0.470>0.4\%$。因此，Q460E-Z35 有产生焊接冷裂纹的倾向，在焊接时应采取适当的预热措施。

（二） Q460E-Z35 钢焊接应用技术

1. Q460E-Z35 钢焊接工艺评定试验

根据 JGJ 81、《国家体育场钢结构工程焊接工艺评定方案》及《国家体育场工程 Q460E-Z35 钢热加工、焊接性方案》，在前期 Q460E-Z35 钢焊接性试验取得的阶段性成果的基础上，进行刚性接头焊接试验。经同有关专家协商，决定刚性接头焊接试验由施工单位焊工施焊，在试验结果合格的基础上，用刚性接头焊接试验取代现场焊接工艺评定试验。为了使试验结果能够具有针对性，综合考虑现场拼装及安装实际工况，制定并实施了如下 13 项 Q460E 钢及 Q460E 异种钢焊接工艺评定项目，试验结果合格。工艺评定记录表、指导书、检测结果见表 10-10。

表 10-10 工艺评定记录表

序号	母材规格	坡口形式（单位：mm）	焊材规格	焊接方法	焊接位置	评定结果
1	Q460E(110mm)	35 / 8	JM68	GMAW	H	合格
2	Q460E(110mm)	35 / 8	JM68	GMAW	V	合格
3	Q460E(110mm)		CHE557	SMAW	O	合格
4	Q460E(110mm)	35 / 8	TWE-81K2	FCAW-G	V	合格
5	Q460E(110mm)	35 / 8	TWE-81K2	FCAW-G	H	合格
6	Q460E(110mm)	35 / 8	CHE557	SMAW	V	合格
7	Q345GJD(80mm) Q460E(110mm)	35 / 8	CHE507 JM56	GMAW	V	合格
8	Q345GJD(80mm) Q460E(110mm)	35 / 8	CHE507 JM-58	GMAW	H	合格
9	Q460E(110mm) GS-20Mn5V(100mm)	35 1:2.5 Q460E GS-20Mn5V 8	CHE507RH JM-58	SMAW+GMAW	H	合格

续表

序号	母材规格	坡口形式（单位：mm）	焊材规格	焊接方法	焊接位置	评定结果
10	Q460E(110mm) GS-20Mn5V(100mm)	35　1:2.5　Q460E　GS-20Mn5V　8	CHE507RH	SMAW	H	合格
11	Q460E(110mm) GS-20Mn5V(100mm)	35　1:2.5　Q460E　GS-20Mn5V　8	CHE507RH	SMAW	O	合格
12	Q460E(110mm) GS-20Mn5V(100mm)	35　1:2.5　Q460E　GS-20Mn5V　8	CHE507RH JM-56	SMAW+GMAW	V	合格
13	Q460E(110mm) GS-20Mn5V(100mm)	35　1:2.5　Q460E　GS-20Mn5V　8	CHE507RH TWE-711Ni1	SMAW+FCAW-G	V	合格

经统计，共进行 Q460E 焊接工艺评定 6 项，Q460E＋GS-20Mn5V 焊接工艺评定项目 5 项，选择 H、V、O 三种焊接位置，用 SMAW、GMAW、FCAW-G 三种焊接工艺进行焊接；Q345GJD＋Q460E 焊接工艺评定项目 2 项，选择 H、V 两种焊接位置，用 SMAW 打底，GMAW 填充、盖面的焊接工艺。

通过多次焊材试验，在试验合格的基础上，进行强度、延伸率、冲击韧性等综合指标的评定，最终选择了大西洋焊条 CHE507、CHE507RH，锦泰实心焊丝 JM56、JM58、JM68，天泰药芯焊丝 TWE711、TWE81-K2，并且指定以上七种焊丝作为现场焊接材料。

在上述试验合格的基础上，最终形成了一套完整的焊接工艺，并在实际工程中得到了检验。

2. 焊接规范

施工现场涉及的 Q460E 钢焊接规范见表 10-11～表 10-16。表 10-12～表 10-16 为现场焊接的具体工艺参数。

表 10-11　主要焊接形式

序号	母材规格	接头形式	焊接方法/焊接位置	焊接材料	坡口形式	部位
1	Q460E(100mm)＋Q345GJD(100mm)	T 形	SMAW+GMAW+FCAW-G/H	CHE507+JM-58+TWE-711		C10、C12 柱脚

续表

序号	母材规格	接头形式	焊接方法/焊接位置	焊接材料	坡口形式	部位
2	Q460E(100mm)+Q345GJD(60mm)	板对接	SMAW+GMAW+FCAW-G/H	CHE507+JM-58+TWE-711		C12 柱脚
3	Q460E(100mm)+Q345GJD(50mm)	T 形	SMAW+GMAW+FCAW-G/H	CHE507+JM-58+TWE-711		C12 柱脚
4	Q460E(110mm)	板对接	SMAW+FCAW-G H	CHE557+TWE81-K2/H		C13 柱 C1-02
5	Q460E(100mm)	板对接	SMAW+FCAW-G H	CHE557+TWE81-K2/H		C10 下柱 DB10-08 C12 下柱 DB12-07 C12 上柱 C12-02
6	Q460E(100mm)+GS-20Mn5V(130mm)	板对接	SMAW+FCAW-G H	CHE507RH+TWE-711/H		C12 下柱

表 10-12   Q460E（100mm)+Q345GJD（100mm)，H

道次	焊接方法	焊条或焊丝		焊剂或保护气	保护气流量/(L/min)	电流/A	电压/V
		牌号	ϕ/mm				
打底	SMAW	CHE507	3.2	—	—	130~150	22~31
填充	SMAW	CHE507	4.0	—	—	170~200	27~31
填充	GMAW	JM58	1.2	CO_2	25~50	280~320	35~45
盖面	FCAW-G	TWE-711	1.2	CO_2	25~50	260~280	32~34

表 10-13   Q460E（100mm)+Q345GJD（60mm)，H

道次	焊接方法	焊条或焊丝		焊剂或保护气	保护气流量/(L/min)	电流/A	电压/V
		牌号	ϕ/mm				
打底	SMAW	CHE507	3.2	—	—	130~150	22~31
填充	SMAW	CHE507	4.0	—	—	170~200	27~31
填充	GMAW	JM58	1.2	CO_2	25~50	260~320	35~45
盖面	FCAW-G	TWE-711	1.2	CO_2	25~50	260~320	35~45

表 10-14   Q460E（100mm)+Q345GJD（50mm)，H

道次	焊接方法	焊条或焊丝		焊剂或保护气	保护气流量/(L/min)	电流/A	电压/V
		牌号	ϕ/mm				
打底	SMAW	CHE507	3.2	—	—	130~150	22~31
填充	SMAW	CHE507	4.0	—	—	170~200	27~31
填充	GMAW	JM58	1.2	CO_2	25~50	260~320	35~45
盖面	FCAW-G	TWE-711	1.2	CO_2	25~50	260~320	35~45

表 10-15　Q460E（110mm，100mm），H

道次	焊接方法	焊条或焊丝		焊剂或保护气	保护气流量/(L/min)	电流/A	电压/V
		牌号	φ/mm				
打底	SMAW	CHE557	3.2	/	/	150～240	22～31
填充	SMAW	CHE557	4.0	/	/	180～280	27～31
填充	GMAW	TWE-81K2	1.2	CO_2	25～50	260～320	35～45
盖面	FCAW-G	TWE-81K2	1.2	CO_2	25～50	220～300	30～40

表 10-16　Q460E（100mm）+GS-20Mn5V（130mm），H

道次	焊接方法	焊条或焊丝		焊剂或保护气	保护气流量/(L/min)	电流/A	电压/V
		牌号	φ/mm				
打底	SMAW	CHE507RH	3.2	/	/	130～150	22～26
填充	SMAW	CHE507RH	4.0	/	/	150～180	22～24
填充	GMAW	JM58	1.2	CO_2	25～50	200～300	30～38
盖面	FCAW-G	TWE-711	1.2	CO_2	25～50	240～280	34～38

国家体育场"鸟巢"钢结构焊接工程举世瞩目，一个崭新理念的工程将给材料工业和施工技术提供一个进步的机会。鸟巢工程在一定程度和范围内检验了我国的钢铁工业水平和综合施工能力，把焊接技术也推进到一个新阶段。

本节只是应用了在工程进行过程中所形成的资料和文章，还不能代表整个"鸟巢"钢结构焊接工程的施工技术，但是，从这一部分资料中可以看出："鸟巢"这个复杂建筑钢结构焊接工程的施工技术登上了一个新的台阶，形成了系统的技术系列，可以为后续工程提供有益参考。

第二节　建筑钢结构厚板焊接层状撕裂的控制处理技术

随着建筑钢结构设计理念的进步，建筑钢结构趋向于大跨度、大厚度、应用超高强钢材，夸张独特、新颖别致的结构体系不断出现，这类钢结构体系特殊而复杂，不可避免地出现一些特殊的接头形式。由于钢结构体系设计的需要，加之设计经验不足，有的接头形式设计是不合理的。比如：十字和丁字焊接接头的出现增大了产生层状撕裂的可能性。同时由于钢结构体系应力应变状况复杂，焊接接头的钢板 Z 向受力增加，同样产生层状撕裂的危险性增加。在强大的拉应力场作用下，有些工程中采用有 Z 向性能的钢材，甚至在不厚的钢板上也产生了层状撕裂。具有抗层状撕裂能力的 Z 向钢材不能完全抵抗层状撕裂的事实，迫使我们重新思考层状撕裂产生的机理，对层状撕裂裂纹种类重新认识，对施工工艺重新研究。

层状撕裂之所以危险，主要在于它的隐蔽性、破坏性。它在外观上没有任何迹象，现有的 NDT 技术难以发现。即使发现了，修复起来也很困难，且成本很高。层状撕裂可以在焊接过程中即形成，也可以在焊接结束后启裂和扩展，甚至还可以延迟至使用期间才见到层状撕裂，具有延迟破坏的性质。更为严重的是，发生层状撕裂的结构多为大型厚壁结构，如海洋石油平台、核反应堆压力容器、潜艇外壳等，在建筑钢结构焊接工程中是保证整个结构安全运营的受力焊接接头。这些焊接接头因层状撕裂造成的事故是灾难性的。日本坂神、美国洛杉矶大地震的钢结构倒塌灾难元凶之一就是层状撕裂。层状撕裂的另外一种危险性是很难处理断根。当结构运营过程中，应力状态发生改变，特别是应力突然变大时仍然可能再次发生层状撕裂。对此焊接技术工作者应当给予高度的重视！

一、层状撕裂定义、种类、产生机理及特征

在焊接接头设计不合理或错误和焊缝质量差的前提下，在焊接过程中钢板厚度方向受到较大的拉应力，就有可能在钢板内部出现沿钢板轧制方向阶梯状的裂纹，这种裂纹称层状撕裂。钢板越厚、钢板内部的非金属夹杂物越多、拉应力越大，焊缝表面质量越差，产生层状撕裂的危险性越大。

美国 ANSI/AASHTO/AWS D1.5—1996 标准认为：层状撕裂是在邻近热影响区的母材中略呈阶梯状的分离，典型的情况是由焊接热诱发的收缩应力引起。层状撕裂是短距离横向（厚度方向）的高应力引起断裂的一种形式，它可以扩展很长距离，层状撕裂大致平行于轧制产品的表面，通常发源于同一平面条状非金属夹杂物、具有高度撕裂发生率的母材区域。这些夹杂物往往是承受高残余应力的母材区域中的硫化锰。断裂往往从一个层状平面扩展至另一个层状平面，这是沿着大致垂直于轧制表面路线的剪切作用所造成。氢会加剧层状撕裂，因此可以看作是氢致裂纹的一种形式。低硫钢材和硫的形态受到控制的钢材，其抗层状撕裂的性能有所改善。

层状撕裂不发生在焊缝上，只产生在 HAZ 或母材金属内部，一般钢材的表面难以发现。由焊趾或焊根冷裂纹诱发的层状撕裂有可能在这些部位显露于金属表面，从焊接接头断面可以看出。

层状撕裂和其他裂纹明显区别是呈阶梯状形态，裂纹基本平行于轧制表面，较易识别。见彩插图 10-7～图 10-9。

层状撕裂与钢种的强度级别关系不大，主要由两大方面的因素来决定。其一，钢材承受较强的拉应力。其二，主要与钢中夹杂物数量及分布状态有关（夹杂物如果为平均夹杂物，容易产生层状撕裂，这同夹杂物的化学成分关系不大，因为任何化学成分的非金属夹杂物承受拉应力的能力远比母材差得多）。当沿钢的轧制方向有较多的 MnS 时，层状撕裂才以阶梯状态出现。如果是以硅酸盐夹杂出现，则常呈直线状。若以 Al_2O_3 夹杂为主，则呈不规则的阶梯状。

在工程实践中，采用 Z-15 的 Q345GJC 厚度为 60mm 经 UT 检测无非金属夹杂物的优质钢板，抵抗不了十字焊接接头的强大拉应力而产生层状撕裂的案例，十分明确地表明强大拉应力场是产生层状撕裂的最根本原因。

影响层状撕裂的因素有冶金、力学两大因素。

（一）冶金因素

最主要的冶金因素是钢材中非金属夹杂物的种类、数量及形态分布。任何非金属夹杂的变形能力都小于基本金属，它与金属的结合力也远小于金属本身的强度。因此在拉应力的作用下夹杂物破裂、其他金属分离而形成层状撕裂。

层状撕裂敏感性不仅与夹杂物的特性有关，而且同母材本身的延性、韧性有关。氢不是造成层状撕裂的直接原因，但它容易形成冷裂纹，再由冷裂纹诱发层状撕裂。

影响钢材的基本延性、韧性的因素较多，有组织状态、应变时效和氢脆作用等。组织状

态可用碳当量来衡量。组织硬脆会增大层状撕裂的敏感性。钢的 P_{cm}（化学冷裂纹系数）越大，层状撕裂敏感系数 P_L 越大。

$$P_L = P_{cm} + HD/60 + HD/7000$$
$$P_L = P_{cm} + HD/60 + 6w(S)$$

式中　P_{cm}——钢的冷裂纹敏感系数（化学冷裂纹系数）；

　　　 HD——焊缝初始扩散氢含量；

　　$w(S)$——钢的含硫量；

　　　 L——单位面积夹杂物的总长，$\mu m/mm^2$。

HD 和层状撕裂的关系，目前在焊接界有两种基本观点：

1）层状撕裂和氢含量有关，认为只要氢含量小于 3ppm（3×10^{-6}），硫含量小于 0.015%，钢就有良好的抗裂能力。

2）层状撕裂的起因与氢无关，它直接由夹杂物引起，在焊后冷却到 300℃ 左右时启裂。但扩展过程可能与氢有关，因为层状撕裂具有氢脆引起的延迟裂纹的特征。因此焊后如果能及时在 250℃ 进行 2h 的去氢处理一定有好处。

目前这两种观点在工程实践中都能得到承认，没有本质上的区别。

对于远离 HAZ 的层状撕裂，氢的作用显然是难以体现，相反，起源于焊根或焊趾的层状撕裂，特别是以焊根裂纹和焊趾裂纹为启裂源的层状撕裂，氢的作用是首要的。这一点同美国标准基本一致。

母材是轧制的，轧制的道次越多，轧制比越大，轧制的温度越低，母材性能越好。薄板比厚板好，因此厚板容易产生层状撕裂，而薄板只有在拉应力场十分强大的前提下，才有可能产生层状撕裂。

（二）力学因素

凡是导致沿板厚方向（即 Z 向）产生拉应力的各种因素，都能促成层状撕裂。如结构的拘束应力、焊接应力和载荷引起的应力等。这些应力越大，越容易产生层状撕裂。

层状撕裂经常出现在十字焊接接头，T 形接头和角接接头次之，对接接头很少出现，但在焊趾和焊根处由于冷裂纹的诱导也会出现层状撕裂，详见表 10-17。

表 10-17　层状撕裂启裂源分类及其防止措施

启裂分类	成因	措施	示意图
第Ⅰ类：以焊根裂纹，焊趾裂纹为启裂源，沿 HAE 发展的层状撕裂	1. 影响冷裂的因素：P_{cm}、HD、RF； 2. 伸长的 MnS 夹杂物； 3. 角变形引起的应变集中	1. 同防止冷裂纹的措施； 2. 降低钢中的 S 的含量，选用 Z 向钢； 3. 改变接头及坡口形式，防止角变形及应力集中	

续表

启裂分类	成因	措施	示意图
第Ⅱ类：以轧制夹层为启裂源，沿HAZ发展的层状撕裂	1. 伸长的 MnS 夹杂物及硅酸盐夹杂物； 2. 拘束度加大应变时效	1. 降低钢中的夹杂物（如增加稀土），选用 Z 向钢； 2. 减少拘束度； 3. 采用低氢焊材； 4. 改进接头和坡口形式； 5. 堆焊隔离层	
第Ⅲ类：以轧制夹层为裂源，沿远离HAZ的母材中心发展的层状撕裂	1. 轧制的长条 MnS 夹杂物及硅酸盐夹杂物； 2. 拘束度增加； 3. 应变时效	1. 选用 Z 向钢； 2. 减小拘束度； 3. 改进接头或坡口形式； 4. 堆焊隔离层； 5. 钢板两端机械加工	

（三）防止层状撕裂的技术措施

美国 AWS D1.1/D1.1M：2006《钢结构焊接规范》C-2.6.3 承受厚度方向载荷的母材中对防止层状撕裂的阐述是：

轧制通过钢材以生产用于钢结构的型材和板材，会使母材在不同的正交方向上具有不同的力学性能。这使得设计者、细节拟定者有必要认识到，潜在地存在着层状结构和层状撕裂的危险而影响完工接头的完整性，特别当涉及厚的母材时。

层状结构不因焊接而产生，它们是钢材制造方法带来的。当层状平面平行于应力场、即纵向和横向产生应力时，通常不影响母材的强度。在传递厚度方向力的 T 形和角接接头情况下，层状结构会影响母材的能力。

如果发生层状撕裂，通常是高的拘束条件下大的焊缝金属熔敷量的结果。当焊缝尺寸小于大约 3/4～1in（20～25mm）时，很少出现层状撕裂。层状撕裂很少发生于角焊缝情况。没有对热固化焊缝金属的收缩予以拘束就不会发生层状撕裂；然而，在大的焊缝里，熔敷于焊缝根部区域已凝固的初始焊道，会对其后续熔敷焊道拉伸收缩应变产生一个内在的刚性毗连区域。

由于层状撕裂因凝固的焊缝金属收缩引起，而这种收缩被迫在一个短的度量长度内去适应局部的平衡收缩拘束力，所以，母材中的单位厚度方向的应变能够大于屈服点应变许多倍。层状撕裂可能因此而产生。能产生层状撕裂的局部应变是在制作过程中冷却时发生，并且成为在结构使用期限内强加于接头附近母材的最恶劣的条件。由于接头内部或其极靠近处的压应力和拉应力是自平衡的，并且由于与施加的设计应力有关的应变只是那些与焊缝收缩有关的应变的小小一部分，所以施加的载荷不会引起层状撕裂，不过，如果焊接已经引发了层状撕裂，则业已存在的层状撕裂可能扩展。

T 形和角接接头的设计和细节制定决定了增加或降低层状撕裂潜在危险的条件。对作业组、设计者、细节制订者、制造者和焊工等所有成员工作的每一部分予以关注，对于将层状撕裂的潜在危险降至最低限度，是必要的。

规范未规定确定的规则来保证不出现层状撕裂。试验和经验证实下述的预防措施可最大程度地降低撕裂的危险：

1）母材厚度和焊缝尺寸应充分满足设计要求，然而，宁可在低于规范许用应力的基础上设计接头，也不做一种保守设计，从而导致拘束增大，焊缝尺寸和收缩应变增大。因此，这种习惯性做法增加而非减少了层状撕裂的潜在危险。

2）当焊接大的 T 形和角接接头时采用低氢型焊条（丝）。对于引发层状撕裂而言，并不认为吸收氢是主要起因，但任何情况下，在大的接头（纵向、横向或厚度方向）采用低氢焊条（丝）将氢致裂纹的倾向降到最低程度都是良好习惯。采用非低氢焊条（丝）可能会引起麻烦。

3）试验和经验已经证实，接头装配之前，在母材要受到厚度方向应力的面上预先堆焊一层厚度约 1/8in～3/16in（3～5mm）的焊道，可以减少层状撕裂的可能性。这种预先堆焊层，在最剧烈的焊缝收缩应变的部位，提供了具有铸造晶粒组织的韧性焊缝金属取代纤维状的各向异性的轧制钢材晶粒组织。

4）在大的接头中，安排焊道应遵循：在母材表面熔敷焊道产生厚度方向应力之前，建立母材在纵向方向上承受应力的表面。这一程序使得焊缝收缩的重要部分在没受拘束的情况下发生。

5）角接接头中，在做得到的地方，接头制备时应在承受厚度方向应力的母材上削斜而形成这样的结果：焊缝金属熔合于母材的平面与母材厚度平面形成可行的最大角度。

6）双面 V 形和双面单边削斜接头需要的熔敷量，大大少于单面 V 形和单面单边削斜的接头，因此，焊缝的收缩量大约减少一单。只要可行，采用这样的接头可能会有帮助。

7）在包括不同厚度母材的几种接头的焊件中，较大的接头应先焊，以使可能涉及最大焊缝收缩量的焊接熔敷金属，可以在可能是最低约束条件下完成。较小的接头，虽然在较高的约束条件下焊接，但只有少量的焊缝收缩。

8）在大焊缝要将厚度方向的应力传递给一些部件的区域，有目的地布置对应力进行检查，以保证接头焊缝的收缩不在预先存在层状结构或大的夹杂物的母材上施加厚度方向的应变（见 ASTMA578）。

9）已证明对中间焊道进行适当锤击，可减少层状撕裂的潜在危险。不应当锤击根部焊道，以免在根部初始薄焊道内产生裂纹，这种裂纹可能未被觉察并继而穿过接头扩展，应当使用工具以足够的力量锤击中间焊道，使得焊道表面塑性变形并将残余拉应力变为残余压应力，但不应过分用力而引起表面开裂或交叠。不应锤击盖面焊道。

10）避免使用过强度填充金属。

11）当可行时，使用低硫（<0.006%）母材或者已改进厚度方向性能的母材。

12）接头已冷却到环境温度后，应当使用 RT 或 UT 检查关键接头。

13）如果检查出微小的不连续性，工程师应做仔细评估：这些不连续性能否保留不予修补，而不危及使用时的适用性和结构完整性。刨槽和修补焊接将会增加额外的加热和冷却循环，并且在拘束条件下的焊缝收缩很可能比接头原来焊接条件下更恶劣。修补操作可能导致更为有害的情况。

14）当确定层状撕裂并且认为修补可行时，在没有首先检查 WPS 和检查验明这种不满意后果的原因之前，不应着手修补。一份特定的 WPS 或者对接头细节的更改，也许是必要的。

不可否认，AWS D1.1 条文说明中的论述十分有价值，特别在处理层状撕裂的细节上阐述很清楚，这是难能可贵的；但是就操作性而言尚有不足之处，为此进行以下分析。

二、预防为主是防止层状撕裂产生的主要技术措施

（一）抓好焊接接头坡口设计关

焊接坡口的设计关系到拉应力场的强弱，是影响层状撕裂的关键因素，甚至可以说：成

败在此一举。从力学的观点分析：钢板一侧受力，产生层状撕裂的可能性远比两侧受力的概率小得多；截面积小的焊接坡口，产生层状撕裂的可能性远比截面积大的坡口小得多；焊缝少的焊接接头，产生层状撕裂的可能性比焊缝多的焊接接头要小得多；钢板内部的十字焊接接头，产生层状撕裂的可能性远比在钢板端部小得多。见图 10-10。

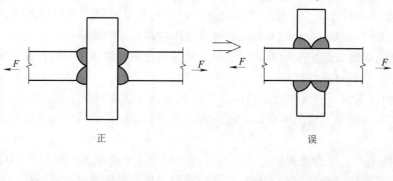

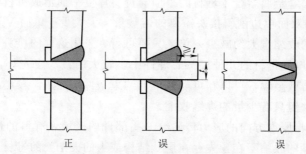

图 10-10　焊接接头抗层状撕裂正误示意图

在焊接接头和坡口的设计中，成功的因素完全服从于焊接应用技术理论，焊缝截面积的大小决定拉应力场的强弱，拉应力场的作用点会直接影响层状撕裂的产生。这就是结构设计和深化设计所必须遵循的原则。

（二）抓好设计选材关

在焊接接头及坡口设计确定的前提下，焊接接头母材的选择至关重要，母材的优劣对层状撕裂的产生有十分重大的影响。主要有以下几个方面：

1. 钢材的断面收缩量 Φ_z 对层状撕裂的影响

$\Phi_z \leqslant 10\%$ 在低度拘束度的 T 形接头（H 型钢）有可能产生层状撕裂。

$\Phi_z \leqslant 15\%$ 在中等拘束度的接头，如箱形梁柱，有一些层状撕裂的倾向。

$\Phi_z \leqslant 20\%$ 只有在高拘束度接头（如节点板）时有一定层状撕裂倾向。

$\Phi_z \leqslant 25\%$ 在合理接头中，一般都不会产生层状撕裂。

夹杂物的成分不是影响层状撕裂的主要因素；关键在于夹杂物的形态、数量及其分布特征。只要有片状夹杂物，都可能导致层状撕裂。

2. 母材性能的影响

层状撕裂敏感性不仅与夹杂物的特性有关，而且同母材本身的延性、韧性有关。

低碳钢层状撕裂的根本原因是夹杂物，因为 P_{cm} 和 C_{eq} 都很小，对氢脆不敏感，层状撕裂敏感系数，主要取决夹杂物的总长（L）或含硫量。

3. 接头形成方式的影响

焊接接头形式决定焊接接头的选材。首先应判断产生层状撕裂危险性的大小，按以下方面进行。

层状撕裂因接头形式的影响经验公式：

$$LTR=INF(A)+INF(B)+INF(B)+INF(C)+INF(D)+INF(E)$$

LTR（LamellarTearingRisk 的缩写）意思为：层状撕裂的危险性。

INF（Influener 的缩写），意思为"影响"，后面的 A、B、C、D、E 表示某因素 X 的影响。

LTR 为正值时，表示具有大的层状撕裂危险，其值越大，危险性越大；当 LTR 为负值时，表示具有抵抗层状撕裂的性能，且绝对值越大，抗层状撕裂的性能越好（详见表 10-18）。

表 10-18　LTR 与 INF 的关系示意

INF(X)	参变因素		LTR
INF(A)	焊脚尺寸 INF(A)=0.3S	$S=10$	3
		$S=20$	6
		$S=30$	9
		$S=40$	12
		$S=50$	15
INF(B)	①		−25
	②		−10
	③		−5
	④		0
	⑤		3

续表

INF(X)	参变因素		LTR
INF(B)	⑥		5
	⑦		8
INF(C)	INF(C)=0.2δ δ=20mm 接头横向拘束　δ=40mm δ=60mm		4 8 12
INF(D)	拘束度 RF	低——可自由收缩	0
		中——可部分自由收缩,如锥形隔板	3
		高——难以自由收缩	5
INF(E)	预热条件	不预热	0
		预热温度 $T_0>100℃$	—8

说明:表 10-18 是《建筑钢结构施工手册》表 5-122　LTR 与 INF(X) 的有关摘录,工程应用时应以《建筑钢结构施工手册》表 5-122 为准。

在接头形式一定时,焊接工艺对层状撕裂有一定影响,但层状撕裂主要取决于钢材的材质。LTR 值确认之后,设计应按表 10-19 选择钢材。

表 10-19　LTR 与对应的 $Φ_Z$ 要求值

LTR	要求的 $Φ_Z$/%	
	平均值	最小值
≤10	—	—
10~20(含)	15	10
20~30(含)	25	15
>30	35	25

(三)抓好确认最佳焊接工艺关

防止层状撕裂的产生,除正确的设计之外,必须有合理的焊接工艺作保证。防止由冷裂纹引发的层状撕裂,可以采取防止冷裂纹相同的技术措施。如适当预热、控制层间温度、后热消氢处理等,对防止层状撕裂均有一定作用。但建筑钢结构有其特殊的地方,那就是构件的截面不同,防止层状撕裂的方法也不同。

1)深化设计时,严把设计关,特别是坡口设计和构件加工精度指标要严格控制,从根本上消除层状撕裂出现的必要条件。

2)优选钢材、焊材和供货商,在关键部位合理应用抗层状撕裂的优质 Z 向钢,并在加工前严格进行钢材 Z 向性能复检和 UT 探伤复查，从而保证接头抗层状撕裂能力，从材料品质上消除层状撕裂出现的必要条件。

3）厚板火焰切割前预热，火焰切割后切割断面检查。提高坡口以及易产生层状撕裂面的加工精度，消除材料表面的微小应力集中点和硬化组织，从根本上杜绝层状撕裂出现的充分条件。预热最好采取远红外电加热装置以获得准确的预热温度，防止附加应力的产生。

① 采用特殊的焊接工艺。

② 采用合理科学的焊接顺序，尽量减少焊接应力。

③ 预热和后热，尽量减少和释放应力。

④ 选择高效、大熔敷、深熔的减少焊接次数的低氢焊接方法和低氢型焊材，并严格遵守操作要领，焊材强度适中，有足够的韧性，由此提高接头抗裂能力。

⑤ 采用非常规的道间消除应力方法，比如捶击、打渣等行之有效的方法。

⑥ 后热结束后用砂轮把焊缝的余高磨去一层，此举的目的是释放部分应力，消除应力集中点，消除焊缝表面的硬淬组织，彻底消除产生层状撕裂的一切环境条件。

根据有关文献阐述，窄而深的坡口极易产生区域偏析，加大焊缝稀释率，进而产生热裂纹。

国家体育场"鸟巢"钢结构焊接工程中，根据多次试验，确认可靠坡口角度为 $30°\sim35°$，间隙 $6\sim8mm$；坡口角度在这一范围内应同板厚成反比。

三、层状撕裂处理技术

建筑钢结构焊接工程点多面广，在长期和层状撕裂做斗争的过程中，制定了处理层状撕裂的基本原则。

1）首先应用 UT、MT、PT 探明层状撕裂产生的部位、深度，不漏过任何已经出现的层状撕裂裂纹。

2）必须采用机械钻孔的工艺、对所有层状撕裂裂纹的两端钻止裂孔，钻孔直径 $8\sim10mm$，钻孔深度在 UT 检测深度的基础上加约 3mm，裂纹较长的中部可以增加钻孔数量，此举的目的是破坏由于焊缝收缩形成的强大拉应力场。

3）钻孔完成后，对处理表面预热 800℃，然后进行气刨，气刨深度以钻孔深度为准，同时必须刨除层状撕裂裂纹两端各 50mm 的完好金属。

4）对刨削的坡口进行打磨，应用 MT 或 PT 检测，如果存在裂纹，还必须刨除打磨，直到裂纹消除为止。

5）采用低强配比、抗裂性能好的低氢型焊条进行多层多道焊，采用合理的焊接工艺，尽量减少焊缝的截面积，确定合理的 T_0。

6）焊接完成后进行去氢处理（2500～3000℃、保温 1h）。

整个过程有两个关键：

其一，千万不能在钻止裂孔前用碳弧气刨直接刨削层状撕裂裂纹，否则气刨的高温给拉应力场补充能量，促使层状撕裂裂纹向纵深扩展，扩展趋势和扩展实际直到拉应力基本消除为止，给处理工作带来困难。在实践中，有的单位深受其害，几乎让焊接接头报废。

其二，最好采用超低氢型焊条、采用低强配比，增加处理部位的抗裂能力。

以上各条均很重要，切切不可偏废！

四、层状撕裂处理的工程实例

《宝钢二号高炉炉顶法兰层状撕裂的修复与控制》是一份有价值的技术论文，代表了当时对层状撕裂产生机理和处理技术的较高水平。本节对该论文作了摘抄，文献中对层状撕裂的处理原则就是当时的"会议纪要"，可能同现阶段对层状撕裂的认识有一定差距，特此说明，请谅解。

宝钢二号高炉是一座国产化率95％的世界级特大型高炉，其中采用了卢森堡 PW 公司的中心串罐无料钟设备。炉顶法兰除承受 500t 左右的设备重量外，还要抵抗旋转布料器所产生的巨大扭力，同时也要经受焦煤、矿石的冲击载荷，工作环境相当恶劣，技术上对法兰的要求非常高，不允许有一丝裂纹出现，更不允许撕裂。

宝钢二号高炉基于这一特定要求在设计上采取了相应措施，法兰是用 BB502 钢 $\delta = 60mm$ 的钢板加工制作而成的，详见表 10-20 和表 10-21。

表 10-20　BB502 钢的化学成分　　　单位:％（质量）

元素名称	Si	Mn	C	P	S	Nb	Al	N
百分含量	0.157	0.474	1.42	0.018	0.008	0.031	0.002	0.005

表 10-21　BB502 钢的力学性能

σ_s/MPa	σ_b/MPa	$\sigma_5/\%$	$\alpha(d=3a)$	$C_v(0℃)/J$
450.8	55827	180°	完好	205.8

从表 10-20 可知，BB502 钢的化学成分中 P、S 含量低，力学性能好，有足够的强度和抗裂能力，设计方采用 BB502 钢作为炉顶法兰材料是正确的。然而在复杂的结构中，要保证焊接接头的综合指标，材料只是一个方面的因素，与之密切相关的还有结构设计、焊接工艺、接头所处的工位等一系列复杂因素。二号高炉炉顶法兰出现层状撕裂的原因就十分复杂。

炉顶法兰的焊接过程中没有任何问题发生，可是在工程完毕不到 24h，法兰内表面出现了层状撕裂。层裂的状撕位置和形状见图 10-11。

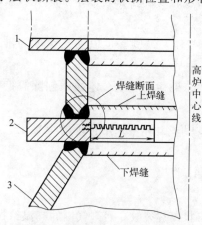

图 10-11　宝钢二号高炉炉顶法兰
层状撕裂示意图

1，2—上、下高炉炉顶法兰钢板；
3—高炉炉壳钢板

如图 10-11 所示，用磁粉探伤发现层状撕裂纹长度占周长总数的 10.5％，从当时的趋势上看有进一步发展的可能，除此之外相继发现了 80 多条细小裂纹（遍布内径周长），数量逐步增多。在层状撕裂的部位，采用超声波测厚仪定位，共测七点，结果分别是 21mm，20mm，19mm，16mm，19mm，16mm，26mm，平均值为 19.6mm。

层状撕裂的出现使现场工程技术人员感到问题严重，十分棘手。对于出现的层状撕裂，有人认为主要是由于钢板内部存在分层夹杂物（沿轧制方向），在焊接时产生垂直于轧制方向的应力，致使在热影响区或稍远的地方产生台阶式层状开裂。也有人认为是焊工的责任。笔者认为，第一种说法虽不确切，但尚有一定道理。第二种说法完全不正确，焊工只承担缺陷，比如飞溅、电弧擦伤、气孔、夹渣、未焊透等的责任，而层状撕裂绝对不是以上焊接常规缺陷所造成的。那么，确切的原因是什么呢？

炉顶法兰层状撕裂主要原因是设计不合理造成拘束力过大，焊缝没有收缩的余地，因此形成极大的拉应力场，而应力的作用点就是法兰内径表面应力集中点。从图 10-11 可以看出，炉顶法兰处于上下两组焊缝之间，两组焊缝的焊接量都相当大。法兰的下方是 $4063m^3$ 高炉壳本体，下焊缝又先焊，当时法兰上端为自由端，可以自由收缩，因而残余应力相对较小。当焊接完成之后，炉体和法兰为一整体，刚性相当大。法兰的上方是近 1m 高、$\delta = 60mm$ 的圆柱形齿轮座，其刚性也非常大，那么上焊缝焊接收缩量不可能在这两方面得到，也就是说产生的强大的应力作用在法兰上。这是形成层状撕裂的主要原因。

如果在强大的拉应力下，法兰本身有足够的强度抵抗，那么也可能不会出现层状撕裂。而法兰具有足够的强度必须具备两个条件：其一，材料本身有足够的强度；其二，加工质量良好，表面不存在应力集中点。就其加工精度而言，宝钢二号高炉炉顶法兰是用切割的方式进行的，表面部分凹凸不平，应力集中点很多。根据切割 BB502 钢材经验，BB502 钢的表面还有可能出现因加工受热而产生的微裂纹，于是形成了产生层状撕裂的充分条件，这是原因之二。

BB502 钢材没有完全抵抗层状撕裂的能力，主要有两点不足：其一，化学成分。通常同钢种而不同规格的板材其化学成分都不一样，从可焊性出发，板材的厚度越大其碳当量应越低。然而，BB502 钢任何规格板材的化学成分都差不多，因此影响了厚板的焊接性能。在工程实践中，焊工普遍反应 $\delta = 30mm$ 以下的板材可焊性好、焊接质量好；而 $\delta = 30mm$ 以上厚板的板材情况就发生了变化，焊接质量难以保证。再者裂纹敏感性强，容易出现微裂纹，可能同含 Nb 量过多有关。其二，轧制工艺不适当。层状撕裂的出现同轧制工艺密切相关，由于缺乏第一手资料，只能初步推断轧制温度控制不好，削弱了 BB502 钢抗层状撕裂的能力。

由于二号高炉炉顶法兰处于十分特殊的环境，不能照搬常规工艺。据了解，从工艺简单出发，焊接顺序是先外而后内，内焊缝采用碳弧气刨刨根。

问题出在焊接顺序上，这是法兰焊接接头的设计所决定的。

前文讲过，焊缝的上下没有收缩余量，在这种情况下应尽量减少焊缝的拉应力，而减少拉应力唯一有效的途径就是减少焊缝截面积，特别要减少内焊缝的截面积，因为内焊缝焊接收缩应力是造成层状撕裂的直接原因。

众所周知，在对接焊缝中，焊缝收缩量的大小同焊缝的有效截面积成正比

$$F = 0.2AN/\delta$$

式中　AN——焊缝有效截面积；

　　　F——收缩量；

　　　δ——材料的厚度。

在高约束条件下，焊缝收缩量将转化成为拉应力，两者成正比。这个道理适用于宝钢二号高炉炉顶法兰层状撕裂原因的解释。在焊接过程中，内焊缝经过气刨以后，其有效截面积可以达到整个焊缝的 3/5～2/3，也就是说，内焊缝的截面积比外焊缝大，产生的拉应力也比外焊缝大。

设其拉应力的增加部分正好突破临界点，那么这就是较主要的原因。倘若所产生的拉应力不足以破坏结构，那么，因增加截面积而增加的拉应力加速了层状撕裂的形成，不可否

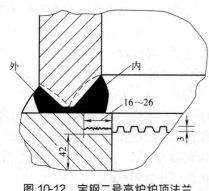

图 10-12　宝钢二号高炉炉顶法兰
层状撕裂示意图

单位：mm

认，这是形成层状撕裂的又一原因，可以认为是次要原因。

内焊缝所产生的拉应力是产生层状撕裂的主要应力的观点可以从裂纹的位置上得到证实。如图 10-12 所示，从下向上看，裂纹超过了钢板的中心线，处在整个板厚的 2/3 左右，就是有力的论据，所以出现层状撕裂主要是设计不足造成的，其他原因为次要原因。需要指出的是，焊接接头设计之所以不合理，其主要原因是服从高炉整体设计的需要，因此，摆在高炉建设队伍面前的是一个十分复杂的施工技术问题。

根据以上分析，宝钢二号高炉炉顶法兰层状撕裂难题也就迎刃而解了：

1）炉顶法兰撕裂范围进行全线碳弧气刨，气刨深度经放大镜目测无裂纹存在为止，在正式气刨之前，可在较大裂纹两端钻孔，以防止裂纹扩展。

2）气刨结束并经确认后用 T426（或 T427）、$\phi=4mm$ 焊条进行补焊，焊接中，层间温度不要太高，焊速要慢，坚持道道打渣，以减少焊接应力。

3）预热及后热温度为 180℃，后热 2h，采用电加热方式。

为了确保万无一失，在工程实践中为防止补焊造成新的层状撕裂，加刨一道应力释放槽。

通过以上措施。最后获得成功。从处理的原则上看，上述处理方法成功的诀窍在于：一是尽量减少焊接应力；二是尽量释放应力。

焊接接头的设计应当服从高炉的整体设计，局部应当服从全局。宝钢三号高炉同样采用了与二号高炉完全一样的接头形式。既然设计上不可能提出防止方法，那么，防止层状撕裂出现的全部希望只有寄托在改进焊接工艺这唯一的出路上，从这个意义上讲，从事冶金建设的工程技术人员责任重大。

根据层状撕裂产生的原因分析，提出几点研究设想，供同行探讨和参考。

由于 BB502 钢对裂纹十分敏感，用它作为炉顶法兰的材料不是十分理想。制作炉顶法兰的材质应当是抗层状撕裂能力强的新钢种。宝钢三号高炉采用 BB503 钢为炉壳材质，就是针对 BB502 钢的不足而重新研究的新钢种，比 BB502 钢的性能要好。当然还有比 BB503 更好的钢种。总之，采用抗层状撕裂强的钢种为炉顶法兰的材料是防止产生层状撕裂的根本方法。

从目前大型法兰加工的方式上看，切割是一种比较实际的方法，因此炉顶法兰允许切割加工。对炉顶法兰而论，需要提出精加工的要求，特别是法兰内表面，其目的是防止内表面产生应力集中点，破坏层状撕裂产生的环境条件。

实践经验证明，特殊的接头形式必须采用特殊的焊接工艺，否则难以获得理想的质量。针对炉顶法兰的特殊接头形式，研究出一种新的焊接工艺，具体内容如下。

1. 焊接顺序

把先外后内的焊接顺序改为先内—气刨外焊缝—后外—再内—再外的焊接顺序。即：先焊内焊缝的一半（1/2）；然后外焊缝进行气刨；后外，指气刨后接着焊完外焊缝的一半（1/2）；然后再焊完内焊缝留下的一半；最后焊完外焊缝的一半。在这套工艺中，关键在焊内焊缝留下一半时应严格控制焊接线能量，线能量越小越好。同时控制层间温度。还要监视外焊缝焊肉是否出现缺陷。这种焊接顺序的主要目的是尽量减少内焊缝的截面积，使外焊缝形成大面，从而降低内焊缝因焊接收缩产生的拉应力，达到保证焊接质量的目的。

这种方式也有比较突出的缺点，主要是增加了操作上的困难。特别是给预热、外焊缝的气刨带来了困难。但从保证质量的观点出发，应当执行这种方法。

2. 预热和后热

首先确定预热方式和温度，对炉顶法兰而言，最好的方式是伴随预热。其温度的确定原则是控制 $t_{8/5}$，以热影响区晶粒不粗大为原则，从而提高母材的抗裂能力。后热的原则同预热温度，时间在 2h 以上，也可以稍高于预热温度。其目的是去氢，防止氢致裂纹。

3. 选择低氢型焊条，并严格遵守操作要领

焊条性能应当强度适中，有足够的韧性，由此提高熔敷金属的抗裂能力。

4. 后热结束后用砂轮把焊缝的加强高磨去一层，同时磨削内圈表面焊缝

此举的目的是释放部分应力，消除应力集中点，消除焊缝表面的硬淬组织，彻底消除产生层状撕裂的一切环境条件。

采用特殊的焊接工艺防止层状撕裂的产生，可以通过我们的自身努力来实现，因此我们着重研究了前文所介绍的特殊工艺，在研究中，也得到了曾乐同志的帮助和指导。需要说明的是防止炉顶法兰层状撕裂的根本方法，效果最好的是修改焊接接头。在接头设计不合理的情况下仅仅用焊接工艺来保证质量是有相当难度的。这不仅仅是焊接方法的问题，还涉及十分复杂的条件和因素。

（注：本文为 30 年宝钢二号高炉的技术总结摘抄，可以看出技术进步的程度。）

第三节　工业厂房行车轨道焊条电弧焊焊接工艺规程

为了保证工业厂房行车（特别是大吨位桥式吊车）的运行平稳、安全，吊车轨道接头宜采用焊接连接的方式进行。根据多年实践经验，轨道的对接焊接接头属于高碳钢焊接范畴，有较大难度。在同铝热焊、闪光焊对比之后确认：工业厂房行车轨道采用焊条电弧焊焊接工艺为最佳工艺。

（一）适用范围

1）本规程适用于工业厂房行车轨道接头的焊接，特别适合轨道型号为 QU80-QU120 轨道的对接焊接头。

2）工业厂房行车轨道接头的焊接，除应执行本规程外，还同样符合 YB/T 5055《起重机用钢轨》及 05G525《吊车轨道联结及车档》的有关规定。

（二）施工准备

1. 材料

（1）钢轨

1）钢轨焊接前，必须认真检查轨道的产品质量证明及合格证，钢轨的各项指标必须符合设计及有关标准的规定，必要时可对钢轨进行检测，复查其物理和化学指标。

2）钢轨外形允许偏差尺寸：侧向弯曲每米小于 1.5mm；总弯曲小于 8.0mm；端部弯曲 0.5m 内小于 1.0mm；钢轨上、下方向总弯曲度小于 6.0mm；钢轨扭转小于钢轨全长的 1/1000；钢轨轨头宽度−2.0～1.0mm；钢轨底宽度−2.0～1.0mm；钢轨腰宽±1mm；钢

轨中心高度±1.0mm。

3）钢轨横截面与垂直轴线的不对称为：轨道底面不得大于 2mm；轨道头不得大于 0.6mm；轨底中央较两边凸出不得大于 0.5mm。

（2）焊条

1）焊条必须有产品质量证明书、合格证等相关资料。焊接前应根据工程量的大小，按有关规程进行焊条熔敷金属的检验。

2）钢轨焊接应选用 E6015、E6016、E8515、E8516 型号的焊条。

3）钢轨焊接严禁使用过期、药皮脱落、生锈、受潮的焊条。

4）保温材料应使用矿渣棉及其他合格保温材料。

2. 机具设备

1）焊机：应选择 ZX5、ZX7 焊机，额定电流应在 350A 以上，机械完好率应为 100%。

2）焊条烘干、保温设备：包括焊条烘干箱（烘干温度最好能达到 350～400℃），焊条保温筒等设备。

3）辅助工具：包括角向磨光机、打渣机及相应工具。

4）碳弧气刨：包括空压机、碳棒、气刨工具。

5）加热设备：包括远红外电加热设备、火焰加热设备等。

6）测温仪器：应使用接触式测温仪。

3. 作业条件

1）应具备应用黄铜和紫铜等材料对应所焊轨道制作的铜模。

2）铜模的数量应根据所焊轨道的数量、型号按工程进度需要来决定。

3）应具备 200mm×80mm×10mm 的铜垫块若干。

4. 技术准备

1）焊工必须持证上岗，钢轨焊接前，应对焊工进行培训和考核，从而保证焊接接头的质量。

2）焊接所需的各类（种）计量器具必须符合计量要求。

3）钢轨、焊条、保温材料全部按照规定复检合格。

4）焊前准备

① 钢轨接头两侧各 50mm 范围内不得有油、水、锈及其他污物。

② 焊条必须按规定烘烤至 350℃、1h 以上，然后放在 100℃ 的保温箱内备用，使用时，焊条应放在保温筒内，防止焊条在空气中暴露 4h。

③ 露天焊接时，应采取防风或防雨措施，以保证钢轨焊接接头质量和工程进度。

④ 应对钢轨端头进行磨削加工，以保证钢轨焊接接头的形位公差和熔融区的焊接质量。

⑤ 施焊环境湿度大于 85% 时，不得进行重轨焊接。

（三）操作工艺

1）首先在钢轨焊接接头处底部垫铜垫块，将钢轨水平放置在铜垫块上，具体放置方法见图 10-13 所示。

2）钢轨焊接接头的组对：钢轨焊接宜采用焊接反变形法，用铜垫块和钢垫板把钢轨端头垫起 30mm，具体如图 10-14 所示。

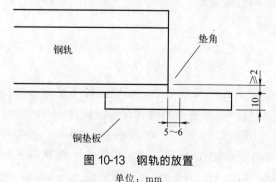

图 10-13　钢轨的放置

单位：mm

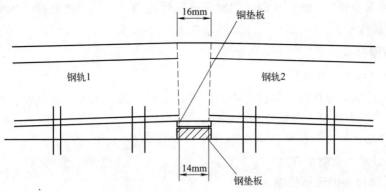

图 10-14　焊接反变形法焊接接头

3）焊接接头的预热：有条件的单位应采用远红外电加热对钢轨进行预热，对钢轨两侧各 150mm 范围内进行加热，加热温度为 300℃±20℃，用火焰加热器（装置）对焊接接头加热时围绕钢轨端头、轨道中部轨道底部进行不小于两次的无间隔加热，保证钢轨焊接接头全截面加热均匀，钢轨底部的加热质量特别重要，一定要保证加热均匀，焊缝的层间温度等于大于预热温度。

4）钢轨焊接接头分为三节，详见图 10-15。

5）钢轨焊接接头采用图 10-16 所示的夹具进行固定。

6）钢轨焊接接头也可以按图 10-17 所示的方法进行。

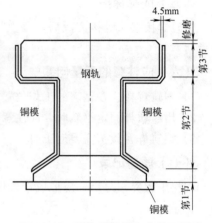

图 10-15　钢轨焊接接头分节示意图

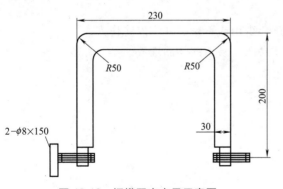

图 10-16　铜模固定夹具示意图

单位：mm

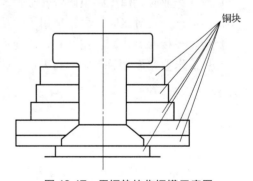

图 10-17　用铜垫块作铜模示意图

7）钢轨焊接接头焊接规范：采用堆焊工艺、第 1 到第 3 节用 E6015 或 E6016 直径 4mm 的焊条、参考焊接电流为 180～200A；第 3 节以上为耐磨层，层高不大于 5mm，可根据具体技术要求选择强度高的 E8515、E8516 焊条，焊条直径 4mm，参考焊接电流 180～200A。

8）焊接结束后，立即实行紧急后热，用火焰加热的方式对焊接接头加热到 250～300℃、1h，保温缓冷。

9）焊接接头冷却后，先用碳弧气刨对焊缝进行修理，然后用角向磨光机对焊缝进行磨削直到达到质量指标。

（四）质量标准

1. 钢轨焊接接头的形位公差

1）经修磨的钢轨焊接接头应没有明显的焊接变形，表面光滑，无缺陷。检查方法：借助放大镜目测。检查数量：全数检查。

2）轨焊接接头的尺寸指标应符合钢轨外形允许偏差尺寸。检查方法：直尺、经纬仪、水平仪。检查数量：全数检查。

2. 钢轨焊接接头的无损检测

钢轨上部采用 UT 探伤，UT-BⅡ为合格。检查方法：UT 探伤。检查数量：20％抽查。

（五）成品保护

钢轨焊接接头焊接完成后，马上用压轨器固定钢轨，对焊缝进行约束，防止产生焊接变形。

（六）应注意的质量问题

1）钢轨焊接应在钢轨的工作位置进行，不得进行预制。

2）用压轨器固定钢轨时，应注意钢轨的直线度、水平、标高数值的控制。

3）钢轨焊接接头需要返工时，应当按照正规焊接的规定进行。

（七）质量记录

焊接工程完成之后，应形成钢轨焊接接头 UT 检测记录和钢轨水平、直线度、标高等的质量记录。

（八）安全、环保措施

1）钢轨焊接接头的焊接工作必须执行焊接作业有关安全的具体规定。

2）高空作业时，焊工必须佩带安全带。

3）在进行钢轨对接时，尽量采用手拉葫芦，少用或不用撬杆，以防伤人。

4）钢轨焊接的上、下、左、右，不允许有易燃、易爆的物品堆放。

5）焊接作业完成之后，应清扫工地、收集焊条头。

参 考 文 献

[1] 戴为志，刘景凤，高良. 建筑钢结构焊接应用技术及案例 [M]. 北京：化学工业出版社，2016.

[2] 戴为志，高良. 钢结构焊接技术培训教程 [M]. 北京：化学工业出版社，2009.

[3] 戴为志. 论影响钢结构焊接技术进步的几个重要因素 [J]. 电焊机，2020，（9）.

[4] 胡绳荪. 焊接制造导论 [M]. 北京：机械工业出版社，2018.

[5] 吴世雄，尹士科，李春范. 金属焊接材料手册 [M]. 北京：化学工业出版社，2008.

[6] 史耀武. 焊接制造工程基础 [M]. 北京：机械工业出版社，2016.

[7] 戴为志，刘景凤. 建筑钢结构焊接技术："鸟巢"焊接工程实践 [M]. 北京：化学工业出版社，2008.